KB264825

의료서비스

ACHIEVING SERVICE EXCELLENCE

Copyright © 2010 by the Foundation of the American College of Healthcare Executives
Korean translation Copyright © 2012 Haneon Community Co.
All rights reserved
Korean translation rights arranged with HEALTH ADMINISTRATION PRESS through EYA(Eric Yang Agency)

이 책의 한국어판 저작권은 EYA(Eric Yang Agency)를 통해
HEALTH ADMINISTRATION PRESS와 독점계약한 '(주)한언'에 있습니다.
저작권법에 의하여 한국 내에서 보호를 받는 저작물이므로 무단 전재와 무단 복제를 금합니다.

의료서비스

마이런 포틀러 외 지음 | 진기남 윤희영 옮김

한울

Contents

II. 의료서비스 직원

6. 고객서비스를 위한 직원 채용

7. 고객서비스 교육

8. 동기부여와 권한부여

9. 공동생산에 환자와 환자 가족 참여시키기

III. 서비스 시스템

10. 내부와 외부에 정보 전달하기

들어가기에 앞서: 용어의 사용에 대하여

- 이 책에서는 서비스 제공자로서 본받을 만한 기업을 벤치마크 조직이라 칭한다.

- 이 책에서는 의료업에서 전통적으로 사용하는 '환자'라는 용어와, 서비스를 받는 주체
  로서의 '고객'이라는 용어가 함께 사용된다. 그러나 모든 환자는 고객이지만, 모든 고객
  이 환자는 아니다. 따라서 이 책에서는 두 용어를 동일한 의미로 사용하지 않는다.
  이 용어들을 아래와 같이 정의한다.

- '환자'란 의료제공자들로부터 직접적으로 임상서비스를 받거나 제3자 지불자들을 통
  해 서비스를 처리하는 사람들이다.
- '고객'이란 조직이 거래하는 상대를 의미한다. 주요 고객은 환자이고, 부차적인 고객으
  로는 환자의 가족, 의사, 방문객, 제3자 지불자, 거래처, 보조 직원 등이 있다.

- 이 책에서는 실질적으로 의료서비스를 받는 사람들을 '환자'라 표현하고, 모든 범주의
  의료서비스 소비자들을 '고객'이라 지칭한다. 제2장에서 나오는 '손님(guest)'이라는 용
  어는 서비스업과 관련된다.

PART·1
서비스 전략

CHAPTER 1

고객만족이 곧 경쟁력이다

어떤 훈련을 통해서든지, 모든 일에서 뛰어난 학생이 되어라.

모든 기회를 이용하여 달인의 경지에 오른 사람들을 관찰하라.

이런 훌륭한 모델들은 영감을 줄 것이고, 잠재력을 최대한 실현할 수 있도록 당신을 인도할 것이다.

– 마이클 젤브(Michael Gelb), 토니 부잔(Tony Buzan)

| 서비스 원칙 | 의료서비스 경험의 모든 측면을 파악하고 관리한다

제1장에서는 다음과 같은 내용을 다룬다.

- 의료서비스에 관한 정보에 밝고 자신의 권한을 잘 알고 있는 고객의 증가
- 오늘날 환자들의 요구와 욕구, 기대
- 박식한 고객들이 주도하는 의료서비스 시장 동향
- 의료산업에서의 고객서비스 현황
- 벤치마크 서비스 회사들과 최첨단 의료조직들의 시장 대응 방법들

또한, 제1장에서 고품질 서비스를 위한 15가지 원칙의 기초가 되는 3가지 개념인 '고객에게 집중한다', '고객을 손님처럼 대우한다', '전체적 의료서비스 경험을 관리한다'에 대해 구체적으로 설명한다. 그리고 각 장에서 15가지 원칙들을 하나씩 살펴본다.

의료서비스 고객들의 증가

의료산업은 '의료 및 관련 서비스를 제공하는 조직'과 '의료서비스의 제공에 대한 비용을 지불하고 규제하는 조직'으로 구성되어 있다. 이 다양한 산업 대상에는 병원, 의료원, 외래환자를 위한 소매 클리닉(retail clinic), 의료행위(medical practices), 요양원, 공공·민간 관리기관, 관리의료회사(managed care companies), 제3자 지불자 등이 포함된다. 이 책에서 나오는 원칙과 사례는 광범위한 환경에 적용되기 때문에, 이 확장된 의료산업 개념을 책 전반의 프레임워크로 한다.

이해관계자 포커스의 변화

역사적으로, 의료조직들은 의료진들과 제3자 지불자들과 같은 주요 이해관계자들의 기대를 충족하는 데 전념해왔다. 대부분의 의사들은 한 곳 이상의 병원에 연계되어 있기 때문에, 그들에게는 자신의 환자가 어디에서 의료서비스를 받을지 결정할 권한이 있다. 그래서 의료조직들은 소속 의료진뿐만 아니라 지역사회 내에서 다른 의사들까지 만족시키기 위해 최선을 다한다. 또한, 대부분은 환자보다는 제3자 지불자가 의료비를 지불하기 때문에, 조직들은 그들을 만족시키기 위해 최대한 노력한다. 의료관리자들은 제3자 지불자의 승인을 유지하기 위해 시장점유율 확대, 구조조정, 원가 절감 및 수익 증대에 주력하고, 소속 의료진을 만족시키기 위해 첨단 기술과 편의시설을 갖춰놓는다. 환자들 역시 주요 이해관계자이기 때문에 그들도 만족시켜야 한다. 그러나 예전부터 관리자들은 '고객'으로서의 요구와 욕구, 기대보다는 환자들의 '임상적' 요구를 충족시키는 데 집중했다. 주로 의사들의 요구에 맞춘 의료환경에서, 많은 의사들이 환자와 환자 가족들에게 최소한의 의료상담만을 제공한다. 이로 인해 의료서비스에 만족하지 못하는 고객들이 증가하고 있고, 의료소송을 진행하거나 다른 서비스 대안들을 모색하며 불만을 표하고 있다.

이에 의료관리자들은 환자들의 '임상적 만족'에서 '전체적인 의료서비스 경험 만족'을 보장할 만한 서비스 제공으로 목표를 확대하고 있다. 현재 의료서비스 시장에서 고객서비스는 새로운 경쟁력으로 떠올랐다.

환자들의 목소리

1990년대 미국자원병원협회(The Voluntary Hospitals of America)가 진행한 설문조사에 따르면, 의료조직에 대한 대중의 신뢰도가 현저하게 하락했다고 한다. 보고서에 따르면 의사나 병원에 대한 신뢰도 하락보다는 의료보험 혜택 축소가 더 큰 원인인 것으로 밝혀졌다. 특히 40~59세 응답자들의 신뢰도 하락이 가장 뚜렷했다. 이들은 고소득자이고, 교육수준이 높으며, 근래에 담당의사나 병원을 변경 또는 추가한 경험이 있었다는 특징이 있다. 해당 응답자들은 병원에 대한 만족도를 67%로 평가했다. 이는 전체 31개의 조사대상 산업들 중 27위에 불과했다. 미국 국세청보다 1순위 위이고, 담배산업보다 10%정도 낮은 결과였다. 2008년 '보건의료를 위한 전국연합(The National Coalition on Health Care)'이 진행한 설문조사에 따르면, 의료서비스 품질과 비용, 접근성뿐만 아니라 미국의 의료보험제도에 대한 소비자 신뢰가 부족하다고 나타났다. 설문조사 응답자 10명 중 8명은 의료보험제도에 문제가 있다고 응답하였고, 10명중 6명은 의료보험제도의 지속가능성을 낙관적으로 보지 않는다고 응답하였다. 또한 10명 중 7명은 돈을 절약하기 위해 종종 낮은 수준의 의료서비스를 받아왔고, 10명 중 8명은 고급 의료서비스 비용은 일반 서민들이 감당할 수 없는 수준이라 여겼다. 일반적으로, 65세 이상의 응답자들이 의료서비스 품질과 보험혜택에 대해 30대나 40대 응답자들보다 더 만족한 것으로 나타났다.

이는 당연한 결과라고도 할 수 있다. 보험회사나 정부가 지불하는 의료서비스는, 소비자가 직접 부담하는 의료서비스처럼 환자들의 편의나 개인 선호도를 고려해 제공하는 것이 아니기 때문이다.

1998년 '전국 여성과 가족을 위한 파트너십(The National Partnership for Women and Families)'에서 건강과 의료에 대한 미국 여성들의 사고방식을 조사하기 위해 연구 프로젝트를 진행했다. 리서치기관인 DYG는 6개의 포커스 그룹(focus group)을 대상으로 조사를 실시했다. 모두 여성으로만 이루어진 포커스 그룹의 구성원들이 꼽은 미국 의료보험제도의 단점은 아래와 같다.

1. 의료보험제도는 의료제공 목적보다는 돈에 더 치중한다.
2. 보험회사들과 의료제공자들의 욕심이 의료품질에 직접적인 악영향을 준다.

3. 소비자들이 부담해야 하는 비용이 높고, 계속 오르고 있다.

4. 의료조직과 보험사의 거만함과 소통 단절로 인해 일반 서민들은 부당한 대우를 받는다.

5. 일반 서민들은 물론이고, 고용주책임보험 혜택을 받는 사람들마저도 종종 접근이 제한되거나 아예 허락되지 않는다.

참가자들 대부분은, 비효율적이고 불필요하게 복잡한 의료서비스 절차가 환자들의 편의를 고려하지 않아 많은 스트레스를 받는다고 답했다. 예를 들어, 산부인과 전문의와의 진료 전에 여성 환자에게 1차 의료 소견서를 받아오라는 것은 불필요하고 불쾌한 요구이다. 또한 해당 여성에 대한 존중이 부족한 태도이고 시간 낭비에 불과하다. 상황이 이렇다보니 여성 의료서비스 고객들은 개선을 요구하고 있고, 여성 의료서비스를 위한 활동가가 늘고 있다.

비록 10년도 더 지난 연구이지만, 그 결과는 오늘날의 상황과도 여전히 관련이 있다. 미국인들은 의료분야를 포함하여 일상의 모든 분야에서 개인적 통제(personal control)를 중시한다. 이는 포커스 그룹 구성원들의 보고에서도 분명히 드러난다. 그들은 의료서비스와 관련된 문제들을 개인적으로 해결하기 위해 의료보험제도나 의료조직 혹은 보험사를 상대한 적이 있다고 보고했다. 이 여성들을 비롯한 많은 환자들이 요구하는 것은 고객중심의 의료서비스, 특히 고객과 환자에 대한 존중이다.

환자들의 요구와 욕구, 기대

의료산업의 독특한 다층구조(제3자 지불자, 의사, 규제 기관 등) 때문에 의료조직들은 주요 고객층인 환자들에게 관심을 덜 쏟는 경향이 있었다. 그러나 의료시장의 경쟁이 치열해지면서 의료환경에서 나타난 다양한 동향들로 인해, 의료조직들은 고객들에게 더 많은 관심을 가지게 됐다. 조직은 소속 의사들과 제3자 지불자들과의 파트너십을 지속적으로 유지해야 함은 물론이고, 환자들과의 관계도 구축해야 한다. 오늘날은 환자들의 의료서비스 선택 폭이 넓고 다양해졌기 때문에, 가격경쟁만으로는 살아남기 어려워졌다. 의료조직은 자신들이 전체적 의료서비스 경험을 만족스러운 수준으로 제공할 수 있음을 환자들에게 납득시켜야 한다. 앞으로 의료조직의 성공은 참여와 통제, 편리한 접근, 문화적 역량, 상호작용하는 의료서비스, 정보와 가치에 대한 환자들의 요구와 욕구 및 기대를 얼마나 잘 파악하고 충족시키는가에 의해 결정될 것이다. 오늘날 소비자들은 존중받기를 원하고, 존중받는 것에 익숙해져 있다. 의료조직들은 환자들의 선택을 받기 위해 이런 모든 기대들을 충족시켜야 한다. 그러므로 의료관리자들은 고객의 요구에 즉시 반응하고, 훌륭한 의료서비스를 제공하고, 경쟁력을 갖추기 위해 시간과 에너지를 투자해야 한다.

참여와 통제

오늘날 의료서비스 소비자들은 의료제공자의 실력, 진료와 치료 대안, 임상 프로토콜과 신기술 등 의료와 관련된 광범위한 정보를 찾기 위해 주로 인터넷을 사용한다. 이를 통해 환자는 자신의 권한에 대해 더 잘 알게 된다. 결과적으로 자신이 지불한 진료비와 치료비가 어디에 어떻게 사용되어야 할지 결정하는 데 관여한다. 소비자 단체는 의료서비스 소비자들이 단순한 환자를 넘어 적극적인 참여자가 될 수 있도록 의료서비스에 대한 그들의 태도를 바꿔야 한다고 주장한다.

레지나 헤르츠린거(Regina Herzlinger, 1997)는 의료서비스 고객들을 '박식하고, 과다한 업무에 시달리고 있고, 육아와 노인 부양으로 과중한 부담을 가지고 있다'고 봤다. 그리고 편의성과 통제력에 대한 그들의 욕구가 미국의 많은 산업에서 서비스 품질 향상과 비용 통제에 대대적인 변화를 가져왔다고 설명했다.

편리한 접근

프라이스워터하우스쿠퍼스 보건연구소(PricewaterhouseCoopers's Health Research Institute)의 2007년 연구에 따르면, 환자들은 지역적으로 가깝고 개원시간이 길며 진료 예약이 용이한 의료시설을 선호하는 것으로 밝혀졌다. 의료시설 이용을 결정할 때 고려하는 요인이 무엇인지 묻는 질문에서(응급상황 제외), 설문조사 응답자의 90%는 '이전의 진료경험'보다는 시설의 '근접성'을 더 많이 고려한다고 대답했다. 이는 '의료진에 대한 신뢰'보다는 약간 낮은 수치였다. 이 연구의 결론은 아래와 같다.

- 소매 클리닉은 지불자들이 1차 의료(primary care)에 대해 재고하게 할 것이다. 왜냐하면 의료서비스 소비자들은 의료서비스를 이용할 때도 백화점이나 은행, 호텔처럼 편리하게 접근할 수 있기를 원하기 때문이다.
- 사람들은 다른 서비스산업보다 의료산업을 더 까다롭게 평가한다. 그 결과, 의료산업에는 더 많은 규정과 더 많은 사회적 책임이 필요하다. 소비자들은 잘못된 점을 바로잡기 위해 관련 정부기관에 연락하는 것도 마다하지 않는다.
- 소비자들은 집과 가까운 곳에서 의료서비스를 받기 원할 뿐만 아니라 온라인 비즈니스 거래를 할 수 있기를 원하고, 맞춤 서비스를 원한다. 또한 많은 소비자들 중의 하나가 아니라 소중한 고객으로 대접받고 싶어 한다.
- 설문조사 응답자들은 의료서비스 시스템 개선을 위한 의료경영진의 노력과 리더십이 시민단체나 의사, 간호사, 시민들보다 부족하다고 생각한다.

문화적 역량

소비자들은 맞춤 의료서비스를 원하지만, 그 열망은 규제기관 및 제3자 지불자 등의 표준화 목표(standardization goal)와 엇갈린다. 이 단체들은 표준화된 의료서비스가 맞춤 서비스(customization)보다 비용대비 효과가 좋고, 더 효율적이며, 더 안전하다고 본다. 하지만 맞춤 서비스는 고객만족을 향상시킨다. 문헌에 따르면, 맞춤 서비스의 장점은 문화적으로 만족할 만한 의료서비스를 제공할 수 있다는 것이다. 즉, 다양한 민족과 문화로 구성된 환자들의 특별한 요구에 민감하고 즉각적으로 대응하는 의료서비스를 의미한다. 보건의료행정인, 의사, 간병인 등 의료분야 관련 교육기관들은 학생들이 다양한 환자와 고객들을 더 잘 이해하고 소통할 수 있도록 문화적 역량 교육 과정을 제공할 필요가 있다.

연구조사에 따르면, 문화적 역량에 대한 교육을 받은 의사들은 다양한 민족과 문화로 구성된 환자들을 진료하는 능력이 뛰어나고, 고객만족이 높은 경향이 있다고 한다.

배려하는 상호작용

배려하는 상호작용은 고객의 만족도와 충성도를 향상시킬 수 있다. 한 연구에 따르면, 1차 의료 행위에서 환자만족에 가장 영향을 미치는 요인 3가지는 '의사의 관심(physician care)', '직원의 관심(staff care)', '접근(access)'이었다. 이 중 '의사의 관심'은 의사가 환자에게 할애하는 시간으로, 고객만족에 가장 큰 영향을 주는 요인이다. '직원의 관심'에서 가장 중요한 요소는 경청, 사려 깊은 태도, 즉각적인 서비스이다. '접근'과 관련해서, 설문조사 응답자들은 직원들과 서로 배려하는 상호작용이 만족 요인이라 했다.

이 연구 결과는 의료기관들에게 여러 가지를 시사한다. 의사들은 환자들이 궁금한 점에 대해 질문할 수 있도록 시간을 할애하고 환자들의 질환에 관심을 보여야 한다. 간호사들과 직원들은 환자와 그 가족들이 느끼는 두려움을 인식하고, 그들과 세심하게 상호작용해야 한다. 그리고 모든 프로세스에서 대기시간을 최대한 줄여야 한다. 또한 보조 직원들은 진료 예약 절차를 효율적으로 관리해야 한다.

정보와 가치

환자는 대외적으로 알려진 의료성과와 구전정보 즉, 입소문을 기준으로 서비스 제공자를 선택한다. 그리고 의료서비스를 받은 후, 환자는 다양한 요인을 근거로 자신이 받은 서비스의 가치와 품질을 평가한다. 입원 수속 전부터 시작하여 퇴원 수속을 하고 의료비를 정산한 후에야 환자의 평가가 끝나기 때문에, 서비스 제공자는 처음부터 끝까지 우수한 임상서비스와 고객서비스를 제공해야 한다. 이런 경험의 각 요소들이 환자가 가치를 인식하는 데 기여한다. 의료서비스 조직은 고객과의 관계 유지를 위해, 조직이 환자의 요구와 욕구, 기대를 충족시킬 수 있는 고품질 서비스 제공자임을 다양한 의사소통 방법을 통해 환자들에게 알려야 한다.

고객만족이 고객충성도로 이어진다

의료경영진과 보건행정을 공부하는 사람들은 전체적 의료서비스 경험에 대한 환자들의 만족 여부에 왜 관심을 가져야 할까? 대답은 간단하다. 고객만족도가 다양한 긍정적 결과를 가져오기 때문이다. 당연히 불만족은 부정적인 결과를 가져온다.

고객만족도가 높으면 시장점유율이 높아지고, 재정 성과가 개선되고, 기관에 대한 대중적 인지도가 향상되고, 환자들의 재방문율이 높아지고, 고객이 주변 사람들에게 추천을 할 것이다. 반대로 고객만족도가 낮으면 조직의 장기적 생존이 어려워진다.

고객만족도가 한 번의 이용에서 느낀 '단기 상품'이라면, 고객충성도는 지속적으로 만족한 경험의 '장기적 결과'이다. 고객충성도는 서비스 제공자가 환자에게 거듭 좋은 인상을 남기면서 지속적으로 기억할 만한 서비스를 제공할 때 생긴다. 충성적인 고객들은 입소문을 내고 친구와 가족들에게 추천한다. 또한 재정적 기부를 하거나 자신들의 시간과 재능을 자발적으로 기부하며, 소송을 일으키지 않는다. 게다가 조직을 신뢰하기 때문에, 처방해준 치료 요법을 환자로서 잘 따라 원하는 결과를 얻는다.

비용에 대한 압박이 심한 환경에서, 고객을 만족시켜 고객충성을 형성해나가는 것은 조직의 경쟁력 확보에 큰 도움이 된다. 이를 통해 수익이 창출되고 비용이 절감되고 시간이 절약되기 때문이다.

진정한 고객충성

스미스(Smith, 2009)는 '충성(loyalty)'이라는 단어가 오용되고 있다고 주장한다. 많은 조직들이 충성이란 그들의 비즈니스에 대한 고객들의 헌신도라 생각한다. 그러나 사실은 그 반대여야 한다. 의료조직은 시장에서 일반적으로 경험할 수 없는 상품이나 서비스를 통해 부가가치를 제공하여 자신의 충성심을 고객들에게 보여줌으로써 계속해서 고객들이 찾도록 해야 한다.

진정한 충성은 고객이 조직이나 상품에 정서적 관여(emotional engagement)를 경험할 때 발생한다. 정서적 관여는 고객이 해당 브랜드나 조직을 경험할 때 생겨나는 것으로, 고객을 위한 아주 특별한 가치창출 방법이다. 고객들과 기능적·정서적 유대 형성에 성공한 회사들이 고객 유지율과 교차판매(cross-selling) 및 연쇄판매(up-selling) 비율이 비교적 높다는 점만 보더라도, 정서적 관여는 현대 의료서비스 경쟁에서 매우 중요하다. 진정한 고객충성은 수익에 가장 도움이 되는 고객들을 파악하고 그들에게 확실한 신뢰를 심어줄 수 있도록 만족스런 경험을 일관되게 제공하는 것이다. 이런 경험을 한 고객들은 이 경험을 다른 사람들에게 알리고 해당 조직을 추천하게 된다.

또한 진정한 충성은 '장기적 헌신'으로, 고객들이 호의적인 이미지와 느낌을 계속 유지할 수 있도록 기억에 남는 경험을 계속해서 제공하는 능력에 달려 있다. 기억에 남을 만한 경험은 일회성 이벤트에 그쳐서는 안 된다. 직원과 고객의 대면에서 제공되는 다양하고 차별화된 서비스들을 포함해야 한다. 이런 고객경험은 개별적으로 제공된 모든 서비스를 합친 것 이상의 효과가 있다.

고객충성도가 클수록 고객협력이 커진다. 대부분의 충성고객들은 의료조직의 진료 계획에 순응하고, 다른 서비스도 구매할 가능성이 크다. 이는 더 나은 임상결과로 이어진다. 즉, 충성고객들은 의료조직의 수익 성장에 큰 도움이 된다. 하지만 실제로는 대부분의 의료조직들은 고객충성도 관리 프로그램을 운영하지 않고 있는 현실이다.

전체적인 만족이 떨어지면 충성도도 함께 떨어진다. 완전히 만족하지 않은 고객들은 특정 치료과정만 받은 후에 서비스 제공자를 바꾸는 경향이 있다. 이런 고객이탈을 10%~15%만 줄여도 이익이 두 배 이상으로 증가할 수 있다. 고객들의 진정한 충성을 이끌어내기 위해 의료조직이 노력해야 하는 이유이다.

그러나 많은 의료조직들은 단순히 말뿐인 고객서비스를 제공하고 있다. 고객서비스 기술이 뛰어나거나 그런 기술을 개발할 수 있는 직원을 채용하지도, 그런 직원들에게 보상을 하지도 않는다. 그렇다고 훈련을 시키지도 않는다. 특히 불경기에는 재정적 압박 때문에 감원을 하거나 직원에 대한 지원을 축소하여 제대로 된 고객서비스를 더더욱 제공하지 못한다.

시장 동향

오늘날의 의료환경에서 경쟁력을 갖추기란 매우 어렵다. 그래서 시장 동향을 조사하는 것이 중요하다. 의료조직은 표적시장(target market) 고객들의 핵심구매기준(key buying criteria)에 대응하는 서비스를 제공해야 경쟁우위를 차지할 수 있다. 경쟁우위의 직접적인 원인은 가치 차이이다. 즉, 임상 또는 서비스의 품질에서 차별화되었거나, 가격에서 경쟁력이 있다는 고객들의 믿음에서 나오는 것이다. 벤치마크 의료조직들은 자신들이 제공하는 서비스 품질과 가치를 고객들이 매우 신뢰하고 있음을 알고 있다.

경쟁력을 확보하는 방법 중 하나는, 장·단기적으로 경쟁자들이 모방하기 어려운 능력들을 개발하는 것이다. 이런 능력이 있다면 의료조직은 고객들이 원하는 서비스를 생산할 수 있고, 유·무형 자원들을 효율적으로 사용할 수 있게 된다. 최고 수준의 서비스 조직들에 의해 검증된 적절한 원칙들과 사례들을 받아들여 조직의 능력을 강화할 수 있다.

의료조직들에게 영향을 주는 주요 시장 동향은 크게 5가지가 있다. 각각의 시장 동향에 대해 살펴보자.

동향 1: 고객기대 인식

[표1-1]은 의료조직들의 주요 고객들을 8개 그룹으로 분류한 후, 고객 유형을 주요 고객과 부차적 고객, 내·외부 고객으로 구분하여 임상품질 외에 고객들이 기대하는 서비스를 정리한 것이다. 표에서 나타나듯이, 8개 그룹 고객들의 기대는 중복된다. 비록 환자들만 주요 고객으로 분류되었지만, 부차적 고객이 중요하지 않다는 것은 아니다. 앞에서 언급했듯이, 의료조직은 지역사회 내에 있으므로, 의사들을 포함한 소속 의료진뿐만 아니라 내·외부 이해관계자들과 좋은 관계를 유지해야 한다.

모든 고객들의 기대와 핵심동인(key drivers)을 이해하는 것은, 의료조직이 전체적으로 훌륭한 의료서비스 경험을 제공하는 데 필요한 전략, 직원 채용, 프로세스 수립에 도움이 된다. 벤치마크 의료조직들은 환자들의 요구와 욕구, 기대에 집중한다. 왜냐하면 환자는 주요 고객이면서 의료조직의 궁극적 존재 이유이기 때문이다. 또한, 환자들에게 제공되는 서비스 원칙과 실천 사례들은 다른 고객 그룹들을 만족시키는 데도 효과적이다.

[표1-1] 유형과 서비스 기대를 통해 살펴본 의료조직의 고객들

고객	고객 유형	임상품질 이외의 서비스 기대
1. 환자	외부 고객/주요 고객	개별화된 보살핌, 즉각적인 조치, 전문성, 의사소통, 존중, 사생활 보호, 확실한 정보
2. 환자 가족	외부 고객/부차적 고객	전문성, 의사소통, 존중, 사생활 보호, 확실한 정보
3. 방문객	외부 고객/부차적 고객	전문성, 존중, 확실한 정보
4. 제3자 지불자	외부 고객/부차적 고객	즉각적인 조치, 전문성, 사생활 보호, 확실한 정보
5. 거래처	외부 고객/부차적 고객	즉각적인 조치, 전문성, 확실한 정보
6. 성직자	내부 또는 외부 고객/부차적 고객	전문성, 의사소통, 사생활 보호, 확실한 정보
7. 의사	내부 또는 외부 고객/부차적 고객	존중, 갈등 해소, 팀워크, 의사소통, 사생활 보호, 확실한 정보
8. 직원	내부 고객/부차적 고객	전문성, 갈등 해소, 의사소통, 존중, 사생활 보호, 팀워크, 확실한 정보

동향 2: 고객 관점에서의 품질 향상

의료조직은 의료서비스 품질 향상을 위해, 과거에는 환자보다 서비스 제공자의 요구에 집중했다. 예를 들어, 1991년 JC(Joint Commission, 공동위원회)는 CQI(Continuous Quality Improvement, 지속적 품질개선) 방법을 채택하여 인증 기준으로 활용했다. 공동위원회는 의료조직들에게 기대치와 개발 계획을 설정하고, 관리·경영·임상서비스 및 서비스 지원에 대한 평가 절차를 수립하라고 제안했다. 조직적 구조를 세우고 프로세스를 향상시키기 위함이었다. 나름의 가치는 있겠지만, CQI 추구는 부정적인 결과도 함께 가져왔다. 이 제안의 또 다른 목표는 환자가 아닌 의료제공자 관점에서 부양(caregiving) 수준을 향상시키는 것이었다. 고객의 의견 수렴, 의료산업 외의 서비스 조직 성공사례 벤치마킹 등은 권고사항에 포함되지 않았다.

오늘날 의료조직들은 품질 추구에 ORYX를 많이 사용한다. 1997년, JC는 ORYX를 소개했다. 이것은 병원의 성과 데이터를 취합·보고하는 시스템이다. ORYX는 병원 인증 프로세스(hospital accreditation process)의 일환으로, JC에 제출해야 하는 핵심·비핵심 방안 목록을 제공한다.

다음은 병원들이 선택할 수 있는 임상측정세트(clinical measure sets)이다.

- 급성 심근경색증
- 심부전
- 폐렴
- 임신 및 관련 증상
- 입원환자를 위한 정신질환 진료
- 아동천식 치료
- 외과 치료 개선 프로젝트
- 외래진료 환자를 위한 조치

측정 데이터의 수집과 보고는 JC에서 추천한 시스템을 따라야 한다.

성적표(report card)를 도입하려는 시도는 서비스 품질을 향상시키고 의료보험사와 의료제공자를 선정할 때 도움이 되는 정보를 제공하려는 의료산업의 의도를 구체화한 것이다. NCQA(National Committee for Quality Assurance, 미국의료품질위원회)가 개발한 HEDIS(The Healthcare Effectiveness Data and Information Set, 의료효과 데이터 및 정보 세트)는 특별히 의료보험사들을 위해 설계된 성과측정 시스템이다. 의료보험사들은 HEDIS를 사용하여 고혈압과 금연 관리를 비롯해 수많은 건강 측정지표(health metrics)에 대한 성과를 측정하고 다른 보험사들의 성과와 비교할 수 있다. 또한 HEDIS 방안들은 매년 업데이트된다.

1996년 〈컨슈머리포트(Consumer Report)〉에 따르면, 의료보험사들에 대한 HEDIS 데이터는 환자만족도에 대한 자체 설문조사와 상관관계가 없었다. 환자의 편안함, 편의성, 만족도, 서비스 품질을 포함한 서비스 제공자들의 품질 측정에서는 일반적으로 고객경험의 일부가 무시되었다. 그러나 JC와 NCQA 등이 데이터 요건에 소비자 만족도 측정을 포함하기 시작하면서, 고객경험이 점점 많이 포함되는 추세이다.

현존하는 측정 시스템 중 가장 소비자지향적인 것은 CAHPS(Consumer Assessment of Healthcare Providers and Systems, 의료기관 및 시스템 소비자평가)이다. 이 시스템은 보건연구품질관리청에서 개발했다. CAHPS는 의료서비스 고객들을 위해 설문조사를 만들고 사용할 수 있게 했다. 고객중심적이기 때문에, 설문조사에는 직원들의 대인관계와 고객서비스 기술을 포함한 의료서비스 경험의 모든 측면을 다루는 항목들과 질문들이 포함된다. 환자와 그 가족들, 잠재 고객들, 의료제공자들, 의료보험사들은 서비스 구매, 변경, 취소 혹은 유지와 관련된 의사결정을 할 때 이 설문조사 결과를 이용한다. 또한, 결과는 품질 개선 노력에 사용된다.

고객의 관점이 성적표와 다른 성과측정 도구에 나타나기 때문에, 점점 많은 의료조직들이 환자들에게 더 잘 대응하기 위해 시스템을 재설계하고 있다. 다음은 의료산업 내에서 임상 데이터와 고객서비스 데이터를 수집하고 배포하는 여러 가지 방법들이다.

- 호스피털 컴패어(Hospital Compare)는 병원들이 심장질환 또는 당뇨병 환자들을 어떻게 진료하고 있는지에 대한 정보를 제공하는 웹사이트이다(www. hospitalcompare.hhs.gov). 이곳은 병원 시설의 청결도와, 고객이 해당 병원을 다른 사람들에게 추천할 의사가 있는지에 대한 환자들의 평가도 포함한다. 호스피털 컴패어의 목표는 투명한 의료서비스를 만들고, 소비자들이 정보에 준한 (informed decisions) 결정을 내릴 때 도움을 주는 것이다. 그러나 호스피털 컴패어에서 제공하는 정보가 소비자들로 하여금 가장 높은 평가 점수를 받은 병원들로 변경하도록 영향을 주는지는 확실하지 않다.
- 〈컨슈머리포트〉를 발행하는 소비자 변호단체 미국소비자협회(Consumer Union)

는 증가하는 의료서비스 제공 기관들에 대한 소비자 정보와 병원 평가 서비스를 인터넷으로 제공한다. 미국소비자협회는 웹사이트(www.consumersunion.org)를 통해 의료보험회사, 의약품, 질병 치료에 대한 평가를 제공한다.

- 아데나헬스(www.athenahealth.com)는 웹 기반 의료행위 관리회사로, 고객들이 보험사들을 평가한 결과를 근거로 보험사들의 순위를 매긴다. 고객들의 평가 항목은 보험금 지급 지연과 보험상품 퇴출로, 둘 다 진료 혜택을 받을 수 있는 보험 가입자들의 접근성을 약화시키는 것이다.

- ACSI(The American Customer Satisfaction Index, 미국 고객만족도 지수)는 미시간 대학교의 로스 비즈니스 스쿨에서 개발한 지표로, 다양한 산업에서 고객만족도를 점수로 나타낸다. 2008년, ACSI는 45개의 서비스산업 중 병원이 28위, 건강보험 사가 36위를 차지했다고 보고했다. 2006년 고객만족도 평가 부문 순위에서 보험 사 아래에는 항공사와 이동통신사뿐이었다고 한다. 고객불만족의 가장 큰 요인은 회사들의 원가절감에서 비롯된다. 회사들은 서비스와 상품을 비롯해 고객들이 기대하는 추가 부분들을 제거하여 지출비용을 최소화하려 하기 때문이다.

- 미국의 마케팅 정보회사인 JD파워(J.D. Power and Associates)는 〈비즈니스 위크 (Business Week)〉를 위해 고객만족도 연구를 진행했다. 비록 이 연구는 연매출 이 최소 15억 달러 이상인 회사만을 대상으로 진행되어 의료조직들은 제외되었 지만, 그 연구 결과는 의료산업에 시사하는 바가 있다. 상위 25개의 회사들은 다 양한 방법을 통해 고객들의 기대를 충족시키고 그 이상을 제공했다. 그들은 기술 적인 혁신을 이용했고, 직원들에게 훈련 기회와 인센티브를 제공했으며, 기업 전 략을 고객서비스에 맞췄다. 또한 정기적으로 서비스 성과를 평가했고, 서비스마 인드가 있는 직원들을 채용했으며, 심부름 대행과 고객 보장제도를 시행했다. 대 부분의 성공적인 회사들은 최고경영진이 고객서비스 프로그램에 직접 관여하였 고, CCO(Chief Customer Officer, 최고고객책임자)라는 직책을 만든 곳도 있다.

동향 3: 성과 결과에 대한 공식적 · 비공식적 보고

미국에서 의료조직들과 제공자들의 성과 데이터를 찾기는 어렵지 않다. 〈유에스뉴스 앤드월드리포트(U.S. News & World Report)〉와 같이 전국적으로 발행되는 매거진들은 해마다 '최고 병원' 리스트를 발표하고, 신문, 텔레비전의 지역 뉴스는 경우에 따라 지역 사회 내에서 최고의 평가를 받은 의료제공자들에 대한 특집을 다루기도 한다. 예를 들어, 〈피츠버그 매거진(Pittsburgh Magazine)〉과 〈뉴욕 매거진(New York Magazine)〉은 지역 내 최고 의사와 병원 리스트를 발표한다. 또한 의료사고와 요양소 성과에 대한 통계와 연구도 인터넷에서 키워드로 검색할 수 있다. 매사추세츠 공중보건부(The Massachusetts Department of Public Health)는 9~15개월마다 주(州) 내에 있는 모든 전문 요양시설들이 표준을 준수하는지 정기적으로 점검하는데, 검사 일정은 정해져 있지 않다. 점검 후에는 결과를 공표한다. 공표된 성과 데이터와 평가 결과는 소비자들의 의료조직 선택에 큰 영향을 미치기 때문에, 고객들에 대한 대우의 중요성이 강조된다.

고객들은 과거와 달리 자신들의 불만을 표할 때 콜센터와 같이 회사가 미리 정한 채널을 이용하지 않는다. 대신, 자신들의 의견을 공유하고 널리 알릴 수 있는 기술을 선택한다. 많은 블로그(일부 블로거는 동영상을 올리기도 한다) 게시물을 보면 소비자들은 상품, 서비스 혹은 제공자에 대한 실망을 상세하게 묘사한다. 고객서비스 담당자와 감독자로부터 어떤 도움도 받지 못하거나 만족스러운 대응을 받지 못한 후, 일부 소비자들은 회사의 경영진 또는 최고책임자에게 '이메일 폭격'을 가한다. 이때 그들이 중요시하는 것은 문제에 대한 해결은 물론이고 회사의 부적절한 고객서비스에 대한 관심을 불러모으는 것이다.

불만고객은 전 세계 사람들에게 그들의 불만을 표현하기를 원한다. 불만이 있는 한 사람이 페이스북과 같은 소셜네트워킹 사이트를 통해 지인들에게 소문을 내는 데 시간이 오래 걸리지 않는다.

동향 4: 고객주도적 움직임

역사를 살펴보면, 미국에서 의료서비스는 도매 차원에서 제공되었다. 정부, 고용주, 보험사들이 의료서비스의 1차 구매자들이었고, 직접소비자(환자)는 가격 책정과 구매 결정에서 배제되어왔다. 간혹 의사들이 환자들에게 무슨 서비스가 필요한지와 어디에서 어떻게 이런 서비스들을 제공해야 하는지를 언급했을 뿐이다. 그러나 오늘날은 소비자들이 새로운 세법과 높은 본인부담금(deductibles and copayments), 건강저축계좌(Health Savings Accounts), 의학 정보의 폭넓은 가용성, 소매 클리닉, 외래환자를 위한 의료센터의 출현 등을 포함한 여러 원인들로 인해 자신들의 건강관리를 주도하게 됐다.

연금저축을 관리하는 것과 같이, 직원들에게 자신들의 의료혜택을 관리할 수 있는 책임을 주면, 환자가 의료서비스에 더 적극적으로 참여하는 데 도움이 된다. 많은 고용주들은 직원들이 스스로 의료혜택에 대한 결정을 하고 의료보험에 가입할 수 있도록 웹사이트를 개설했다. 기업가들은 고용주들이 이런 직원 정보를 관리하는 번거로움을 줄여주고자 온라인 서비스를 제공하기도 한다. 이런 온라인 서비스들은 의료와 관련된 의사결정을 용이하게 할 수 있는 도구와 정보를 직원들에게 제공한다.

보험의 역기능적인 인센티브는 의료조직들의 고객지향 서비스 개발에 방해가 된다. 의료종사자들에 따르면, 의료기업가정신의 부족에 대한 해결책은 '소비자 참여'이다. 이런 웹사이트를 통해 추정할 수 있는 것은, 개인 소비자들이 자신들의 자원 할당과 자신에게 필요한 의료서비스 결정을 의료보험사들보다 더 잘할 수 있다는 것이다. 하나의 실험적 모델은 높은 본인부담 보험상품, 건강저축계좌, 실제 병원비와 보험회사에서 보장하는 액수 간의 차이를 보장하는 '갭 커버리지(gap coverage)'를 수반한다. 이 모델에서 개인 소비자는 개인적 선택과 방향, 의료서비스에 관한 통제를 수행하는 데 매우 높은 권한을 갖게 된다.

많은 기업들이 자가보험(self-insuring)을 선택하고 있다. 이는 의료서비스가 보험사들보다 고용주들에 의해 지불되고 관리되는 경우가 증가하고 있다는 의미이다. 직원들에게 더 유연한 의료보험을 제공할 수 있고, 이와 관련하여 직원들이 활발히 의견을 낼 수 있게 된다는 점이 자가보험의 가장 큰 장점 중 하나이다.

동향 5: 의료서비스의 세계화

고용주, 보험사, 환자들은 다른 몇몇 나라들의 일부 의료서비스 비용이 미국보다 낮고,

서비스의 품질과 결과는 미국과 비슷함을 알게 됐다. 그 결과, 미국의 환자들이 외과 서비스를 받기 위해 외국으로 의료관광을 가고 있다. 미국의 높은 의료비와 외과 치료를 받기 위한 긴 대기시간, 다른 나라들의 신기술과 훌륭한 의료기술, 낮은 교통비, 해당 서비스에 대한 인터넷 마케팅, 경제의 세계화로 인해 지난 10년 동안 의료관광이 급격히 성장했다.

미국인 의료관광객들은 주로 동남아시아, 그중 인도를 많이 찾았다. 이런 많은 해외 의료시설들에서는 언어 문제가 없고, 의료수준도 미국과 비슷하다. 후속(follow-up)진료에 어려움이 있지만, 미국에서와 같은 수준의 임상결과와 더 훌륭한 품질의 서비스를 받을 수 있다는 장점이 있다.

의료전문가들의 해외 이주는 의료 세계화의 주요 부분이고, 이로 인해 미국 의료경영진은 도전을 받고 있다. 외국 태생의 교육받은 의사들과 간호사들은 비자 신청, 의료시스템 트레이닝, 문화적 적응, 증명서 발급과 지속적 교육, 대인관계 등 여러 분야에서 지원이 필요하다. 외국 전문가들을 채용한 의료조직은 외국 직원들이 모국에 미치는 윤리적 영향, 즉 미국에서 이 사람들을 고용함으로써 그들의 모국에서 의료지식과 자원을 빼앗는 것인가에 대해서도 인식해야 한다.

벤치마크 서비스 조직으로부터의 교훈

현대 경제는 서비스 조직들에 의해 지배되고 있다. 러스트(Rust, 1998)에 따르면, 주로 재화(physical goods)를 다루는 사업체들도 스스로를 서비스업체로 보고, 제공하는 상품을 서비스의 중요한 일부라 여긴다. 이런 비즈니스들은 고객만족, 고객유지, 고객관계와 같은 전통적인 서비스 용어들을 사용해왔다.

이 책에서는 벤치마크 의료조직과 서비스 조직들을 통해 배운 교훈들을 소개하는데, 오늘날의 의료기관들에서 어떻게 그들의 전략, 직원, 시스템을 활용하여 환자에게 완벽한 의료서비스 경험을 제공할 수 있는지 보여주기 위해서이다. 이를 위하여, 의료조직들은 전체적 의료서비스 경험의 3가지 구성요소인 서비스 상품, 서비스 환경, 서비스 전달시스템에 주목을 해야 한다. 각 구성요소에서 기본 수준을 제공하면 최소한의 기대치는 충족 시킬 수 있다. 그러나 이 3가지 구성요소들을 훌륭하게 제공하면, 환자는 자신을 위해 의료조직이 최선을 다했다 느끼고, 최고의 의료서비스를 경험했다고 여길 것이다.

전체적 의료서비스 경험을 관리하는 원칙들은 모든 의료조직들, 즉 동네 개인 병원부터 국가가 관리하는 의료조직, 지역 보건소, 대학병원에까지 동일하게 적용된다. 이런 원칙들이 강조하는 서비스가 대학 교육과정이나 의료경영 세미나에서 배우는 것과 같은 경우는 많지 않다. 이 책에서, 우리는 항공사, 놀이공원, 호텔 등 다른 서비스산업에서의 모범 사례들이 동일하게 의료조직에 적용될 수 있다고 주장한다. 가장 성공적인 의료조직들은 고객을 손님처럼 대우하며, 뛰어난 임상결과는 물론이고 최고 수준의 종합 의료서비스 경험을 제공한다.

의료산업 조직들 중 고객을 손님처럼 대우하고 기억에 남을 경험을 제공하는 조직은 많지 않다. 따라서 이 책에서는 다른 분야의 사례가 많다. 예를 들어, 고객(customers)을 손님(guests)이라 부르는 월트디즈니는 서비스 품질 부문에서 최고의 기업 중 하나로 꼽힌다. 고객들에게 단순히 재화나 용역(goods or services)이 아니라 경험(experiences)을 제공한다는 아이디어를 처음 생각해낸 회사가 바로 월트디즈니이다. 그렇기에 월트디즈니는 어느 조직에게나 훌륭한 고객서비스 모델이다.

다음은 포드와 보웬(Ford and Bowen, 2008)이 지적한, 다른 서비스 비즈니스들의 고객서비스 기본 원칙들이다.

- 기억될 만한 고객서비스 경험을 생산하는 것을 궁극적인 녹표로 한다.
- 고객이 경험의 가치를 공동생산 · 창조한다.
- 직원과 고객의 태도 및 관계는 고객만족도에 가장 중요하다.
- (고객에게 보이는) 서비스의 모든 유형적 측면을 세심히 관리한다.
- 조직적 효과가 어떻게 측정되는지를 결정하는 것은 고객이다.
- 문화는 통제와 영감을 위한 메커니즘으로 본다.
- 서비스 오류를 발견하고 정정한다.

이런 기본 원칙들로 판단하면, 의료산업은 다른 서비스 분야의 벤치마크 조직들로부터 배울 것이 굉장히 많다. 서비스 품질 향상의 결과는 수익과 직결되므로, 재정적으로 불확실한 시대에 환영받을 변화이다.

고품질 의료서비스 제공을 위한 도전들

의료경영진이 최고 수준의 고객서비스를 제공하고자 한다면, 다음과 같은 많은 문제들을 해결해야 한다.

첫째, 미국의 1차 의료 의사 수가 수요에 비해 부족하다. 다른 나라들과는 달리 미국은 1차 의료 의사보다 전문의를 더 중시한다. 그렇다 보니 1차 의료에 취약하고, 1차 의료 의사들의 의욕이 떨어진다. 1차 의료 의사들은 낮은 월급에 비해 업무량이 너무 많다. 보험사들이 각 서비스 가격에 직접 영향력을 행사하고, 의사와 환자들 간의 소통(전화와 이메일 등)에 대한 대가가 없다. 1차 의료 의사들이 더 많은 돈을 벌기 위한 유일한 방법은 더 많은 환자를 보는 것뿐이고, 이는 서비스 품질에 악영향을 준다. 1차 의료 의사들이 부족하다 보니 다른 나라들과 비교해 미국 환자들은 진료 예약을 하려면 더 오랫동안 기다려야 한다. 이것이 소매 클리닉과 워크인 클리닉(Walk-in clinics, 예약이 필요 없는 진료소)이 급증하는 이유이다.

둘째, 의료서비스의 독특한 환급시스템이 고객서비스에 장애물이 된다. 예를 들어, 제조업에서는 고객이 상품이나 서비스를 받으면 제조자나 판매자에게 직접 대가를 지불한다. 이와 달리 의료산업에서는 관리의료회사, 메디케어(Medicare), 메디케이드(Medicaid)와 같이 상품이나 서비스에 대한 대가를 지불하는 측이 해당 상품이나 서비스를 받는 당사자와 항상 같지는 않다. 이런 제3자 지불자들은 환자에게 제공되는 서비스를 제약하도록 의료제공자들에게 규칙, 규제, 가이드라인, 임상 프로토콜, 인센티브를 적용한다. 만약 의료제공자가 이런 요구사항들에 부응하지 못하는 경우, 제3자 지불자는 이미 제공한 서비스에 대해 환급을 거절할 수도 있다. 고객중심 서비스를 제공하는 것은 전략적·경쟁적 측면에서는 중요하지만, 제3자 지불자들이 만들어놓은 정치적·경제적 프레임워크에 부합해야 한다. 다른 서비스산업에는 이런 제약이 없다.

셋째, 의료서비스는 우수함에 대한 금전적 보상이나 평범함에 대한 처벌이 없다. 그렇다 보니 금전적 보상을 바라지 않는 소수 개인들의 에너지와 열정에 기대지 않고는 고품질 서비스를 기대하기 어렵다. 이런 이유는 건강보험사에서 임상·서비스 품질이 아닌, 실제로 이행된 의료행위의 횟수나 양에 대해 환급하기 때문이다. 역설적으로, 고품질의 서비스를 제공하는 병원과 의사보다는 많은 환자들에게 비효율적이거나 보통 수준의 진료를 제공하는 병원과 의사가 더 많은 돈을 벌 수 있다. 제3자 지불자의 지급이 거의 없거나 아예 없는 의료서비스 환경(예: 워크인 클리닉 혹은 레이저 수술)은 활기차고, 기업가적이고, 혁신적이고, 경쟁력 있다. 헤르츠링거(2007a)는 의료서비스업계의 혁신 부족을 비판하고, 유연하지 못한 규제와 배상시스템에 대해 유사한 지적을 했다.

의료서비스 연구원들과 경영학자들은 최근 들어서야 전체적 의료서비스 경험의 관리를 의료관리자 책임의 일부로 여기기 시작했다. 그래서 현재까지 이 분야에 대해 알려진 것은 입증되지 않은 정보와 사례 연구를 근거로 하는 것들뿐이다. 어떤 분야이건 비즈니스에서 연구 초기는 그 분야 최고의 조직들을 찾아 그들의 원칙을 발견하기 위해 연구하는 것이 논리적 접근법이었다. 서비스 경영 문헌을 검토하여 여러 벤치마크 조직들을 찾아냈는데, 사우스웨스트(Southwest) 항공사, 메리어트(Mlarriott), 리츠칼튼(Ritzcarlton), 노드스트롬(Nordstrom), USAA 보험사, 월트디즈니가 이에 포함된다.

슈다이스 병원(Shouldice Hospital), SSM 헬스케어(SSM Health Care), 샤프 헬스케어(Sharp HealthCare), 뱁티스트 헬스케어(Baptist Health Care)와 같은 일부 의료조직들은 고객이 의료서비스에 무엇을 기대하는지 이해하는 것이 중요함을 배웠다. 그리고 고객기대를 초과할 수 있도록 그들의 비즈니스를 경영한다. 그들은 자신들의 고객들을 오랫동안 열심히 연구해왔기 때문에 고객들이 무엇을 원하는지, 어떤 서비스에 기꺼이 지불하는지, 어떻게 그런 서비스를 제공할 수 있는지를 알고 있다. 우수한 의료조직들은 고객기대를 최소한도로 충족하고, 이어서 초과한다. 그 결과, 고객과 의뢰인, 환자들은 계속해서 다시 찾아온다.

3가지 기본 개념

다음과 같은 고품질 서비스의 3가지 기본 개념은 '서비스 원칙'과 '서비스 전략'을 근간으로 한다.

1. 고객에게 집중한다.
2. 고객을 손님처럼 대우한다.
3. 전체적 의료서비스 경험을 관리한다.

고객에게 집중한다

의료조직의 모든 것은 고객, 특히 환자중심이어야 한다. 너무 많은 의료관리자들이 환급 절차, 임상 수준, 의사의 요구를 먼저 생각한다. 서비스 상품의 개발, 환자와 조직의 상호작용 환경 조성, 서비스 전달시스템 구축과 같은 대부분의 주요 프로세스들은 경영진, 제3자 지불자 혹은 의사들로부터 시작한다. 이것이 내부에서 외부로 향하는 경영이다.

하지만 고객에게 집중하는 것은 외부에서 내부로 향하는 경영을 요구한다. 고객으로부터 시작해야 한다. 고객이 필요로 하는 것, 원하는 것, 중시하는 것, 기대하는 것이 무엇인지, 그들이 실제로 무엇을 하는지 알아내기 위해 끊임없이 연구해야 한다. 그다음, 의료조직이 재정적 목표에 도달할 수 있게 하는 방식으로 고객들의 기대를 충족하고 초과하도록 조직의 모든 사람들이 업무를 더 잘 수행하는 데 집중해야 한다.

의료서비스에서 고객중심을 추구하는 또 다른 방법은 '소매(retail)처럼 생각'하거나 성공적인 소매 모델을 따라 하는 것이다. 즉, 서비스 특징과 속성을 개발할 때 소비자의 관점을 사용하라는 의미이다. 이런 노력은 소비자들의 '구매'를 이끌어낼 것이다. 소매상들은 고객만족도를 극대화하고 고객충성을 만들어내기 위해 3가지 기본 전략을 사용한다.

1. 고객경험을 강화하라.
2. 니즈(needs)와 관련된 고객의 소비 중 더 많은 부분을 차지하라.

3. 아직 충족되지 못했거나 인지하지 못한 요구를 발견하여 새로운 수익 원천을 창출하라.

최근 들어 의료보험을 받지 않는 독자적인 1차 의료 행위들이 성장하고 있는데, 이는 고객중심의 원칙들을 실천하는 것이 얼마나 가치 있는지를 보여준다. 전담진료(concierge medicine)라고 알려진 이런 진료를 하는 시설들은 제한된 수의 환자들만 받는다. 또한 신속한 진료를 보장하며, 환자 개개인에게 평균 이상의 시간을 할애한다. 이런 시설들은 소비자가 '부티크(boutique)' 서비스를 감당할 수 있는 부유한 도시와 지역에서 빠른 속도로 증가하고 있다. 이런 시설의 의사들은 고용주들이 직원들에게 의료저축계좌(medical savings account)를 제공할 수 있도록 더 많은 재정적 인센티브를 창출해달라고 로비를 한다. 의료저축계좌가 있으면 사람들은 의료비 목적으로 세금공제 전(前) 수익을 따로 모아놓을 수 있다. 의료저축계좌 지지자들은, 사람들이 이렇게 의료비 목적으로 저축한 돈을 훌륭한 고객서비스를 제공하는 독자적인 의사들에게 사용할 것이라고 생각한다.

성공적인 의료조직들을 살펴보면, 고객서비스에 전념하고 자신들의 문화에 서비스 철학이 스며들게 하는 경영진이 있다. 이런 리더들은 지속적으로 핵심역량을 향상시키고, 조직이 모든 서비스 제공에 있어 언제나 고객의 요구를 만족시킬 수 있도록 기준을 세워 유지한다. 그들은 고객 혹은 잠재적 고객과 상호작용하는 순간이 배려와 예절을 보여줘야 하는 '결정적인 순간'임을 알고 있다.

통합된 의료시스템에서, 모든 시설의 리더들이 먼저 고품질 서비스 철학을 실천해야만 고객서비스가 조직 내에 퍼질 수 있다. 또한 외부 파트너 업체 또한 이러한 철학을 받아들여야만 고품질 고객서비스가 지속적으로 제공될 수 있다.

말콤볼드리지상(Malcolm Baldrige Award) 수상자들이 보여준 것과 같이, 계속해서 고객에게 초점을 맞추려 노력하는 것이 중요하다. 그 시작은 고객지향적인 직원 채용과 서비스 교육 제공부터이다. 또한 결과를 측정하고 고객서비스 목표를 달성한 직원들을 보상해야 한다.

고객을 손님처럼 대우한다

지난 10년 동안, 의료서비스는 긍정적인 패러다임을 맞았다. 환자들이 점점 더 '손님'으로 대우받기 시작했고, 전신(全身)을 다루는 '치유'를 질환에만 초점이 맞춰진 '치료'보다 선호하고 있으며, 환자들을 적극적인 참여자 또는 협력자로 본다. 윌리스(Willis, 2000)는 이런 패러다임이 병원의 원래 목적으로 회귀하는 것이라 주장해왔다. Hospital은 '대접 좋은 숙소(hospitable accommodation)'라는 의미도 가지고 있기 때문이다.

오늘날, 의료서비스는 비즈니스가 되었다. 질병을 치료하는 것은 상품이고, 병원은 비용을 청구하는 곳이다. 앞에서 언급한 설문조사에서 보듯이, 소비자는 많은 의료시설들이 환자가 스스로를 귀빈처럼 느낄 수 있도록 하는 사소한 것들을 제공하지 않는다고 생각한다.

고객, 특히 주요 고객인 환자를 손님처럼 대우하라는 개념을 시행하는 것은 단순히 '고객(customers)'이라는 용어를 '손님(guests)'으로 변경하라는 의미가 아니라, 태도를 변화시키라는 뜻이다. 훌륭한 서비스 회사는 고객을 손님처럼 생각하라고 직원들에게 끊임없이 상기시킨다. 월트디즈니는 고객들의 요구와 욕구, 기대를 더 잘 이해하기 위해 손님들의 행동을 과학적으로 연구하는 '고객학(Guestology)'이라는 신조어까지 만들었다. 앞에서 논의했듯이, 이 책에서 일반적으로 의료서비스 소비자들을 '환자' 또는 '고객'이라 지칭한다. 그러나 사용하는 용어에 상관없이, 전달하고자 하는 메시지는 동일하다. 의료조직들은 '고객은 손님이다'라는 개념을 직원들에게 서서히 주입시켜야 한다는 것이다.

이런 사고방식은 조직의 책임 이행 방식을 바꾸는데, 이런 변화는 직원들을 통해 나타난다. 팔이 부러진 환자가 응급실에 온 상황을 예로 들어보자. 조직은 당연히 의사와 보조 직원들, 침대나 공간, 의료장비와 물품 등을 준비하고 있어야 한다. 만약 조직이 부러진 팔을 적절히 치료하고 기본적인 요구조건을 충족한다면, 환자는 서비스에 대해 만족하며 병원을 떠날 것이다.

이제 '환자는 곧 손님'이라는 사고방식이 있는 조직의 경우를 살펴보자. 그 조직은 의무적으로 제공해야 하는 것 이상의 서비스를 제공하게 된다. 환자들의 긴 대기시간을 인지하고 이에 대해 사과하며, 진료 현황을 알려준다. 또한 물이나 차와 같은 마실 것과 읽을거리를 제공하는 등 전체 의료서비스를 제공하면서 환자들에게 더욱 신경을 쓴다. 그 결과, 환자는 손님처럼 존중받고 대우받은 것에 깊은 인상을 받고 집에 간다. 손님과 같은 느낌은 의료서비스 고객들에게 환영받는 변화이다. 일반적으로 의료서비스 고객들이 그런 기대를 하지 않기 때문에, 전형적인 의료서비스 경험에 대한 기대를 초과한다. 또한 그 환자들은 재이용을 하거나, 다른 사람들에게 그 시설을 추천한다. 재구매(재이용)와 소개는 조직의 장기적 생존과 수익성에 있어 매우 중요하다.

이 개념을 고객으로서 자신의 경험에 적용해보라. 어떤 시설을 이용할 때, 그곳에서 당신을 단순히 상업적 거래의 구성요소가 아닌 비즈니스의 중심처럼 대했다면, 당신은 그 시설을 다시 이용할 것인가? 환자 또는 다른 고객들도 똑같이 생각할 것이다.

전체적 의료서비스 경험을 관리한다

의료서비스의 일차적 목표는 긍정적인 임상결과에 도달하는 것이다. 그러나 나머지 환자경험에 대해서는 모든 관련자에게 끼칠 손해에도 불구하고 신경을 쓰지 않는 경우가 있다. 전체적 의료서비스 경험을 관리하는 것은 물리적 환경, 조직의 문화, 의료진과 직원 행동, 대인관계, 의사소통 시스템, 행정 정책, 임상 프로토콜, 운영의 기준 등 의료서비스의 모든 구성요소들이 효율적이고 일관되며 모든 고객의 요구와 욕구, 기대에 대응하도록 하는 것을 의미한다.

최근 파인과 길모어(Pine and Gilmore, 1998)가 말한 '경험경제(experience economy)' 에서, 적당한 수준의 임상치료(clinical care)만으로는 경쟁력이 없다. 오늘날의 환자들은 의료제공자들로부터 더 많은 것을 원한다. 그리고 서비스를 받으러 올 때마다 기대한다. 제2장에서는 전체적 의료서비스 경험의 3가지 구성요소-서비스 상품, 서비스 환경, 서비스 전달시스템-에 대해 논한다. 또한 벤치마크 의료조직과 서비스업체들이 손님으로서의 각 환자에게 최고의 서비스 경험을 제공하기 위해 어떻게 그들의 전략과 직원, 시스템을 사용하는지 보여준다.

결론

　고객에게 집중하고 손님처럼 고객들을 대우하고 전체적 의료서비스 경험을 관리하는 것은 간단한 개념처럼 보인다. 하지만 현실에서는 의료서비스 도입자들이 상당한 시간과 노력을 투자해야 하는 큰 경영적 도전이다. 이 개념을 따르는 의료조직들은 소비자들의 기대치를 높일 뿐만 아니라 이런 원칙을 이행하지 않는 경쟁자들보다 비즈니스 측면에서 훨씬 더 월등해진다.

서비스 전략

1. 모든 의료서비스 고객들의 요구와 욕구, 기대를 파악한다.

2. 전반적인 의료서비스 전달시스템 계획과 나아가 세부적인 의료조직에 대한 고객들의 부정적 인식을 긍정적으로 바꾸기 위한 계획을 세운다.

3. 의료서비스와 관련된 모든 정보가 조직의 웹사이트에 제공되고 있는지 확인한다.

4. 의료조직을 비롯한 최고의 서비스 조직들이 제공하는 서비스를 조사하고, 환경에 맞는 기법들을 적용한다. 다시 말해, 최고의 서비스 조직들을 벤치마킹한다.

5. 상품 또는 서비스의 특징과 속성을 개발할 때, 고객이 당신의 조직으로부터 '구매'해야 한다는 확신을 심어줄 수 있도록 '소매처럼' 생각하라.

6. 고객서비스의 3가지 기본 개념-고객에게 집중한다, 고객을 손님처럼 대우한다, 전체적 의료서비스 경험을 관리한다-을 시행하라.

CHAPTER 2
고객은 손님이다

손님을 불러라! 우리는 누구인지 묻지 않을 터이니,
만약 친구라면 우리는 당신께 인사하리라, 손과 마음으로.
만약 이방인이라면 더 이상 그러지 않으리……

- 아서 기터맨(Arthur Guiterman)

| 서비스 원칙 |　 고객들이 기대하는 품질과 가치를 충족하거나 초과한다

　환자에게 서비스를 제공하는 것과 상품을 만드는 것은 전혀 다르기 때문에 각각 다른 경영 원칙과 개념이 필요하다. 최종 점검 단계에서 결함이 있는 타이어나 도색에 흠집이 난 제품을 발견하는 것과, 병원이나 클리닉, 집단의료(group practice) 혹은 관리의료회사가 약속한 서비스 품질과 가치를 제공하지 못했다고 화가 난 환자의 불만을 듣는 것이 그 예이다. 전자의 경우, 상품 제조사와 최종 고객 사이에 존재하는 많은 중재자들 중 하나인 품질검사관이 불량품을 반품함으로써 고객이 보지 못하게 할 수 있다. 서비스가 만족스럽지 못한 수준으로 제공된 후자의 경우, 고객이 곧 품질검사관이다. 매니저나 관리자는 실수에 대해 사과해야 하고, 대안을 제안해야만 한다. 그리고 고객의 불만족이 평가에 반영될 것임을 환자에게 알려주는 수밖에 없다.

　환자들이 훌륭한 임상적 개입(clinical interventions)뿐만 아니라 매번 훌륭한 고객서비스를 원하고 기대한다는 것이 의료조직들에게 던져진 도전 중 하나이다. 이 도전이 더 어려운 이유는 서비스 품질과 가치가 관리자, 제3자 지불자, 정부 감독 기관들이 아니라 환자와 가족, 그 지인들에 의해 판단된다는 점이다. 〈컨슈머리포트〉는 '경우에 따라' 관리의료보험(Managed Care Plans)을 평가하고 〈유에스뉴스앤드월드리포트〉는 '매년' 병원들을 평가한다. 그러나 환자들은 '매번' 그들의 의료서비스 경험을 평가한다.

그러므로 이전 경험에 만족했던 환자도 어느 날 제공받은 서비스 품질이 형편없다고 생각한다거나, 특정 의사가 실력이 없다고 생각하게 될 수도 있고, 병원 전체에 실망할 수도 있다. 단 한 번의 불만족스런 경험은 그 환자에게만 부정적 인식을 심어주는 것으로 끝나지 않는다. 환자가 직접 누군가에 말을 하거나 블로그 등에 글을 올림으로 인해 간접적으로 접촉한 사람들에게도 부정적인 영향을 미칠 수 있다. 많은 조직들은 불만족스런 경험에 화가 났거나 불만을 가지게 된 고객이 복수하려고 마음먹었을 때, 평균 혹은 괜찮은 수준을 유지하는 것만으로는 충분하지 않음을 알게 됐다. 구글에서 '형편없는(sucks)'이라는 단어로 검색하여 나온 조직을 보면, 그 조회수에 놀랄 것이다.

제2장에서는 다음과 같은 내용을 다룬다.

- '고객학'의 의미
- 서비스와 서비스 상품의 본질
- 전체적인 의료서비스 경험의 3가지 구성요소: 서비스 상품, 서비스 환경, 서비스 전달시스템
- 품질, 가치, 비용의 관계

고객학이란 무엇인가?

'고객학'은 월트디즈니의 계획 및 운영 사업부 전(前) 부사장 브루스 레이벌(Bruce Laval)이 만든 용어로, 손님들의 인구통계적 특성, 요구와 욕구, 기대, 실제 행동에 대한 과학적 연구이다. 고객학은 조직이 고객들의 관점을 통해 서비스 경험을 체계적으로 검토하

게 만들기 때문에 전통적인 경영사고(management thinking)를 근본적으로 뒤엎는다. 고객학의 목표는 손님들의 기대와 실제 행동에 효과적으로 대응하고, 동시에 재정과 임상 목적을 충족할 수 있는, 고객중심 경험을 창출하고 유지하는 것이다.

의료조직에게 고객학이란, 환자들의 요구와 욕구, 기대를 연구하고, 시설에 있는 동안 그들의 행동을 관찰한다는 의미이다. 연구 결과는 의료관리자들이 조직의 서비스 상품과 서비스 환경, 서비스 전달시스템에 대한 환자들의 기대를 충족하고 넘어설 수 있도록 서비스 및 실행(practices)의 개선과 개발에 도움을 준다. 고객학은 고객만족의 핵심동인에 관한 연구로 시작되었고, 환자 중심적인 조직의 시스템, 전략, 직원들에 초점을 맞춘다.

고객학에서, '모든 것은 고객으로부터 시작된다'라는 명언은 조직 내의 모든 사람들이 행하고, 말하고, 작성하는 모든 것을 지도하기 위해 받아들이고 사용해야 하는 진리 혹은 사고방식이다.

고객서비스 제공자들에게 바라는 품질

유대-기독교(Judeo-Christian)의 전통에서, 이방인들에게 친절함을 베푸는 것은 이집트에서 노예 생활을 했던 유대인들 시절로 거슬러 올라간다. 《코란》에는 다음과 같은 구절이 있다.

> 타국인이 너희 땅에 우거하여 함께 있거든 너희는 그를 학대하지 말고 너희와 함께 있는 타국인을 너희 중에서 낳은 자같이 여기며 자기같이 사랑하라. 너희도 애굽 땅에서 객이 되었더니라(레위기 19:33-34).

초기 기독교인들은 최후 심판의 날에 '낯선 사람들을 영접했는지'가 양과 염소(선과 악)를 분별하는 기준이라 믿었다(마태복음 25장). 초기 기독교인들은 나그네들과 타국인들을 위해 음식을 제공하면서 숙소 역할도 할 수 있는 집을 지었다. 결국, 유대인들은 집에 아픈 여행자들이 치료를 받고 전염병을 치료할 수 있는 별채를 지었다. 수 세기 후, 낯선 사람들을 위한 이 집들을 '손님' 혹은 '주인'이란 의미의 라틴어 hospitas에서 hospitals로 바뀌었다. 훨씬 후에 병원(hospitals)은 병들거나 다친 사람들을 위한 치료기관으로 전문화되었다.

오늘날의 의료서비스 소비자들은 의료제공자들로부터 그런 '환대'를 기대하고 있다. 의료조직들은 기능적 서비스 품질 특징들, 즉 친절하고 환자들이 쉽게 평할 수 있는 간병인으로서의 속성을 가져야 한다. 학자들은 서비스 품질 연구 결과 5가지의 가장 중요한 특징들을 발견했다.

- 대응성(Responsiveness): 서비스를 제공하고 기꺼이 도움
- 확신성(Assurance): 직원들의 지식과 예의범절
- 공감성(Empathy): 배려와 개별화된 관심
- 유형성(Tangibles): 의료장비 구비와 쾌적한 환경
- 신뢰성(Reliability): 믿음직스럽고, 정확하게 약속된 서비스를 이행할 수 있는 능력

이런 특징들로 최고의 손님경험(guest experience)을 위한 장을 마련할 수 있으며, 고객들을 충성고객이나 단골고객으로 만든다. 고객들을 손님처럼 대우하는 것은 간단해 보이지만, 의료조직들이 고객주도형 시장에서 성공적으로 경쟁하기 위해 숙달해야 할 주요 과제이다.

고객서비스 사슬

[표2-1]은 의료조직에서 고객서비스의 시작과 끝을 보여준다. 외부적 환경(왼쪽 위)은 고객들의 기대(왼쪽 아래)에 영향을 미치며, 역으로 고객들의 기대 역시 외부적 환경에 영향을 준다(양방향 화살표로 표시). 예를 들어, 의료산업 내의 일부 인센티브들은 높은 수준의 고객서비스 제공을 지원하지 않을 수도 있다. 만약 더 많은 환자를 받기 위해 각 환자들에 대한 진료시간을 제한하라고 관리의료조직들이 의사들에게 압력을 넣는다면, 의사

와 환자 모두 만족하지 못할 것이다.

[표2-1] 만족도-충성도-결과 사슬

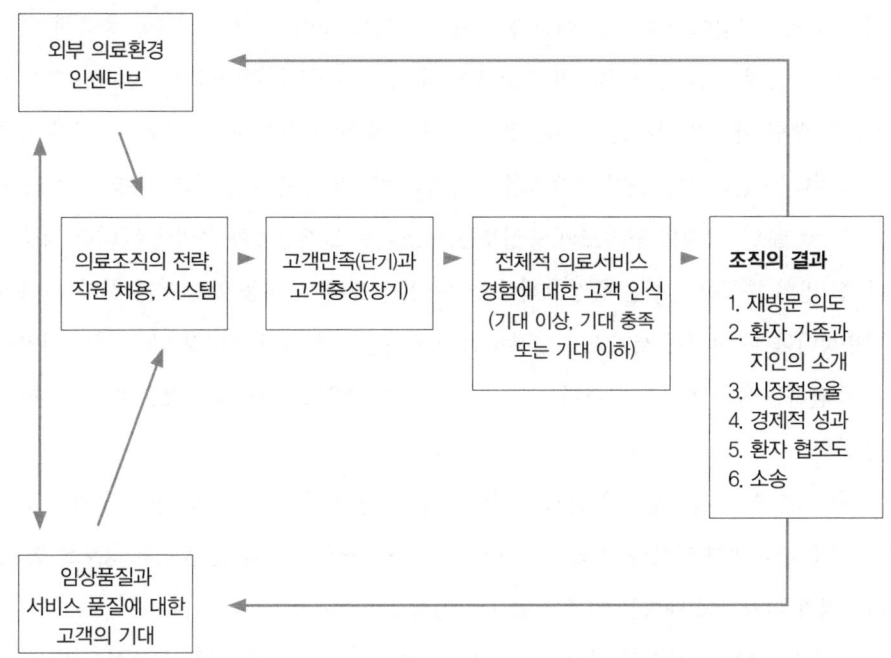

고객기대는 제공받는 의료서비스의 현재 혜택과 미래 서비스의 기대 혜택 모두를 반영한다. 만약 소비자들이 외부 의료환경 요소에 불만이 생겼다면, 그들은 정부에 개선 압력을 가할 수 있다. 예를 들어, 2000년대 초반, 소비자들은 특정 서비스나 전문의들에 대한 접근을 너무 엄격하게 통제하는 관리의료의 규제 완화를 촉구하고자 정치 대변인들을 결속시켰다. 관리의료산업은 고객 요구에 응해 규제를 완화했다. 만약 최근의 서비스에 소비자 만족도가 높다면, 고객이 미래에도 해당 서비스를 또 사용할 것이라고 예측해볼 수 있다.

외부 환경과 고객의 기대는 조직의 전략, 직원 채용, 시스템에 영향을 미친다. 예를 들어, 건강보험사가 환자와 의사 간의 이메일 커뮤니케이션에 대해 환급해주지 않는 대신 짧은 병원 방문에 대한 비용은 지불한다면, 환자와 의사는 직접대면(face-to-face)하는 상호작용을 더 선호하게 된다. 전체적 의료서비스 경험에 대한 고객의 인식(오른쪽에서 두 번째 박스)이 서비스에 대한 만족도(단기적)와 조직에 대한 충성도(장기적)의 진정한 결정요인이다. 하지만 많은 의료조직들은 임상적인 실력이야말로 성공의 결정적 요인이라 여긴다.

자신의 의료경험이 기대 이상이었다면 고객은 기쁠 것이고, 그저 기대를 충족한 수준이었다면 만족에 그친다. 그러나 만약 고객이 서비스가 수준 이하였다고 느낀다면 고객은 불만족할 뿐만 아니라 다시는 그 시설을 이용하지 않을 것이다. 고객만족은 한 번의 이용으로 생겨나는 결과이다. 반면 고객충성은 장기간 반복된 긍정적인 거래로부터 생겨난다. 장기적으로 보면, 고객의 만족도와 충성도는 비즈니스 고객관계와 수익에 막대한 영향을 준다. 한 번의 불쾌한 경험은 충성고객이 될 수 있는 고객 한 명을 잃는 것과 같다. 나아가 고객충성이란 한 고객이 서비스를 반복하여 이용하는 것뿐만이 아니라 그 고객이 지인들에게 추천하는 수준까지 포함한다는 점을 감안하면, 충성고객을 잃는 것은 매우 큰 타격이 된다.

고객만족도와 고객충성도가 실제로 관련 있음이 성인 환자들에 대한 한 연구에서 밝혀졌다. 연구 결과에서 의사와 간호사가 환자와 그 가족들을 얼마나 잘 돌보고 정보를 잘 제공하는지가 환자들의 재방문 여부에 중대한 영향을 미쳤음을 알 수 있다.

이 만족도-충성도 사슬의 결과(오른쪽의 마지막 박스)는 고객의 만족과 충성 정도에 따라 달라진다. 긍정적인 결과는, 환자들의 재방문 의사가 상승되고, 환자들이 친구들과 가족들에게 해당 시설을 소개할 가능성이 높아지는 것이다. 또한 시장 점유율이 상승하고, 수익이 개선되며, 환자가 치료에 더 순응하고, 의료소송이 줄어드는 결과를 보는 것이 의료조직 입장에서는 가장 좋은 결과이다. 반대로, 낮은 만족도와 충성도는 부정적인 결과만을 낳는다.

외부 또는 주요 고객들의 기대

만족도의 핵심동인 발견하기

훌륭한 서비스 조직은 자신의 상품을 사용하는 사람들의 핵심동인에 대해 집중적으로 연구한다. 핵심동인은 고객들에게 가장 중요한 요구와 욕구, 기대이며, 이런 동인들은 조직의 지식베이스(knowledge base)의 일부로 삼아야 한다. 이런 핵심동인들을 배우는 가장 좋은 방법은 지속적으로, 세심하게 고객을 연구하는 것이다.

많은 의료관리자들은 자신이 고객만족도와 재방문 의사의 관계를 잘 알고 있다고 생각한다. 그러나 대부분 경영진의 인식은 고객들의 관점과 달라, 관리자들이 생각하는 소비자들의 선호와 실제 소비자들의 선호에 차이가 생긴다.

앞서 언급했듯이, 디즈니는 고객들의 기대에 대해 연구하고자 '고객학'이라는 개념을 연구·개발했다. 다른 최고의 서비스 조직들은 고객들과 접촉하는 직원들을 교육해, 그들이 정기적으로 손님들에게 고객경험이 어땠는지 물어보도록 한다. 예를 들어, 리츠칼튼 호텔은 고객 설문조사를 사용하여 18가지의 핵심동인을 알아냈다. 리츠칼튼 호텔은 이 핵심동인들을 매우 중요하게 여겨, 각 호텔마다 이 핵심동인을 담당하는 직원을 지정했다.

고객관계 관리

벤치마크 서비스 조직들은 '세상에 변하지 않는 것은 없다'와 '성공이 끝은 아니다'라는 격언을 따른다. 즉, 그들은 고객의 기대와 인구통계의 변화를 파악하고 대응하기 위해 많은 노력을 한다. 이것이 고객들의 요구와 욕구, 행동에 관련된 모든 활동들에 초점을 맞추는 조직적 실행, 즉 고객관계 관리의 기본 원칙이다.

버코위츠(Berkowitz, 2006)에 따르면, CRM(Customer Relationship Management, 고객관계 관리)은 '고객과 조직의 이익을 위해 고객과 장기적이고 비용효율적인 관계를 형성하려는 조직의 시도'이다. 간단하게 말하면, CRM은 서비스라는 개념을 개별적 거래에서 관계 형성으로 변화시킨다.

토마스(Thomas, 2005)는 CRM을 아래와 같이 정의한다.

외부 시장 데이터와 내부 고객 데이터를 연계하는 지식의 중앙집권체제 형성. 이 통합 데이터 세트는 해결해야 할 과제와 관련된 패턴을 알아내기 위해 분석될 수 있다. 더 구체적으로는, 미래의 마케팅 결정을 위해 고객들과 그들의 과거 구매 행동을 파악하는 것을 포함한다. 또한 고객 프로필의 종합 데이터베이스를 구축하는 것과 이런 프로필에 근거한 직접적인 마케팅에 착수하는 것도 포함된다.

잘 설계되고 시행된 CRM 프로그램은 상당한 이익을 가져다준다. 새로운 기술들은 이 기회의 폭을 넓히는 역할을 할 뿐이다. CRM 프로그램의 일상적인 목적은 다음과 같다.

- 고객서비스와 만족도 향상
- 수익성 증대
- 부정적인 고객경험 감소
- 자원의 효율적 배분
- 고객 상호작용 비용 감소
- 고객 및 잠재 고객 유치 · 유지
- 더 강력한 고객관계 형성
- 임상결과 향상

대부분의 조직들은 고객만족도를 CRM 성공의 지표로 사용한다. 대다수 병원들이 이미 환자만족도를 주요 성과지표로 사용한다는 점을 고려하면, CRM 전략 채용을 큰 도약이라 여겨서는 안 된다. 그러나 의료조직들이 인사이드-아웃(inside-out)에서 아웃사이드-인(outside-in)으로 변경하는 것을 어려워하고 있다. 카이저 퍼머넌트(Kaiser Permanente), 셀러브레이트 헬스(Celebrate Health), 메이요 클리닉(Mayo Clinic) 등이 고객주도형(outside-in)으로 바꾸는 데 큰 진전을 보여줬다. 그러나 이들은 예외에 속한다.

CRM은 다음과 같은 분야 혹은 활동에서 고객 관리에 적용하기 이상적이다.

- 만성질환 환자들에 대한 질병 관리
- 직원 원조 프로그램
- 의사 대 의사 마케팅
- 지역사회 건강검진 및 예방
- 단골고객 프로그램

기대 관리하기

'기대'에 영향을 미치는 주요 요인에는 개인의 니즈, 가치, 과거의 경험, 다른 사람들로부터 받은 정보, 의도, 속성, 기분과 감정, 결과물의 인식 결과, 사회적/인구통계적 배경, 사회적 규범, 집단 압력, 품질의 인식 등이 포함된다. 벤치마크 의료조직들은 환자의 기대를 초과하는 주요 요인들을 찾아내기 위해 연구하기 때문에, 그들은 이런 정보를 사용하여 각 환자의 서비스 경험을 가능한 한 최대로 개인화(personalize)할 수 있다.

어떤 조직들은 환자들의 임상 기록과 함께 환자들의 기대도 문서화하여, 환자들의 다음 방문에는 그들의 기대가 충족되도록 한다. 다른 조직들은 환자들에게 앞으로 받을 서비스에 대한 정확한 정보를 제공하여 환자의 기대를 관리한다. 즉, 그 환자는 시설에 도착하기 전에 자신이 받게 될 절차나 진료에 대한 자료를 이미 읽었거나 아니면 직원과 이야기를 하게 된다. 이런 종류의 정보는 광고, 예약 전화, 브로슈어, 웹사이트를 통해 전달할 수 있다. 환자의 기대가 더 정확할수록 조직이 그 기대를 충족하거나 초과할 수 있는 가능성이 더 높아진다.

최고 수준의 서비스 조직들과 다른 고객서비스 조직들도 기대치를 설정하고 그 기대치에 부응하는 것이 중요함을 잘 알고 있다. 예를 들어, 웬디스(Wendy's)는 자신들의 서비스를 잘 정의한다. "음식 품질은 높고, 늦은 시간까지 영업하며, 화장실은 깨끗하다. 그래서 웬디스의 고객들은 음식이 별로이거나, 일찍 영업을 접거나, 화장실이 더러우면 금방 알아차리고 실망한다."

또 다른 예로는 고객들이 놀이공원에 입장하기 전부터 고객의 기대를 예측하고 충족하는 월트디즈니를 들 수 있다. 월트디즈니의 고객학 연구에서, 방향 선택을 해야 할 때 어디로 가는지 무심한 사람들은 자신들이 잘 쓰는 손 쪽으로 향하는 경향이 있음을 알아냈다. 대부분의 손님들이 오른손잡이이기 때문에, 디즈니는 매직 킹덤의 메인 스트리스 스퀘어부터 오른쪽으로 향하는 투모로랜드까지 오는 거리를 왼쪽으로 향하는 프론티어랜드까지 오는 거리보다 더 넓게 만들었다. 이는 고객학을 실천한 것으로, 어떤 조직이든지 고객의 요구와 욕구, 행동, 기대에 대한 유사한 연구로부터 이익을 얻을 수 있다.

그러나 의료서비스에서 환자의 기대를 관리하는 것은 쉽지 않다. 환자들의 요구와 욕구는 모호하고 가변적이기 때문이다. 특히, 조직이 환자들과 접촉이 드물거나 이전에 접촉한 경험이 없다면 더 그러하다. 환자는 테마파크 방문객들과는 다르다. 그들은 아프고, 치료받는 것을 망설인다. 또한 사생활 보호를 중시하고, 전인적(whole person) 서비스를 필요로 하며, 의료적인 위험에 처해 있다.

처음 온 환자들은 청결한 병실과 환경, 지식을 갖춘 친절한 직원, 긍정적인 임상결과 등 일반적인 수준의 기대를 하고 있을 것이다. 반면 재방문 환자들은 의료제공자와의 이전 경험을 반영한 구체적인 기대치를 가지고 있는 편이다. 이런 가변성 때문에 의료조직들은 모든 고객들에 대한 핵심 만족 동인들을 연구해야 한다.

뿐만 아니라, 환자들은 메이요 클리닉과 같은 유명한 대형 의료조직들에 대해서는 더 큰 기대를 한다. 잠재적 고객들도 메이요 클리닉의 명성을 알고 있다. 관련 기사를 읽거나, 수년간 그 이름을 들어왔을 것이고, 1차 의료 의사들로부터 추천을 받아본 경험이 있을 것이다. 그런 이유로, 처음 방문하는 환자들은 메이요 클리닉에 훌륭한 서비스를 기대하게 된다.

만약 조직이 어떤 환자의 기대를 충족할 수 없음을 스스로 알았다면, 환자가 실망하기 전에 먼저 알려줘야 한다. 의료기관은 자신들의 능력과 역량을 평가해 환자의 기대를 충족할 수 있는지를 알아야 하고, 지나친 약속을 하거나 기대 이하의 서비스를 제공하는 일은 피해야 한다. 또한 의료관리자들은 환자들이 비현실적인 기대를 하지 않도록, 문제가 있으면 바로 알려야 한다.

불평을 환영하라

오늘날의 불만환자들은 더 이상 뒷마당에서 혹은 전화로 친구나 이웃에게 이야기하는 데 그치지 않는다. 그들은 인터넷을 사용해 이야기를 재빠르게 전 세계에 퍼트릴 수 있다. 고객에게 불친절한 의료제공자들과 조직들을 맹비난하는 웹사이트들이 급증하고 있다. 이런 웹사이트에 게재된 부정적인 글들은 조직의 명성에 심각한 악영향을 미쳐 비즈니스를 위험에 빠트릴 것이다. 또한 1990년대 후반의 연구 결과 밝혀진 사실처럼, 잠재 고객을 유치하는 것이 기존의 고객을 유지하는 것보다 더 비용이 들게 마련이다.

대부분의 환자들이 의료제공자로부터 긍정적인 경험을 기대한다는 것을 알아내기 위해 군이 따로 조사를 할 필요는 없다. 환자들은 기대에 어긋나는 요인이나 상황을 마주하면 불평하게 되어 있다. 이런 불평은 좋은 정보의 원천이기도 하다. 고객들이 무엇을 '원하지 않는지' 조사하면 그들이 원하는 것까지 통찰할 수 있다. 서비스 전문가인 렌 베리(Len Berry)의 책 《Discovering the Soul of Service》(Free Press, 1999)에는 가장 흔한 고객불평 10가지가 나오는데, 오늘날의 의료서비스 시장에서도 여전히 유효하다. 이런 불평들의 공통점은 고객들이 무시당한 느낌을 받았다는 것이다.

- 불만: 거짓말, 불성실, 조직과 직원들의 불공평한 태도
  환자기대: 진실과 공평한 대우
- 불만: 직원들의 냉정하고 무례한 태도
  환자기대: 존중하는 마음에서 우러나오는 대우
- 불만: 무관심과 실수, 약속의 불이행
  환자기대: 세심하고 신뢰할 수 있는 의료서비스, 약속받은 진료 결과
- 불만: 문제를 해결할 의지나 권한이 없는 직원들
  환자기대: 임상적 · 비(非)임상적 문제에 대한 즉각적인 해결
- 불만: 일부 서비스 카운터가 닫아서 줄을 서서 대기함
  환자기대: 짧은 대기시간
- 불만: 비인격적인 서비스
  환자기대: 직원들의 개인적 주목과 관심

- 불만: 문제 발생 후 부적절한 의사소통

  환자기대: 문제 발생 보고 후 또는 제공받아야 할 서비스를 받지 못한 후, 문제해결 과정에 대한 정보
- 불만: 노력하는 태도를 보여주지 않거나 도움 요청에 대해 귀찮다는 반응을 보이는 직원들

  환자기대: 기꺼이 도움을 제공하는 직원
- 불만: 사태 파악을 못 하는 직원들

  환자기대: 상황에 대해 인지하고 있는 직원들로부터 일반적인 질문에 대한 정확한 답변을 원함
- 불만: 자신들의 이익을 먼저 생각하는 직원, 고객이 대기하고 있는데 개인적 용무를 처리하거나 다른 사람과 잡담하는 직원들

  환자기대: 환자의 권익을 먼저 생각해주는 태도

고객서비스를 경쟁력으로 사용하기

임상품질 제공 능력에서 다른 의료제공자들보다 눈에 띄게 월등한 상태가 아니라면, 훌륭한 고객서비스 명성을 경쟁력으로 활용할 수 있다. 이러한 명성은 하나의 상품으로, 고객들의 요구와 욕구, 기대를 충족하거나 초과하여 서비스 상품, 서비스 환경, 서비스 전달 시스템을 융합할 수 있는 조직의 능력이다. 경쟁시장에서는 고객서비스가 곧 경쟁력이다.

내부 고객들의 기대

제1장에서 언급했듯이, 내부 고객에는 직원과 의사를 비롯해 서로 의지하거나 서비스를 제공해야 하는 모든 사람들과 부서 혹은 단위들이 포함된다. 앞서 설명한 고객서비스 경험의 원칙은 외부 고객들에게뿐만 아니라 내부 이해관계자들에게도 적용된다.

예를 들어, 의사가 환자의 엑스레이 필름을 방사선 부서에 요청한 경우, 방사선 기술자는 환자로부터 받은 요청인 것처럼 처리해야 한다. 즉, 그 요청을 기쁘게 받아들여 적시에 친절하게 이행하고, 정확한 필름을 제공해야 한다. 또한 필요한 경우 명확한 질문을 하고, 가능한 모든 방법으로 도움을 제공해야 하는 것이다. 만약 방사선 부서가 의사의 기대를 충족하지 못한 경우, 즉 환자의 엑스레이 필름을 적시에 받지 못한 경우, 의사는 방사선 부서의 서비스에 실망하게 된다. 비록 의사는 화가 난 환자처럼 방사선 부서의 서비스 사용을 중단할 수는 없겠지만, 대신 그 부서의 기술자가 능력이 부족하다거나, 부서 자체가 비효율적이라고 소문을 낼 수 있다. 또한 너무 실망할 경우 그 병원에서 의료행위를 하는 것을 거절할 수 있고, 이로 인해 병원은 그 의사가 창출해낼 수 있는 미래 수익을 잃게 된다.

동일한 논리는 행정인과 직원 간의 관계에도 적용된다. 모든 직원들은 고용주가 배려하는 마음으로 모두를 공평하게 대우해줄 것과, 자신들의 존엄성과 능력을 존중해줄 것을 기대한다. 이는 벤치마크 의료조직이 자신의 직원들에게 환자와 기타 내·외부 고객들에게 행하기를 바라는 행동과 같은 것이다. 직원들을 손님으로 보고, 그들에게 동기와 권한을 부여하는 것은 조직의 성공에 매우 중요하다. 이에 대해서는 제8장에서 상세히 다룬다.

서비스와 서비스 상품의 본질

본질적으로 서비스는 두 명 이상, 즉 소비자와 서비스 제공자 간에 발생한다. 항상 그런 것은 아니지만, 일반적으로 서비스는 유형적 요소와 무형적 요소를 포함한다.

의료서비스에서, 무형성(intangibles)은 직원의 친절함과 대응 혹은 즉각적이고 효율적인 서비스와 같이 환자들이 집에 가지고 갈 수 없는 것들을 의미한다. 반면 유형성(tangibles)은 청진기나 체온계와 같이 환자들이 물리적으로 만지거나 느낄 수 있는 것들을 의미한다. 때로는 무형성에 유형적 요소가 포함되고, 유형성에 무형적 요소가 포함되기도 한다. 무형성과 유형성의 결합이 곧 서비스 상품(service product)이다.

의료조직과 환자는 각각 서비스 상품을 정의하는데, 둘의 정의가 서로 다를 수 있다. 예를 들어, 조직은 서비스 상품을 심장 이식의 긍정적 임상결과라고 생각할 수 있다. 반면, 환자는 전체적 의료서비스 경험을 서비스 상품이라고 인식할 수 있다. 즉, 성공적인 수술만이 아니라 청결한 병실, 배려심 있고 정보를 잘 알려주는 의사들, 친절하고 밝은 직원, 훌륭한 후속진료 등을 포함시킬 수도 있는 것이다. 환자에게 간병인들의 따뜻한 마음과, 환자를 대하는 전문의의 태도가 입원기간 동안 임상적 치료보다 더 기억에 남을 수 있다.

이런 이유로, 조직은 자신들의 관점에서만이 아니라 고객들의 요구와 욕구, 기대의 관점을 반영하여 서비스 상품을 정의해야 한다. 오래 전에 레브론(Revlon)의 전 대표였던 찰스 레브슨(Charles Revson)은 회사가 만드는 것과 고객들이 구매하는 것 간의 중요한 구별을 지었다. "우리는 공장에서 화장품을 만들고, 상점에서 희망을 판다." 이러한 구별은 긍정적인 경험과 결과를 기대하는 환자가 더 많아진 오늘날 특히 중요하다.

유형 요소 대 무형 요소

제조된 상품은 의료서비스 상품들과는 다르다. 왜냐하면 제조된 상품들은 항상 유형적이기 때문이다. 제조상품은 소비를 위해 생산되고, 선적되고, 구매되며, 생산자들(제조사들)은 고객들과 최소한의 상호작용만 하게 된다. 반면 서비스 상품들은 종종 무형적이지만, 소비자 접촉뿐만 아니라 고객 참여까지 요구한다. 예를 들어, 안경, 보철장치, 제조약품과 같은 유형적 상품들은 무형적 서비스를 동반한다. 서비스 상품, 서비스 환경, 서비스 전달시스템의 조합이 전체적 의료서비스 경험을 만든다.

무형적 서비스도 조직이 제공하는 '상품'이라면 '서비스 상품'이라고 불릴 수 있다. 이렇게 생각해 보자. 서비스 상품은 유형적 물품을 포함할 필요가 없는 일반명사이다. 예를 들어, 질병진단은 서비스 상품이다. 서비스 상품은 의사가 제공하는 정보와 건강 정보를 취합하고 의사의 지시사항을 설명할 수 있는 간호사의 능력, 환자를 접수하고 병원비를 처리하는 안내 데스크의 즉각적 대응, 환자의 방문 전부터 방문 후까지 환자의 질문에 답변할 수 있는 간호사의 유용성으로 구성된다.

서비스 제공자와 고객의 상호작용

베리와 밴다푸디(Berry and Bendapudi, 2007)의 연구는 의료산업의 서비스와 다른 산업의 서비스가 가진 유사성을 보여준다. 다른 산업들과 마찬가지로 의료서비스 역시 노동집약적이고, 기술이 필요하며, 유·무형적 이득을 제공해야 한다. 또한 일반적으로 고객이 있는 곳에서 제공되고, 소멸되며, 서비스를 제공받는 사람들이 쉽게 이해할 수 없는 형태이다. 그리고 의료서비스의 중심에는 서비스 제공자와 고객의 상호작용이 있다.

[표2-2]는 서비스 제공자와 고객의 상호작용 유형으로, 각각에 부합되는 서비스들의 일반적인 예를 나열하고 있다. 표에서 볼 수 있듯이, 다른 종류의 서비스들은 다른 상호작용을 요구한다. 예를 들어, 자판기와 ATM(현금자동입출금기) 등은 서비스가 이루어지는 장소에 서비스 제공자가 없어도 된다. 고객이 기계를 사용할 때 서비스 제공자가 부재하기 때문에, 서비스 제공자는 모든 고객들이 이용할 수 있도록 시스템을 점검해야 한다. ATM을 예로 들면, ATM은 점점 더 다양한 언어로 서비스를 제공하는 추세이다. 그리고 사용자들이 은행원이나 창구직원의 도움 없이 필요한 은행 업무를 처리할 수 있게 되므로, 고객친화적 서비스라고 할 수 있다. 이는 은행들이 바쁜 고객들과의 관계를 형성하는 또 다른 방법이며, 경험에 가치를 부가한다.

[표2-2] 서비스 제공자와 고객의 상호작용

	고객이 있는 경우	고객이 없는 경우
서비스 제공자가 없는 경우	전력/가스공급, ATM, 자동판매기	전화 자동응답, TV 보안 서비스
서비스 제공자가 있는 경우	의료서비스 및 기타 서비스업	잔디 관리, 시계 수리

의료산업과 서비스산업에서는 고객이 있을 때 대부분 서비스 제공자도 함께 있어야 한다. 이때 서비스 상호작용은 서비스 제공자가 고객의 경험에 가치를 부가할 수 있는 주요수단이다. 예를 들어, 병원에서 접수 직원이나 안내 데스크 직원은 단순히 환자에게 인사하고 의사나 간호사에게 대기 환자가 있음을 알리는 일만 하는 것이 아니라, 의료비 처리와 후속진료 예약을 관리할 책임이 있다. 안내 데스크와의 짧은 상호작용 동안 접수 담당

자는 서비스 제공자를 대표한다. 그렇기 때문에 접수 담당자는 환자와 대면하는 순간 환자의 기본적 기대를 초과함으로써 환자의 방문 경험에 가치를 부가할 수 있다.

의료산업에서 서비스 제공자와 고객의 상호작용이 필요하지 않은 서비스는 연구 실험, 보험청구 처리, 시설 관리와 같이 고객에게 노출되지 않는 곳에서 이행되는 서비스들이다. 그러나 의학기술의 발전으로 서비스 제공자와 환자가 직접 접촉할 필요가 줄어들고 있다. 만성질환 환자와 노인들에게 주로 사용하는 '원격 환자 모니터링(remote patient monitoring)'은 엄청나게 발전했다.

GE(General Electronic Company)와 인텔(Intel)은 최근에 집이나 양로시설에 있는 환자를 의사가 원격으로 모니터하고 진단하고 상담할 수 있는 기술을 개발하기 위해 합작하기로 했다고 발표했다. 원격의료(telehealth)와 로봇 수술은 의사와 간병인들이 전통적 진료환경 밖에서 원격으로 환자들과 상호작용하고 진료 서비스를 제공할 수 있게 해주는 주요 사례들이다. 환자의 능력을 고려하여 혁신기술을 설계한다면, 이런 기술들은 서비스 경험을 향상시킬 수 있다.

서비스 무형성의 시사점

서비스의 무형성은 의료관리자들에게 몇 가지 시사하는 것이 있다.

1. 무형 서비스의 품질이나 가치를 객관적으로 정확하게 평가하는 것은 불가능하다. 서비스의 품질과 가치는 주관적인 기법(subjective technique)으로만 평가할 수 있다. 이 기법의 가장 기본은 고객에게 물어보는 것이다. 그러나 이 기법을 사용하는 것에도 문제는 있다. 왜냐하면 의료서비스 고객의 요구와 욕구가 다 다르기 때문이다. 여러 환자들의 경험이 정확하게 다 같을 수는 없다. 모든 환자들은 서비스를 자신의 관점과 사고방식으로 판단한다. 그러므로 서비스가 무형적인 경우, 환자가 제공받은 서비스와 처우가 유사해도 평가는 각기 다를 수밖에 없다.

2. 무형 서비스는 재고로 쌓아놓을 수도 없고 보관할 수도 없다. 예를 들어, 오전 10시에 있는 진료 예약이나 월요일에 비어 있는 병원 침대를 화요일에 사용할 수 있

도록 묶어둘 수는 없다. 이러한 서비스의 시간제약적 측면은 환자들이 의료조직의 수용능력에 문제가 있다고 여기게 만들 수 있고, 그로 인해 환자불만이 생겨날 수 있다. 그런 인식이 사실이든 아니든, 관리자들은 수용능력을 관리해야 한다. 그들은 시설이 예상 수용인원을 충족하여, 환자들이 장시간 대기하거나 다른 서비스 제공자에게 가지 않도록 해야 한다. 하지만 과도한 수용력을 갖추는 것에는 신중해야 한다. 수용력이 수요를 초과하면 시설의 인적·물적 자원을 충분히 활용하지 못할 수도 있기 때문이다.

3. 무형 서비스는 서비스를 경험해보지 못한 고객들이 이해할 수 있게 마케팅하기가 어렵다. 광고에 사진을 삽입하고, 웹사이트에 만족한 환자들과 환자 가족들의 경험담을 게재하고, 고객서비스와 임상품질의 수상 내역을 홍보하고, 존중받는 지역사회와 시민 지도자들을 이용한 홍보는 조직을 널리 알리는 데 도움이 될 수 있다. 이런 노력들은 무형 서비스를 눈에 보이게 만들고, 잠재적 고객들이 기대하는 것이 무엇인지 심적 이미지(mental image)를 형성하게 도와주며, 무엇을 제공해야 할지를 직원들에게 알려준다.

4. 무형 서비스는 인적 상호작용과 협업을 요구한다. 이런 상호작용은 대면, 전화, 우편, 이메일 혹은 문자를 통해 이뤄질 수 있는데, 짧게 끝날 수도 있고 길게 이어질 수도 있다. 형식에 관계없이, 서비스 제공자와 고객의 접촉은 조직에 대한 고객의 인식을 형성한다.

서비스 제공자에게 권한 부여하기

고객의 요구와 욕구, 기대를 이해하고 충족하기 위해 의료조직들은 모든 일을 고객학의 개념에 따라 환자로부터 역으로 해야 한다. '역으로 일하는 것(working backward)'은 서비스 제공자 교육과 권한부여를 수반한다.

벤치마크 조직들은 관료적 조직에서 실행되는 경영통제 시스템을 엄격하게 관리하는 대신 서비스와 직원 행동의 일관성 및 예측 가능성을 위해 직원들에게 권한을 부여한다. 그들은 관리자가 모든 환자와 직원의 상호작용을 지켜볼 수 없다는 것과 직원이 의료서비스 경험을 만들거나 망칠 수 있음을 알고 있다.

그래서 그들은 직원들에게 고객서비스 원칙들과 조직의 미션에 대해 지시하고 교육하는 서비스 제공자의 능력을 신뢰한다. 더 나아가, 이런 조직들은 직원들에게 직원의 행동이 조직의 미션과 일치해야 함을 이해시킨다. 즉, 말과 행동이 일치하도록 한다는 것이다.

직원들의 성과를 연간 기준이나 불미스러운 사건이 발생한 후에 검토하기보다는, 코칭과 피드백, 자원이나 도구, 고객서비스에 관련된 다양한 주제의 교육을 지속적으로 제공해야 한다. 잘 교육된 목표지향적 직원은 훌륭한 서비스를 제공할 것이다.

서비스 경제부터 경험경제까지

모든 산업에서, 많은 소비자들은 잘 만든 상품이나 서비스만으로는 더 이상 만족하지 못하는데, 이를 이해하는 조직은 많지 않다. 자신이 지불한 서비스나 상품에 기억에 남을 만한 경험을 원하고 기대하는 고객이 늘고 있다. 당연히 병원은 공정한 가격에서 수준 높은 의료서비스를 제공해야 하고, 의사들은 적절한 약과 진료를 처방해야 하며, 보험사나 다른 지불자들은 제때 의료비를 지불해야 함은 당연하다. 그러나 환자의 기대는 이런 기본적인 수준을 넘어섰다.

파인과 길모어는 자신들의 저서에서, 사회는 산업지향적 경제에서 서비스지향적 경제로, 그리고 현재 경험지향적 경제로 바뀌었다고 주장한다. 그들은 저서 《The Experience Economy》(Harvard Business School Press, 1999)에서 비즈니스는 고객들을 위해 기억에 남을 수 있는 개인적인 상품들과 서비스를 제공해야 한다고 주장했다. 변화에 대한 대응으로, 노스하와이 커뮤니티 병원(North Hawaii Community Hospital)이나 미드콜롬비아 메디컬센터(Mid-Columbia Medical Center)와 같은 일부 의료조직들은 종합 치유환경을 제공한다. 또한 '와우(wow)팀'을 조직하고, 엄격한 병원이 아닌 아늑한 느낌의 시설을 만드는 등 혁신적인 환자경험을 실제로 제공하려 한다.

여기서 중요한 교훈은 환자들을 통계적으로 보거나 의료보험 수혜자라는 추상적 존재로 봐서는 안 된다는 것이다. 각각의 환자는 고유하고, 다양한 감정들과 요구를 의료시설에 표현한다. 그들은 안정된 상태로 도착할 수도 있지만, 진통제와 심각한 의료적 개입이 필요할 수도 있다. 또한 절망감과 두려움을 보여주지만 상태가 곧 호전될 것이라는 확인만 필요할 뿐일 수도 있다. 앞서 살펴봤듯이, 이런 차이점을 인식하는 방법은 환자들에 대해 연구하는 것뿐이다. 의료조직은 무엇이 환자를 육체적으로 고통스럽게 하는지는 물론이고, 무엇이 환자를 정신적·감정적으로 고통스럽게 하는지도 알아야 할 것이다. 거기서부터 조직은 환자의 요구와 욕구 그리고 기대에 맞는, 기억에 남을 의료서비스 경험을 제공할 수 있다.

이미 불안한 상태로 도착한 환자의 요구와 욕구, 기대를 충족하는 것은 매우 어렵다. 예를 들어, 치과를 찾는 환자들은 대부분 불안한 상태이다. 만약 임상결과가 부정적이라면, 환자를 만족시키기는 더 어려워진다. 그러나 의료문헌에 따르면, 임상결과가 만족할 수준이 아니더라도 지나치게 부정적이지만 않다면 서비스 제공자는 의료서비스 경험의 비(非)임상적 측면에 더 신경을 씀으로써 의료소송이나 부정적 평가를 막거나 최소화할 수 있다. 여러 연구 결과에서, 의료과실 소송의 80% 정도는 제공받은 의료서비스의 임상품질과 무관하다고 한다. 불만스러운 진료 결과보다는 서비스 전달 방식이 의료소송의 주요 원인이었던 것이다.

[표2-3]에서 알 수 있듯이, 환자와 가족들에게 제공되는 전체적 의료서비스 경험은 환자의 임상상태에 따라 그 중요성이 달라진다. 일반적으로 환자가 더 아플수록 환자는 서비스 경험에 대해 덜 신경 쓴다.

예를 들어, 폐암 환자는 적절하고 효과적인 임상치료를 받는 것에 초점을 맞추지, 병실의 청결이나 직원의 성격에는 크게 신경 쓰지 않는다. 반대로, 의사로부터 건강이 양호하다는 확인을 받은 환자는 안내 데스크와 접수 담당자가 얼마나 친절했는지 혹은 진료 예약이 얼마나 지연되었는지 등에도 신경을 많이 쓴다. 그러나 환자의 건강 상태를 떠나, 대부분의 경우 긍정적 경험이 부정적 경험을 상쇄할 수 있기 때문에 의료조직은 모든 환자들에게 가능한 한 최고의 의료서비스 경험을 제공해야 한다.

[표2-3] 예상 임상결과와 서비스 품질의 중요성 간의 관계

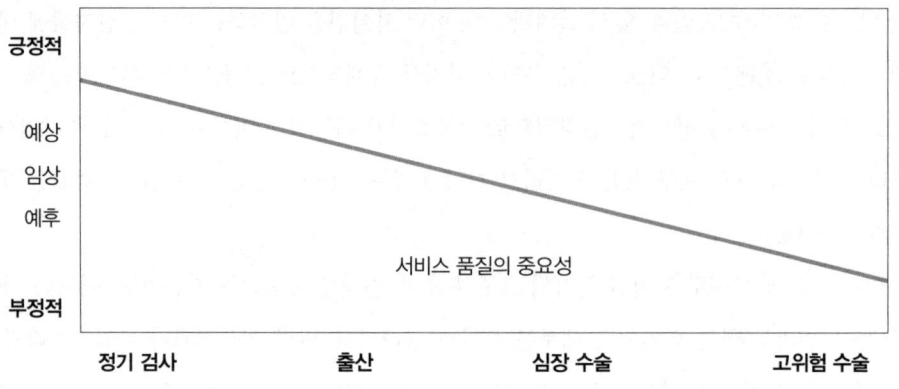

전체적 의료서비스 경험

전체적 의료서비스 경험은 서비스의 3가지 주요 구성요소인 상품, 환경, 전달시스템에 해당되는 모든 활동들을 포함한다.

앞서 언급했듯이, 모든 환자의 요구와 욕구, 기대가 다 다르다. 따라서 두 개의 의료서비스 경험이 정확히 같을 수는 없다. 하지만 그렇다고 해서 서비스 제공자들이 의료서비스 경험을 향상시키려는 시도조차 하지 않아서는 안 된다. 벤치마크 의료조직들은 전체적 의료서비스 경험의 각 부분을 긍정적으로 향상시키기 위해 상당한 시간과 노력, 논을 들인다. 그들은 서비스 실수들을 찾아 정정하고, 확률모형(probability models)을 사용해 고객들이 서비스에 어떻게 반응하거나 대응할지 예측한다. 오말리(O'Malley, 2004b)는 의료행정인들이 고객과의 접촉이 있는 모든 중요한 상황들을 상품 재고목록처럼 '서비스 재고목록'으로 만들어 관리한다면 전체적 의료서비스 경험을 향상시킬 수 있다고 주장한다. 재고목록이 있으면 관리자들은 약한 부분들을 파악하여 각 부분의 니즈를 충족하고 개선할 수 있다.

서비스 상품

서비스 상품은 환자가 의료제공자를 찾아오는 주된 이유이다. 사실, 많은 의료조직의 상호(商號)에는 그들의 서비스 상품이 반영되어 있다. 예를 들어, 정형외과협회(Orthopedic Associates), CVS 약국(CVS Pharmacy), 존스 척추 클리닉(Jones Chiropractic Clinic), 밀호퍼 가족치과(Millhopper Family Dentistry) 등이 그러하다.

대부분의 서비스 상품들은 유형요소와 무형요소로 구성되며, 나머지는 단독적으로 의료서비스 제공자의 전문성과 같은 무형요소에 의존한다. 대부분 환자들은 주로 유형상품들을 찾으며, 무형상품은 서비스를 동반할 수도 있고 하지 않을 수도 있다. 예를 들어, 노인 환자가 정형외과 의사와 허리 통증에 대해 상담할 때, 환자는 전문가의 조언과 의견을 구하기 위해 찾아간 것이지 인공고관절을 구입하려고 가는 것이 아니다. 만약 전문의가 고관절 대체물이 필요하다고 조언한다면, 환자는 인공고관절을 삽입하게 될 것이다. 이 경우 무형요소(정형외과 전문의의 지식과 경험)와 유형요소(인공고관절)가 서비스 상품을 이룬다. 그러나 때로는 서비스 상품에 유형요소가 포함되지 않는데, 이런 경우는 서비스 제공자가 무형적 측면에 주목하는 것이 특히 더 중요해진다.

서비스 환경

서비스스케이프(servicescape) 혹은 헬스스케이프(healthscape)는 서비스 상품이 제공되는 물리적 환경을 뜻하는 용어이다.

서비스 환경에는 각 단위와 부서의 배치, 병실, 접수 및 대기 장소, 매점, 기타 사적 · 공적 공간들, 직원의 복장 규정, 배경음악 및 주위의 소음, 조명, 신호, 벽걸이 및 기타 장식용품, 의료장비와 의료용품 등이 포함된다. 서비스 환경의 모든 측면은 환자들과 기타 고객들에게 시설이 잘 정리정돈되어 있는지, 청결한지, 서비스를 제공할 능력은 있는지, 준비가 잘되어 있는지를 알려준다. 가장 중요한 점은, 환경은 해당 조직이 고객의 요구와 욕구, 기대를 이해하고 있는지를 분명히 표현한다는 것이다.

깨끗하고 좋은 공기, 교통시설 이용이 편리한 위치, 고객들에게 쾌적함을 주는 서비스 환경은 여러 가지 장점이 있는데, 특히 환자의 치유와 만족을 촉진시킬 수 있다는 점에서 특히 중요하다.

서비스 전달시스템

서비스 전달시스템은 3가지 조직적 구성요소로 이루어진다.

1. 의료진과 직원: 의사와 간호사뿐만 아니라 잡역부, 접수 담당자, 의료비 청구 담당자와 기타 인력들까지 포함한다.
2. 물리적 생산 도구: 서비스를 생산하고 제공하는 과정에서 사용되는 기술, 장비, 용품, 공간을 포함한다.
3. 조직적 프로세스와 정보시스템: 입원, 퇴원, 회계, 진료 기록, 임상 정보, 수술 관리, 커뮤니케이션, 병실 관리, 급식을 포함한다.

의료서비스 전달시스템은 제조업의 조립생산라인과는 다르다. 일반적으로 공장의 생산품은 닫힌 문 뒤에서 만들어지고, 항상 유형적이며, 중개인을 통해 제공되기도 한다. 반면 의료산업에서는 상품은 수요에 따르고, 무형적이며, 직접적으로 제공된다. 그래서 고객들은 실재하는 상품(object)이 아닌 경험(experience)을 갖게 된다.

서비스 전달시스템의 모든 측면은 똑같이 중요하고, 각각 또는 함께 잘 관리되어야 한다. 3가지 구성요소 중 가장 관리하기 어려운 것은 '사람들'이다. 많은 환자와 고객들은 직원 혹은 의료진의 태도, 배려, 도움을 기준으로 서비스 경험의 가치를 판단한다. 환자는 자신이 대면한 한 명의 의사 또는 직원을 전체 부서, 전체 조직 혹은 전체 의료산업을 대표하는 존재로 본다. 그래서 만약 그 한 명의 의사 또는 직원이 비전문적으로 행동하거나, 부정확한 정보를 제공하거나, 기본 기대치를 충족시키지 못하거나, 환자의 관점이나 선호를 무시하면, 그 환자는 전체 서비스 경험을 만족스럽지 못하다고 여길 수 있다. 환자가 자신의 경험을 다른 사람들과 공유하기 때문에, 이 한 사건은 눈덩이처럼 커져 조직에게 부정적인 결과들을 불러올 수 있다.

(1) 결정적 순간

'서비스 인카운터(service encounter)'라는 용어는 고객과 서비스 제공자가 공유하는 시공간상에서 이루어지는 상호작용을 말한다. 의료서비스에서 서비스 인카운터 소요시간은 서비스에 따라 다르다. 예를 들어, 흉부 엑스레이 촬영은 약 30분 정도 소요되는 비교적 짧은 절차이지만, 환자와 의료비 청구 담당자의 만남은 1시간 이상 걸릴 수도 있다. 입원기간에는 수많은 서비스 인카운터가 발생한다.

서비스 인카운터는 전체적 의료서비스 경험을 만들 수도 있고 망칠 수도 있다. 고객서비스 개선을 통해 위기에 빠진 회사를 소생시킨 스칸디나비안 항공(Scandinavian Airlines Services)의 전 사장 얀 칼슨(Jan Carlzon, 1987)은 서비스 인카운터의 결정적 순간을 '첫 황금 15초(first fifteen golden seconds)'라 일컬었다. 고객과 제공자가 공유하는 서비스 인카운터는 고객만족도와 고객충성도를 만들 수도, 망쳐버릴 수도 있다.

의료서비스에서, 결정적 순간(the moment of truth)은 첫 15초를 초과할 수 있고, 개인적 상호작용에 그치지 않는다. 의료서비스의 결정적 순간은 서비스 전달시스템의 3가지 구성요소인 보조 간호사, 구내의 ATM 혹은 퇴원 시스템과의 환자 인카운터를 뜻한다. 경영진의 책임은 직원과 시스템이 이런 결정적 순간들을 처리할 수 있는 능력을 갖추도록 하는 것이다.

다음은 직원들이 결정적 순간에 빛을 발할 수 있게 만드는 고객서비스 전문가들의 조언들이다.

- 환자들이 죽은 것처럼 간주하여 행동하지 마라.
- 환자들이 도착하는 순간 정보를 물어라.
- 누군가가 듣고 있을지도 모르니 말을 조심하라.
- 체중에 민감한 사람이 많으니, 몸무게를 큰소리로 읽지 마라. 그냥 받아 적고, 체중계가 고장 난 것 같다고 주장하는 환자들과는 언쟁을 하지 마라.
- 별도로 환자들이 지시하지 않는 이상, 성인 환자들을 호명할 때는 이름 뒤에 '님'이나 '선생님'을 붙여라.
- 친절한 것은 좋지만, 지나치게 사적인 문제에 대해서는 조심하라.

- 행실을 바로 하여 신뢰감을 줘야 한다.
- 환자가 들을 수 있는 곳에서 절대 다른 환자에 대한 이야기를 하지 마라.
- 무엇을 하기 위해 준비하고 있는지, 그 결과로 얼마만큼 불편을 겪게 될 수도 있을지를 환자에게 알려줘라.
- 천천히, 정확한 발음으로 말하라.

베릴 인스티튜트(The Beryl Institute, 2007)는 병원에서의 결정적 순간들 중 한 가지 상황을 연구했다. 고객이나 잠재적 고객이 병원에 문의전화를 하는 상황이다. 연구 결과, 고객과 교환원 간의 상호작용이 잠재적으로 고객서비스의 성공을 좌우할 수 있음이 드러났다. 다음은 연구 결과 중 특히 주요한 내용이다.

- 12% 이상의 교환원이 병원에 의뢰시스템(referral system)이 없다고 고객들에게 잘못 말했다.
- 전화를 건 사람들의 40% 이상은 의뢰문의를 위한 안내전화로 연결되기보다는 또 다른 전화번호로 연결되었다. 그리고 전화를 건 사람들 중 40%만이 안내번호로 연결되었다.
- 전화를 건 사람들의 약 8%는 잘못된 번호로 연결되었다.

베릴 인스티튜트는 이 결과를 바탕으로 고객 접촉 개선을 위해 다음과 같은 전략들을 제안했다.

- 윗사람들부터 실천하라.
- 모든 전화를 잠재적 고객이나 단골고객에게서 걸려온 것이라 생각하라.
- 기술을 적용하라.
- 소통하고, 소통하고, 소통하라.
- 결과에 대한 교육을 하라.
- 응대 지침서를 제공하라.

- 적절한 직원들을 채용하라.
- 평가와 조언을 위해 외부 지원을 고용하라.

비록 환자가 교환대에 전화했을 때라는 특수한 상황에서의 경험을 개선하기 위한 조언들이지만, 고객과 접촉해야 하는 다른 상황들에도 적용할 수 있다. 이 전략들에 대한 목록과 상세 설명은 www.theberylinstitute.net/publications.asp에서 볼 수 있다.

(2) 결정적 사건

일반적으로 결정적 사건(critical incident)은 사고방식이나 행동, 계획에 변경을 야기할 수 있는, 드물게 발생하는 사건이다. 이런 사건들은 부정적일 수도 있고 아닐 수도 있다. 즉, 고객만족 요인이 될 수도 있고 고객불만 요인이 될 수도 있다. 그러나 의료서비스에서 결정적 사건은 다음과 같은 부정적 사건의 발생을 의미한다.

- 정기적인 진료 예약을 오랫동안 기다린 환자들이 불평을 하는 경우
- 의사의 처방에 대해 조제실과 간호사 간에 의사소통 문제가 발생한 경우
- 환자가 처방전이나 진료에 따르기를 거부한 경우
- 직원이 조직의 윤리정책을 훼손하는 행동을 한 경우
- 의사가 특정 진료 절차에 대한 환자의 동의나 승인을 받지 못한 경우

이런 결정적 사건들은 혼란, 고객의 이탈, 의료소송, 심한 경우 환자의 사망이라는 심각한 결과로 이어질 수 있다. 이런 만일의 사태를 최소화하고 신뢰할 수 있는 환경을 조장하기 위해, 한 의료조직은 환자들에게 모든 결정적 사건과 '적신호 사건(sentinel events)'을 공개하는 정책을 수립했다. 2006년 재정한 이 정책은 '결정적 사건의 발생을 공개하기 위해 기록된 사건 목록'을 포함한다. 이 조직에 따르면, 환자와 환자 가족들은 이런 투명성을 중요하게 여긴다.

품질, 비용 그리고 가치

의료서비스를 포함한 모든 서비스산업에서 품질과 비용, 가치는 특별한 의미를 가지고 있다. 이들에 의미를 명확히 설명해줄 수 있는, 절대적이지는 않더라도 고객에 의해 품질과 가치가 어떻게 결정되는지 보여줄 두 가지 공식을 차후에 살펴보도록 하겠다.

의료서비스는 대부분 무형적이고 고객의 기대는 가변적이기 때문에, 품질 수준과 가치를 객관적으로 측정할 수 없다. 제조업에서는 고객이 상품을 보거나 받기 전에 품질 검사 담당자가 상품의 품질을 측정하고 평가한다. 하지만 의료서비스에서는 그럴 수 없다. 의사와 의료전문가들은 각자 맡은 임무를 이행한다. 그들은 가능한 한 최고의 의료결과를 만들기 위해 기준과 프로토콜을 개발하고 그 효과와 품질을 평가한다. 그러나 오늘날 의료서비스 소비자들은 더 깊게 관여한다. 그들은 스스로 서비스 품질과 가치를 측정하는데, 그들은 임상적 성공에만 초점을 맞추지 않는다.

고객주도적 환경에서, 의료관리자들은 환자가 항상 옳다고 믿게 만들어야 한다. 환자가 틀렸을 경우라도 관리자들은 환자의 자존심을 지켜주어야 한다. 예를 들어, 클리닉 측에서 제약회사에 자신의 진료 기록을 판매한 것에 대해 환자가 고소를 한다면, 클리닉 관리자는 단순히 혐의를 부인하고 HIPAA(Health Insurance Portability and Accountability Act) 규정을 인용하는 것으로 대처해서는 안 된다. 관리자는 개인정보 보호정책을 뒷받침해주는 근거를 환자에게 제공하고, 환자가 우려하는 사항에 대해 차분하게 설명해야 한다. 이런 식으로 대응함으로써, 전문적이면서도 우호적으로 논의할 여지가 남게 되고, 환자는 무시당했다는 느낌을 받지 않게 된다.

품질

전체적 의료서비스 경험의 품질은 고객이 기대하는 품질과 고객이 실제로 받는 품질을 비교하여 평가된다. 만약 실제 품질이 딱 기대했던 정도라면, 품질은 평균이나 보통으로 평가될 수 있다. 즉, 환자는 기대하는 것을 얻었고, 그래서 만족한다. 만약 실제 서비스가 기대를 넘어선다면 품질은 긍정적으로 평가될 수 있다. 반대로 실제 서비스가 기대에 못 미치면, 품질은 부정적으로 평가된다.

서로 다른 두 조직의 품질도 이런 방법으로 평가할 수 있다. 만약 어떤 환자가 동네 클리닉과 대학병원에서 진료를 받았다고 해보자. 이 환자는 동네 클리닉보다는 대학병원에 더 큰 기대를 가지고 있는 상태이다. 그런데 만약 동네 클리닉의 품질이 자신의 기대를 초과했고 대학병원의 품질이 자신의 기대를 밑돈다면, 이 환자는 동네 클리닉의 품질이 대학병원의 품질보다 우수하다고 인식할 것이다. 실제 품질은 대학병원이 나을 수도 있지만, 자신의 처음 기대치를 넘어선 곳의 품질을 더 높게 인식하는 것이다.

품질을 정의하는 이 방법을 등식으로 표현하면 다음과 같다.

$$Qe = Qed - Qee$$

Qe는 고객이 인식하는 의료서비스 경험의 품질이고, Qed는 실제 서비스 경험의 품질이며, Qee는 기대 서비스 경험 품질이다. 만약 Qed와 Qee가 동일하다면, Qe는 평균이거나 보통이다. Qed가 Qee보다 더 높으면, Qe는 평균을 넘어선다. 마지막으로 Qed가 Qee보다 더 낮으면, Qe는 평균을 밑돈다. Qed는 전체적 의료서비스 경험의 모든 측면에서 Qee보다 더 높아야 한다.

이런 정의하에, 품질은 반드시 비용이나 가치에 의존하지는 않지만 연관은 있다. 품질은 환자의 기대와 실제 경험의 차이에 의해 결정된다. 의료서비스 소비자는 높은 비용 때문에 가치에 만족하지 못하더라도 품질은 긍정적으로 평가한다. 소비자가 고품질로 인식한다면, 가치에 대한 소비자의 인식은 향상되고 비용은 낮아질 것이다.

비용

비용은 제공받은 의료서비스 경험과 연관된 모든 유·무형적 지출의 총계이다.

예를 들어, 눈 관리 비용에는 안경이나 콘택트렌즈 값, 검안수수료, 안경이나 콘택트렌즈에 필요한 용품 비용이 포함된다. 만약 환자가 시력 보험이나, 건강저축계좌나 다른 보험, 할인혜택이 있는 경우, 이런 비용들은 최소화된다. 또한 기회비용도 발생한다. 즉, 환자가 다른 안과에 가기로 선택했거나 진료 예약을 취소한다면, 그 환자는 돈을 절약할 수 있을까?

환자의 시간을 돈으로 정하기란 어렵지만, 시간 비용 역시 고려되어야 한다. 환자는 전체 진료 프로세스에 시간을 할애한다. 진료 예약을 해야 하고, 안과까지 이동해야 하고, 검안사를 만나기 위해 대기해야 하고, 안경이나 콘택트렌즈를 측정하여 맞춰야 하고, 최종 제품을 찾으러 다시 와야 한다. 마지막으로, 위험 비용이 존재한다. 비록 확률은 적을지라도 안과 직원이나 시스템이 환자의 시력을 손상시킬 수도 있는 것이다.

가치

전체적 의료서비스 경험의 가치(Ve)는 제공받는 서비스의 품질(Qed)과 모든 비용(금전적인 비용과 비금전적인 비용 포함)을 비교하여 결정된다. 이 관계를 등식으로 나타내면 아래와 같다.

$$Ve = Qed \div Costs$$

환자들은 서비스 품질이 비용과 동일할 것이라 기대한다. 즉, 자신들이 형편없는 서비스를 받았다면 비용이 낮을 것이라 생각한다. 반면 훌륭한 서비스를 받았다면 비용이 높을 것이라 예상한다. 만약 품질이 금전적 비용에 비례한다면, 환자들은 의료서비스 경험의 가치가 공정하다고 생각할 수 있지만, 큰 감동을 받지는 못할 수도 있다. 어쨌든 받은 만큼 지불하기 때문이다. 많은 의료조직들은 서비스 가격의 인상 없이 편의시설이나 기타 혜택을 제공하여 환자의 서비스 경험에 '가치 부가(add value)'를 한다.

품질에 대한 비용은 의료산업을 비롯한 서비스산업에서 중요한 개념이다. 이런 조직들은 고객이 '고품질 서비스는 비용이 높지만, 형편없는 서비스에 대한 경제적 비용과 위험 비용은 그보다 더 높음'을 인식해주기를 원한다. 오류를 수정하고, 오류에 대해 고객들에게 배상하고, 직원들의 사기를 북돋고, 환자들이 다시 돌아오도록 납득시키고, 부정적인 소문을 방지하는 것은 형편없는 서비스 품질에 대한 불가피한 비용의 일부이다.

오류를 방지하고 회복하는 것은 매우 중요하다. 이와 관련하여, 제13장에서 구체적으로 다룬다.

결론

고객학은 서비스산업에서 고객지식을 체계화하는 데 도움이 된다. 그러나 이 개념은 의료조직에도 적용될 수 있다. 세계 경제 위기의 환경에서, 내·외부와 주요 또는 부차적 고객을 포함한 모든 고객을 손님처럼 대우하는 것은 의료기업들에게 유익하고 경쟁력을 갖추게 준다.

왜 리더는 직원과 의사들 역시 손님처럼 생각해야 하는가? 그 대답은 다음 질문에 대한 리더의 답변과 같다.

"당신은 모두를 잘 대우해주는 조직과 사람들을 방해물이나 골칫거리로 여기는 조직 중 어디에서 일하고 싶은가?"

답은 명백하다. 환자와 직원의 요구, 욕구, 기대, 품질과 가치에 대한 그들의 의견을 알아내기 위해 시간, 돈, 에너지를 투자하는 의료조직이 환자와 직원들에게 선호된다. 그들은 이런 경험을 제공하고, 고객들에게 깊은 감사를 표현한다. 이런 조직은 임상서비스뿐만 아니라 전체적 의료서비스 경험 제공에 많은 신경을 쓴다. 궁극적 목적은 고객들의 기대를 초과하여 그들의 재방문율을 높이고 긍정적인 입소문을 내도록 하는 것이다.

삶과 죽음에 결부된 문제인 경우에는 물론 임상적 측면이 우선이다. 그런 경우라면 환자와 가족, 의료진, 기타 간병인들은 환자의 건강 상태 호전에 초점을 맞춘다. 직원의 태도나 대기실의 흐름은 중요하게 여기지 않는 것이다. 그러나 그런 특정 상황이 아닌 경우, 의료서비스의 비임상적 측면들은 의료기업의 성패를 결정할 수 있을 정도로 중요하다.

서비스 전략

1. 환자를 손님처럼 대우한다.

2. 고객학자(guestologist)가 되어 고객들을 연구한다. 이런 노력을 통해, 품질과 가치에 대한 조직의 정의(定義)와는 다른 고객들의 정의를 알 수 있다.

3. 경험경제의 중요성을 인지하여, 기억에 남을 만한 경험을 제공할 수 있는 서비스를 설계한다.

4. 전체적 의료서비스 경험의 3가지 구성요소인 서비스 상품, 서비스 환경, 서비스 전달시스템을 관리한다.

5. 서비스의 유·무형 비용을 계산한다. 고품질 서비스를 제공하는 비용이 오류에 따른 비용보다 낮음을 명심한다.

6. 덜 약속하고 더 해준다. 고객들의 기대치가 높다는 가정하에 최고의 결과물을 제공하기 위해 노력한다.

CHAPTER 3

계획을 통해 고객서비스를 향상한다

계획 수립에 실패하는 사람들은 실패를 계획하는 것과 같다.
계획하지 않는 리더는 경비원이나 문지기에 지나지 않는다.

— 미 공군 소장 페리 스미스(Perry Smith)

| **서비스 원칙** | 전략기획으로 고객만족의 핵심동인을 찾아내고 집중한다

서비스 전략은 전략기획에서 구체화한 모든 활동들을 조직의 미션(mission)에 맞춰 조정하려는 포괄적인 노력의 결과이다. 효과적인 계획은 관리자들이 내부적 강점과 약점을 분석하고, 외부적 기회와 위협을 예측할 수 있도록 돕는다. 이런 분석들과 예측들은 모든 조직 활동들과 행동들을 체계적으로 미션에 맞춰 조정하는 데 사용된다.

전략기획을 수립하고 시행하기란 말처럼 쉽지 않다. 이론적으로 기본 단계들은 다음과 같다. 미션, 비전, 가치 선언문(mission, vision, and values statements)을 확인, 검토하고, SWOT 분석을 위해 환경적·내부적 평가를 진행한다. 미션, 비전, 가치와 자원에 맞춰 조정한 전략기획과 구체적 실행 기획을 수립한다. 그리고 기획과 결과들을 정기적으로 모니터링한다.

이론적으로는 무척 간단하지만, 현실은 그렇지 않다. 환자의 기대는 자주 그리고 빠르게 변하고, 경쟁자들은 모방하거나 조직의 경쟁력을 뺏어가기도 하며, 정부는 새로운 법률과 규정들을 재정한다. 또한 기술적 발전이 현재 시스템을 쓸모없게 만들기도 한다. 모든 것이 빠르게 변하는 세상에서 전략기획을 수립하는 것은 어려운 과제이다. 의료조직은 경쟁력을 유지하고 성공할 수 있도록 변해야 한다.

제3장에서는 다음과 같은 내용을 다룬다.

- 서비스 전략과 관련한 전략기획 프로세스
- 환경 평가(environmental assessment)
- 실행 계획(action plan)
- 얼라인먼트 감사(alignment audit)
- 벤치마크 조직들의 사례를 이용한 서비스 전략 개선 방법들

전략기획 프로세스

벤치마크 조직은 고객이 기대를 충족하거나 그럴 거라고 기대하는 경험들을 찾아내고 제공하기 위해 노력하며 방법을 계획한다. 의료서비스에서, 많은 모범적인 조직들은 이런 기대를 충족하기 위해 전략들과 전술들을 찾아냈다. 몇 가지 예로 전담진료(boutique medicine), 메디컬홈(medical homes), 환자 정보시스템, 건강저축계좌, 치유환경 조성 등을 들 수 있다.

전략기획 프로세스는 조직의 노력과 활동들에 맞춰 조정해야 할 뿐만 아니라 조직이 고객들을 이해하고 예측하는 것은 물론이고, 고객들의 미래 수요 창출까지 포함하기 때문에 혁신적인 사고를 유발한다.

책의 성격상 의료서비스의 전략기획 프로세스를 자세히 다루기는 어렵지만, 고객서비스와 환자만족에 대한 프레임워크 내에서 전략기획의 주요 구성요소들을 간략히 소개하겠다.

1. 미션, 비전, 가치

미션은 조직의 목적을 설명하는 조직의 설립 이유이자 존재 이유이다. 그것은 비전으로 가는 과정을 정의하고, 가치를 조직 행동에 포함시킨다. 또한 전체 조직이 어떻게 상품이나 서비스를 제공해야 하는지 설명하고, 고품질 서비스에 대한 헌신(commitment)을 포함한다. 미션, 비전, 가치는 서비스 상품, 서비스 환경, 서비스 전달시스템을 설계하는 데도 사용된다. 비전은 조직이 갈망하는 미래의 상태를 전달한다. 비전은 조직의 목적 혹은 포부를 알리기 때문에, 공동의 이상을 성취할 수 있도록 직원들을 격려하고 통합시킨다. 가치는 직원들과 고객들을 포함한 조직과 이해관계자들의 우선순위를 나타낸다. 가치의 예는 훌륭한 고객서비스와 훌륭한 임상품질을 포함한다.

2. 환경 평가

환경 평가는 외부적 기회와 위협들을 알아내기 위해 주변 환경을 평가하는 것이며, 조직이 전략적 환경을 조성할 수 있게 한다. 이런 환경은 최근과 현재의 데이터와 경험에 따라 미래 외부 환경이 어떻게 변할 것인지를 지식에 근거해 추측한 것이다. 그리고 이런 환경은 서비스 전략의 기초가 된다.

3. 내부 평가

내부 평가의 목적은 조직만의 강점과 약점을 알아내는 것이다. 내부 평가는 핵심 역량의 조정과 정의 혹은 확인으로 이어지며, 이로써 의료기관이 미래에 경쟁을 할 수 있게 한다.

4. 얼라인먼트 감사

자금이 적절히 사용되는지 확인하는 재무감사와 같이, 전략기획 감사는 기획된 활동, 기획, 전술, 정책이 조직의 미션, 비전 그리고 가치와 일치하는지 확인한다.

각각의 구성요소는 제3장의 후반부에서 상세히 살펴보도록 하자.

[표3-1]에서 볼 수 있듯이, 의료서비스의 전략기획은 미션과 가치로 시작하여 경영진, 직원들, 수용능력, 예산 배분 그리고 마케팅에 대한 구체적인 실행 계획으로 끝난다. 일반적으로 연간단위로 세워지는 전략기획은 모든 사람들이 계속 집중할 수 있도록 예측 가

능한 시간프레임을 따라야 한다. 예를 들어, '매년 8월을 기준으로 한다'는 식이다. 또한 계획을 최종 확정해서는 안 된다. 상황이 변하면 계획도 변해야 하기 때문이다. 계획은 환경의 변화, 조직의 변화, 고객의 기대를 반영할 수 있도록 유연성이 있어야 한다. 전략기획은 합리성(rationality)과 예측가능성(predictability)을 비합리적이고 예측 불가능한 현실에 적용하려는 체계적인 노력이다. 따라서 불가피하게 기회들을 놓칠 수 있고, 실수가 발생할 수도 있고, 시간이 낭비될 수도 있고, 불만이 생길 수도 있다. 그렇다고는 해도, 이 프로세스는 가치가 있다. 비록 아무도 미래에 무슨 일이 일어날지 정확히 모르지만, 모두 그것을 예측하고 대비해야 한다.

[표3-1] 의료서비스 전략기획 프로세스

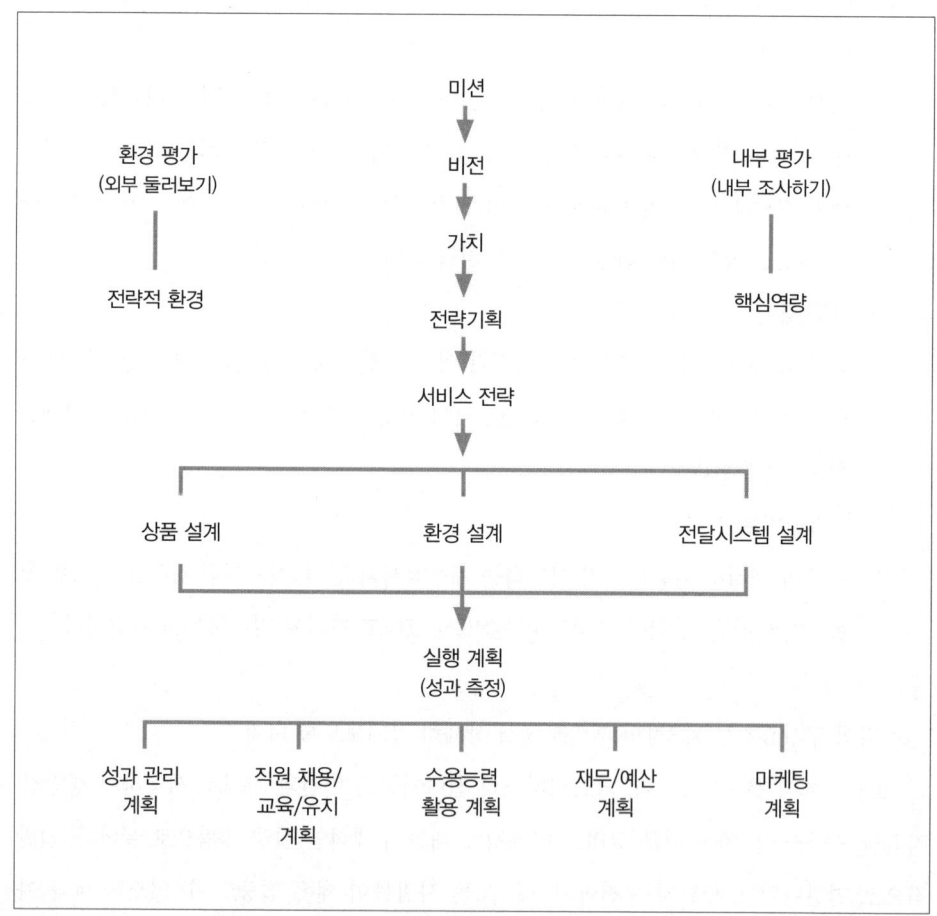

전략기획은 미래를 위해 오늘 실현 가능한 최선의 결정을 할 수 있는 방법과, 모든 이해관계자들에게 조직의 방향성을 전달할 수 있는 방법을 조직에게 제공한다. 미션, 비전, 가치가 상세히 표명되고, 내·외부 평가가 완료되면, 조직은 고객들의 미래 요구와 욕구, 기대를 최대한 충족할 수 있는 서비스 전략을 개발하고 시행할 수 있다.

외부 평가를 위한 예측 도구

외부 평가(external assessment)를 하는 데는 정량적/객관적 기법부터 정성적/주관적 기법까지 다양한 예측 도구들이 있다. 정량적 기법에는 통계적 예측, 디자인-데이(design-day), 수익관리(yield management)가 포함된다. 정성적 기법은 브레인스토밍, 델파이 기법(Delphi technique), 포커스 그룹, 시나리오 플래닝, 창조적 사고(creative thinking) 등이 있다.

대부분의 예측 도구들에 숨어 있는 원칙은 예측 가능한 방법으로 미래를 과거와 연결하는 것이다. 예를 들어, 30년 동안 어떤 병원의 환자 증가율이 연간 약 5%였다면, 앞으로 10년간의 증가율도 동일할 것이라고 예측하는 편이 타당하다. 이와 비슷하게, 만약 지난 2년간의 병원 기록에서 통계적으로 진료 예약 환자들 중 특정 비율의 환자들이 예약시간에 오지 않았다면, 환자 진료 예약 관리를 할 때 이 비율을 감안하여 의사가 시간을 좀 더 효율적으로 활용할 수 있다.

하지만 미래의 결과 예측을 위해 과거 데이터를 사용하는 것은 오해를 불러일으킬 수 있다. 지식이나 기술의 혁신이 통계적 동향을 벗어날 수 있는 것이다. 예를 들어, 전화가 처음 널리 보급됐을 때, 각 전화 시스템마다 일정 수의 교환원이 필요했다. 만약 발전된 기술과 같은 요소들을 감안하지 않고 과거의 인구성장률만을 이용하여 오늘날 필요할 교환원의 수를 예측했다면, 그 수는 수백만 명의 되었을 것이다. 알다시피 오늘날은 전화 교환원이 필요하지 않다. 오로지 과거와 제한된 경험, 정보에 기초한 예측은 기술의 발전과 업무 생산성, 기타 예측할 수 없는 사회의 변화로 인해 완전히 빗나갈 수 있다.

수년간, 라이프스타일 동향은 많은 비즈니스 예측의 기반이었다. 예를 들어, 자동차의 유용성은 관련된 수요와 서비스의 예측으로 이어졌다. 더 많은 운전자들이 생기면서 더 많은 고속도로가 필요하게 되었고, 이어서 고속도로 근처에 호텔과 같은 숙박시설 또는 식사와 휴식을 취할 수 있는 휴게소가 필요해졌다. 월트디즈니는 고속도로의 확장이 테마파크 산업의 개발로 이어질 것임을 예측했다. 1970년대 의료비용의 상승 속에서, 여러 기업들은 고용주들과 정부(지방정부, 주정부, 연방정부)가 비용을 관리할 방법을 모색할 것이라 예측했다. 이런 예측은 영리 목적의 의료제공자들과 관리의료조직들의 설립과 성장으로 이어졌다.

예측 기법들은 과거 경험들과 동향이 미래 비즈니스에 어떤 영향을 주는지 알아내는데 유용하다. 그러나 이런 기법들은 다른 자원들에 대한 세심한 배려, 현재와 미래에 대한 고객의 요구와 욕구, 기대 간의 연관성을 볼 수 있는 창의적 능력을 요구하는 내부 평가 과정의 일부이다.

정량적 기법

미래 수요에 대한 정확한 예측은 의료조직으로 하여금 적절한 수용능력을 운영할 수 있도록 한다. 여기에는 임상적 수용능력과 비임상적 수용능력이 모두 포함된다. 적절한 커버리지를 보장하는 것은 오늘날 시장에서는 매우 기본적인 환자의 기대이다.

(1) 통계적 예측

예측에 사용되는 대표적인 통계 도구로는 계량경제학적 분석(econometric analysis), 회귀분석(regression analysis), 시계열분석(time series analysis), 경향분석(trend analysis) 등을 들 수 있다. 각 분석 기법은 변수들 사이에 또는 변수들 중에 존재하는, 정의하고 신뢰할 수 있는 관계를 보여준다.

계량경제학적 분석모델은 다중회귀식(multiple regression equations) 시스템이다. 통계적으로 집합된 다중적이고 복잡한 관계를 정교하게 수리적으로 묘사한 것이다. 인구 성장, 수입 변화, 변화하는 인구통계가 특정 의료서비스 예상 수요에 미치는 영향 등을 계량경제학적 분석을 통해 볼 수 있다. 회귀분석에서는 하나 이상의 독립변수 변화가 종속변수의 변화를 설명한다. 시계열분석과 경향분석은 과거 데이터를 이용하여 미래를 추정한다. 시계열분석은 총수요, 환자 대기, 병실 가동률 등의 미래 수요를 과거 성장률과 같은 것을 근거로 하여 예측할 수 있다. 이런 수치들 역시 경제의 변화에 따라 조정될 수 있다.

(2) 디자인-데이

병원이나 클리닉 같은 새로운 시설을 건축할 때 수용량 계획을 수립해야 한다. 즉, 시설이 얼마나 커야 하는지와 한 번에 몇 명의 환자들을 수용할 수 있게 할 것인지 계획하는 것이다. 자연재해나 인재, 전염병 같은 극단적 상황까지 감안해 시설의 수용량을 설계할 수는 없다. 비용을 감당할 수 없기 때문이다. 반대로 시설의 수용능력이 일반적인 예측 수요도 충족하지 못할 정도로 제한되어서도 안 된다.

디자인-데이 방법은 이미 정해진 수용능력을 확장해야 할 때, 시설 개원과 그 후의 수용능력을 계획하는 데 도움이 된다. 유사한 시설에서의 과거 수요 패턴과 지식에서 나온 정보를 기반으로, 서비스 미션에 맞는 수요를 수용할 수 있는 시설을 건축하는 데 디자인-데이 수용능력 결정을 사용할 수 있다. 만약 수요의 반 정도만 수용할 수 있는 시설을 짓기로 결정한다면, 그 시설은 수요의 나머지 반을 수용할 수 없게 될 것이다. 그 결과 환자들은 불만스러울 것이고, 다른 이해관계자들도 불쾌할 것이다. 반면 만약 디자인-데이가 수요의 100%를 수용할 수 있도록 설정된다면, 그 시설은 환자의 수요가 최고치에 도달하지 않을 경우 충분히 활용될 수 없게 된다.

개념을 설명하기 위해, 수용능력을 확대하고자 하는 클리닉을 예로 들겠다. 그 클리닉이 디자인-데이를 중앙값(50%)으로 설정하기 위해 과거 데이터와 예측된 환자 수치를 사용한다고 하자. 이는 수요가 그해의 수용능력 50%를 초과할 것이고, 수용능력은 일일 수요의 50%를 초과할 것이란 의미이다. 왜냐하면 클리닉이 고객중심적으로, 환자들이 수요가 수용능력을 초과해 오래 대기하는 것을 원하지 않기 때문이다. 백분위수가 높을수록, 환자들이 대기도 줄어든다. 예를 들어, 디자인-데이가 75%에 설정된다면, 해당 연도의 90일(≒365×0.25) 정도만 클리닉의 대기 기준을 초과한다. 만약 90%에 설정된다면, 해당 연도의 36일 정도만 대기 기준을 초과하게 된다

높은 백분위수 디자인-데이는 수용능력의 증가를 의미하며, 이런 이유로 자본과 인적 자원에 추가적인 투자를 요구한다. 반면, 낮은 백분위수 디자인-데이는 초기 비용이 덜 들어가는 대신 수용능력 축소로 인한 고객불만을 야기할 수 있다. 이런 불만은 환자의 재방문 감소로 이어지고, 부정적인 입소문의 근원이 될 수 있으며, 수익증대에 방해가 될 뿐만 아니라 소송의 위험을 높인다. 경영진은 디자인-데이의 백분위수를 결정할 때 예측 수요와 실제 수요 간의 균형을 고려해야 한다. 백분위수가 높으면 비용이 많이 드는 대신 고객기대를 충족하는 반면, 백분위수가 낮으면 비용이 적게 드는 대신 고객불만을 낳을 수 있는 것이다.

(3) 수익관리

수익관리는 항공산업에서 먼저 도입한 기법으로, 수익성을 극대화하고 기존 수용능력을 이용하는 과정이다. 정확한 수용능력을 위해 가용 수용능력과 고객 수요에 대한 실시간 정보를 바탕으로 한 수익관리는 상품이 올바른 가격에 알맞은 고객들에게 판매될 수 있도록 한다. 이 방법은 수용능력이 한정되어 있고 쉽게 손상되는 상품이나 서비스를 취급하는 조직들에게 적합하다. 수용능력을 계획하려면 정확한 실시간 데이터가 필요하기 때문에 컴퓨터와 웹 기반 정보시스템 없이는 수익관리를 적절하게 하기 어렵다.

의료조직은 수익관리를 통해 고객에 따라 다른 요율을 적용할 수 있다. 예를 들어, HMO(Health Maintenance Organization) 가입 환자들에게 다른 의료보험 환자나 의료보험이 없는 환자들에 비해 더 낮은 요금을 청구할 수 있다. 다른 예로, 의료시설의 일정이 비어 있다면 임의선택 수술 환자들에게 다른 요금을 제안할 수 있다. 수익관리 접근법으로 가격을 책정할 경우, 조직은 다음과 같은 3가지 요인을 근거로 해야 한다.

1. 그룹의 교섭력과 조직에서 교섭력의 중요도
2. 고객별 수요 패턴

3. 시간별 이용 가능 예측 수용능력

정성적 기법

조직이 사용할 수 있는 정성적/주관적 도구에는 브레인스토밍, 델파이 기법(Delphi technique), 포커스 그룹, 시나리오 구축 혹은 도상연습 등이 있다.

(1) 브레인스토밍

브레인스토밍은 그룹의 구성원들이 아이디어의 상세 내용이나 유용성을 평가하면서, 특정 주제에 관련해 가능한 한 많은 아이디어를 창출해내도록 하는 전략이다. 창의성을 자극하고, 가능한 한 많은 대안들을 창출하며, 참여를 촉진하고, 팀워크를 장려하는 것이 주목적이다. 예측을 위한 논의에서, 브레인스토밍은 참여자들이 열린 마음으로 창조적인 아이디어, 트렌드에 대한 새로운 관점과 전망, 밝혀지지 않았거나 논의되지 않은 정보를 내고, 팀원들이 특정 주제에 대해 비판 또는 평가를 하는 것이다.

물론 브레인스토밍이 모든 사람들에게 효과가 있는 것은 아니다. BNET와 해리스 인터랙티브(Harris Interactive)의 설문조사에 따르면, 응답자들의 37%는 팀의 브레인스토밍 과정이 싫다고 응답하였고, 의견을 말해도 다른 참여자들이 경청하지 않거나 참여자들이 목적에 대해서 명확하게 이해하지 못한다는 것이 구체적인 불평 사유였다. 그럼에도 불구하고, 브레인스토밍은 혁신적인 아이디어와 잘 알려진 예측을 유도해낼 수 있는 잠재력을 가지고 있다.

(2) 델파이 기법

델파이 기법은 알 수 없는 미래를 예측하기 위해 전문가의 지식을 사용하는 구조적인 다단계 방법이다. 예를 들어, 어떤 병원이 내년 이맘때 수술 수용능력 중 어느 정도가 채워질지 알고 싶다면, 병원은 의료산업 전문가들에게 과거 패턴과 현재 추세에 대한 지식을 근거로 한 개별적 추정을 요청한다. 그리고 병원은 그 추정치를 취합하여 평균을 낸다. 그다음 각각의 전문가가 내놓은 추정치에 숨어 있는 추론과 함께 요약을 그 전문가들에게 보여주고 2차 추정을 요청한다. 이 과정은 전문가들의 추정치 오차가 좁혀질 때까지 반복된다.

델파이 기법은 얼마나 많은 노인 환자들이 고관절 대체물을 필요로 하는가와 같은, 미래의 상세한 예측을 보장할 수는 없다. 그러나 이 기법은 전문가들의 지식을 바탕으로 하기 때문에 타당한 추정을 산출할 수 있다.

⑶ 포커스 그룹

포커스 그룹은 교육받은 리더가 이끄는, 특정 이슈에 대한 논의 과정이다. 포커스 그룹들은 주로 상품의 질 또는 이미 제공받았거나 만들어진 서비스 평가에 투입되지만, 고객들의 선호도나 미래에 제공될 서비스, 혁신에 대한 바람 등을 알아내는 데에도 사용된다. 이 경우 조직은 인구통계학적으로 또는 가치나 태도 및 관심사와 같은 사이코그래프(psychograph) 상으로 표적 시장을 나타낼 수 있는 포커스 그룹을 구성한다. 예를 들어, 고령자들에게 노인들을 위한 의료서비스에 관련된 의견과 기대를 논의해달라고 요청하는 것이다. 이런 포커스 그룹들로부터 알아낸 결과들은 고령화되고 있는 환자들의 미래 요구를 예측하기 위해 사용된다.

⑷ 시나리오 구축 혹은 도상연습

시나리오 구축 혹은 도상연습 기법을 이용하여, 특정 미래 상황이나 시나리오를 상상하고 조직 운영에 미치는 영향을 평가할 수 있다. 예를 들어, 진단 클리닉(diagnostic clinic)은 온라인 진단 서비스의 급격한 증가를 미래 시나리오로 볼 수도 있다. 이런 시나리오에서 사람들은 온라인으로 진료 예약을 할 수 있고, 관련된 의학 정보를 찾아내거나 의사에게 질문을 할 수 있으며, 테스트 결과를 받을 수 있다. 만약 필요할 경우라면 다른 의사의 의견을 받을 수도 있을 것이다. 이 방법은 혁신적이지만, 필요한 모든 서비스를 인터넷으로 받을 수 있으면 사람들은 더 이상 진단 클리닉에 직접 방문하지 않을 수 있다는 약점이 있다. 만약 이런 시나리오가 현실이 된다면, 이 클리닉이 어떻게 환자들을 유인할 수 있을까? 답변은 조직의 재설계와 같은 형태가 될 것이다.

시나리오 구축 과정은 창의적 사고를 자극해야 하는데, 그렇다고 해서 상상에 기반한 비현실적인 해결책을 제시해서는 안 되므로, 반드시 현실적인 상황에 근거해야 한다.

다른 외부적 요인들 예측

환경 평가는 인구통계, 기술, 시장 예측, 정치, 정책, 경제, 경쟁, 외환거래, 노동력 그리고 자금원을 포함해 사회에서 일어나는 광범위한 추세와 변화를 조사한다. 이런 모든 요인들은 조직들로 하여금 오늘을 위한 전략을 세우고 미래의 혁신적인 서비스와 계획을 개발하는 방법에 영향을 줄 것이다.

일부 요인들은 하드 데이터(hard data)가 이미 존재하기 때문에 간단하고 쉽게 예측할 수 있다. 예를 들어, 10년 안에 노동인력에 포함될 사람들의 수를 예측하는 것은 현재 출생률과 이주율을 근거로 쉽게 계산할 수 있다. 반면, 어떤 요인들은 많은 변수를 수반하기 때문에, 간단하지만 예측할 수 없다. 10년 안에 특정 지역의 노동인력에 포함될 숙련된 기술자들의 수를 추측하는 것은 인구 성장, 교육 변동성, 이주인구 등 많은 변수들 때문에 계산하기 복잡하다. 이주는 그 지역 내의 직업에 의해 상당히 영향을 받으며, 일자리는 기술에 의해 영향을 받는다. 만약 기술이 대부분의 의료서비스를 원격으로 제공할 수 있을 정도로 발전하면, 의료시설에서의 일부 일자리는 멀리 떨어진 지역에 있는 사람들로 채워질 수도 있다.

완전한 환경 평가는 요인들이 예측·측정하거나 분류하기에 얼마나 복잡한지와는 상관없이 모든 외부적 요인들을 고려하기 위해 정량적 도구와 정성적 도구 모두 사용한다. 평가는 전략적 환경이나 미래를 위한 예측으로 이어진다. 예측이 완벽하게 맞지는 않더라도, 전략기획은 조직이 초점이나 방향성 없이 헤매지 않는 예방책이 될 수 있다.

내부 평가

조직은 아직 개발 전인 잠재력이나 자원 부족 등의 약점을 발견하고, 핵심역량이나 경쟁우위 같은 자신의 장점을 알아내기 전까지 전략을 세울 수 없다. 내부 평가를 통해 조직은 개선점과 제거할 부분이나 활용할 부분을 알아낼 수 있다.

핵심역량

《Competing for the Future》(Harvard Business Review Press, 1994)에서 저자 게리 하멜과 C.K.프라할라드(Gary Hamel and C.K.Prahalad)는 핵심역량을 다음과 같이 정의했다.

> 핵심역량은 다양한 생산능력을 조직화하고 다수의 기술을 통합하는 등 조직 내에서 집단적으로 학습하는 것이다. …(중략)… 핵심역량은 의사소통, 참여 그리고 조직의 경계를 넘은 협력이다. …(중략)… 핵심역량은 사용해도 감소하지 않는다. 시간이 흐르면서 노후화되는 물리적 자산들과는 달리, 역량은 사용하고 공유하면서 강화된다.

간단히 말해, 조직의 역량이란 그 조직이 전략과 직원, 시스템을 통해 잘하는 것이 무엇인지, 경쟁에서 어떻게 차별화될 수 있는지이다. 예를 들어, 헬스사우스(HealthSouth)의 핵심역량은 '수술을 받은 사람들이나 상처를 입은 사람들의 신체기능 회복'이다. WSHA(Washington State Hospital Association, 워싱턴 주 병원협회) 같은 의료조직들은 '목적과 목표를 달성하기 위한 실적 기대를 규정하는 것을 돕기' 위해 핵심역량을 개발한다. WSHA의 역량은 회원 병원들에 대한 서비스 헌신, 결과를 제공하는 능력, 개인의 성실성 그리고 문화적 역량을 포함한다.

핵심역량은 조직의 미션선언문에 포함되어야 한다([표3-2] 참조). 무엇을 하는지 혹은 하기 위해 노력하는지 이해하면 무엇을 해서는 안 되는지를 알 수 있다. 조직이 자신들의 핵심역량으로부터 벗어난다면, 경쟁자에게 자신의 약점을 드러내는 것이다. 예를 들어,

1980년대 말에서 1990년대로 들어서는 시점에, 많은 의료 시스템(health system)이 사업을 다각화하여 성장시키고자 의료행위(physician practices), 부동산, 건강보험회사, 세탁 및 청소 서비스를 비롯한 기타 비즈니스에 투자했다. 그러나 이런 새로운 모험들은 의료 시스템이 환자 진료는 할 수 있어도 비(非)핵심 비즈니스를 포함한 확대된 비즈니스 모델을 경영할 수 있는 능력이 없었기 때문에 대부분 실패했다. 문제는 확대 그 자체가 아니라 핵심역량을 넘은 분야로의 확대였다.

내부 평가는 조직에게 현재 부족한 역량들을 알려주는 대신 시장의 기회를 이용할 수 있게 한다. 예를 들어, 한 외과 클리닉이 대기수술을 처리할 능력이 없음을 알게 되었는데, 외부 환경 분석을 통해 예측한 미래에 인구고령화로 인해 임의선택 수술 시장이 커질 것이라 밝혀졌다 해보자. 이런 상황을 근거로, 이 외과의원은 추가적인 핵심역량으로 임의선택 수술 능력을 개발할 수 있다.

(1) 관리역량

동일한 경영 기술을 가진 공장 관리자와 병원 관리자가 있다고 해도, 만약 그들이 직업을 서로 바꾸면 성공하지 못할 가능성이 높다. 각 산업은 리더와 관리자들로부터 해당 산업에서 발생할 수 있는 특별한 문제들을 처리할 수 있는 능력을 요구한다. 의료서비스에서, 많은 관리역량 모델들이 HLA(The Healthcare Leadership Alliance, 헬스케어 리더십 얼라이언스)와 같은 다양한 전문적 협력과 파트너십을 통해 개발되어 왔다. HLA 모델은 포괄적이고, 확실한 증거에 근거하며, 의료서비스 관리와 관련 있는 다음 5가지 영역을 강조한다.

1. 의사소통과 관계 관리
2. 리더십
3. 전문성
4. 의료환경에 대한 지식
5. 실무 능력과 지식

'의료환경에 대한 지식' 외에, HLA 역량은 의료산업에만 국한되지 않는다. 이런 역량들은 모든 산업에 필요하다. 의료서비스에서 리더 혹은 관리자는 이런 역량들을 조직의 독특한 내·외부 환경에 적용할 수 있어야 한다. 스테플(Stefl)이 주장하는 것과 같이, 오늘날의 의료경영진과 리더들은 의료환경에서 급증하는 복합성에 대응할 수 있는 관리능력을 갖추고 있어야 한다.

자산

내부 자산들은 조직의 핵심역량을 정의하는 데 도움이 된다. 이런 자산에는 평판, 인적자본(직원), 관리능력, 자원, 그리고 조직의 기술에 의한 경쟁력, 특허, 브랜드, 고객충성도가 포함된다. 예를 들어, 미국 플로리다 펜서콜라의 뱁티스트 헬스케어는 '입원환자 전문의 프로그램(hospitalist program)'을 도입하여 260만 달러의 비용을 절감했고, 환자 결과(patient outcome)도 향상되었다고 보고했다. 담당의 프로그램 도입 결정은 내부 자산의 평가로 이어졌다. 1994년, 뱁티스트에서는 환자의 만족도, 직원 권한부여, 의사 지원을 촉진하는 프로그램들과 전략들을 모색하면서 '턴어라운드(turnaround)' 작업에 착수했다. 2007년, 뱁티스트는 〈포춘(Fortune)〉이 선정한 '일하기 가장 좋은 100대 기업'에 뽑혀 인지도를 얻게 되었다. 이런 자산들 모두 뱁티스트가 고품질 고객서비스를 제공할 수 있는 핵심역량이다.

비전선언문과 미션선언문

대부분의 조직들은 좋은 이유에서 비전과 미션을 수립하기 위해 많은 시간을 소비한다. 만약 무엇을 하고 싶은지(비전) 모른다면, 그것을 어떻게 할 것인지(미션)도 알 수가 없다. 비전선언문과 미션선언문은 간단한 것부터 복잡한 것까지 다양한데, 간단할수록 더 좋다. [표3-2]는 상위 의료조직들의 비전과 미션선언문의 예이다.

[표3-2] 미션선언문과 비전선언문의 예

웨인즈버러 병원(Waynesboro Hospital)

미션: 웨인즈버러 병원의 미션은 지역사회 주민들의 건강과 웰빙을 위해 고품질 의료서비스를 제공하는 것이다. 우리는 고품질 서비스를 합리적 가격에 제공하여 지역사회에 최고의 가치를 부여하도록 계속 노력할 것이다.

비전: 웨인즈버러 병원은 지역사회에서 선택받는 의료제공자로서, 고품질 의료서비스를 제공하며 건강한 지역사회를 만들기 위해 노력해나갈 것이다.

가치: 우리는 우리의 지역사회와 동료들에 대한 배려를 통해 각 개인의 존엄성을 위한 고품질 서비스에 도달할 수 있다고 믿는다.

켄터키 주 애슐랜드의 킹스 도터 메디컬센터(King's Daughters Medical Center)

미션: 배려하기. 봉사하기. 치유하기.

비전: 우리 지역사회에 세계 수준의 진료를 제공한다.

뱁티스트 헬스 사우스 플로리다(Baptist Health South Florida)

미션: 뱁티스트 헬스의 미션은 우리가 봉사하는 지역사회에서 개인의 건강과 행복을 향상시키고, 생명의 존엄성과 유지를 고취시키는 것이다.

비전: 뱁티스트 헬스의 비전은 사람들이 의료서비스를 받을 때 본능적으로 찾아오는, 지역사회 최고의 의료제공자가 되는 것이다. 뱁티스트 헬스는 환자의 안전을 위해 다양한 근거중심 임상서비스, 훌륭한 임상결과 그리고 최고의 만족을 제공할 것이다. 뱁티스트 헬스는 의료서비스의 혁신을 이끌어가는 국가적 리더, 더 나아가 세계적 리더가 될 것이다.

인디애나 메디컬센터(Indiana Regional Medical Center)

미션: 인디애나 메디컬센터는 지역사회와 협력하여 비용효율을 높이고, 쉽게 접근할 수 있는 고품질 의료서비스를 제공하기 위해 노력한다. 우리는 교육과 보살핌 서비스를 통해 건강과 행복 증대에 전념한다.

비전: 펜실베이니아에서 최고의 병원이 된다.

가치: 우리는 사람들, 건강 그리고 기대 이상의 성과를 소중하게 여긴다.

※ 출처: 각 조직의 웹사이트에서 발췌

비전과 미션은 목표와 어느 정도 겹치고, 용어들을 바꿔 사용하기도 한다. 그러나 각 개념들의 목적은 차이가 있다. 비전은 대단히 중요한 목적을 나타내지만, 미션은 목적 뒤에 있는 원칙들을 말한다. 예를 들어, 고객중심적 미션은 누가 고객인지, 고객에게 필요한 것은 무엇인지, 어떻게 조직이 그 요구를 충족시킬 수 있는지를 명시한다. 쉽게 말해, 미션은 어떻게 조직이 그 비전을 달성할 수 있는지를 표현한다.

비전

비전은 조직의 열망 혹은 미래의 이상 상태(ideal state)를 설명한다. 하멜과 프라할라드(1994)는 비전을 달성하는 과정을 '산업적 선견지명에 대한 추구(quest for industry foresight)'라 봤다. 그것은 조직이 내일의 시장을 이끌 수 있도록 동향과 기회를 깊이 이해하기 위해 가능한 모든 것을 하는 과정이다. 간단히 말해, '비전을 만드는 것(visioning)'은 아직 존재하지 않는 것을 상상하는 작업이다.

하멜과 프라할라드(1994)에 따르면, 비전선언문에는 다음과 같은 특성들이 있다.

1. 상상 가능성: 미래 그림을 그릴 수 있다.
2. 바람직함: 모든 이해관계자들의 관심을 끈다.
3. 실행 가능성: 현실적이고 달성 가능하다.
4. 집중성: 분명한 안내를 제공한다.
5. 융통성: 상황에 맞게 조절할 수 있다.
6. 전달성: 5분 안에 설명될 수 있어야 한다.

이해관계자들의 지지를 얻기 위한 비전은 명료하고 잘 전달될 수 있어야 한다. 덧붙여 조직의 가치를 포함해야 하는데, 이는 결국 기업문화가 된다. 칠리스(Chili's)의 전 CEO 노먼 브링커(Norman Brinker, 1996)는 "나는 비전을 만들고, 그 비전에 사람들이 관여하도록 분위기를 조성한다."라고 말했다. 이렇듯 조직은 개인의 비전을 성취하는 목적으로 만들어지기도 한다.

미션

미션선언문은 조직의 3가지 진실을 정의한다.

1. 왜 존재하는가?
2. 무엇을 어떻게 하는가?
3. 누구에게 봉사하는가?

의료조직의 미션은 환자들과 다른 고객들을 상대하기 위해 전략을 개발하고, 자원을 배분하고, 계획들을 수립하고, 직원규범(employee standards)을 수립하도록 리더들과 관리자들을 인도한다. 이런 의미에서, 미션은 조직의 핵심가치를 나타낸다.

고객서비스는 미션선언문에서 가장 중요하다. 사우스웨스트 항공사가 1971년에 운항을 시작했을 때, 직원들에게 전달했던 고객중심(customer-focused) 메시지는 '승객들이 목적지에 가기를 원할 때, 정시에, 가능한 한 낮은 요금으로 승객들을 그들의 목적지로 모셔라. 그리고 그 과정에서 승객들이 좋은 시간을 갖도록 최선을 다하라'였다. 사우스웨스트 항공의 미션은 오늘날도 그대로이다. '따뜻한 마음, 친절함, 자부심 그리고 애사심을 갖고 최상의 고객서비스를 제공하기 위해 헌신하는 것'이다. 또한, 그들은 '개인의 학습과 성장을 위해 동일한 기회와 함께 안정된 직장 환경을 직원들에게 제공하는 데 헌신'한다.

병원의 미션선언문에 대한 한 연구 결과를 통해 미션과 고객지향 사이의 관계를 알아볼 수 있다. 이 연구는 미션의 공통된 구성요소에는 목적(76%), 서비스를 제공받는 특정 고객들(62%), 설득력 있는 목표(56%), 가치와 신념(56%), 제공하는 상품과 서비스(52%), 고객만족(50%), 직원들을 위한 배려(41%) 등이 있음을 발견했다.

또한 설문조사를 통해, 재무성과에 대한 최고경영진 만족도는 고객, 고객만족도, 상품과 서비스라는 3가지 종류의 정보를 포함한 미션선언문과 중대하고 긍정적인 상관관계가 있음을 밝혀냈다. 그리고 서비스를 제공받는 특정 고객, 고객만족도에 관련된 내용, 직원들에 대한 배려 등 각 미션선언문 구성요소가 얼마나 잘 활용되었는지에 대해 경영진이 만족한 경우 재무성과에 대한 최고경영진 만족도는 더 높았다.

미션이 수립되고 모든 이해관계자들에게 전달되었다면, 그 미션은 모든 내·외부 계획을 위한 가이드로 사용되어야 한다. 이런 방법으로, 경영진을 포함한 조직과 지역사회는 모든 활동, 실행, 정책이 미션과 일치함을 확인할 수 있다.

서비스 전략

서비스 전략은 의료서비스 경험에 대한 고객들의 기대를 충족하거나 초과하기 위한 구체적인 계획이다. 서비스 전략은 잘 알려진 판단에 근거해야 하며, 구체화된 연구와 소비자 설문조사를 포함해야 한다. 미션과 비전에 따라, 서비스 전략은 서비스 상품과 서비스 환경, 서비스 전달시스템의 개발로 이어진다. 즉, 미션에서 정의된 '왜'와 '무엇을', '누구에게'라는 원칙에 근거하여 조직은 서비스 상품과 환경, 전달시스템을 만들어갈 수 있다. 예를 들어, 만약 미션이 지리상 구체적인 지역에서 평균 이상의 교육 수준을 가진 집단에게 성형수술을 제공하는 것이라면, 고급스러운 환경에서 고감도와 최첨단 서비스를 제공하는 전략이 필요하다.

표적 소비자 집단의 요구, 의견, 선호도와 기대는 서비스 전략에 포함되어야 한다. 내·외부 환경을 평가하는 것만으로는 고객만족도의 주요 동인을 이해하기에 불충분하다. 조직은 고객들에게 물어봐야 한다. 오직 고객들만이 그들이 정말 상품의 품질과 가치에 대해 어떻게 생각하는지 혹은 조직의 핵심역량이 서비스를 전달하는 데 무슨 역할을 한다고 생각하는지 정확히 말할 수 있다.

제2장에서 살펴봤듯이, 월트디즈니는 손님을 대상으로 지속적인 설문조사를 한다. 그들은 한 설문조사에서, 디즈니월드에 온 게스트들에게 재방문 의사와 전체 만족도와 관련하여 그들의 경험을 다각도에서 평가해달라고 요청했다. 패스트푸드와 교통시설은 낮은 평가를 받았다. 그러나 데이터 분석 결과, 낮은 평가와 재방문 의사 및 전체적 만족도 사이의 관계는 통계적으로 봤을 때 미약했다. 다시 말해, 음식과 교통시설의 질은 고객의 재방문 결정에 크게 영향을 미치지 않았다. 왜냐하면 사람들이 먹거나 기본적인 교통시설을 이용하려고 비행기를 타고 디즈니월드에 오는 것이 아니기 때문이다.

고객들에게 중요했던 것(주요 동인)은 운영시간, 직원들의 친절함, 불꽃놀이였다. 이 부문들의 평가는 고객의 재방문 의사나 전체적 만족도와 강한 상관관계가 있었다. 이런 설문조사 결과에 따라 디즈니는 테마파크 운영시간을 연장했고, 친절한 직원들을 고용했으며, 불꽃놀이 시간을 연장하는 데 많은 자금을 투자했다. 디즈니는 손님이 제공하는 정보를 기본으로 개선을 결정했다. 디즈니는 고객들이 가장 가치 있다고 여기는 서비스를 개선하는 데 막대한 자원을 배분하였고, 이는 그들의 행동 및 태도의 주요 동인들이었다. 의료조직은 디즈니를 벤치마킹해, 환자들의 주요 동인을 파악하고 환자들이 중요하다고 여기는 것에 근거하여 의사결정을 함으로써 많은 것을 배울 수 있다.

서비스 전문가 렌 베리(1999)는 '조직은 훌륭한 서비스 전략을 통해 품질, 가치, 서비스 그리고 성취도라는 4가지 주요 요인들에 전념할 수 있다'고 말한다. 2001년, 프레스(Press)는 외래환자들을 위한 의료시설 516곳 99만 2,000명의 외래환자들로부터 구한 데이터를 근거로 '환자의 요구에 대한 직원들의 세심함', '치료를 위한 직원들의 협동 정도' 그리고 '환자가 내원하는 동안 표현하는 우려와 불평에 대한 대응'이라는 3가지 주요 동인이 전체 환자만족도와 상관관계가 있음을 밝혔다.

품질과 가치

훌륭한 서비스 전략은 품질과 가치를 강조한다. 고객서비스에 진정으로 헌신하는 의료조직은 품질과 가치 모두 높은 수준으로 제공하고자 노력한다. 헌신(commitment)이란, 조직이 품질과 가치에 대한 환자들의 인식을 알아내고 측정하기 위해 필요한 자원(자금, 시간, 인력)을 투자하는 것이다. 이는 실제 비용이나 조작된 품질이 아닌, 품질과 가치를 결정하는 데 중요한 인식이다. 환자들이 전체적 의료서비스 경험이 그 가격에 맞는 가치가 있다고 인식하게 해야 한다. 즉, 의료기관에서 좋은 가치를 제공해야 하는 것이다.

연구에 따르면, 많은 의료관리자들은 환자에게 무엇이 정말 중요한지 모른다고 한다. 일반적으로 관리자들은 자신들이 환자가 무엇을 원하는지 알고 있다고 생각해, 직접 환자들에게 물어보지 않기 때문에 이런 일이 생긴다. 퀸트 스튜더(Quint Studer, 2008)는 고객의 요구와 욕구, 기대를 알아내고 기억하는 쉬운 방법을 제시한다. 단위별로 고객(환자와 의사들)의 '선호도 카드(preference card)'를 만드는 것이다. 환자의 선호도 카드에는 좋아하는 음식, 잠버릇, 문병객 리스트와 같은 개인적 정보를 담을 수 있다. 의사의 선호도 카드에는 환자 상태에 따라 의사를 호출할 수 있는 적절한 시간 등 전문직의 요청사항들이 포함될 수 있다. 이런 카드는 관리자들이 서비스 상품과 환경 및 전달시스템을 고객에 맞출 수 있도록 돕고, 품질과 가치에 대한 고객의 인식을 향상시킨다.

서비스와 성취도

훌륭한 전략은 품질과 가치뿐만 아니라 서비스와 목표의 성취도를 강조해야 한다. 고품질 서비스를 위한 조직의 헌신은, 단순히 미션선언문을 통한 립 서비스(lip service)가 아닌, 반드시 행해야만 하는 것이다. 서비스를 위한 그리고 서비스 목표 성취를 위한 사명은 다음과 같은 것들을 갖추고 지켜야 한다.

- 고객서비스의 가치와 효과를 이해하는 의사와 직원 채용 및 유지
- 직원 교육 프로그램, 서비스 상품 개발 및 평가, 서비스 성과 및 보상제도 등에 적절한 자원의 배분
- 서비스 미션을 지원하는 구체적인 실행 계획
- 모든 이해관계자들에게 서비스 계획들에 대한 정기적인 의사소통

서비스의 문화는 직원들과 의료진의 성취감을 조성하고 사람들이 서비스 능력을 발휘할 수 있게 함으로써 전체 조직의 능력을 확대하여, 결과적으로 기대를 초월하는 성과를 만들어낸다. 일찍이 타코벨(Taco Bell) 레스토랑의 90%는 상근 매니저 없이 운영했다. 그것은 사람들이 서비스와 서비스 목표를 성취하기 위해 헌신할 때 가능한, 인상적인 시나리오이다.

실행 계획

실행 계획은 서비스 전략의 구체적인 전술들을 포함한다. 즉, 조직이 어떻게 운영할 것인지, 각 부서나 직원 그룹은 무엇을 해야 하는지, 어떤 시간 프레임을 따를지를 포함한다. 서비스 전략이 어떻게 실행 계획으로 전환되는지 [표3-3]에 나타나 있다.

[표3-3] 서비스 전략부터 실행 계획까지

서비스 전략

- 훌륭한 고객서비스를 제공하는 유사조직들을 연구하고 벤치마킹한다.
- 품질, 가치, 서비스, 성취도에 근거하여 고객들을 설문조사하기 위해 서비스 감사를 실시한다.
- 기대 고객서비스와 실제 고객서비스의 차이를 줄일 수 있는 전략을 개발한다.

실행 계획

- 전 조직이 고객서비스에 집중하게 만드는 전술 계획을 수립하기 위해 다기능 팀들을 이용한다.
- 모든 전술 계획들을 통합하기 위해 다기능 팀들을 이용한다.
- 각 전술 분야에서 고객서비스 계획을 수립하기 위해 브레인스토밍과 같은 다양한 기법들을 사용한다.
- 집중 관리가 필요한 고객서비스 우선순위를 신중하게 선택한다.
- 고객기대를 충족할 수 있도록 직원들에게 권한을 부여한다.
- 평가 전략에 고객서비스 결과 측정도 포함시킨다.
- 변화로 인한 혜택과 현상유지로 인한 위험성을 주요 이해관계자들에게 지속적으로 전달하고 새로운 고객서비스 전략기획을 지지하도록 만든다.
- 전략 시행에 직원들을 참여시킨다.
- 전략기획에 대한 지지를 형성하기 위해 사회적 규범이나 오피니언 리더(opinion leader)들을 이용한다.
- 미션, 비전, 전략, 직원 채용, 시스템과 고객서비스 계획이 일치하는지 감사한다.

실행 계획은 5가지 핵심 분야에서 수립되어야 한다.

1. 경영 성과
2. 직원 관리(채용, 교육, 유지)
3. 수용능력 활용
4. 재정/예산
5. 마케팅

각 분야에 대한 성과 기준을 수립하고 측정해야 한다. 즉, 올바른 절차들이 실행되고 있는지, 올바른 사람들이 관여되었는지, 일정대로 진행되고 있는지 그리고 올바른 목표들을 추구하고 있는지 측정하는 것이다. 더 중요한 것은, 실행 계획을 측정함으로써 중요한 전략에 대한 진척 및 기여도를 이해관계자들이 확인할 수 있다는 점이다.

각 분야의 실행 계획은 다른 분야의 실행 계획을 세심히 고려하여 만들어져야 한다. 예를 들어, 마케팅 계획을 수립한다면 우선순위 간의 충돌을 방지하기 위해 수용능력 활용 계획에 대해 상의해야 한다. 만약 마케팅 계획은 수천 명의 새로운 환자들을 병원으로 이끌도록 설계되어 있는데, 수용능력 활용 계획은 주말에 제공하는 서비스를 대폭 축소하려는 의도가 있다면 어떻게 할 것인가? 경영성과 계획은 경영혁신을 요구하는데, 혁신적 목표를 성취할 예산을 재정 계획이 제공하지 않는다면 어떻게 할 것인가? 실행 계획은 조직의 활동들을 통합해야 할 필요가 있다. 실행 계획이 조직 구성요소의 뒷받침을 받지 않거나, 활동들을 실행하기 위한 자금을 배분받지 못한다면, 그 계획은 실행 가능성이 거의 없다.

실행 계획은 로드맵을 제시하시고 서비스 전략 달성에 대한 책임을 직원들(매니저와 접점 직원들)에게 부여한다. 이런 의미에서, 모든 사람들은 자신이 조직의 미션 달성에 어떻게 기여할 것인지 알아야 하고, 환자의 기대를 충족하고 초과하는 것에 대해 책임을 져야 한다. 고객의 만족도를 충족하기 위한 가장 확실한 방법은 환자와 직접적으로 접촉하는 것이다. [표3-4]는 서비스를 제공하는 동안 보여야 할 이상적인 행동들을, [표3-5]는 환자만족도의 동인에 대한 행동 지침과 대응 지침의 예를 나타내고 있다.

[표3-4] 환자만족을 위한 직원 행동

1. 사람들을 환영한다. 미소를 짓고, 눈을 맞추고, 자신을 소개하고, 정중하게 호명하고, 도움을 제공한다.

2. 환자들의 사생활과 비밀을 보호한다. 병실에 들어가기 전에 노크하고, 환자들을 보호하며, 말을 할 때도 조심한다.

3. 예의와 존중을 보여준다. "부탁합니다" 또는 "감사합니다"라고 말하고, 문화 차이를 고려한다. 그리고 고객들이 원하는 것과 필요로 하는 것이 무엇인지 알아낸다.

4. 무엇을 하려고 하는지 설명한다. 고객들이 이해할 수 있는 방식으로 말하고, 상대방이 이해했는지 확인하고, 직원들은 필요한 정보를 숙지한다.

5. 항상 주의한다. 환자들을 만지거나 이동시킬 때 천천히 그리고 부드럽게 다룬다. 환자들이 무엇을 말하는지 경청하고 응대한다.

6. 고객친화적인 분위기를 유지한다. 소음을 줄이고, 환경을 청결히 유지한다.

7. 문제가 해결된 후에도 후속관리한다. 문제와 불평을 해결하도록 노력한다. 고객들에게 해결할 수 있는 것과 해결하지 못하는 것이 무엇인지 정확히 알려준다. 문제를 해결하는 데 도움을 줄 수 있는 사람을 알아내고, 문제가 마무리될 때까지 지속적으로 확인한다.

※ 출처: 〈의료경영저널(Journal of Healthcare Management)〉(Health Administration Press, 2001) 중 발췌

[표3-5] 환자만족의 핵심동인을 위한 프로토콜과 스크립트

핵심동인	프로토콜(행동지침서)	스크립트(응대지침서)
사생활과 존엄성에 대한 존중	환자 병실에 들어갈 때 노크하고, 환자 이름 부르기	"○○○님? 제 이름은 △△△입니다. ＿＿＿하기 위해 왔습니다. 지금 시간 괜찮으신가요?"
경청받는 느낌	환자에게 특별히 필요하거나 요청할 것이 있는지 물어보기	"제가 해드릴 수 있는 일이 있을까요?"
우려와 불평에 응대 경험	이전 문제(예: 낮은 병실 온도)가 해결되었는지 물어보기	"병실 온도가 여전히 불편하신가요? 다른 이불을 가져다 드릴까요?"

※ 출처: 〈의료경영저널(Journal of Healthcare Management)〉(Health Administration Press, 2001) 중 발췌

얼라인먼트 감사(Alignment Audit)

전략학자인 마이클 포터(Michael Porter, 1996)는 기능적 정책, 직원 채용에 대한 결정, 구조를 비롯한 기타 모든 활동들을 조직의 미션과 일치시킨 전략기획을 강화하는 것이 조직이 지속가능한 경쟁력을 확보할 수 있는 최선의 방법이라 주장했다. 또한 내들러와 투시먼(Nadler and Tushman, 1997)은 '전략, 업무, 사람들, 구조 그리고 문화를 원활하게 조정하는 것이 조직의 경쟁력과 성공 가능성을 결정할 것'이라 주장한다. 퀸트 스튜더(2008)는 얼라인먼트의 장점에 대한 책을 집필하였다.

실증적인 연구에 따르면, 조직의 내부 요인들-미션과 비전, 가치, 의사소통 방법-이 전략기획과 일치할 때, 직원들이 헌신과 만족감을 느낀다. 직원의 사명감과 만족도는 재무적 수익, 경쟁력, 고객만족도로 이어진다.

골드스타인과 스웨이크하트(Goldstein and Schweikhardt, 2002)의 연구는 말콤볼드리지상의 19가지 관점에 초점을 맞추는 조직들이 높은 수준의 고객서비스와 만족도를 제공함을 밝혔다. 그들의 연구 결과는 조직의 모든 구성요소와 활동을 미션과 일치시켜 말콤볼드리지상을 수상한 샤프 헬스케어(Sharp HealthCare)의 사례를 통해 사실로 입증됐다.

샤프 헬스케어

2007년, 캘리포니아 샌디에이고에 위치한 최대 규모 의료시설인 샤프 헬스케어는 말콤볼드리지상을 수상했다. 샤프 헬스케어는 2001년에 '샤프 경험(Sharp Experience)'을 출범하면서 품질을 집중 관리하기 시작했다. 주요 목표는 조직을 가장 일하기 좋은 곳, 의료행위를 하기에 가장 좋은 곳, 진료받기에 가장 좋은 곳으로 만드는 것이었다. 조직의 미션과 비전, 가치에 따라, 샤프 헬스케어는 환자, 직원, 의사, 제3자 지불자, 지역사회 대표들의 만족을 위해 전략기획 프로세스를 진행했다. 이해관계자들과 끊임없이 소통하면서 조직의 미션과 비전, 가치를 강화했다. 또한 고객만족, 고객충성, 시장점유율 상승을 위한 단기목표와 장기목표를 추구하고 측정했다. 전략기획부터 회의 안건까지 샤프 헬스케어에서 행하는 모든 것은 조직의 6가지 탁월한 분야 즉, 의료서비스 경험으로 변형되는 비전의 토대와 일치한다. 다음은 샤프 헬스케어의 성공을 만든 원칙들이다.

미션선언문

고객들의 건강 증진을 위해 헌신을 가지고 고품질 의료서비스를 제공한다. 지역사회의 기준이 되고 환자의 기대를 초월하는 최상의 진료와 서비스를 제공하며 배려한다. 편리하고 비용효율적이며 접근하기 쉬운 방식으로 제공한다.

비전선언문

진료 품질, 서비스, 혁신 그리고 탁월한 문화를 통해 의료서비스 경험을 재정립한다. 일하기에 가장 좋은 곳, 의료행위를 하기에 가장 좋은 곳, 진료받기에 가장 좋은 곳으로 인정받고, 나아가 세계에서 가장 좋은 의료조직이 된다.

가치

- 진실성
- 보살핌
- 혁신
- 탁월함

6가지 탁월한 분야

1. 품질
2. 서비스
3. 사람들
4. 재무
5. 성장
6. 지역사회

직원 행동기준

비밀 보장, 예의바른 태도, 다양성, 기술괴 역량, 기억 유지, 말하고 듣기와 팀워크, 서비스 회복, 안전 보장, 단정한 외모, 대기시간 감소, 미소, 사람들 목적지로 안내, 스크립트에 따른 응대, 감사하는 태도, 이유 있는 회진, 인정, 자기소개, 설명, 감사 표현

주요 성공요인들

- 분위기와 서비스 품질 정의, 측정, 전달
- 환자와 지역사회의 충성도 증가

- 지역 내 최고의 의료서비스 인력 채용, 동기부여, 유지 및 승진

의사소통 계획

다양한 의사소통 프로세스를 이용하여 비전과 가치, 목적을 매년(전 직원 모임, 직원만족도와 의사 만족도 설문조사), 매분기(리더 개발 세미나, 직원 포럼), 매월(부서 회의, 실행팀, 운영회의, 이사회 회의, 뉴스레터), 매일(CEO 레터, 글로벌 이메일, 인트라넷, 감사 노트) 전달한다.

계획 범위

- 장기계획(5년)
- 단기계획(1년)

장기 서비스 전략(2007 - 2012)

- 프레스 가니(Press Ganey)의 환자 설문조사 결과에 따라 고객만족 요인(핵심동인)에 집중
- 병원과 의료진, 의사의 만족
- 의사 리더십 개발과 만족
- 리더와 직원들을 위한 집중 교육 및 도구

고객/파트너 주도적 환경 분석

전략기획 프로세스에서 고객-파트너 주도적 분석이 생산된다. 샤프 헬스케어는 주요 고객, 경쟁자들의 활동, 시장점유율, 인구통계학 데이터, 고객들의 피드백 그리고 산업동향 데이터를 지속적으로 평가한다.

고객서비스 메트릭스

환자만족도 설문조사, 의사와 직원의 만족도 설문조사, 포커스그룹, 미스터리 쇼핑, 인터뷰, 온라인 데이터 접수, 간호사 연결 웹센터, 콜센터, '이유 있는 회진(Rounding with Reason)' 일지, 코멘트 카드, 부서 간 설문조사, 불평 접수시스템, 의료보험 설문조사, 고객센터, 웹사이트, 지불인과 의료진을 위한 연간 회의

※ 출처: 캘리포니아 샌디에이고 샤프 헬스케어

의료조직들은 재무 계획과 운영을 관행대로 감사하지만, 이는 재정 진척 상황을 모니

터링하려는 것이지 계획이 미션과 일치하는지 확인하려는 목적은 아니다. 또한 대부분의 조직들은 환자서비스와 관리 프로세스 감사를 하지 않는다. 얼라인먼트의 장점을 고려하여, 얼라인먼트 감사를 통해 조직이 진행하는 모든 업무들이 미션과 일치하는지 확인해야 한다. 이런 감사는 연단위로 진행될 수 있으며, 재무감사처럼 진행한다([표3-6] 참조).

제대로 평가된 것만이 제대로 관리될 수 있다면, 얼라인먼트를 측정하는 것이 곧 미션 관리를 확인하는 방법이다. 감사를 진행함으로써 '조직은 서비스 미션에 대해 진지하다'라는 강한 메시지를 전달할 수 있다는 것이 특히 중요하다.

신호

관리자들은 다양한 신호를 보내어 조직의 요구와 욕구, 기대를 직원들에게 전달한다. 신호는 직접적인 방법(예: 미션선언문과 같은 서면)으로 전달되거나, 간접적인 방법(예: 모범 사원에 대한 사례)으로 전달된다. 인적자원정책(예: 직무 설명서에 명시된 요구사항, 고객 전화 응대 절차 등) 역시 신호의 역할을 한다. 이런 신호를 통해, 직원들은 자신의 성과와 행동에 관련하여 조직이나 상사가 중요시하고 기대하는 것이 무엇인지를 알 수 있다.

신호가 미션과 일치할 때, 미션은 이론 이상의 의미가 있다는 메시지를 전달하며, 매일 실무에 적용할 수 있게 된다. 얼라인먼트 감사는 각 단서가 미션을 얼마나 잘 뒷받침하는지 체계적으로 측정한다. 왜냐하면 각 단서와 미션의 일치 여부 자체가 미션을 달성하는 것은 아니기 때문에 얼라인먼트 감사는 구두, 서면, 행동을 통한 모든 신호들이 일관된 메시지를 보내고 있는지 밝혀낸다.

만약 관리자들이 고객서비스가 중요하다고 말했다면, 이 관리자들은 고객을 만족시키기 위해 주어진 직무 이상을 해내는 직원에게 보상을 하는가? 직원의 고객서비스를 인정하는 보상 프로그램을 운영하는가? 같은 맥락에서, 미션선언문이 '조직은 의료혁신을 이끌어가는 리더'라고 주장한다면, 최고 임원들은 전문 지식과 경험을 가지고 있는 직원을 채용·관리하고 최신 의료기술에 대한 교육을 제공하는가? 다시 말해, 얼라인먼트 감사를 통해 관리자들은 언행불일치를 발견할 수 있다. 만약 경영진부터가 자신들이 만든 신호에 따라 행동하지 않거나, 신호를 준수한 직원들에게 보상을 하지 않으면서 그들이 지시를 제대로 이행할 것이라 기대해서는 안 된다.

잘 일치되는 신호들은 환자 혹은 고객과의 대면에서 내부 이해관계자들(관리자, 직원, 의료진 등)이 어떻게 행동해야 하는지 알려준다.

프레임워크

감사 과정을 통해 조직의 정책과 절차, 실행에 대해 더 깊이 알아낼수록 더 많은 불일치를 발견하게 되는데, 긍정적으로 보자면 그만큼 서비스를 향상시킬 수 있는 기회가 많아진다는 뜻이다. 얼라인먼트 감사의 프레임워크에 대해 알아보자.

(1) 핵심 요소

감사는 3가지에 초점을 맞춰야 한다. 첫째, 전략적 · 전술적 실행. 둘째, 직원 관리 정책과 과정. 셋째, 시스템 절차와 설계. 이 밖에도 다른 요소들이 있지만, 여기서는 조직의 기능에 가장 중요한 이 3가지를 다룬다. [표3-6]은 얼라인먼트 감사의 기점 혹은 견본으로 사용될 수 있는 각각의 핵심 요소와 관련된 샘플 질문들을 보여준다. 관리자들은 조직의 필요 혹은 선호 분야에 따라 질문을 추가하거나 수정할 수 있다.

[표3-6] 미션과 일치하는지 확인하는 감사 질문

전략 실행과 전술 실행

1. 부서 목표가 미션에 맞춰 조정되어 있다.
   - 경영진이 미션과 관련된 측정 점수에 따라 부서 관리자들을 보상하는가?
   - 다른 부서들에게 얼마나 훌륭한 서비스를 제공하는지에 대해 경영진이 관리자들을 특별히 보상하는가?
2. 주변 환경과 물리적 설계가 미션을 전달한다.
   - 모든 시설 배치가 미션을 전달하도록 설계되었는가?
   - 실내 온도, 조명, 환경 조건들이 고객친화적으로 설계되었는가?

---

3. 미션 성취와 관련된 이야기들을 전달하고 성공사례를 축하한다.
- 경영진은 미션의 목표를 성취한 직원들의 성과를 정식으로 축하하는가?
- 미션 성취에 대해 정식적으로 인정하고 보상하는 보상시스템을 갖췄는가?

4. 최고경영진이 미션을 행동으로 실천한다.
- 경영진이 가시적으로 미션을 실천하여 조직의 미션에 대한 헌신을 보여주는가?

5. 수행 기준이 미션에 맞춰져 있다.
- 미션 성취가 관리자와 감독자의 연간 계획이나 목표에 포함되어 있는가?
- 경영진이 고객들과 조직에게 중요한 미션 성취의 모든 측면에 대해 서비스 품질 기준을 세웠는가?

6. 예산 분배가 미션에 맞춰져 있다.
- 부서 감독자들이 직원들의 미션 성취에 대해 교육할 수 있는 재정 자원을 가지고 있는가?
- 직원들에게 미션 성취가 매출 목표를 달성하는 것만큼 중요하다는 사실을 상기시켰는가?

직원 채용 정책과 프로세스 요인들

7. 직무기술서에 미션을 포함시킨다.
- 직무기술서에 미션 성취에 대한 책임이 명시되어 있는가?

8. 구인광고에 미션을 포함시킨다.
- 구인광고에 미션 성취에 대한 헌신을 언급하였는가?

9. 면접에서 미션에 대한 헌신과 관련된 질문들을 한다.
- 직원 채용 면접에서 지원자들에게 미션 성취에 관련된 질문들을 하는가?
- 직원을 선정할 때와 같은 기준으로 미션을 사용하는가?

10. 오리엔테이션 프로그램에서 미션을 강조한다.
- 신입 직원 오리엔테이션에서, 미션 성취에 대한 조직의 헌신을 알리는가?

11. 성과 평가에 미션을 포함시키고 보상한다.
- 미션 성취가 직원들의 연간 성과 평가에 포함이 되는가?
- 미션 성취의 실패가 직원 해고 및 징계로 이어질 수 있는가?

12. 미션을 유지하는 것을 교육 프로그램에 포함시킨다.
- 경영진은 정기적인 직원회의에서 미션 성취에 대한 헌신을 직원들에게 상기시키는가?

시스템 절차와 디자인 요인들

13. 미션 성취 요소들을 체계적으로 측정한다.
- 미션 성취에 대한 정보를 수집하기 위해 세트 플랜(set plan)을 지속적으로 따르는가?

- 미션 성취를 방해하는 고객서비스 문제들을 해결하기 위해 세트 플랜을 지속적으로 따르는가?

14. 미션 성취도의 측정이 체계적으로 모두에게 제공된다.
    - 직원들과 미션 성취에 대한 피드백을 공유하기 위해 세트 플랜을 일관되게 따르는가?
    - 부서별 미션 성취 점수를 체계적으로 비교·측정하고 전 부서가 공개적으로 공유하는가?

15. 서비스 품질을 체계적으로 측정한다.
    - 신뢰성, 대응, 공감 표현 그리고 유형요소에 대한 고객들의 품질 기대를 충족하거나 초월할 수 있는 서비스 경험을 지속적으로 측정하는가?

16. 서비스 전달시스템에 미션을 반영한다.
    - 세트 플랜에 따라, 서비스를 위해 고객들이 얼마나 기다리는지 지속적으로 기록는가?
    - 경험의 모든 측면들에 대해 고객들에게 지속적으로 알리기 위해 세트 플랜을 따르는가?

※ 출처: 캘리포니아 샌디에이고 샤프 헬스케어

(2) 감사를 진행하는 순서

감사는 아래와 같이 진행되어야 한다.

1단계: 측정 가능한 방법으로 미션의 목표를 정의한다(예: 고객만족도 설문조사에 대한 점수).

2단계: 직원 성과와 행동을 지시하는 주요 정책, 절차, 실행 사항 그리고 의사소통 등을 확인한다(예: 직무설명서).

3단계: 미션이 주요 정책과 절차, 실행 사항 그리고 의사소통에 반영되는지 평가하는 질문들을 만들어낸다([표3-6] 참조).

4단계: 질문들에 정직하게 답변한다.

5단계: 즉시 또는 미래에 정정하고 개선할 사항을 목록으로 정리한다.

6단계: 1단계의 미션 목표와 5단계의 감사 결과를 비교한다.

6단계의 목적은 '감사(audit)를 감사(audit)'하는 것이다. 즉, 감사받은 항목들이 미션 목표나 원하는 결과물에 따라 중요한 것인지 확인하는 단계이다. 또한 얼라인먼트 감사를 통해 얻는 조직의 이득을 측정하는 단계이기도 하다. 즉, 희망하는 행동과 실제 행동의 차이를 파악하는 것이다. 마지막으로 6단계는 얼라인먼트 과정을 문서화하여, 조직이 얼라인먼트를 위해 노력을 했음을 증명한다. 캘드웰 등(Caldwell and colleagues, 2008)의 연구에 따르면, 전략의 성공적인 시행(6단계)은 직원 행동의 변화를 요구한다. 행동의 변화는 고객의 요구와 기대에 대한 끊임없는 의사소통뿐만 아니라 직원들의 직접적인 참여도 끌어낸다.

결론

의료서비스 계획은 필요한 계획들을 설계하고 조직이 미션을 이행하기 위해, 비전을 달성하기 위해 그리고 고객들에게 서비스를 제공하기 위해 따라야 할 이정표를 나타낸다. 만약 미래 예측, 핵심역량 진단, 미션 정의, 서비스 전략 선택 중 하나 이상에서 잘못을 저지른다면 조직은 경쟁력을 잃을 수 있다. 그 조직이 대형 복합의료병원이든, 관리의료회사이든, 개인 병원이든, 그 어떤 조직이든 마찬가지이다. 물론, 예측하지 못한 발전들이 잘 만든 계획을 방해하거나 뒤집을 수도 있다.

정부, 시장, 경제, 기술, 고객, 미래의 예측 불가능성에도 불구하고, 좋은 계획은 조직의 운영과 노력에 합리성과 안정성을 가져오려는 시도를 한다. 그러므로 쓸모없거나 경쟁력 없는 계획을 세우지 않도록, 관리자들은 시장의 동향과 변화를 무시해서는 안 된다. 이런 계획은 연간 단위로 수립하여 모든 사람들에게 공개해야 한다.

경쟁사의 혁신, 새로운 법안 및 규정, 기술 개발, 고객선호도 변화, CEO의 질환이나 사망과 같은 내부적 혼란, 대형 소송 또는 노동자 파업, 불황, 자연재해, 테러와 같은 사회적 변동 등의 사건들로 인해 8월에 세운 계획이 9월에 뒤집어질 수도 있다. 이런 사건들을 대면하게 되는 경우, 계획을 즉시 수정해야 한다. 그래서 계획은 조직이 예측하지 못한 변수에 대응할 수 있도록 유연하게 세워야 한다. 미래는 예측할 수 없기 때문이 많은 조직들은 비상 계획(contingency plan)이나 대안 전략들을 세운다.

접점 직원들을 계획 수립 과정에 참여시키는 조직들이 증가하고 있는데, 그 이유에는 여러 가지가 있다. 첫째, 직원들은 환자만족도의 핵심동인에 대해 누구보다 잘 알고 있다. 그리고 그들은 품질과 가치에 대한 고객만족도와 인식을 향상시키고 비용을 절감하려는 노력으로 추가 또는 재설계하거나 제거해야 하는 상품 및 서비스에 대해 많은 아이디어를 듣고 생각해왔다. 둘째, 계획을 원활하게 시행하기 위해서 직원 참여는 필수적이다. 직원들은 논리적으로 이해하지 못하는 계획에 참여하기를 거부할 것이다. 조직은 모든 내부 이해관계자들에게 전략을 전달하고 교육하기 위해 노력해야 한다. 만약 직원들이 그들의 미션을 성취하는 데 계획이 얼마나 중요한지 알게 된다면 그 계획을 지지하고 더 열심히 일할 가능성이 높다. 그들이 매일 근무하는 데 계획이 얼마만큼 영향을 미치는지 더 잘 알수록 더 적극적으로 계획 시행을 지지하고 도움을 제공할 것이다.

서비스 전략

1. 고객중심의 상품과 환경, 전달시스템을 설계하기 위해 서비스 전략기획에 참여한다.

2. 모든 계획과 차후 활동을 조직의 비전, 미션, 가치에 근거한다.

3. 적절한 도구를 사용해 미래의 요구와 수요를 예측하되, 그것만으로 경영상의 판단을 내리지는 않는다.

4. SWOT 분석을 위해 내·외부적 환경 평가를 진행한다. 핵심역량, 내부 자산, 시장 동향(market trends)은 평가해야 하는 많은 상품들 중 일부일 뿐이다.

5. 서비스 및 상품을 개발할 때나 환경 및 전달시스템을 조성할 때, 품질과 가치에 대한 고객의 인식을 고려한다.

6. 서비스 전략을 시행하기 위해 실행 계획을 개발하여 모든 내부 이해관계자들에게 전달한다.

7. 모든 중요한 활동들이 미션과 일치하는지, 서면 신호가 구두 신호 및 행동 신호와 일치되는지 확인하기 위해 얼라인먼트 감사를 진행한다.

8. 참여를 끌어내기 위해 직원들을 계획 과정에 참여하게 하여 계획을 원활하게 시행할 수 있도록 한다.

CHAPTER 4

치유환경 조성하기

잿빛의 고요하고 오래된 그 병원은,
삶과 죽음이 친절한 협상가들처럼 만나는 곳이다.
- 윌리엄 어니스트 헨리(William Ernest Henley)

| **서비스 원칙** |　접수 구역부터 환자 치료 구역까지 의료서비스 환경에 대한
　　　　　　　고객기대를 초과한다

고객주도형 경험경제에서, 의료서비스는 단순한 경제적 거래(economic transaction)가
아니다. 환자와 가족들은 안락함, 편의성, 안전, 정보 그리고 서비스를 제공받는 물리적 환
경에 많은 것을 기대한다. 이처럼 환경은 단순히 서비스 경험의 배경이 아니다. 환경은 환
자의 웰빙, 기분, 행동, 가치와 품질에 대한 인식에 중대한 기여를 한다. 배치, 장식품, 가
구, 조명, 간판, 냄새, 청결을 포함한 물리적 환경도 종합 의료서비스 경험의 일부이다.

사용 가능한 공간, 수용능력, 자원, 고객의 기대 등에 따라 접근법은 달라지지만, 500개
이상의 병실을 갖춘 대학병원에서부터 시골의 작은 보건소까지 모든 의료서비스 제공자
들은 전체적 의료서비스 경험을 향상하고 보완하는 환경을 조성해야 한다.

예를 들어, 최첨단 복합 의료시설은 대규모 공간, 현대 건축, 최신 기술의 광범위한 사

용, 세심하게 설계된 공간 등을 통해 환자 진료와 만족감에 대한 헌신을 전달할 수 있다. 반면 소규모 시골 보건소는 시설 내부와 주위의 화려하고 좋은 향기가 나는 식물들과 꽃, 깨끗하고 잘 정돈된 공간, 잘 보이는 곳에 위치한 데스크, 병실과 복도에 전시된 기분 좋은 예술품 등을 통해 동일한 메시지를 전달할 수도 있다.

다시 말해, 물리적 환경은 경험에 가치를 부가하는 도구이다. 깨끗하고, 안전하고, 잘 정비된 매력적인 환경은 환자와 가족 그리고 직원의 스트레스를 완화해준다.

IOM(Institute of Medicine, 의학협회)에서 출간하는 〈크로싱 퀄리티 캐즘(Crossing the Quality Chasm)〉에 따르면, 미국 보건 시스템에서 여러 문제들이 발견된다고 한다. 즉, 안전성과 효과성, 효율성 등이 떨어지고, 시의적절하지 않으며, 불공평한 데다가, 환자를 우선하지 않는 경향이 있다. 이 보고서의 발간 이후 '환자와 안전, 의료품질' 혁명이 온 나라를 휩쓸었고, 다양한 계획과 연구가 진행되기 시작했다. IOM 보고서 이전에도 서비스 품질과 제공, 환자와 직원의 스트레스 및 피로를 포함한 여러 부분과 관련된 '물리적 의료서비스 공간의 효과'에 대한 연구가 있었고, 현재도 진행 중이다. 예를 들어, 새들러와 두보스, 짐링(Sadler, DuBose and Zimring, 2008)은 IOM 보고서에 명시된 것과 같이, 환경이 의도치 않게 부정적인 결과에 영향을 미칠 수도 있음을 발견했다.

제4장에서는 다음과 같은 내용을 다룬다.

- 치유 과정에 있어 의료서비스 경험의 중요성과 영향을 포함한, 서비스 환경의 다양한 차원들
- 근거중심 디자인
- 치유환경
- 고객충성도를 불러일으키는 환경 동향과 전략
- 4가지 환경적 차원
- 서비스스케이프

또한 제4장에서는 더 나은 결과물을 창출하기 위해 환경을 개선한 의료조직들의 사례를 소개한다.

서비스 환경의 중요성

의료서비스에서 서비스 환경은 여러모로 도움이 된다. 첫째, 환경은 조직의 직원들이 고객들에게 만족 또는 실망을 주는 무대이다. 둘째, 환경은 조직에 대한 무언의 메시지를 만들고 전달한다. 예를 들어, 쾌적하고 정돈이 잘되어 있다면, 조직은 안전과 서비스 질에 대해 신경을 쓰고 있다는 뜻이다. 반대로 황폐하다면, 그 조직은 재정난 때문에 제대로 진료 서비스를 제공할 수 없다는 메시지일 수도 있다. 셋째, 특히 서비스 상품과 결합될 경우 환경은 서비스 경험의 일부가 된다. 예를 들어, 암센터의 잘 가꾸어진 정원은 내부에서 제공되는 치유 서비스에 대한 메시지를 전한다. 넷째, 다른 임상적 기능에 가치를 더하거나 뺀다.

간단하게 말하면, 환경은 고객만족도, 재방문하거나 다른 사람들에게 추천할 의사 그리고 치유 평가에도 영향을 미친다. 이 주장을 뒷받침할 만한 연구 결과가 있다. 한 연구에 따르면, 눈길을 사로잡는 병실은 환자가 의사, 간호사 그리고 다른 서비스 경험에 대해 긍정적인 평가를 하게 만든다고 한다. 뿐만 아니라 시설을 처음 볼 때나 심지어 어떤 의료 개입을 받기도 전에 환자는 조직의 능력과 서비스 품질에 대하여 판단하고 기대할 수 있다. 그래서 조직은 환경이 환자들에게 특별하고 긍정적인 첫인상을 줄 수 있도록 신경 써야 한다.

인식은 현실보다 항상 더 중요하다. 즉, 진료 품질이 현대 시설에서 제공하는 서비스와 동일하거나 비슷한 수준이라 해도, 환자나 직원들은 오래되고 낡은 병원의 진료 서비스를 수준 이하라고 인식한다. 실제로 조지아 주 애틀랜타에 있는 한 공립병원(public teaching hospital)은 꾸준히 수준 높은 의료서비스를 제공했음에도 불구하고 대중적 이미지는 부정적이었다. 하지만 내부 수리와 개선 이후, 서비스 품질은 이전과 동일함에도 병원의 명성은 높아졌다.

과거의 사고방식

과거에는, 대부분의 의료조직들이 환자들의 의료적 요구를 충족시키기 위해 노력하는 데 집중했다. 하지만, 1990년대 들어 환자만족도 조사가 널리 사용되면서부터 조직들은 환자와 가족들이 서비스 환경을 이전보다 더 중요하게 여긴다는 것을 알게 됐다. 연구, 설문조사 그리고 포커스 그룹으로부터 얻은 결과는 아래와 같다.

- 병원 포커스 그룹의 구성원들은 만족도와 서비스 품질의 인식에 대한 결정요인으로 서비스의 다른 속성들보다 물리적 특징들을 꼽았다.
- 환자들은 사생활 보호, 청결, 조용함, 수납공간, 그리고 온도 조절을 원한다.
- 대부분의 의료시설 환경은 환자의 기대를 충족하지 못한다.
- 모든 서비스 속성 중 병원의 외양이 낮은 평가를 받은 경우, 일부 환자들은 다른 의료제공자를 찾는다.
- 의료서비스 환경은 고객들이 서비스의 질과 고객만족도를 평가하는 주요 요인이며, 지속가능한 경쟁력이 될 수 있다.
- 분위기 혹은 환경적 요소는 고객의 만족도, 지속적 애용, 긍정적인 입소문 그리고 조직의 향상된 이미지로 이어진다.

최근에, 환자 포커스 그룹은 진료 품질을 인식하는 중요한 요인으로 다음과 같은 환경 요인들을 꼽았다.

- 최신 · 최첨단 장비
- 편안하고 쾌적하며 시각적으로 눈길을 사로잡는 시설
- 의료진과 직원의 정갈하고 적절한 옷차림
- 이용에 편리한 위치
- 병실 관리 및 세탁 서비스

근거중심 디자인

근거중심 디자인(evidence-based design)은 시설의 환경미화에 그치지 않는다. 그것은 의료시설 건축과 디자인, 환경심리학, 인적 요소, 산업공학에서 찾아낸 원칙과 연구 결과들이 시설 건축과 디자인에 포함된다는 발상에 근거한다. 근거중심 디자인은 친환경적으로, 공기와 조명을 개선하고 소음을 줄이고 손을 위생적으로 관리할 것을 장려하고 동선을 줄이고 길찾기(Wayfinding)를 개선하고 환자 가족의 요구를 수용하기 위한 노력이다.

최근 연구에서 환경적 요소들이 임상결과와 환자만족도, 서비스 제공자의 근무 및 삶의 질에 긍정적인 영향을 미친다는 사실이 밝혀졌다. 결과중심적이기 때문에, 근거중심 디자인은 조용한 분위기와 사생활 보호를 원하는 환자를 위해, 나아가 환자가 감염에 노출될 가능성을 낮추고자 1인용이나 개인 병실을 설계한다.

크롤(Kroll, 2005)은 근거중심 디자인의 여러 가지 원칙들을 다음과 같이 정리했다.

1. 변화는 단지 매력적인 특징 역할을 하는 것이 아니라, 측정 가능한 긍정적 결과물을 만들어야 한다.
2. 디자인의 목적에는 중요한 의료서비스 전달과 환자 진료 제공이 포함된다. 투약 오류(medication error)를 줄이고 환자의 입원기간을 단축시키는 것은 근거중심 디자인을 위한 좋은 임상적 목표이다.
3. 각 조직은 고유하기 때문에, 서로 다른 조직의 디자인이 정확히 같을 수 없다. 연구 결과는 현실과 시설의 상황을 고려해 적용되어야 한다.

비용

새로운 시설을 건축하는 것이 아닌 이상, 근거중심 디자인을 의료시설에 사용하는 데 있어 난제 중 하나가 바로 비용이다. 시설 개조나 디자인 변경은 많은 비용이 들 수 있다. 특히 긴축 예산인 경우 디자인에 투자하는 것은 더더욱 어렵다. 긍정적인 결과물과 개선으로 생기는 이익을 통해 초기 투자비용이 상쇄될 수 있음을 보여주는 연구 결과가 있다.

그러나 근거중심 디자인이 비용대비 이득이 있음을 설명할 수 있을 만한 이유를 제공하기란 여전히 쉽지 않다.

치유환경

근거중심 디자인은 치유환경 개념의 일부이다. 많은 연구 결과는 치유환경이 환자와 직원들에게 치료 효과를 더해줌을 증명했다. 울리히 등(Ulrich and colleagues, 2004)은 연구를 통해 치유환경이 회복을 촉진하고, 더 높은 환자만족도로 이어지며, 통증을 완화할 뿐만 아니라 감염 사례도 줄이고, 문병객과 직원들의 스트레스 수치를 낮춘다는 것을 발견했다. 이와 유사하게, 즈보로우스키와 크라이처(Zborowsky and Kreitzer, 2008)는 "이런 변화들은 또한 투약오류와 병원감염 예방에 도움이 되고, 직원의 사기와 능률을 향상시킨다."고 주장한다.

초기에는 서비스 환경의 재설계는 로비나 접수처, 구내 등의 공적 공간에 초점을 맞췄고, 병실이나 검사실과 같은 사적 공간을 간과했다. 조직들은 스파(spa) 같은 시설을 설치하고, 자연광을 이용했으며, 정원을 만들었다. 더 큰 재설계에는 인상적인 이미지를 보여주기 위해 새로운 외벽(facades)이나 중앙홀, 인공 폭포, 대리석으로 된 로비 등이 포함된다. 이런 디자인들은 따뜻한 느낌과 안도감을 주는 데 기여하지만, 환자들이 치료를 받거나 대기하는 공간에는 영향을 줄 수 없었다.

근거중심 디자인이 유행한 덕분에, 많은 조직들이 공적 공간과 사적 공간이 환자의 건강과 만족도에 어떻게 기여하는지 더 많은 관심을 갖게 됐다.

다음은 근거중심 디자인의 사례이다.

- 오렌지시티 헬스시스템(Orange City Area Health System): 환자 개인 병실은 건물의 뒤쪽에 위치해 있고, 초원과 연못, 정원이 보인다. 또한 각 병실에는 가족들을 위한 휴식 공간이 있다.

- 앨타베이츠 서밋 메디컬센터(Alta Bates Summit Medical Center): 진입 복도부터 신축 유방건강센터까지는 원형으로 설계되었고, 모자이크 타일로 되어 있다. 복도에 벤치 의자가 놓여져 있고, 물소리와 새소리가 들린다. 대기실은 나뭇가지형 조각품과 유색 유리꽃병으로 장식되어 있다.
- 시애틀 암센터(Seattle Cancer Care Alliance): 유방암 환자들이나 부인과질병 환자들을 위한 대기실은 유니언 호수(Lake Union)가 보이는, 빛이 잘 드는 방이다.
- 대학 메디컬센터 노스(The University Medical Center North): 미국건축가협회로부터 의료서비스 디자인상(Healthcare Design Award)을 수상했다. 건물에 넓은 마당이 3개 있고, 주변에 산이 보인다. 미국건축가협회는 그곳을 '사막 풍경의 힘을 빌려 이곳이 영감과 치유의 장소라는 것을 보여준다'고 평했다.
- 세인트존스 심장병원(St. John's Heart Hospital): '희망과 빛의 느낌'을 전달하는 아트워크가 병원 내부 전체에 전략적으로 설치되었다. 도자기, 조각품, 그림, 사진 등 많은 예술작품들이 모든 병실과 진료 및 대기 공간, 접수처에 진열되어 있다. 응급실 병동의 천장에는 하늘이 그려져 있고, 벽은 자연 사진으로 둘러져 있다.

의료시설 디자인과 치유환경의 세계적 대가인 제인 말킨(Jain Malkin, 1992)에 따르면, 의료시설 디자인은 단순히 미적인 목적을 충족하는 것이 아니라 의료시설이나 진료 공간에 들어오는 모든 사람들의 스트레스와 불안감을 완화시켜야 한다. 색상을 활용해 환경을 풍요롭게 하고, 자연에서와 동일한 반응을 가져올 수 있다. 패리쉬 메디컬센터(Parrish Medical Center)에서 진행한 직원 설문조사 결과도 주목할 만하다. 설문조사에 따르면, 자연광이 들어오고 집과 같은 편안함을 느낄 수 있는, 환기가 잘되는 디자인이 환자의 진료와 직원의 직장생활에 긍정적인 영향을 준다.

헬스디자인센터(The Center for Health Design)가 제시한, 치유환경에 적용할 수 있는 7가지 요소는 다음과 같다.

1. 자연
2. 색상

3. 건강건축(Healthy building)

4. 건강조명(Healthy lighting)

5. 시설 보안

6. 길찾기

7. 문화적 대응성

[표4-1] 치유환경 조성 접근법

환경적 차원	접근법
1. 주변 환경	
A. 목적: 서비스 제공 전부터 제공 후까지 육체적 편안함	A. 쾌적하고, 악취가 없고, 조용하고, 필요한 시설이 잘 갖춰져 있고, 온도조절이 된(즉, 너무 춥거나 너무 덥지 않은) 사적·공적 공간: 미끄럼 방지 바닥재와 푹신한 재질 사용
B. 목적: 서비스 제공 전부터 제공 후까지 심리적 편안함	B. 모든 방에 강렬한 색상의 장식과 가구 배치: 자연적 요소와 따뜻한 색상 포함, 마음을 편안하게 만들어주는 음악 제공
2. 공간 환경	
A. 목적: 긍정적인 첫인상	A. 쾌적하고 채광이 잘되는 내부, 깔끔하게 손질된 외부, 식물(화초) 배치, 넓은 복도, 채광이 잘되고 가구가 잘 갖춰진 방들과 대기 공간, 채광이 잘되는 주차장과 유니폼을 갖춰 입은 직원들
B. 목적: 편안하고 잘 배치된 병실	B. 깨끗한 방들, 쉽게 접근할 수 있는 장비, 넓은 출입구, 미끄럼방지 바닥재
3. 표지판, 심볼, 공예품	
A. 목적: 사용하기 쉽고, 찾기 쉽고, 이해하기 쉬운 표지판	A. 큰 볼드체와 간단한 표현 사용: 누구에게나 잘 보이는 곳에 배치 다른 언어 표지판도 준비: 국제적으로 통용되는 심볼 사용, 알아보기 쉬운 지도와 화살표 사용
4. 다른 사람들	
A. 목적: 고객기대를 만족시키는 직원 복장	A. 선호하는 직원 유니폼에 대해 대상 고객에게 설문조사 실시, 직원들의 동의를 받아 좋은 아이디어 시행

[표4-1]은 치유환경을 조성하기 위한 종합적인 단계별 접근법을 소개한다. 이런 환경

은 고객주도형 시장에서 조직의 경쟁력을 높일 수 있다.

가정친화적인, 집 같은 디자인

의료시설 건축가인 로이드 랜도우(Lloyd Landow)가 설계한, 요양 시설(nursing home)에 대한 심리적·사회적 이득을 살펴보자. 랜도우는 병실로 들어가는 입구에 작은 벽감을 설치하여 긴 복도의 전형적인 단조로움을 없앴다. 그리고 이 디자인에 사용된 기법이 동네 길거리와 유사하다 하여 '네이버후딩(neighborhooding)'이라 불렀다. 네이버후딩 기법은 복도를 주민이나 방문객들이 앉아서 담소를 나누거나, 침입 또는 방해받는 느낌 없이 길거리에서 벌어지는 일들을 바라볼 수 있는 집 앞 현관처럼 느끼게 한다. 이 디자인은 환자가 주민들과 같은 느낌으로 자신의 병실, 즉 방에서 나와 시설의 일상과 활동에 참여할 수 있게 한다.

많은 신설 병원들이 집과 같은 느낌을 내기 위해 목재 바닥, 약한 조명, 평면 텔레비전을 받치는 체리 모양 장식품, 역광이 비추는 자연 사진 등을 활용하고, 의료기기는 눈에 띄지 않는 곳에 배치한다. 이런 추세는 미국에만 국한되지 않는다. 노르웨이 오슬로(Oslo, Norway)에 있는 한 대학병원에서는 작은 시골 마을처럼 보이는 디자인을 채용했다. 중앙 도로는 다채로운 곡선형태로, 환자 진료 공간과 연구실, 마당으로 둘러싸인 다른 공간들과 이어진다. 스코틀랜드 던디(Dundee, Scotland)의 암 치료 클리닉인 매기센터(Maggie's Centre)를 설계한 프랭크 게리(Frank Gehry)도 이런 치유 원칙들을 따른다. 내부는 아늑한 집 같은 분위기로, 하늘과 풍경까지 보이는 큰 창문에 따뜻한 느낌을 주는 목재 그리고 곡선 계단을 사용했다.

자연과의 연결

자연은 환자들이 자신의 질병에만 집중하지 않게 하고, 건강한 느낌을 갖도록 한다. 스톤(Stone, 2009)에 따르면, 꽃과 나무와 같은 자연 이미지, 물소리, 나무와 돌 같은 자연 소재는 우리의 기본적인 본성을 되찾게 도와준다. 또한 수술을 받은 환자에게 공원이나 정원, 연못 등의 자연 경관이 보이는 병실을 배정하면 간호사 평가를 더 후하게 해주고, 약을 덜 먹으며, 입원기간이 짧아진다는 연구 결과가 있다. 자연 경관 그림 역시 환자결과에 긍정적인 영향을 준다.

시카고 스왑 재활병원(Schwab Rehabilitation Hopital in Chicago)의 옥상정원은 회복기간에 있는 환자들의 스트레스와 통증을 완화시키기 위해 조성되었다. 이 옥상정원을 이용한 환자들을 분석해본 결과, 그곳은 많은 이득을 가져다주었다. 환자들은 그 정원 덕분에 낙관적인 생각을 하게 됐고 동기부여를 받았다고 보고했으며, 치료 전문가들은 야외와 자연에 매일 접근하면 환자들의 재활이 더 쉬워진다고 보고했다. 또한 관리자들은 정원이 환자들의 독립성을 더 길러주는 데 도움이 된다고 믿는다.

윌슨(E.O. Wilson)은 자신의 저서 《The Biophilia Hypothesis》(Island Press, 1995)에서 '바이오필리어'라는 용어를 소개하면서, 사람들은 선천적으로 자연에 끌리고 자연에 의해 영양분을 공급받는다고 주장했다. 이런 생각은 건강과 웰빙을 장려하기 위해 자연 요소를 거주지역과 근무지역에 포함하는 개념의 바이오필릭 디자인(biophilic design)으로 진화했다. 바이오필릭 디자인은 친환경적 정책에 확실히 기여하지만, 환경운동과는 달리 물질의 지속가능성이 아닌, 자연이 어우러진 환경이 제공하는 이완(relaxing) 혜택에 초점을 맞춘다.

실내 정원과 야외 정원도 바이오필릭 디자인의 요소들이다. 캘리포니아 팔로알토의 루실 패커드 어린이 병원(Lucille Packard Children's Hospital in Palo Alto, California), 미시간 칼라마주의 브론슨 감리병원(Bronson Methodist Hospital in Kalamazoo, Michigan), 텍사스 텍사캐나의 크리스터스 세인트 마이클 헬스시스템(Christus St. Michael Health System in Texarkana, Texas)과 같은 많은 병원들에 이런 정원이 있다. 다양한 연구에 따르면, 병원의 정원으로 얻는 가장 큰 혜택은 스트레스 완화라고 한다.

자연을 실내에 도입한 가장 모범적인 사례는 '빛, 색상, 조화, 그리고 소리'를 이용한, 화분과 분수로 장식된 패리쉬 메디컬센터의 4층짜리 아트리움이다. 플로리다 타이터스빌(Titusville)에 위치한 패리쉬 메디컬센터는 헬스디자인센터의 패블 프로젝트(Pebble Project) 초창기 멤버였고, '미국에서 가장 아름다운 치유환경' 중 하나라고 알려져 있다.

유머의 사용

환경에 유머를 더하는 것은 환자와 가족들, 그리고 직원들의 기분과 마음을 증진시켜주는 또 다른 방법이다. 오클라호마시티의 인테그리스 침례교 메디컬센터(INTEGRIS Baptist Medical Center)는 '유머를 통한 회복의학연구소' 프로그램을 개설했다. 인테그리스는 아이들에게 웃음을 극복의 도구로 사용할 수 있도록 가르치는 '캠프 퍼니본(Camp Funnybone)'을 매년 1주일간 개최한다. 휴스턴의 세인트 루크 성공회 헬스시스템(St. Luke's Episcopal Health System in Houston)도 '래프 스태프(laff staff)'라는 자원봉사 팀을 조직하여 환자들의 진료 공간을 방문하고 웃음을 준다.

캘리포니아 마운틴뷰에 있는 엘 카미노 병원(El Camino Hospital)에서, 유머는 힐링 아트 프로그램의 중요한 구성요소이다. 프로그램의 지원자이자 개발자이면서 병리학자인 아마추어 스탠드업 코미디언 조슈아 지켈(Joshua Sickel) 박사에 따르면, '사람들이 아플 때 작은 유머가 큰 변화를 가져올 수 있다'고 한다. 병원에서 자원봉사 어릿광대는 병원을 돌아다니며 환자들과 교감하고, 그들이 자신의 건강 문제와 병원 생활을 잠시 잊게 해준다. 또한 다양한 코미디 쇼와 스탠드업 공연이 병원 코미디 채널에서 방영된다.

직원들에게 미치는 중요성

의료환경 안에서 직원들만큼 오래 시간을 보내는 사람은 없다. 임상직원과 비임상직원, 상근직원과 비상근직원 또는 계약직원도 모두 마찬가지이다. 그래서 잘 설계된, 쾌적하고 빛이 잘 들어오며 안전한 근무환경은 직원만족도 상승을 촉진한다. 이는 환자만족도와도 깊은 상관관계가 있다. 쾌적한 근무환경은 직원들이 맡은 직무에 집중하게 하고, 경영진이 직원의 웰빙에 대해 신경 쓴다는 메시지를 전달하여 직장에 대한 자긍심과 기쁨을 갖게 한다.

더 중요한 것은, 서비스 환경의 세부사항(내부 고객들이 알아채지 못하는 세부사항까지)에 돈, 시간, 에너지를 투자하는 의료조직은 높은 가치와 양질의 서비스를 제공하겠다는 헌신을 보여주는 것이다. 예를 들어, 긍정적인 이미지를 만들고자 하는 조직은 더럽고 다 해지거나 부적절한 복장의 직원을 용인하지 않을 것이다. 조직은 직장과 고객, 직원들에 대한 존중을 표현하기 위해 구체적인 복장 규제와 정책을 유지해야 한다. 결론적으로 서비스 환경의 세부사항에 세심한 관심을 기울이고 정기적으로 개선해야 매력적이고 편안한 직장이 된다.

환경은 환자와 환자 가족, 직원들의 태도와 생산성에도 영향을 줄 수 있다. 쾌적한 환경에서 근무하는 직원들은 환자의 기대를 넘어서는 서비스를 제공할 가능성이 높고, 이는 고객의 만족도와 충성도 상승 혹은 재방문 의사로 이어진다. 반면에 어둡고 더럽고 시끄럽고 복잡하고 낙후된 시설에서 근무하는 직원들은 새로 디자인한 공간에서 근무하는 직원들에 비해 만족도와 생산성이 현저히 떨어질 수 있다. 린 등(Lin and colleagues, 2008)의 연구에 따르면 물리적 환경에 호의적인 인식은 근무만족도와 긍정적인 관련이 있고, 직원의 이직이나 근무시간 축소 의사는 줄어든다.

고객충성을 유발하는 환경적 동향과 전략

의료서비스 소비자들은 기본(예: 기능성 기기, 능숙하고 친절한 직원, 위생적인 공적 · 사적 공간, 쉽게 찾을 수 있는 배치) 이상의 의료환경을 기대한다. 소비자들은 편안한 분위기, 친절한 직원, 유능한 의료진으로 구성된 의료환경을 원한다. 이번에는 서비스 환경을 풍요롭게 하여 고객충성도 상승을 촉진하는 동향과 전략들을 알아보자.

주제화

장식, 시설의 크기 및 배치, 조명, 색상, 표지판, 직원 유니폼, 기타 용품 및 장비 등 모든 물리적 환경은 통합적 디자인을 창조하기 위해 상호 보완 및 지원해야 한다. 이런 일관된 모습은 '주제화(theming)'를 통해 만들어낼 수 있다.

주제화는 한 주제를 중심으로 환경의 물리적 요소들을 정리하여 배열하는 과정이다. 특정한 주제를 가지고 효과적으로 조성된 환경에서 양질의 의료서비스를 받는 것은 기억에 남는 경험이 된다. 이런 경험은 환자가 재방문하기를 원하게 만들며, 양질과 고가치(high value)를 제공하는 시설로 인식하게 한다.

예를 들어, 노스캐롤라이나의 하이포인트 여성센터(High Point Women's Center, North Carolina)의 디자인 주제는 '스파'이다. 대기실에 아시아 스타일의 가구와 병풍, 램프가 배치되어 있고, 심플한 꽃꽂이도 있다. 이곳의 산후조리실은 병풍 같은 조명으로 간결하면서도 깨끗한 디자인을 연출하며, 의료장비와 의료용품은 눈에 띄지 않는 곳에 보관되어 있다. 이는 의료목적이나 기존 공간에 잘 결합되면서도, 대기시간의 지루함, 의료환경의 스트레스, 의료절차의 혼동을 완화해준다. 마찬가지로 플로리다 브레이든턴의 노인 원호 생활시설인 '레이크우드 랜치의 윈저(The Windsor of Lakewood Ranch)'는 대담한 색상과 패턴으로 된 방수 섬유를 사용하여 '서부 인디언'이라는 주제를 표현한다.

일반적인 주제를 차용할 수도 있다. 편안함이라는 일반적인 느낌을 조성하기 위해 병원은 푹신한 의자, 무채색이나 따뜻한 색상, 부드러운 조명을 사용할 수 있다. 자극적인 환경을 조성하기 위해서는 밝은 색상, 활기찬 음악, 생동감 넘치는 사진들을 사용하는 방법도 있다. 어린이 병동이나 여성 병동에서는 가족중심적인 주제화가 가장 효과적이다.

예를 들어, 워싱턴 스포캔의 프로비던스 세이크리드 하트 메디컬센터(Providence Sacred Heart Medical Center in Spokane, Washington)의 여성 센터는 분만실이 넓고 침대 겸용 소파와 텔레비전, DVD, 냉장고가 배치되어 있다. 또한 의료장비를 보이지 않는 곳에 보관하고, 따뜻한 색채와 곡선 벽, 목조 바닥으로 고급스런 '호텔 느낌'을 주도록 설계했다.

주제화가 의료환경에 항상 적절한 것은 아니다. 오히려 역효과를 가져올 수도 있다. 특정 주제는 주관적이다. 어떤 사람들은 주제화된 환경이 매력적이고 만족감을 준다고 느낄 수 있지만, 다른 사람들은 그로 인해 불쾌하고 불만족스러울 수도 있는 것이다. 후자는 서비스 제공자의 경쟁력을 약화시킬 수 있다. 의료기관 경영진은 선정한 주제가 고객들 다수로부터 부정적인 반응을 일으키지 않는지 확인해야 한다.

호텔 스타일 편의시설

환경 개선을 통해 의료서비스 경험을 풍부하게 만드는 새로운 추세는 발레파킹과 스파

서비스, 무료 무선인터넷과 같은 호텔 스타일의 편의시설을 제공하는 것이다. 다음은 이러한 동향을 잘 보여주는 사례들이다.

- 필립스(Dr.P. Phillips) 병원: 응급실에서 게스트 서비스 담당자들이 매일 24시간 근무한다. 이 직원들은 타지에서 온 환자들의 항공 예약 변경, 예약 취소 혹은 다른 교통수단 이용을 도와준다. 비슷한 사례로, 클리블랜드 클리닉(Cleveland Clinic)은 진료 예약과 교통편 제공, 타지에서 온 환자와 가족들을 위한 호텔 예약 등, 호텔 컨시어지 서비스를 벤치마킹한 '메디컬 컨시어지 서비스(medical concierge service)'를 제공한다.
- MD 앤더슨 암센터(MD Anderson Cancer Center): 이 병원은 기관의 서비스 지역에 살지 않는 환자와 가족들이 머물 수 있도록, 메리어트(Marriott)가 운영하는 호텔을 소유하고 있다. 이 호텔은 메디컬센터와 보도로 연결되어 있다.
- 셀레브레이션 헬스(Celebration Health): 응급실의 대기실은 인터넷 접속이 가능한 컴퓨터와 프린터 기기를 갖추고 있어, 환자와 가족들이 무료로 사용할 수 있다. 또한 병원에서 마사지와 매니큐어 서비스를 제공하고, 주차장에는 부드러운 음악을 틀어놓는다. 병원 정문에서 주차장까지 가야 하는 환자들에게 자원봉사자가 운전하는 골프 카트로 도움을 준다.
- 세이크리드 하트 메디컬센터(Sacred Heart Medical Center): 병원을 방문하는 모든 사람들을 따뜻하게 맞이한다. 병원 내부에는 벽난로, 라운지, 커피숍이 있다.
- 헨리 포드 웨스트 블룸필드 병원(Henry Ford West Bloomfield Hospital): 환자들을 손님처럼 대우한다. 간호사들은 환자가 의료적인 도움을 필요로 하지 않는 한 오후 10시 30분부터 오전 5시 30분까지 병실에 들어가지 않는다. 환자들은 먹고 싶은 것이 있으면 주문할 수 있다. 문병 시간에 제한이 없고, 문병객들은 하룻밤이나 일정 기간 머무를 수도 있다. 침대 머리맡의 나무판은 푹신하게 천을 댔다. 그리고 옷장을 잠글 수도 있다. 이곳의 병원장은 의료병원 경영인이 되기 전에 리츠칼튼 호텔에서 근무한 호텔리어였다.

음식 서비스

지난 몇 년 동안 병원 음식이 더 신선해졌고, 더 맛있어졌고, 영양가도 더 높아졌다. 일부 병원들은 레스토랑 수준의 조리법과 엄격한 식단조절이 필요한 환자들-당분, 지방 그리고 소금을 제한적으로 사용해야 하는-을 위해 전문 요리사를 채용한다. 또한 으깬 감자 대신 구운 감자, 쇠고기 대신 두부 등 더 건강한 재료나 조리법으로 대체하도록 영양사들에게 지시한다.

미국 병원들 중 약 70%가 외식산업의 요리 동향에 맞춰 새로운 메뉴를 제공하려 하고 있다. 병원 음식 서비스의 개선이 가져다주는 즉각적인 장점에는 다음과 같은 것들이 있다. 첫째, 각 고객이 원하고 필요로 하는 음식을 제공할 수 있게 된다. 둘째, 환자들에게 적절한 음식 섭취량, 대체식품, 식단에 대한 정보를 제공할 수 있다.

전담진료

전담진료(concierge medicine)는 논란이 많은, 하지만 성장 중인 혁신의료이다. 이 시스템은 환자들이 1차 의료 의사에게 수수료를 지불하고, 의사로부터 당일 예약 및 방문, 왕진, 전화나 이메일 상담, 예방 정보와 영양 정보 서비스를 제공받는다. 연간 수수료는 포함된 서비스에 따라 보통 1,500달러에서 2만 5,000달러 사이이다. 기본적으로 수수료는 언제나 대기 없이 직접 의사를 만날 수 있는 비용이며, 일반 보험적용 의료원에서는 실행 불가능하다. 또한 의사는 전담 환자의 수를 한정함으로써 의사는 환자 진료시간이 늘어나고, 이는 더 높은 환자만족도로 이어진다.

전담진료는 미국 의료서비스의 양극화 현상을 심화시킨다고 비판받아왔다. 그러나 전담 의사와 그 환자들은 결과에 상당히 만족하고 있다.

녹색 운동

많은 의료조직들이 고개의 기대에 부응하는 또 다른 방법으로 친환경 건축 원칙을 채택하고 있다. 녹색은 친환경을 뜻하는데, 사회 발전과 인간으로 인한 환경 훼손을 막거나 환경을 복원하자는 의도이다. 의료시설에서는 녹색운동(green movement)과 연관된 실천들을 시행하여 직원들과 환자들에게 자연보호에 대한 조직의 헌신을 전달한다. 또한 이런 실천들은 장기간 지속가능한 건물 신축, 기존 시설 개조, 재구성 사업 등을 포함하기 때문에 많은 비용이 필요하다.

의료시설들은 다음과 같은 다양한 이유로 지속가능한 접근법들을 시행하고 있다.

- 많은 종교 기반 조직들은 환경 운동 실천을 관리 임무의 일부로 여긴다.
- 많은 비영리 기관들은 환경 보호를 위한 그린 프로세스로 지역사회에 이바지한다.
- 친환경 건물은 인간의 건강에 유익하고, 사업적으로도 많은 도움이 된다.
- 환자와 직원들은 조직이 자연환경에 관심을 갖고, 눈에 보이는 방법으로 표현해 주기를 바란다.

친환경 전략을 채택한 거의 대부분의 병원들은 직원 채용과 직원만족도가 개선되고 유지되었다고 보고한다. 또한 환자만족도와 임상결과도 향상된 것으로 나타난다.

친환경 건축이나 리모델링 프로젝트를 고려하거나 계획하는 병원들은 장기적 운영비용 절감을 고려한 1회 투입자본금(주요 투자비용)을 검토하는 것이 좋다. 불경기와 보험사의 제약적인 보상제도는 일부 의료시설들이 친환경 원칙(green principle)을 포괄적으로 시행하는 데 있어 장벽이었다. 하지만 일부 친환경 계획은 적은 비용으로도 가능하고, 심지어 아무 비용 없이도 시행될 수 있다. 버논(Vernon, 2009)은 병원, 의료원, 클리닉을 비롯한 다른 서비스 제공자들이 재정적 현실에도 불구하고 몇 가지 방법만 알면 시설을 친환경적으로 만들 수 있다고 주장한다. 그가 꼽은 방법은 다음과 같다. 첫째, 기계와 전기, 배관 설비의 효율성 극대화. 둘째, 지속가능한 실천을 위한 인센티브 이용. 셋째, 절전 조명과 기타 절전 용품 및 장비 사용.

보고

현재 미국 연방정부는 병원들이 환자경험을 보고하도록 지시한다. '메디케어와 메디케이드 서비스를 위한 센터(Centers for Medicare & Medicaid Services)'와 '의료서비스 연구와 품질 기구(Agency for Healthcare Research and Quality)'에서 실시한 설문조사인 HCAHPS(Hospital Consumer Assessment of Healthcare Providers and Systems, 미국병원 소비자평가)의 목적은 다음과 같다.

- 환자 혹은 의료서비스 소비자들이 중요하게 활용할 수 있는 비교 데이터를 생산한다.
- 진료 품질을 향상시킬 수 있도록 병원과 의료제공자들을 위한 인센티브를 수립한다.
- 품질에 대한 대중의 보고를 요청하여 의료제공자의 의무와 투명성을 증진한다.

HCAHPS는 27개 항목으로 구성되어 있으며, 그중 18개 항목은 청결, 조용함 그리고 서비스 품질 등 병원에서의 경험을 평가할 수 있는 항목들이다. 현재 이 항목들의 영향력을 보여주는 데이터는 없다. 그러나 안전하고, 편안하고, 환자중심의 진료 서비스를 제공하는 병원들을 환자들이 높게 평가할 것이란 예측은 타당해 보인다.

HCAHPS는 궁극적으로 환자의 의료서비스 제공자 선택권한(patient provider choice)과 환자의 충성도에 중대한 영향을 미칠 것이다. 이 둘 다 병원의 시장점유율과 재정 수익을 높일 수 있다.

헬스플렉스

헬스플렉스(healthplexes)는 지난 10년 동안 의료산업에서 급격히 증가해, 원스톱 숍(one-stop shop) 고객중심 경험을 원하는 소비자 층을 만들어내고 있다. 헬스(health)와 콤플렉스(complexes)의 합성어인 헬스플렉스는 병원을 기반으로 하는 헬스클럽이며, 건강, 예방, 교육에 전문화되어 있다. 헬스플렉스의 개인이나 가족 단위 회원들은 헬스클럽과 스포츠 시설을 사용하거나 영양사와 상담할 수 있고, 건강 관련 강의도 들을 수 있다.

다음은 헬스플렉스의 사례들이다.

- 셀러브레이션 헬스: 여성과 남성 회원들을 위한 프로그램, 스포츠 의학 센터, 수 영장, 농구장, 스파 시설을 갖춘 헬스클럽을 운영한다. 구내식당에서는 건강식 단과 영양 정보에 대한 강의를 진행하고, 요리 시범을 보인다. 이곳에서 병원 (Florida Hospital) 또는 진료실과 연결되는 로비는 매우 인상적이다. www. celebrationhealth.com 참조.
- 러쉬 코플리 헬스플렉스(Rush-Copley Healthplex): 복싱, 수영, 필라테스, 테니 스, 요가를 포함하여 여러 가지 스포츠 클래스를 운영하고 있다. 러쉬 코플리 메 디컬센터(Rush-Copley Medical Center)의 부속으로, 성인과 어린이를 위한 피트 니스, 헬스클럽, 전문 트레이너와의 상담, 기타 건강 관련 교육 및 정보를 제공한 다. www.rushcopley.com/healthplex/index.aspx 참조.

4가지 환경적 차원

대부분의 환자들이 의료서비스 경험에 대해 우려하기 때문에, 서비스 제공자는 보살피 고 대응하고 적극적·상호작용적인 서비스 환경을 설계하여, 의료서비스 제공 시범을 보 여야 한다. [표4-2]는 냄새 또는 조명, 색상과 같은 주변 환경, 레이아웃이나 장비와 같은 공간 환경, 표지판(signs)과 기호(symbols) 또는 공예품과 같은 신호 그리고 '다른 사람 들'이라는, 환경의 4가지 차원을 보여준다.

의식적이든 무의식적이든 직원과 환자를 포함한 각 고객은 인지, 감정 그리고 생리적 상태에 따라 환경에 반응한다. 이런 반응들은 외부적 행동들을 유도하는 내부적 반응들이 다. 간단하게 말해, 만약 환자를 불쾌하게 만드는 환경 조건들이 있다면 환자는 그 조건들 을 피할 것이다. 이런 회피는 조직의 결과나 결과물에 부정적인 영향을 미친다. 이런 환경 적 차원들에 대해 살펴보자.

[표4-2] 환경의 4가지 차원

차원	표본 요소
1. 주변 환경	청결, 온도, 음악, 색상, 냄새, 조명, 조화
2. 공간 환경	배치, 과밀, 주차장과 하차 장소, 장비, 가구, 기능적 적합성
3. 표지판, 기호, 공예품	신호, 길찾기, 지도
4. 다른 사람들	직원들의 복장 규정, 겉모습, 행동

주변 환경

　주변 조건들은 청결, 대기 온도, 습도, 냄새, 소리 또는 조명을 포함한 품질처럼 공간의 편안함이나 효율성과 같은, 인간공학(ergonomics)에 영향을 주는 요인들이다. 안정과 치유를 원하는 환자라면 어둡고 눅눅하고 시끄러운 방을 원하지 않을 것이다.

(1) 소음과 음악

　응용 연구를 통해, 소음이 환자에게 해로운 영향을 준다는 사실이 밝혀졌다. 소음은 불면과 심리적 스트레스, 혈압 상승, 심박수 상승의 큰 원인 중 하나이다. 소음을 줄이기 위해 업무를 처리하는 직원들을 조용히 시키는 것으로는 부족하다. 소음을 줄이는 전략들은 다음 사항들을 포함해야 한다.

- 불필요한 소음을 제거하기 위해 모든 소음의 원인을 밝혀낸다.
- 사람들이 이동할 때 발생하는 소음을 최소화할 수 있도록 레이아웃을 설계한다.
- 소리를 흡수하는, 카펫이나 어쿠스틱 천장 타일 같은 소재를 사용한다.

　환경음(environmental sounds)은 조절할 수 있어야 하고, 활용 가능해야 한다. 조절 가능한 음향이나 음악은 전체적 의료서비스 경험과 조직이 전달하려는 메시지를 보완한다. 예를 들어, 부드러운 악기 소리나 클래식, 발라드, 자연의 소리와 같은 음악은 진정효과가 있고 심신을 안정시키는 데 도움이 된다. 음악은 행동에도 영향을 준다. 빠르고 시끄러운 음악이 흘러나오면 사람들은 음식을 더 빨리 먹고 음료수를 더 많이 마시는 경향이 있다. 반대로 느린 음악은 식사를 즐기면서 할 수 있게 하고, 소화에도 도움이 된다. 페어필드대학(Fairfield University)의 구내식당에서 진행한 연구에 따르면, 식사하는 사람들은 빠른 음악이 나오면 1분에 평균 4.4회 음식을 입에 넣고, 느린 음악이 나오면 1분에 평균 3.83회 넣는다고 한다.

음악이 신체에 유익하다는 것이 과학적으로도 증명됐다. 캘리포니아 프레즈노의 세인트 아그네스 메디컬센터(Saint Agnes Medical Center in Fresno, California)에 있는 음악 연구실은 환자와 직원들에게 작곡을 하거나 디지털 피아노로 연주할 수 있는 기회를 준다. 이런 레크리에이션 활동은 스트레스를 줄이고 치유를 촉진한다. 또한 미술 활동과 더불어 음악은 심신을 진정시키며, 환자가 치료에 더 잘 응하게 해준다.

(2) 조명

처음 시설에 들어서자마자 알아차릴 수 없는 조명이라면 올바르게 설계된 것이라 볼 수 있다. 반대로 만약 조명이 즉시 주목을 끈다면 적절하지 않은 것이다. 환경음과 마찬가지로 조명도 조절 가능해야 하고, 도움이 되어야 한다. 시설에 있는 모든 공간에는 적절한 조명이 필요하다.

예를 들어, 수술실의 조명은 침침하지 않아야 하고, 대기실의 조명은 환자와 가족들의 눈이 부실 정도로 너무 밝으면 안 된다. 조명은 환경의 일부이기 때문에 전체적 의료서비스 경험을 높이는 데 기여해야 한다. 밝은 것은 주목을 끌고, 어두운 것은 그렇지 않다.

자연광은 환자와 직원의 기분을 상승시킨다. 한 연구에 따르면, 햇볕이 잘 드는 병실에 입원한 환자들은 스트레스가 덜하고 약 복용도 더 적기 때문에, 그늘진 병실의 환자들보다 입원비가 더 적게 나온다. 또한 벽이나 주차장이 보이는 병실에 입원한 환자보다 자연 경관이 보이는 방에 입원한 환자들의 회복 속도가 더 빨랐고, 진통제 요구는 더 적었다. 공교롭게도 많은 간호사실과 직원 휴게실은 채광을 고려하지 않고 설계되기 때문에, 직접 진료(direct care)서비스를 제공하는 사람들에게 피해를 준다.

(3) 청결

시설의 모든 곳은 엄격한 위생 기준을 준수해야 한다. 공동위원회는 손 위생을 강조하는데, 병원들이 위생 기준 및 다른 규정들을 준수하고 있는지 3년마다 확인한다. 그러나 이런 감시만으로는 충분하지 않다. 왜냐하면 아무리 손을 깨끗이 씻고 소독해도 박테리아가 가득한 벽이나 물건에 의해 다시 오염될 수 있기 때문이다. 손 씻기는 의료서비스 제공자가 매일 실행하는 수많은 위생 기준들 중 하나일 뿐이다. 진료실을 포함하여 모든 의료환경에서 더 많은 위생 검사가 이뤄져야 한다.

공간적 환경

공간적 환경이란 레이아웃, 크기, 형태, 거리 그리고 의료장비와 가구, 복도, 통로의 접근성, 문(門) 등을 가리킨다. 공간이 어떻게 배치되느냐에 따라 친절하고 열린 공간 또는 외롭고 닫힌 공간 등으로 인식되거나 그런 인식을 갖는 데 영향을 미칠 수 있다. 예를 들어, 크고 넓은 공간은 따뜻한 느낌을 주지만, 좁은 계단이나 입구는 사람들로 붐빈다는 느낌을 준다. 다음은 공간 디자인의 기본 원칙들이다.

1. 공간은 안전하고 편리해야 한다. 특히 노인이나 장애인들을 위해, 넘어지거나 다칠 위험을 최소화하도록 설계되어야 한다.
2. 공간은 서비스 제공을 가능하게 해야 한다. 예를 들어, 요양 시설은 입주 환자들을 위해, 가구를 포함한 개인 물품과 필요한 의료장비 및 물품을 배치할 수 있도록 공간을 설계해야 한다. 간혹 집과 같은 분위기를 조성하기 위해 환자들이 좁은 공간에 너무 많은 개인 물품을 보관하도록 허가하는 시설이 있다. 이런 경우 의료서비스 제공에 방해가 될 수도 있다. 어수선한 공간은 입주자들을 기분 좋게 하기보다는 우울하게 만들 수 있기 때문이다. 공적 공간도 마찬가지이다. 이런 경우, 복잡한 공간의 이용을 고려하여 균형을 이루는 것이 중요하다.
3. 공간은 길을 찾기 쉽게 설계되어야 한다. 환자와 가족들 및 방문객들은 출입구와 화장실, 구내식당, 엘리베이터, 그 외의 주요 서비스 시설들을 어려움 없이 찾아낼

수 있어야 한다. 직원과 다른 사람들도 시설에서 이동할 때 넓고 깨끗하고 잘 연결된 복도가 있는 편이 좋다.

4. 공간은 기능적 적합성(functional congruence)을 갖춰야 한다. 기능적 적합성은 장비, 디자인 그리고 공간의 레이아웃이 어떻게 기능과 일치하는가를 의미한다. 예를 들어, 현대의 출산 스위트룸은 일반적인 디자인의 목재 캐비닛에 의료장비와 용품(기능)을 숨겨둔다. 이런 방법으로, 스위트룸은 목적을 달성함과 동시에 미적 조합을 이룬다.

5. 공간은 변화하는 의료서비스 제공 수요에 적응할 수 있어야 한다. 일부 병원들은 복도에서 대기하며 입원환자용 침대를 기다리는 환자들을 수용할 수 있도록 응급실의 기존 공간을 개조한다. 이런 시설들은 효율적으로 환자들을 응급실에서 진료병동으로 이동시키고 퇴원할 수 있도록 산업생산 모델을 사용해, 응급실에 대해서는 다른 부서 및 해당 부서 인력들과 책임감을 분담한다. 다른 병동의 간호사들은 응급실 직원들이 퇴근할 수 있도록 응급실 환자들을 돌봐주고, 특별관찰부서는 상태가 심각하지 않은 환자들이 집에서 방문조무사로부터 후속진료를 받을 수 있도록 퇴원 조치하는 업무를 담당한다.

표지판과 기호

칼 스웰(Carl Sewell, 1990)에 따르면, 표지판에는 3가지 목적이 있다. 첫째, 사업장 표기(예: 월그린-Walgreens, 휴먼 호스피틀-Humana Hospital). 둘째, 상표 혹은 서비스 표기(예: 방사선학, 혈액학). 셋째, 지시 표기(예: 진입금지, 금연).

표지판은 고객들이 찾기 쉽고, 필요로 하거나 기대하는 정보를 직접적으로 나타내야 한다. 눈에 잘 띄어야 하고, 깔끔하게 표기되어야 하며, 적당한 곳에 위치해야 한다. 많은 의료시설에서, 접수처나 로비와 같은 입구의 표지판은 환자들이 서비스 구역을 찾아갈 수 있도록 인도하는 역할을 한다. 다양한 언어를 사용하는 환자들을 진료하는 시설에서는, 표지판이 그 지역에서 가장 공통적으로 사용되는 언어로 만들어져야 한다.

표지판을 제작할 때는 조직의 관점보다 고객의 관점이 고려되어야 한다. 예를 들어, 대형 의료시설의 지도 위에 나타낸 '현재 위치' 표시는 처음 방문하는 사람에게는 도움이 되기보다는 오히려 불편할 수 있다. 그런 표시는 보통 내부인들을 위해 만들어졌기 때문에, 병동 간의 거리나 방향을 인식할 수 없는 고객의 관점을 고려하지 못할 수 있는 것이다. 그 결과, 헷갈린 고객은 길을 잃은 느낌, 방향 감각을 잃은 느낌, 심한 경우 자신이 바보 같다는 느낌까지 받을 수 있다. 이는 조직에 대해서도 부정적 인식과 연결된다. 표지판은 명백해야 하고, 복잡하거나 미묘한 용어로 되어 있어서는 안 된다.

서커스단 바넘(P.T. Barnum)은 입구에서 출구까지 고객들에게 길을 안내하는 표지판을 설치했다. 마지막 전시물 바로 다음에 있는 문에 '출구(Egress)는 이쪽으로'라고 표시했다. 서커스 팬들이 신기한 동물이나 왜가리(Egret)를 볼 수 있을 거란 희망을 갖고 문으로 나갔더니 그곳은 건물 밖 복도였다. Egress와 Egret라는 영어 단어가 유사하여 사람들이 쉽게 헷갈린다는 점을 이용한 장난이었던 것이다. 이렇게 속았을 때, 기분 나빠하는 고객들도 있었다. 서커스 팬들은 이런 농담 섞인 표지판을 좋아할 수 있겠지만, 의료시설에서는 환영받을 수 없다. 병원이나 클리닉에서 일어나고 있는 일들의 대부분은 웃을 일이 아니기 때문이다.

표지판은 진료 구역의 입구와 출구를 쉽게 알 수 있도록 해야 한다. 예를 들어, 감각에 영향을 주는 약이나 행동의 변화에 영향을 주는 진료를 받은 환자가 동행 없이도 그 구역에서 쉽게 나갈 수 있도록 분명한 방향을 알려줘야 한다. 많은 시설에서는 바닥에 색상 타일을 사용하거나 벽에 색상 페인트를 칠해서 환자들과 다른 고객들이 목적지를 찾아갈 수 있도록 도와준다.

표지판처럼 기호도 메시지나 정보를 전달한다. 단어로 구성되어 있는 기호도 있고, 세계적으로 사용하는 아이콘(예: 재활용 마크, 금연, 장애인, 적십자)으로 된 기호들도 있다. 여러 나라에서 온, 각기 다른 언어를 사용하는 환자들이 많이 오는 도심 의료환경에서는 세계적으로 사용하는 기호를 사용하는 것이 특히 중요하다. 색상, 숫자, 모양은 다층 주차장, 넓은 주차장 그리고 엘리베이터와 같은 동일한 구역을 구분하기 위한 기호로 사용된다. 만약 환자가 특정 정보를 꼭 외워야 한다면, 간단한 기호가 가장 도움이 된다.

공예품은 기능적 사용을 표현하는 물체로, 기호의 한 종류이다. 어린이 병원에서는 따뜻함과 희망을 나타내기 위해 공예품을 종종 사용한다. 빨간색 작은 자동차는 장난감이자 자유롭게 움직이면서 놀 수 있는 자유를 상징한다. 또한 이 자동차는 아이의 질병에 상관없이 정상상태를 나타내는 기호 역할도 한다.

다른 사람들

네 번째 환경적 차원인 '다른 사람들'은 직원들, 다른 환자들 그리고 문병객들을 포함한다. 다른 사람들의 관점, 행동, 복장이 의료환경에 있는 사람들에게 어떻게 영향을 미칠까? 좁은 대기실, 복잡한 응급실, 다른 사람들이 붐비는 상황들은 사람들로 하여금 이 조직이 그들의 사생활 보호와 고유함 혹은 존엄성에 관심을 두지 않는다고 느끼게 한다. 목소리가 크거나 퉁명스럽거나 성격이 나쁜 직원들은 환자의 기분에 부정적인 영향을 줄 수 있다. 다시 말해 의료환경에 있는 사람들은 임상치료의 품질, 조직의 배려심 그리고 조직이 환자에 초점을 맞추는지에 대한 환자와 가족, 직원의 인식에 영향을 줄 수 있다.

질병은 환자들의 정신과 육체, 감정에 큰 타격을 줄 수 있다. 이런 상황에서, 환자들은 이런 질병의 고통을 받는 것이 자신들만이 아님을 알고 싶어 한다. 환자들이 동일한 고통을 겪는 다른 사람들과 함께 있을 때 통증을 더 잘 견딘다는 사실이 많은 연구를 통해 밝혀졌다. 상투적인 문구인 '동병상련'이다. 이를 통해 환자의 행복과 만족도 역시 동반 상승한다.

삶과 죽음을 다루는 의료서비스의 특성상, 다른 사람들이 없다면 환자들은 더 우울해하고 더 큰 부담을 느낄 것이다. 그룹 치료를 예로 들어보자. 거기서 다른 사람들은 그냥 배경 같은 존재가 아니다. 그들은 치료 경험에 참여하고 함께 만들어가기 위해 존재한다. 물론 환자는 다른 사람들을 위로하려고 의료서비스를 찾는 것은 아니다. 의료진과 직원들을 제외한 다른 사람들은 일반적으로 환경의 일부로 인식되지, 서비스 자체의 일부로 인식되지는 않는다. 그러나 그 두 가지의 구분이 항상 명백하지는 않다.

서비스스케이프

훌륭한 의료조직은 환자와 직원들로부터 피드백을 듣고, 서비스스케이프(servicescape) 설계와 관련된 지식과 근거중심 원칙들을 사용한다. 서비스스케이프는 주변 환경, 공간 환경, 표지판 및 기호, '다른 사람들'이라는 4가지 환경적 차원으로부터 받는 환자의 인상이다.

고객들은 환경 조건들을 다 다르게 경험하기 때문에, 서비스스케이프가 같을 수 없다. 또한, 모든 고객의 반응은 자신의 성격, 가치, 기분, 이전 경험, 기대 그리고 다른 중재요소(moderator)를 통합한 상품이다. 그렇기에 같은 날, 같은 환경에서, 동일한 서비스 제공자로부터 동일한 서비스를 제공받아도, 72세 아시아 여성과 24세 백인 여성의 서비스스케이프가 다른 것이다.

중재요소

중재요소는 한 사람이 어떤 경험에 반응하거나 인식하는 방식에 영향을 주는 개인적 요소이다. 이런 요소에는 나이, 문화적 · 사회경제적 배경, 신체적 기능, 삶에 대한 관점과 경험, 성격 특성 그리고 특정한 날의 기분 등이 포함된다. 예를 들어, A라는 사람은 혼자 있는 것을 좋아하기 때문에 대기실에 10명 이상이 있으면 붐빈다고 생각한다. 반면에, B는 사람들이 많은 환경을 즐기기 때문에 그 동일한 상황을 10명 직원들이 효율적으로 대기실을 관리하고 있는 증거라고 볼 수도 있다.

문화나 민족적 배경은 역시 주요 중재요소다. 같은 빨간색이라도 어떤 문화에서는 활기차고 생기가 넘치는 색상이고, 다른 문화에서는 기분 나쁘고 위협적인 색상이다. 악수나, 눈맞춤, 포옹을 비롯한 다른 종류의 보디랭귀지 역시 그룹에 따라 의미가 다르고, 일반적인 환경에 대해서도 의견이 엇갈릴 수 있다.

건강 상태도 환경을 인식하는 방법에 큰 영향을 준다. 예를 들어, 심각한 가슴 통증 때문에 응급실에 갔다면, 그 환자는 응급실의 주변 환경과 공간 환경을 알아차리지 못할 것이다. 환자의 성격 역시 중요하다. 만약 온순한 성격의 사람이 의학적으로 심각한 질병을 앓고 있거나 아픈 상태가 아니라면, 그 사람은 주변 환경에 관심을 가질 가능성이 높다. 대기실에서 나오는 음악이 마음을 안정시킨다거나 벽에 걸린 벽화가 위로가 된다고 느낄 수 있다. 반대로 상태가 좋지 않은 환자는 정문에서 약국까지 가는 거리가 멀다고 짜증을 내거나, 목적지로 가는 데 눈에 띄는 표지판이 부족하다고 화를 낼 수도 있다.

해당 시설에서 서비스를 받아본 경험이 없는 사람들은 환경적 단서들로부터 가장 많은 영향을 받는다. 새로 온 환자들은 소독약 냄새 혹은 비누 냄새와 같은 청결을 기대하고, 그런 것에 민감하다. 이런 냄새들이 '이 시설은 위생적이다'라는 메시지를 전달할 수 있기 때문이다. 재방문 환자는 그런 냄새에 영향을 받지 않거나, 어쩌면 이미 익숙해졌을 수 있다. 그러나 그들도 새로 온 환자들처럼 동일한 청결을 기대하고 원할 것이다.

서비스스케이프에 대한 반응

서비스스케이프는 생리적 반응, 인지반응, 감정반응이라는 3가지 반응을 초래한다. 의료서비스 경험을 토대로, 고객들은 '접근' 혹은 '회피' 중 하나의 반응을 보인다. 이런 반응은 의료서비스 혹은 서비스 제공과 관련이 없다. 단지 서비스 환경에 대한 고객들의 본능적인 반응일 뿐이다.

서비스스케이프 반응은 고객만족도, 재방문율, 직원의 근속, 입소문 등에 영향을 줄 수 있다. 그래서 의료관리자들은 내·외부 고객들에게 전하고 싶은 품질과 가치에 부합하는 환경적 차원들을 향상시키는 데 시간을 투자해야 한다.

(1) 생리적 반응

생리적 반응은 환경적 자극에 대한 신체 반응이다. 냄새, 소리, 온도 그리고 빛과 같은 주변 조건은 거의 항상 생리적 반응을 끌어낸다. 또 다른 생리적 반응의 원천은 각 사람의 정보를 처리할 수 있는 능력이다.

전화번호를 몇 개의 숫자로 만들어야 사람들이 쉽게 기억할 수 있는지 알아내고자 한 통신회사가 실시한 연구에서, 인간의 뇌는 한 번에 약 7개(오차범위 2)의 정보를 처리할 수 있음이 밝혀졌다. 연구 결과를 통해, 사람들의 생리적인 한계를 극복할 수 있도록 단어와 숫자를 혼용하게 됐다. 오늘날 많은 사업체들이 여전히 이 방법을 채택해 1-800-I-FLY-SWA이나 1-800-HEALTHY와 같은 무료 대표전화에 사용한다.

의료환경에 대한 연구를 통해, 동시에 너무 많은 정보를 제공하면 사람들은 어쩔 줄 모르게 되고 주어진 정보를 이해하기 힘들어하며 불편함과 당황, 불확실한 느낌을 갖게 된다는 것을 알 수 있다. 또한 고객의 질병, 나이, 언어적 장벽, 생리적·육체적 스트레스, 의료제공자와의 생소함 등은 문제를 악화시킨다.

서비스 환경은 고객의 정보처리 능력에 맞춰 조성되어야 한다. 예를 들어, 대기실에는 환자들이 앉아서 대기하기 때문에 많은 표지판과 포스터, 정보 자료들이 배치되어 있어도 된다. 반면 환자가 병실을 찾거나 진료를 받으러 가는 것처럼 이미 목적이 있을 경우, 가는 길에 너무 많은 정보가 있는 매점이나 지도를 보게 되면 불만스러울 수 있고, 나아가 생리적 반응을 일으킬 것이다.

(2) 인지반응

사람들은 의료환경에 들어서기 전, 대부분 이전 경험에 기초해 기대를 가진다. 그리고 이런 기대는 실제로 일어나는 일에 영향을 미친다.

예를 들어, 병원 구내식당에 가는 고객은, 화살표 방향을 따라가는 곳부터, 줄을 서고 쟁반이 놓여져 있고 급식대 뒤에서 음식을 하는 사람들이 있는 곳까지, 그 장소가 이전에 방문해봤던 다른 구내식당과 같을 것이라 기대한다. 만약 그 고객이 기대한 것과 다른 분위기의 구내식당을 경험하게 된다면, 그 고객은 놀랄 뿐만 아니라 익숙하지 않은 시스템을 어떻게 사용하는지 배워야 한다는 것에 불만을 느낄 수 있다.

비언어 의사소통과 메시지도 인지반응을 일으킨다. 예를 들어, 만약 어떤 환자가 진료를 받으러 와서, 수동 타자기를 사용하는 의료관리자를 봤다고 가정해보자. 아마 이 환자는 즉시 그 시설이 기술적으로 뒤떨어진다고 생각할 것이다. 컴퓨터가 활성화된 이후로 타자기는 거의 사용하지 않는 옛날 물건이 되었기 때문이다. 궁극적으로 환자는 의료시술에 사용하는 장비를 포함하여 이 조직에서 사용하는 기술의 전체적인 수준에 대해 궁금해할 것이다. 이런 인식은 이 병원의 진료 및 수술 능력에 대해 환자로 하여금 의심을 갖게 할 수 있다.

의료조직은 직원과 그들의 행동까지 포함한 환경이 전달하는 단서와 메시지들에 주의를 기울여야 한다. 고객들은 인지적 기대를 가지고 있고, 익숙한 시스템을 더 좋아한다.

(3) 감성반응

대부분의 사람들은 감성반응에 영향을 받는다. 예를 들어, 화려한 크리스마스 장식이나 갓 구운 빵 냄새, 검진 예약은 감성반응들을 일으킬 수 있다.

조직이 균형을 맞춰야 하는 2가지 중요한 감성반응이 있다. 첫째는 각성반응(arousal response), 둘째는 기쁨 혹은 불쾌함이다. 이 중 각성반응은 환경으로부터 받는 자극이다. 즉, 시끄럽고 혼란스런 분위기는 회복 중인 환자를 자극할 수 있다. 반면 기쁨 혹은 불쾌함은 자극제에 의한 반응이다. 즉, 시끄럽고 혼란스런 분위기는 회복중인 환자에게 불쾌감을 줄 수 있다.

조직은 적절한 자극 요소와 기쁨 유발 요소를 제공하는 환경을 조성하여 이런 2가지 감성반응을 완화시켜야 한다. 예를 들어, 깨끗하고 상쾌한 향이 나는 화장실, 다채로운 꽃이 그려진 그림, 접수 담당자의 미소 등은 고객의 감성반응을 기분 좋게 자극한다. 생기 넘치는 벽화, 아치형이나 특별한 질감의 천장, 푹신한 의자는 각성과 기쁨의 균형을 맞출 수 있다.

결론

서비스 환경에 대한 투자는 환자의 만족도, 회복기간 단축, 품질과 가치에 대한 향상된 인식, 고객들의 재방문 의사와 같은 형태로 높은 수익을 제공할 수 있다. 환경은 고객만족도와 충성도에 영향을 준다. 그래서 그 요소들을 신중하게 계획하고 설계하고 시행해야 한다.

　환경이 어떻게 환자들의 건강과 웰빙에 영향을 주는지 완전히 이해하기 위해서는 더 많은 연구가 필요하지만, 둘의 관계에 대해서는 이미 많은 연구가 있었다. 또한 잘 배치되고 유지된 공간은 직원과 간병인들의 스트레스를 해소해준다. 의료관리자들은 이런 환경을 전체적 의료서비스 경험을 향상시키는 조직의 헌신 전달 도구로 사용해야 한다.

서비스 전략

1. 조직의 관점이 아닌, 환자의 관점에서 환경을 상상하고 조성한다.

2. 로비, 접수처, 구내와 같은 공적 공간은 물론이고 진료실이나 대기실 같은 사적 공간에도 동일한 관심을 둔다.

3. 주변 환경, 공간 환경, 표지판 및 기호, 다른 사람들이라는 환경적 차원들과 관련된 문제들과 개선사항을 파악한다.

4. 환자의 안전, 품질 개선, 고객만족도 향상을 위한 근거중심 치유환경을 조성한다.

5. 고객들의 생리적 반응, 인지반응, 감성반응을 관리한다.

CHAPTER 5
고객서비스 문화 발전시키기

정직, 진실성, 에너지, 그리고 자주성을 바탕으로
'할 수 있다(Can-do)'는 문화를 발전시키기 위해 직원들과 함께 노력하라.

― 노먼 브링커(Norman Brinker)

| 서비스 원칙 | 　　의료서비스 경험의 모든 부분을 위한 최상의 서비스를 제공하는 데 헌신하는 문화를 정의하고 구축한다

월트디즈니에 놀러 가거나, 사우스웨스트 항공사를 이용하거나, 메리어트 호텔에 머물거나, 노드스트롬에서 쇼핑하거나, 뱁티스트 헬스케어에서 치료를 받은 경험이 있다면, 그곳과 거기에서 일하는 사람들에게 뭔가 특별한 면이 있음을 느꼈을 것이다. 고객들에게 그곳에서의 경험이 어땠는지 물어보면 아마도 기대보다 좋았다고 답할 것이다. 이 회사들의 직원들은 특별한 서비스를 통해 각 조직의 기업 가치를 표현한다. 예를 들어, 월트디즈니에서 공연하는 사람들은 테마파크 방문객들에게 수준 높은 공연을 선보이기 위해 최선을 다한다고 말한다.

의료업계의 리더들은 환자들과 직원들이 원하는 고품질 서비스 문화를 어떻게 구축할지에 대해 고객 서비스중심의 조직들로부터 많은 것을 배울 수 있다.

조직문화는 그 기관의 내부 구성원들이 공유하는 철학, 이데올로기, 가치, 가설, 신념,

태도 그리고 규범으로 구성된다. 문화는 행동, 의사 결정, 문제 해결, 직무 수행 혹은 다른 집단 활동을 통해 직·간접적으로 조직이 따르고 지원하기로 동의한 기준이나 가이드라인이다. 본래 문화는 역동적이고, 끊임없이 변화한다. 문화는 초기에는 설립자들과 구성원들에 의해 모습을 갖추지만, 시간이 지나면 환경에서 발생하는 상호작용과 경험, 사건들을 공유하면서 변할 수 있다.

제5장에서는 다음과 같은 내용을 다룬다.

- 문화의 기본 요소
- 문화를 정의하고, 가르치고, 전달하는 리더들의 중요한 역할
- 고객서비스 문화의 중요성

문화의 기본 요소

신념과 가치, 규범, 사회적 관행과 관습은 조직문화의 기본 요소들이다. 하위문화를 포함한, 문화에 대한 조직 구성원들의 헌신에서 이런 문화의 힘이 나온다.

신념과 가치

신념은 문화의 이념적 핵심을 형성한다. 문화는 조직이 어떻게 운영되는지에 대한 일련의 추정들이고, 신념은 그 추정들이 무슨 의미인지 설명한다. 신념은 원인과 효과의 관계를 정의한다. 반면 가치는 조직의 나침반이다. 가치는 직원의 행동, 미션 중심(mission focus), 임상적 접근과 임상결과 측면에서 조직이 무엇을 지원하고 수용해야 하는지 방향을 안내한다. 대부분의 조직들은 미션선언문을 가지고 있지만, 별도로 정식적인 가치선언문을 가지고 있는 조직들은 많지 않다. 예를 들어, VA(Veterans Affairs, 미국 퇴역군인) 시

설에 대한 연구에서, 조직 내 부서가 더 친절할수록 진료 품질에 대한 환자만족도가 높아짐을 발견했다. 또한 공손함을 강조하면 병가와 결근 그리고 평등고용추진위원회(Equal Employment Opportunity Commission)에 접수하는 항의가 줄어들었다고 한다.

고객서비스를 중시하는 조직문화는 환자들을 위한 의료서비스 경험, 문제와 불평에 대한 신속한 해결 그리고 이해관계자들과의 정기적인 의사소통에 우호적이다. 신념과 가치는 채용, 선택, 성과 평가, 그리고 보상을 포함하여 직원/인적자원 관리시스템에 통합된다.

고객중심의 신념과 가치는 아래와 같이 발전되고 강화된다.

- 고객 이니셔티브(initiatives)에 직원들이 적극적으로 참여하게 한다.
- 촉진적 관리(코칭) 접근법을 적용한다.
- 의사결정 과정에 참여할 수 있도록 직원들에게 권한을 부여한다.
- 인트라넷, 사보, 게시판 등 가능한 모든 매체를 활용하여 직원들과 정기적으로 광범위하게 소통한다.

서비스 전문가 렌 베리(1999)는 '서비스 품질의 지속가능한 실행은 진정으로 직원들을 지도하고 격려하는 조직의 가치에 달려 있다. 그렇다면 조직이 어떻게 그런 가치를 얻을 수 있는가? 그것은 리더가 조직에 가치를 투입하고 육성하는 것이 가장 중요한 책임이라 여겨야만 가능하다. 고객서비스를 중시하는 문화를 창조하는 책임은 리더의 직무 중에서 가장 중요할 수 있다'고 주장했다. 제3장에서 전략 기획을 조직의 가치 및 다른 구성요소들과 일치시키는 것이 얼마나 중요한지 논의했다. 이런 일치와 가치를 바탕으로 조성된 문화를 이해관계자들이 지지해야만 환자중심적 미션을 달성할 수 있다.

규범

규범이란 모든 직원들과 내부 관계자들부터 고객들, 환자들 그리고 문병객을 포함한 외부인들도 기대하고 원하는 행동의 기준을 말한다. 예를 들어, 무엇을 하는지, 어떤 말을 하는지, 무엇을 입는지, 어떻게 처신하는지 등의 기준이다. 일부 규범들은 상식 수준이거나 직원 수칙에 명시되어 있지만, 또 다른 규범들은 복잡하여 신입 직원의 경우 조언을 구하거나 선배 직원들을 관찰해서 배워야 한다.

유명한 서비스중심 기관에 의해 실행된 규범은 '웃고 눈을 맞추면서 고객에게 따뜻하게 인사'하는 것이다. 또 하나의 규범으로는 '15피트 규칙(15-foot rule)'을 들 수 있는데, 직원은 15피트(약 4.5미터) 반경 내에서 고객과 긍정적인 접촉을 해야 한다는 것이다. 이런 규칙은 환자와 가족들에게만 적용되는 것이 아니라, 청소부나 기술자를 비롯한 기타 근무자들, 나아가 시설을 방문하는 모든 사람들에게 적용된다. 긍정적인 접촉이란 눈 맞추기, 상대에게 도움이 필요한지 물어보기 혹은 짧은 대화 나누기 등을 뜻한다. 이런 서비스 규범은 의료서비스 경험을 향상시키므로 모든 직원들에게 교육해야 한다. 예를 들어, 뱁티스트 헬스케어 직원들은 길을 잃거나 당황한 고객을 보면 "목적지까지 모셔다 드릴까요?"라고 묻도록 교육받는다.

직원들과 관리자들(감독자 포함)뿐만 아니라 분명한 기대치를 가지고 있는 고객들도 문화적 규범을 정의한다. 제조업에는 불만을 표하는 고객이 없을 가능성이 큰데, 이는 의료업의 장점이 될 수 있다. 상품 소비자들은 제조업체와 많이 떨어져 있기 때문에 직접적으로 접촉하여 피드백을 주는 경우가 드물다. 의료서비스 소비자들의 피드백, 언급 그리고 비언어적 신호들(예: 눈 찌푸림이나 침묵)은 관리자들이 행동 기대치를 모니터링하고 강화하고 형성하는 데 도움이 된다. [표5-1]은 간호사들을 위한 뱁티스트 헬스케어의 행동 지침서이다. 수년 전에 만들어진 규범들이지만, 고객지향적 행동을 정의하고 형성하기를 원하는 의료조직들에게는 여전히 유용하다.

규범들은 옷차림새를 포함한 외모에도 적용된다. 이런 규범들에는 깨끗하고 잘 다린 유니폼, 머리 길이와 스타일, 환자를 대할 때 장갑 착용, 근무시간 동안 액세서리 착용 최소화 등이 포함된다. 이런 규범들은 직원들의 개인적 표현의 자유를 제한한다는 비판을 받을 수 있지만, 그렇다고 근거 없는 규제는 아니다. 예를 들어, 향수를 사용할 때, 너무 향이 진한 것을 뿌리거나 지나치게 많이 사용하는 것은 알레르기를 비롯해 불편한 반응들을 유발시킬 수 있기 때문에 금지되는 경우가 많다.

마찬가지로, 헝클어진 머리나 지저분한 모습은 건강, 청결, 웰빙의 메시지를 전달하려는 시설의 의도와는 반대된다. 가장 중요한 것은, 어떤 고객이든 의료시설에 있는 CEO부터 수간호사, 심지어 약국 기술자까지 모든 직원들이 친절하고 전문적이며 신뢰할 수 있고 서비스를 제공할 준비가 되어 보이길 기대한다는 점이다. 내·외부 고객이든 주요 고객이든 또는 부차적 고객이든 그런 것을 원한다. 시설이 자주 접하는 환자불평 중 하나는 표준화된 직원 유니폼이 부족하다는 것이다. 이로 인해 병실 관리 직원과 간호사를 구분하기 어렵다고 한다. 이런 혼동은 도움을 원하는 환자들과 가족들에게 불만요소가 될 수 있다.

[표5-1] 환자와의 상호작용을 위한 간호사 행동 지침서

- 환자의 이름을 부르며 인사하고, 첫 대면에는 자기 소개를 한다.
- 각 환자에게 연락할 수 있는 호출번호나 전화번호를 알려주고, 환자의 필요에 따라 연락하게 한다.
- 각 절차를 시행하기 전에 그 이유를 설명한다.
- 병실을 떠나기 전에 필요한 것이 있는지 환자들에게 물어본다.
- 환자의 사생활 보호를 위해 문과 커튼을 닫아놓아야 함을 설명한다.
- 환자의 호출에 즉각적으로 응대한다.
- 각 환자가 적당량의 진통제를 사용하도록 확인한다.
- 환자들과 동료 직원들에 대해 절대로 부정적인 이야기를 하지 않는다.

※ 출처: 뱁티스트 리더십 인스티튜트(Baptist Leadership Institute)의 프레젠테이션 〈고객만족을 수익증대의 결과로 만들기〉(2000. 07)에서 발췌

사회적 관행과 관습

사회적 관행과 관습은 규범과 긴밀한 관련이 있다. 사회적 관행이란 한 집단 내에서 공유하는 관행이나 관습을 가리킨다. 예를 들어, 악수는 비즈니스에서 사회적 관행이다. 의사의 이름 뒤에 '박사님'을 붙여 부르는 것도 대부분의 사회에서 관행이다. 의료조직에서 규모나 미션에 상관없이 실험실 기사들이 하얀 코트를 입는 것도 마찬가지이다.

관습이란 전체 집단이 이해하고 실행하는 적절한 행동들이다. 의료산업에서 예를 들자면, 일회용 장갑 착용, 손 씻기, 병실에 들어가기 전에 노크하기 등이 포함된다. 관습은 반드시 도덕에 근거하는 것은 아니지만, 윤리강령의 기초는 될 수 있다.

하위문화

의료조직들은 다양한 집단과 부서로 이뤄져 있기 때문에, 자연스럽게 많은 하위문화들이 발생한다.

고용형태(상근, 비상근, 임시직), 부서(실험실, 재활), 전문 분야(소아과, 중환자실), 직종(행정직, 의료직, 관리직, 전문직, 노동조합, 비노동조합), 근무 기간(장기, 신입) 혹은 근무 시간대(평일 낮, 평일 밤)에 따른 직원 분류는 하위문화의 형성을 촉진한다. 사람들은 자신과 같은 사람들과 유대감이 형성되기 때문이다. 이를테면 비상근이나 임시 직원들은 서로를 연결해주는 공통요인들 때문에 하위문화를 형성할 수 있다. 서로를 연결해주는 공통요인이란, 상근 직원이나 행정직 직원들과의 제한된 소통, 제한된 고용 혜택, 불규칙한 근무시간 등을 예로 들 수 있다.

하위문화가 꼭 나쁜 것은 아니지만, 상위문화와 충돌할 경우 경영에 방해가 될 수 있다. 예를 들어, 장기근무한 의사나 관리자들의 하위문화는 기업의 고객서비스 가치와 충돌할 수 있다. 왜냐하면, 하위문화에 '사일로 멘털리티(silo mentality, 부서 이기주의)'가 있어, 환자 인수인계를 복잡하게 만들고 정보 교환을 지연시키며 환자중심적 진료를 방해하기 때문이다.

때로는 하위문화가 상위문화보다 더 고객지향적일 수도 있다. 아이다호의 보이시 VA 메디컬센터(Boise VA Medical Center in Idaho)의 노스웨스트 개발센터가 좋은 예이다. 이 센터에는 서비스 제공자의 하위문화와 경영 간부의 하위문화가 있었다. 이 하위문화들의 가치는 현저히 달라서 직원들이 함께 일하는 데 방해가 되었다. 간부들은 센터의 수용 능력이 이미 최대치에 이르렀지만 계속 더 많은 환자들을 유치하는 데 초점을 맞췄다. 반면 의료제공자들은 값비싼 환자 진료와 의료 개입을 주문하면서 센터를 더 경쟁력 있게 만드는 데 사용될 수 있는 자금을 낭비했다.

각 문화의 계획과 행동을 반영한 데이터가 문제 해결을 위한 회의에서 제출되었다. 의료제공자 집단과 간부 집단은 비용효율적인 서비스를 제공하자는 목표를 가지고 두 문화의 가치에 존재하는 차이를 좁히기 위해 상호 용인할 수 있는 방법을 찾아야 함을 알게 되었다. 논의가 시작되었고, 수용능력을 고려한 환자 유치 전략을 포함한 해결책들이 제시되었다. 결론적으로, 의료제공자와 간부들 간의 원활한 커뮤니케이션, 향상된 환자만족도 그리고 비용 절감을 위한 노력을 하기로 동의했다.

상충되는 문화나 하위문화와 직면하는 경우, 경영진은 전달받는 정보가 하위문화의 규범과 가치에 의해 왜곡 또는 지연되거나, 제한 혹은 편중되지 않았는지 확인해야 한다. 하위문화의 존재와 존재 이유를 인지해야 관리자들은 하위문화에 속한 직원들과 협력할 수 있다. 또한 하위문화에 속한 직원들이 그들의 문화가 어떻게 전체 조직과 어울릴 수 있는지 이해하는 데 도움이 된다. 차이로 인해 발생되는 영향을 제거하고 상호 협력을 증진시키는 것이 이상적인 결과이다. 하위문화들은 조직의 미션을 달성하는 데 방해가 되지 않는 한 그들만의 문화적 가치와 신념들을 발전시켜나갈 수 있다.

헌신

의료조직의 문화에서는 조직원들의 높은 헌신이 특히 중요하다. 사일로 멘털리티와 하위문화는 흔하게 나타나는데, 이런 현상들은 서비스에 대한 문화적 가치를 약화시킬 수 있다. 문화에 대한 신념, 가치, 규범, 사회적 관행과 관습이 얼마나 이상적인지와 관계없이, 문화는 조직의 구성원들이 전적으로 지지하지 않으면 지속불가능하다. 구성원들의 헌신을 일으키는 것은 리더들의 과제로, 지금부터 상세한 내용을 살펴보겠다.

고객중심 문화를 정의하고 가르칠 때 리더들의 역할

높은 수준의 고객서비스를 위해 모든 직원들이 헌신하게 하는 것은 어렵고 시간이 많이 걸린다. 모든 관리자들과 감독자들은 조직문화를 해석하고 전달하는 데 일조하고 있지만, 이런 노력은 고위 리더들부터 시작해야 한다. 문화는 직원들의 근무 태도에 상당한 영향을 미친다. 그래서 문화는 고객서비스와 관련된 직원 이니셔티브, 결단력, 혁신 그리고 보상을 지원해야 한다.

고위 리더들은 높은 직위와 가시성 때문에, 조직 내에서 역할모델이 되어야 한다. 역할모델로서, 리더들은 모범적인 행동으로 내부 이해관계자들의 행동에 영향을 줘야 한다. 이런 영향은 폭포효과(cascading effect)를 일으킨다. CEO의 일거수일투족은 고위 임원들이 보고 배우고 판단한다. 부사장의 행동은 관리자들에게 모범이 되고, 관리자들의 행동은 감독자들의 행동에 영향을 미치며, 감독자들의 행동은 접점 직원들에게 지침서 역할을 한다.

고객중심의 문화를 정의하고 가르칠 때, 리더들은 아래와 같이 해야 한다.

1. 언행과 글을 통해 고객서비스에 대한 조직의 헌신을 표현한다.
2. 조직원들에게 헌신에 대해 말뿐만 아니라 행동으로 분명히, 지속적으로 그리고 정기적으로 전달한다.

이런 메시지는 의도적이고 노골적이어야 한다. 예를 들어, 메리어트 호텔의 창립자 빌 메리어트(Bill Marriott)는 고객중심에서 어긋난 행동을 보인 직원을 손님 앞에서 바로 해고했다고 한다. 조직 내에 이 이야기가 퍼진 후, 직원들은 메리어트 호텔이 고객을 항상 최우선으로 여긴다는 문화를 중시한다는 것에 더 이상 의문을 갖지 않았다고 한다.

언행일치가 되는 리더들은 일관되고 참여적이며 체계적이다. 또한 사려가 깊고 직원이나 고객들과 소통한다. 이런 리더들은 요구가 많다고 알려져 있는데, 여기에는 이유가 있다. 그들은 더 나은 서비스를 제공할 수 있도록 직원들을 개발하고 동기부여하기 위해 가능한 모든 방법을 다 취하려 하기 때문이다. 그들은 기대와 요구 성과가 높은 대신 목표를 달성했을 때 제공하는 보상 또한 그만큼 크다. 또한 이런 리더들은 조직이 지지하는 문화 가치를 기반으로 일관된 결정을 한다. 그 결과, 직원들은 조직문화와 가치를 신뢰하고, 지속적으로 조직을 위해 근무한다. 직원들이 문화를 받아들이고 신뢰할수록 환자와 동료 그리고 다른 이해관계자들을 대할 때 조직문화의 가치를 지키려고 노력한다.

조직문화를 만들기 위해 조직과 구성원들을 변화시키려는 리더는 일상적인 운영 업무보다 강력한 비전 제시에 초점을 맞추어야 한다. 문헌에 따르면, 비전주도형 리더십 (vision-driven leadership)은 변혁적(transformational)인 반면, 일상적인 운영에 초점을 맞춘 리더십은 거래적(transactional)이라 한다. 거래적인 리더들은 어떤 조직에든 있다. 왜냐하면 누군가는 급여가 제때 처리되고 비용들이 적시에 지불되는지 확인해야 하기 때문이다. 그러나 실제적인 변화를 위해서는 변혁적 리더가 필요하다. 쿠제스와 포스너 (Kouzes and Posner, 1995)는 변혁적 리더의 5가지 역할을 다음과 같이 정의한다.

1. 혁신과 개선을 위해 기존 프로세스와 관례에 도전한다.
2. 미션 성취에 직접적으로 기여하는 사람들의 사례를 통해 다른 직원들과 비전을 공유하고 격려한다.
3. 직원들이 행동할 수 있도록 권한을 부여한다.
4. 미션을 성취할 수 있는 방법을 제시한다.
5. 각자의 담당 업무에 의미를 부여하도록 직원들을 장려한다.

연구를 통해, 타인들을 위한 봉사와 겸손, 정직의 힘을 믿는 영적(spiritual) 리더들이 공통적으로 이런 전략들을 사용한다는 사실이 밝혀졌다.

문화 전달과 실천

모든 관리자들은 직속부하들을 위해 문화를 해석해야 할 책임이 있다. 고객서비스 문화의 중요성에 대해 이야기하는 것만으로는 부족하다. 관리자들은 스스로 모범이 되고, 적극적으로 직원들을 가르쳐야 하며, 부적절한 행동들을 정정하고, 말한 것을 실천해야 한다. 예를 들어, 담요를 가져다 달라는 환자의 반복된 요청을 무시하는 간호조무사를 목격했다면, 간호관리자는 도움을 주기 위해 개입해야 한다. 환자를 위한 서비스 제공의 중요성에 대해 해당 간호조무사 또는 해당 부서의 모든 직원들에게 즉시 설명해야 한다.

만약 그런 일이 다시 일어나지는 않을 것이라 여겨 간호관리자가 간호조무사의 행동을 그냥 넘긴다면, 그 관리자는 그런 행동이 용인되고 용서될 수 있다는 메시지를 전달하는 것과 같다. 명백하게 조직문화의 가치와 기준을 무시하는 행동에 대해 관리자가 아무 조치도 하지 않는다면, 직원들은 그 관리자의 말을 더 이상 듣지 않을 것이다. 문화를 전달하기 위해 보상시스템, 교육 프로그램 그리고 조직의 미션을 성취할 수 있도록 도와주는 기타 지원 프로그램을 운영하는 것이 중요하다. 즉, 문화를 강화시키는 직원들에 대한 보상과, 조직의 성공을 기리는 것 그리고 고객서비스에 대한 교육은 지속적으로 실천해야 한다.

환자중심적인 접근법

환자들을 존중하는 문화는 의료조직의 명성을 높여주고, 이로 인해 시장에서 경쟁력이 향상된다. 다음은 환자중심적 노력의 실제 사례들이다.

- 세계적으로 저명한 플레인트리(Planetree)는 환자의 몸과 마음 그리고 정신을 치유하고 보살피는 데 초점을 맞춘 혁신적인 의료서비스 모델들을 개발하고 시행하고자 조직된 비영리 의료조직 조합이다.
- 플레인트리는 치유환경과 환자중심 치료에 대한 교육 및 정보를 제공하고, 다른 조직들이 이런 원칙들을 적용할 수 있도록 도와준다. 플레인트리의 성공과 성장은 환자중심 진료가 철학에 권한을 부여할 뿐만 아니라 진료 제공에 대한 실행 가능하고 비용효율적인 접근법이라는 것을 입증한다.
- 2009년, 유나이티드 헬스케어(United Healthcare)는 환자중심적인 의료행위를 개발하기 위해 IBM과 제휴하고 애리조나 주에서 의사들을 찾았다. 이 협업의 목적은 PCMH(Patient-Centered Medical Home, 환자중심적 메디컬 홈) 모델을 사용하여 1차 의료 의사와 환자와의 관계를 강화하는 것이다. 이 모델은 환자들의 요구와 선호사항들을 더 잘 이해하기 위해 의사가 환자와 긴밀히 협력하게 해주고, 의료서비스들을 편성하며, 다른 전문의들과의 연결을 용이하게 한다.

- 2004년, 픽커 연구소(Picker Institute)는 환자중심적 의료개혁에 대해 논의할 수 있도록 정상회담을 열었다. 환자중심 운동에 참여하고 있는 27명의 리더들은 의견을 공유하고 의료개혁에 대해 예측했는데, 환자중심적 진료는 가장 많은 호응을 얻었지만 법으로 제정될 확률은 낮다고 언급했다.

고객지향적 문화의 중요성

누구나 따뜻하고 친절하고 자발적으로 도움을 주는 서비스를 경험한 적이 있을 것이다. 반대로, 냉담하고 무정하고 인간미 없는 서비스 역시 누구나 경험한 적이 있을 것이다. 그러나 어째서 한쪽은 따뜻한 곳으로, 다른 쪽은 차가운 곳으로 인식하는지 정확한 이유를 설명할 수 있는 사람은 적다. 그 차이점이 문화에서 비롯한다는 것을 짐작할 수 있는 사람들은 더 적다.

고객중심 문화는 자연스럽게 환자만족도 상승으로 이어진다. 그리고 지금껏 살펴봤듯이 행복한 고객들은 조직의 생존과 시장점유율 상승, 수익성을 비롯해 많은 이득을 조직에 가져다준다. 이러한 이득을 정리해보면 아래와 같다.

첫째, 환자만족도는 조직의 명성을 높여줄 뿐만 아니라 고객충성도도 상승시킨다. 충성도는 반복적인 거래로 이어져 결과적으로 수익을 창출한다. 둘째, 환자만족도는 광고 및 홍보, 개원 활동들을 포함한 새로운 고객 유치 비용들을 줄여준다. 셋째, 높은 만족도는 환자들로 하여금 주위에 추천이나 소개를 하게 한다. 넷째, 높은 만족도는 조직의 경쟁력을 강화시킨다.

직원들은 고객지향적인 조직에서 근무하는 것을 좋아한다. 왜냐하면 고객으로부터 비판과 모욕을 받는 일이 적고, 업무에 더 성취감을 느끼며, 지원을 아끼지 않는 신뢰할 만한 조직으로 인식하기 때문이다.

경쟁우위 제공

구성원을 아끼는 분위기, 쉽게 따라 할 수 없는 독특함과 같은 기업문화는 상당한 경쟁력이 될 수 있다. 다른 조직문화가 가지고 있는 성공요소들을 파악하고 채택하는 것도 경쟁우위를 가질 수 있는 문화를 창조하는 전략 중 하나이다. 이런 요소들은 조직의 현실에 맞게 변경할 수 있다.

종종 독특한 문화는 재미있고 여유로운 분위기를 물씬 풍긴다. 환자와 가족들은 직원들끼리 또는 직원과 환자들 간에 친절하게 지내는 분위기를 선호한다. 그런 분위기가 더 이점이 많기 때문이다.

핵심역량 강조

문화는 조직의 핵심역량을 보여준다. 고품질 의료서비스와 환자만족도를 중시하는 문화는, 비록 비용 절감 효과가 있더라도 서비스 경험의 품질을 위태롭게 하는 행동이라면 섣불리 하지 않을 것이다. 또한 이런 문화는 최고의 서비스를 지원하는 운영시스템과 경영시스템 그리고 의료시스템을 갖추고 있다.

내부와 외부 연결

문화는 조직 구성원들이 외부 환경과 내부 구성원들이라는 2개의 핵심 집단과 상호작용하도록 돕는다. 에드 샤인(Ed Schein, 1985)은 문화를 '외부 환경에 적응하며 발생하거나 내부 상호작용에서 생겨난 문제들을 처리하는 법을 배우면서, 특정 집단에 의해 발명 또는 발견되거나 개발된 그리고 효과적이라고 증명된, 문제들을 인식하고 생각하고 느끼는 올바른 방법'이라고 묘사했다. 나아가 '새로운 구성원들에게 가르쳐주는 기본적 추정들의 패턴'이라 주장한다. 문화는 구성원들이 내·외부적 환경을 이해하는 데 도움이 된다. 일부 조직들은 외부를 상대할 때 '우리 대 그들'이라는 사고방식으로 잘못 접근한다. 그러나 이런 폐쇄적인 문화 접근은 사람들이 외부의 아이디어에 대해 부정적이고 수용하지 않는 태도를 갖게 만든다. 예를 들어, 이런 폐쇄적인 문화는 다른 산업에서 나온 새로운 방법들과 혁신들을 우습게 보거나 무시한다. 그리고 내부의 방법들은 기밀로 유지하고 보호한다.

반면, 열린 문화를 가진 조직들은 경쟁자들과 상호작용하고 모범사례들을 벤치마킹하며 새로운 아이디어를 시도하면서 끊임없이 성장과 개발을 장려한다. 이런 문화의 구성원들은 환경적 동향과 고객의 동향을 더 신속하게 받아들이고 대응한다.

또한 고객지향적인 문화는 환자와 외부 고객들을 대하는 행동과 수행에 폭넓은 기준과 규칙을 세운다. 이런 기준과 규칙은 내부 구성원들 간의 상호작용을 비롯해, 내부 구성원들과 외부 고객들 간에 어떻게 상호작용해야 하는지를 지도한다. 총괄적으로 말하자면, 고객중심 문화는 의료서비스 경험을 제공하면서 발생할 수 있는 다양한 외부적 사건들, 환자의 기대 그리고 다른 상황들과 만일의 사태에 대비해 직원들을 준비시킨다. 이런 기준들은 암암리에 알려지는 것보다는 서면화하는 것이 좋다. 그러나 훌륭한 의료조직들은 규칙과 절차를 서면화하는 데 그치지 않는다. 리더와 관리자들은 이런 정보뿐만 아니라 문화 가치와 신념을 명확히 하고 전파하고 가르치는 데 시간을 투자해야 한다.

가치나 기준, 교육처럼 문화가 제공하고 지원하는 것들과 산업적 요구사항 또는 서비스 제공의 변화나 정부 정책 등 외부 환경이 제공하는 것 사이에는 불가피하게 차이가 발생하게 된다. 이런 경우, 환자중심 문화에서 근무하는 사람들은 문화적 가치가 촉진하고 요구하는 품질의 환자경험을 제공하면서 순조롭게 적응할 것이다.

가치 강화

리더들이 상당한 시간과 돈을 환자중심적 문화 관련 인력을 교육하는 데 투자하는 모범직인 조직들은 정기적으로 가치를 강화한다. 이런 조직에서는 직원 회의에서 가치에 대해 논의하고, 이를 종종 직원 교육의 주제로 활용한다. 가치를 강화하는 방법 중 하나로, 고객서비스 문화를 구축하고 강화하는 데 집중하는 직원 수련회를 개최하는 것이 있다. 수련회에서 참가자들에게 다음과 같은 질문들을 던지고 이를 반영하도록 유도할 수 있다.

• 우리의 고객은 누구인가?

- 우리의 고객들이 필요로 하는 것, 원하고 기대하는 것은 무엇인가?
- 고객의 요구와 욕구, 기대를 충족하기 위해 우리는 어떤 가치를 지원해야 하는가?
- 우리의 가치를 육성하기 위해 인적자원을 어떻게 활용해야 하는가?

필요할 경우, 회사는 참가자들이 개인적 가치와 조직의 가치를 구별하고 조화하는 법을 배우도록 컨설턴트나 전문 트레이너 같은 제3의 협력자를 초청한다.

새로 채용된 직원들은 과거 경험을 토대로 새로운 조직문화를 받아들이기 때문에, 리더와 관리자들은 출근 첫날부터 그들에게 조직문화와 그 가치를 가르쳐야 한다. 뱁티스트 헬스케어의 전 원장인 퀸트 스튜더는 모든 신입 직원들이 오리엔테이션 프로그램에 참가하도록 했다. 오리엔테이션에서 조직의 정책과 절차뿐만 아니라 환자만족도와 고객서비스의 문화적 가치에 대해 가르쳤다. 모든 직원들은 의사결정에서 가장 중요한 기준은 고객서비스임을 기억하도록 배웠다.

스튜더는 뱁티스트의 미션을 서비스, 품질, 비용, 사람들, 그리고 성장에 대한 가치에 뒀다. 또한 그는 조직문화의 가치를 전 직원들에게 전달하고 적절한 때에 보강했다.

자기관리와 의사결정 자원

문화가 강력할수록, 직원들이 자신들의 업무에 관해 간단한 의사결정을 스스로 할 때 정책, 절차, 경영상의 지시와 같은 전형적인 관료주의에 기댈 필요가 줄어든다.

예를 들어, 환자 가족이 항의하는 상황에서, 간호사가 고객의 마음을 되돌릴 수 있는 '옳은 행동'을 할 것이라 신뢰할 수 있다. 이 간호사는 문제를 해결하기 위해 관리자를 찾을 필요가 없다. 직원들이 권한을 부여받는 것이다. 이는 관리자가 즉시 관여하지 못하는 고객과 모든 직원들 사이의 직접적인 상호작용이나 결정적인 순간에 많은 일이 벌어질 수 있음을 고려하면, 고객중심적 문화의 중요한 요소이다.

상품들이 표준화되어 있고 생산 과정이 예측 가능한 제조업과는 다르게, 의료산업에서는 모든 경험이 유일무이하다. 그 결과, 의료조직이 정식 대응이나 프로토콜 혹은 정책을 수립하지 못한 다양한 종류의 복잡한 문제들이 발생한다. 문제가 불확실할수록 직원들은 이전에 교육받은 행동 지시를 신뢰할 수 없기 때문에 무엇을 어떻게 해야 하는지 결정하기 위해 기업의 가치에 더 의지해야 한다.

환자만족도와 직원만족도 촉진하기

촉진적 관리, 적합한 자원, 지속적인 교육, 상하 직원과의 원활한 의사소통, 팀워크, 일치된 목표 그리고 적절한 보상은 직원들과 함께하는 문화의 특징들이다. 소위 '참여도가 높은 근무환경'이라고 하는 이 문화는 서비스 품질, 환자만족도 그리고 고객충성도를 향상시킨다. 직원만족도 또한 훨씬 향상시키는데, 이는 진료 서비스에 대한 고객 인식을 개선하는 데 기여한다고 알려져 있다. 직원만족도가 환자만족도와 긍정적인 임상결과 및 시장점유율 상승과 깊은 연관이 있음을 증명하는 다양한 연구가 진행됐다.

문화 소통하기

조직이 제공하는 서비스를 판단하기에 전문 지식이 부족할 경우, 고객들은 직원과 시설 그리고 처리 과정을 세심히 살핌으로써 품질이 어떤지 판단하려 한다. 특히 의료서비스에 대해서는 서비스 전달자에 대한 단서들에 민감해진다. 다시 말해, 유형의 상품이 보이지 않거나 임상결과를 경험하기 전까지, 환자는 의료서비스 경험이 어떠할지 암시하는 모든 것과 모든 사람들을 살핀다.

의료조직은 법과 언어, 전설적 또는 영웅적 인물들에 대한 이야기, 상징과 의식 그리고 브랜드를 통해, 조직의 고객지향적 문화 가치를 강화할 수 있는 모든 기회를 활용해야 한다. 이 책임은 리더와 관리자들에게 있다. 데이비도우와 우탈(Davidow and Uttal, 1989)은 "문화를 중시하는 리더들은 슬로건, 광고, 홍보 그리고 PR 캠페인으로 외부에 상품과 서비스를 판매하는 것만큼 그들의 관점을 판매해야 하는 조직을 상대로 내부 마케팅에 열중한다. 그들은 가치를 전달하기 위해 많은 시간을 투자한다."고 지적하였다.

법과 언어

모든 조직은 건강과 안전, 인적자원, 임상 실습 등에 관련된 서면 규칙, 정책, 기준 등 법이 있다. 이런 법(laws)은 정부와 산업 규정에 근거하고, 위반에 따른 결과에 대해 상세히 열거한다. 의료조직의 법 중 하나를 예로 들자면, 유해의료폐기물의 안전한 처리에 대한 정책이 있다.

조직의 언어란, 내부 사람들이 사용하는 특별한 용어를 의미한다. 이런 언어는 오직 조직의 구성원들만 이해하고 따를 수 있는 약칭으로, 그 문화에 소속되어 있는지 혹은 소속되어 있지 않은지를 확인할 수 있게 한다. 예를 들어, 응급실 의사가 "액와를 촉진하고, 특발성이기생충을 확인하세요."라고 지시했다고 해보자. 이런 지시는 공용어로 하지만, 의학을 배운 사람이 아니라면 이해하기 어렵다.

의료서비스 고객들의 비판 중 가장 흔한 것이 바로 의료기관 직원들의 말을 알아듣기 어렵다는 것이다. 의료기관의 책자와 기타 자료에 대해서도 동일한 비판이 있다. 이는 매우 중요한 지적이다. 진정한 고객중심 문화에서는 조직의 법과 언어가 환자와 가족들 그리고 의학 지식이 없는 사람들을 위해 가능한 한 알아듣기 쉽게 쓰여 있다.

전설적 또는 영웅적 인물들의 스토리

의료산업에는 전설적 혹은 영웅적 인물들의 이야기가 많다. 리더와 관리자들은 조직에 주목할 만할 기여를 하는 유능한 사람들-직원들과 외부인들-에 대한 이야기를 해주거나 강조하여 조직의 가치를 전달한다. 이런 이야기는 적당한 때에 사용되어야 한다.

대부분의 사람들은 이야기를 좋아하고, 개념이나 이론보다 예시와 실제 사례, 스토리를 이용한 교훈을 더 쉽게 받아들인다. 이런 방법이 더 기억에 남고 직원들이 배운 것을 다양한 상황에서 적용할 수 있게 돕는다.

포커스 그룹을 통해 들은 고객과 관련된 이야기 2개를 살펴보자. 여기서 이 이야기들을 풀어놓는 이유는, 단지 고객서비스 가치를 보강해야 한다는 영감을 주려는 것뿐만 아니라 개선을 촉구하고 행동을 지도하기 위해, 필요한 경우 미화하여 다른 사람들에게 다시 이야기해줄 수 있음을 설명하기 위해서이다.

1. 어떤 요양 시설에서, 시무룩하고 우울해하는 한 거주자가 식사를 거부하고 있었다. 한 간호조무사는 그 상황이 신경 쓰였고, 해결책을 찾기 시작했다. 조무사는 그 거주자가 땅콩버터 밀크셰이크를 매우 좋아한다는 사실을 알게 됐다. 그래서 조무사는 셰이크 만드는 법을 배워 그 거주자에게 만들어줬다. 그 거주자는 이에 감동받았고, 다시 먹기 시작했다.

2. 한 간호사가, 두 번째로 다리 절단 수술을 받은 한 환자가 굉장히 우울해한다는 것을 알게 됐다. 그 간호사는 대화를 통해 그 환자가 현재 이혼 후 홀로 개와 살고 있음을 알았다. 비록 병원 규칙에 따라 안내견을 제외한 동물을 시설에 들이는 것은 금지됐지만, 간호사는 그 환자의 개를 잠시 데리고 들어올 수 있도록 조치했다. 그 환자는 개를 보자 몹시 기뻐했고, 간호사의 사려와 친절함에 감동했다. 환자는 병원 관리자에게 편지를 써서 그 간호사와 직원들을 칭찬하고 감사를 표했다. 그리고 그 환자는 병원을 위해 전도사 역할을 자청했다. 그는 기회가 될 때마다 그의 경험을 열성적으로 이야기한다.

이 이야기들의 교훈은 간단하다. 직원의 업무와 관련된 놀라운 이야기를 통해 직원들의 행동에 좋은 영향을 주고, 더 나은 성과를 성취하도록 동기를 부여하며, 문화를 전달하는 것이다. 고객들에게 이런 이야기는 조직의 서비스를 체험해볼 수 있도록 초청하는 초대장과 같다.

상징과 의식

상징은 말로 할 수 없는 메시지를 전달하는 물체 또는 표현이다. 비즈니스 환경에서 힘의 상징으로 정문 근처에 위치한 행정업무 처리 사무실이나 입구 옆에 위치한 개인 주차 공간을 예로 들 수 있다. 의료서비스를 제공할 때, 하얀 코트와 수술복은 청결한 무균 환경의 공통적인 상징이다. 의료관리에서는 사무실의 크기와 위치가 중요성을 나타낸다. 예를 들어, 고객서비스를 감독하는 부사장이 멋지게 꾸며진 사무실을 가지고 있으면, 조직이 고객서비스를 우선적으로 생각하고 있다는 메시지를 전달한다.

의식이란, 문화에 대한 지지를 얻고 문화의 중요성에 대해 조직 구성원들에게 상기시키기 위해 행해지는 상징적인 행위들을 의미한다. 의료산업을 포함한 서비스산업에서, 목적과 목표의 성취를 축하하는 것은 공통된 의식이다. 예를 들어, 간호 감독자가 입원 기간 동안 잘 보살펴줬던 간호사에게 감사하는 내용이 담긴 서신을 환자로부터 받은 경우, 감독자는 미팅을 열어 다른 직원들 앞에서 공개적으로 그 간호사의 행동을 칭찬하고 인정할 수 있다. 이런 의식을 함으로써, 감독자는 모든 직원들에게 환자들과 매일 대면하면서 실천해야 하는 행동과 가치들에 대해 다시 상기시켜주는 것이다.

많은 의료조직들은 고품질 서비스를 인정하고 축하하기 위해 의식들을 행한다. 이런 의식들은 부서 회식부터 전 직원 대상 행사까지 포함한다. 이런 행사들은 직원들이 성취한 목표에 조직이 주목하고 감사해한다는 사실을 구성원들에게 전달한다. 궁극적으로, 조직은 축하와 보상을 통하여 가치와 신념을 표현한다. 만약 조직이 고객서비스를 중시한다면, 조직은 최고의 서비스를 실천한 직원들에게 자주 그리고 열성적으로 축하와 보상을 해줘야 한다.

브랜딩

메이요 클리닉의 브랜드 파워는 '환자의 요구가 항상 최우선이다(The needs of the patient come first)'라는 모토가 바탕이 된다. 직원 채용과 교육에서부터 시설 설계 그리고 진료 접근 방법을 사용하는 방식까지, 메이요 클리닉은 조직문화의 힘과 가치의 구체적인 증거들을 보여준다. 메이요 클리닉은 기업 가치를 공유하고 지지하는 사람들을 체계적으로 고용하여 브랜드를 구축·유지한다. 인센티브 제도와 보상제도를 실시하여 협동을 고취하고 고품질의 진료 서비스를 장려한다. 물리적 환경은 환자경험에 긍정적인 영향을 줄 수 있도록 설계되었다. 모든 전략들은 '환자가 우선'이라는 메시지를 전달한다.

하지만 주의해야 할 점은, 견고한 브랜드 이미지도 변색되는 데 오래 걸리지 않는다는 것이다. 앞에서 언급한 것과 같이, 특히 인터넷과 소셜 미디어가 존재하는 시대에서는 한 명의 불만고객이 조직의 좋은 이미지를 순식간에 무너뜨릴 수 있다.

고객서비스 브랜드 이미지를 더 부각시킬 수 있는, 거스와 딤스(Guth and Deems,

2008a, 2008b)의 실용적인 접근법들을 제안한다.

- 이불, 베개 그리고 헤드셋과 같은 편안한 물품들을 제공한다.
- 환자들에게 선호하는 서비스가 무엇인지 물어본다. 치료 동안에 대화를 하는 게 좋은지 아니면 조용한 게 좋은지 등을 묻는 것이다. 환자가 대화하는 게 더 좋다고 한다면, 의료서비스 제공자가 아닌 환자 위주의 대화를 해야 한다. 예를 들어, 환자가 듣길 원하는 음악과 장르가 있는지 이야기를 꺼내는 식이다.
- 종이가 아닌 천으로 된 타월과 품질이 좋은 비누를 깨끗한 화장실에 비치한다.
- 대기실과 접수처에 물과 차, 커피와 같은 기본 음료를 구비해둔다.
- 항상 미소를 짓고 예의를 갖춘다.

문화 가르치기

문화를 가르치고 보강하는 것은 리더와 관리자들의 중요한 책임이다. 샤인(1985)은 리더들에게 실제로 중요한 단 하나의 역할은 '조직문화를 만들고 유지하는 것'이라고 주장한다.

아래는 훌륭한 고객서비스 문화를 가진 조직들의 전략과 사례들이다. 이런 방법들은 관리자가 더 효과적으로 서비스중심의 문화를 가르치게 도와줄 수 있다.

- 스크립팅(scripting)은 직원들이 현장에서 공통적으로 발생하는 다양한 상황에 구두로 대응할 수 있도록 준비시키는 방법이다. [표5-2]와 [표5-3]은 의료직원들에게 환자를 비롯한 다른 고객들과 대화하는 방법을 명시한 스크립트이다. 스크립트는 직원들이 고객들과 상호작용하고 지속적으로 높은 수준의 서비스를 고객들에게 제공하는 방법을 알려준다.
- 빌 메리어트 주니어(Bill Marriott Jr.)는 고객서비스에 초점을 맞춘 메리어트 호텔

의 문화 가치를 끊임없이 가르치고 설교하고 보강했다. 그는 전 세계 메리어트 호텔을 방문하고 회사의 메시지를 전달하기 위해 수백만 마일을 여행했다. 모든 메리어트 직원들과 개인적 접촉을 하기 위한 그의 열성적인 노력은 이미 유명하다. 그가 메리어트 호텔에 있다는 것만으로도 서비스 품질을 위한 회사의 사명감이 직원들에게 전달되었다. 빌 메리어트는 호텔 청소하는 방법까지 직접 관여하면서 세부 사항들에 집중하는 모습을 행동으로 보여줬다.

- 1999년, 코네티컷의 그리니치 병원(Greenwich hospital in Connecticut)은 병원은 고객의 기대를 충족하고 초월하기 위해서 필요한 행동을 할 수 있도록 직원들에게 권한을 부여하는 전반적 변화를 개시했다. 그리고 계획을 추진하기 위해 다양한 워크숍과 인센티브를 비롯한 도구들을 제공했다. 이 캠페인은 손님처럼 사람들 대우하기, 사생활과 기밀사항 존중하기, 우려사항을 처리하기 위해 경청하고 즉각적으로 행동하기, 그리고 안전하고 청결한 환경 유지하기를 포함한 7가지 '최고 서비스 기준'을 따랐다. 그 결과는 놀라웠다. 그리니치 병원은 16분기 동안 입원환자만족도 부분에서 전국 상위 1% 병원으로 평가되었고, 직원만족도는 99번째 백분위수로 높았다.

- 사우스웨스트 항공사 전 CEO 허브 켈러허(Herb Kelleher)는 사우스웨스트의 차세대 직원들을 위해 스스로 모범이 되었다. 켈러허는 공항, 사우스웨스트 항공기, 사우스웨스트 서비스 구역 등을 돌아다니며 직원들에게 자신이 각 고객의 경험 품질을 중요시한다는 것을 각인시켰다. 이런 전통은 아직도 이어지고 있다. 모든 사우스웨스트 경영자들은 주어진 기간 동안 고객 접촉 구역에서 관찰하고 근무해야 한다.

- 뉴욕 프레즈비티리언 병원(New York Presbyterian Hospital)은 환자와 의사, 고객의 만족도를 높이기 위해 2003년 식스시그마 계획을 출범했다. 직원들은 식스시그마 방법론을 교육받았고, 직원교육 담당 최고 책임자가 임명되었다. 재고관리, 환자흐름 개선, 입원기간 단축 그리고 직원 채용 프로젝트가 진행되었다. 이런 노력은 환자만족도를 높였을 뿐만 아니라, 2005년 미국병원협회 품질탐구상(American Hospital Association Quest for Quality)을 수상하는 결과로 이어졌다.

[표5-2] 고객서비스 문화 강화를 위한 대본

- 죄송합니다. 저희가 손님의 기대에 못 미쳤습니다.

- 며칠 이내에 우리 병원으로부터 설문지를 받으실 것입니다. 그 설문지를 작성하셔서 다시 보내주실 것을 부탁드립니다. 환자분들의 피드백이 저희에게는 큰 도움이 됩니다. 만약 제공받은 서비스에 대한 평가가 '매우 좋음'이 아니라면, _____에 연락 부탁드립니다.

- 제가 도와드릴 것이 있나요? 지금 시간이 있습니다.

- 지금 가시고자 하는 곳으로 모셔다 드릴까요?

- 방해받지 않으시도록 지금 병실 문(혹은 커튼)을 닫겠습니다.

- 지금 몸 상태는 어떻세요? 매번 통증 정도가 어떤지 물어보겠습니다.

※ 출처: 뱁티스트 리더십 인스티튜트의 프레젠테이션 〈고객만족을 수익증대의 결과로 만들기〉(2000. 07.)
에서 발췌

[표5-3] 고객서비스 강화를 위한 직책별 대본

직책: 방사선 기술자

대본: 이번에 구매한 블랭킷워머(Blanket Warmer)로 따뜻하게 덥힌 이불을 덮어드리겠습니다. 환자분께서 편하신지 걱정이 됩니다.

직책: 사제(목사)

대본: 환자분께서 정신적인 우려를 가지고 계실 것을 알고 있습니다. 우리 병원에는 목사님들이 24시간 상주하고 있습니다.

직책: 주차요원

대본: 우리 병원에 계시는 동안 직원들이 뭘 해드릴 수 있는지 계속 여쭤보겠습니다. 환자분들과 방문객들을 위해 발레파킹을 해드리고 있으니 필요하시면 언제든지 말씀하세요.

직책: 부서 코디네이터

대본: 담당 간호사가 잘해주고 있나요?

직책: 연구실 직원

대본: 연구실에서, 모든 연구원들이 혈액 채취에 사용될 수 있는 최고의 기술과 바늘을 연구하고 있습니다. 환자분께 혈액 채취가 힘든 과정임을 이해합니다. 그래서 통증을 최소화하기 위해 최고의 기술과 가장 뾰족한 바늘을 사용하고 있습니다.

직책: 간호 직원

대본: 담당 의사께서 각별히 신경 쓰고 계십니다. 그리고 아침 일찍 혈액 샘플을 채취해서 회진할 때 볼 수 있도록 결과를 차트에 기록해 놓으라고 요청하셨습니다.

대본: 안녕하세요, 제 이름은 XXX입니다. 환자분의 담당 간호사입니다. 도움이 필요하실 때 언제든지 알려주세요. 기대 이상의 진료와 서비스를 제공하는 것이 저의 목표입니다. 언제든지 문의사항이 있으면 알려주세요.

직책: 수간호사

대본: 좋은 아침입니다. 제 이름은 ○○○입니다. 저는 이 병동의 수간호사입니다. 기대 이상의 진료 서비스를 제공하기 위해서 최선을 다하겠습니다. 많은 도움 부탁드립니다. 여기 제 호출번호와 전화번호가 있습니다. 필요하실 때 언제든지 연락주세요. 기대 이상의 진료와 서비스를 제공하는 것이 저의 목표입니다.

※ 출처: 뱁티스트 리더십 인스티튜트의 프레젠테이션 〈고객만족을 수익증대의 결과로 만들기〉(2000. 07.) 에서 발췌

미션선언문과 비전선언문

고객서비스의 중요성은 미션선언문과 비전선언문에 포함되어야 한다. 이런 서면 문서들은 조직의 목적과 신념을 가시적으로 나타내며, 교육 자료로 사용된다. 아쉽게도 일부 기관들에게는 이런 미션선언문이 단지 격언에 지나지 않는다. 그러나 고객중심적 조직에게 미션과 비전은 말하고 행동하는 모든 것을 평가하는 데 신중하게 사용된다. 따라서 제3장에 살펴봤듯이, 기관의 전략과 직원 채용 및 시스템은 미션과 일치되게 만들어야 한다.

인적자원 시스템

인적자원 관리는 고객중심적 문화를 지원해야 한다. 구인광고와 직무 설명, 면접은 고객서비스에 대한 조직의 헌신을 반영해야 한다. 채용과 선택 과정을 넘어, 오리엔테이션과 교육 프로그램은 이런 문화적 가치를 포함해야 한다. 리더는 조직의 노력에 신뢰성을 더하기 위해 이런 프로그램에 직접 참석하여 서비스의 중요성을 강조한다.

직원이 채용되어 기업문화에 동화되면, 환자들의 불평을 처리할 수 있는 권한을 부여해야 한다. 그 후에, 그들의 성과를 인식하고 보상해야 한다. 연구에 따르면, 환자들과 자주 그리고 가깝게 접촉하는 의료직원들이 고객들의 요구와 욕구, 기대를 간파할 수 있는 정보의 적절한 제공자이다. 관리자들은 현실을 인식하고, 환자의 기대와 만족도에 대한 인식을 알아내기 위해 접점 직원들을 상대로 설문조사를 해야 한다.

고객 접촉

벤치마크 의료조직들은 의료기관이 존재하는 근본적 이유가 환자들이라는 사실을 정확히 이해하고 수용한다. 이런 조직들에게는 환자 진료와 만족도 상승을 위해 시간과 돈, 직원을 비롯한 다른 자원에 투자하는 것이 단지 기업 슬로건에 그치는 것이 아니라 조직의 운영방식이 된다. 이를 위해 리더와 관리자들은 고객 접촉 시간을 스케줄에 넣어 회진을 하면서 필요한 것이 무엇인지 직접 환자와 가족들에게 물어본다. 이런 직접적인 활동들은 조직의 모든 구성원들에게 행동의 모델이자 교육이 되며, 최고 중역들도 환자를 진료하고 만족시키는 데 전념하고 있음을 환자들에게 전달한다.

문화 바꾸기

문화는 시대에 따라 변화해야 한다. 예를 들어, 30년 전에는 당시 사회적 수요와 산업표준 때문에 환자의 요구보다는 의사의 요구를 더 중시했다. 하지만 그런 문화는 오늘날과 같은 고객주도형 환경에서 살아남을 수 없다.

그러나 근본부터 견고하게 만들어진 문화는 철저한 점검이 필요 없다. 처음 조직문화를 만들려는 리더의 노력과 기존 조직문화를 바꾸려는 리더의 노력은 동일하다. 문화를 바꾸는 데는 고객서비스 가치를 뒷받침해주는 의사소통 도구(예: 전설적 또는 영웅적 인물에 대한 이야기)와 인적자원 메커니즘이 사용될 수 있다. 또한 의식과 같은 다른 문화적 요소들은 변화된 상황에 맞게 조정될 수 있다.

오랫동안 환자만족도에 관심을 두지 않거나 고객지향적 서비스를 제공해보지 못한 문화를 재건하는 것이 더 어렵다. 다음은 문화를 혁신적으로 전환하여, 성공을 거둔 의료조직들의 예이다.

문화 전환

1. 플로리다 팬사콜라의 뱁티스트 헬스케어

   1995년, 퀸트 스튜더는 뱁티스트 병원의 원장으로 임명되었다. 그가 처음 부임했을 때, 병원에 대한 환자만족도는 전국 설문조사에서 거의 가장 낮은 수준이었고, 직원 이직률은 높았다. 직원들의 사기는 낮았고, 지역사회에서 병원에 대한 부정적인 인식이 있었을 뿐만 아니라, 재정적으로는 적자였다. 스튜더 원장은 병원의 생존을 위해 문화를 대대적으로 바꿔야 한다고 생각했다.

   직원의 사기, 환자만족도와 근속률을 높이고, 직원 이직률을 최소화하며, 재정적 안정을 회복하기 위해 다양한 변화를 시도했다. 야심 차면서도 측정 가능한 목표를 설정했고, 모든 직원들은 책임을 지고 결과를 달성해야 했다. 변화는 성공을 거두었고, 뱁티스트 병원은 환자중심적인 조직이 되었다. 스튜더 원장은 고품질 서비스를 지속적으로 유지하는 비결은 가치를 문화와 주요 프로세스에 더하는 것이라 말한다.

   뱁티스트 병원이 변화하기 위해 기울인 노력의 중심이었던 다음의 9가지 원칙은 문화 형성을 위한 시도에 활용할 수 있다.

   - 최고를 추구한다: 최고가 되기 위해 측정할 수 있는 목표에 초점을 맞춘다.
   - 중요한 것들을 측정한다: 측정할 수 있는 것에 초점을 맞출 수 있다.
   - 서비스중심의 문화를 구축: 성과를 만들기 위해 도구와 기법들을 사용한다.
   - 리더를 육성하고 개발한다: 리더들은 최고에 도달하려는 노력의 기수들이다.
   - 직원만족도에 초점을 맞춘다: 문제에 대한 최고의 지표는 직원들이다.
   - 개인의 책임에 대한 인식을 형성한다: 직원들이 주인의식을 갖도록 만든다.
   - 행동을 목표 및 가치와 일치시킨다: 리더들은 문화의 변화에 대한 책임을 진다.
   - 모든 사람들과 소통한다: 다른 사람들을 배치하는 방법을 배운다.
   - 성공을 인정하고 보상한다: 인정받은 행동은 반복된다.

2. 플로리다 탤러해시의 탤러해시 메모리얼 헬스케어(Tallahassee Memorial HealthCare)

   1988년, 던컨 무어(Duncan Moore)는 '이상(ideal)'이라는 비전을 가진 탤러해시 메모리얼 메디컬센터의 CEO로 부임했다. 당시에 경영진 임원들은 병원의 미션선언문에 대해 각자 다른 기대와 정의를 가지고 있었다. 무어 원장은 임원들과 함께 새로운 미션선언문을 만들었고, 전 조직적인 변화를 시행했다. 다음은 이 변화의 과정에서 사용된 전략들이다.

- 비용효율적인 고객서비스에 초점을 맞춘 새로운 미션에 대해 조직 구성원의 이해와 합의를 끌어내고 분명히 인식한다.
- 직원들에게 쉽게 전달할 수 있고 이해하기 쉬운 비전선언문을 개발한다.
- 각 부서의 주요 직원들에게 소속 부서나 서비스가 갑자기 사라지는 경우와, 부서나 서비스를 재구성 · 재조직할 수 있는 충분한 자원을 가지고 있는 경우를 상상해보게 한다.
- 의사만족도, 직원 구성, 용품 보급, 문서 업무와 같은 요인들을 포함하여 부서 혹은 서비스의 현재 상태를 평가한다.
- 부서나 서비스가 이상적으로 이루어질 수 있도록 변화가 일어나야 하는 부분들을 찾아내고, 비전에 맞춰 실태를 집중 평가한다.
- 중요성, 환자만족에 미칠 영향, 잠재적 원가 절감에 근거하여 각 분야에 시행될 변화에 우선순위를 매긴다.

병원은 2가지 기본적 시행 규칙을 따랐다. 첫째, 모든 팀에는 변화로 인해 영향을 받는 이해관계자 그룹의 구성원들이 포함되어야 한다. 팀은 관리자와 감독자 그리고 직접 보고로 구성되었다. 둘째, 모든 계획은 구체적인 계획을 성취하기 위한 방법과 자원들을 명시해야 한다.
상호작용 계획과 관리 프로세스의 영향을 극대화하고 미션과 가치에 대한 직원들의 인식을 촉진하기 위해, 병원은 교육과 커뮤니케이션을 제공하고 보상했다. 예를 들어, 팀원들은 시스템 사고(systems thinking)와 시스템 모델분석에 대해 집중 교육을 받았다.
2003년 은퇴한 무어 원장은 "긍정적인 문화는 직원들을 개인적으로 풍요롭게 하는데, 이를 이루고 유지하는 데는 그리 많은 비용이 들지 않는다."라고 주장했다.

결론

훌륭한 리더들은 자신의 말과 행동을 통해 고객서비스 문화에 대한 개인적 헌신을 일관되게 보여준다. 그들은 스스로가 조직 구성원들의 역할모델이 되는 것이 중요함을 알고 있다. 그리고 자신들이 하거나 하지 않는 모든 것, 칭찬하거나 하지 않는 모든 것, 보상하거나 하지 않는 모든 것을 조직의 직원들이 이해하고 본보기로 삼는다는 사실을 인식한다. 그들은 조직의 미션과 가치에 의미를 부여한다. 또한 내·외부 이해관계자들과의 정기적인 쌍방향 커뮤니케이션을 강조하며, 고객중심의 문화를 강화하는 행동들을 장려하고 보상한다.

리더는 많은 책임을 가지고 있지만, 그중에서도 고객서비스 문화를 정의하고 가르치는 것이 가장 중요하다.

서비스 전략

1. 조직의 신념과 가치를 채용, 선택, 성과 평가 그리고 보상을 포함한 직원/인적자원 관리시스템에 통합시킨다.

2. 고객 이니셔티브에 직원들을 적극적으로 참여시킨다. 직원들을 가르치고, 교육하고, 권한을 부여하고, 의사결정을 분권화하고, 모든 직원들과 의사소통하여 고객중심의 신념과 가치를 개발한다.

3. 고객서비스에 대한 개인적 헌신을 표현함으로써 문화를 정의하고 가르친다. 말과 행동을 통해 헌신을 정기적으로 표현한다.

4. 고객지향적 문화를 지원하고 강화하는 보상제도와 교육 프로그램, 성과 평가 제도를 수립한다.

5. 다른 조직문화의 성공요소를 파악하고 적용한다. 각 조직 환경의 현실에 맞게 성공요소를 변경한다.

6. 다양한 새로운 도전에 준비하고, 새로운 아이디어를 받아들이는 열린 문화를 조장하기 위해 외부와 상호작용한다.

7. 문화에 대해 직원들을 교육하고, 가치를 강화하고, 더 나은 성과와 목표 달성을 장려하기 위해 조직의 전설적 또는 영웅적 인물들에 대한 이야기를 공유한다.

8. 뛰어난 고객지향적 성과와 행동을 칭찬하고 보상한다.

PART・2

의료서비스 직원

CHAPTER 6

고객서비스를 위한 직원 채용

전국에 의료전문직 부족 현상, 등록 간호사 부족 현상이 일어나고 있다.
이것이 환자 진료를 위태롭게 하고 있다.
이런 부족 현상은 21세기에 위기상황이 될 것이다.

- 케네스 브라운슨(Kenneth Brownson)과 레이먼드 해리먼(Raymond Harriman)

| **서비스 원칙** | 고객들에게 친절하고 임상능력을 갖춘 사람들을 채용한다

한 아버지와 그의 어린 자녀들이 아이들의 엄마를 보기 위해 응급실에 급히 들어온다. 엄마는 오토바이 사고로 심각하게 다쳤고, 사망할지도 모른다. 그러나 병원의 규칙상 12세 이하 문병객들은 응급실 진입을 금한다. 사랑하는 가족이 심각한 상황에 놓인 것을 알고 슬퍼하는 가족들을 본 한 응급실 간호사가 그들을 데리고 환자가 있는 곳으로 간다.

위 상황에서 간호사는 분명 규칙을 위반했다. 그러나 규칙을 무시한 그녀의 행동은 환자 가족의 경험에 가치를 더하기 때문에 일반적인 규칙 위반과는 다르게 보인다. 그 가족은 사랑하는 가족이 결국 어떤 결과를 맞이하건 그 간호사와 나아가 그 병원을 항상 기억하고 감사해할 것이다.

이 응급실 간호사와 같이 능숙하고 경험이 많고 사려 깊은 직원들은 의료서비스 경험을 극대화하는 데 큰 기여를 한다. 의료서비스에는 애매한 부분이 많기 때문에, 리더와 관리자들은 직원들이 엄격하게 규칙을 준수하기보다는 자신들의 지식과 교육 그리고 창의성에 의지하여 서비스와 관련된 문제들을 해결할 수 있도록 장려해야 한다. 이 방법으로 직원들은 권한을 부여받게 되고, 훌륭한 서비스 경험을 제공하는 동기부여가 된다. 그러나 임상 프로토콜은 부작용을 예방하기 위한 표준이기 때문에 항상 준수되어야 한다.

인적자원의 능력을 인지하고 적용하는 의료조직은 외부에 '우리는 우리 직원들이 환자들을 위해 올바른 일을 할 것이라 믿는다'라는 중요한 메시지를 전달하는 것과 같다. 이런 인식은 특히 환자들을 간호할 목적으로 의료서비스 분야에 종사하는 사람들의 근속과 채용 전략에 영향을 줄 수 있다. 관리자의 개입 없이 서비스 불만을 해결할 수 있는 권한을 부여받았다는 느낌 그 자체가 직원에게는 보상이자 근속의 이유가 될 수 있다.

제6장에서는 다음과 같은 내용을 다룬다.

- 고객중심적인 문화를 위한 직원 채용
- 훌륭한 서비스를 제공할 수 있도록 권한을 부여받은 직원들의 기여
- 능력 있는 인적자원의 확보
- 직무분석과 개인-조직 적합성의 개념
- 기존 직원의 유지와 신입 직원 채용

고객중심적 조직에 대한 직원들의 기여

서비스 전략의 성공은 전적으로 계획을 실제로 시행하거나 실무를 처리하는 사람들에게 달려 있다. 이를 위해 신입 직원들을 채용할 때 신중해야 하고, 서비스 제공 능력이 뛰어난 기존 직원들을 잘 유지해야 한다.

직원에게 권한을 부여하는 것은 대단히 중요하다. 서비스 교육을 받고 서비스 기여도에 따라 보상과 격려와 감사의 표시를 받은 직원들은 최고 수준의 서비스를 제공할 권한을 부여받았다고 느껴야 한다. 이런 직원들은 다음과 같이 조직에 많은 이득을 가져다 준다.

1. 환자와 가족들을 위해 기억에 남을 의료서비스 경험을 만들어준다. 그 결과, 조직은 환자의 마음에 '최고'로 기억되어 다른 사람들에게 소개되고, 그 환자는 또 진료를 받아야 할 일이 생기면 같은 조직을 다시 방문한다.
2. 직원들은 조직의 경쟁력을 나타낸다. 계획과 전략은 다른 곳과 같을 수 있다. 그러나 권한을 부여받은 직원들은 고품질 서비스에 대한 헌신이 특별하기 때문에 쉽게 모방될 수 없다.
3. 직원들이 자신의 업무를 좋아하면 장기근속하는 경향이 있다. 이런 높은 근속률은 서비스마인드를 다른 가진 직원들을 끌어모은다.

직원이 부족하거나 교육을 제대로 받지 못한 경우 또는 제대로 동기부여를 받지 못한 경우에 고객들이 기대하는 서비스와 제공받는 서비스 간의 차이가 커진다. 갤럽 여론조사에 따르면, 직원의 59%는 '바쁘지 않다'라고 응답했고, 14%는 '매우 한가하다'라고 응답했다. 의료경영진은 직원들이 단순히 존재하기만 하는게 아니라 더 많은 것을 조직에 제공하길 원한다. 또한 직원들이 근무시간에는 적극적으로 참여하고, 의욕을 갖고, 사명감을 갖길 원한다.

의료전문가 부족

1차 의료 의사, 간호사 그리고 제휴 의료종사자를 포함한 주요 의료전문가 부족 현상이 지속되고 있기 때문에 의료전문가를 채용하고 유지하는 것은 중요하다.

오늘날의 의과 학생들은 전문의가 될 경우 근무조건이 더 좋고 의료보험 환급률도 더 높기 때문에 1차 의료 의사보다는 전문의가 되길 선호한다. 그 결과, 은퇴했거나 은퇴를 눈앞에 둔 1차 의료 의사들이 대체인력을 구하지 못하는 현상이 일어나고 있다. 인력이 부족해지면서 기존 1차 의료 의사들의 부담은 더 커진다. 1차 의료 의사들은 환자들을 관리해야 하는데, 시간적인 압박이 있는 환경에서 이는 쉽지 않은 일이다.

미국병원협회는 병원의 간호사 구인율을 평균 8.1%라고 보고했다. 이 구인율은 등록 간호사 부족과 관련이 있는데, 2020년까지 34만에서 100만 명의 간호사가 부족할 것으로 추정된다.

언루와 포틀러(Unruh and Fottler, 2005)에 따르면, 등록 간호사의 공급이 미국보건복지부가 처음 예측한 것보다 더 빨리 감소하고 있다. 등록 간호사 공급률의 증감, 현재 근무 중이거나 구직 중인 등록 간호사의 감소, 임상간호에서 등록 간호사 공급의 변화가 최근 분석되었다.

2004년에 등록 간호사의 약 17%는 취업하지 않았는데, 1992년보다 26.2% 증가한 수치이다. 한 설문조사에 따르면, 간호사의 55%는 2011년에서 2020년 사이에 은퇴할 계획이라고 응답했는데, 이로 인해 등록 간호사 부족 현상은 더 심각해질 것으로 보인다.

이와 유사하게, 미국병원협회는 제휴 의료종사자들(예: 작업치료사, 물리치료사, 임상병리사, 이미징 기술자 등)의 구인율을 6~11%로 보고했다. 인력 부족 현상으로 인해 현재 의료종사자들은 더 많은 환자를 진료해야 하고, 더 오랜 시간 근무하게 된다. 또한 이런 상황들은 응급실 전환, 환자 대기시간 증가, 환자의 안전 및 만족도 감소로 이어진다.

이런 통계에서 알 수 있는 사실이 있다. 만약 자격을 갖춘 의료직원들을 찾기가 어렵다면, 그중 환자중심적인 의료직원들을 찾기란 더 어렵다는 것이다. 의료종사자 부족 현상으로 인해 관리자들은 자격과 서비스마인드를 동시에 갖춘 구직자를 찾기 위해 더 많은 노력을 해야 한다.

서비스마인드를 갖춘 직원

훌륭한 의료직원들과 단순히 임상능력만 갖춘 직원을 구분하기란 쉽다. 스콧 그로스(Scott Gross)는 자신의 저서 《Positively Outrageous Service》(Dearborn Trade, 2004)에서, 훌륭한 서비스를 제공하는 일 자체를 좋아하는 사람들을 '러버(lovers)'라 칭했다. 의료서비스에서, 환자들이 그들의 의료서비스 경험에 대해 좋은 느낌을 갖도록 하는 것은 환자와 연락하고 관계를 맺는 직원들이다. 비록 단기적인 관계일지라도, 그런 직원들은 환자가 제공받은 전체적 의료서비스 경험이 특별하고 기억에 남을 만한 것이라고 믿게 만든다.

그로스는 다른 사람들에게 도움을 주기 좋아하는 사람들은 10명의 근무인력 중 단 한

명 정도 될 것이라 추산했다. "10% 정도만 고객들에게 헌신적이고, 5%는 혼자 남겨지기를 원한다. 고객들과 관련해서는, 대다수가 응하든지 말든지 상관없다는 태도를 보인다." 이것이 그로스의 주장이다. 만약 그가 추산한 수치를 의료종사자들에게 적용하면, 의료관리자들에게 2가지의 해결 과제가 생긴다.

1. 임상능력과 서비스마인드를 갖춘 10%의 직원들을 체계적으로 찾고, 모집하고, 선택할 수 있는 프로세스 개발.
2. 나머지 직원들도 자연스럽게 동일한 수준의 서비스를 제공하는 것을 '좋아하게' 만들 수 있는 효과적인 프로세스 개발. 서비스마인드를 가지고 태어나는 사람은 없기 때문에, 조직은 이미 고용한 사람들에게 부족한 서비스 기술이 무엇인지 파악하여 교육해야 한다.

좋은 직원을 모집하고 고용하는 과제가 주어진 의료산업에서 일부 조직들은 서비스마인드를 갖춘 직원을 환자와 직접 접촉하는 업무에 배치하고 나머지 직원들은 환자와 직접 접촉할 필요가 없는 지원업무에 배치한다. 의료조직에서 모든 업무가 환자와 직접 접촉할 필요가 있는 것은 아니기 때문에, 서비스 정신이 부족한 사람들을 환자들과 직접 대면하지 않는 곳에 배치하는 것이 좋은 방법처럼 보일 수도 있다.

그러나 훌륭한 조직들은 이 추론에 오류가 있음을 깨달았다. 그들은 모든 직원들이 고객(환자나 동료)서비스와 연관이 있음을 알고 있다. 서비스 효과가 조직에서 서비스에 대한 책임을 심각하게 받아들이는 사람들에게 달려 있음을 알아야 훌륭한 서비스를 제공할 수 있는 능력을 갖춘 후보자들을 고용할 수 있다. 심지어 회계 담당자도 고객들(동료들)의 요구와 기대에 민감해져야 한다. 임상능력은 뛰어나지만 서비스마인드가 없는 사람들을 숨길 장소는 없다.

1998년, 스탠포드 대학의 제프리 페퍼(Jeffrey Pfeffer) 교수는 성과가 좋은 조직들을 연구했다. 그리고 조사를 통해 오늘날까지 여전히 연관이 있는 '7가지 인적자원 관리 전략'을 발표했다. 그중 한 가지가 선택적 고용(selective hiring)이다. 고객중심적으로 운영하기를 원한다면 고객서비스와 관련된 직원 특성을 파악한 후, 가장 적합한 직원을 모집하고 선택하라는 의미이다. 많은 조직들이 '최고를 선택하고 나머지를 교육'하려고 한다. 하지만 벤치마크 조직들은 내·외부 고객들에게 훌륭한 서비스를 제공하도록 모든 직원들을 동기부여하는 채용과 교육, 배치 프로그램을 개발하여 경쟁력을 확보해왔다. 만약 조직이 최고의 잠재 직원들을 모집하고 선택할 수 있다면, 서비스마인드를 갖춘 사람들을 체계적으로 찾지 않아도 되기 때문에 엄청난 경쟁력을 확보하게 된다.

직무분석 프로세스

직무분석

업무에 적합한 최고의 직원을 선택하기 위해서는 직무평가부터 시작해야 한다. 신중하고 철저한 직문분석은 조직이 각 직무의 분류와 종류별 정확한 직무 내용 및 필요한 역량이 무엇인지 파악할 수 있게 한다. 직무분석은 재활 과정에 있는 환자들을 도와야 하는 신체 건강한 사람들이 필요한지, 수술 환자들을 모니터할 간호사가 필요한지, 영어를 못 하는 환자들을 위해 여러 언어를 구사할 수 있는 사람들이 필요한지 알려준다.

직무분석 프로세스에는 두 가지 문서가 필요하다. 바로, 직무기술서(job description)와 직무명세서(job specification)이다. 직무기술서에는 해당 직책의 업무와 책임이 서술되어 있고, 직무명세서에는 해당 직책에 맞는 학력, 경력, 기술, 지식, 능력 그리고 인성에 대한 요건이 상세히 나와 있다.

지식, 기술, 능력

직무평가를 통해, 조직이 해당 직무를 이행하는 데 필요한 KSAs(Knowledge, Skills, Abilities: 지식, 기술, 능력)가 무엇인지 추론해볼 수 있다. 많은 조직들은 주요 직무와 연관된 KSAs를 파악하고, KSAs를 소지하고 있는 지원자들을 평가하고자 테스트를 개발하는 데 상당한 비용을 지출한다. 이런 평가 프로세스가 제대로 이행되고 있고 테스트가 유효하고 신뢰할 만하다면, 조직은 직무에 적합한 직원을 배치할 수 있는 효과적이고 합법적인 방법을 가진 것이다. 또한 신중한 직무분석을 통해 조직은 직무에 중요한 KSAs와 직접적으로 관련된 교육 프로그램과 보상 프로그램을 구축할 수 있다.

환자서비스에 필요한 기술적 역량을 평가하는 것이 구직자의 태도와 가치를 평가하는 것보다 쉽다. 친절함, 고객에게 비판을 받아도 침착함을 유지할 수 있는 능력, 전문성, 자부심, 진실성, 책임감 그리고 배려심을 평가하기란 매우 어려운 것이다. 그렇다 하더라도, 조직은 구직자들의 직무능력뿐만 아니라 태도도 평가해야 한다. "환자들은 자신에게 얼마만큼 관심을 두느냐를 알기 전까지 당신이 얼마나 많이 배웠는지에는 관심 없다." 이는 환자의 관점에서 직원 태도의 중요성을 표현하는 좋은 격언이다.

직원 역량

JC가 발간한 《Assessing Hospital Staff Competence》(Joint Commission Resources, 2007)에 따르면, 병원 내 모든 분야에서 근무하는 개인들의 역량이 환자 진료와 환자 안전에 가장 중요하게 작용한다. 성과 평가, 자격 검토 그리고 활동사항들을 이용한 역량평가 프로세스를 통해 병원들은 직무 기대를 충족할 수 있는 개인의 능력을 검증하여 목표를 달성할 수 있다.

JC의 역량 프레임워크는 고객서비스 능력이나 성향이 아닌, 직무 기술과 지식에 초점을 맞춘다. 그래서 이 프레임워크의 목적은 직원이 훌륭한 서비스를 제공하는지를 평가하는 것이 아니다.

건실한 고객중심 모델은 병원의 경영진이나 부서 관리자들에게 고객들, 훌륭한 고객 결과, 그리고 모든 결과에 대한 성취도 지표를 정의하도록 요구한다. 고객서비스 분야에서의 직무중심적 역량과 마찬가지로, 행동 분야에서 포괄적인 핵심역량은 모든 직원들을 위해 정의된다. 역량은 먼저 우수한 성과에 대한 정의 없이 결정될 수 없다. 현재의 시장 주도형 의료경제에서는, 좋은 결과에 대한 고객들과 의료전문가들의 욕망이 우수한 성과의 기준이 되어야 한다.

역량이란 우수한 직무성과와 인과관계를 가진다. 프루이트와 에핑조던(Pruitt and

Epping-Jordan, 2005)은 5가지 분야의 역량을 제안한다.

1. 환자중심 진료
2. 파트너링
3. 품질 향상
4. 정보통신기술
5. 공중보건 관점

환자중심 진료의 역량은 고객서비스와 관련이 있다. 그러나 이 분야는 확실한 형태가 없어, 고객지향이란 목표를 가지고 직무에 맞는 후보자들을 찾기 위한 가이드라인이 되기는 어렵다. 더 많은 구체적인 고객 관련 KSAs가 모색되어야 한다.

고객서비스 문제들과 대부분의 관리 문제들은 서비스마인드와 같은 숨겨진 역량을 중심으로 다룬다. 이는 환자결과보다는 KSAs 기반의 직원 채용, 업무 성과 기반의 자격증 및 성과 평가 시스템을 고려한 것이다. 동기부여와 인간관계 기술, 정치적 기술과 같은 직원 특성들과, 결과에 대한 고객의 기대를 연결하지 않고는 역량을 평가할 수 없다.

지식과 기술적 역량보다 동기와 특성, 자기개념 역량(self-concept competencies)을 평가하고 개발하는 것이 더 어렵고 더 많은 비용이 든다. 그래서 이런 숨겨진 역량을 가진 구직자를 선택하는 것이 채용 후에 기술을 양성하는 것보다 더 비용효율적이다.

데커(Decker, 1999)는 잠재된 역량 개발에 사용할 수 있는 요소로 다음과 같은 것들을 제안했다.

- 고객서비스/의사소통
- 전문성
- 의사결정/문제 해결
- 탄력성
- 비용 관리
- 정치적 성향/시스템 인식

- 조직의 가치와 목표에 대한 지원

데커(1999)는 벤치마크 의료조직에 대한 고객서비스/의사소통 기술과 역량을 아래와 같이 정리했다.

- 고객들에게 정중히 말한다.
- 건설적인 비판을 하거나 수용한다.
- 경청한다.
- 읽기 쉽게 쓴다.
- 이해하고 있는지 확인하기 위해 피드백을 제공하고 요청한다.
- 누군가에게 말할 때 시선을 마주친다.
- 적시에 정확한 정보를 제공하고, 환자와 고객들의 요청에 대해 후속조치한다.
- 모든 고객들에 대해 항상 스스로 파악한다.
- 전화벨이 4번 울리기 전에 응답하고, 서비스 부서와 자신의 신분을 상대에게 알려준다.
- 환자가 요청하기 전에 먼저 도움을 제안한다.
- 조용한 환경을 유지한다.
- 환자나 다른 고객들 앞에서 사적인 대화를 하지 않는다.
- 전화 응대 시, 상대를 기다리게 하려면 먼저 허락을 받고, 1분 이내에 다시 응답한다.
- 고객들에게 불만을 표현하지 않는다.
- 고객들의 말을 먼저 듣고 설명한다.
- 모든 사람을 하나의 인격체로 대우한다.
- 타인을 폄하하는 말을 하지 않는다.
- 침착한 말투로 문제에 관여된 사람에게 직접 말한다.
- 사람들을 미소로 맞는다.
- 고객들의 요구에 집중한다.
- 환자의 존엄성을 인정하고 존중을 표한다.

채용 프로세스

내부 후보자

관리자는 조직의 내·외부에서 채용하여 충원할 수 있는데, 대부분의 조직들은 적합한 내부 후보자가 있을 경우 내부 채용을 선호한다. 내부 후보자들은 근무 경험과 부서 이동 신청을 통해 조직 적합성을 이미 보여줬기 때문이다.

간단히 말하면, 내부 후보자에 대해서는 잘 알고 있는 것이다. 관찰과 평가를 통해 그 직원의 일상 근무 태도를 알 수 있고, 장점과 약점은 이미 테스트한 것과 같으며, 그들은 함께 근무하는 다른 직원들과도 친숙하다. 구직자들은 면접관에게 좋은 인상을 주고자 제한적인 정보만을 제공하기 때문에, 일반적인 면접에서는 이런 요소와 재능은 평가하기 어렵다. 내부 후보자는 계속 근무해왔고 앞으로도 계속 근무할 의향을 가지고 있기 때문에 조직에 대한 충성도를 보여준다는 것이 특히 중요하다. 또한 해당 내부 후보자가 직무 측면에서 뛰어나다면, 조직의 고객들과 원활하게 상호작용할 수 있음을 증명한 것이다. 이는 관계 형성과 유지가 중요한 의료서비스에서는 귀중한 기술이다.

특히 관리나 감독 직무라면, 내부 후보자는 외부 지원자보다 더 유리하다. 소속 부서에서 동료들과 협력하여 임무를 수행한 경험이 있기 때문에, 충원이 필요한 직책의 유력한 후보가 될 수 있다. 의료서비스의 빡빡한 업무를 경험하고 고객불평의 압박감을 느끼고 현장에서 환자와 직원 문제를 해결해보기 전까지, 관리 직책의 후보자는 그 직무가 무엇을 수반하는지 또는 자신이 사람들을 잘 이끌 수 있을지 알 수 없다. 그러나 내부 후보자는 이런 경험들에 공감할 수 있다. 다른 조직에서 근무한 경험이 있는 사람을 고용할 수도 있겠지만, 해당 기관에서 이미 근무하고 있는 사람만큼 잘 이해하고 있지는 못할 것이다.

(1) 문화적 호환성(cultural compatibility)

내부 후보자들은 조직문화의 신념과 가치를 잘 알고 이해하고 있음을 증명해왔다. 내부 후보자들에게는 그 조직의 문화에 대해 별다른 설명이 필요치 않다. 반면 외부 후보자들은 조직의 기대가 무엇인지, 일 처리가 어떤 식으로 진행되는지 익숙해지기 전까지 문화적 지도를 받아야 한다. 서비스 전문가 렌 베리(1999)는 훌륭한 회사들의 채용에 대해 이렇게 설명했다.

"회사의 가치를 공유하는 신입 직원을 채용하고, 성과와 리더십 잠재력을 기반으로 그들을 더 큰 책임감이 필요한 직책으로 승진시킨다."

종교 기반 의료조직은 주로 내부 사람들을 승진시키는데, 그들이 동일한 종교적 가치를 가졌기 때문이다. 예를 들어, 뱁티스트 헬스시스템은 '미션을 위해 살고 있음'을 보여주는 내부 후보자들에게 우선적인 혜택을 준다. 또 다른 예로 어드벤티스트 시스템(Adventist System)도 마찬가지이다. 이곳 역시 의료원의 기독교 사명을 위해 사는 것에 동의한 구직자들을 선택하고 진급시키도록 노력한다. 내부 후보자들이 특정 교파의 일원일 필요는 없지만, 그들이 기독교 기반 조직의 가치에 대한 '믿음'을 행동으로 보여줘야 한다.

(2) 내부 탐색 전략

내부 후보자를 찾는 방법에는 여러 가지가 있다. 많은 조직들은 인트라넷, 사내 뉴스레터와 내부 커뮤니케이션 방법들을 이용해 전 조직에게 부서 이동의 기회를 알린다. 대부분의 대형 병원들은 내부 직원들이 컴퓨터로 이동 가능한 부서나 직무를 전체적으로 검색하여 원하는 부서로 이동을 신청할 수 있도록 전자 구인란을 운영한다. 소속 의료기관 내에 공석이 생기면 채용 관리자는 인트라넷에 채용 공고를 게시할 수 있고, 관심 있는 직원들은 같은 사이트에서 자격증이나 이력서를 비롯한 관련 서류들을 첨부해 신청할 수 있다.

예를 들어, 간호 관리자가 가까운 곳에 거주하고 5년 이상의 경력이 있는, 면허실무간호를 전공한 LPN(Licensed Practical Nurse, 면허실무간호사)를 찾고 있다고 해보자. 온라인 구직 데이터베이스는 그 기준에 따라 가장 적격한 내부 후보자 명단을 생성한다. 관리자는 그들의 의사를 묻기 위해 그 후보자들에게 연락한다.

온라인 또는 내부 전자 구인란은 매우 발달해 있다. 이런 시스템들은 실시간 정보를 제공하고, 대학의 취업 정보란이나 정부의 취업 사이트 및 프로그램, 의료산업 관련 채용 정보처와 접속되도록 설정 가능하다. 이런 방법으로, 구직자들은 '원스톱' 접근방식으로 취업 기회를 알아볼 수 있다.

외부 후보자

모든 직무가 내부 후보자로 충원될 수 있는 것은 아니다. 그리고 조직들도 항상 내부 채용을 장려하는 것은 아니다. 충원되어야 할 직무에 필요한 특정 역량을 가진 기존 직원이 없거나 고용주가 직원 문화에 새로운 시각을 불어넣고자 한다면, 외부 후보자를 원한다.

의료조직들은 대부분 대학 과정에서 가르치는 임상 기술과 지식을 유지하기 위해 정기적으로 외부 채용을 해야 한다. 외부 구인 정보 출처로 인터넷, 지면광고, 전문협회, 대학, 채용 지원 프로그램, 직업소개소, 헤드헌터, 채용 박람회를 비롯해 최근에는 SNS를 활용한다.

창의적인 접근

인력 부족은 가까운 미래에도 계속될 것으로 보이고, 이로 인해 직원 채용이 더 경쟁적이 될 것이다. 경쟁자들도 인재 채용을 위해 똑같이 노력하고 있을 때, 어떻게 조직이 능력 있는 후보자들을 발굴하여 채용할 수 있을까? 답은 간단하다. 조직 스스로가 선택받는 고용주가 되는 것이다. 이를 위해 창의적인 방법으로 가능한 한 모든 구인 정보 출처를 활용하여 계속 노력해야 한다.

지면이나 온라인과 같은 전형적인 구인 광고는 다양한 모집 방법 중 하나일 뿐이다. 구직자는 광고만 보지 않는다. 다음은 직원 채용과 유지를 위한 몇 가지 창의적인 접근법들이다.

- 각종 복리후생 제공: '사인 온 보너스(Sign-On Bonus)'와 같은 한 가지 인센티브로 새로 채용한 직원을 오랫동안 유지하기엔 부족하다. 대신 경쟁력 있는 급여, 종합 의료보험, 근무 스케줄의 자율화, 지속적인 학습 기회 제공 등, 다른 의료기관과 차별화된 각종 복리후생을 제안한다.

- 대학과의 협력: 대학과 협력하여 졸업생을 공급받거나, 대학생들을 인턴으로 초청하여 경력을 쌓을 수 있는 기회를 제공한다. 이런 기회를 통해 조직과 친숙해졌거나 조직 내에 많은 인맥을 만든 학생은 그렇지 않은 학생보다 졸업 후에 조직에서 상근직으로 근무할 가능성이 더 높다.
- 중개수수료: 직원, 환자, 기타 제휴사들을 통해 채용을 포함한 많은 정보를 얻을 수 있다. 예를 들어, 6개월 정도의 특정 기간 동안 성공적으로 근무할 수 있는 직원 후보를 추천하는 사람에게 중개수수료를 지급한다.
- 포커스 그룹: 복리후생, 문화, 경영 그리고 성장 기회들을 포함하여, 조직의 고용 현황을 다각도에서 피드백해줄 수 있는 현재 직원들을 초청한다. 이는 온보딩 프로그램(On-Boarding Program)과 직원 채용 및 유지 전략 설계를 업그레이드하는 데 사용될 수 있다.
- 재고용: 이미 퇴사했지만 좋은 관계를 유지하고 있는 인재들을 다시 고용한다. 이 경우, 재고용된 인재들이 이미 조직의 시스템을 알고 있기 때문에 집중적인 오리엔테이션과 교육이 필요 없다. 그래서 비교적 위험이 낮은 채용 방법이 될 수 있다.

다음은 의료조직들이 활용하는 주요 모집 출처들이다.

(1) 전문직 협회

의료관리자들은 주로 전문적 관심사를 발전시키기 위해 전문직 협회에 가입한다. 그러나 전문직 협회는 다른 도움도 줄 수 있다. 그들은 잠재적 직원 혹은 유력한 후보가 될 수 있는 회원들과 조직을 연결해준다. 이런 회원제 조직들은 좋은 직원을 찾는 것을 포함하여, 다양한 이슈와 관련된 정보, 파트너십 그리고 소개와 추천이 이뤄질 수 있도록 네트워킹 기회들을 제공한다.

(2) 학생

　고용주는 재학 중이거나 최근 졸업한 학생들을 대상으로 인턴십 또는 레지던트 프로그램을 개발하여 젊은 직원들을 채용할 수 있다. 앞서 언급했듯이, 일부 조직들은 대학과의 파트너십을 통해 현장 실습이나 근무경험 프로그램 형태로 학생들에게 근무 기회를 마련한다. 예를 들어, 대부분의 의료행정학과는 학생들이 학교의 수업과 실제 현장 경험을 병행할 수 있도록 한다. 어떤 임상 프로그램은 학업 후 레지던트 프로그램이나 인터십 면허를 취득해야만 참여할 수 있다.

　학점이나 면허취득 요건을 충족하는 학생이 인터나 레지던트 프로그램에 참가함으로써 누릴 수 있는 확실한 혜택은, (그 프로그램이 유급인 경우) 돈을 벌 수 있다는 것이다. 의료조직에게는 젊고 배움의 열정이 있고 전문 지식을 교육받았지만 종신고용은 기대하지 않는 인력들에게 접근할 수 있는 기회가 생긴다.

　영리한 조직들은 임시적으로 근무하는 학생들을 눈여겨보면서 특정 직책을 수행할 수 있는 잠재력을 가진 학생들을 파악한다. 그 학생들에게 관심을 표하고, 장학금을 제공하거나, 졸업 후 상근 직책을 수행할 수 있도록 특별 교육을 제공한다. 학생들은 신중하게 설계된 현장 실습 프로그램을 통해 자신들에게 실무를 익힐 수 있는 경험과 성장의 기회를 제공하는 의료기관들을 찾는다. 학생 채용 프로그램은 기꺼이 배우면서 조직에 기여할 수 있는 좋은 직원들을 발굴하는 기회가 될 수 있다. 또한 이런 프로그램들은 학생들이 승진할 능력이 되기 전까지 초보적인 일을 경험하는 방법도 된다.

(3) 직원

　오랜 기간 우수한 성과를 보여주며 신뢰를 쌓은 직원들은 대체로 조직을 잘 이해하고, 그곳에서 일하는 것을 좋아한다. 이를테면, 그들은 조직의 문화에 적합하고 직무도 잘 수행할 수 있는 후보자들을 추천할 수 있다. 직원들은 자신이 추천한 사람들의 행동과 성과에 대해 책임감을 느낀다. 그래서 그들은 동료로서 새로 채용된 직원들이 잘할 수 있도록 격려하고 긍정적인 압박을 가한다. 이는 조직에게 좋은 영향을 준다. 앞에서 언급한 것처럼, 새로 채용한 직원이 시험 채용기간 동안 조직에 잘 적응하고 업무도 잘 수행하는 경우, 많은 고용주들은 직원 소개에 대한 보상을 해준다. 보상은 소개비 지급부터 주말여행 지원까지 다양하다.

(4) 조직의 명성

조직의 명성은 직원 채용에 도움이 될 수 있다. 슈나이더와 보웬(Schneider and Bowen, 1995)이 지적한 것과 같이, 지역사회 내에서 이미지가 긍정적이고 그곳에서 일하는 사람들의 만족도가 높고 의욕이 넘치는 조직의 경우 뛰어난 지원자들이 많이 지원한다. '선택받은 고용주(employers of choice)'는 지역사회에게는 좋은 이웃이다. 이들은 장기간 사람들을 고용하고 개발하는 것으로 명성을 쌓기도 한다. 렌 베리(1995)에 따르면, 그들의 사고방식은 간단하다. "채용을 잘해, 실행 가능하고 확대 가능한 직무를 맡기고, 대부분의 사람들이 생산적인 장기근속자가 될 것이라 기대한다. 떠날 사람들을 붙잡으려 애쓰기보다는 이런 사람들에게 투자하라." 그러나 리나건과 아이즈너(Lenaghan and Eisner, 2006)는 선택받은 고용주가 되는 것이 자격을 갖춘 지원자들을 많이 보유하고 있는 것과 상관관계가 있는지 밝히기 위해 더 많은 연구가 필요하다고 주장한다.

J.D. 파워(J.D. Power)는 고객만족도 설문조사에서 상위권을 차지한 성공적인 서비스 회사들의 공통점을 정리했다. "기술적 능력보다 가치와 성격을 보고 채용하고, 스스로가 모범이 되도록 직원들에게 권한을 부여하며, 필요한 경우 평균 이상의 임금을 지불한다. 장기적 고객만족에 관심을 둔 커리어 마인드를 가진 사람들을 끌어모으고, 내부 직원을 승진시킨다. 모든 사람들에게 진급의 기회를 주고, 창의적인 직원들에게 재택근무와 자유로운 근무 스케줄, 직무 분담과 같은 혜택을 제공한다."

다시 말해, 만약 회사가 고품질 서비스를 제공하는 것으로 알려져 있다면, 경쟁사보다는 해당 회사에서 일하는 것을 선호하는 고급인재들을 끌어모을 수 있는 것이다.

(5) 경쟁사 직원

대부분의 의료업무는 관찰하기 쉽기 때문에, 다른 의료시설에서 근무하고 있는 직원들을 지켜보는 것도 의료관리자들이 시행할 수 있는 간단한 채용 전략이다. 관리자는 의료 직원의 직무 수행 능력뿐만 아니라 동료나 고객들과 상호작용하는 능력을 평가할 수 있기 때문에, 경쟁 클리닉에 방문하여 채용 중인 직책에 적합한 후보자들을 확보할 수 있다.

대부분의 사람들은 능력을 인정받고 싶어 한다. 업무 능력을 바탕으로 잠재적 후보자에게 접근하여 스카우트 제의를 하는 것 자체가 후보자에게는 능력을 인정받는 것이 된다. 만약 이런 접근을 통해 스카우트에 성공한다면, 이 채용 과정은 그 사람과 관리자가 공유할 수 있는 하나의 이야기가 된다. 만약 이직을 거절한다 해도 그 사람에게 추천할 만한 지인이 있는지 물어볼 수 있다.

(6) 재연락(callback)

채용 과정에서, 후보자들은 인터뷰나 신원조사를 하기 전에 지원을 포기하기도 한다.

어떤 조직들은 몇 개월이 지난 후 이들에게 다시 연락을 해서 아직도 자신들에게 관심이 있는지 확인한다. 채용 과정 중간에 포기하는 이유는 대부분 다른 일자리 제안이 있었기 때문이다. 그러므로 이런 재확인은 가치가 있는 일이다. 입사를 하고 몇 개월 후에 그 사람들은 담당 업무가 자신에게 맞는지 아닌지 알 수 있다. 그중 새로운 직장에 만족하지 않는 사람들에게 재확인 전화는 이직을 할 수 있는 절호의 기회가 된다.

모집 프로세스 평가

평가는 신뢰할 수 있는 모집 지원자 데이터와 인적자원 정보시스템, 지원자들의 수준과 성향 그리고 채용 비용에 의해 결정된다.

성공적인 채용을 위한 일반적인 측정 기준은 다음과 같다.

- 양질의 지원자들
- 전체 채용 비용과 지원자당 비용
- 지원자들의 다양성

- 채용 시간 혹은 충원기간
- 면접을 본 지원자들 중 실제 고용된 비율
- 채용 후 1년 이상 근무하는 직원들의 비율
- 고객만족도 증가
- 고객불만 감소

선발 프로세스

고객에게 "그건 제 일이 아닙니다.", "정책상 불가능합니다.", "상사에게 확인해야 하는데, 지금 점심시간이라 안 계십니다." 혹은 "의사 선생님이 오실 때까지 그냥 기다려야 합니다."라고 응답하는 직원은 고객중심 조직에 있어서는 안 된다.

신입 직원을 선발할 때 고객서비스 역량에 관련하여 다양한 사람들의 평가가 필요하기 때문에 한 사람보다는 팀 전체가 참여해야 한다. 면접 과정에서 후보자들의 임상능력 확인 후, 자부심이나 개인적 책임감, 커뮤니케이션 방식 그리고 고객서비스와 같은 후보자들의 숨은 역량을 평가해야 한다. 예를 들어, 지원자들에게 까다로운 환자나 가족들과 대면하는 상황에서 어떻게 대처했거나 대처할 것인지 질문하는 것이다. 면접은 보통 전체 인력의 10% 정도만 소유하고 있는 서비스 능력을 발견하는 것을 목표로 한다.

역량 기반 벤치마킹

의료서비스 경험은 눈에 보이지 않고, 각 환자의 기대는 다르다. 의료서비스의 이러한 특성 때문에, 조직은 좋은 후보자들을 선발하기 위해 또 다른 전략을 사용한다. 가장 성과가 좋은 직원들을 파악하여 그들이 성공적으로 환자들에게 서비스를 제공할 수 있게 하는 개인적인 특성과 성향, 재능을 알아내는 것이다. 이런 접근방법으로 특정 직무에 맞는 KSAs가 아닌, 훌륭한 직원이 되는 데 필요한 KSAs를 알 수 있다.

직무의 KSAs 대신 개인의 KSAs를 정의하는 이유는, 의료서비스 경험에서의 고객서비스를 정교한 측정이나 정의로 설명하기란 불가능하기 때문이다. 예를 들어, 병원 사제에 대해 의미 있고 유용한 직무주도형 KSAs를 목록으로 만들기란 어렵다. 그래서 대안으로, 특정 조직환경에서 주어진 역할을 감당할 수 있는 사람들(모든 직무의 종류와 수준)을 준비하기 위해 KSAs를 연구하고 평가하는 것이다.

한 직무 분류에서 훌륭하게 업무를 수행하는 직원들은 특정 직무를 위해 채용하려는 후보들에게 본보기가 된다. 본질적으로, 이는 최고의 인재를 고용하기 위해 조직의 최고 인재와 비교하는 벤치마킹 프로세스이다. 쉽게 말해, 만약 업무 수행 능력이 우수한 직원의 KSAs와 유사한 KSAs를 갖춘 사람들만 고용한다면, 새로 채용한 직원들은 그만큼 성공적으로 업무를 수행할 가능성이 높은 것이다. 많은 조직들이 따르는 이 전략을 간단히 요약하면 다음과 같다.

1. 업무 수행 능력이 우수한 직원들의 특성과 성향, 재능을 평가한다.
2. 이 평가를 근거로, 주요 직무별 또는 직무 분류별 벤치마크 프로파일을 만든다.
3. 새로운 지원자들을 평가할 때 이 벤치마크 프로파일을 사용한다.

이 벤치마킹 접근법을 사용하여 전체 부서에 인재들이 적절하게 혼합되도록 할 수 있다. 만약 특정 부서를 분석한 결과, 현재 부서의 성공을 이끌 인재가 없다고 나타났다면, 다음에 채용해야 할 사람은 부서의 부족한 능력을 채워줄 인재가 되도록 선발 프로세스에 초점을 맞춰야 한다.

역량 기반 선발 방법에는 많은 장점들이 있지만, 다음과 같은 단점들도 있다.

1. 제3의 업체가 수행하기 때문에 비용이 높다. 결과적으로, 하나의 직무 혹은 직무 분류 때문에 이 전략을 사용하는 것은 비용효율적이지 않다. 그러나 다양한 직무나 직무 분류 조사를 하기 원하거나 임원 직급에 맞는 인재를 찾고자 한다면 가치가 있다.
2. 이 전략은 기술의 발전과 직무 기대의 변화로 인해 끊임없이 변화하는 능력 기반

측정 방법에 의존한다. 선발 방법을 능력 변화에 맞춰 조정해야 하고, 지속적으로 업데이트를 하지 않으면 이 방법은 쓸모없어지게 된다.

3. 조직의 다른 분야에서 사용하는 방법들과 일치하지 않을 수 있는 직무 분류 능력을 사용한다.

4. KSAs의 다양성을 제한할 수 있다. 만약 업무 수행 능력이 우수한 사람들의 KSAs가 미래 새로운 직원 채용의 기준으로 사용된다면, 다양한 의견이나 능력, 개성을 가진 사람들의 채용이 제한된다.

일반적 능력

직원의 KSAs, 역량, 면허, 임상 교육 및 경험, 고객서비스에 대한 관심을 평가하는 것에 더하여, 의료관리자들은 '일반적 능력'에 대해서도 평가해야 한다. 이런 평가는 임상능력의 중요성을 경시하는 것이 아니라, 개인적 투자의 중요성을 동일하게 인식하는 것이다. 즉, 고객의 종합 의료서비스 경험에 대해 관심을 두고 효과적으로 관리한다는 것과 같다. 일반적 능력이란 다음과 같다.

- 일반적인 지적 능력: 환자들은 자신들의 걱정을 이해하고 문제들을 다루고 해결할 수 있는 능력을 갖춘 직원들을 원한다.
- 열정: 고객들은 서비스를 제공할 수 있는 기회에 대해 열정을 가지고 있는 조직과 직원들로부터 서비스 받기를 원한다. 열정은 전염성이 강하기 때문에, 환자들의 기분과 종합 의료서비스 경험에 대한 만족도에 긍정적인 영향을 미친다.
- 감정적 헌신과 성실: 의료서비스 직무들은 감정적 헌신, 서비스에 대한 열정 그리고 항상 성실하게 일할 준비를 필요로 한다. 직원들은 기분이 안 좋거나 일진이 안 좋은 날 또는 환자가 긍정인 태도를 보여주지 않는 날에도 긍정적이어야 하고 쾌활해야 하며 열정적이어야 한다. 또한 환자들을 돕는 것에 관심이 있어야 한다. 하루 종일 불평을 들어야 하는 직업을 가진 직원들 모두가 계속 감정적으로 헌신할 것이라 기대해서는 안 된다. 대부분의 직원들은 반복적으로 부정적인 경험을

하면 결국 지치게 된다. 또 어떤 직원들은 매일 같은 방식으로 같은 일을 해야 하는 반복적 업무에 지친다. 그래서 어느 시점이 되면 접수 담당자들을 포함한 의료직원들은 무의식적이고 자동적으로 업무를 처리하고, 일에 싫증을 느끼며, 성실하게 감정적 교감을 할 수 없게 된다. 3가지 일반적인 능력을 모두 가지고 있는 직원은 환자들의 요구와 욕구, 기대를 만족하고 넘어서는 조직의 능력을 향상시킨다. 일반적 능력들은 직원들의 직장생활에서 중요할 수도 있고 덜 중요할 수도 있다. 예를 들어, 트레이시와 스터먼, 튜스(Tracey, Sturman and Tews, 2007)의 연구에 따르면, 일반적인 지적 능력은 신입 직원 업무 성과의 예측변수이지만, 성실은 경력 직원 업무 성과의 예측변수에 포함된다. 이런 결과는 직원 채용 결정, 직원 교육 및 개발, 성과 관리에 직접적인 영향을 끼친다.

잡크래프팅: 자신의 작업 개선하기

직무분석은 직무기술서와 직무명세서에 대한 기준을 제시하지만, 직무의 경계에 대해서는 설명할 수 없다. 잡크래프팅(Job Crafting)이란, '직원이 업무상의 일이나 영역에 외형 또는 인지 차원의 변화를 도모하여 개선하는 것'이다. 다시 말해, 직원들은 자신들의 직무를 정의하거나 공들여 개선할 자유가 있다. 그들은 조직의 전략기획 지식을 사용하여 자신들의 일에 동기를 부여하고, 조직의 일원으로서 정당성을 찾을 수 있다. 직원들 사이에서는 잡크래프팅이 흔히 일어나기 때문에, 고용주는 서비스마인드를 가지고 있는 사람들을 고용해야 한다.

예를 들어, 한 병원의 보수관리팀에서 자신들의 청소 업무를 '고객 관리'라는 범위에 포함시켜 개선했다고 해보자. 그들은 자신들의 업무를 청소와 관련된 별개의 업무 중 하나라고 생각하기보다 병원 업무의 일부라고 여겼다. 새로운 프레임워크 안에서, 보수관리팀은 서비스정신을 가지고 업무를 수행하고, 직원 및 환자, 환자의 가족들과 의미 있게 연관되었다. 팀원들은 맡은 직무를 좋아했고, 일을 하기 위해서는 수준 높은 기술이 필요하다고 느꼈다. 그들은 더 많은 과제를 맡았고, 다른 부서의 작업 흐름에 맞춰 자신들의 일을 최대한 효율적으로 처리하기 위해 시간 관리를 했다. 또한 그들은 다른 사람들에게 따뜻하고 친절하게 대했다. 그 결과, 팀원들의 업무가 더 원활하게 진행되는 데 도움이 되었고, 환자들의 병원 생활도 더 활기차게 만들었다.

간호사들도 잡크래프팅을 했다. 환자들의 세계에 관심을 두고, 관리팀에 있는 다른 사람들에게 겉으로 보기에는 중요하지 않은 정보를 전달하면서, 간호사들은 단순히 고품질의 기술적 진료를 환자들에게 제공하는 것이 아니라 환자들의 대변인 역할까지 할 수 있게 되었다. 또한 그들은 환자의 가족들까지 돌보면서 직무 경계를 확대했다. 잡크래프팅을 통해 더 나은 임상결과와 서비스 결과물을 얻게 된 것이다.

잡크래프팅은 경영진이 장려하지 않아도 발생할 수 있다. 그러나 경영진이 잡크래프팅을 실천하는 사람들에게 보상하고 그런 노력을 하려는 사람 위주로 고용한다면, 분명 더 자주 일어날 것이다.

개인-조직 적합성

개인-조직 적합성은 지원자의 가치가 고용하는 조직의 문화 및 가치가 일치하는지를 말한다. 적합성의 원칙 중 최우선은 가치 적합성(Value Congruence)이다. 연구에 따르면, 신중한 지원자들은 적합성에 대해 고용주만큼 관심을 갖는다. 그러나 적합성을 판단하고 선택하는 방법은 불완전하고 대부분 검증되지 않았다. 아서 등(Arthur and colleagues, 2006)은, 만약 적합성이 선택 기준으로 사용된다면 적합성 측정 방법은 전통적인 선택 테스트들과 동일한 정신력 측정 그리고 법적 기준을 고수해야 한다고 제안한다.

적합성이라는 개념은 흥미롭지만, 연구원들과 관리자들은 이것이 업무 능력에 기여하는지 궁금해한다. 호프먼과 우얼(Hoffman and Woehr, 2006)은 업무 능력과 조직시민활동 그리고 이직이 적합성과 어느 정도 관련이 있음을 밝혀냈다. 메타분석을 이용한 연구에서, 크리스토프 브라운과 짐머맨, 존슨(Kristof-Brown, Zimmerman and Johnson, 2005)은 적합성이 직업 만족도 및 조직에 대한 몰입, 퇴사 의사나 만족도, 신뢰와도 깊은 상관관계가 있음을 발견했다. 또한 같은 연구에서 적합성과 전체적 업무 능력 간의 연관성은 낮은 것으로 나타났다.

하지만 업무 능력과의 연관성이 낮다고 해서 적합성을 이루려는 노력을 무의미하다고 여겨서는 안 된다. 의료기관들은 훌륭한 업무 능력과 적합성의 연관성에 대해 비현실적인 기대를 해서는 안 되지만, 적합성을 고려하지 않은 고용은 장기적으로 보면 결코 좋은 결과로 이어지지 못한다는 사실을 알아야 한다.

선별채용과 행동면접은 개인-조직 적합성에 근거를 두고 채용하는 인적자원 프로세스의 한 부분이다. 예를 들어, 로드아일랜드의 여성과 유아병원(Women&Infants Hospital)은 업무를 담당할 자격을 갖춘 사람을 고용해야 한다는 신념으로, 직원 선발 시 심사 대상에 조직문화는 물론 고객중심의 문화에 적합한 성격인지도 포함시킨다. 행동면접과 후보자들에 대한 깊이 있는 분석을 사용한 채용 프로그램을 시작한 후, 병원은 환자만족도가 눈에 띄게 상승했고 이직률은 8.5% 감소했다. 또한 노동쟁의는 감소한 반면 생산력은 증가했다.

적격심사 방법

지원서

지원서는 후보자들이 거쳐야 하는 심사의 1차 관문이다. 대부분의 의료기관들은 온라인 지원서를 구비하고 있는데, 인사관리자들은 지원서를 통해 지원자가 자격을 갖추고 있는지를 확인한다. 이는 특히 차별적인 고용을 하지 않기 위한 중요한 과정이다.

지원서 양식을 만들 때, 관리자들은 어느 지원자에게 면접 기회를 줄 것인지 타당한 결정을 할 수 있도록 경력과 경험에 관련된 질문들을 포함시켜야 한다. 이때, 균형을 맞추는 것이 가장 중요하다. 채용 전략은 가능한 한 많은 수의 적법한 후보자들을 모집하는 것을 목적으로 해야 한다. 자격을 갖춘 신청자들을 많이 끌어모으기 위해, 구인광고에 최소한의 자격, 경력, 서비스정신, 학력 및 교육 정도를 포함한 자격 요건을 명시해야 한다.

때로는 채용공고 정보를 알려주는 취업상담전화인 잡핫라인(Job Hotline)에 지원서를 제공한다. 이런 방법으로, 지원자는 기본적인 개인정보와 경력사항에 관련된 질문들에 답을 한다. 이 정보가 선별 기준에 맞으면, 고용자는 지원자에게 팩스나 이메일 혹은 우편으로 이력서를 보내달라고 요청한다. 정교한 OCR(Optical Character Recognition, 광학식 문자 인식) 시스템은 이력서를 스캔하고 지원자의 직무 적합성을 평가한다. 그리고 자격을 요약하여 관리자에게 전달할 수 있다.

자동시스템이나 온라인시스템은 하루 24시간, 일주일 내내 언제든 사람들이 취업원서를 낼 수 있게 해주고, 인사과에서 각 지원서를 검토할 수 있게 해준다. 이런 시스템들은 지원자와 고용주 모두에게 유용하다.

면접

만약 지원자의 지원서가 통과되면, 그 지원자는 면접 참가 요청을 받을 것이다. 이 면접은 양쪽 당사자들에게 대면 접촉의 기회를 주는데, 이는 선택 프로세스에서 매우 중요하다. 후보자에게 조직의 환자중심 철학을 실천해야 할 필요성에 대해 말해주고 철학과 일치하는 행동에 대한 질문들을 할 수 있는 기회라는 것이 특히 면접의 중요한 점이다.

면접에서 양쪽 당사자들은 서로에게 직접적인 질문들을 할 수 있고, 전화나 지원서 또는 이력서를 통해 파악할 수 없는 특성과 보디랭귀지를 관찰할 수 있다. 이 시간에 주로 논의해야 할 주제는 경력과 자격, 업무 내용과 기대, 부서와 조직 내에서의 직책 그리고 복리후생 및 급여이다.

인사과에서는 후보자의 능력을 확인하고 조직의 행동 기준을 공유해야 한다. 예를 들어, 뱁티스트 헬스케어에서는 후보자들과의 첫 면접에서 지원자들의 행동에 대한 질문을 하고, 조직이 요구하는 행동 기준을 알려준다. 이런 기준은 직원들이 만든 것으로, 진실성과 믿음, 유연성 및 고객서비스와 관련이 있다.

일반적으로, 1차 면접의 결과가 좋으면 2차 면접 일정이 잡힌다. 이때 부서 관리자가 해당 후보자를 계속 심사할 것인지 결정한다. 2차 면접에서, 후보자는 적어도 2명 이상의 잠재적 직장 동료를 만나야 한다. 2차 면접의 목적은 일반적으로 후보자의 성격과 서비스 정신 및 업무 스타일이 현재 근무하고 있는 직원들과 조화될 수 있을지 아니면 보완 역할을 할 수 있을지 확인하는 것이다. 간혹 1차 면접에서 논의했던 사항들에 대해 명확하게 확인하는 기회로 쓰이기도 한다.

또한 2차 면접에서 후보자의 재능에 대해 알아내기도 한다. 재능에 대한 논의의 목적은 명확해야 하며, 개방형 질문(예: "만약 …한 경우 어떻게 대처할 것입니까?" 또는 "구체적인 예를 들어주세요.")을 하거나 자세한 시나리오를 요구해야 한다. 후보자가 다양한 답변을 생각해낼 수 있도록 광범위하게 상황을 가정해야 한다. 또한, 후보자에게 성취감을 주는 일에 대해 구체적으로 설명해달라고 물어볼 수도 있다.

(1) 동료 면접

동료 면접은 이직률을 낮추는 데 도움이 된다. 직원들이 채용 프로세스에 깊게 관여하면, 새로운 직원이 직장생활을 잘하는지 관심을 두고 책임감을 느끼기 때문이다.

동료 면접 전에, 면접 진행 사항을 어떻게 할 것인지 결정하고, 직무의 KSAs와 관련된 행동 기반 질문들을 개발하고 선택해야 한다. 질문은 진실성, 커뮤니케이션, 의사결정 능력, 신뢰, 창의성과 같은 요소를 확인할 수 있는 것이어야 한다. 동료 면접관들은 후보자의 질문에 대답하고, 면접에 대한 피드백을 줄 수 있도록 준비해야 한다.

(2) 체계화된 질문들

질문이 체계화될수록, 면접을 누가 진행하는지와 상관없이 모든 후보자들이 동일한 기준에 따라 평가될 가능성이 높다. 일관성은 조직에 있어서도 중요하고, 법적으로도 중요하다. 일관성 없는 평가 기준은 법에 저촉될 수 있기 때문이다. 또한 체계화된 질문들은 각 면접관이 모든 신청자로부터 동일한 개인적 정보와 직업적 정보를 수집하는 데 도움이 된다.

"자기소개를 해주세요."

"왜 우리 회사에 지원하셨죠?"

"소지하고 있는 자격증에는 어떤 것들이 있나요?"

이런 질문들을 통해 면접관들은 유용한 정보를 얻을 수 있다. 그러나 이런 질문들이 보편적으로 해석되지는 않는다. 즉, 어떤 지원자는 자신의 취미에 대해 이야기할 수 있고, 또 다른 지원자는 자신의 어린 시절 꿈에 대해 설명할 수도 있다. 둘 다 직업과는 상관이 없는 설명들이다. 반면 체계화된 질문들은 명확하고, 직무와 관련이 있으며, 일관된 채점이 가능하다. 또한 모든 후보자들에게 물을 수 있다.

다음은 체계화된 질문들이 갖춰야 할 3가지 특징과 예시이다.

1. 중요사건 처리 기술: 고객들에게 서비스를 제공하는 동안 발생하는 긍정적 · 부정적 사건을 지원자들이 어떻게 처리하는지 파악하기 위한 질문들이다. 예를 들어, "환자가 계속 당신의 업무 처리에 대해 불평한다면 어떻게 할 건가요?"와 같은 질문이다. 답변은 고객지향적이어야 하고, 직무기술서를 근거로 채점할 수 있다.

2. 임상능력/업무 처리 능력: 지원자가 기술이 필요한 업무를 어떻게 이행하는지 파악하기 위한 질문들이다. 예를 들어, "다룰 줄 아는 입원 업무 처리 소프트웨어가 있나요?", "입원절차를 따라본 적이 있습니까?" 등이다. 질문이 얼마나 구체적인가에 따라 채점은 주관적이거나 객관적일 수 있다.

3. '의료기관 근무시간'에 맞춰 근무할 의향: 초과근무, 긴 근무 시간, 야간근무, 주말근무와 같이 의료계의 불규칙적인 근무환경에 준비되어 있는지 파악하기 위한 질문들이다. 만약 이런 근무 시간을 꺼리는 지원자라면, 의료업에는 잘 맞지 않는 것이다.

심리테스트

논리적 추론, 지능, 개념적 선견지명, 의미적 관계, 공간 조직 그리고 기억 범위를 측정하는 것을 포함한 다양한 테스트들이 존재한다. 기술적 능력, 신체적 기능, 성격 테스트도 사용될 수 있다.

조직들은 종합적인 결과를 얻고자 이 테스트들을 사용해왔다. 후보자가 업무를 잘 이행할 수 있을지에 대한 예측변수 중 지능검사나 인지검사가 신체적 기능 테스트와 기술적 능력 테스트보다 우선이다. "성공적인 관리자는 어떻게 구분하는가?" 혹은 "특정 상황에서 효과적인 리더가 될 수 있는 사람은 어떤 성격인가?"는 대답하기 어려운 질문들이다. 연구에 따르면, 성격에는 5가지 성향이 있다고 한다.

1. 외향성: 수다스럽고 사교적이고 활동적이고 공격적이고 흥분을 잘하는 성향의 정도
2. 우호성: 사람을 믿고 상냥하고 관대하고 아량 있고 정직하고 협조적이고 유연성 있는 성향의 정도
3. 성실성: 신뢰할 수 있고 조직적이고 직무의 필요성에 부합하고 끈기 있는 성향의 정도
4. 감정적 안정성: 안정적이고 차분하고 독립적이고 자주적인 성향의 정도
5. 경험에 대한 개방성: 지적이고 철학에 조예가 깊고 통찰력 있고 창의적이고 예술적이고 호기심이 많은 성향의 정도

이 5가지 차원 중에서, 성실성이 업무 능력에서 가장 중요한 예측 변수이다. 이 5가지 특성과 서비스산업에서 성공한 직원 사이의 관계를 조사한 연구에서, 우호성, 감정적 안정성 그리고 성실성이라는 3가지 성향이 더 중요한 것으로 밝혀졌다.

성격테스트의 결과는 후보자의 서비스마인드에 대해 관리자가 이해하는 데 도움이 될 수 있다. 예를 들어, 친절함과 같은 성격 특성은 서비스집중적인 분야에서 유용하다. 그러나 성격 성향이 고객서비스를 제공할 수 있는 개인의 능력과 관련성이 높다는 주장을 뒷받침할 수 있는 연구가 더 필요하다.

평판 조회

감독을 받지 않는 서비스를 제공할 직원을 파견하는 조직은 철저하게 검증되지 않은 사람을 보낼 수 없다. 그래서 대부분의 의료조직들은 자신들과 환자들을 보호하기 위해 신원조사를 한다. 이 부분에서 의료산업은 제조산업과 특히 구분된다. 자동차산업에서는 자동차 조립팀 직원이 차를 훔친 범죄 경력이 있는 사람이라도 상관하지 않는다. 하지만 환자는 병실 청소직원이 공갈폭행죄로 복역한 경험이 있다면 용인하지 않을 것이다. 직원의 범죄 기록을 폭로하는 것은 곤혹스러울 뿐만 아니라 조직의 명성을 훼손할 수도 있다. 최악의 경우, 환자들은 사전심사를 하지 않은 책임에 대해 조직을 상대로 소송을 할 수도 있다.

지원자가 가장 최근에 근무했던 직장의 고용주와 연락할 수 있고, 평판에 대한 정보를

제공해주는 사람의 성별과 민족이 지원자와 같으며, 지원자가 이전에 맡았던 업무와 지원한 분야의 업무가 비슷하다면 평판 조회의 신뢰도와 효력은 상승한다. 채용담당자와 인사관리자는 SNS를 사용하여 후보자에 대해 이야기해줄 인맥을 찾을 수도 있다. SNS는 직원에 대한 더 많은 정보를 찾는 데 채용담당자에게 도움이 될 특징들을 추가하였다.

직원 유지

직원 유지 시스템이 취약하면 모집 및 선택 프로세스도 취약해질 수 있다. 인재들을 고용하는 것만으로는 부족하다. 신입 직원들이 장기간 근무할 수 있는 메커니즘이 있어야한다. 경력 직원들은 일을 어떻게 처리해야 하는지, 문제들을 어떻게 인식하고 해결해야하는지 그리고 필요할 경우 어디로 가서 도움을 청해야 하는지 알고 있다.

조직이 직원을 공정하게 대하고 그들의 관심사를 배려하며 재정적 성공을 직원들과 공유한다는 믿음이 있어야 직원들은 사명감을 가지고 장기근속을 하게 된다. 업무 능력이 우수한 직원들을 유지하기 위해 노력하는 의료조직이라면 이런 인식을 현실로 이루어내기 쉽다.

직원만족도와 고객만족도 그리고 재무적 성과의 관계

직원 유지와 조직의 재무적 성과 사이에는 깊은 관계가 있다. 특히 직원 근속률이 높을수록 조직의 수익이 더 많다. 또한 직원의 행복과 만족도는 환자만족도와도 연관성이 큰것으로 밝혀졌다. 여기에는 2가지 논리가 작용한다.

첫째, 이직은 직원 부족 현상을 만들어 경험이 부족한 직원들을 사용하게 한다. 이로 인해 환자들의 대기시간은 길어지고, 장비도 충분히 활용되지 못하며, 비용은 높아지는 등다양한 형태의 비효율이 발생한다.

둘째, 비효율성은 직원들의 사기저하로 이어지고, 결과적으로 좋지 못한 임상결과와 환자불만으로 이어진다. 이직률을 관리하지 않으면 이런 순환은 끊임없이 지속될 수 있다.

만족직원들은 조직에 계속 남게 되는데, 그들은 업무 현장에서의 관계들, 스트레스, 변화에 대처할 수 있는 준비가 되어 있다. 의료관리자와 리더들이 직면한 높은 의료비용과 배상 감소에 대해 쉬운 해결책은 없다. 불가피하게 비용을 절감해왔고, 앞으로도 해야 한다. 그리고 이런 절감은 직원의 업무량과 이직에 영향을 준다. 관리자들은 직원불만족의 다층구조로 인한 연쇄적 영향을 고려해야 한다. 임상능력과 서비스지향적인 직원들 없이 조직을 운영하는 것은 불가능하다.

관리자의 역할

버킹엄과 코프먼(Buckingham and Coffman, 1999)에 따르면, 직원 유지와 관련된 영향력은 관리자가 회사보다 크다. 갤럽의 조사 자료에서도 이 주장을 확인할 수 있다. 즉, 직원들은 뛰어난 것처럼 보이는 조직의 형편없는 관리자 아래서 일하는 것보다 평범한 조직에서 훌륭한 관리자를 위해 일하는 것이 낫다고 여긴다.

훌륭한 관리자는 직원들에게 무엇을 기대하는지 알려주고, 필요한 도구와 자료 및 장비를 제공하며, 직원들이 가장 잘할 수 있는 것을 하도록 허락한다. 우수하지 않은 수준일지라도 평균 이상의 업무 성과를 보이면 인정하고 칭찬하며 축하한다. 또한 각 직원의 개인 생활에 관심을 두고, 모든 직원의 직업적 성장과 개발을 장려한다.

스튜더(2008)는 상사와의 안 좋은 관계 때문에 퇴사하는 직원들이 가장 많다고 한다. 그는 다른 요인들로 불만스러운 업무 프로세스, 직무에 필요한 도구의 부족, 커리어 개발 및 교육의 부재, 업무 성과가 안 좋은 직원들에 대한 형편없는 관리, 업무 성과에 대한 인정 부족 등을 꼽았다. 스튜더는 상사와 직원, 특히 신입 직원과의 정기적인 면담을 권한다. 관리자는 면담에서 아래와 같은 질문들을 할 수 있다.

- 실제 일을 해보니 생각했던 것과 비교해서 어떤가요?
- 좋아하는 게 뭐예요? 그 일은 잘 되고 있나요?
- 전에 _____에서 일한 걸로 알고 있어요. 그곳에서 했던 것들 중 우리에게 도움이 될 만한 게 있을까요?
- 일하면서 불편한 점이 있나요?

- 우리 팀에 도움이 될 수 있는 사람을 알고 있나요?
- 상사로서 내가 도움이 될 일이 있을까요?

낮은 이직률, 환자와 직원 그리고 서비스 제공자의 높은 만족도를 성공적으로 달성한 간호관리자들의 좋은 환자결과와 긍정적 직장생활 관계 전략을 분석한 연구가 있다. 연구에 따르면, 이 간호관리자들은 '직원 유지 문화'를 개발할 수 있었다고 한다. 관리자들은 일을 즐기고 긍정적인 환경을 지속하는 것에 일과를 통해 기여할 수 있기 때문에, 사람들이 머물고 싶어 하는 환경을 조성했다. 이 관리자들은 직원들의 복리후생에 진심으로 신경 쓰고, 각 직원과의 진실된 관계를 형성하며, 결과와 문제 해결에 집중할 것을 강조했다. 이런 전략들은 직원 유지 문화 없이는 성공하기 어렵다.

직원 유지 전략

다음은 직원 유지 전략의 몇 가지 예이다.

1. 경쟁력 있는 보수를 제안한다.
2. 더 매력적이고 만족스럽게 업무들을 구조화하라. 신중하게 과제들을 배정하고, 직원들이 자율성을 갖도록 하고, 자유로운 근무시간과 일정 관리를 허락하고, 동료들 간의 협력관계를 향상하고, 개인의 요구를 존중한 정책들을 도입하여 업무를 구조화할 수 있다. 간호 업무에서, 직무설계는 간호사 대 환자 비율과 법에 정해진 초과근무 같은 요소들을 포함한다.
3. 최고의 관리와 감독 팀을 배정한다. 사람들은 상사를 떠나는 것이지 직업을 떠나는 것은 아님을 기억하라.
4. 직장에서의 성장 기회를 만들어준다. 조직들이 점점 수평화되고, 관리의 한계가 넓어지기 때문에 경력 사다리(career ladder) 제공이 점점 더 어렵다. 승진에 대한 대안이 개발되고 시행되어야 할 필요가 있다.

누구나 오고 싶어 할 정도로 뛰어난 설비와 시설을 갖춘 의료조직인 마그넷(magnet) 병원이 되는 것도 훌륭한 직원 유지 전략이다. 미국간호사인증원은 뛰어난 간호 진료를 제공하는 의료기관을 인정하고 보상하고자 프로그램을 만들었다. 지정된 마그넷 병원들은 소수 사람들에 의한 계층구조가 아니다. 그들은 의사결정을 분권화했다. 또한 일정 관리에 유연성을 두었고, 간호사와 의사의 긍정적인 관계를 형성했으며, 간호사들의 커리어 개발을 지원하고 투자하는 간호리더십이 갖춰져 있었다. 마그넷 병원들은 환자들에게 더 나은 결과와 더 높은 만족을 준다. 다른 병원들과 비교했을 때, 마그넷 의료기관은 간호사들의 이직률은 낮고 만족도는 높다.

의료서비스 자문회는 채용 전략과 직원 유지 전략을 광범위하게 검토해 이 전략들의 효과를 분석했다. 결론은 다음과 같다.

- 직원 사기를 높이지 않지만 근속을 향상시키는 전략들: 신청자들의 심사 방법을 개선하고 주요 분야의 이직률을 모니터링하며 주요 직원들의 이직률을 추적한다.
- 직원 사기를 높이고 근속을 향상시키는 전략들: 직원 채용 비율을 설정하고 경력 사다리를 제공하며 일정 관리에 유연성을 둔다.

직원 채용 고려사항들

다양성

다양한 직원 구성은 현대의 고객중심 기업, 특히 의료조직을 운영하는 도덕적이고 합법적인 방법이다. 미국에서는 인종 문제에서 많은 진전이 있었고, 문화와 성별, 경제적 평등에 대한 장벽이 무너졌다. 세계 경제의 발전과 더불어, 이런 진보적 움직임은 미국의 많은 도시들에서 환자는 물론이고 의사와 다른 의료직원들의 인구통계학적 구성도 변화시켰다.

다양한 고객 인구는 문화적으로 만족할 만한 의료서비스를 제공할 수 있는, 다양성 친화적인 서비스 조직을 기대한다. 고객들은 자신들의 인종과 배경을 대변하고 자신들의 언어를 할 줄 아는 의료서비스 제공자와 직원들을 원한다.

인구통계학적으로 다양한 사람들이 살고 있는 지역에 위치한 조직은 다른 문화나 민족 출신의 환자들과 소통하고, 상호작용하고, 공감할 수 있는 능력을 갖춘 직원을 채용·유지하는 전략을 사용해야 한다. 예를 들어, 플로리다 올랜도에 있는 많은 의료시설들은 그 지역 거주자들 중 라틴계 인구가 많은 것을 고려하여 두 개의 언어, 즉 영어와 스페인어를 구사하는 직원들을 고용한다.

다양한 인력은 의료관리자들의 주의와 관심을 필요로 한다. 전형적인 의미에서의 의료직원은 더 이상 존재하지 않는다. 오늘날의 인력은 맞벌이 부부, 동성 파트너, 부모 혹은 조부모 가족과 노인을 부양해야 하는 자녀들, 노인 직원, 여성이나 소수민족 상사를 비롯해 현실에서 존재하는 기타 다양한 형태의 사람들로 구성되어 있다. 관리자는 직원들의 요구와 기대에 민감해야 하고, 특정 상황에 맞는 선택, 교육 그리고 보상시스템을 설계해야 한다.

불행히도, 많은 조직이 다양한 커뮤니티 안에서 직원들의 기술과 능력의 다양성을 아직 완벽하게 이해하지 못해 충분히 활용하지 못한다. 다양한 인력은 조직에게 경쟁력이 될 수 있다. 많은 의료기관들이 기술뿐만 아니라 서비스마인드를 가지고 있는 사람들을 채용하여 활용하는 것이 현실이다. 이런 직원들은 문화적이나 언어적으로 만족할 만한 서비스를 제공하고, 기꺼이 다문화 환자들을 돌본다.

결론

적임자를 모집하고 선발하는 것은 모든 조직들에게 중요하고 어려운 일인데, 의료산업에서는 특히 더 그러하다. 어떤 분야든 구직자를 정의하고 측정하고 테스트할 수 있는 기술을 갖춰야 한다. 그러나 의료서비스 구직자들은 여기에 덧붙여 환자 문제를 다룰 수 있는 인간관계 기술과 창의성도 갖춰야 한다. 환자가 '좋은' 의료서비스 경험과 '훌륭한' 의료서비스 경험을 구분하는 차이는 직원들이 제공하는 '추가적인' 서비스인데, 이는 지표로 설명하기 어려운 부분이다.

업무 능력이 훌륭한 직원을 유지하는 것은 그다음으로 맞게 되는 문제다. 최고의 의료 조직은 직원 채용과 유지를 각 직원의 책임이자 조직의 우선사항으로 본다. 이 프로세스는 이를테면 이사회 안건에는 물론이고, 관리자와 감독자의 성과 평가에도 포함된다.

서비스 전략

1. 교육, 보상, 격려를 통해 직원들에게 서비스를 제공할 수 있는 권한을 부여한다.

2. 훌륭한 서비스를 제공할 수 없거나 제공하지 않을 것 같은 사람은 고용하지 않는다. 고객서비스는 서비스를 직접 제공하는 사람들만이 아닌 모두의 책임이다.

3. 모집 프로세스에 착수하기 전에 철저한 직무분석을 한다.

4. 직무 후보자들의 기술뿐만 아니라 태도와 가치까지 평가한다.

5. 면접을 포함한 선택 프로세스에 팀 전체가 관여한다.

6. 업무 능력이 훌륭한 직원의 KSAs를 벤치마킹하여 신청자를 심사하고, 특정 직무에 대한 모델을 개발할 때 벤치마킹한 것을 사용한다.

7. 잡크래프팅의 실천을 장려하고 보상한다.

8. 내부 후보자를 승진시키는 것과 외부 채용의 장단점을 따져본다.

9. 과거에 근무했던 직원을 다시 채용하거나 그들에게 적임자를 추천받고, 경쟁업체의 직원 조사를 포함하여 가능한 모든 채용 전략과 출처를 활용하라.

10. 직무와 관련이 있고 채점할 수 있는 실문들로 체계적인 면접을 실행한다.

11. 예산 삭감이 업무량과 직원 유지에 영향을 줄 경우, 직원불만족의 장기적 다층구조의 영향을 신중하게 고려한다.

12. 업무 능력이 뛰어난 직원들이 소중히 여기는 것을 파악하고 제공하여 근속하게 한다.

CHAPTER 7

고객서비스 교육

21세기 경쟁적 무기는 인력의 교육과 기술이다.
- 메사추세츠공과대학 슬로안 경영대학원(Sloan School of Management)의
전 학장 레스터 서로(Lester Thurow)

| 서비스 원칙 | 직원들을 교육시키고 또 교육시킨다

모든 고객서비스 교육의 핵심은 간단하다. 직원들이 고객의 관점을 통해 경험을 하고 그에 따라서 행동하게 하는 것이다. 이런 관점으로, 직원들은 훌륭한 서비스 경험을 만들어낼 수 있도록 더 잘 준비된다.

서비스 전문가 렌 베리(1995)는 고객들이 서비스 품질을 전체적으로 판단하는 데 사용하는 5가지 핵심요인들을 설명했다. 이 5가지 중 4가지는 고객이 기대하는 대로 서비스를 제공할 수 있는 직원들의 능력과 직접적으로 관련이 있고, 나머지 하나인 유형성은 직원의 겉모습이다. 5가지 요인들은 다음과 같다.

1. 신뢰성(reliability): 일관되고 확실하게 정확한 서비스를 제공할 수 있는 조직과 직원의 능력
2. 대응성(responsiveness): 즉각적인 서비스를 제공하여 고객들을 도우려는 직원

의 의향

3. 확신성(assurance): 직원의 지식과 공손함 그리고 신뢰를 줄 수 있는 능력

4. 공감성(empathy): 각 고객에게 개별화된 주의를 기울이고 배려하려는 직원의 의향

5. 유형성(tangibles): 환경에서 고객들이 쉽게 관찰할 수 있는 서비스 요인들

물리적 제품, 환경 그리고 장비와 같은 의료서비스의 인간 외적이고 무생물적인 측면도 환자의 전체 경험에 대한 인상을 형성하는 데 분명히 중요하다. 그러나 간호조무사부터 외과 전문의까지 각각의 서비스 제공자들은 매번 환자를 대면할 때나 결정적 순간에 환자와 조직의 관계를 형성하거나 깨버릴 수 있다. 조직의 환자중심적 문화는 어떻게 환자들을 상대해야 하는지에 대한 단서를 제공한다. 그러나 고객과 직원이 대면하는 순간을 문화적 단서나 직원의 선한 의도에만 맡길 수는 없다.

효율적인 임상진료 시스템을 설계하려는 의료진과 적임자를 선택하려는 인사과만으로는 충분하지 않다. 일관된 고품질 의료서비스 경험을 제공하는 보건의료조직들은 광범위하게, 지속적으로 직원들을 교육한다. 훌륭한 보건의료조직들은 서비스 실패를 예방하기 위한 시간과 돈의 투자가 가치 있는 일임을 인정하며, 경영진과 직원들의 교육과 개발에 투자하는 것이 가장 효율적인 방법임을 알고 있다. 프로세스에 시간과 돈을 투자한 교육의 중요성을 강조하는 것은 조직이 환자중심 진료와 직원 개발에 전념하고 있음을 보여준다.

제7장에서는 다음과 같은 내용을 다룬다.

- 리더와 직원 개발
- 고객서비스 교육
- 교육 방법

일반적인 교육과 관련된 원칙들과 접근법들을 살펴보고, 고객서비스 교육에 대해 논의해보자.

리더 개발

대부분의 CEO들은 리더십 개발이 자신들의 조직에서 우선사항이라고 말한다. 그러나 관리자와 리더들의 책임 범위를 고려해보면 그들이 교육받는 시간은 불충분하다. 이런 개발은 조직의 웰빙에 필수적이지만, 시간과 돈, 그 외의 이득에 대해 충분히 입증이 되지 않는다는 주장 때문에 더 이상의 교육 개발을 포기한다. 그러나 현재 제공되는 개발 프로그램은 목적과 적용 범위가 모호하며, 지속가능한 결과를 거의 가져오지 못한다. 스튜더 (2008)는 리더십 개발을 가리켜 '회사의 엔진이 장거리를 가는 동안 원활하게 작동할 수 있게 하는 프리미엄 도구'라 주장한다.

훌륭한 리더 없이 훌륭한 성과를 달성할 수 있는 조직은 없다. 훌륭한 리더는 난데없이 나타나지 않으며, 선천적으로 타고난 리더들도 코칭이 필요하다. 그러므로 조직들은 미션 목표를 성취해내기 위해 필요한 기술들을 연마하는 리더십 개발에 투자해야 한다. 그리고 이런 교육은 지속적으로 진행되어야 한다.

스튜더의 5가지 원칙

스튜더(2008)에 따르면, 리더 개발과 교육은 5가지 원칙에 근거해야 한다.

1. CEO와 최고 간부들이 교육을 주도해야 한다. 고위 리더들은 교육이 시작되는 첫 날부터 참석하여 관찰하고, 참여하고, 마무리 지어야 한다.
2. 모든 리더들이 교육을 받아야 한다. 리더십 교육을 일부 선택된 구성원들에게만 제공한다면 중요한 변화가 시작되지 않을 것이다.
3. 리더들은 교육을 설계하는 데 관여해야 한다. 경영진은 직원들이 겪게 되는 비효율이나 결함 및 어려움들에 대해 정기적으로 조언해야 한다. 조직의 미션과 목표 그리고 도전들은 개발과 교육이 필요한 구체적인 분야들을 알아내는 시작점이 될 수 있다. 예를 들어, 리더들이 고객서비스와 관련된 최우선적인 문제를 3가지 말하고 그 해결책에 맞춰 교육을 진행하는 것이다.

4. 교육 결과는 조직의 목표와 연관되어야 한다. 교육을 통해 배우는 새로운 아이디어와 방법들은 리더의 실무에 적용 가능해야 하고, 업무 능력을 개선하여 부서와 조직의 목표를 달성하는 데 도움이 되어야 한다.

5. 리더들은 조직 변화의 5단계를 예리하게 이해해야 한다. 첫째 단계는 사람들이 배움에 열정적인 '우호적 관계' 기간이다. 둘째 단계는 일부 직원들의 기대가 충족되지 않아 직원들이 관리자들을 '그들'로 보는 현실 단계이다. 셋째 단계는 직원들 간의 성과 차이가 분명해지는 발견 단계이다. 이 단계에서 직원들은 불공평한 대우에 불평할 수 있고, 관리자들은 보통 수준인 직원들의 성과를 향상시키기 위해 노력해야 한다. 넷째 단계는 관리자들이 문제를 진단하고 다루는 개입 단계이다. 마지막 단계는 해결책과 계획이 개발되고 시행되는 행동 단계이다.

리더십 개발과 교육은 각 단계를 어떻게 관리해야 하는지 리더들에게 가르치는 것에 초점을 맞출 수 있다. 첫째 단계의 주제는 행동의 기준 설정, 폭넓고 정기적인 의사소통, 주요 기대 행동 고정화하기 등이 포함될 수 있다. 둘째 단계에서는 과거 업무 능력이 높은 직원 채용과 다양한 업무 능력을 가진 직원들과의 대화 준비 등을 주제로 하는 것이 좋다. 셋째 단계의 주제는 어려운 질문들에 응답, 모든 직급의 직원들과의 대화, 적임자가 적소에 배치되었는지 확인하는 것 등에 초점을 맞출 수 있다. 넷째 단계에서는 주요 행동의 혁신과 표준화를 중심 주제로 해도 좋다. 마지막 단계에서는 수준별 상호작용 방법과 상호작용을 해야 할 적절한 시간과 대상을 주제로 삼을 수 있다.

사례: 리더십 교육의 장점

위스콘신 오클레어의 세이크리드 하트 병원(Sacred Heart Hospital in Eau Claire, Wisconsin)은 환자만족에 헌신하는 것으로 유명하다. 그들의 전략기획의 구성요소 중 하나는 최고경영자부터 최고의 고객서비스를 실천하는 것, 바로 리더십 개발을 제공하는 것이다.

여기에 초점을 맞추고, 병원은 리더들에게 병원의 6가지 성공요소인 품질, 서비스,

사람들, 비용, 성장 그리고 일치에 대해 교육했다. 성심병원은 직원들에게 역할모델이 되어야 할 리더들을 대상으로 먼저 조직 전반의 계획을 실행하는 것이 옳다고 생각했다. 그다음, 병원은 교육받은 리더들이 배운 것을 적용하는지 확인하고자 책임체제를 구축했다. 모든 직원들의 의견과 다른 병원들 그리고 리츠칼튼의 벤치마크 정보를 활용하여 서비스 표준을 수립했다.

이런 초기의 노력 후에, 성심병원은 직원 교육에 집중하기 시작했다.

직원 교육

평균 수준의 회사는 인건비 예산의 약 2~2.5%를 교육에 사용한다. 반면, 최고 조직들은 3%까지 투자한다. 훌륭한 서비스 제공자들은 교육과 개발에 큰 투자를 하는데, 이를 통해 그 이상의 수익을 올릴 수 있기 때문이다.

직원들을 위한 고객서비스 교육 프로그램은 다음과 같은 구성요소들을 포함한다.

- 고객만족의 가치에 대한 조직의 성명서
- 고객만족의 동인에 대한 설명
- 고객만족을 측정하는 프로그램과 직원의 업적을 인정하는 프로그램에 대한 설명
- 고객을 계속 만족시키는 직원 역할에 대한 기대

환자만족도와 경쟁력 증가는 직원 교육을 통해 얻을 수 있는 많은 이득 중 일부일 뿐이다. [표7-1]은 불충분한 직원 교육 및 개발 기회 부족이 직원들의 스트레스 요인 중 하나라는 것을 보여준다.

[표7-1] 직원 스트레스를 야기하는 부족한 교육과 개발의 기회

직원들에게는 충분한 교육이 필요하다. 교육은 많은 직원들에게 민감한 문제이다. 왜냐하면 직원들은 자신의 지식과 기술, 능력이 업무를 수행하는 데 부족하다는 것을 인정하고 싶어하지 않기 때문이다. 임상 경험이나 실습과목 경험이 있다 해도, 교육 프로그램은 직무와 관련된 모든 측면을 다룰 수 없다. 그래서 많은 의료전문가들이 기술적으로는 완벽함에도 업무의 다양한 측면과 특정 과제 때문에 힘겨워한다. 이런 분야에 대한 교육이 부족하면 직원들은 업무 수행에 실패하게 되고, 이로 인해 스트레스를 받게 된다. 한번 돌이켜 생각해보자. 처음 일을 시작했을 때 업무에 대해 모든 것을 다 알고 있었는가? 업무 처리가 능숙하게 되기까지 업무를 배우는 데 얼마나 걸렸는가? 근무 첫날부터 업무를 능숙하게 처리했다는 사람을 본 적이 없다. 그리고 항상 직접 업무를 시작하기 전에는 알 수 없는 것들이 많다.

의료전문가들은 항상 발전하고 싶어하고, 자신들의 견문과 사고를 넓혀줄 수 있는 발전을 필요로 한다. 직원들과의 논의가 교육 기회가 되듯이, 의료전문가들과의 논의는 발전 기회들을 이끌어낼 수 있다. 직원들을 더 만족시키는 것은 직원들이 직접 다른 사람들을 위한 새로운 발전 프로그램을 만들도록 하는 것이다. 이 프로세스에서는 최종적으로 배우는 사람은 가르치는 사람이기에 이런 프로그램은 특히 도움이 된다.

연간성과 평가회의는 모든 직원들에게 스트레스를 준다. 이런 불편한 연간회의를 계획하는 것보다, 긍정적인 행동에 도움이 되는 요인을 기록하고 정기적으로 피드백을 주는 것이 좋다.

문제가 많은 행동도 기록되어야 한다. 그러나 학습이론과 연구에 따르면, 사람들은 긍정적인 요소에 더 잘 반응한다. 처벌은 문제 있는 행동들을 하지 않게 하지만 행동을 개선하지는 않는다. 직원들이 잘못한 행동만 강조하면, 직원들은 개선하기 위해서 무엇을 해야 하는지 모른다. 반면 긍정적인 피드백은 직원들이 올바른 방향으로 나갈 수 있도록 인도한다.

※ 출처: J.R.B. Halbesleben 《Managing Stress and Preventing Burnout in the Healthcare Workplace》(Health Administration Press, 2009)

접점 직원 교육하기

보건의료조직들은 직접적으로 환자들과 접촉하는 직원들을 교육시키는 데 2가지 어려움이 있다. 그들은 직원들에게 어떻게 업무를 효율적으로 이행할 수 있는지 뿐만 아니라, 내·외부 고객들과 어떻게 긍정적으로 상호작용할 수 있는지를 가르쳐야 한다. 만약 선택 프로세스가 순조롭게 진행되었다면, 채용된 직원은 맡은 업무를 처리할 수 있을 것이다.

그래서 그가 받는 교육은 환자와 가족들, 부서 관리자들 그리고 동료들의 감독하에, 임상 기술을 연마하고 끊임없이 높은 수준으로 자기 업무를 수행할 수 있도록 하는 것에 초점이 맞춰져야 한다. 이를 토대로, 직원은 환자불만에 어떻게 창의적이고 만족스러운 방법으로 접근할 수 있는지에 대해 교육받아야 한다.

환자 접촉 직원 교육은 주요 프로젝트로, 채혈이나 약을 투여하는 임상 프로토콜을 가르치는 것보다 훨씬 중요하다.

직원 교육의 4가지 실천사항

- 직원에게 권한을 부여하라. 직원들이 학습한 것을 직장에서 적용할 수 있도록 권한이나 격려를 받지 못한다면 교육은 필요하지 않을 것이다.
- 잘 설계된 교육을 제공하라. 형편없는 교육은 도미노 효과를 야기한다. 직원의 성과와 조직의 성과를 떨어뜨려 이직률이 높아지고, 이로 인해 회사 사기는 떨어지고 직무불만족은 높아지며, 결국 고객들에게 부정적인 영향을 미친다.
- 상호작용할 수 있는 교육을 하라. 3시간 동안 강의를 듣고 싶어 하는 사람은 없다. 이런 형식은 배움에 대한 열의를 꺾는다. 반면 상호작용 교육은 참가자들이 진행자나 다른 참가자들과 아이디어를 교환할 수 있게 한다. 이런 방식으로 프로세스에 적극적으로 참여하는 것은 수동적으로 참석하는 것보다 더 기억에 남는다.
- 정기적으로 교육하라. 오리엔테이션처럼 직원들을 한 번 교육하는 것은 고객주도형 의료환경에서는 부족하다. 관리자는 지속적으로 조직의 고객서비스 지향을 강화하고 조직문화에서 직원들의 역할을 보강해야 한다.

또한, 일부 의료시설들은 현재 환자들을 위한 교육을 제공한다. 이 교육의 목적은 시설과 환자만족도 정도와 관련하여 환자들의 전체 경험을 향상시키는 데 필요한 정보들을 환자들에게 제공하는 것이다(다음 글 참조).

환자 교육

"우리는 환자들을 최우선으로 합니다(We put patients first)." 이것은 NYP 병원(New York Presbyterian Hospital, 뉴욕 프레즈비티리언 병원)의 2007년 전략기획 주제였다. 환자중심적인 의제를 시행하기 위해 NYP는 기술개발회사와 협력하여, 환자들이 치료 과정의 적극적인 참가자라는 메시지를 전달할 수 있는 멀티미디어 프로그램들을 개발했다. 이런 프로그램들은 환자들이 받아야 하는 임상 절차를 더 잘 이해하고 자신들의 질병을 더 잘 관리할 수 있도록 환자들을 참여 및 교육시키고 권한을 부여하는 혁신적인 방법이다.

NYP는 환자들이 의사와 상담하면서 얻는 정보의 20%만 이해한다는 연구 결과를 보고, 이런 멀티미디어에 투자했다. 환자들이 이런 프로그램들을 여러 번 반복해서 보기 때문에, 정보를 이해하고 가족들과 간병인들과 공유할 가능성이 높다. 또한 프로그램이 웹 기반이기 때문에 환자들은 인터넷을 사용할 수 있는 곳이면 어디서든 자료를 볼 수 있다. 더 중요한 사실은, 환자들이 프로그램을 자신에게 맞춰 활용할 수 있다는 것이다.

이런 환자 교육 도구는 환자들이 앞으로 받을 절차에 대해 마음으로 준비하고 진료 과정과 진료 제공자들에 대한 신뢰를 갖게 하기 때문에 환자들에게도 도움이 된다.

직원 유지 및 이직에 미치는 영향

교육은 채용보다 비용이 적게 든다. 좋은 직원들이 퇴사할 때, 그들은 근무하는 동안 얻었던 지식과 기술, 능력을 가지고 나간다. 직원의 퇴사는 조직에게 2가지 의미가 있다. 첫째, 대체 인력의 모집과 채용을 해야 한다. 둘째, 새로운 직원을 교육하기 위한 돈과 시간을 투자해야 한다. 교육 전략은 유용하게 설계되어 이직은 최소화하고 직원 유지는 극대화하는 데 도움이 되어야 한다.

직원들에게 자신이 가치 있고, 필요한 존재이며, 쉽게 대체될 수 없다는 메시지를 전달하는 것이 좋은 교육 프로그램의 특징이다. 이런 인식은 직원들의 근속을 장려하고, 전문성을 확대하도록 하며, 자신들의 업무를 더 잘 이행하게 한다. 그 결과 환자와 가족들 그리고 다른 직원들은 만족스러운 서비스를 제공받을 수 있게 된다.

임상적으로 훌륭한 보건의료조직들의 관리자들은 지속가능한 고객서비스 교육 프로그램이 투자한 시간과 노력, 돈 만큼의 가치를 할지 궁금할 수 있다. [표7-2]는 뱁티스트 헬스케어가 이런 우려에 대처한 사례이다.

[표7-2] 직원들을 위한 고객서비스 교육: 장벽(Barriers)과 혜택(Benefits)

장벽	혜택
1. 우리가 할 필요 없다.	- 지속가능한 결과들을 가져온다. - 가치를 중시하게 된다.
2. 우리는 시간이 없다.	- 올바른 일을 한다. - 직원만족과 환자만족을 향상시키는 데 도움이 된다.
3. 우리는 자리를 비워서는 안 된다.	- 책임을 분담하고 주인의식을 갖게 된다. - 리더십팀 내에서는 조화와 일관성을 받아들여라.
4. 내가 뭘 더 배워야 하는가?	- 기술 습득 프로그램 개발을 가속화한다. - 조직에 맞게 조정한다.
5. 비용이 너무 많이 든다.	- 형편없는 리더들 때문에 소송이 발생하는 것만큼 비용이 들지는 않는다. - 환경 변화에 대응할 수 있는 팀을 만든다.
6. 우리는 이미 하고 있다.	- 기대치를 높인다. - 인적 네트워크는 관계, 신뢰 그리고 지원을 형성한다. - 굳건한(Built-to-last) 문화를 만든다.

※ 출처: 뱁티스트 리더쉽 인스티튜트의 프레젠테이션 〈고객만족을 수익증대의 결과로 만들기〉(2000. 07)에서 발췌

다음은 다양한 조직들이 자신들의 교육 프로그램을 어떻게 만드는지 보여주는 사례들이다.

- 만족직원들이 만족환자들로 이어진다는 원칙하에 운영하는 세이크리트 하트 병원의 직원 교육은 고객 인식을 근거로 한다. 즉, "좋은 진료를 받기 위해 직원들로부터 필요로 하는 것이 무엇입니까?"라는 질문에 대한 환자들의 반응에 근거하는 것이다. 환자들의 대답을 직원 교육에 포함시킨다.

- 서비스를 향상시키고 경쟁자들로부터 스스로를 차별화하기 위해, 많은 의료조직들은 포시즌, 메리어트, 리츠칼튼과 같은 고객지향적 호텔들로부터 조언과 도움을 구한다. 교육 주제는 다양한 위치에서 서비스 일관성을 유지하는 방법부터 좋은 서비스를 제공할 수 있는 직원을 채용하는 방법에까지 이른다. 리츠칼튼은 이를 사업적 기회로 여겨, 몇 해 전부터 메릴랜드의 체비체이스(Chevy Chase)에 위치한 본사를 비롯해 전국 곳곳에 위치한 지점 호텔들에서 직원 훈련을 제공하기 시작했다.

리츠칼튼에서 가장 인기 있는 강좌는 '전설적인 서비스(Legendary Service)'이다. 이 강좌는 '우리는 신사숙녀들을 모시는 신사숙녀다'라는 모토를 가진 리츠칼튼의 문화, 직원 채용에서 성격 평가의 사용, 직무 범위를 넘어서 일할 수 있게 직원들을 동기부여하는 현금 인센티브 제도의 역할을 가르치는 프로그램이다. 강좌 참여자들은 감독자의 승인 없이 문제 해결을 위해 하루에 2,000달러까지 사용할 수 있도록 직원들에게 허락하는 리츠칼튼의 사례를 포함하여 직원 권한부여에 대한 이야기들을 들을 수 있다.

- 제2장에서 설명한 월트디즈니의 고객학 접근법은 고객 전략에서 중대한 부분이다. 1980년대 중반부터, 월트디즈니는 디즈니 인스티튜드(Disney Institute)를 통해 전문적인 교육을 제공해오고 있다. 월트디즈니의 고객서비스 접근법은 STORY 방법으로 요약된다.

  - Study the audience(청중을 연구한다)
  - Tailor the experience(경험에 맞춘다)
  - Orchestrate the details(세부사항을 조직한다)
  - Relate(관련짓는다)
  - Yield long-term relationships(장기적 관계를 형성한다)

좋은 교육 프로그램의 요소들

가장 우선적으로, 직원 교육은 조직의 서비스 미션, 문화, 가치, 실행, 전략, 상품 그리고 정책 등 기본적인 사항들을 다뤄야 한다. 보통 이런 교육은 직원 오리엔테이션에서 제공되지만, 효과를 보려면 다양한 방법을 통해 반복적으로 제공되어야 한다. 전 직원이 조직에 특화된 정보를 명확하게 이해할 때까지, 그들은 조직이 그들로부터 기대하는 지식과 행동을 완전히 이해할 수 없다. 또한 환자들이 의료서비스 경험의 품질과 가치를 정의하기 때문에, 직원들은 환자들의 기대, 경쟁업체의 서비스와 전략, 업계 동향과 발전 그리고 일반적인 비즈니스 환경에 대해 배워야 한다. 엑스레이 기술자도 환자의 서비스 기대를 충족하기 위해 엑스레이 기계를 작동하는 기술보다 더 많은 것을 알아야 할 필요가 있다.

의료서비스 컨설턴트 패트리스 스패스(Patrice Spath)는 많은 기업들의 교육 프로그램 개선을 도왔다. 그는 성공적인 교육 프로그램 개발을 위한 5가지 가이드라인을 제시한다.

1. 분명한 목표를 세운다. 만약 분명하고 구체적인 목표가 수립되지 않는다면, 사람들은 무엇을 위해 일해야 하는지 알 수 없다. 분명한 목표의 예를 들어 보자면, 환자들에게 약을 배급하는 동안 발생하는 오류들을 줄이는 것이다. 스텐슬(Stencel)에 따르면, 2006년 기준으로 의약품 관련 상해를 치료하는 데 병원이 들인 비용은 연간 약 35억 달러 정도였다. 그것도 그런 상해를 겪은 당사자들의 낮은 임금과 생산성을 계산에 넣지 않은 추정치이다.

2. 교육이 직원들의 삶에 가치를 부가한다는 것을 보여준다. 자신의 직장생활과 개인적인 활동에 조직이 공헌한다는 것을 인지하면, 직원들은 교육을 더 잘 받아들인다. 궁극적으로 이런 성장의 기회는 직원들의 근속률 증가로 이어진다.

3. 역할놀이(Role Playing) 교육을 실시한다. 역할놀이는 교육을 더 흥미롭게 만들 뿐만 아니라 관리자가 주제에 대한 직원의 이해 수준을 평가할 수 있게 한다. 직원이 환자(환자 가족)/간호사(임상간병인)처럼 문제가 많은 상황의 언쟁을 연기하게 하는 것이 역할놀이 시나리오의 일종이다.

4. 예방장치(safeguard)를 설치한다. 예방장치가 없으면 큰 문제가 발생할 수 있다.

의료서비스에서 지식은 중요한 예방장치이다. 예를 들어, 의사와 간호사들은 약물 치료나 치료 계획에서 오류 또는 잠재적 문제를 발견할 수 있다. 환자 진료 프로세스에 관여하는 모든 사람들은 오류를 발견하고 정정할 수 있도록 교육받아야 한다.

5. 직원들에게 책임을 묻는다. 직원들이 업무를 얼마나 잘 수행하고 있는지, 교육이 얼마나 더 필요한지 파악하기 위해 측정해야 한다.

렌 베리(1995)는 이 목록에 5가지 전략을 추가했다.

1. 핵심 기술과 지식에 초점 맞추기
2. 활기차게 시작하고 큰 그림 가르치기
3. 학습을 프로세스 형태로 만들기
4. 다양한 학습 접근법 사용하기
5. 지속적인 개선/향상 방법 모색하기

베리와 스패스의 권고사항들은 효과적인 교육 프로그램을 고안하는 데 기본 역할을 할 수 있다. 각 방법에 대해 상세히 살펴보자.

핵심 기술과 지식

여기서 핵심 기술이란 서비스 직원들에게 필요한 능력들이다. 조직은 이런 핵심 기술들을 2가지 방법으로 분류한다. 첫째, 서비스 상품과 전달시스템 및 환경 그리고 직원을 체계적으로 분석. 둘째, 환자와 직원 및 외부 전문가들에게 묻고 답변 분석.

환자와 가족들은 고객의 요구와 욕구, 기대를 만족시키는 데 필수적인 직원 기술들이 무엇인지 정확히 알고 있다. 조직은 직원이 환자들에게 이런 종류의 질문을 하도록 교육해야 한다. 헌신적인 직원들은 자신이 가졌거나 가지지 못한 혹은 직책에 필요한 기술이 무엇인지 정확하게 알고 있다. 그래서 그들은 교육 활동 개발을 위한 정보 제공의 원천이다. 직원들은 접점에서 근무를 하거나 대부분의 고객서비스 관련 문제들을 취급하는 업무를 하고 있기 때문에, 리더 개발의 경우와 같이 직접 자신들을 위한 교육 프로그램 설계에 참여할 수 있도록 해야 한다.

큰 그림(전체적인 상황)

큰 그림이란, 조직 전체의 미션과 가치, 문화 그리고 조직의 성공을 위한 직원의 역할을 포함하는 개념이다. 일반적으로 새로운 직원들은 그들의 업무가 조직 전체의 미션에 어떻게 부합할 수 있을지, 미션을 이행하기 위해 조직이 자신들에게 기대하는 것이 무엇인지, 그리고 목적을 달성하는 데 어떻게 기여할 수 있는지 배우는 것에 열정을 보인다. 이런 태도야말로 직원 교육 노력에 큰 그림을 포함시켜야 할 필요성이다. 직원이 고객들에게 미치는 영향을 포함하여, 그들이 조직에게 가져다 주는 가치에 대해 상기하게 되면, 직원들은 더 효과적으로 업무를 수행할 것이다.

많은 조직들에서, 이런 큰 그림의 강화는 정기적으로 혹은 간혹 있는 교육 시간이나 연간 모임에서만 언급된다. 정신없을 정도로 바쁘게 돌아가는 비즈니스 환경 때문인데, 이는 큰 그림에 대한 시야를 잊게 만들기 일쑤이다. 그러나 직원 미팅이나 고객-직원 이벤트, 직원 교육, 간행물, 인트라넷과 같은 다양한 의사소통 방법을 통해 리더들은 정기적·주도적으로 직원들에게 조직에 기여하는 구체적인 방법들을 교육하고 상기시킬 수 있다.

뱁티스트 헬스케어의 예를 보자. 그들은 고객서비스를 호전하기 위한 노력으로, 퇴원 후 개별적으로 전화를 받으면 환자들의 만족도가 상당히 향상됨을 알게 됐다. 주요 직원들은 언제 전화를 해서 무슨 말을 해야 하는지, 반응을 어떻게 기록해야 하는지 교육받았다. 나아가 퇴원 후 전화 연락을 많이 할수록 환자만족도가 상승된다는 것을 데이터가 증명하고 있다. 자신의 일과 병원의 목표 간에 연관성이 있음을 인식했을 때, 직원들은 바쁜 스케줄에도 불구하고 시간을 내서 후속조치 전화를 걸었다.

교육 후에, 직원을 위한 안내서나 절차 매뉴얼에 나오지 않은 문제나 상황과 대면했을 경우, 직원들은 교육받은 내용을 학습한 핵심가치와 서비스 문화에 따라 문제에 적용하여 해결할 수 있어야 한다. 의료산업에서는 계획에서 벗어났거나 예측할 수 없는 상황들이 너무 많이 발생하기 때문에, 큰 그림과 문화의 핵심가치를 가르치는 것이 특히 중요하다. 출근 첫날부터 조직의 가치와 신념을 배운 사람들은 결정적인 행동이 필요한 상황이 닥쳤을 때 환자와 조직을 위해 옳은 결정을 할 가능성이 높다.

공식화된 학습

공식화된 학습의 의미는 다음과 같다.

- 직원 교육과 개발을 업무에 포함시킨다.
- 모두가 의무적으로 교육을 받도록 한다.
- 기대를 제도화한다.

예를 들어, 조직은 직원들이 직원의 개인 시간이 아닌 업무 시간에 워크숍이나 세미나를 비롯한 학습에 참석할 기회를 정기적으로 만들어 제공해야 한다. 가치가 있는 곳에 돈을 투자함으로써, 조직들은 지속적인 학습의 중요성과 전 직원이 참여해야만 한다는 강력한 메시지를 전달할 수 있다.

다양한 학습 접근법

같은 정보라도 사람에 따라 다르게 배우고 처리하기 때문에, 다양한 교육 접근법을 사용해야 한다. 교육 기회가 철저히 검토되지 않은 채 남겨져서는 안 된다. 전통적인 방법에 의지하는 것만으로는 충분치 않다. 조직들은 북클럽, 시뮬레이션(모의실험), 역할놀이, 연극, 사례 연구, 인터넷 기반 교육, 그리고 특별한 경우에는 훌륭한 서비스 기관들로의 현장 방문을 통해 학습을 장려해야 한다.

지속적 향상

직원 오리엔테이션은 직원들에게 제공되는 공식적인 첫 번째 교육이다. 그러나 교육이 거기서 멈춰서는 안 된다. 최고의 조직과 헌신적인 직원들은 직장에서 교육, 감독, 섀도잉 (shadowing), 외부 강의 그리고 온라인 세미나 등을 통해 지속적인 교육과 능력 향상을 원한다. 교차학습은 직원들이 KSAs를 확대할 수 있도록 하고, 이는 직원들이 더 융통성 있고 생산적이게 만든다. 그에 못지않게 중요한 것은 교차학습이 직원의 부재 시에도 부서 혹은 팀 단위가 정상적으로 기능할 수 있게 한다는 것이다.

조직이 직원들의 지속적인 교육과 능력 향상을 위해 시간과 돈을 투자하는 것은 조직이 직원들에 대해 관심을 둔다는 메시지를 전달하는 효과가 있다. 조직이 직원의 개인적 진전과 직업적 진전에 대해 헌신하고 있음을 직원들이 인지하면 교육의 실제적인 효과는 그리 중요하지 않은 것이 될 수 있다.

고객서비스 교육 프로그램의 구성요소들

교육 프로그램 개발에는 교육 프로그램의 다른 구성요소들이 필요하다. 이 구성요소들에 대해 알아보자.

요구 평가

요구 평가는 인지되거나 관찰된 문제와 약점을 먼저 확인할 수 있도록 항상 교육에 선행되어야 한다. 이런 난제들을 통해 교육의 초점을 알 수 있다. 요구 평가는 '교육이 이 문제를 해결할 수 있는가?'라는 질문에 대한 답이다. 예를 들어, 어떤 환자들은 병원에서 배식이 늦어져 음식이 식는 것에 대해 계속 불평한다. 처음에는 식사를 준비하는 급식 직원의 무능력이 문제인 것으로 보일 수 있다. 그러나 요구 평가를 통해, 뜨거운 식사를 한꺼번에 많이 운송할 용량이 안 되는 오래된 엘리베이터 또한 문제임을 밝혀낼 수 있다. 만약 문제의 근원이 기계처럼 인간이 아닌 것과 관련이 있다면, 직원 교육을 아무리 많이 한다해도 그 결함을 정정할 수 없다.

요구 평가는 조직적, 직무적 그리고 개인적 수준에서 진행된다.

- 조직요구 평가는 조직에 필요한 기술과 능력을 파악하고 이 기술들이 이미 존재하는지 알아내는 데 사용된다. 예를 들어, 만약 한 부서가 더 많은 간호 감독자를 필요로 하지만 현재 직원들은 그 역할을 수행할 수 없음을 요구 평가에서 알게 되면, 그 조직은 간호 감독자를 키우고 준비시키기 위해 새로운 직원이나 현재 직원들을 대상으로 교육 프로그램을 개시할 수 있다.
- 직무요구 평가는 '어떤 과제를 수행해야 하는가?'나 '임무들이 잘 이행되고 있는가?' 혹은 '교육이 필요한가?'와 같은 질문들을 던진다. 의료서비스에서 대부분의 업무 분석은 고객서비스 구성요소가 아닌, 진료의 임상적 측면을 중심으로 한다.
- 개인요구 평가는 직원이 직무표준에 따라 업무를 수행하고 있는지 확인하기 위해 직원의 업무를 검토한다. 또한 교육이 필요하다고 생각하는 분야들을 정확하게 말해달라고 직원에게 요구한다.

이 3가지 요구가 분명하게 설명되면, 교육 프로그램의 개발을 시작할 수 있다.

히스필드(Heathfield, 2008)는 동일한 직책(예: 간호사, 접수 직원, 수납 직원)을 메워줄 수 있는 직원에 대한 요구 평가 프로세스를 아래와 같이 제시했다.

- 같은 일을 하고 있는 직원들을 대상으로, 화이트보드와 플립차트가 있는 회의실에서 회의를 연다.
- 직원들에게 가장 필요하다고 생각하는 교육 주제 10가지를 구체적으로 쓰도록한다(예: 화가 난 고객에 대응하는 방법, 많은 업무들을 처리하는 방법). 화이트보드에 직원들이 제시하는 의견들을 쓰고, 중복이 되지 않도록 확인한다.
- 가중 투표 방식(weighted voting)을 이용하여, 직원들에게 화이트보트에 쓰인 항목들에 우선순위를 매기도록 요청한다. 가중 투표 과정에서, 참여 직원들은 자신

들의 업무에 가장 중요하다고 생각하는 항목에 투표를 한다. 직원들은 원하는 만큼 투표할 수 있다.

- 투표 총계를 낸다. 가장 많은 표를 받은 항목을 최우선사항으로 여긴다. 두 번째로 표를 많이 받은 항목은 차선사항이라 한다.
- 선택된 우선사항들을 쓰고, 회의 내용을 기록한다. 노트북을 사용하면 편리하다.
- 브레인스토밍을 위해 다음 회의 스케줄을 잡는다. 다음 회의에서는 우선순위에 따라 바람직한 결과물과 교육의 목표에 집중한다.
- 회의에서 채택되지 않은 요구에 주목한다. 이런 개인적 교육 요구는 직원의 업무 계획에 포함시킬 수 있다.

교육 목적

요구 평가는 조직과 과제 및 개별적 결함을 드러낸다. 교육 목적은 이런 결함이 채워지도록 하는 것이다. 예를 들어, 만약 환자의 코멘트카드(comment card)에서 환자들을 등록하는 직원에 대한 불만족이 드러난다면, 교육 목적은 등록 절차를 담당하고 있는 직원이 업무를 숙달할 수 있도록 교육시키는 것이 되어야 한다. 이때 교육 프로세스는 재설계될 필요가 없을 정도로 잘 만들어진 것이라야 하고, 직접적으로 문제와 결부되어야 하며, 개선이 뒤따를 수 있도록 측정가능해야 한다.

의사와 환자들의 피드백

환자들과 의료진의 피드백은 교육의 계기 역할을 해야 한다. 이 두 집단은 직원들의 업무 수행을 확인하는 데 도움이 된다. KSAs 혹은 프로세스에서 결함이 발견되면, 그들은 결함에 대해 소리 높여 항의한다. 물론 모든 피드백이 부정적인 것은 아니다. 그러나 부정적인 피드백은 직원에 대해 영속적인 인상을 남길 수 있다.

효과적인 조직들은 직원들의 업무 수행(그리고 서비스와 전달시스템 및 환경)을 지속적으로 측정하고 모니터링한다. 피드백은 모니터링의 방법 중 하나이다. 관리자가 피드백을 더 빨리 받을수록 교육을 포함한 정정 방법을 더 빨리 도입할 수 있다.

환자만족도에 대한 현재 데이터와 환자만족도를 위한 미래 목표들을 직원들에게 제시하는 것은 고객서비스 교육을 위한 장을 마련하는 것과 같다. 그러나 이런 데이터 제시가 너무 인간미 없게 인식될 수도 있고, 설명하고 이해하기에 데이터가 너무 어려울 수도 있다. 이런 경우 미가공 데이터(raw data)를 개인의 필요에 따라 맞춰주는 방법이 있다.

예를 들어, 한 의료시설에서 진행한 직원 교육에서, 예전 환자들과 지역사회 구성원들이 참석한 포커스 그룹의 비디오를 보여줬다고 해보자. 교육 조력자(training facilitator)가 포커스 그룹의 구술 내용을 읽거나 다양한 고객 평가를 인용하는 것을 듣는 대신, 교육 참가자들이 해당 시설에서 경험한 것들을 각자 솔직히 논의해볼 수 있는 기회가 주어졌다. 이런 종류의 프레젠테이션은 강의보다 더 강력한 영향을 주었다.

외부 교육 대 내부 교육

교육은 조직의 내부 혹은 외부 사람들에 의해 제공될 수 있다. 만약 필요한 교육이 일반 영역에 있거나 소수 인원들에게만 필요한 것이라면, 내부에 프로그램을 개설하는 것은 효율적이지 않다. 그런 경우, 교육이 필요한 사람들을 외부 교육 담당자에게 보내는 편이 낫다. 게다가 내부의 교육 부서를 위한 예산이나 직원 또는 공간을 가진 의료기관은 많지 않다. 그들은 교육 전문가나 컨설턴트의 도움을 받는다. 이런 외부의 교육 회사들은 전문화된 소규모 조직부터 상상할 수 있는 모든 분야에서 발생하는 다양한 주제와 관련된 교육을 제공하는 대형 조직들까지 다양한 규모와 범위로 존재한다. 많은 회사들이 맞춤화된 현장 교육을 제공하는 교육 조직들과 계약하지만, 예산이 부족한 경우 더 포괄적이고 덜 비싼 외부 프로그램에 보내기도 한다.

교육 담당자의 또 다른 창구로 대학을 꼽을 수 있다. 이런 프로그램들은 전문 교육을 받거나 경영 경험이 있는 교수 요원들을 고용한다. 대학과 전문직 협회들이 제공하는 특별한 과정들의 예로는 의료재무관리 기술, 정보시스템 설계와 사용, 마케팅 전략 등이 있다. 이런 프로그램들은 특정 조직에 맞게 만들어진 것이 아니기 때문에 비교적 저렴하다.

표준화된 고객서비스 교육 세미나와 워크숍은 주로 전문직 협회에서 제공한다. 대기업에서는 대부분 사내 교육 부서를 통해 직원들에게 교육을 제공한다. 또한 고객서비스 교육 프로그램 개발을 위해 경영 컨설턴트를 고용하는 경우도 있다.

어떤 조직들은 조직의 보안과 문화를 지키기 위해 모든 교육 과정을 내부에서만 진행한다. 그러나 외부 업체에게 교육을 의뢰할 것인지 여부를 결정하는 가장 중요한 요인은 결국 비용이다. 교육비용은 교육이 필요한 직원의 수, 작업장에서 교육장까지 이동하는 데 필요한 교통비와 필요한 교육의 수준에 따라 달라진다. 또한 높은 수준의 기술적 훈련이나 특화된 교육은 더 비싸다. 만약 기복적인 기술 교육만 진행할 경우, 조직 내부에서 교육을 진행하는 것이 더 비용효율적이다.

측정

측정은 교육 내용이 교육 담당자로부터 훈련생에게 잘 전달되었는지 확인 및 평가하여, 조직의 목표를 달성하지 못하는 경우 개선될 수 있도록 한다. 다음은 측정의 기본적인 4가지 방법으로, 범위는 비용에서부터 정확도까지 포함한다.

1. 참여자 피드백: 교육 효과를 평가하는 데 가장 비용이 적게 들고 가장 흔히 사용되는 방법이다. 참여자들에게 일반적인 평가 질문들을 묻는 설문지를 작성하게 하는 것이다. 일반적으로 이런 설문지에 대한 응답은 교육의 효과보다는 오락적 가치를 반영하는 경향이 있기 때문에, 정확한 평가 자료가 되기는 힘들다. 하지만 이런 설문지를 통해 참여자들이 교육을 즐겁게 받았는지는 알아낼 수 있다.

2. 내용 통달: 만약 교육의 목표가 특정 기술이나 능력, 내용을 가르치는 것이었다면, 교육을 마치고 참가자들의 이해 정도를 테스트해야 한다. 이런 테스트는 필기시험처럼 간단한 방법도 있고, 작업을 통해 입증하는 식으로 정교하게 진행할 수도 있다.

3. 행동의 변화: "써먹지 않으면 잊게 된다." 이 말처럼, 많은 사람들은 실무에 적용하지 않으면 배운 것을 곧 잊어버린다. 학생 때를 떠올려 보자. 두뇌는 배운 것을 기말고사 때까지만 기억하고 곧 머릿속의 모든 정보를 없애버린다. 그렇기 때문에

직원이 업무로 복귀하면 행동의 변화를 통해 교육의 효과를 누릴 수 있도록 해야 한다. 만약 교육이 잘 이루어져 특정 서비스 관련 능력이나 기술들이 숙달되고 업무로 인해 강화된다면, 그 결과로 측정 가능한 긍정적 행동 변화가 발생해야 한다.

4. 조직의 성과: 직원들이 교육을 잘 받고 그 내용의 대부분을 끝까지 기억해 업무에서 계속 사용한다 하더라도, 눈에 보이는 형태로 전체적 조직의 성과에 기여하지 않는 한 교육은 쓸모없다. 조직의 경쟁력을 유지하기 위해, 직원들이 늘 변화하는 환자들의 기대에 맞는 서비스를 제공할 수 있도록 교육 목적과 프로그램에는 지속적인 모니터링이 필요하다.

위의 4가지 기본 측정 방법들을 다 사용하면 교육 프로그램의 목적이 충족되는지 알아보는 데 유용하다. 각 방법은 유일무이한 정보에 기여를 하기 때문에 중요하다. 조직 내에서 진급할수록 이런 평가의 난이도가 높아지고 비용도 높아진다. 따라서 조직은 각 프로그램을 위해 어느 평가 방법들을 사용할 것인지 신중하게 고려해야 한다.

교육 방법

가장 일반적인 교육 방법으로는 강의실 발표, 동영상 강의, 근무 중 감독(예: 레지던트, 인턴십), 독립적·자발적인 연구 그리고 컴퓨터 기반 학습 등이 있다. 많은 교육 프로그램들은 이런 방법들을 혼용한다. 그러나 컴퓨터가 널리 보급되면서 컴퓨터를 이용한 멀티미디어 방법의 사용이 늘어나고 있다. 12개 지역에 있는 1,200명의 화이트칼라 직장인들을 대상으로 설문조사한 결과, 다음과 같은 방법들이 보고되었다. 전임강사가 가르치는 클래스 혹은 워크숍(즉, 정식적인 교육)에 참여한 경험이 있다는 응답자가 전체의 32%였고, 시행착오와 동료를 통해 스스로 배웠다는 경우도 설문조사 참여자들의 31%에 달했다. 33%는 두 가지 교육 방법을 다 사용했다고 응답했다.

강의실 발표

강의실 발표에는 강의와 상호작용적 사례 연구를 포함한 다양한 형식이 있다.

(1) 강의

강의에서, 강사는 전문가임을 상정한다. 그래서 주제의 모든 측면을 논의할 수 있고, 대부분의 교육 참가자들이 대면하는 문제를 해결할 만한 통찰력을 부여하거나 정보를 제공할 수 있다고 가정한다. 일반적으로 강의는 동일한 정보를 많은 수의 사람들에게 동시에 전달해야 할 때 사용된다. 개별적 교육에 따르는 부담이 없기 때문에, 강의는 비용효율적이다.

비용이 저렴하다는 것 외에도, 시간효율적이고 요점을 직접적으로 전달할 수 있다는 점도 강의의 장점이다. 강의는 실무 훈련을 보충하고 직원들이 업무에 대한 배경 정보와 이론을 습득하도록 모니터링한다.

하지만 강의에는 단점도 있다. 강사와 여러 학생의 성격이나 기타 차이점들이 전체 클래스의 학습 목표를 혼란시킬 수 있다. 더군다나 이런 문제는 좀처럼 예측하거나 미연에 방지하기 어렵다. 또한 만약 강사가 훈련 속도를 조절하지 못하면, 상급자들은 지루해하고 초급자들은 따라잡기 어려울 수도 있다.

(2) 상호작용적인 사례 연구

사례 연구의 목적은 교육 담당자 혹은 협력자에 의해 주로 선택된 특정 사례에 대해서 열린 토의를 하는 것이다. 주제는 직원들이 향상시켜야 하는 기술이나 능력(예: 커뮤니케이션 기술)과 관련이 있거나, 의사결정 또는 문제 해결과 같이 광범위한 주제들에 대해 다룰 수 있다. 이런 교육에서, 훈련생은 수동적으로 듣는 사람이 아니라 적극적으로 참여하는 사람들이다.

사례 연구의 장점은 실제 상황들을 활용한다는 것이다. 토의를 위해 선택된 사례들은 실제이기 때문에, 교육은 실제 직장생활에 적용하기 어려운 추상적인 지식과 이론보다는 실용적인 학습 경험이 된다.

사례 연구 형식은 팀 교육에도 활용될 수 있다. 이때, 리더의 유무는 상관이 없다. 팀의 현재 딜레마를 반영한 사례를 탐구하고 각 구성원에게 해결책을 제시하라고 요구하는 것이다. 최종적으로, 이런 연습은 사람들의 그룹 오리엔테이션과 협동력을 강화시킬 수 있다. 또한 팀 구성원들은 서로 방대한 지식과 재능을 발견하고 공유한다. 특정 기술에 특화된 훈련에서도 팀들은 강사보다 더 효율적으로 서로에게 가르칠 수 있다. 그룹 내에 존재하는 모든 지식으로 해당 기술을 어떻게 적용해야 하는지에 대해 보충할 수 있으니 강사 한 사람이 가르치는 것보다 효율적이다. 그러므로 팀 지식을 활용하는 것이 좋다.

동영상 강의

동영상은 강의실 교육과 함께 자주 사용된다. 동영상 교육은 시간의 제약 없이 학습할 수 있고, 비용효율적이다. 동영상 강의는 보건의료조직의 교육 부서에서 제작할 수 있다. 그럴 수 없는 상황이라면, 상업교육회사나 전문직 협회를 통해 얻을 수 있다. 어느 쪽이든, 동영상은 비용이 저렴하고 편리하다. 예를 들어, 신입 직원은 환자와의 상호작용에서 해야 할 행동들과 하지 말아야 할 행동들을 설명해주는 동영상 자료를 볼 수 있다.

동영상은 표준적이고 일관된 자료를 보여주기 때문에, 그 영상이 언제 그리고 얼마나 많이 상영되는지와 상관없이 모든 교육생들이 동일한 정보를 얻을 수 있다는 것도 하나의 장점이다. 하지만 동영상 교육이 일반적으로 특정 시청자들을 위해 맞춤 제작된 것이 아니고, 토론의 기회를 주지 않는다는 단점도 있다.

잘 계획되고 제작된 동영상이라면 신입 직원의 주의를 끌고 기대하는 서비스 행동의 훌륭한 역할모델을 묘사하고 중요한 점들을 강조하는 역할을 할 수 있다. 환자에게 서비스를 제공하는 올바른 방법을 동영상 안의 전문 배우들을 통해 직접 봄으로써, 신입 직원은 교육 담당자나 강사가 몇 시간 동안 이야기했을 때보다 훨씬 더 쉽게 기대 행동이 무엇인지를 이해할 수 있다. 실제로 서비스 교육에서는 동영상이 천 마디 말보다 가치가 있다.

교육 동영상을 제작하는 것은 직원 인정과 보상으로도 작용할 수 있다. 즉, 조직은 최우수 직원들에게 이상적인 행동과 상호작용을 강조하면서 그들이 직무를 수행하는 모습을 동영상으로 제작하라고 맡길 수 있다. 이런 과제는 해당 직원들에게 조직이 그들의 업무 능력을 인정하고 존중하며, 그들을 훌륭한 역할모델로 보고 있음을 알게 해준다. 또한 교육 동영상을 제작하는 데 참여하는 것만으로도 즐거울 수 있고, 부서와 조직 내에서 해당 직원들의 위상을 높여준다.

또 다른 형태의 동영상 강의는 위성 방송이나 인터넷을 통해 교육생들에게 생방송 동영상을 보여주는 것이다. 원격교육은 자주 생방송 동영상 기술에 의존하는데, 다른 지역에 떨어져 있어도 교육 담당자와 훈련생들 간에 상호작용을 가능하게 해준다.

신기술, 진단 절차 그리고 임상 기술은 모든 생방송 동영상 스트리밍에 적합한 주제들이다. 동영상 교육은 의료업과 같이 빠르게 변하는 환경에 필요한 JIT(Just-in-time, 적기 공급생산) 교육이라고 볼 수 있다.

실무 감독

일대일로 감독을 받는 경험은 의료계에서 전형적인 교육 방법이다. 교육생은 학업을 마치고 의료경력을 위한 준비 과정의 일부로 레지던트나 인턴십 프로그램에 보내질 수 있다. 이런 교육에서, 감독 담당 관리자나 의사는 맡은 과제를 이행하는 직원에게 시범을 보이고, 관찰하고, 정정하고, 검토한다.

이런 전형적인 경험학습(Learning-by-doing)은 의료업계에서는 필수적이다. 적절한 치료를 하기 위해 필요한 기술들은 특별하고 복잡하거나, 특정 환자들의 요구에 의존하기 때문에, 신입 직원을 현장에 투입하고 엄중한 감독하에 그들이 직접 해보면서 배우게 하는 것이 유일하게 효과적인 교육 방법이다.

실무 교육 프로그램은 정식 순서를 따르는데, 교육에서 보통 사용되는 프로세스는 작업지도 기법이다. 작업지도 기법은 교육 담당자를 위한 4가지 단계를 포함한다. 첫째, 교육 준비. 둘째, 교육 자료 제시. 셋째, 역할놀이 혹은 실무 시범을 통해 교육생에게 개념을 적용하도록 지시. 넷째, 교육생들이 제대로 진행하는지 정기적으로 확인.

일부 의대들은 학생들이 직접 환자들로 가장하여 환자들과 공감할 수 있도록 인턴들을 교육한다. 예를 들어, 미네소타 주 로체스터의 메이요 클리닉은 한 수업에서 의대 1학년 학생들이 노인 환자들의 상황과 친숙해질 수 있도록 '노인생애 체험 게임'을 했다. 학생들은 백내장 체험을 위해 고글을 썼고, 청력상실 체험을 위해 귀마개를 했으며, 관절염 체험을 위해 장갑을 꼈다. 그리고 많은 노인들이 겪고 있는 근육 강직 체험을 위해 목 보조기를 찼고, 요실금을 체험하기 위해 기저귀를 찼다.

그다음, 학생들은 약통에 쓰인 라벨을 읽고 손가락으로 작은 알약들을 세도록 요구받았다. 이 과정의 끝 무렵에, 학생들은 요양소 거주자 그룹과 요양소 직원 그룹으로 나눠졌다. '요양소 거주자' 그룹은 '요양소 직원들'로부터, 음식도 안 가져다주고 이미 마시멜로로 가득 찬 입안에 사과소스를 떠밀어 넣는가하면 반복적인 도움 요청을 무시하는 등 무신경하고 형편없는 서비스를 받았다.

이런 종류의 수업은 의대생들이 앞으로 진료하게 될 사람들의 관점에서 진료 과정을 경험할 수 있게 해준다.

컴퓨터 기반 학습

컴퓨터 기반 교육 프로그램들은 학생들을 위한 교육용 자료를 구조화하여 제시해 학습 프로세스를 용이하게 하도록 제작되었다. 다시 말해, 컴퓨터 기반 교육은 재미있는 동시에 교육적이며, 모든 교육생들이 사용할 수 있고, 문화적·언어적 필요에 부응한다. 컴퓨터는 배우는 속도가 느리다고 해서 학생들에게 화를 내는 법이 없고, 교육 목표를 달성할 때까지 계속 함께한다. 컴퓨터 기반 학습은 교육비용 절감, 일관된 교육, 전 세계에 있는 교육생의 접근 가능을 포함하여 많은 장점들이 있다.

고객서비스 시나리오의 컴퓨터 시뮬레이션을 통해 실제 행동과 기술을 가르칠 수 있다. 예를 들어, 급식 때문에 화가 나서 직원을 질책하고 있는 환자에 대한 시뮬레이션도 가능하다. 소프트웨어는 이 상황에 대한 몇 가지 해결책을 제시할 수 있다. 교육생은 가장 적절하다고 생각하는 답을 선택하고, 소프트웨어는 이에 점수를 매긴다. 그 후에, 소프트웨어는 이상적인 해결책을 제시하고 추론을 설명할 수 있다. 이런 상호작용적인 프로그램은 모범 답변에 대해 점수 형태로 보상을 제공한다.

컴퓨터 시뮬레이션 사용은 환자서비스에 대한 조직의 헌신과 직원에 대한 투자이다.

시뮬레이션은 직원들이 의사결정 능력을 개발하고 의료결과를 향상시키고 좋은 서비스를 제공함으로써 얻는 개인적·조직적 보상을 보여주는 데 도움이 된다.

시뮬레이션보다 더 좋은 방법은 인터넷으로 진행하는 교육이다. 약 10년 전에 시스코 시스템(Cisco Systems)은 '언젠가, 지구상에 존재하는 모든 직업을 위한 교육은 인터넷으로 하게 될 것'이라고 예측했다. 실제로 현재 인터넷으로 교육 동영상을 보는 것이 가능해 졌다. 인터넷 기술과 접근성 덕분에, 웹사이트에서 교육 자료의 내용을 빠르고 쉽게 업데이트할 수 있다. 또한 모든 종류의 정보를 저장할 수 있도록 인터넷이 발전하여, 전통 방식의 자료 저장소인 도서관을 대체하고 있다. 웹 기술을 통해 누구나 콘텐츠를 공급할 수 있기 때문에, 인터넷의 모든 정보가 교육적이거나 신뢰할 만하다고는 할 수 없다. 그러나 이런 사실에도 불구하고, 인터넷은 전문대학, 4년제 대학 그리고 교육 기관들과 같이 훌륭한 교육 도구가 되었다.

의료서비스 제공자들은 컴퓨터 기반 교육으로부터 혜택을 받는다. 이런 기관들은 직원들에게 인터넷이나 교육 소프트웨어가 갖춰진 컴퓨터가 있는 책상 또는 교육장으로 직원들을 보내기만 하면 되기 때문에, 다른 곳으로 교육을 보내는 데 드는 비용이 절감된다. 또한 인터넷 교육을 통해 얻을 수 있는 정보와 지식은 그 양이 방대하다.

기타 교육 방법들

교육은 매우 구체적일 수도, 포괄적일 수도 있다. 구체적인 교육은 업무를 빨리 배워야 하는 신입 사원들을 위해 관례적으로 사용된다. 포괄적인 교육은 의료언어부터 복잡한 전자시스템 사용까지 광범위한 주제들을 다룰 수 있다. 일부 의료제공자들은 음식을 다루는 사람들에게 손을 어떻게 씻어야 하는지와 화장실 사용법 또는 위생까지 가르칠 필요가 있다고 생각한다.

다음은 고품질 서비스를 위한 구체적인 교육 방법들과 포괄적인 교육 방법들이다.

- 고객서비스 수련회: 리더와 직원들은 고객서비스 품질 향상에 초점을 맞춘 수련회를 갈 수 있다. 예를 들어, NYP는 직원들을 위한 서비스 기대에 초점을 맞춘

'보살핌에 헌신(commitment to care)'이라는 철학을 가지고 있다. 이런 기대는 모든 직원, 환자와 가족들 그리고 동료들 간의 상호작용과 관련 있고, 환자들의 피드백에 근거한다. NYP는 직원 수련회에서 직원들에게 이런 기대와 관련된 질문들을 하고, 바람직한 서비스 행동을 연습하는 기회를 가진다. 고객서비스 수련회는 많은 고객서비스 문제들을 탐구하고, 직원들이 의료분야를 선택한 이유를 상기시켜주기 위해 종일 개최해야 한다.

- 재교육: 지쳤거나 기술적 발전 때문에 현재 업무를 수행할 수 없는 직원, 업무가 없어진 직원들을 대상으로 실행할 수 있다. 의료계의 급격한 기술 변화로 인해 직원 유지가 중요한 문제가 되었다. 유지 전략은 직원들을 학교에 보내는 것부터 새로운 절차에 대한 실무 교육을 제공하는 것까지 다양하다. 예를 들어, 레이저 시력교정 수술 장비를 판매하는 일부 조직들은 의사를 구매자들에게 보내서 적절한 수술 절차를 가르친다.

- 역할놀이: 직원들이 고객의 입장을 가장 잘 이해할 수 있게 하는 방법이다. 주어진 고객서비스 문제를 다루기 위해 다양한 시나리오로 역할놀이를 할 수 있다. 그리고 참가자들은 가장 효과적인 접근법을 선택하여 역할놀이를 한다. 한 가지 예로, 오늘 퇴원하고 싶지만 하루 더 입원해야 하는 환자의 시나리오를 살펴보자. 여기서 고려되어야 할 문제는 '환자에게 의사의 지시와 이유를 전달할 수 있는 선택들이 무엇인가?'이다. 가장 효과적인 선택을 하기 위해 다양한 접근법으로 역할놀이를 할 수 있다. 다른 예로, 환자나 의사, 환자 가족이 화가 났을 때 또는 환자의 가족이 정책에 반하는 요청을 할 때 무슨 말이나 행동을 해야 하는지를 들 수 있다. 역할놀이는 다음과 같은 상황에 대처하는 데 도움이 될 수 있다.

1. 환자나 의사들의 요청이 승인될 수 없음을 전달해야 하는 상황.
2. 화가 났거나 까다로운 환자 및 고객을 상대해야 하는 상황.
3. 환자들이 조직의 진료 결과나 지시를 잘 따르도록 칭찬하고 동기부여해야 하는 상황.
4. 용납할 수 없는 직원의 말과 행동이 무엇인지 인식해야 하는 상황.

5. 우려 사항과 문제들을 표현해야 하는 상황.

6. 환자들이 있을 때 말해서는 안 될 것들을 인식해야 하는 상황.

7. 환자나 다른 고객들에게 말을 걸어야 하는 상황.

- 오리엔테이션: 신입 직원들을 위한 것으로, 조직의 미션과 비전, 고객만족의 중요성, 고객만족도의 측정, 신입 직원들의 역할, 고객서비스 표준 그리고 고객서비스 표준과 성과 검토의 연관성을 다룰 수 있다.

- 다기능 교육: 다양한 기술을 가진 의료종사자가 될 수 있도록 직원들의 능력을 확대해준다. 예를 들어, 플로리다의 한 병원에서 환자의 요구를 충족하기 위해, 광범위한 과제를 수행할 능력이 있는 '다기능 직원'들에 의존한 환자중심 의료서비스 전달시스템을 개발했다. 그 결과, 환자들은 적은 수의 직원들로부터 원하는 만큼의 서비스를 받게 됐다. 또한 직원과 환자 간의 유대감도 상승했고, 환자만족도 역시 기록적인 수준으로 올라갔다. 다기능 교육은 직원들에게 다양한 과제를 제공한다. 이는 직원의 동기부여와 사기를 향상시키는 데 상당히 도움이 된다. 다기능 교육은 환자, 의료조직 그리고 직원들 간에 협력 관계를 형성하게 한다.

- 특별 역량 교육: 팀워크, 창의적 문제 해결, 의사소통, 관계 형성 그리고 서비스마인드에 중점을 둔다. 이 방법을 사용하는 조직들은 임상적 기술은 직원들이 갖춰야 할 서비스 요건의 일부임을 알고 있다. 또한 직원들에게 환자들이 기대할 많은 종류의 관계들을 어떻게 다뤄야 하는지, 많은 환자들이 의료서비스 경험에 대해 다른 기대를 가지고 있을 때 불가피하게 발생하는 문제들을 어떻게 해결해야 하는지 보여줘야 한다는 것도 알고 있다.

- 다양성 및 태도 교육: 이런 종류의 교육은 다른 직원들과 고객들에 대한 관점과 상호작용 방법을 변화시키는 데 중점을 둔다. 많은 지역사회의 문화 구성이 변화하고 있는 오늘날, 의료서비스 제공자들은 소수 사람들이 대면하는 문제와 기회를 인식해야 한다. 러틀리지(Rutledge, 2001)가 말했듯이 '획일화된(one size fits all) 접근법'은 효과적이지 않다. 왜냐하면 의료서비스 고객들은 의료서비스 전달시스템에 참여하는 제공자들의 상호작용 본질과 효과에 영향을 줄 수 있는 유일

무이한 경험자들이기 때문이다. 이 점을 간병인들이 인식하도록 교육해야 한다. 오늘날의 경쟁적인 시장에서, 의료조직들은 새로운 시장에 적응하기 위해 서비스와 프로그램을 확대할 수 있는 이런 문제들에 대해 직원들을 교육해야 한다.

교육 방법 선택

스트로이쉬와 크레투로(Stroisch and Creaturo, 2002)는 교육 방법 선택에 대해 다음과 같은 주의사항을 제시하고 실용적인 제안을 했다.

- 청중의 규모: 청중이 많으면 청중의 참여를 줄이고 더 많은 공식적인 교육 방법들을 써야 한다.
- 상호작용을 통한 주의력 지속: 교육생 참여를 유도하는 교육 방법들은 모든 참가자들의 주의력을 지속시켜준다는 장점이 있다.
- 다양성: 프로그램에서 다양한 방법들을 선택하고 이용하면 교육생들의 관심을 계속 유지시킬 수 있다.
- 사용 가능한 자원과 기반시설: 자원이 한정적일 때, 현장 방문이나 시범 같은 자원 집약적 기법들을 이용할 수 있는 기회도 제한된다.
- 교육 기간: 토론과 개별적 지원이 포함되는 교육 방법들은 강의지향적 방법들보다 더 오래 걸린다.
- 교육 담당자의 경험: 교육 담당자는 선택한 교육 방법을 능숙하게 사용할 수 있어야 한다.
- 교육 보조재료: 보조재료는 학습 방법을 지원하고, 자료 접근을 더 용이하게 만들어준다.

알브레히트(Albrecht, 2004)는 교육 방법을 선택할 때 포함되어야 할 요소들로 다음과 같은 4가지를 꼽았다.

1. 이론: 특정 실무 상황에 대처하기 위해 필요한 필수적인 데이터, 정보, 지식을 의미한다. 이론에는 개념, 모델, 참조 정보, 기초적 사실과 수치 그리고 원칙들이 포함된다. 이 모든 요소들은 특정 역량과 관련된 행동들을 알려주는 역할을 한다. 역량은 간단한 사실부터 복잡한 개념, 원칙, 프로토콜에까지 이른다.

2. 지도: 교육에서 어떻게 대처해야 하는지 알려주는 부분이다. 행동, 방법, 절차, 규칙, 의사결정을 포함한다.

3. 모델링: 능숙한 조치의 실제 사례를 관찰할 수 있도록 제공한다. 사례는 지켜보기, 듣기, 모범적인 행동에 능숙한 사람과의 상호작용 혹은 결과나 완성품 관찰을 포함한다.

4. 경험: 실무에서 발생 가능한 유사 상황에서 실제로 행동하는 것을 의미한다. 평가와 즉각적 피드백이 수반되어야 한다.

교육의 문제와 함정

교육과 관련된 공통된 문제들은 교육 목적 수립의 실패, 결과 측정 실패 그리고 교육비용과 이득 분석 실패 등이 있다.

1. 교육 목적을 모르는 경우: 교육의 본질과 목적이 공유되지 않았거나 불완전하게 정의된 경우 혹은 교육의 기대 결과를 정의하거나 측정하기 어려운 경우, 교육 프로그램은 제 역할을 하지 못할 수 있다. 이런 프로그램들은 고위 경영진이 교육 예산을 검토할 때 옹호하기 힘들다. 교육의 효과를 측정하기가 어려운 분야의 전형적인 예로는 인간관계와 감독 기술, 고객서비스 등이 있다. 이런 분야는 효과를 향상시키기 위해 무슨 교육이 얼마나 제공되어야 하는지 또는 결과를 어떻게 측정해야 하는지 알기 어려우며, 이런 조건들이 모호하고 상황에 따라 정의되기 때문이다. 의료조직들은 당연히 직원들이 서비스마인드를 갖고 있기를 원한다. 그러

나 교육이 그런 결과를 낳았는지 판단하기가 어렵다. 그리고 정확히 교육이 어떻게 이뤄져야 하는지와 얼마나 효과적인지 밝혀내는 것은 훨씬 더 어렵다.

2. 교육 전후 측정을 하지 않는 경우: 효과에 대한 질문에 답변하기는 어렵지만, 그럼에도 조직들은 답변하려고 노력해야 한다. 예를 들어, 환자중심 서비스의 변화를 측정하는 방법 중 하나로 교육 전과 후의 환자 항의 건수를 비교하는 것이 있다. 또 다른 접근법은 교육 전과 후의 서비스 수준을 표본조사하기 위해 미스터리 쇼퍼(mystery shoppers)를 고용하는 것이다. 이런 기법의 요점은 교육의 부가가치 측정이다. 교육 전을 측정하지 않으면 교육 후에 개선이 있는지 알 수 있는 방법이 별로 없다. 이런 면에서, 대형 조직들은 장점이 있다. 대형 조직들은 조직의 다른 부서에서 다른 종류의 교육을 테스트하고, 환자불만의 감소와 긍정적인 고객 반응의 증가를 통해 특정 교육이 다른 교육보다 더 효과가 있는지 통계상으로 알아낼 수 있다. 또 다른 전략으로는 조직이 교육의 전과 후에 환자들에 대한 직원들의 태도를 측정하는 방법도 있다. 환자와 직원의 태도에는 상관관계가 존재하므로, 직원의 태도가 환자들이 서비스 수준을 인식하는 일반적인 척도가 될 수 있기 때문이다.

3. 교육비용과 혜택 분석을 하지 않는 경우: 교육 프로그램에는 직접적 비용만이 아니라 간접적 비용이나 기회비용도 든다. 직원들이 교육을 받기 위해 잠시 업무를 접는 시간도 일종의 기회비용이다. 모든 직원들이 모든 교육을 다 받도록 하는 것은 너무 큰 비용이 든다. 그래서 고객서비스와 환자만족도 부분에서 가장 긍정적인 결과를 보여줄 수 있는 훈련 프로그램들을 이용하여 비용대비 최고의 가치를 얻어낼 수 있도록 해야 한다. 많은 경우 조직들은 유용성과 가치가 증명되지 않은 프로그램을 판매하는 컨설턴트들에게 휘둘린다. 조직들은 최고의 환자만족이라는 결과를 가져올 수 있는지를 고려하여 내부 혹은 외부 교육 프로그램의 가치를 확인해야 한다.

직원 개발

일반적으로 교육은 새로 채용되거나 승진한 직원들에게 어떻게 새로운 업무를 수행하는지 혹은 현재 업무 수행에서 발견되는 결함들을 어떻게 극복할 것인지 가르치는 데 초점을 맞춘다. 반면 직원 개발은 미래를 위해 직원을 준비시키는 데 초점이 맞춰져 있다. 교육은 오늘날 직원들이 업무 수행을 하는 데 있어 발견되는 결함들을 진단하고 정정하기 위해 뒤를 돌아본다. 반면 직원 개발에서는 성공적인 내일을 위해 직원들이 필요한 KSAs 분야를 알아내고자 앞을 바라본다.

직원 개발과 관련해 가장 큰 문제는 미래를 예측하기가 어렵다는 것이다. 그래서 직원 개발 프로그램은 좀 더 포괄적인 경향이 있고, 그 효과의 측정과 평가에 있어서도 교육 프로그램보다 직원 개발 프로그램이 더 어렵다.

교육 수당

전통적인 교육 수당 정책은 직원 개발을 장려하기 위해 많은 조직들이 사용하는 모범 사례이다. 직원의 기존 업무와 직접적으로 관련된 교육 과정에 대해서만 교육비를 환불해주는 것과, 적법한 교육 기관에서 수료한 적법한 과정에 대해 모두 지불하는 것 중 어느 쪽이 더 나은가? 전자의 경우, 현재 업무를 수행하기 위해 직원의 능력을 직업적으로 높여주는 과정들을 지불하기 때문에 더 현실적이다. 반면 후자는 분야와 상관없는 교육과정에도 지불함으로써 조직 내에 존재하는 지식의 범위를 확대한다는 장점이 있다.

전공이 서로 다른 사람들이 문제를 논의하기 위해 품질관리 서클이나 문제 해결 회의에 모였다고 가정해보자. 이 그룹의 총지식은 동일한 교육 프로그램이나 동일한 전공을 이수한 사람들이 모인 그룹보다 분명히 더 클 것이다. 다양한 학습 경험은 직원과 조직의 창의적 잠재력을 확대하기 때문에, 현재와 미래를 위한 새롭고 혁신적인 방법을 고안할 가능성이 높아진다.

일반적인 교육

직원의 능력 향상과 성장 그리고 배움을 위한 노력을 지원하는 것은 고용자의 주요 관심사항 중 하나일 것이다. 이런 지원을 통해 조직은 직원들에게 현재의 기여만큼이나 그들의 잠재력도 소중하게 여긴다는 메시지를 보낼 수 있다. 또한 이는 직원과 조직 개발 전략 중 비교적 저렴한 편이다. 그보다 더 중요한 것은, 조직이 학습 환경을 지원하는 것이다. 모든 종류의 배움을 적극적으로 장려하는 것은 조직은 직원들에게 지속적인 학습이 조직의 경쟁력을 유지하는 유일한 방법임을 믿는다는 강한 메시지를 보내는 것과 같다. 학습하는 조직들은 지식의 보고를 구축하면서 개인뿐만 아니라 전체 조직에 유익한, 새로운 지식의 적극적인 추구를 장려한다.

창의적인 직원은 아무런 관련이 없어 보이는 자료라도 조직과 연관되도록 만들 것이다. 결국 조직은 교육 경험에서 나온 창의성과, 교육 지원으로 인해 높아진 직원들의 충성도로부터 이득을 얻게 된다. 선견지명이 있는 조직들은 10년 안에 발생되는 대부분의 수익은 오늘날 알지 못하는 상품이나 서비스로부터 비롯될 것임을 알고 있다. 조직이 오늘날 필요하다고 생각하는 교육과정에만 교육 수당 프로그램을 한정한다는 것은 10년 후에 어느 의료서비스가 중요하게 될지 예측하려는 것보다도 어리석을 수 있다.

경력 개발

모범적인 직원개발 프로그램은 경력 개발도 포함한다. 오늘 하고 있는 일을 미래에도 똑같이 하고 있을 것이라 생각하는 사람들은 많지 않을 것이다. 고객서비스를 중시하는 조직은 현재 고객의 요구 충족을 돕고 있는 사람들이 미래에도 계속 도움을 줄 수 있게 준비되도록 직원 개발에 신경을 써야 한다.

직원들은 조직에 오래 근무할수록 자신이 조직에 더 가치가 있다고 믿는 경향이 있다. 많은 조직들은 그런 직원들의 기념일을 축하하고 조직이 직원의 헌신을 인정하고 감사하고 있다는 것을 보여줌으로써 그 믿음을 뒷받침한다.

하지만 그것만으로는 부족하다. 훌륭한 서비스 조직들은 잘 설계된 경력 개발 과정을 제공함으로써, 개인적 성장과 개발을 위한 개인적 요구가 충족되어야 함을 인식한다.

신입 의료관리자는 열심히 일하고 헌신하면 언젠가 CEO자리에까지 오를 수 있을 것이라 기대할 수 있어야 한다. 훌륭한 조직들은 재능 있고 야망 있는 사람들에게 그들의 꿈이 이뤄질 수 있도록 승진의 기회를 제공한다. 이런 기회는 모든 직원들이 선택하지 않더라도 상징적으로 중요하다.

멘토링

메이요 클리닉, MD 앤더슨 암센터 그리고 보훈보건청(Veterans Health Administration)은 최근에 보건행정 석사 과정을 졸업한 사람들에게 펠로우십(fellowship) 기회를 제공한다. 펠로우십 프로그램은 고위 임원들이 직장생활을 처음 시작하는 젊은 사람들을 모니터링해주는 프로그램이다.

일반적으로 펠로우십 프로그램이나 멘토링 프로그램에서, 경험이 없는 직원들은 선배 직원들과 짝이 되어 개인적으로 그리고 직접적으로 배우고 성장할 수 있는 기회를 얻는다. 또한 멘토들은 후배들을 위해 논의와 평가를 내려주는 역할을 하며, 직무 지도와 직장생활에 대한 조언을 한다.

이런 방법으로 후배 직원들은 자신들의 역할과 책임 그리고 회사의 기대에 대해서도 더 잘 이해할 수 있게 된다. 하지만 멘토 관계에서 이득을 얻는 것은 후배 직원들만이 아니다. 멘토들도 후배 직원들로부터 소중한 식견을 갖게 되며, 프로세스를 통해 더 나은 관리자가 된다.

결론

제7장에서 다룬 많은 교육과 개발 기법들을 써서 직원 성장이 가능해질 수 있다. 조직들은 KSAs가 있는 직원, 기꺼이 열심히 일하는 직원들에게 직업적으로는 물론이고 개인적으로도 성장할 수 있는 기회를 제공해야 한다. 출세의 길은 모두에게 열려 있어야 하고,

지속적인 학습을 장려해야 한다. 사실 조직문화에서는 평생학습이 발전으로 이어질 수 있다는 철학이 중요하다.

직원 교육과 개발은 리더십 개발에서부터 시작된다. 리더들은 경력 개발의 역할모델이 되어야 한다. 학습과 개발에 대한 직원들의 요구를 무시하는 것은 단기적인 관점에서는 비용효과적인 전략일 수 있으나, 장기적 관점에서는 오히려 더 큰 비용이 든다. 간단하게 말해, 만약 직원들이 성장하지 않으면 조직 또한 성장하지 않는다. 우수한 직원들은 자신의 성장을 도울 수 있는 고용주에게로 떠나게 되어 있다.

개발이란 직원들만을 위한 것이 아니다. 리더들이 조직의 풍토를 만들기 때문에 그들 또한 반드시 개발에 참여해야 한다.

서비스 전략

1. 직원들에게 업무와 관련된 기술뿐만 아니라 고객서비스와 관련된 창의적인 문제 해결 기법들도 가르쳐야 한다.

2. 주어진 상황에서 어떻게 고객들에게 대응해야 하는지 직원들에게 가르치기 위해 고객서비스와 관련된 스크립트를 사용한다.

3. 교육을 위한 교육을 하지 않는다. 교육 투자를 통해 얻을 수 있는 결과가 무엇인지 알고, 교육을 잘 받았는지 확인하기 위해 교육 결과를 측정한다.

4. 사람들을 교육하기 전에, 서비스 제공시스템을 먼저 확인한다. 문제는 사람이 아니라 시스템에 있을 수도 있다.

5. 조직의 미래를 위해 리더와 직원, 둘 다 개발한다.

6. 직원을 무조건 믿지 말고, 직원들의 교육과 개발을 지원한다.

7. 직원들의 사기를 진작하기 위해, 교육을 통해 배운 것들을 보상한다.

8. 교육을 직원들의 직무, 특히 고객서비스와 관련된 직무와 관련시킨다.

9. 고객서비스에 대한 교육과 개발을 일시적인 것이 아니라 계속 진행되는 과정으로 만든다.

CHAPTER 8

동기부여와 권한부여

리더들은 통제(control)가 아닌 권한부여(empowerment)에 대해 생각해야 한다.

– 워렌 베니스(Warren Bennis)

| 서비스 원칙 | 고객서비스 목표를 달성하기 위해 직원들에게 권한과 동기를
부여하고 보상한다

대부분 의료서비스 경험에서, 환자 접촉 직원들이 만족환자와 불만환자의 차이를 만든
다. 따라서 직원들은 임상적으로 잘 훈련되어 있어야 할 뿐만 아니라, 환자의 기대를 충족
할 수 있도록 동기와 권한을 부여받아야 한다. 관리자의 리더십과 경영 기술은 직원 행동
에 큰 영향을 줄 수 있으며, 직원의 동기와 권한 부여에 필수적이다.

제8장에서는 다음과 같은 내용을 다룬다.

- 직원 동기부여하고 만족시키고 보상하기
- 업무팀(work teams) 개발하기
- 문제를 진단하고 해결할 수 있도록 직원들에게 권한부여하기

직원들에게 동기부여하기

 의료관리자들에게 있어 직원들이 자신들의 업무를 효율적으로 능숙하게 수행하는 것을 넘어 한층 더 노력하게 하려면 어떻게 해야 하는지 알아내는 것은 중요한 과제이다. 다음 시나리오들을 살펴보자.

- 한 요양 시설 거주자가 한동안 평소보다 적게 먹고 더 많이 불평을 했다. 화가 난 가족은 그가 관심받고 싶어 불평을 하는 것이라고 생각했다. 그러나 관찰력 있는 직원은 환자가 먹기 싫어하는 것이 신체적 요인 때문일 수 있다는 의심을 하고, 환자가 치과의사를 만날 수 있도록 주선했다. 치과의사는 직원의 의심이 사실임을 확인시켜준다. 그 환자는 틀니 때문에 통증이 있고 불편해 먹을 수 없었던 것이다. 문제는 해결되었고, 환자는 직원과 치과의사에게 고마워하며 다시 규칙적으로 식사하기 시작했다.
- 항암치료를 받고 있는 환자가 치료 일정이 비어 장거리를 여행할 수 있을 때, 마침 친한 친구의 결혼식이 있어 참석하려고 여행을 계획하고 있다. 그때, 담당 간호사가 환자에게 그녀의 백혈구 수치가 높아 항암치료 일정이 바뀌었음을 알린다. 환자는 친구 결혼식에 참석할 수 없게 되어 실망했고, 담당 간호사는 실망한 환자의 얼굴을 보고 의사에게 치료 일정을 재조정해줄 것을 요청했다. 일정은 다시 변경되었고, 환자는 친구 결혼식에 참석해 행복한 시간을 보냈다.

 이 사례들에서, 요양 시설 직원과 항암치료 간호사는 의무적으로가 아니라 자발적으로 환자들의 문제를 해결하는 창의적인 방법을 택했다. 무엇인가가 혹은 누군가가 이 의료전문가들로 하여금 자신들의 임상적 직무와 직무기술서 항목을 넘어 환자들에게 추가적인 서비스를 제공하도록 동기부여를 한 것이다. 벤치마크 의료조직들은 전 직원의 모든 장점을 활용해 이익을 얻을 수 있다.
 그 어떤 것이든, 의료서비스 경험은 독특하다. 그렇기에 모든 의료서비스 경험들을 다루는 데 필요한 정책과 절차들을 미리 정의하는 것이 가능하다고 믿어서는 안 된다. 직원들은 담당 환자 또는 서비스 구역에서 발생하는 모든 다양한 상황들에 대처할 수 있도록 요구받고 신뢰받고 있음을 알아야 한다. 직원을 제대로 선택하고 교육했다고 여긴다면, 경영진은 직원이 책임감, 기술, 열정, 즐거움을 갖고 자신들의 업무를 수행할 수 있도록 만들어야 한다. 그러려면 어떻게 해야 할까?

답은 간단하다. '보상을 받은 행동은 반복하는 경향이 있고, 보상을 받지 않은 행동은 반복하지 않는 경향이 있다'는 심리적 원칙에 근거하는 것이다. 하지만, 이 답을 실행하는 것은 모든 관리자에게 쉽지 않다. 직원들이 계속 높은 수준으로 업무를 수행할 수 있도록 유지하는 방법은 훌륭한 의료서비스 경험들과 관련한 행동에 보상하고 그렇지 않은 행동에 대해서는 보상하지 않는 것이다. 의료서비스와 같은 개인적인 분야에서는, 직원 기여도의 인정이 굉장히 중요하다.

여기서, 적절한 보상을 찾는 것이 어렵다. 직원들은 환자들만큼이나 다양하다. 환자들이 진료에서 기대하는 것이 다르듯이, 직원들이 조직과의 관계에서 기대하는 보상도 다 다르다. 어떻게 보면, 직원은 관리자의 고객이라고 할 수 있다. 고객이 의료서비스 경험의 가치와 품질을 정의하는 것과 같이, 직원들은 고용관계의 가치와 품질을 정의한다. 관리자들의 과제는 각 직원이 공정하고 적절하다고 생각하는 보상의 종류가 서비스 보상인지, 제안과 개선에 대한 인정인지, 고객들에게 서비스를 잘 제공한 직원들을 인정하는 인센티브인지 판단하는 것이다. 시간이 지나면서 직원들의 기대, 기분 그리고 고용관계의 평가가 변하기 때문에 적절한 보상을 찾는 것은 어렵다.

대부분의 경우, 직원들은 직장생활에서 경쟁적인 보수와 혜택들(복리후생) 이외에 4가지를 기대한다. 즐겁게 성취감을 느낄 수 있도록 일이 재미있어야 하고, 공정해야 한다. 또한 흥미로워야 하고, 중요해야 한다. 최고 조직들은 훌륭한 직원들이 직장에서 재미있게 일할 수 있도록 하면 계속 근무할 확률이 더 높아진다는 것을 인정한다. 예를 들어, 소프트웨어 개발회사인 패러다임 커뮤니케이션(Paradigm Communication)의 비공식 미션은 '즐기지 않으면 해고당한다'이다. 또한, 회사의 소유주는 출근 정책과 복장 규정을 간단하게 설명한다. "회사에 나타나고, 무엇인가는 입고 와라."

물론 의료상황은 대부분 재미있지 않다. 환자에게 고통스러운 임상 절차, 부모에게 아이가 위독하다는 사실을 전하는 것과 같은 업무는 고통스럽고, 직원에게 많은 스트레스를 준다. 그럼에도 불구하고, 전체적 업무를 수행하고 목표를 달성하는 것이 성취감을 주고 즐거워야 한다.

조직의 관점에서, 직원들을 관리하고 유지하는 비결은 직원들이 재미있고 공정하고 흥미 있고 중요하다고 인식하는 업무 상황들을 조성하는 것이다. 만약 조직이 이런 요소들을 업무 상황들로 만들 수 있다면, 직원들이 열심히 일하고 고객을 만족시키는 동기가 될 것이다. 경영상의 문제는 이 4가지 특징의 정의가 사람마다 다르다는 것이다.

[표8-1]은 의료관리자가 어떻게 하면 조직을 훌륭한 고객서비스를 지향하는 곳으로 만드는 변혁적 리더가 될 수 있는지 보여준다. 먼저 효과적인 거래형 리더가 되는 것부터 시작할 수 있다. 성공적인 조직은 사람들의 기본적 요구를 잘 다뤄야 한다. 그러나 성공적인 조직에는 좋은 급여 제도, 안전한 근무환경, 보안, 경쟁적인 복리후생과 뛰어난 운용 장비 외에도 많은 것이 있다. 진정으로 성공적인 조직들은 재미있고 공정하고 흥미롭고 중요한 직무들을 제공할 수 있는 방법들을 효과적으로 찾는다([표8-1] 참조). 이것이 '거래형' 관리자가 '변혁적' 리더가 되는 방법이다.

[표8-1] 미션에 집중하는 직원들 동기부여하기

일은…	왜냐하면…
1. 재미있다.	재미있는 근무환경은 직원들에 대한 조직의 존중과 감사를 전달한다. 행복은 전염된다.
2. 공정하다.	공정함(equity)은 직원들에게 중요하다. 왜냐하면 직원들은 급여, 복리후생, 발전 기회 등 조직으로부디 받는 혜택들을 다른 직원들과 비교하기 때문이다.
3. 흥미롭다.	
직무 내용(job content)	일은 자율성을 가지고 있다. 직원들은 자신의 업무, 업무처리 방법 그리고 성과에 대한 권한을 부여받고 책임을 진다.
직무 맥락(job context)	업무팀과 문화는 조직을 일하기 좋은 곳으로 만든다.
4. 중요하다.	주요 이해관계자들이 중시하는 목적을 가지고 있는 조직의 일이 가치가 있다.

재미

행복은 전염성이 있기 때문에, 직장에서 '재미'는 필수요소이다. 재미있게 일하는 직원들은 스트레스를 덜 받고, 더 느긋하며, 고객들을 포함하여 다른 사람들에게 잘 전달되는 가치들을 가지고 있다. 연구에 따르면, 고객에게 전화를 걸 때 웃는 얼굴의 직원들이 거는 전화가 찡그리거나 불만스러워하는 직원이 건 경우보다 성공적인 결과를 가져오는 비율이 더 높다고 한다. 재미있는 근무환경은 직원의 근속과 사기를 향상시키고, 채용에 도움이 된다.

공정함

직원들에게 동기부여를 주는 두 번째 요인은 공정함이다. 공정하게 대우받은 사람들은 그렇지 않다고 생각하는 사람들보다 조직을 대신하여 업무를 수행하는 데 더 의욕을 갖게 된다. 사람들은 자신들이 투입한 노력과 그로부터 얻은 결과의 비율을 다른 사람들의 투입-결과 비율과 비교한다. 만약 직원이 자신의 투입-결과 비율이 다른 사람들과 비교하여 대략 동일하다고 생각한다면, 그 직원은 만족할 것이다. 만약 그 직원이 마땅히 받아야 하는 것보다 적게 받고 있다고 인식하면, 그는 자신의 노력이 남용되고 있다고 느낀다.

자신의 노력이 남용되고 있다고 느끼는 직원들은 회사의 기물을 훔치고, 자주 병가를 신청하며, 사기가 떨어진다. 그들의 불만스러운 행동과 몸가짐은 고객들의 눈에 보인다. 반면, 동료들보다 더 나은 급여나 복리후생을 받고 있다고 생각하는 직원은 미안함을 느끼고, 자신들이 받는 급여를 정당화하기 위해 더 열심히 일한다. 더 일찍 출근하거나 더 늦게 퇴근할 수도 있다. 그러나 이런 반응은 일시적이다. 이런 직원들은 곧 자신들은 그만한 처우를 받을 만한 자격이 있다고 믿게 되기 때문이다.

직원들은 조직으로부터 공정하게 대우받기를 원하고, 성공적인 관리자들은 그 방법들을 모색한다. 직원들이 자신들과 다른 사람들을 비교하기 위해 사용하는 투입-결과 측정 기준을 모른다는 것이 관리자가 겪는 어려움의 원인이다. 관리자들은 이런 비교 요인에 대해 불공정을 경계해야 한다. 불공평한 대우를 받는다는 느낌보다 직원의 업무 성과를 더 약화시키는 것은 없다.

흥미

직원 동기부여의 세 번째 기여 요인은 사람들이 자신의 업무를 얼마나 흥미 있게 느끼는가이다. 관리자들은 기능적 책임을 수행할 수 있는 숙련된 사람들을 고용하기 위해 노력한다. 그리고 이런 사람들에게 가장 중요한 내적 보상과 외적 보상으로 이런 열정에 대한 동기부여를 할 수 있다. 그러나 관리자가 겪는 어려움은, 어떻게 직원들이 자신들의 업무에 항상 그리고 계속 관심을 갖게 할 것인가 하는 부분이다.

완전히 똑같을 수는 없지만, 직원들 대부분의 동기요인은 비슷하다. 첫째, 직장은 개인적으로 그리고 직업적으로 배움과 성장을 위한 기회를 계속해서 제공해야 한다. 직원들은 자신이 관심 있는 분야에 통달하고 싶어 하기에, 자신의 일과 직업적 인정을 더 중시하게 된다. 자연히 자신들의 KSAs를 존중한다. 둘째, 집단작업에 대한 기회를 제시해야 한다. 이 개념은 제8장의 후반부에서 논의한다.

중요성

중요성이 네 번째 동기부여 요인이다. 이것은 직원의 직무와 성과가 조직의 미션을 실현하는 데 중요한 역할을 한다는 인식이다. 만약 지역사회가 의료조직을 지역사회의 경제적 성장과 건강 그리고 웰빙의 중요한 기여 요인이라고 본다면, 직원들은 자신들이 그 기관과 연관되어 있다는 것과 공공의 이익에 자신들의 전문적이고 개인적인 노력이 투입되고 있음에 자부심을 느낀다. 즉, 직원들은 자신이 하는 일이 다른 사람들에게 이익이 되기 때문에 중요하다고 느낀다.

스튜더(2008)는 업무를 중요하게 보는 이런 인식이 직원만족도로 이어진다는 것에 동의한다. 그는 이 개념에 추가적으로 3가지 직원 욕구를 덧붙였다.

1. 직원들은 조직이 옳은 목적을 가지고 있다고 믿고 싶어 한다.
2. 직원들은 자신들의 업무가 보람 있다는 것을 알고 싶어 한다.
3. 직원들은 영향을 주고 싶어 한다.

직원들 만족시키기

훌륭한 리더들은 직원들을 동기부여하고, 그들의 재능을 개발하고, 그들에게 적절한 자원을 제공하며, 그들이 성공하면 보상한다. 만약 의료관리자와 감독자들이 적절한 인센티브를 제공하고 직원의 요구를 충족한다면, 직원들은 자신들의 업무가 재미있고 공정하고 흥미롭고 중요하다고 여겨 직장생활에서 만족감을 느낄 것이다.

만약 직원들이 만족하면, 고객들의 요구를 충족하기 위해 노력할 가능성이 훨씬 높아진다. 고객만족도는 해당 의료조직과의 긍정적인 관계로 나타나고, 이는 긍정적인 입소문은 물론 지역사회의 지원과 수익 개선으로 이어진다. 직원만족에 미치는 리더들의 중요성, 고객만족에 미치는 직원만족도의 중요성은 연관성이 논리적이고 연구 결과로도 증명되었다.

자이델과 비트너, 그렘러(Zeithaml, Bitner and Gremler, 2008)의 연구는 직원만족도와 고객만족도 간의 관계를 뒷받침하며, 만족한 직원들이 만족한 고객들에게 기여하고 만족한 고객들은 직원들의 직업 만족도를 강화할 수 있다고 주장한다. 서비스 직원들이 직장생활에서 행복하지 않다면, 고객만족은 달성하기 어려울 것이다.

필요에 따라 개입하기

적절한 경영적 개입은 부정적인 직원의 상황을 만족스러운 경험으로 바꿔놓을 수 있다. 양심적이고 열심히 일하는 간호사가 아동 병원에서 근무하고 있다고 해보자. 이 간호사는 학교에 다니는 아이를 둔 가장으로, 아이들 문제 때문에 출근하지 못하는 경우가 종종 있다. 간호관리자는 그 간호사에게 결근하면 상부에 다 보고해야 한다는 것을 알렸다. 간호사는 직장을 잃게 될까봐 걱정하기 시작했고, 질책으로 인해 그녀는 생계에 대해 더 불안감을 느끼게 되었다. 그녀의 개인적 문제와 해고의 위협은 그녀가 제공하는 서비스 품질과 임상 진료에 부정적인 영향을 줄 수 있다.

이 상황은 간호관리자에게 부정적인 상황을 전환할 수 있는 기회를 준다. 관리자는 해당 간호사와 부서를 만족시킬 수 있는 변화를 가져오기 위해 무엇을 해야 할까? 다음과 같은 단계별 접근법을 사용하면 효과가 있을 것이다.

1. 문제를 진단한다: 관리자는 경청을 통해 간호사의 결근 이유를 알아낼 수 있다. 이때 경청하는 동안, 관리자는 조언이나 지시 혹은 해결책을 제시하려 하지 말고, 경청 자체에 집중해야 한다.

2. 목표와 기대를 명확하게 설명한다: 관리자는 조직의 미션과 비전, 목표, 시간 엄수, 환자 진료, 고객서비스 등과 관련된 부서의 기대를 구체적으로 논의해야 한다. 또한 관리자는 이런 기대를 충족했을 때 받을 수 있는 보상과 실패했을 때 받을 수 있는 처벌(훈계 및 해고 포함)을 설명해줄 수 있다. 관리자는 직원이 자신의 역할과 행동, 성과가 전체 기업의 기능에 영향을 미칠 수 있음을 더 잘 이해할 수 있도록 조직 및 부서의 목표와 기대를 간호사의 구체적 업무와 관련지어 설명해야 한다.

3. 해결책을 제시할 수 있도록 직원에게 권한을 부여한다: 앞의 예에서, 간호사는 자신의 육아 문제를 해결해야 할 책임이 있다. 그리고 관리자는 의견을 제공하고 필요한 지원을 해야 한다. 여기서 목표는 현실적이고 성취할 수 있으며 양쪽 당사자들에게 상호 만족스러운 해결책에 도달하는 것이다. 만약 동의한 기한 내에 개선이 되면, 관리자는 간호사의 노력에 대해 개인적인 축하나 감사 메시지를 전달하여 지속적으로 진전하도록 장려할 수 있다.

코칭 vs. 평가

전통적인 성과 평가의 1차 목적은 업무 성과를 향상할 수 있도록 직원들에게 열정을 심어주는 것이다. 그러나 업무 성과 향상은 적어도 3가지 이유로 실패하는 경우가 있다. 첫째, 평가가 일반적으로 일년이나 반년 혹은 분기마다 정해진 기간에 이행된다. 결과적으로, 직원은 개선 노력이 필요한 부분에 대한 피드백을 시간이 상당히 경과한 다음에 받게 된다. 둘째, 업무가 너무 많아 관리자가 직원의 모든 보고서를 항상 확인하지는 못하고, 그 결과 많은 직원들이 관리자가 성과에 대해 피드백을 잘 주지 못한다고 인식한다.

마지막으로 최악의 이유가 남아 있다. 바로, 많은 직원들이 관리자의 평가가 편향되었다고 생각하는 것이다. 결과적으로 직원들은 감독자의 평가만으로 자신의 행동이나 업무 수행을 바꾸고 싶어 하지 않는다.

지난 10년 동안, 성과 평가에 대한 지배적인 관점은 직업적 개발을 촉진하기 위한 목적이 아니라 단지 행정적 요건을 충족하기 위해 진행되는 것이었다. 사실, 성과 평가를 문서화하는 것은 승진, 강등, 해고, 이동, 강제 휴직, 급여의 인상이나 감소 그리고 다른 인적자원 활동들에 대한 법적 방어의 역할을 할 수 있다.

코칭은 커리어 성장을 촉진하기 위한 방법이다. 아래와 같은 이유들로 인해, 코칭은 전통적인 평가에서 발견되는 많은 문제들을 극복하는 데 도움이 된다.

- 코칭은 지속적으로 피드백을 제공한다.
- 코칭은 목표 설정을 지원한다.
- 코칭은 업무 성과와 직무 기대 간의 관계를 명확하게 한다.
- 코칭은 직원이 업무 성과를 향상시키기 위한 행동을 취하도록 격려한다.

새로운 세대의 직원들이 인력으로 투입되면서, 코칭의 가치는 앞으로 더 커질 것이다. 대부분의 직원들은 피드백을 원하지만, 전적으로 관리자의 주관에 근거한 부정적인 피드백을 원하지는 않는다. 평가 도구의 발전과 함께, 코칭은 관리자들이 조직과 직원이 조직 미션을 달성할 수 있도록 도와준다.

어떤 학자의 미발표 연구 결과에 따르면, 미스터리 쇼핑 접근법(mystery shopping approach)도 코칭을 위해 효과적으로 사용될 수 있다고 한다. 미스터리 슈퍼들은 객관적이고, 편향되지 않고, 주요 업무 기준에 근거한 정보를 제공한다. 이런 데이터를 사용하면 관리자들은 코치를 할 수 있게 된다. 그리고 질책보다는 원하는 행동에 초점을 맞출 수 있게 된다.

동기부여 요인과 만족감을 주는 요인들에 대해 직원들에게 물어보기

직원들을 만족시킬 수 있는 것이 무엇인지 알아내는 가장 효과적인 방법은 직원들에게 직접 물어보는 것이다. 잘 계획된 직원 설문조사는 조직 내의 동기부여 요인들에 대한 직원들의 인식을 직접적으로 알아낼 수 있다. 이런 설문조사는 직장생활에서 직원들의 관심사와 목표를 가늠할 수 있어야 하고 근무 조건들과 직업 만족도를 향상시키는 변화들을 알아낼 수 있어야 한다. 그리고 직원들의 성과에 대한 인정과 보상의 수준을 결정할 수 있어야 하고, 직원들을 동기부여하는 주요 동인들(예: 승진, 유연한 근무 스케줄, 자율성, 더 많아진 책임, 인정, 급여)을 설명할 수 있어야 한다.

말콤볼드리지상을 수상한, 위스콘신의 머시 헬스시스템(Mercy Health System)과 미주리의 SSM 헬스케어(SSM Health Care)도 정기적·체계적으로 직원 설문조사를 한다. 또한 코네티컷의 예일 뉴헤이븐 병원(Yale-New Haven Hospital)도 2~3년마다 직원 설문조사를 진행한다. 그리고 뱁티스트 헬스케어의 대책위원회는 직원 인센티브 프로그램을 구조화하는 데 유용한 정보를 수집하기 위해 포커스 그룹을 지휘한다.

뱁티스트 헬스케어는 2년마다 전 직원을 대상으로 설문조사를 하고, 90일마다 직원들과 감독자들의 관계 및 보수와 근무조건에 대한 직원들의 생각을 조사한다. 직원의 만족 혹은 불만족으로 이어지는 여러 양상에 대해 간략한 설문조사를 진행하는 것이다.

조직은 직원만족도와 사기, 이직률 그리고 의료서비스 경험의 품질에 존재하는 직접적인 관계를 이해해야 한다. 관리자는 자신이 관리하는 직원들의 만족도가 낮으면 그 자신도 성과 평가와 보상에서 낮은 점수를 받는다. 이런 만족도 점수는 전 직원들이 볼 수 있는 곳에 게시해놓는다. 뱁티스트 헬스케어에서 직원만족은 높은 환자만족과 생산성으로 이어졌다.

[표8-2]는 직원들이 직무와 조직에 만족할 수 있게 만드는 주요 요소들을 측정하는 12가지 질문들을 열거하고 있다. 이 질문들은 갤럽이 24개의 회사에서 근무하는 100,000명 이상의 관리자를 대상으로 메타분석을 진행한 조사에 근거한다. 이 질문 리스트를 보면, 직원들은 조직을 떠나는 것이 아니라 자신들의 관리자를 떠나는 것임을 알 수 있다. 제5장에서 언급되었듯이, 변혁적 리더들은 이 간단한 진리를 알고 있으며, 조직이 미션을 이루도록 도울 수 있는 적임자를 유지하기 위해 이 질문들에 답을 하려고 노력한다.

[표8-2] 업무 관련 핵심요소 평가 질문들

1. 직장에서 나에게 무엇을 기대하는지 알고 있는가?
2. 내가 맡은 업무를 제대로 하기 위한 도구, 재료, 장비를 가지고 있는가?
3. 직장에서 하루 종일 내가 가장 잘하는 것을 할 수 있는 기회가 있는가?
4. 지난 7일 동안 내가 잘한 일에 대해 칭찬이나 인정을 받은 적이 있는가?
5. 직장에서 상사와 다른 직원들이 나를 인간적으로 잘 대해주는가?
6. 직장에서 내가 발전할 수 있도록 장려하는 사람이 있는가?
7. 직장에서 나의 의견이 반영되는가?
8. 내가 소속된 조직의 미션과 목적이, 나로 하여금 나의 업무가 중요하다고 느끼게 하는가?
9. 나의 동료들은 좋은 성과를 내기 위해 업무에 전념하는가?
10. 직장에 친한 친구가 있는가?
11. 지난 6개월 동안 직장에서 나의 진전에 대해 이야기한 사람이 있었는가?
12. 지난 1년 동안 직장에서 내가 배우고 성장할 수 있는 기회가 있었는가?

모범적인 행동 보상하기

대부분의 관리자들은 문제를 일으키는 직원들에게 집중하고, 업무를 잘 수행하는 유능한 직원들은 무시하는 경향이 있다. 직원들은 '미운 자식 떡 하나 더 준다'라는 속담을 직장생활에서 몸소 깨닫는다. 잘못된 행동을 보상하는 것은 올바른 행동을 보상하지 않는 것만큼이나 큰 실수이다. 조직이 지지하는 행동을 잘 이행할 때 제대로 보상하고 있는지 확인하기 위해, 조직의 보상제도를 지속적으로, 신중하게 검토해야 한다.

예를 들어, 많은 병원들은 직원들이 환자들을 만족시키기 위해 최선을 다해야 한다고 말한다. 그러나 이 중 상당수의 병원들이 예산과 임상결과에 따라서만 직원의 성과를 평가하고 보상한다. 이런 실천을 'B를 바라면서 A를 보상한다'라고 한다. 대부분의 직원들은 자연적으로 환자만족도 평가보다 숫자에 초점을 맞출 것이다. 이와 유사하게, 만약 의료관리자들이 팀 성과가 중요하다고 강조하면서 보상은 직원들 개별적으로 한다면, 직원들은 팀보다 자신의 성과를 중요하게 여길 것이다.

예를 들어, 병원이 한 여성을 병원의 안내 데스크 접수 담당자로 고용했다고 가정해보자. 관리자는 이 직원에게 그녀의 주요 임무는 환자와 가족들에게 인사하고 그들이 필요로 하는 정보를 제공하는 것이라고 했다. 그러나 시간이 지나면서, 환자가 병원에 오지 않을 때에도 그녀가 계속 일을 하도록 관리자는 중요한 문서 업무를 포함하여 더 많은 책임들을 맡겼다.

그녀는 자신이 환자들에게 활기차게 인사하거나 유용한 정보를 제공하는 것에 대해 관리자가 결코 칭찬하지 않으며, 다른 업무 때문에 너무 바빠서 즉각적으로 고객에게 응대하지 않더라도 관리자가 아무 말을 하지 않는다는 사실을 재빨리 알아챘다. 그러나 만약 문서 업무를 하지 못하면, 관리자는 그녀를 엄하게 질책한다. 이는 관리자가 행동을 취하거나 아니면 취했어야 할 행동을 취하지 않음으로써 이 직원의 직무기술서를 재정립한 것이다. 또한 행동을 통해 업무 우선순위를 분명히 한 것이고, 직원들은 그에 따라서 자신의 행동을 조정하게 된다.

보상 알아내기

관리자들은 직원들이 원하는 보상을 정확하게 알아낼 수 있는 기법들을 배워야 한다. 퀸트 스튜더(2008)는 이 프로세스를 "직원들의 '무엇'을 알아내기"라 칭한다. 이는 직원들이 보상에 대해 감지하는 요인들이며, 지원들의 동기부여와 헌신을 촉진한다. 스튜더는 직원들의 요구를 알아낼 수 있는 방법들을 아래와 같이 제안한다.

- 직원만족도 설문조사를 실시한다.
- 매일 혹은 매주 발행하는 문제들에 주목한다.
- "당신에게 중요한 게 무엇인가?"라는 메시지가 담긴 이메일을 전 직원에게 보낸다.
- 각 직원에게 직접적으로 물어본다.

앞의 [표8-2]와 같이 잘 설계된 직원 설문조사는 관리자들이 직원들을 가장 잘 동기부여하고 만족시킬 수 있는 보상에 대해 답을 준다. 직원 개개인을 중요하게 여기고 있고, 그들의 업무가 조직에 기여한다는 사실을 인정해주는 방식으로 보상을 받은 직원들이 내놓은 결과물이야말로 효과적인 성과라고 할 수 있다. 이런 식의 보상은 직원들이 자신의 업무를 계속해서 효율적이고 열정적으로 수행할 수 있도록 만든다.

앞서 언급했듯이, 직원의 근속률을 높이는 데 성공적이었던 보상 종류 중 하나로, 자유로운 근무시간 관리를 들 수 있다. AARP가 2008년에 선정한 '50세 이상 직원들을 위한 최고의 고용주'에 자유로운 근무시간 관리를 허용하는 의료조직 2곳이 포함되었다. 버지니아 폴스 처치의 이노바 헬스시스템(Inova Health System in Falls Church)과 미주리 세인트루이스의 SSM 헬스케어이다.

필수적인 경영 기술

관리자들은 행정적 업무 기술들과 변혁적 리더십 기술들을 포함하여 직원들을 지원하고 동기부여하는 특정 기술들을 가지고 있어야 한다. 행정적 기술이나 거래적 기술은 문서 업무, 행정 절차 그리고 각 직원의 업무 수행 능력에 직접적으로 영향을 줄 수 있는 정책들을 포함한 일상 업무들을 관리하는 능력이다. 급여 대상자 명단을 제출하는 것을 잊어버린 관리자, 직원의 의사결정에 필요한 정보를 제공하지 못하는 관리자, 토요일 저녁 응급실에서 일하는 직원을 너무 적게 배정한 관리자의 경우 관리자가 가장 열정적인 직원의 성공까지 방해하는 상황을 만든 것이다. 관리자들은 기본적인 업무와 관련된 직원들의 요구들을 효과적으로 관리해야 한다.

변혁적 리더십 기술은 조직을 더 높은 수준으로 향상시키길 원하는 개별적 직원들을 인정하고 보상하는 것이다. 이는 변화하는 외부 환경과 일치할 수 있도록 조직의 일부 측면을 변형한다는 의미이기도 하다. 즉, 조직문화의 일부 측면을 변경하는 것이다. 처벌에 대한 두려움과 위협은 강력하지만 단기적인 동기 요인에 불과하다. 직원의 요구를 충족하는 조직과 관리자들의 능력은 장기적으로 조직의 목표에 헌신할 수 있는 열정적인 직원들을 만들어내는 것이다. 관리자들이 직원들의 공헌에 대해 제공할 수 있는 것은 일을 재미있고 공정하고 중요하다고 느끼게 만들면서 공평하게 적용되는, 그리고 직원의 업무가 조직과 사회에 가치를 부여한다고 믿게 해주는 장려 정책이다.

열정 요인

처음부터 직원들이 조직에 입사하고 싶게 만드는 것은 무엇인가? 사람들은 자신들이 필요로 하는 바를 충족하고자 입사한다. 비록 개인의 필요는 셀 수 없이 다양하지만, 보통 재정적 안정에 대한 욕구, 자신의 자아상과 잘 맞고 나아가 향상시킬 수 있는 조직에 소속되고자 하는 욕구, 생각과 느낌이 잘 통하는 사람들과 어울리고자 하는 욕구, 개인으로서 또는 직원으로서 성장하고 발전하고자 하는 욕구가 포함된다. 모든 조직에는 업무를 잘 수행하지 못하는 직원들이 있지만, 대부분의 직원들은 자신들의 요구를 충족시키는 직장에서 좋아하는 일을 할 때 열심히 일한다.

(1) 급여

재정적 보상 정책은 신중하게 설계되어야 한다. 모든 직원은 경쟁력 있는 급여와 복리후생을 중요하게 여긴다. 그러나 직원들이 열심히 일하게 만들거나 계속 근무하길 원하게 만드는 동인은 보수만이 아니다. 때로는 보수가 부정적인 눈덩이 효과를 야기할 수 있다. 성공적으로 프로젝트를 완수하여 보너스를 받는 직원 집단이 있다고 생각해보자. 이 직원 집단은 다음 프로젝트는 더 잘 해내고자 하는 의욕에 가득 차 있을 것이다. 만약 이들이 다음 프로젝트를 더 높은 수준으로 완수했지만 더 낮은 보너스를 받거나 아예 받지 못한다면, 앞으로 있을 프로젝트에 대한 의욕이 감소할 수 있다.

(2) 소속감

수년 전에, 웨스턴 전기회사의 호손 공장(Hawthorne Plant)에서 실시한 조사는, 소속감의 유무가 직장에서 사람들이 무엇을 할 것인가 혹은 하지 않을 것인가에 크게 영향을 준다는 것을 증명했다. 잘 구성된 직원 집단은 관리자들이 직원들에게 지시를 내리고 직장에서의 행동을 지도하는 데 도움이 될 수 있다. 이를 위해, 관리자들은 직원들과 조화를 이루며 일하고 직원들의 노력을 지지해야 한다. 직원들의 목표를 성취하면 조직의 목표를 성취하기가 더 쉬워지기 때문이다.

만약 조직이 직원들 개인이 혼자 할 수 있는 것보다 더 큰 무엇인가를 성취할 수 있는 기회를 제공한다면, 구성원들에게 있어 조직의 가치는 단순히 소속감을 주는 것 이상으로 커진다. 강력한 기업문화와 존중받을 만한 미션을 가진 조직의 일원이라는 소속감은 직원과 조직 둘 다에게 이롭다. 존중받는 미션은 그 자체로 직원들에게 동기부여가 되고 직원들을 계속 유지할 수 있는 강력한 도구가 된다.

업무팀

의료직이 사람들의 삶을 크게 변화시킬 수 있음을 이해하고 자신들의 직업에 헌신하는 직원들은 서비스 품질 문제나 환자 진료상의 개선사항을 파악하는 업무를 담당하는 팀에게 이상적인 구성원이다.

앞서, 우리는 소속감을 원하는 사람들의 필요에 대해 논의했다. 업무팀은 조직의 개입 없이도 이 요구를 충족시켜준다. 그러나 대부분의 조직들은 개인의 목표와 팀의 목표, 그리고 조직의 목표 사이의 연관성을 알지 못한다. 하지만 개인의 노력은 팀이 목표를 달성할 수 있도록 도와주고, 더 나아가 조직이 미션을 달성할 수 있도록 해준다.

만약 조직이 팀으로 하여금 더 높은 수준의 요구를 충족할 수 있게 한다면, 조직과 조직의 노력은 팀과 팀의 구성원들로부터 지지를 받을 것이다. 물론 이런 방법이 쉽지는 않다. 대부분의 조직들은 업무팀들과 많은 혜택들을 어떻게 연결하여 사용해야 하는지 모른다. 이에 대해서는 뒤에서 논하기로 하자.

강력한 업무팀을 구축하기 위해 노력하는 것은 충분한 가치가 있다. [표8-3]은 잘 기능하는 업무팀의 특성들을 보여준다. 관리자는 이 가이드라인을 사용하여 약한 업무팀을 강화시켜 팀의 성과를 향상시킬 수 있다.

[표8-3] 성공적인 업무팀의 특징

성공적인 업무팀은…

1. 팀원들의 노력을 격려하고 집중시키는, 의미 있는 팀 목적을 가지고 있다.

2. 측정 가능하고 구체적이며, 현실적이고 이해하기 쉬운 목표와 목적을 가지고 있다.

3. 팀의 인원이 알맞은 수(5~15명)로 구성되어 있다.

4. 문제 해결과 의사결정, 대인관계, 팀 기술과 같은, 의사결정을 위한 적절한 기능과 기교 등 팀이 기능하는 데 필요한 기술을 겸비한 팀원들이 있다.

5. 이해하기 쉽고 잘 계획된 업무 절차와 행동 규칙을 가지고 있다.

6. 상호 책임이라는 문화 가치를 가지고 있다. 한 명의 팀원이 아닌 팀 전체가 실패하거나 성공한다.

7. 조직의 리더들의 지원을 받고, 실적 문화(performance culture)를 만드는 데 도움을 주는 코치가 있다.

8. 팀원들이 서로 상호작용하고 이해할 수 있는 충분한 시간을 준다.

9. 권한의 범위를 이해한다.

10. 성공하기 위해 필요한 자원을 제공받는다.

업무팀의 장점

조직은 지지적이고 생산적인 업무팀으로부터 많은 혜택을 얻을 수 있다.

1. 팀의 혁신적인 아이디어 이용: 모든 고객 문제에 이상적인 해결책을 제시할 수 있는 의료관리자는 없다. 팀을 이용한 문제 해결 프로세스는 많은 새로운 아이디어를 창출하고 관리자의 단독적인 관점보다 더 나은 관점을 제시한다. 다중책임을 맡은 관리자들보다는 고객들을 상대하는 직원들과 문제가 있는 고객들이 해당 문

제를 더 상세히 알고 있기 때문이다.

2. 향상된 직원 행동과 생산성: 팀이 성과 목표를 가지고 있으면, 그 집단은 관리자들보다 각 팀원의 기여를 더 잘 모니터링하고 감독할 수 있다. 개개인의 구성원들이 팀과 더 긴밀하게 일을 하기 때문에 구성원의 업무에 대한 팀의 승인이 감독자의 승인보다 더 큰 영향력을 가질 수 있다.

3. 학습 공유와 의사결정: 팀들이 조직의 노력에 도움이 되도록 참여할 때, 배움을 공유하게 된다. 팀원들은 조직과 조직의 전략에 대해 더 많이 배우게 되고, 경영진은 조직이 무엇을 하길 원하는지 그리고 어떻게 해야 하는지를 더 잘 이해할 수 있게 된다. 또한 구성원들은 과제와 목적, 성취해야 하는 이유, 다른 구성원들의 기여 그리고 전체 조직의 목표와의 관계를 더 배우게 된다. 문제에 대한 이해가 부족한 관리자는 그 문제를 다른 사람들에게 설명할 수 없고, 최고의 해결책을 찾아낼 수도 없다. 마지막으로, 팀의 참여는 직원들이 맡은 업무에 대해 책임을 지게 만든다.

4. 소유와 책임: 팀이 프로젝트를 맡으면, 팀원들은 문제 분석, 이해관계자들과의 소통, 해결책 발견 및 시행 그리고 결과 모니터링까지 포함하여 프로젝트의 모든 측면에 대한 소유권과 책임을 가진다. 팀의 참여로 경영진은 문제를 더 분명하게 진단할 수 있게 된다.

배식을 하는 동안 너무 많은 접시가 깨지는 문제를 해결하기 위해 업무팀이 구성된 상황을 예로 들어 살펴보자. 이 팀은 중간에 받침 없이 식판들을 쌓기 때문에 문제가 발생했음을 알게 됐다. 서빙 카트를 타일 바닥에서 밀면, 식판들이 달가닥거리다가 미끄러지고 바닥으로 접시들이 떨어지는 것이다. 팀이 찾아낸 해결책은 식판들 사이에 고무 받침대를 받치는 것이다.

팀은 관리자의 의견 없이 이런 아이디어를 냈기 때문에, 팀원들은 이 해결책이 성공할 수 있도록 더 열심히 일한다. 그들은 고무 받침대를 받치고 식판이 쌓인 서빙 카트를 밀어보고, 식판들이 미끄러지는 일이 없도록 열을 잘 맞추고, 의견과 협조를 얻기 위해 주방 직원들과 대화를 하고, 몇 주 후에 문제 해결을 위해 효과를 중간평가한다. 그리고 결국

이 해결책이 성공했음을 알게 된다.

이런 문제들이 생산공학자들이나 외부 컨설턴트들에게 주어지는 경우도 있다. 하지만 이들은 비현실적인 해결책들을 내놓을 수 있다. 이런 조치는 보통 문제를 해결하지 못하고 직원들만 불만스럽게 만든다.

업무팀을 이용하여, 관리자들은 실무자들이 개선 프로세스에 직접 참여할 수 있게 한다. 또한 이것은 조직이 직원들을 신뢰하고 그들의 능력을 높이 평가한다는 메시지를 전달한다. 이 접근법은 직원 사기의 향상, 결근율의 감소, 높아진 직원 채용 및 유지라는 결과들을 가져올 수 있다. 아래의 글은 업무팀의 다른 예시이다.

자발적 업무팀

발달장애를 가지고 있는 사람들을 위한 거주시설인 KNI(Kansas Neurological Institute, 캔자스 신경연구소)의 서비스를 주도하고 있는 것은 자발적 업무팀이다. KNI에는 24개의 자발적 업무팀이 있다. 각 팀은 8~14명으로 구성되어 있고, 코치의 도움을 받는다. 팀은 거주자들에게 하루 24시간, 1주일 내내 도움을 제공한다. 거주자들은 치료사를 포함한 KNI의 임상직원들을 언제든 호출할 수 있다.

팀은 개인적 보살핌, 식사 준비, 쇼핑, 오락물과 관련한 도움을 포함하여 많은 서비스를 제공한다. 또한 팀원들은 거주자들이 선호하는 라이프스타일에 민감해, 지원을 확대할 때는 그런 요구를 고려한다. KNI의 자발적 팀은 KNI의 미션을 발전시킨다.

---

(1) 간호팀

간호케어팀(nursing care team)은 미국 병원에서 조직 설계와 급성환자 치료에 대한 일반적인 접근법으로 부각되어왔다. 전형적인 간호케어팀은 팀 리더 역할을 하는 등록 간호사 1명과 간호 업무를 보조하는 간병인 1~2명으로 구성된다. 다른 팀 접근법과 마찬가지로, 간호케어팀도 공동의 목표를 위한 상호보완적인 기술과 사명감을 갖는다. 간호케어팀과 전통적인 간호팀(nursing team)의 차이점은, 후자의 경우 직무 경계가 엄격한 반면 간호케어팀의 직무 경계는 신축적이라는 것이다. 간호케어팀의 구성원들은 엄격한 역할

정의에 구애받지 않고 환자들을 보살피기 위해 필요한 일들을 수행할 수 있다. 이런 방식으로, 팀원들은 환자 진료와 관련한 의사결정 측면에서 권한부여를 경험하게 된다.

팀제와 관련된 발생 가능한 문제들

팀제 접근법에는 다음과 같은 잠재적 문제들이 있다.

- 팀은 개인에 비해 일 처리가 늦어질 수 있다.
- 팀은 관리자들에게 새로운 사고방식을 받아들이고 직원 리더십과 관련된 행동들을 바꾸도록 요구한다.
- 팀은 돈과 시간의 투자를 요구한다.
- 문제나 상황 혹은 직무가 모두 구성원 참여의 기회를 제공함에도, 팀은 단지 한 가지만 다루도록 제한된다.

이 단점들에 대해 잠시 살펴보자.

1. 해결책을 내는 데 있어, 팀은 경험이 있는 관리자 개인보다 오래 걸린다: 대부분의 팀원들은 어떻게 체계적으로 의사결정을 할 수 있는지 혹은 다른 구성원들과의 의견 일치를 위해서 어떻게 협력해야 하는지 직감적으로 알지 못한다. 구성원들에게 이런 기술들을 가르치는 것은 문제 해결에 도달하는 시간을 지연시킨다. 또한 문제에 관련된 육하원칙을 다양한 팀 기술과 조직 경험을 가진 팀원들에게 설명하는 것도 시간이 걸린다.

2. 팀의 결정은 현재의 관리자와 감독자들에게 혼란과 두려움을 줄 수 있다: 대부분의 관리자들과 감독자들은 현재 그들이 감독하는 일을 잘했기 때문에 승진한 것이다. 예를 들어, 가장 일 잘하는 간호사와 엑스레이 기사가 승진하여 수간호사가 되고 부서장이 되는 것이다. 만약 조직이 승진한 관리자에게 의사결정팀의 코칭 업무를 맡긴다면, 관리자는 조직이 자신에게 결정권을 부여할 의사가 없으면서

왜 자신을 승진시켰는지 혼란스럽고 궁금해하게 될 것이다. 즉, 여기서 오해가 생기고, 많은 관리자들은 실행자나 의사결정자가 아닌 코치로 역할을 바꾸는 데 어려움을 겪는다. 또한 관리자들은 두려움을 느끼기도 한다. 팀제에서 직원들이 권한을 부여받으면, 관리자들은 미래 역할과 책임에 대해 불안감을 느낄 수 있다. 부서와 직원들을 감독하는 것이 관리자의 역할이라면, 직원들이 스스로를 관리할 수 있고 부서와 관련된 결정을 할 수 있는 권한을 부여받았을 때 관리자의 존재는 어떤 가치가 있는가? 이런 위협받는 느낌 때문에, 많은 관리자들은 직원 권한부여 프로그램과 팀제의 활성화를 막거나 방해하는 방법들을 찾기도 한다.

3. 팀은 비용이 많이 들고, 그 의사결정이 항상 효과적인 것은 아니다: 직원들을 데리고 특별 프로젝트를 진행하려면 비용이 든다. 또한, 팀들은 팀원들의 권한과 우려, 관심사 혹은 전문 지식을 벗어나는 문제들에 대해 결정을 할 능력이 없다. 예를 들어, 약사팀은 간호사들을 위한 정책을 수립할 준비가 되어 있지 않다. 약사들이 간호 문제와 관련하여 폭넓은 교육을 받는다 하더라도, 여전히 상세한 부분에 대해 결정을 할 수 없을 것이다.

다음은 팀과 관련된 추가적인 문제들이다.

- 팀원들이 일반적으로 알고 있는 지식 이외의 기술적 전문 지식이 필요한 결정들은 성공하지 못할 가능성이 높다.
- 팀에 소속되지 않은 직원들은 소외감을 느낄 수 있고, 만약 팀이 좋은 아이디어나 성공적인 시행에 대해 보상을 받게 되는 경우 화가 날 수도 있다.
- 팀 내에서 자신의 몫을 하지 않고 무임승차하는 팀원도 생길 수 있다.
- 팀에 적응하지 못하는 사람도 생길 수 있다.

업무팀을 이용해야 하는 경우

조직은 팀 기반 의사결정을 이용하기 전에 4가지 중요한 문제들에 대한 해결책을 찾아야 한다.

1. 경영진은 직무 책임에 대해 업무팀에게 결정권을 부여하는 것을 편하게 여기는가?
   이 질문에 답하는 게 쉬워 보일 수 있지만, 사실은 그렇지 않다. 많은 관리자들이 자신들의 특권을 포기하기 싫어한다. 그렇지만 의료서비스에서는 불가피할 때가 있다. 왜냐하면, 전략기획과 같은 의료서비스 활동들은 팀에 의해서만 성취될 수 있기 때문이다. 모든 과업와 결정을 할 수 있는 시간과 기술을 갖고 있는 사람은 없다.

2. 경영진은 팀들이 자신들의 노력과 결정에 대한 책임을 지게 할 준비가 되었는가?
   대부분의 관리자들은 담당 부서의 성과에 근거하여 평가되기 때문에, 이 질문 역시 대답하기 어려울 것이다. 만약 관리자가 결정에 대해 책임을 져야 한다면, 팀이 결정하게 하는 것을 편하게 생각할 수 있을까? 만약 결과에 대해 책임을 져야 한다면, 대부분의 사람들은 그 의사결정에 직접 참여해야 한다고 여기고 다른 사람이나 팀의 결정을 신뢰하지 못할 것이다.

3. 경영진은 팀의 결정으로 발생한 이득을 공유할 준비가 되었는가?
   이 질문은 다른 질문들로 이어진다. 만약 팀이 결정을 잘해서 조직의 비용을 절감한 경우, 경영진은 그 이득을 팀과 공유할 것인가? 또한 경영진은 조직 내에서 높은 성과로 인해 얻은 영광과 이득을 공유할 것인가? 팀의 결정 덕분에 상사가 하와이 여행을 갈 수 있는 큰 보너스를 받았다면, 팀원들도 뭔가 혜택을 받지 않는 한 그 팀원들이 다시 조직이나 관리자를 대신해 열심히 일할 수 있을까?

4. 경영진은 팀원들이 성장하고 발전하도록 지원할 준비가 되었는가?
   만약 팀과 팀원들은 성장과 발전의 기회를 얻지 못한 반면 팀이 노력한 결과로 경영진이 그런 기회들을 얻는다면, 이를 본 팀원들은 팀 의사결정 프로세스에 대한 관심과 열정을 잃게 될 것이다. 팀 의사결정이 성공하기를 원한다면 경영진은 반드시 팀과 팀원들에게 성장과 발전 기회를 부여해야 한다. 또한 적절히 보상을 해야 하고, 의사결정에 권한과 책임을 부여하고 기꺼이 신뢰해야 한다.

효과적인 업무팀들은 팀원들에게 소속감 외에도 더 많은 것을 준다. 그들은 자부심, 성장과 발전의 기회, 성과와 실패를 인정하고 공유하는 방법, 서로에 대한 가치와 신념을 강화하는 방법을 보여준다. 즉, 그들은 개인으로서 또한 직원으로서 성장하고 발전하고자 하는 구성원의 욕구를 충족하도록 돕는다.

팀의 장점을 잘 활용하려면, 조직은 고객서비스 목표를 성공적으로 성취한 경우 팀을 공개적으로 축하해야 한다. 데이터를 공유하고 팀의 성공을 공개적으로 인정하는 것이다. 이런 방법은 조직문화를 긍정적으로 강화시킨다. 공개적인 칭찬은 뱁티스트 헬스케어의 실적개선 성공에 가장 큰 역할을 했다(아래 글 참조).

뱁티스트 헬스케어의 조직 개혁(turnaround)

뱁티스트 헬스케어는 456개의 병실을 갖추고 있는 비영리 소아과 전문병원으로, 서비스 실행을 평가하고 모니터링하기 위해 환자만족위원회(patient satisfaction committee)를 구성했다. 위원회에서는 입원환자와 외래환자, 응급환자, 통원수술환자에 대해 조사하기 위해 담당 부서를 대상으로 전화 설문조사를 실시했다. 팀은 설문조사를 통해 문제를 진단함은 물론, 우수한 서비스에 대해서는 보상했고, 개선을 위한 혁신적인 실천들에 착수할 수 있었다.

예를 들어, 환자들의 대기 지연이 확실한 경우, 직원들은 환자와 가족들에게 그 이유와 남은 대기시간 등을 알려주도록 했다. 후에 위원회의 업무를 환자와의 직접적 접촉이 적거나 없는 부서들로까지 확장했다. 이런 업무 확장의 목적은 부서들과 직원들 간의 서비스를 개선하는 것이다. 뱁스티드 헬스케어는 위원회를 통해 고객만족에 대한 전 조직적이고 통합된 접근법을 시행할 수 있었다. 위원회는 고객들에게 직접적인 서비스를 제공하지 않는 직원 및 부서들에게까지 고객서비스의 중요성을 강조했다. 또한 설문조사 도구와 통계 프로세스에 대한 지식과 고객서비스에 대한 열정과 같이 직원들의 숨겨진 혹은 사용되지 않은 기술들을 발굴하고 발휘할 수 있도록 했다.

직원들에게 권한부여하기

팀뿐만 아니라 개인 직원도 성장과 발전이 필요하다. 조직 환경에서 성장할 수 있는 기회를 주는 것이야말로 팀이 팀원들에게 제공하는 최고의 자산이다. 조직은 팀원들의 성장욕구를 만족시킬 수 있는 기회를 구성원들에게 제공해야 한다. 이를 위해 가장 흔히 사용되는 전략이 '권한부여'이다. 권한을 부여받은 직원들은 직무에 재미와 가치를 부가할 수 있다. 또한 잘 교육받은 직원들은 맡은 업무와 관련된 의사결정을 할 권한과 책임을 부여받는 것이 공평하다고 생각할 수 있기 때문에 공정성을 더할 수 있다.

권한부여의 가장 큰 혜택은 이를 통해 직원들에게 성장과 발전의 기회를 제공하고 그들이 직무에 흥미를 느끼게 한다는 것이다. 이런 직원들로부터 조직 또한 혜택을 얻는다. 권한을 부여받은 의료제공자는 각 환자의 기대를 충족하고 초과하기 위해 의료서비스 경험을 개인화할 수 있고, 서비스 실패를 예방하거나 회복하기 위한 모든 조치를 다할 것이다. 조직의 성공과 실패는 전적으로 의료서비스 경험의 품질에 달려 있다.

권한부여는 개인 직원에게 의사결정의 책임을 부과하는 것이다. 이는 권한을 부여받은 직원들을 이해시켜 조직 성과에 기여할 수 있도록 정보와 지식을 공유하고, 조직의 성과를 근거로 직원들을 보상하며, 조직의 결과에 영향을 주는 결정을 내릴 수 있는 권한을 부여하는 것도 포함한다. 권한부여는 위임이나 분권화, 참여적 관리라는 전통적 개념들보다 더 넓은 의미이다. 또한 권한부여는 특정 분야에 대한 결정 책임을 더 넓힘으로써, 전체 업무나 조직의 미션과 목적에 부합하도록 해당 업무를 수행하는 것에 대한 결정 책임을 포함시킬 수 있다.

일부 조직의 관리자들은 직원의 의사결정 참여에 대해 말만 할 뿐, 직원들이 결정할 수 있는 실제 권리와 권한을 주지 않는다. 직원 권한부여의 목적은 적임자를 통해 효과적인 의사결정을 하는 것뿐만 아니라, 업무 관련 결정에 대한 책임을 직원이나 업무팀에게 부여하는 메커니즘을 제공하는 것이다. 또한 권한부여는 경영진이 관련 정보를 공유하고 효과적인 업무 수행을 침해하는 요인들을 통제할 의사가 있다는 의미이다.

하지만 권한부여에는 적절한 선을 두어야 한다. 더 큰 권한을 부여한다고 꼭 더 나은 것은 아니다. 관리자는 특정 과제를 수행하고 있는 직원들이나 팀에게 다른 직원들보다 더 높은 권한을 부여하기로 선택하는 것도 가능하다. 주어진 직원의 업무나 팀의 과제 책임 내에서도, 결정 분야가 다르면 권한의 정도도 다르게 부여할 수 있다. 예를 들어, 한 클리닉이 경쟁 클리닉과 같은 수준의 환자만족을 충족하고자 일정 범위 내에서 간호사들에게 누가, 언제 환자를 방문할 것인지 규제할 수 있는 권한을 부여했다고 해보자. 그러나 해당 클리닉은 같은 간호사들이 임상 프로토콜이나 클리닉 운영 시간을 수정하는 것은 허락하지 않을 수 있다.

직무의 내용과 맥락

의료관리자들은 자신들의 조직에서 권한부여라는 개념을 어떻게 사용하는지 확인하고 싶을 수 있다. 또한 관리자들은 직원들의 업무에 대한 통제권은 유지하면서, 직원들에게 업무 프로세스에 대한 권한을 부여하는 것의 균형을 맞추고 싶을 수도 있다. 예를 들어, 만약 경영진이 한 업무팀에게 어떤 프로젝트에 대한 권한과 책임을 부여했는데, 팀이 조직의 목표와 아무런 관련도 없는 것을 하기로 결정했다면 어떻게 될까? 이런 위험을 방지하기 위해서도 권한은 제한적으로 부여되어야 한다. 그리고 어느 부분을 제한해야 하는지가 권한부여와 전략 시행에 있어 가장 어려운 문제가 될 수 있다.

직원들에게 권한을 부여하고 싶은 조직은 먼저 직무를 분석해야 한다. 모든 직무는 내용과 맥락이라는 2가지 차원으로 이뤄진다. 직무 내용은 업무를 수행하기 위해 필요한 과제와 절차를 나타낸다. 직무의 맥락은 해당 업무가 조직에 왜 필요한지, 하나의 업무가 다른 업무들과 어떻게 상호작용하는지, 그 업무가 전체 조직의 미션과 비전, 목표 그리고 직무 설정에 잘 부합하는지를 뜻한다. 직원들에게 권한을 부여하고자 하는 관리자들은 의사결정을 단순히 대안 선택 프로세스가 아니라 다음의 5단계 프로세스라 보는 것이 더 도움이 된다.

1. 문제를 진단한다.
2. 대안 해결책들을 찾아낸다.
3. 대안들의 장점과 단점을 평가한다.
4. 선택한다.
5. 선택을 시행하고 효과를 분석한다.

직원들은 5단계 프로세스에 참여할 권한을 부여받을 수 있다.

[표8-4]는 세로축에 직무의 맥락, 가로축에 직무의 내용을 나타내고 있다. 가로축은 직무 내용에 대한 직원이나 팀의 의사결정 책임이 의사결정 프로세스와 관련하여 증가하는 방식을 보여준다. 예를 들어, [표8-4]의 가로축에서, 왼쪽의 의사결정 프로세스의 첫 번째 단계에서는 직원의 책임이 크지 않다. 그러나 오른쪽으로 이동할수록 책임과 결정 참여의 정도가 증가한다. 마찬가지로 세로축의 위쪽으로 이동할수록 직무의 맥락과 관련된 결정에 대한 책임과 참여가 증가한다. 직원들에게 권한을 부여하고자 하는 관리자는 직무의 내용과 직무의 맥락에 대한 결정 책임을 증가시키고 싶을 수도 있다. 표에서 보여주는 5가지 포인트(포인트A부터 포인트E까지)는 관리자들이 이용할 수 있는 권한부여에 대한 전략들을 이해하는 데 도움이 될 것이다.

[표8-4] 직원 권한부여 그리드

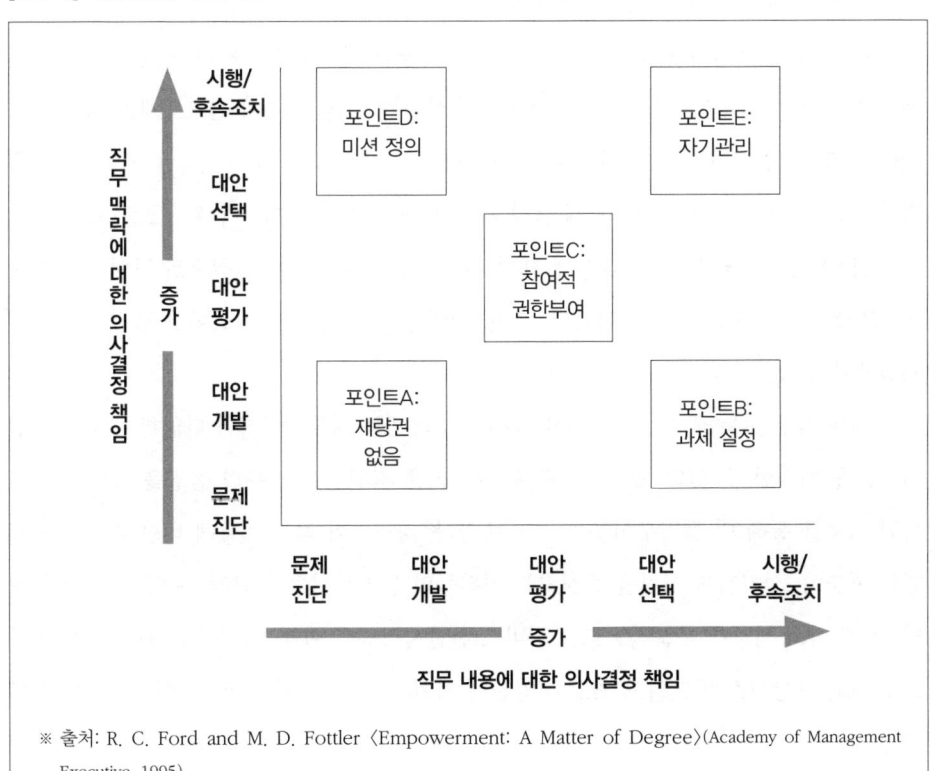

※ 출처: R. C. Ford and M. D. Fottler 〈Empowerment: A Matter of Degree〉(Academy of Management Executive, 1995)

포인트B(과제 설정)는 오늘날 가장 많이 사용하는 권한부여의 핵심이다. 여기서 직원은 직무의 내용에 대한 결정 책임은 많이 부여받지만, 직무의 맥락에 대한 결정 책임은 거의 없다. 직원은 과제를 완수하기 위한 최선의 방법에 대해 결정권을 부여받았다. 이런 경우, 경영진은 미션과 목표를 정의하고 직원은 이를 달성할 수 최선의 방법을 찾는 권한을 부여받는다. 경영진은 권한을 부여받은 직원들이 직무 지식을 적용하여 맡은 업무를 향상시킬 수 있는 방법을 발견해내길 기대한다.

많은 직무들은 이 범주에 속한다. 예를 들어, 환자서비스 직원들은 임상 프로토콜에서 정의한 대로 업무를 수행해야 하지만, 다양한 환자들의 요구와 기대를 충족할 수 있도록 다양한 방식으로 업무를 수행할 수 있는 유연성을 갖는다. 입원 수속 관리자는 환자분류 프로토콜(triage protocol)에 근거하여 환자 치료의 우선순위 결정에 대한 책임을 부여받을 수 있다. 또한 병원 간호사들은 임상 프로토콜을 엄격하게 따르면서도 진료 서비스를 제공할 때 어느 정도의 유연성을 가질 수 있다.

예를 들어, 산부인과 간호사는 수술 후 지시사항을 이미 4명의 자녀가 있고 학식이 높은 임산부에게는 서면으로 주고, 첫 아이를 출산하는 미혼의 10대 산모에게는 직접 설명해줄 수 있다. 간호사들은 각 환자의 특성을 판단 근거로 하여 간호 결정을 해야 한다. 똑같이 다리가 부러진 환자라도 90세 남성 환자와 18세 축구선수는 다른 간호를 요구한다.

포인트B는 직원들이 직무 내용에 대한 의사결정 프로세스에 전적으로 관여하기 때문에 포인트A(재량권 없음)와는 다르다. 포인트B에 있는 직무는 직원들이나 팀원들로 인해 재설계될 수 있다.

그들은 직무 내용에 추가하기 위해 자신들의 과제를 재설계하거나 다양한 새로운 직원 기술들을 개발할 수 있다. 포인트B에 포함된 많은 직원들은 업무의 품질을 높여주는 강화된 직무를 통해 더 동기부여를 받고 만족한다. 경영진이 직무 내용에 대한 결정권을 제한할 때조차, 성취감과 성장을 중시하는 직원들의 동기부여는 강화될 수 있다. 그러나 포인트B 전략의 성공은 부분적으로는 서비스 전달시스템의 설계, 조직구조, 환자기대, 임상 프로토콜, 보상시스템 그리고 최고 경영진의 지원과 같은, 직원 통제를 넘는 요인들에 달려 있다.

포인트B와 의료산업

포인트B의 권한부여는 많은 의료조직들과 직원들에게 잘 맞는다. 임상적 요건이 직무를 정의하고, 직원들은 조직이 바라는 임상결과를 얻기 위해 이런 요건을 충족해야 한다. 직원들이 수치에 따라 엄격히 업무를 수행해주길 바라는 조직도 있지만, 벤치마크 조직은 직원들에게 다양한 방식으로 서비스를 제공할 수 있는 권한을 부여한다. 예를 들어, 환자 25명의 붕대를 6시간마다 같은 방법으로 교환해줘야 하는 화상병동의 간호사가 있다고 해보자. 매번 반복되는 업무나 환자들과의 상호작용은 간호사의 행동에 따라 달라질 수 있고, 잠재적으로 간호사 자신에게도 흥미를 줄 수 있다. 또한 각 상황은 개별적인 관심과 배려를 가지고 일상적인 업무를 할 수 있는 기회를 준다.

벤치마크 의료조직들은 환자와 더 많은 시간을 보내야 할지, 환자들이 편하도록 더 노력을 해야 할지에 대해 직원이 직접 결정할 수 있도록 권한을 부여했을 때 환자만족도가 상승된다는 것을 알고 있다. 특히 환자들이 불평을 할 때라면, 직원들이 환자의 기대 이상을 할 수 있도록 허용해야 한다. 환자가 서비스에 불만족할 때, 벤치마크 조직들은 한정된 금액 내에서 직원들이 직접 보상을 제공할 수 있는 권한을 부여한다.

예를 들어, 뱁티스트 헬스케어는 각 직원들이 환자의 유실물을 구매하거나, 항의하는 환자를 달래기 위한 꽃을 구매할 수 있도록 병원 선물가게에서 300달러까지 사용할 수 있게 허용한다. 스튜더(2008)는 방문할 가족이 없는 환자가 있음을 알게 된 병원 구내식당 직원의 사례를 소개했다. 그 직원은 환자들이 입원할 때 입고 있었던 옷을 그대로 입고 퇴원해야 한다는 것을 알았다. 그래서 그런 환자들의 옷을 집으로 가져가 세탁한 후 다음 날 가져오겠다고 제안했다. 스튜더는 이 직원을 '주인(owner)'으로 묘사한다. 그 직원은 고객들의 시중을 들고, 혁신적으로 생각하고, 개인적인 희생을 하고, 고객들을 만족시키기 위해 직무기술서에 명시된 것 이상을 했기 때문이다. 스튜더는 모든 관리자들이 이런 직원을 발견하여 다른 사람들에게 모범적인 사례로 소개하고, 직원들이 고객들에게 서비스를 제공할 수 있도록 권한을 부여하기 위해 가능한 모든 것을 다해야 한다고 말한다.

포인트B 수준의 권한부여는 의료서비스의 많은 환자 접촉 직무들에 가장 적합하다. 이 수준은 적절하게 임상 프로토콜을 유지하면서 환자의 기대치를 충족하거나 초과할 수 있고, 서비스 실패를 예방하거나 회복할 수 있는 유연성을 의료제공자들에게 준다.

시행

권한부여 프로그램을 성공적으로 시행하려면 이용 가능한 전략은 물론이고 성공적인 적용의 결정요인과 상황, 권한부여로 혜택을 볼 수 있는 사람들에 대해 잘 알아야 한다. 권한부여의 시행은 직무 내용과 관련된 결정들에 초점을 맞추는 것에서 시작해야 하고, 문제 진단부터 시행, 후속관리까지 점진적으로 진행해야 한다. 그다음, 직원과 관리자가 직무 내용과 관련해 부여된 권한에 익숙해진 후, 문제 진단부터 시행 그리고 후속관리까지 의사결정 권한의 수준을 높이면서 직무 맥락과 관련된 권한부여의 수준을 높일 수 있다.

경영진은 각 단계에서 어떤 어려움이 생겼는지, 어떻게 처리되어야 하는지 그리고 직원들이나 팀이 결정 참여와 책임의 다음 단계로 올라갈 수 있는 준비가 되었는지 판단해야 한다. 문제들을 진단하고 직무 내용과 직무 맥락에 대한 대안들을 동시에 개발할 수 있는 권한을 직원들에게 부여하는 방법도 있다.

이런 접근법이나 다른 전략들과 관련하여, 경영진은 앞에서 본 [표8-4]의 그리드에 포함시키고 원하는 포인트를 향해 직원들이 점진적으로 움직일 수 있도록 계획을 수립할 것인지 먼저 판단해야 한다. 그리드는 직원 권한부여의 단계들을 보여준다. 관리자는 이를 통해 조직이 어떤 수준까지 권한부여를 할 준비가 되었는지, 직무와 관련된 결정에 직원을 참여시키기 위해 무엇을 할 수 있는지 판단할 수 있다.

다음은 성공적인 권한부여 프로그램의 5가지 주요 구성요소이다.

1. 지식 분야, 환자서비스, 의사결정에 대한 교육: 만약 팀에게 권한을 부여한 경우, 팀 상호작용에 대한 교육
2. 측정 가능한 목표 혹은 기준: 권한을 부여받은 직원과 관리자가 그들의 결정이 옳은지 측정 가능
3. 목표를 향한 진척을 측정할 수 있는 방법들: 권한을 부여받은 직원과 관리자가 직무의 목표로 향하고 있는지 측정 가능
4. 좋은 의사결정을 한 직원들에게 보상하는 인센티브시스템: 재정적·열정요인적 측면에서, 직원들이 결정 책임을 부여받은 것에 의미를 부여함
5. 직원들의 자발적인 의사결정과 이를 진지하게 받아들이는 관리자

한계와 잠재력

직원 권한부여에도 조직적 한계가 있다. 다음과 같은 상황에서, 직원 권한부여는 적절하지 못할 수 있다.

1. 기본적 비즈니스 전략이 저비용-고효율 운영을 강조한다.
2. 고객들과의 관계가 단기적인 경향이 있다.
3. 기술이 간단하고 일상적이다.
4. 비즈니스 환경을 예측하기 쉽다.
5. 직원들이 성장욕구와 사회적 욕구가 낮고, 대인관계에 능숙하지 못하다.

반면 다음과 같은 상황에서라면 직원 권한부여는 매우 효과적이다.

1. 제공해야 하는 서비스가 맞춤식이거나 개인화되어 있다.
2. 항상 그렇지는 않더라도, 일반적으로 고객들과의 관계가 장기적이다.
3. 기술이 복잡하다.
4. 비즈니스 환경을 예측하기 어렵다.
5. 직원들이 성장욕구와 사회적 욕구가 높고, 대인관계에 능숙하다.

5번 항목과 관련하여, 직원 권한부여는 많은 환자 접촉 상황에서 직원들이 느끼는 불안과 어색함을 완화시킨다. 특히 상황이 부정적일 때는 더 그렇다. 의료조직을 포함한 모든 조직에서, 일부 부서와 직원 혹은 직업에서는 직원 권한부여가 더 잘 맞을 수 있다. 권한부여를 통해 이득을 기대하는 관리자들은 초기에는 잠재적인 성과를 기대하는 분야에 제한적으로 권한부여를 시행할 수 있다. 거기서부터 문제를 해결하고 권한부여 프로세스를 점진적으로 확대할 수 있다. 전체 품질관리나 조직적인 리엔지니어링을 원하는 조직, 참여적 관리 방법들을 도입하여 서비스에 대한 기업문화의 헌신을 소생시키려고 시도하는 의료조직들에게는 이런 단계적 전략 도입이 더 유용할 수 있다.

근무 형태나 업무에 따라 권한부여가 비교적 더 잘 맞는 직원도 있다. 비상근 직원들이나 임시 계약직 직원들은 조직의 목표나 조직과의 장기적 관계에 대해 충분한 관심을 보이지 않을 수 있기 때문에 권한부여 프로그램의 대상으로 적합하지 않다. 예를 들어, 의사는 환자들과 강력한 관계를 형성하기도 한다. 이런 관계들은 환자들에게 다시 오도록 동기를 부여한다. 친숙한 의사들에게 진료를 받는 것은 의료서비스 경험에 가치를 부가한다. 관리자가 적절한 동기부여와 권한부여 기법을 사용해 의사들을 유지할 줄 모른다는 것이 HMOs(Health Maintenance Organizations, 건강유지조직)의 주요 문제이다. 의사 이직은 고객불만의 가장 큰 이유 중 하나이다. HMOs는 의사들의 임상 결정에 대해 이의를 제기하고 처벌하는 것보다 환자들의 이익을 위해 의료행위를 할 수 있도록 의사들에게 권한을 부여할 필요가 있다.

어떤 직원에게 어떤 과제를 수행하거나 결정하도록 권한을 부여할 것인지 정확히 판단하는 것이 뛰어난 관리 기술이다. 이는 도전이라 할 정도로 어려운 문제이다. 특히, 관리자의 잘못된 판단이 많은 사람들에게 불이익을 가져다줄 수도 있기 때문에 더 그렇다. 예를 들어, 권한을 부여받은 직원이 환자들에게 2시간 늦게 퇴원수속을 할 수 있도록 허락한다면, 병실 청소를 해야 하는 직원은 다음 환자를 위한 병실 준비에 어려움을 겪을 수 있다. 만약 권한을 부여받은 다른 직원이 다음 환자가 일찍 입원수속을 할 수 있도록 허락했다면 어려움은 가중된다. 한 직원에게 권한을 부여한 것이 다른 직원들의 업무 수행에 부정적인 영향을 미쳐서는 안 된다.

성공적인 의료관리자는 조직이 채용하고 교육하는 데 많은 노력을 투자한 직원들을 유지하기 위해 동기부여와 권한부여가 얼마나 중요한지 알고 있다.

결론

모든 직원은 소속 조직들로부터 무엇인가를 기대하고 입사한다. 그것을 제공할 수 있는 관리자는 의료조직이 모든 직원들로부터 원하는 노력, 생산성, 기여를 끌어낼 수 있다. 직원들에게 가장 중요한 보상과 동기요인들을 적절하게 혼합하는 것은 관리자의 책임으로, 매우 중요하다. 이런 요인들은 직원들로 하여금 자신들의 업무가 재미있고 공정하고 흥미롭고 중요하다고 느끼게 한다.

서비스 전략

1. 고객서비스를 포함한 모든 분야에서 기대하는 업무 성과에 대한 분명하고 측정 가능한 기준을 제시하고, 사례를 통해 이 기준들을 끊임없이 강화한다. 직원들에게 이 기준들의 중요성을 알리고, 이를 충족하는 직원들에게 보상한다.

2. 말한 것을 실행하고, 스스로 모범이 된다. 직원들은 말보다 행동에 더 반응한다.

3. 모든 과제와 목표는 측정할 수 있게 한다. 직원들은 그들이 얼마나 잘하고 있는지 알고 싶어 한다.

4. 의사소통에 주목한다. 모르는 일이나 이해하지 못하는 일을 할 수 있는 직원은 없다.

5. 공정하고 윤리적이며 공평해야 한다. 직원들은 공정하게 대우받기를 원한다. 직원들 간에 차이를 두었다면 명확한 이유를 직원들이 알 수 있게 해야 한다. 그러지 않는다면 직원들은 최악의 상황을 가정할 것이다.

6. 업무 능력 향상을 위한 지속적인 피드백에 집중한다. 즉, 코칭을 해야 한다.

CHAPTER 9
공동생산에 환자와 환자 가족 참여시키기

신은 스스로 돕는 자들을 돕는다.

- 시먼스(C. Simmons)

| 서비스 원칙 | 의료서비스 요구를 충족하는 데 도움이 되도록 환자와 가족
들에게 권한을 부여한다

환자와 그 친구나 가족들은 대부분의 의료서비스 경험을 공동생산하는 데 참여할 수
있다. 이런 참여는 사소해 보일 수도 있지만, 다양한 형태로 이뤄질 수 있다. 예를 들어,
의료조직과 의사는 수술 후 빠른 회복을 위해 환자에게 걷기를 권장하고, 다음 방문 때 테
스트 결과를 가져오라고 요구하며, 약을 규칙적으로 복용할 것을 당부한다. 또한 환자의
친구나 가족들은 집이나 병원에 있는 환자를 도울 수 있도록 부탁을 받는 경우가 늘어가
고 있다.

환자와 그들을 간병하는 지인들에게 특정 과제를 맡기는 것은 의료서비스 고객 당사자
를 의료서비스에 적극적으로 참여시키는 추세의 일환이다. 이를 위해, 의료제공자와 직원
들은 어디서 어떻게 환자들이 참여할 수 있는지 조사하는 데 시간과 노력을 투자해야 한
다. 의료서비스 경험의 성공적인 공동생산은 진료 프로세스의 효과적인 조율, 경영진과

직원들의 책임에 의지한다.

프라할라드와 라마스와미(Prahalad and Ramaswamy, 2004a)는 소비자와 조직들에게 서로를 '함께 가치를 창조하는 파트너'로 생각하라고 조언한다. 그럴 경우, 의료서비스 소비자와 제공자는 개별 환자들의 고유함을 고려해 개인화된 의료서비스 경험을 함께 만들 수 있다. 모든 사람들이 이 프로세스에 참여하도록 하는 조직들은 활발한 의사소통과 열린 대화를 장려할 것이다.

프라할라드와 라마스와미(2004b)는 소비자들의 역할이 변했다고 주장한다. 현재 소비자들은 서로 연결되어 있고, 많은 정보를 알고 있으며, 적극적이다. 이런 변화들은 정보에 접근하고, 네트워킹에 참여하고, 진료 양상을 실험하는 환자들의 모습에서 드러난다.

제9장에서는 다음과 같은 내용을 다룬다.

> - 의료조직들이 서비스 경험을 공동생산하도록 환자와 가족들의 참여를 촉진해야 하는 이유
> - 소비자 참여를 용이하게 하는 방법들
> - 공동생산의 장점과 단점

환자는 준직원이다

일반적으로, 직원들은 자신들의 직업을 환자와 그 가족들의 불안감에 대응하면서 결함 없는 의료서비스 경험을 만들어내는 것으로 생각한다. 이런 관점에서는 직원들이 환자들에게 서비스를 제공하는 것이다.

관리자들은 고객관계 기법 교육을 통해, 직원들이 환자의 혼란과 불확실성에 대처할 수 있도록 돕는다. 하지만 이보다 더 효과적인 전략이 있다. 환자와 그 가족들을 준(準)직원(quasi-empolyees)으로 대우하는 것이다. 이 방법으로, 직원은 고객들과 함께 일한다.

준직원 접근법이 성공하려면 조직은 환자와 친구 또는 가족들의 KSAs를 이용하는 방

법으로 서비스 상품과 환경 그리고 전달시스템을 설계해야 한다. 조직은 준직원들을 어떻게 자신들의 진료에 참여시킬 것인지 방법을 찾아내야 한다.

준직원들 관리는 다음의 4단계 전략을 따른다.

1. 역할을 신중히 그리고 철저히 정의한다. 즉, 직무분석을 한다. 환자에게 적절하다고 판단된 직무들을 수행하는 데 필요한 KSAs를 정의한다. 환자가 과제들을 수행할 수 있을 만큼 신체적, 정신적, 기술적으로 준비가 되었는지 확인한다.
2. 역할을 전달하고 분명히 설명한다. 준직원은 자신이 해야 할 역할에 대해 명확히 이해해야 한다. 목표를 설정하고, 역할의 혜택을 환자에게 보여준다. 이는 환자가 과제를 잘 수행하게 하는 원동력이 된다.
3. 준직원의 능력과 성과를 평가한다. 공동생산 경험의 효과를 확인하기 위해 환자에 대한 성과 평가를 해야 한다. 만약 기대치가 충족되지 않았다면, 무엇을 바로잡아야 하는지 진단하여 정정한다. 환자는 교육을 더 받아야 하는가? 환경이나 전달 시스템이 환자가 맡은 과제를 성공적으로 수행하는 것을 방해하는가?
4. 의료코디네이터의 형태로 자원을 제공하고 공동생산과 후속관리를 지원한다.

물론, 만약 필요한 기술을 배우는 것이 너무 위험하거나 시간이 오래 걸리거나 어렵다면, 누구도 경험의 공동생산을 허락하지 않을 것이다. 관리자나 제공자는 의료서비스 경험의 케어 프로세스를 신중하게 평가하여, 환자 참여를 장려해야 하는지, 선택적으로 참여시켜야 하는지 혹은 필수적으로 참여하게 할 것인지 확인할 수 있다. 예를 들어, 의사는 환자에게 집에서 혈압을 재도록 요구하거나, 병실로 음식을 배달하지 말고 구내식당에 가서 식사를 하고 오라고 요구할 수 있다. 의료서비스 경험의 이런 측면들은 환자들의 능력 내에서 가능하고, 환자들의 치유에 도움이 되어야 한다.

입원 기간 동안 혹은 수술 절차 후에, 환자들에게 신체활동을 다시 재개하라는 명령은 흔한 일이 되었다. 예를 들어, 과거에는 맹장수술 후에 환자들에게 침대에 누워 있도록 요구했다. 그러나 걷는 것이 치유를 촉진한다는 사실을 알게 된 후로, 오늘날은 환자들에게 일어나서 걷도록 장려한다. 환자들은 신체활동과 수술 후 치유 사이의 연관성을 이해하고, 회복하기 위해 참여한다.

하지만 의료서비스 경험의 모든 측면이 환자 참여를 요구하는 것은 아니다. 때론 환자 참여가 오히려 해가 될 수 있다. 관리자들과 의료제공자들은 환자들의 참여가 필요한 부분과 필요하지 않은 부분을 구별해야 한다.

가족중심 진료 협회(Institute for Family-Centered Care)의 회장인 비벌리 존슨(Beverly Johnson)은 행동을 위한 촉구를 간단하게 설명했다.

"만약 내가 의료서비스에서 한 가지 바꿀 수 있다면, 환자 가족들은 곧 문병객이라는 개념을 바꿀 것이다. 환자 가족들은 안전과 품질을 위한 파트너들이다."

환자를 참여시키기 위한 전략들

환자가 진료에 참여할 수 있는 형태는 컨설턴트, 전문 지식의 출처, 다른 환자들을 위한 환경의 일부, 경험의 공동생산자, 서비스 제공자 혹은 시스템의 관리자 등 다양하다. 아마 이 중 일부에 대해서는 쉽게 이해가 가지 않을 수도 있는데, 현실에서도 환자들은 흔히 이런 형태로 경험의 공동생산자로서 참여하고 있다.

컨설턴트 역할

의료조직이 고객서비스와 고객만족을 향상시킬 수 있는 최선의 방법 중 하나는, 새로운 서비스를 고안하고 기존 서비스를 향상시키는 데 고객들의 의견을 수용하면서 고객들을 의사결정에 참여시키는 것이다. 오늘날 치열한 경쟁으로 인해 대부분의 조직들은 고객들이 원하는 것을 정확히 제공하기 위해 고객들을 상대하는 데 더 유연하고 창의적이게 되었다.

2008년에 7년 연속으로 노스페이스 스코어보드(NorthFace Score-Board) 대상을 수상한 GE를 예로 들어보자. 이 상은 고객만족과 고객충성 부문에서 GE의 우수함을 입증한다. 이 상을 받으면서, GE 헬스케어 라이프시스템 서비스(GE Healthcare's Life Systems Services)의 총지배인 마이크 배투엘로(Mike Battuello)는 다음과 같이 말했다.

"우리 조직은 고객들과 상호작용할 때마다 고객경험을 이해하고 향상하기 위해 헌신합니다. 우리는 절대로 이미 성취한 것에 안주하지 않습니다. 예를 들어, 작년에 이 상을 받은 후, 우리는 '열성팬(Raving Fans)'이라는 프로그램 계획에 착수했습니다. 우리 직원들은 근무시간을 넘어서까지 많은 고객들과 미팅을 했습니다. 이 프로그램은 고객들과 대화하고, 고객들의 의견을 듣고, 다른 병원들에서 진행하는 계획들에 대해 배워서 더 나은 파트너가 될 수 있는 좋은 기회입니다. 이 상은 '고객의 의견'을 고객에게 기쁨을 주는 요인으로 전환한 팀의 능력을 보여주는 것입니다."

조직이 환자들에게 의료서비스 경험에서 좋은 점과 싫은 점이 무엇이었는지 물을 때, 환자들은 무료 컨설턴트가 된다. 왜냐하면 환자들은 의료서비스를 직접 경험했기 때문에, 그들은 서비스, 환경, 전달시스템과 관련한 전문가이자 좋은 정보 제공자가 되기 때문이다. 고객들을 컨설턴트로 이용하는 것은 의료산업에서는 흔한 일이다. 다른 산업에서는 체계적인 피드백과 상품이나 서비스에 대한 의견을 듣기 위해 과거와 현재의 소비자들을 초대한다. 또한 고객들에게 포커스 그룹에 참여해달라고 요청한다.

오늘날 벤치마크 회사들 중에는 고객들이 협력자 역할을 할 수 있도록 상품의 설계 또는 재설계에 필요한 도구를 주기도 한다. 예를 들어, 노스캐롤라이나의 피트카운티 메모리얼 병원(Pitt County Memorial Hospital in North Carolina)은 환자와 가족들로 구성된 자문단에게 새로운 시설 설계와 신입 의사 면접 관련 의견을 낼 수 있도록 권한을 부여한다. 초기에는 이런 프로세스가 소중한 시간만 낭비할 것이라 우려해 반대하는 직원들이 있었지만, 이런 시스템을 통해 의사와 간호사들이 많은 정보들을 얻을 수 있었기 때문에 장기적으로는 오히려 시간이 절약됐다.

환자와 가족들을 초대하여 관리자팀이나 의사팀, 간호사팀을 비롯해 기타 직원들과 이야기할 수 있는 기회를 제공하는 것도 '컨설턴트로서의 환자' 개념을 의료서비스에 적용하는 한 가지 방법이다. 또한 24시간 핫라인, 코멘트카드, 전화 인터뷰 그리고 조직의 웹사이트를 통해서도 고객 의견을 수집할 수 있다.

그러나 실제로는 많은 의료조직들에서 환자와 의료제공자들이 협력하지 않는다. 협력은 상호기여를 요구한다. 그러나 의료서비스에서 환자는 다른 사람들에게 의지하고 있고 의학적 지식이 부족하기 때문에 동일한 파트너라고 느끼지 못하는 경우가 많다. 전통적인 진료 체계에서는 간병인들이 더 우위에 있다. 이런 체계를 바꾸기 위해, 의료제공자들은 환자의 관점에서 보고 그들의 관심사나 우려, 걱정에 근거해 서비스를 제공해야 한다.

(1) 포커스 그룹

환자들의 관점과 관심사를 배울 수 있는 방법으로 '포커스 그룹'이 있다. 예를 들어, 플로리다의 한 대형 병원 정형외과에서 개선해야 할 분야를 알아내기 위해 포커스 그룹을 만들었다. 정형외과 직원들은 환자가 진료 책임자들에 대한 불평을 접수할 수 없어서 힘들어한다는 것을 알았다. 환자들은 도움 요청을 무시하거나 오랜 시간 환자들을 방치한 야간근무 간호사들에 대해 불평을 표현하고 싶었지만, 불평이 보복으로 이어질까봐 두려워했다. 이에 경영진은 대신 개입할 수 있는 누군가에게 환자들이 직접 접근할 수 있도록 새로운 의사소통 채널을 마련했다.

포커스 그룹으로부터 얻은 또 다른 결론은, 환자들이 아무런 정보도 없이 치료를 받기 위해 기다리는 것을 싫어한다는 점이었다. 이런 불확실성은 더 큰 우려를 낳을 뿐이었다. 또한 다른 결론들은 환자의 참여, 의료제공자의 시간 엄수, 불평 접수 프로세스, 환자의 정보 접근 권한 그리고 환자와 의료제공자의 의사소통 같은 다양한 부분의 개선으로 이어졌다. 포커스 그룹은 환자들과 의료서비스 제공자들 간의 성공적인 파트너십을 만드는 데 일조한다.

환경의 역할

각 환자는 긍정적이든 부정적이든 언제나 의료환경에 영향을 미친다. 연구에 따르면, 환자들은 집단으로 있을 때 통증을 더 잘 견디고, 더 긍정적인 태도를 보인다.

환자를 환경의 일부로 만드는 데 적절한 시간이 있다. 많은 의료서비스 경험들은 본질적으로 '친밀함'을 기반으로 하기 때문에, 사생활 보호는 중요한 문제가 된다. 예를 들어,

한 환자가 신체검사를 받고 있을 때, 그 방에는 의사와 그 환자 이외에 누구도 있어서는 안 된다. 다른 환자가 그 환자에게 격려를 해줄 수 있다 하더라도 말이다.

경험의 공동생산자 역할

환자의 의료서비스 경험 공동생산은, 복잡한 것부터 간단한 것까지 다양한 형태로 이루어질 수 있다. 스스로 물 떠먹기나 자신의 포도당 수치 또는 심박수를 모니터링해 그 결과를 웹 기반 소프트웨어로 의사들에게 보고하기처럼 말이다. 약 10년 동안, 많은 의료제공자들은 치료 선택사항, 의약품, 서비스 제공자들, 다이어트(식습관) 등과 관련된 의사결정에 유용한 정보를 제공하고 환자들이 진료 과정에 직접 참여할 수 있도록 했다. 환자들은 조직의 웹사이트, 오디오테이프나 비디오테이프, 안내서, 24시간 핫라인 등을 통해 이런 정보에 접근할 수 있다. 인터넷에는 더 많은 정보가 있다. 구글 검색이나 WebMD 방문으로 놀라울 만큼 많은 링크를 볼 수 있을 것이다.

병원은 어떻게 환자들이 퇴원 후에도 지속적으로 진료를 공동생산하게 할 수 있을까? 우선 재입원 문제에 대해 살펴보자. 랜드로(Landro, 2007b)에 따르면, 미국 병원들은 연간 약 500만 건의 재입원을 접수하는데, 이 중 약 3분의 1은 퇴원한 지 90일 이내에 발생한다. 재입원의 46%는 전환 프로그램(transitional program) 도입으로 막을 수 있다. 재입원 가능성이 있는 환자들을 파악하여 후속진료 예약을 잡아주고, 간호사들을 환자들의 집에 보내는 것이 재입원율을 줄일 수 있는 좋은 전략들이다. 셀프케어에 대해 환자와 가족들에게 교육하는 전략도 필요하다. 환자들은 집에서 때에 맞춰 약을 복용하는 방법이나 자신의 증상을 모니터링하는 방법과 관련된 실용적인 정보를 얻을 수 있다.

완화치료(palliative care)도 공동생산이 유익한 분야이다. 말기 환자들을 위한 완화의학은 빠르게 성장하고 있다. 완화치료를 제공하는 의료원의 수는 2000년부터 두 배로 증가했으며, 2007년 현재 전체 병원의 30%에서 1,240여 개의 프로그램이 운영되고 있다.

완화치료는 의사, 간호사, 심리학자, 사회복지사, 영양사 그리고 물리치료사로 구성된 팀 접근법에 의지하기 때문에, 비공식적인 간병인이라 할 수 있는 환자 친구나 가족의 참여는 자연스러운 것이다. 특히 암환자 가족들은 검사 결과를 받으러 다니거나 처방전을 관리하고 의료제공자들과 소통하는 등 환자의 치료와 관련된 과제들을 처리하면서 환자의 행정업무들을 보조하는 역할을 한다. 이런 역할을 하는 사람들은 환자를 제대로 돕고 보살피는 방법을 배워야 한다.

관리자 역할

환자는 직원에게 비공식적인 감독자이자 동기요인 역할을 하면서, 준관리자 역할도 할 수 있다. 또한 그들은 개인적으로 효과가 있었거나 없었던 치료 또는 다른 서비스 관련 문제들과 해결책을 논의하면서 다른 환자들을 교육할 수 있다.

오랜 기간 치료를 받아온 환자들은 이상적인 준관리자가 될 수 있다. 왜냐하면 그들은 병원의 운영, 직원들, 의료제공자들 그리고 절차와 친숙하기 때문이다. 그들은 직접적인 접촉이나 대화를 통해 직원 행동들을 관찰할 기회가 감독자보다 더 많다. 그 결과, 환자는 직원들에게 좋은 아이디어와 동기부여를 제공할 수 있다. 환자들이 조직과 더 친숙할수록 서비스 수준에 대해 더 잘 알게 되므로 개선을 위한 더 좋은 조언을 할 수 있다.

그러나 경험 많은 환자들만 관리자 역할을 할 수 있는 것은 아니다. 새로 온 환자가 서비스에 만족하지 못해 직원에게 불만사항을 말하고 있다면, 그 환자는 즉각적인 피드백을 통해 사실상 감독 역할을 하고 있는 것이다. 전형적인 환자의 피드백은 찌푸린 얼굴, 미소, 비명 혹은 비언어적 반응으로 구성된다. 이런 반응들은 의료서비스 경험의 품질에 있어 감독자가 지원에게 내리는 지시보다 훨씬 더 효과적인 안내서가 된다. 감독자들은 임상적 의무들을 수행하면서 직원 행동을 모니터링한다. 감독자들은 서비스에 대한 만족이나 불만족을 측정하기 위해 환자들의 반응을 관찰해야 한다. 찡그린 표정이나 직접적인 불평 등은 환자들이 직원과 관리자에게 보내는 단서들이다.

또한 환자들은 직원들에게 동기요인도 될 수 있다. 대부분의 의료직원들은 환자들의 기대를 충족하고 넘어설 때 큰 만족을 느낀다. 대학 교수들이 어려운 질문을 하는 학생들을 통해 가장 큰 재미를 느끼는 것과 같이, 직원들은 대개 의료서비스 경험과 관련된 관심사나 지식을 공유하는 환자에 의해 도전받는 것을 즐긴다. 서비스 전달 프로세스에서 다양한 환자기대와 다양한 책임은 대부분의 직원들을 끊임없이 시험한다.

또한 환자들은 서로를 감독할 수도 있다. 예를 들어, 간병인들은 환자들이 불치병을 견뎌낼 수 있도록 도움을 주는데, 환자가 직원들은 실제로 아프지 않아 자신들을 완벽히 이해할 준비가 되지 않았을 것이라고 여기기란 쉽지 않다. 어쨌든 실제로 아파본 적이 없는 사람이 환자들이 겪고 있는 감정적이고 육체적인 고통의 정도를 완벽히 이해할 수는 없다. 그러나 비슷한 질환을 진단받은 경험이 있거나 치료를 성공적으로 받은 환자라면 관리자로서 다른 환자들과 함께 모여 그들의 경험에 대해 이야기할 수 있다.

대부분의 직원들처럼, 대부분의 환자들도 자신의 책임을 이행하는 것에 대해 근심걱정하며, 이런 심적 고통을 덜어내기 위해 무엇이든 하려 한다. 환자들은 스스로를 어떻게 도울 수 있는지 배우려고 다른 환자들을 지켜본다. 예를 들어, 많은 임산부들은 출산의 고통을 최소화할 수 있는 호흡법을 배우기 위해 출산교육에 참여한다. 마찬가지로, 신체절단수술을 받은 환자나 유방암 환자들은 생존자들과 서로에 대해 이해하고자 그룹 모임에 참석한다. 또한 다양한 주제에 대해 현재 환자들에게 정보를 주고 교육하기 위해 경험이 있는 환자나 병을 이겨낸 환자들에 대한 동영상을 보여줄 수도 있다.

환자들이 참여하면 상당한 비용과 시간을 절약할 수 있다. 어떤 면에서, 환자 스스로를 자신보다 더 잘 돌볼 수 있는 사람은 없다.

공동생산의 장점과 단점

의료서비스 경험의 공동생산은 장점과 단점이 있다. 각각의 장점과 단점을 살펴보자.

조직을 위한 장점

첫째, 공동생산은 직원 비용을 줄일 수 있다. 환자들이 스스로를 돌볼 때마다, 같은 일을 위해 조직이 지불해야 하는 인건비를 대체하는 것이다. 더 많은 환자들이 스스로를 돌볼 수 있게 되면, 고용해야 할 직원의 수가 줄어든다.

둘째, 공동생산은 조직이 직원들의 재능을 더 잘 활용할 수 있게 해준다. 예를 들어, 일부 병원에서는 환자의 가족들이 환자를 위해 정해진 운동을 인솔할 수 있도록 한다. 만약 환자와 가족들에게 환자의 기본적인 요구를 관리하도록 하면, 직원들은 더 복잡한 서비스를 제공하거나 생명에 위협이 되는 상황들에 대처하는 데 더 많은 시간을 할애할 수 있다.

2007년, 에모리 대학병원(Emory University Hospital)은 환자 가족들을 초대하여 환자를 돌보는 데 도움을 줄 수 있도록 하였다. 에모리 대학병원은 중환자실에 가족 거주 구역을 설치하여 의료서비스의 공동생산을 처음 실험한 미국 병원들 중 하나이다. 최근 연구들에 따르면, 심각하게 아픈 환자가 가족들과 함께 있으면 큰 도움이 된다고 한다. 소생법, 뇌 카테터(catheter) 삽입을 비롯해 기타 생사와 관련된 절차를 진행할 때도 가족이 함께 있는 경우도 있다.

2009년 초, 미국 중환자의학회(Society of Critical Care Medicine)는 중환자실 방문 시간을 만들어 환자 가족의 참여를 증가시키라고 권고했다. 이 권고사항은 전국에 있는 병원들이 앞으로 10년 동안 노화된 시설을 개조할 수 있도록 2,000억 달러 예산을 설정하면서 현실화되고 있다. 이 거대 규모의 투자에는 진료를 공동생산하는 환자 가족과 친구들을 위한 더 나은 편의시설이 포함돼야 한다. 준직원들에게 공간을 제공하는 것은 그들의 참여를 증가시킬 수 있고, 이는 환자들의 입원 기간과 비용 그리고 오류에 의한 법적 책임을 축소시킬 수 있다(아래 글 참조).

가족공간

2003년, 조지아 주 오거스타의 MCG 헬스시스템(MCG Health System in Augusta, Georgia)은 신경과학 중환자실에 있는 공동 병실들을 가족공간이 있는 개인병실로 개조했다. 그 결과, 환자의 입원 기간이 50% 줄었다. 병실 개조 1년 후, 투약오류 횟수는 2년 전의 연평균 13회에서 6회로 떨어졌다. 또한 환자만족도는 상승했고, 간호사의 이직률은 줄어들었다.

이렇게 쌓여가는 증거들은 IHI(Institute for Healthcare Improvement, 의료서비스개선기관)를 요동시키기 충분했다. 미국의학협회에서 발표한 2004년 사설에 따르면, IHI의 연구소장 도널드 베릭(Donald Berwick)과 미라 코타갈(Meera Kotagal)은 병원들에게 환자 가족의 중환자실 방문을 제한하지 말라고 요청했다.

환자들을 위한 장점

첫째, 서비스 품질에 대한 인식이 높아지고 있는 현실에서, 공동생산은 의료서비스 경험에 대한 환자의 실망을 줄여줄 수 있다. 자신들이 직접 생산에 참여했기 때문에, 환자들이 경험의 가치와 품질을 정의할 때 결과에 대해 더 만족할 수 있다는 의미이다. 예를 들어, 만약 환자가 자신의 몸이 약에 어떻게 반응하는지에 따라 약 복용 일정을 조정한다면, 그 환자는 자신이 만든 변화에 순응하고 주어진 시간에 약이 더 효과적으로 작용한다고 생각할 가능성이 높다.

둘째, 공동생산은 서비스에 요구되는 시간을 줄일 수 있다. 간단한 예로, 병원에 방문하는 대신 가정용 테스트 키트를 사용하는 것이다. 환자가 자신의 진료에 참여하는 것은 환자 자신이 가장 편리하고 가장 간편한 방법을 사용한다는 의미이다. 그 결과, 만약 그 환자가 집에서 가족이나 친구의 도움으로 안전하게 의료서비스를 받을 수 있다면, 병원에 직접 찾아가지 않을 가능성이 높다. 의사와 직원은 이를 통해 절약한 시간을 즉각적인 주의가 필요한 환자들에게 사용할 수 있다.

셋째, 공동생산은 환자들의 불평을 최소화한다. 만약 요양 시설 거주자들이 무조건 배급되는 급식을 먹는 대신 구내식당에서 식사하도록 허용한다면, 그들에게 선택권이 주어진 것이다. 이런 선택권은 음식이나 배급 시간에 대한 거주자들의 불평을 줄일 수 있다.

사랑하는 가족이 소생술이나 응급침습술(emergency invasive procedures)을 받는 모습을 중환자실에서 직접 본 환자 가족은, 아무것도 모르고 밖에서 기다리고 있는 것보다 중환자실에 같이 있는 것이 더 도움이 된다고 보고했다. 가족들은 이런 경험을 통해, 의사가 환자의 생명을 살리기 위해 무엇을 했는지 볼 수 있다.

조직 입장에서의 단점

첫째, 공동생산은 조직을 법적 위험에 노출시킨다. 이는 특히 소송을 일삼는 사회에서 더 그러한데, 환자가 휠체어를 타는 대신 걸어서 엑스레이실에 들어가는 도중 넘어져서 상해를 입게 된다면 소송으로 이어질 수 있다.

둘째, 공동생산을 위해 진료 프로세스에 참여할 수 있도록 환자와 그 가족들에게 지시할 직원들을 교육해야 한다. 이런 추가 교육으로 인해 더 많은 비용이 발생한다. 또한 환자들이 스스로에게 피해를 주지 않도록 지시는 신중하게 내려져야 한다.

조직은 모든 환자들의 요구와 욕구, 기대는 물론 KSAs의 정도도 다양함을 알아야 한다. 직원들은 전반적인 지시사항만이 아니라, 각 환자를 적절하게 코치할 수 있도록 환자의 차이점들에 대해 잘 알고 있어야 한다. 예를 들어, 조직은 환자에게 검사 결과를 어떻게 읽는지 가르치는 능력을 직원에게 요구할 수 있다.

셋째, 공동생산을 위해 조직은 사용자 친화적인 서비스 전달시스템을 구축해야 하는데, 이는 비용이 많이 든다. 만약 조직이 원하는 의료서비스 경험을 만들기 위해 환자에게 미리 정한 순서들을 따르도록 요구한다면, 조직은 환자들을 안내할 수 있는 직원들을 배정해야 하고, 지시사항들이 잘 배치되어 있는지, 다양한 문화와 배경에서 온 사람들에게 정확하게 전달이 되는지 확인해야 한다. 이런 요소들이 다 잘 갖춰져야 조직은 모든 환자들이 맡은 책임을 적시에 적소에서 이행할 것이라 확신할 수 있다.

예를 들어, 안내표들은 입구와 출구가 어디에 있는지, 특정 부서와 진료실에 어떻게 갈 수 있는지, 몇 시에 해당 부서나 진료실이 운영되는지, 사용 가능한 지불 방법에는 어떤 것들이 있는지 등을 분명하게 나타내야 한다. 이런 세부사항들은 직원과 현재 환자들에게는 잘 알려져 있지만, 새로운 사람들에게는 친숙하지 않을 것이다. 직원들은 환자가 당황하거나 서성이는 것과 같은 반응을 통해 안내표가 분명하고 도움이 되는지를 확인해야 한다. 오늘날, 조직들은 환자들에게 진료 예약과 같은 셀프서비스는 조직의 웹사이트를 이용해 처리하도록 한다. 그래서 조직은 웹사이트를 사용자 친화적으로 유지해야 하고, 환자들이 사용하는 데 불편함을 느끼지 않도록 만들어야 한다. 그리고 셀프서비스 기술 사용을 장려해야 한다.

넷째, 공동생산을 위해 조직은 후방 구역도 전방 구역만큼 공들여 만들어야 한다. 후방 구역을 의료서비스 경험의 일부로 만드는 것은 서비스 공동생산 동안 장비를 어떻게 배치하는지, 얼마나 깨끗이 관리하는지 그리고 직원들이 어떻게 입고 행동하고 상호작용하는지에 영향을 준다.

실험실 테스트를 예로 들어보자. 이곳에서 공동생산이란 일반적으로 직접 환자들과 상호작용을 하지 않는 검사실 기사들이 의사소통 기술과 인간관계 기술을 연마하고, 자신들의 겉모습과 검사실 상태에까지 주목해야 한다는 의미일 수 있다. 유니폼비용, 지원부서에 소속된 직원들을 위한 인간관계 교육비용, 후방 구역의 관리유지비용을 모두 합산해야 한다.

다섯째, 공동생산은 환자들이 자신의 역할을 놓지 않으려 해서 분쟁을 야기할 수 있다. 일부 환자들은 공동생산을 너무 즐거워해, 때로는 다른 일은 거부한다. 만약 환자들의 이런 반응을 그냥 받아들이려면 조직은 결국 수용능력을 추가해야 하는 상황에 처한다.

환자가 공동생산자가 될 때, 전통적인 서비스 제공자의 역할은 재정립된다. 서비스 제공자는 공동생산자의 KSAs를 평가하고 준직원들을 코칭하기 위해 추가적인 교육을 받아야 한다. 만약 환자가 능력이 되지 않는 역할을 하겠다고 고집을 부린다면, 서비스 제공자는 갈등을 인식하고 조직에게 더 많은 투자를 요구할 수 있다. 하지만 이는 불경기에는 좋은 방법이 아니다.

여섯째, 공동생산은 위험할 수 있다. 예를 들어, 만약 환자나 가족이 공동생산 도중에 상해를 입는다면, 그 사람은 소송을 할 수도 있다. 좋은 조직들은 환자들이 공동생산자로 성공할 수 있도록 최선의 노력을 다하지만, 그렇다고는 해도 실패의 위험은 항상 존재한다. 만약 실패의 비용이 너무 높다면, 조직은 공동생산을 중단하도록 요령 있게 개입해야 한다. 예를 들어, 조직은 환자가 자신의 활력징후(vital sign)를 모니터할 수 있는 KSAs를 가지고 있지 않거나 의사의 지시에 순응하지 않는 경우처럼 공동생산이 어려운 상황을 빨리 인식해야 한다. 이런 경우, 부정적인 사건이 발생하기 전에 조직이나 서비스 제공자는 환자의 공동생산자 역할을 제한하고, 이에 연관된 환자나 사람이 난처하지 않게 대처해야 한다.

환자들 입장에서의 단점

첫째, 유료 환자들은 의료비를 내기 때문에 자신이 서비스의 일부를 직접 생산하는 것을 좋아하지 않는다. 일부 과업지향적인(task-oriented) 환자들은 서비스 제공자와의 상호작용이 아닌, 그냥 의료서비스를 원한다. 그들에게는 생산라인 접근법이 적합하다. 반면 다른 환자들은 세심한 주의를 요구한다. 환자들은 의료서비스 경험이 자신들이 원하는

TLC(Tender Loving Care, 따뜻한 보살핌)를 제공하지 않는다면 불만족할 것이다.

둘째, 환자들은 서비스나 서비스 상품의 공동생산에 실패할 수 있다. 만약 환자들이 물리치료 과정이 지루하다고 생각한다면, 그들은 그 경험에 참여하기를 그만두거나 불만족스럽게 볼 것이다. 의료조직들은 환자들이 셀프서비스에 실패하지 않도록 노력해야 한다. 만약 실패했다 하더라도, 환자들이 셀프서비스를 다시 시도하거나 여기에 도움을 제공하도록 해야 한다. 그럼에도 불구하고, 부정적인 결과를 낳을 수 있는 위험은 언제나 존재한다.

환자들이 필요한 KSAs를 가지고 있는 경우 공동생산에 참여해야 한다. 체중 감소, 금연, 콜레스테롤 수치 감소처럼 결과가 유익하거나, 목 검사 또는 출산 때 '아~' 소리를 내야 하는 것과 같이 자신들의 참여 없이는 서비스가 불가능함을 알게 되면 환자들은 참여에 대한 동기를 부여받는다. 또한 환자가 증상을 분명하게 설명해야 질병을 제대로 진단할 수 있다.

많은 환자들은 자신들의 성격, 서비스 경험과의 친숙함, 건강을 회복하려는 열정 때문에 혹은 지루함을 못 이겨 서비스에 참여할 의욕을 갖는다. 반대로 회복이나 생존에 대해 동기부여를 받지 못한 환자들은 자신의 의료서비스에 참여하고 싶어 하지 않을 것이다. 일부 환자들은 그게 무엇이든 당시에 연관된 상황의 일부가 되고 싶어 하며, 끊임없이 그런 기회들을 찾는다. 일부 환자들은 일상생활을 할 정도로 몸이 건강하다는 것을 스스로에게(혹은 자신을 보고 있는 누군가에게) 보여주길 원해서, 항상 직접 주차를 하고 짐을 옮기고 계단을 이용한다. 어떤 환자들은 자신들의 정신건강이나 기술적인 능숙함을 보여주기 위해 인터넷을 이용하여 복잡한 의학 지식을 검색하기도 한다.

공동생산에 대한 관점

공동생산 혹은 셀프서비스에 대한 우리 사회의 냉소적 견해가 저명한 칼럼니스트 엘런 굿맨(Ellen Goodman, 2008)의 글에 드러나 있다.

"다른 나라들에게 아웃소싱하는 것은 끝없는 분노를 만들어냈다. 그렇다면 나와 당신에게 일을 위탁하는 것은 어떤가? 기업에 의해 해외로 일감이 주어질 때마다 국내에서는 또 다른 낙오자가 발생해 소비자가 없어지지 않는가? 낮은 임금의 일자리가 생길 때마다, 더 낮은 임금을 받고 일하려는 사람이 생기지 않는가? 이런 셀프서비스 경제에서, 단순히 처방약을 받기 위해 혹은 은행 잔고를 확인하기 위해, 우리 또한 음성인식 기계들과 친밀하게 끊임없는 대화를 나누면서 우리 스스로에게 서비스를 제공한다. 우리는 노동전환(labor-transferring) 기술이라는 것을 인지하지도 못한 채 노동절약형(labor-saving) 기술과 상호작용을 해야 한다. 일자리는 '절약'되지 않았다. 일자리는 '유급(paid)' 부문에서 사라졌을 뿐이다."

그녀는 다음과 같은 구체적인 예를 들었다.

- 환자들은 에이즈 바이러스(HIV)부터 혈압까지 테스트하기 위해 자가 테스트 도구를 구입한다.
- 뇌수술 이외의 모든 수술은 외래환자 기준으로 한다.
- 의학지식이라고는 드라마 '그레이 아나토미'를 본 게 전부인 환자 가족들에게 간호 활동이 위탁된다.
- 헬프라인(help lines)이 셀프-헬프라인(self-help lines)이 되면서, 우리 모두 컴퓨터광이 되었다.
- 우리는 항상 변하는 처방약도 보장하는 의료보험이 무엇인지 알아내는 의료분석가까지 되어야 한다.
- 의료서비스 외에, 고객들은 항공 예약부터 탑승권 출력까지 스스로 해야 한다.

굿맨은, 셀프서비스가 시간에 쫓기는 소비자들을 위한 긍정적인 발전이 아님을 강조하기 위해 다소 과장했다. 그러나 의료서비스는 소비자들이 개인의 시간과 돈, 에너지 투자 없이 수동적으로 받을 수 있는 상품이 아니다. 또한 많은 연구들이 환자 참여의 장점을 보여준다. 여기서 의료계 리더들과 의료제공자들이 얻을 수 있는 교훈은, 환자와 그 가족들이 공동생산하기에 적합한 의료서비스 경험이 무엇인지를 판단할 때 신중해야 한다는 것이다. [표9-1]은 이런 장점과 단점을 요약해서 보여준다.

[표9-1] 환자 공동생산의 장점과 단점

환자 입장		조직 입장	
장점	단점	장점	단점
서비스비용 절감	불만스러울 수 있음	인건비 절감	법적 책임 위험 증가
관심 증대	서비스 품질이 떨어질 수 있음	결과에 대한 환자만족 향상	환자 교육비 증가
서비스시간 절약	환자의 지식, 기술, 능력 불충분	서비스 실패 감소	직원비용 증가
서비스 품질 향상	학습곡선이 너무 가파름	새로운 틈새시장 개척	설계비용 증가
실망요인 감소		직원 업무의 질을 높여줌	다른 부서의 업무에 방해가 될 수 있음
만족 향상		환자충성도 상승	환자의 지식, 기술, 능력과 동기부여의 편차가 심함

참여 시기 결정하기

때로는 공동생산이 조직과 환자 모두에게 유익하다. 그러나 때로는 아무에게도 유익하지 않다. 환자 참여의 육하원칙은 다양한 요인들로 결정된다. 하지만 일반적인 설명은 가능하다. 서비스에 참여해 환자들이 가치를 얻고, 품질을 향상시키고, 위험을 줄일 수 있을 때 환자들에게 이득이 된다. 환자의 참여가 환자만족을 높이고, 비용을 절감하고, 운영 효율성을 향상시키고, 경쟁력을 확보하고, 환자 유지와 충성을 조성할 때 조직에게 이득이 된다. 환자 참여와 관련된 기회는 이런 기준에 근거하여 평가되어야 한다.

가치, 품질 그리고 위험

거의 대부분의 환자는 경험에 가치를 부가할 수 있다면 공동생산에 적극적으로 참여한다. 같은 품질에 환자 비용이 감소하거나, 같은 비용에 의료서비스 품질이 높아지거나, 둘다일 때 환자 참여로 인해 가치가 부가될 수 있다. 비용에는 단순히 가격만 포함되는 것이 아니라 의료서비스 경험과 관련하여 발생되는 다른 비용들도 포함된다. 예를 들어, 만약 잠재 환자가 클리닉의 주차장이나 대기실이 다 찬 것을 봤을 때, 기다림을 큰 비용으로 판단할 경우 그 잠재 환자는 다른 병원으로 갈 수 있다. 이 선택으로 환자는 품질의 감소라는 위험을 부담하지만, 그에 대한 보상으로 시간 비용의 감소를 기대한다.

마찬가지로, 서비스 품질에 대한 확신을 원하는 환자들도 서비스 제공에 참여하길 원할 수 있다. 이런 환자들은 서비스가 자신들의 구체적인 요구와 욕구, 기대에 맞춰 조정될 수 있는지 알고 싶어 한다. 환자들은 실제로 검사 도구를 다루거나 차트를 읽을 필요 없이 서비스 제공에 참여할 수 있다. 예를 들어, 어떤 임상 절차와 치료가 원하는 임상결과로 이어질 수 있는지에 대해 의사들과 논의하며 참여하는 것이다. 과거에 환자들은 질문 없이 의사들의 지시에 따랐다. 그러나 오늘날 환자들은 이런 의사결정에 더 많이 관여한다. 만약 의사가 "취침하기 전에 아스피린 2알을 복용하세요."라고 말한다면, 환자들은 "왜요?" 하고 되물을 것이다.

의료서비스뿐만 아니라 다른 분야의 소비자들도 구매하는 상품과 서비스에 관련한 활동가들이 되었다. 환자들은 의료제공자가 제안하거나 설명하는 선택사항들 중에서 선택할 때, 의료서비스 경험의 품질을 향상시킬 수 있다고 믿는다. 컴퓨터에 능한 환자들은 종종 인터넷에서 다른 의사의 견해를 찾으며, 같은 질병을 가지고 있는 사람들과 상호작용하기 위해 의학 웹사이트나 채팅룸, 뉴스 그룹을 방문할 수 있다. 이런 정보는 환자들의 의사결정에 권한을 부여한다.

고객과 조직 차원의 이유

일부 연구에 따르면, 시간과 통제라는 2가지 요소가 환자들에게 가장 중요하다고 한다. 환자들은 시간 절약 또는 통제권을 얻을 때, 자신들의 진료에 참여하고 싶어 할 가능성이 더 높다.

시간과 관련하여, 절차가 얼마나 걸리는지에 대한 인식은 실제 절차의 소요시간만큼이나 중요하다. 통제 역시 마찬가지이다. 경험의 품질, 가치, 위험 혹은 효율성에 대한 통제권의 인식은 실제 통제권만큼이나 참여의 가치를 결정하는 데 중요하다. 예를 들어, 환자들은 때로 자신들의 진통제에 대해 실제로 통제할 수 있는 권한을 부여받는다. 그들은 통증이 너무 심해지면 더 많은 진통제를 투여할 수 있다. 이런 통제권한은 환자만족을 높여준다.

조직의 관점에서, 공동생산을 장려하거나 요구할 수 있는 가장 명백한 이유는 더 높은 수준의 환자만족도 도달과 비용 절감이다. 앞서 언급했듯이, 환자가 서비스를 생산하거나 공동생산할 때 환자는 조직에게 인력을 제공하는 것과 같다. 만약 환자가 인력을 제공하지 않았다면, 조직은 다른 직원을 채용함으로써 인건비를 지출해야 했을 것이다. 세 번째 이유는 운영의 효율성을 높이거나 혹은 수용능력 활용을 늘릴 수 있다는 점이다.

만약 환자들이 할 수 있는 일을 그들 스스로 처리하도록 허용하거나 장려하면, 직원들은 그렇게 절약한 시간에 더 즉각적인 도움이 필요한 다른 환자들을 도울 수 있다. 이런 방법으로, 조직은 환자 수요의 가변성에서도 직원을 일관된 수준으로 유지할 수 있다. 쉽게 말하면, 환자들에게 의료서비스의 일부를 공동생산하게 함으로써 서비스를 제공받을 수 있는 환자의 수를 증가시키는 것이다.

또한 조직은 경쟁력을 확보하기 위해 환자나 가족의 참여를 이용할 수 있다. 예를 들어, 분만팀 대신 조산사들을 이용해 다른 경쟁자들과는 다른 차별화 서비스를 제공하는 식이다. 또 다른 예로, 환자와 가족들이 검사 결과에 대한 정보를 얻거나 의료제공자들과 상호작용할 수 있는 실시간 보안 웹사이트를 활용할 수 있다.

공동생산의 마지막 이유는 환자 유지와 재구매 조성이다. 만약 조직이 자신을 진료에 참여시킬 정도로 신뢰하고 있다고 여기게 되면, 그 환자는 유대감을 느낄 것이다. 또한 그 환자는 경험에 대한 주인의식을 느낄 것이고, 이는 그런 기회를 제공한 조직에 대한 충성심으로 이어진다.

많은 서비스 조직들은 이런 관계를 형성하기 위해 노력한다. 왜냐하면 그들은 충성고객의 가치를 알고 있기 때문이다. '단골고객' 프로그램은 이런 유대감을 형성하기 위해 설계되었다. 이 프로그램의 목적은, 고객들이 자신에 대해 잘 알고 있는 조직에 계속 오게끔 하는 것이다. 단골고객 프로그램은 단골고객들을 위해 다양한 보상을 제공한다. 예를 들어, 조직은 환자들이 선호하는 병실이나 위치를 확보해주거나, 입원과 퇴원 수속을 신속히 처리해준다. 벤치마크 의료조직들은 고객들이 어디에서 의료서비스를 받을 것인지 결정할 수 있다는 것을 알고 있다. 그래서 이런 조직들은 고객들의 충성심을 유지하기 위해 더 많은 인센티브를 제공한다.

비용 대 이득

환자에게 참여 기회를 언제 줄 것인지 결정하는 간단한 방법은 '비용-편익 분석(cost-benefit analysis)'을 하는 것이다. 조직은 환자 참여의 편익이 비용보다 큰지 확인을 해야 한다. 환자와 가족의 참여 비용과 편익은 손익분기점 계산을 위해 검토되어야 한다.

조직은 스스로에게 다음과 같은 질문들을 해야 한다.

- 준직원으로서 역할을 성공적으로 수행하기 위해 필요한 KSAs는 무엇인가?
- 준직원은 KSAs를 어느 정도 소유하고 있나?
- 환자를 참여시킬 수 있는 동기부여 요소는 무엇이고, 어떻게 이 동기부여를 끌어낼 것인가?
- 준직원 역할을 성공적으로 수행하는 데 필요한 교육은 무엇인가? 조직은 준직원에게 그 역할에 대해 교육할 시간과 직원이 있는가?
- 준직원은 다시 돌아와 조직이 제공하는 교육을 이용할 것인가? 만약 그렇다면, 시간, 돈 그리고 직원에 대한 투자는 가치가 있을 것이다.
- 조직이 직접 서비스를 제공하는 게 더 싸고 빠르고 효율적인가? 아니면 준직원이 하도록 하는 게 더 나은가?
- 준직원을 교육시키는 데 도움을 줄 수 있는 역할모델(특히 다른 환자들)이 있는가? 그리고 이런 역할모델을 활용할 수 있도록 서비스 환경은 어떻게 구조화될 수 있는가?

- 환자들에게 자신들의 경험을 생산하도록 하는 것이 다른 환자들에게 제공되는 서비스나 조직의 다른 부분에 방해가 될 수도 있는가?

의료서비스 경험에서 환자들을 효과적으로 이용하려면, 환자들이 동기부여가 되어야 한다. 또한 서비스 경험에 참여할 수 있는 능력과 KSAs를 갖춰야 하고, 교육이 필요하며, 그들의 세부적인 기능도 명확하게 정의되어야 한다. 공동생산의 상호이득을 장려하는 조직들은 일부 환자들이 경험에 참여하고 싶어 하지 않음을 인정하고, 그 대안을 가지고 있어야 한다. 그러나 가능한 한 환자들과 환자 가족들을 참여시킬 방법을 모색하는 조직은, 참여자들을 위해 서비스의 비용은 낮추고 가치와 품질을 높여야 할 것이다.

결정권을 환자들에게 넘기기

의료서비스는 많은 상황에서 셀프서비스 혹은 환자 참여를 필요로 한다. 조직은 환자들에게 참여 결정을 내리도록 할 때 2가지 전략을 따를 수 있다.

1. 모든 환자는 의료중재 과정에 참여해야 함을 환자들에게 전달한다. 이때 참여의 정도를 명확하게 설명한다. 예를 들어, 상담이 필요한 환자들은 정보를 공유하고 치료사와 협력할 것에 동의해야 한다. 참여의 정도를 명확하게 설명하면, 환자들은 자신이 화장실 청소와 같은 노동일을 하지 않아도 된다는 것을 알게 된다.
2. 환자 유형별로 참여를 선택할 수 있게 한다. 예를 들어, 집단치료를 진행하는 경우, 환자들에게 이득이 되더라도 반드시 참여해야만 하는 것은 아니라고 전달하는 것이다. 물리치료 환자들은 자신들의 기력과 상해 정도에 따라 참여 여부를 결정한다. 만약 환자들이 참여할 수 없으면, 치료사는 근육 물리치료를 계속 진행할 수 있다. 또 다른 예로, 일부 환자들은 조직의 웹사이트 방문 또는 사람을 통해 직접 정보를 받는 것을 선택할 수 있다. 만약 환자가 후자를 선택한다면, 그 조직은 연락 정보(이름과 전화번호)를 제공해야 한다.

환자 해고하기

어떤 의미에서, 모든 환자들은 단순히 근처에 있는 것만으로도 다른 환자들을 위한 의료서비스 경험을 공동생산하거나 그럴 가능성을 가지고 있다. 예의바르고 단정한 환자가 대기실에 조용히 앉아 있는 것은 환경의 가치를 높여주고, 다른 환자들에게 역할모델이 되기도 한다. 반면, 같은 대기실에 난폭하고 불쾌한 행동을 하는 환자가 있다면, 다른 환자들에게 두려움을 줄 것이다.

언어적 혹은 육체적 폭력, 조직의 규칙과 정책 위반, 터무니없는 요구, 다른 사람과 스스로를 위태롭게 하는 것과 같은 극단적인 행동들은 의료서비스 환경에서는 용납되지 않는다. 조직은 이런 사태가 발생하지 않도록 조치를 취해야 한다.

만약 준직원으로서 환자의 업무 성과나 태도가 만족스럽지 않다면, 최후의 수단으로 조직은 명확하게 정의된 절차를 통해 그 환자를 '해고'해야 한다. 또한 일부러 손해를 끼치거나 장비를 훔치는 것도 해고 사유가 된다. 직원에게 무례하거나 직원을 학대하는 것도 그렇다. 물론 조직은 환자에게 유리한 판단을 해줘야 하고, 해고는 환자의 신체적 혹은 정신적 안정과 존엄성에 최소한의 피해만 주는 정도에서 이뤄져야 한다. 공평하게 대우받지 못했다고 느끼거나 해고에 대해 화가 난 환자는 오랫동안 조직에 대해 부정적인 말들을 퍼트릴 수 있고, 최악의 경우 소송까지 할 수 있다.

환자 해고하기 사례

환자를 해고한다는 것은 조직의 미션과 상반될 수 있다. 다음은 실제 사례이다.

캘리포니아 주 오클랜드의 하이랜드 병원(Highland Hospital in Oakland, California)에서 근무하는 의사들과 간호사들은 심장과 혈압에 심각한 문제가 있는 한 환자의 무책임, 무례함, 악취에 대해 불평했다. 그 환자는 병원 직원들에게 점심을 사달라고 하고, 처음 본 사람들에게 담뱃불을 붙여달라고 했으며, 응급실에서 소란을 피워 투옥된 적도 있다. 심지어 진료를 받을 때가 아니면 병원에 접근할 수 없도록 가처분 명령을 받았다. 그는 의료서비스 경험을 공동생산하는 것을 거절하고, 응급실로 가기 위해 처방된 약을 버렸다. 그 환자는 해고당할 준비가 된 것처럼 보였다.

그러나 하이랜드 병원은 환자의 지불 능력에 관계없이, 치료받기 위해 병원을 찾는 모든 사람들에게 의료서비스를 제공한다는 사명을 가지고 있는 공립병원이다. 그래서 그 병원은 응급실에 1,200번 이상 찾아와 납세자들의 돈을 100만 달러 이상 낭비하게 만든 그 환자를 '해고'할 수 없었다. 환자의 응급실 사용이 줄어들긴 했지만, 병원은 여전히 그 환자에게 서비스를 계속 제공하고 있다. 또한 병원에 오는 모든 사람들에게 서비스를 제공한다는 미션 때문에, 하이랜드 병원은 까다로운 환자를 감시하거나 응급실을 사용하지 못하도록 제한할 수 없다.

어떤 경우에는, 환자들은 부적절한 행동 때문이 아니라 재정적 이유(즉, 특정 서비스에 대한 환급 제한)나 조직의 무능함(환자의 상태 호전에 필요한 진료를 제공할 수 없는 상황 등) 때문에 해고를 당한다. 요양시설은 환자들이 간호서비스를 필요로 할 때 환자들을 해고한다. 노인원호 생활시설(assisted-living facilities)은 환자들의 보험이 만료되면 환자들을 해고한다. 병원은 환자의 동의여부와 상관없이 환자가 퇴원할 준비가 되었다고 생각하거나, HMOs에서 더 이상의 지불을 거절할 때 환자들을 해고한다. HMOs는 연방정부의 지나친 규정과 불충분한 환급 때문에 65세 이상의 노인에게 적용되는 노인의료보험환자들을 해고한다.

환자를 해고하는 것은 일종의 환자 실패에 대한 대응일 수 있지만, 때로는 조직이 실패한 것일 수도 있음을 인지해야 한다. 비록 타당하거나 현실적이지 않았다 하더라도 환자는 조직에 대해 기대가 있었을 것이고, 조직이 그 기대에 부응하는 데 실패했기 때문에 예의 없고 문제가 많은 환자가 될 수 있는 것이다.

결론

의료서비스 경험을 공동생산하는 것은 조직과 환자에게 많은 장점이 있다. 그러나 이런 장점들은 조직이 직원과 준직원 혹은 비공식 간병인들을 위한 교육과 지원을 제공하지 않는다면 실현될 수 없다. 또한 조직은 환자의 KSAs와 진료 참여 의향을 측정해야 한다. 이런 동기부여에 도달하기 위해, 조직은 공동생산이 환자에게 어떤 이득이 되는지 명확하게 설명할 필요가 있다.

의료제공자들은 궁극적으로 환자의 건강에 유익한 협력을 위해 가족이나 친구와 같은 비공식 간병인들과 상호작용하는 대인관계에 관심을 가져야 한다. 이것은 공동의 목표 설정, 지식 공유 그리고 직원과 환자들 및 비공식 간병인들 간의 상호존중을 통해 가능하다. 그러나 이 프로세스를 위해서는 자원과 지원이 필요하다.

서비스 전략

1. 고객들(예: 환자와 가족들, 친구, 성직자)의 공동생산을 코칭하고 모니터링하고 감독할 수 있는 서비스 인력을 채용하고 교육한다.

2. 환자들이 참여할 수 있도록 교육하고, 공동생산에 필요한 KSAs를 갖추도록 한다.

3. 환자의 친구와 가족들이 조직을 방문하고 공동생산하고 환자와 머물 수 있도록 병실을 개조한다.

4. 참여에서부터 공동생산까지 가치와 품질을 이끌어낼 수 있는 환자들에게 동기부여한다.

5. 비공식 간병인이 되고 의료서비스 경험을 공동생산하기 위해, 동기부여를 받은 환자와 가족, 친구를 알아낸다.

6. 환자가 직원들의 서비스 행동을 모니터링하는 데 도움을 줄 수 있도록 장려한다.

7. 모든 환자와 가족들이 비공식 간병인이 될 수 있도록 장려한다. 환자와 가족들이 원한다면, 직원 서비스에 대한 선택권을 항상 제공한다.

8. 환자들이 다른 환자들을 교육할 수 있게 하고, 치료 과정 관련 비디오를 제공하고, 환자들이 경험에 참여할 수 있도록 준비시키는 방식으로 의료서비스 경험을 구조화한다.

9. 환자를 '해고'해야 할 때도 환자의 존엄성을 지켜준다.

PART·3

서비스 시스템

CHAPTER 10
내부와 외부에 정보 전달하기

알고 있는 모든 것을 동료들에게 알려줘라.
그들이 더 많이 알수록, 더 많이 관심을 둔다.

-샘 월튼(Sam Walton)

| 서비스 원칙 | 환자와 환자 가족들 그리고 직원들에게 지속적으로 정보를
전달한다

대부분 환자는 질병에 대해 불확실하거나 의료서비스 경험에서 어떤 단계와 직면했을
때 불안해한다. 환자는 이 불안감을 없애기 위해 정보를 찾는다. 인터넷을 포함하여 다양
한 출처에서 정보를 얻을 수 있지만, 환자는 의료서비스 제공자들이 답변해주리라 기대한
다. 그러므로 서비스 제공자들은 환자와 그 가족들뿐만 아니라 직원들, 지급인, 기타 이해
관계자들의 물음에 응답할 수 있도록 준비해야 한다.

의료업에서 정보의 공유는 중요하다. 의료분야는 정보기술을 선구적으로 이용하지 않
고, 환자의 사생활 보호로 인해 제한받기 때문이다. 서비스 제공자는 의료정보 교환과 환
자의 사생활 보호 사이의 균형을 맞춰야 한다.

제10장에서는 다음과 같은 내용을 다룬다.

- 건강정보시스템이 전체적 의료서비스 경험의 3가지 구성요소 – 상품, 환경 그리고 전달시스템 – 에 어떻게 통합적인가?
- 정보 접근, 의료서비스와 관련된 의사결정, 의료시술, 그리고 비용 절감을 위한 인터넷 기술의 이용
- 비즈니스나 임상정보와 관련된 의료제공자들의 요구 등, 조직 이해관계자들의 모든 요구를 어떻게 충족할 것인가?
- 건강정보시스템의 장단점

건강정보시스템(Health Information System)의 가치

잘 설계된 정보시스템은 알맞은 형태로 적임자에게 정확한 정보를 전달한다. 이런 시스템은 한 사람의 결정에 가치를 부가하는 것으로 여겨진다. 적재적소에 정보를 전달하지 못하는 시스템은 쓸모없다. 예를 들어, 의사가 이미 환자를 치료한 후에 도착한 엑스레이 결과는 필요 없는 정보가 된다.

환자, 직원, 의사, 간병인, 지불인 그리고 기타 이해관계자들은 각각 알고 싶은 정보가 있다. 조직은 이 모든 정보를 충족해야만 한다.

소비자들에게 알리기

조직이 환자들에게 제공하는 정보는 눈에 보이지 않는 서비스를 보이게 한다. 이것은 아직 완전히 개발되지 않았지만, 의료정보시스템의 중요한 부분이다. 환자와 이해관계자들이 의료서비스에서 기대하는 경험을 제공하기 위해 조직은 무슨 정보를 어떤 형식으로 그리고 얼마나 제공해야 하는가? 예를 들어, 수술의 경우 수술팀은 환자에게 수술이 훌륭한 결과를 가져올 것이란 인식을 줄 수 있도록 모든 정보를 준비해야 한다.

수술실은 소독되어 있어야 하고, 장비는 잘 갖춰지고 배치된 상태여야 하며, 수술팀은 깨끗한 수술복, 장갑, 헤드캡을 착용해야 한다. 이런 환경적 단서들은 '안심하세요, 첨단 기술을 갖춘 병원에서 숙련된 수술팀이 당신을 치료하고 있습니다'라는 메시지를 전달한다. 예전에 수술실에서 의료진들이 콜라를 마시며 수다 떠는 것을 본 적이 있다. 그들의 행동에서 전문성을 느낄 수 없었다. 대부분 환자가 실력이 없는 수술팀과 실력이 좋은 수술팀을 구별하기란 쉽지 않다. 그러므로 병원의 모든 역량이 수준급임을 보여줘야 한다. 수술 전 절차, 시설, 직원, 진료 등의 다른 측면들을 신중하게 관리하는 것도 조직의 의무이다.

조직은 고객들에게 경험의 품질과 가치에 대해 원하는 것을 전달할 수 있어야 한다. 이렇게 하기 위해서는 서비스 환경에서 제공되는 모든 단서는 신중하게 계획해야 한다. 서비스가 눈에 보이지 않을수록, 이런 단서들은 더욱 중요하다. 정보는 의료서비스 경험을 구성하는 상품, 환경, 전달시스템을 함께 포함한다. 적절하고 신뢰할 수 있는 의료정보시스템을 사용하여 정보를 관리하면, 조직은 완벽한 서비스를 제공할 수 있다. 또한, 고객들의 기대를 충족하거나 능가할 수 있다.

조직은 의료정보시스템을 설계하고 시행할 때, 내부 고객들(의사, 관리자, 직원 등)의 요구와 기대에 대한 정보를 살펴야 한다. 조직은 의료서비스 경험의 품질과 가치 부가를 위해 정보를 사용할 수 있다.

웹 기반 기술의 역할

의료조직들은 인터넷을 통해 많은 고객과 소통할 수 있게 됐다. 정보의 교환과 전달이 인터넷 덕분에 쉬워졌고 저렴해졌으며 빨라졌다.

2000년, 미래학자 러스 코일(Russ Coile Jr.)은 의료서비스 비즈니스와 관련될 웹 기반 전략들과 활동들에 대해 설명했다. 코일의 많은 예측이 실현되었고, 오늘날 여전히 진행 중이다.

1. 광고: 의료서비스 제공자들은 인터넷을 통해 직접 그리고 큰 비용을 들이지 않고 소비자들과 소통할 것이다.
2. 의료서비스 제공자들: 의료서비스 소비자들은 가장 뛰어난 의료서비스 제공자를 알아보기 위해 인터넷을 사용할 것이다.
3. 고객 정보와 소개: 의료보험사 직원들은 보험혜택, 의뢰 절차, 의사 리스트 그리고 의학 정보에 대해 보험 가입자들과 인터넷을 이용하여 소통할 것이다.
4. 쇼핑: 건강 관련 상품들과 서비스는 인터넷에서 더 빨리 그리고 더 낮은 가격에 판매될 것이다. 이렇게 판매될 주된 상품으로는 처방전 없이 살 수 있는 약, 의료 용품과 장비, 운동 기구 등이 있다.
5. 인터넷 약국: 할인과 배달은 소비자가 온라인 약국을 통해 처방약을 사도록 만들 것이다.
6. 의료보험: 의료보험사들은 소비자 등록, 적격 검사, 그리고 거래 처리를 위해 온라인 기능들을 제공할 것이다.
7. 전자 의무기록: 대부분의 병원에서 종이를 사용할 필요가 없어지게 된다. 모든 이해관계자는 온라인에서 의학정보를 얻을 수 있게 되고, 이런 정보는 질병의 진단, 치료 혹은 의사결정에 사용될 것이다. 환자들은 자신의 건강기록에 인터넷으로 접근할 수 있게 되며, 이를 통해 자신의 건강 상태를 모니터링할 수 있게 된다.
8. 건강 상담 및 원격의료(telemedicine): 다양한 웹사이트를 통해 건강 상담을 받을 수 있게 된다. 하지만 모든 조언이 유효하거나 정보에 기반을 둔 것은 아니다. 원격 의료는 의료기관들이 진단, 상담 그리고 임상서비스를 제공할 수 있도록 해준다.
9. 고객서비스: 대부분의 의료보험사와 의료제공자들은 웹사이트를 통해 소비자들과 거래할 것이다. 예를 들어, 건강보험 적격 여부 확인 절차, 보험혜택에 대한 설명, 보험승인 의료제공자들 검색, 영업 외 시간 문의, 온라인 가입 그리고 진료 예약을 포함한 서비스들이 웹사이트를 통해 진행될 수 있다.

코일의 예측이 있고 1년 뒤인 2001년, 〈월스트리트 저널〉에는 기술의 발전에 따른 21세기 의학에 대한 기사가 실렸다.

2년 안에 미국 전역에 있는 환자들은 인터넷을 통해 수많은 의료서비스를 받을 수 있다고 전망했다. 진료 예약, 병원 검색, 약 주문, 전문가와의 상담 등을 인터넷을 통해 할 수 있게 된다. 의사는 기존의 의술을 이용하여 수백 마일 떨어진 곳에 있는 환자를 진찰할 수 있다. 인터넷을 통해 수술 기술을 동료에게 가르칠 수도 있다. 병원은 집에 있는 만성 질병 환자를 관리할 수 있는 원격 전자모니터링 시스템과 휴가 중인 환자를 모니터할 수 있는 휴대용 알람 장치를 이용할 것이다. 병원에서 사용하는 컴퓨터 명령시스템은 의약품 오남용을 줄일 수 있다. 전국에 있는 병원들과 연결하도록 특별히 설계된 데이터시스템은 방대한 의료정보를 분석할 수 있다. 또한, 공중보건을 위협하는 요소가 확산되기 전에 파악하고 처리하도록 네트워크에서 정보를 공유한다. 아쉽게도, 동네 병원까지 이런 혁신 기술들이 도입되는 때가 언제인지는 확실치 않다. 미국 산업 중에서 의료산업은 최신 정보통신기술을 도입하는 데 뒤처진 편이다. 일부 전문가들은 절대 따라잡지 못할 수도 있다고도 말한다.

러스 코일과 〈월스트리트 저널〉의 기사가 발표된 이후, 의료산업도 혁신을 더 추구하자는 자성의 목소리가 점차 커지고 있다. 정보기술 사용은 3가지 이유로 중요하다. 첫째, 정보기술은 비용 절감의 효과가 있다. 둘째, 환자의 안전과 의료품질 향상을 도모한다. 마지막으로 환자의 의학 지식 접근을 확대한다.

많은 웹 기반 환자 서비스는 의료제공자와 환자의 시간과 돈을 절약한다. 예를 들어, 클리블랜드 클리닉은 환자들이 웹사이트에 접근할 수 있도록 했다. 이를 통해 환자는 자신의 검사 결과와 의무기록을 보고 개인정보를 업데이트할 수 있다. 구글 헬스(Google Health)와 도시아(Dossia), 메디시젼(MEDecision), 마이크로소프트 헬스 볼트(Microsoft Health Vault) 그리고 레볼루션 헬스(Revolution Health)를 포함한 일부 웹사이트는 환자들이 자신의 의료자료를 게시할 수 있고, 이에 접근할 수 있는 사람을 지정할 수 있게 한다. 그리고 건강 정보의 관련 출처에 대한 링크를 제공한다. 카이저 퍼머넌트는 24/7 의료서비스 접근을 가능하게 하려고 전자방문(e-Visits)을 제공한다. 릴레이 헬스(Relay Health) 역시 가상 진료를 제공한다. 의료서비스에 쉽게 접근할 수 없는 개발도상국과 농촌이나 원거리 지역에는 원격의료를 저비용에 제공한다.

또한, 정보기술은 환자들이 의료지식에 쉽게 접근할 수 있도록 한다. 소비자들이 사용할 수 있는 의료 관련 웹사이트는 아래 예를 포함하여 많이 있다.

- 증상 진단 사이트(예: WebMD.com, Familydoctor.org)
- 의무기록 보관 사이트(예: www.mychartlink.com)
- 전문의에게 문의하는 건강 관련 질문 사이트(예: www.ohri.ca/decisionaid)
- 질병 관련 전문의 검색 사이트(예: MyConsult on www.eclevelandclinic.org)
- 의료기관 평가 사이트(예: www.ratemds.com, www.HospitalCompare.hhs.gov, www.QualityCheck.org)
- 가족과 지인들을 위한 환자 상태 업데이트 사이트(예: www.caringbridge.org)

페이스북, 플락소, 트위터와 같은 소셜 네트워킹 사이트를 통해서도 환자들은 가족, 친구들 또는 다른 사람들과 개인적 문제들과 건강 문제들에 대해 끊임없이 소통할 수 있다. 다음은 더 많은 웹사이트 정보이다.

- 일반 건강정보 사이트(예: www.healthfinder.gov, www.webmd.com, www.mayoclinic.com)
- 처방약 정보 사이트(예: www.pharmainfo.net, www.ditonline.com)
- 심장질환 정보 사이트(예: www.americanheart.org)
- 암 정보 사이트(예: www.oncolink.com, www.cancer.org)
- 건강보험 정보 사이트(예: www.ahcpr.gov/consumer)
- 개인 건강정보 사이트(예: WebMD.com)
- 건강검진 · 종합 건강 의식 사이트(예: www.impacthealth.com)

모든 사이트가 유효하고 정확한 정보를 제공하란 법은 없다. 그러므로 이런 웹사이트를 방문할 때는 주의해야 한다. 일부 웹사이트들은 환자의 사생활 보호 규정을 위반할 수도 있고, 데이터베이스가 해킹될 수도 있다. 이렇게 되면 이름, 신용카드 번호, 건강기록을 포함한 개인정보가 유출될 수 있다.

의료서비스의 효과와 효율성을 향상시키기 위해 정보기술을 더 잘 활용하려는 노력에도 불구하고 이런 개선들은 빨리 이뤄지지 않고 있다. 누르(Noor, 2007)에 따르면, 의료서비스는 미국에서 최대규모 산업이며, 현재 국내총생산의 16.5% 정도를 차지한다. 2015년에는 20%까지 성장할 것으로 예측된다. 이것은 엄청난 자원 소비이며, 개선의 여지가 크다. 또한, 의료지출의 약 30~40%는 중복, 시스템 고장, 불필요한 반복, 형편없는 의사소통과 관련된 비효율성에 들어간다. 의료조직들이 대면하고 있는 큰 문제는 정보를 효과적으로 관리하는 시스템을 만들어내는 것이다.

강력한 도구, 인터넷

온라인 서점, 신문, 여행사, 학교 그리고 다른 서비스들은 다양한 방법으로 각자의 산업들을 변모시켰다. 의료서비스도 마찬가지이다.

인터넷에서 얻은 데이터는 측정할 수 없다. 그리고 건강과 관련된 웹사이트가 몇 개나 존재하는지 정확히 알고 있는 사람도 없다. 구글은 질병에 대한 정보와 자원을 찾는 많은 의료서비스 소비자들과 서비스 제공자들에게 주요 검색 수단이 되었다. 의료시스템변화연구센터(Center for Studying Health System Change)의 연구에 따르면, 2007년에 미국 성인의 55%(1억 2,200만 명 이상)가 개인의 건강 문제에 대한 정보를 찾는다고 한다. 2001년의 38%에서 17%나 상승한 수치이다. 또한, 2001년부터 2007년까지, 정보 검색을 위한 인터넷 이용이 두 배인 32%로 늘어났다. .

튜와 코헨(Tu and Cohen, 2008)은 나이, 교육 수준, 수입, 인종 · 민족, 그리고 건강 상태를 고려한 모든 소비자 범주에서 전반적으로 인터넷 사용의 증가가 관찰됐다고 보고했다. 인터넷에서 정보를 찾는 65세 이상의 미국 노인의 수가 급격히 증가했지만, 여전히 젊은이들보다 현저하게 뒤처진다. 건강 문제를 조사하는 소비자들은 긍정적인 영향을 보고했다. 응답자의 절반 이상이 정보로 인해 자신들이 건강을 유지하는 전반적인 접근법이 바뀌었다고 말했다. 그리고 5명 중 4명은 정보가 질병에 대해 더 잘 이해하는 데 도움이 되었다고 답했다.

국립의학도서관(National Library of Medicine)의 온라인 검색 서비스인 메드라인

(Medline)에 2008년 2분기 현재 약 5,000만 명이 방문했다. 메드라인은 의료정보의 금광이며, 의학저널과 의료저널에서 발간된 1,000만 개 이상의 기사를 제공하고 있다. 메드라인플러스(MedlinePlus) 또한 미국국립보건원(National Institute of Health)과 신뢰할 수 있는 출처에서 나온 750개 이상의 질병과 증상에 대한 상세한 정보를 제공한다. 이 웹사이트는 병원과 의사 목록, 의학 백과사전과 의학 사전, 처방약과 비(非)처방약에 대한 정보, 미디어에서 나온 건강 주의사항 그리고 임상 실험과 관련된 수천 개의 링크를 제공한다.

개인건강기록

PHR(Personal Health Record, 개인건강기록) 서비스는 환자와 의사 간의 의사소통을 향상해준다. 또한, 환자가 자신의 의료기록을 관리할 수 있게 해주고, 치료에 적극적인 참여자가 되게 한다. 클리블랜드 클리닉의 연구에 따르면, 환자들은 편의에 따라 그리고 필요할 때 혈압측정을 보고할 수 있는 유연성을 좋아한다고 한다. 이것은 환자의 정보를 진료실에서 관리하는 것이 아니라 환자의 집에서 관리하게 하는 것을 의미한다. PHR 서비스의 채택과 지속적인 사용은 클리닉과 집의 연결(clinic-to-home link)을 가능하게 한다. PHR 서비스는 전통적인 시스템의 근본적인 변화를 나타낸다.

---

(1) 의사결정 자원(decision-making aid)

인터넷은 의료서비스에서 경쟁에 대한 장벽을 무너뜨리고 있다. 왜냐하면, 환자들이 스스로 대안 치료를 찾을 수 있고, 의료 발전에 대해 배울 수 있으며, 의료서비스의 품질과 비용에 대해 문의할 수 있기 때문이다. 이런 정보는 권한을 부여한다. 환자들은 환자들 스스로에게 주어지는 능력, 지식 그리고 권고사항을 무조건 믿지 않게 되었다. 사실, 많은 환자들은 담당 의사보다 구글을 더 신뢰하는 것처럼 보인다. 의사들도 최신 치료와 질병의 영향이나 증상에 대해 자세히 알고 있는 환자들을 만나는 경우가 늘고 있다. 일부 환자들은 잘 알려지지 않거나, 아직 조사 중이거나 임상실험 중인 약품과 치료에 대해 담당의사보다 더 많이 알 수도 있다.

또한, 소비자들은 직접 웹사이트를 개설하기도 한다. 이를 통해, 같은 질병을 앓고 있는 환자들이 서로 소통하고, 치료방법에 대해 정보를 탐구하고, 최근 받은 치료에 대해 평가하기도 한다. 거의 모든 질병에 관련된 웹사이트가 있고, 이런 웹사이트들은 의료행위에 점점 더 많은 영향을 미치고 있다.

오하이오(Ohio)와 뉴저지(New Jersey) 같은 일부 주에서는 환자들이 웹사이트를 통해 담당 의사들이 어떤 자격을 가졌는지도 확인할 수 있다(예: www.state.oh.us/med). 특정 요양 시설의 품질에 관심 있는 환자들은 www.medicare.gov/nhcompare에 가서 평가할 수 있다.

의사들과 그들의 의료행위, 의료보험회사, 의약과 관련된 정보는 아래 링크에서도 볼 수 있다.

- 의료전문의 관련 정보 사이트: www.ama-assn.org, www.bestdoctors.com
- 건강보험사 정보 사이트: www.ncqa.org, www.ehealthinsurance.com
- 처방전 사이트: www.nabp.net, www.rxaminer.com

일부 의료제공자들은 너무 많은 정보들이 난무하는 것을 우려한다. 그러나 인터넷은 질병, 합병증 그리고 죽음까지 예방할 수 있는 정보들을 제공한다. 사람들의 건강을 향상시킬 거대한 잠재력이 있는 것이다. 인터넷은 의료제공자들이 더 많은 자원들(예: 의학 연구와 데이터, 질병 전문가, 커뮤니티 파트너)을 찾을 수 있게 도와준다. 또한, 비용을 절감하는 방법으로 환자들과 연결을 확대할 수 있도록 한다.

(2) 원격의료

원격의료(telemedicine)는 원거리에서 진료와 의료절차를 이행하는 의료행위이다. 원격의료는 전화, 인터넷 혹은 다른 커뮤니케이션 장비를 이용한다. 예를 들어, 당뇨나 혈액순환장애 같은 만성적인 병을 가진 환자들은 인터넷을 통해 담당 의사와 상담할 수 있다. 환자는 상처를 사진으로 찍어 컴퓨터로 전송할 수도 있다. 환자와의 대화와 사진에 근거하여, 의사는 환자에게 직접 병원으로 오라고 하거나, 원거리에서 상처를 모니터링할 수 있도록 요청할 수 있다. 이런 접근법은 방문 횟수의 감소, 입원의 예방, 원격의료 서비스의 용이성, 낮은 비용 등의 장점이 있다.

센터라 헬스케어(Sentara Healthcare)는 전자중환자실(ICU, intensive care unit)을 운영한다. 이 시스템은 중환자실에서 전문의들의 서비스가 가능하도록 인터넷을 활용한다. 동영상과 실시간 연결을 사용하기 때문에 전자중환자실은 서비스 지체가 없다. 즉, 다른 지역에 있는 전자중환자실 환자는 수 마일 떨어진 곳에 있는 의사로부터 효과적인 진료를 받을 수 있다.

메뎀(Medem)은 의사와 환자 간의 의사소통을 쉽게 해주는 웹사이트를 운영하는 회사 중 하나이다. 이 회사는 '헬스케어 알림 네트워크(Healthcare Notification Network)'를 만들었다. 이 네트워크는 약물, 장치 리콜, 경고문, 라벨 변경과 같이 환자 안전을 위한 의료 정보를 의사에게 제공한다. 의사들이 환자들과 의사소통하기 위해 이메일 사용이 증가하기도 하는데, 메뎀은 이 점 역시 관리한다. 의사들은 시간을 더 효율적으로 관리하기 위해 환자들과 병원에서 대면하는 대신 이메일을 통해 환자들의 상태를 체크하고 진단할 수 있다(참조: www.hcnn.net for more information.).

(3) 전자 기록관리(electronic recordkeeping)

병원과 클리닉에서 문서 오류를 제거하기 위해 인터넷 기반 정보기술 사용이 빠르게 진전되고 있다. 예를 들어, 싱가포르에 있는 싱헬스(SingHealth)는 의료서비스 향상을 위해 혁신적인 디지털 병원(Digital Hospital)을 설립했다. 디지털 병원은 3가지 주요 특징이 있다. 첫째, 디지털 병동. 둘째, 디지털 클리닉. 셋째, 텔레케어(telecare)와 텔레메디슨(telemedicine) 그리고 홈 케어(home care). 디지털 병원은 아래와 같은 방법으로 운영된다.

1. 정보 공유: 입원환자의 퇴원 기록, 알레르기 정보 그리고 의료정보를 집단 내에서 교환할 수 있다. 이런 시스템은 임상적 의사결정을 용이하게 해주기 때문에, 환자의 안전과 진료 관리를 향상한다.
2. 권한부여: 의료진과 환자들은 언제, 어디서나 지식과 정보에 접근할 수 있다.

3. 의사와 환자의 관계 및 진료의 질 향상: 의료진과 환자들 간의 보안 메시지는 환자들이 자신의 질병을 관리하거나 의학적 검토를 확인할 수 있게 한다. 의료진은 입원 감소나 약물 복용량 개선을 위해 조기 치료를 시작할 수 있다.

4. 의무기록 접근: 의료진이 환자들의 건강 정보에 편리하게 접근할 수 있다.

5. 시간 절약 및 환자들과 직원들을 위한 편의성: 최근에는 환자 정보를 365일 내내 온라인으로 확인할 수 있기 때문에 환자들은 병원에 가서 검사 결과를 받기 위해 기다릴 필요가 없다. 의사들이 환자 정보를 볼 수 있도록 간호 직원들이 관리한다. 온라인 방법을 통해 싱헬스는 병동당 약 75만 달러의 원가를 절감한다고 추산했다.

6. 향상된 진료 품질: 비정상적인 결과, 중복된 의약 처방 그리고 약물 알레르기에 대한 경고는 환자의 안전과 적절한 의료 처방에 크게 기여한다.

7. 원가 절감: 환자들이 디지털 병원과 연계된 다른 의료기관으로 옮길 경우, 검사와 방사선 절차를 다시 할 필요가 없으므로 약 100달러 정도 절약할 수 있다.

⑷ 의료서비스 제공자와 소비자 연결

인터넷은 환자, 환자 가족, 의사, 다른 의료진, 약사, 병원, 클리닉, 실험실, 컨설턴트, 장비와 의약품 공급업자, 보험사를 포함한 의료서비스 전달에 관련된 많은 사람들을 연결해준다.

예를 들어, WebMD.com은 많은 사람들에게 다양한 정보를 제공한다. WebMD.com은 건강 뉴스와 환자가 주의해야 할 점을 게시판과 블로그에 포스팅한다. 또한, 의료상품을 광고하고 의사들에게 의료행위 관리 소프트웨어를 제공한다. 이와 유사하게, 애트나(Aetna)는 스마트소스(SmartSource)라는 웹사이트를 2008년에 개설했다. 이 웹사이트는 질병 위험, 의료비용, 그리고 지역 의료제공자들을 포함한 건강과 의학 정보를 위해 특별히 설계된 검색엔진이다.

웹 기반 서비스를 통해서 임상품질과 임상결과를 향상할 수 있고, 합병증과 의료 오류를 예방할 수 있다. 더불어, 소비자들에게 질병에 대한 정보와 대안을 제공하기 때문에 비용 절감에 도움을 준다.

개인화된 서비스

정보는 조직들이 각 고객, 의뢰인, 혹은 환자가 특별한 대우를 받는다는 느낌이 들 수 있도록 서비스를 개인화한다. 예를 들어, 직접연결(direct linkages)은 간호사가 여러 위치에 있는 많은 환자들과 소통할 수 있게 해준다. 직접연결을 통해 간호사는 활력징후가 정상에서 벗어난 환자와 연락할 수 있다. 환자들은 멀리 떨어진 간호사로부터 전화를 받기 전까지 자신들의 활력징후가 모니터링되고 있음을 모를 수도 있다. 환자는 간호사로부터 환자 개인에 맞춘 관심과 지시를 받는 것도 가능하다.

정보와 정보기술은 서비스 자체를 향상시킬 수 있다. 처방약에 붙은 바코드는 많은 정보를 포함한다. 예를 들어, 바코드를 통해 배포된 의약품의 실시간 기록을 알 수 있으며, 필요한 경우에 따라 더 주문할 수도 있다. 환자 기록에 있는 바코드와 전파식별칩(RFIC)이 삽입된 손목밴드는 병원이나 약국이 의사가 처방한 약품의 종류를 모니터링할 수 있게 해준다. 바코드와 손목밴드를 통해 다른 의사들이 잠재적 상호작용 문제에 대해 준비할 수도 있다. 또한, 이런 기술은 의료제공자들이 환자의 요구를 파악하는 데 도움을 준다. 예를 들어, 만약 한 의사가 항응고제 쿠마딘(Coumadin)을 처방한다면, 병원은 환자에게 혈액모니터링 장비를 구매하라고 제안할 수 있다.

스마트카드

60세의 한 남성이 응급실로 실려 들어온다. 환자는 의식이 없어 응급구조대원들에게 자신의 정보를 제공할 수 없다. 다행스럽게도, 응급구조대원들은 그의 지갑에서 스마트카드를 발견한다. 스마트카드는 신용카드 크기의 장치로, 건강 상태, 복용 중인 약품, 그리고 진료 기록을 포함한 개인 건강정보를 저장한다. 스마트카드를 광학판독장치(optical reader)에 넣으면, 의사나 임상 간병인들이 환자의 정보를 알 수 있다.

개인건강기록과 마찬가지로, 스마트카드는 업데이트 정보가 많을 때 더 효과적이다. 1차 의료 의사나 응급실 직원과 같이 권한을 부여받은 사람들은 컴퓨터로 이런 정보를 카드에 전송할 수 있다.

스마트카드는 휴대 가능하고 중요한 의료 데이터가 저장되어있기 때문에, 의료제공자들이 적절한 치료를 제때 할 수 있게 도와준다.

전체적 의료서비스 경험에 대한 정보와 구성요소

정보시스템의 도전 과제는 정확한 데이터를 수집하여 필요할 때 적절한 방법으로 사람들에게 배포할 방법을 찾는 것이다. 효과적인 의료조직들은 양질의 정보가 양질의 임상서비스만큼 중요함을 알고 있다. 전체적 의료서비스의 3가지 구성요소로는 상품, 환경, 전달시스템이 있다. 관리자는 전체 의료서비스 경험의 3가지 구성요소(상품, 환경, 전달시스템)를 받거나 만들어내는 모든 내·외부 고객의 정보 니즈(information needs)를 알아봐야만 한다. 지금부터 각 구성요소가 지니는 정보의 역할에 대해 알아보자.

정보와 서비스 상품

때론, 정보 자체가 서비스 상품이다. 정보는 상품의 품질과 가치에 대한 고객들의 긍정적이거나 부정적인 인식을 알려주는 단서를 제공한다.

직원들과 의료진에게 정보는 상품이다. 그들은 서비스를 제공하거나 다음 단계에 관한 결정을 할 때 정보가 필요하다. 예를 들어, 오래되었거나 더 이상 사용하지 않는 장비들로 가득 찬 재활실을 리모델링해야 할지 없애야 할지 결정해야 하는 담당자를 생각해보자.

관리자는 재활환자의 수와 공간 활용률, 대기시간과 같은 서비스 관련 데이터가 필요할 것이다. 또한, 관리자는 환자 설문조사 결과와 미래 재활 수요에 대한 예측도 필요하다. 이런 정보는 또 다른 직원이나 부서가 만들고 제공하는 상품이다.

정보 제공은 많은 직원들의 서비스 활동이고, 의료조직들은 전체적 의료서비스 경험이 미치는 중요성을 알고 있다. 그러므로 서비스 활동을 효과적·효율적으로 하는 것이 중요하다. 환자중심 치료를 추구하는 움직임은 모든 환자 관련 정보에 쉽게 접근할 수 있는 의료진과 직원들에게 달려 있다. 신속하고 적절한 고품질의 환자 진료는 환자 정보를 입수하거나 교환할 수 있는 직원이 없으면 불가능하다.

상품으로서 정보는 신중한 의사결정, 결과물 측정 그리고 환자 중심의 접근법을 가능하게 한다.

약품 재고관리시스템(Drug Inventory Management Systems)

미국의 제약회사 아메리소스 버진(AmerisourceBergen)은 정교한 전자시스템을 통해 약국들과 정보를 교환한다. 시스템을 통해, 회사는 약국들에게 판매와 재고, 약품에 대한 데이터를 포함해 종합적인 정보를 제공한다.

또한 아메리소스 버진은 약국들이 판매하는 약품과 다양한 품목들의 판매동향을 모니터링하면서 재고품목을 관리하도록 도와준다. 이 시스템은 소비자 구매 패턴에 대한 지식에 근거하여 적기에 재고 보충을 할 수 있어 아메리소스 버진에게도 유용하다.

정보와 서비스 환경

정보가 풍부한 서비스 환경은 환자들과 다른 고객들에게 도움이 된다. 외래환자 이미지 센터에서 직원들이 환자들에게 엑스레이실 위치, 진료 절차, 촬영 후 할 일 등을 지시해야 한다고 가정하자. 이럴 때, 환자가 엑스레이과로 쉽게 찾아갈 수 있도록 잘 보이는 곳에 안내도가 설치되어야 한다. 또한, 절차 전후에 환자가 무엇을 해야 하는지 알려주는 지시사항도 접수 데스크에 비치되어 있어야 한다.

웹사이트에 있는 시설 환경의 이미지들은 잠재적인 환자들에게 어떤 서비스가 있는지 알려준다. 이런 이미지들은 환자들에게 시설의 품질에 대한 정보를 전달한다. 많은 조직들이 병실, 로비, 대기실, 직원들, 의료진, 장비 그리고 병실 밖에 풍경의 이미지를 게시한다. 더 큰 의미에서, 환경 자체가 설계되고 배치된 방식에 의해 정보시스템으로 여겨질 수 있다. 즉, 이러한 시설을 볼 수 있는 탐색 도구의 유무는 서비스 경험을 향상시킬 수도 있고 손상할 수도 있다. 이런 정보는 간단한 지도부터 상호작용적이고 컴퓨터화된 키오스크까지 다양하다.

정보와 서비스 전달시스템

정보는 서비스 전달시스템을 운영하는 데 필요하다. 이 시스템은 환자들에게 제공되어야 하는 서비스와 유형 상품에 대한 프로세스를 포함한다. 서비스 상품, 환경, 전달시스템의 본질은 이상적인 정보시스템에 의해 만들어진다.

예를 들어, 정기검진에서 환자는 제일 먼저 간호사나 간호조무사를 본다. 간호사는 환자의 활력징후와 방문 이유를 체크하고 차트에 기록한다. 그다음, 간호사는 의사에게 정보를 전달한다. 정보를 숙지한 의사는 환자를 진찰한다. 검진 후에, 의사는 환자에게 접수처에 가도록 지시한다. 거기서 환자는 의사의 처방전을 받거나 다음 진료 약속을 잡는다. 이 예시는 병원에서 발생하는 일반적인 정보시스템이다.

많은 병원에서 전달시스템을 따라 환자가 어느 단계까지 왔는지 나타내기 위해 색상 표시를 사용한다.

서비스 품질에 대한 정보

건강정보시스템은 서비스 품질에 대한 정보를 체계적으로 수집할 때 중요하게 사용된다. 정보를 수집·가공하고 관리자들과 서비스 제공자들에게 전하는 것은 문제 해결에 도움이 된다. 예를 들어, 인터콤으로 의사들을 끊임없이 호출하는 것과 관련된 환자들의 항의를 정보시스템에 입력하는 것이 첫 번째 단계이다. 그러나 이 단계는 관리자와 다른 연관된 사람들이 항의가 입력되자마자 즉각적으로 반응하지 않는 한 가치가 없다. 효과적인 정보시스템은 문제에 대해 누군가 후속조치를 할 수 있도록 알림 서비스를 제공한다.

정보시스템은 서비스 전달에 참여하는 모든 사람들이 가능한 최고의 방법으로 업무를 처리하는 데 필요한 정보를 공유할 수 있게 설계되어야 한다. 또한, 서비스 제공에 참여하는 모든 사람들이 업무에 필요한 정보를 가질 수 있도록 해야 한다. 이것이 현대 정보기술을 가장 효과적으로 적용한 사례이다. 의료지원들이 환자를 만족하게 하고 더 나아가 긍정적인 인상을 주는 데 필요한 정보를 제공하는 것은 의료서비스 경험에 가치를 더하는 효과적인 방법이다.

오늘날 고객들은 신속한 서비스에 익숙해져 있다. 고객들은 셀프서비스 주유소에 가서 돈을 내고 18초 후에 주유할 수 있다. 이와 같은 고객들은 환자가 되어 처방약이나 보조간호사가 이불을 가져다 주길 열흘이나 기다려야 할 때 불만을 느끼게 된다. 환자들은 주유소의 서비스와 임상서비스의 차이점을 모를 수 있다.

병원에서 환자의 보험처리를 확인하는 업무를 살펴보자. 보험증만 제출하면 되니 환자에게는 간단한 절차일 수 있다. 그러나 병원은 단순히 보험회사와 보험 번호, 부담 금액이 아닌, 더 많은 정보가 필요하다. 병원에서 이뤄지는 확인 절차는 지연될 수 있다. 병원이 하나도 빠짐없이 모든 보험사, 보험상품, 서비스를 알 수 없기 때문이다. 자연히 환자들은 기다림에 대해 불만을 갖게 된다.

그러나 이런 상황은 보험 확인절차를 위해 신속하게 변하고 있다. 정보시스템, 특히 웹 기반 시스템은 의료직원들이 다양한 상황에서 고객들에게 신속하고 정확하게 서비스를 제공하게 해준다. 이것은 의료서비스 경험에서 매우 중요한 대면 접촉을 잃지 않고 기술의 혜택과 경제성을 활용하기 위해 의료산업에서 노력해왔던 분야이다.

정보시스템은 첨단기술의 세계이다. 그러나 사람들이 직접 수행하던 많은 기능들을 기술이 대신하게 되었기 때문에, 환자들은 인간적인 접촉(high-touch) 경험을 이전보다 더 중시한다. 의료조직들은 환자와의 직접적인 접촉이 있는 분야와 없는 분야, 둘 다에서 최대한 기술을 효율적으로 활용하기 위해 노력한다. 이를 통해, 직원들은 효과적인 환자 진료를 제공하면서 개별적인 관심을 둘 수 있는 충분한 시간을 얻을 수 있다.

컴퓨터 전문 지식

혁신적인 정보기술은 조직들이 전문가들에게 돈 내지 않고 전문 기술을 알 수 있도록 해준다. 예를 들어, 농촌의 병원들은 24시간 내내 전문 지식을 이용할 수 있는 주요 대학 병원에 온라인으로 접근할 수 있다. 농촌의 병원들은 비용 때문에 전문의들을 상주시키지 못하므로 이런 기술은 도움이 된다.

코크런 연합의 코크런 도서관(Cochrane Collaboration's Cochrane Library)과 같이 증거에 기반을 둔 의학 데이터베이스의 사용이 점점 발전해가면서, 온라인을 통해 더 많은 전문 지식을 접할 수 있게 되었다. 이 강력한 도구는 멀리 떨어진 마을에 있는 가정의부터 대학병원의 전문의까지 질병과 치료에 대한 전문 지식에 접근할 수 있도록 도와준다. 병실에 있는 인터넷, 터치스크린, 컴퓨터화된 데이터베이스를 통해 정보가 제공된다고 가정해보자. 이렇게 된다면 환자와 조직에게 전문 지식을 제공하는 비용은 줄어들고, 정보의 품질과 접근 용이성은 증가한다. 이를 통해, 정보와 정보기술로 환자에게 가치 있는 서비스를 제공하는 조직의 능력이 향상된다.

고객 접촉그룹과 의료서비스 지원그룹

의료서비스 정보시스템의 또 다른 주요 부분은 고객 접촉그룹(고객들에게 서비스를 제공하는 직원들과 기능들)과 의료서비스 지원그룹(고객들에게 서비스를 제공하는 직원들을 지원하는 사람들과 기능들)을 연결한다는 것이다. 서비스 전달시스템에서 지리적으로 떨어진 이 두 개의 그룹을 조율하는 것은 환자들에게 완벽한 경험을 제공하는 데 중요하다. 환자들은 약사(의료서비스 지원그룹 소속)와 간호사(고객 접촉그룹 소속) 간의 커뮤니케이션 시스템이 불완전한지에 대해 신경 쓰지 않는다. 환자들은 전체적 의료서비스 경험의 품질에 대해서만 신경 쓴다. 그리고 조직은 환자가 적시에 처방전을 받을 수 있도록 해야 한다.

1차 의료 병원에서 한 환자가 신체검사를 받는다고 가정해보자. 만약 의사가 현장에서 검진할 수 있는 검진실을 가지고 있지 않다면, 환자는 다른 임상병리실에 가야만 한다.

특정 조건에서(식사 후 8시간 동안 금식 등) 검진을 받고, 검사 결과를 팩스나 이메일로 의사에게 보내야 할 것이다. 환자와 실험실에 대한 안내가 분명히 전달되었다 하더라도, 이런 상황에서는 완벽한 서비스를 제공하기 어렵다.

조직 내에서의 정보 흐름

서비스 전달에서 정보시스템에 대한 마지막 주요 요건은 조직 내에서의 정보 전달이다. 간단한 직원 뉴스레터나 문서를 인터넷 또는 시스템에 게시하여 조직의 각계각층에 정보를 전달한다. 또한, 정보는 모든 직원들이 접근할 수 있는 중앙 데이터베이스나 인트라넷을 통해 제공될 수 있다. 이 방법을 통해 직원들은 기업정책, 교육 일정과 장소 혹은 구인 정보 등 조직 내에서 구체적인 정보를 검색한다.

이런 커뮤니케이션 방법들을 이용해 조직문화 전통을 강화하고 직원들에게 동기를 부여하며 의료서비스 경험을 향상시킬 수 있다. 효율적인 소통이 목적이기 때문에 이용하는 형태가 문서이든 최첨단 전자 장비이든 상관없다. 물론, 많은 다른 커뮤니케이션 채널들이 경영진과 직원들 간에 존재한다. 예를 들어, 이달의 직원 프로그램을 이용해 직원들이 요구하거나 바라는 안건에 관해 이야기 나눌 수 있다. 직원 제안 프로그램(employee suggestion program)을 통해, 경영진은 서비스 전달시스템에서 발생하는 문제들을 신속히 전달할 수 있는 직원들로부터 새로운 아이디어와 정보를 들을 수 있다.

조직 내에서 가장 문제가 되는 정보 흐름의 예는 간호사들과 의사들 간의 만성적인 소통불능 문제이다. 예를 들어, 의사의 필체를 읽기 어려운 경우 간호사가 의사의 지시를 잘못 읽는 결과를 낳고, 이 때문에 비극이 발생할 수 있다. 존 케리와 뉴트 깅리치(John Kerry and Newt Gingrich)는 1997년 전자처방전에 대한 사설에서 투약 오류로 인해 매년 약 7,000명의 미국인들이 사망한다고 전했다. 더 나아가 매년 30억 개의 처방전이 쓰이는 데, 이 중 10억 개 이상의 처방전이 의료제공자와 약사의 재확인이 필요하다고 한다. 누르(2007)는 투약 오류 때문에 매년 9만 8,000명의 환자들이 사망하며, 이 중 상당수는 간호사가 의사의 손글씨 처방전을 해독하지 못해 일어난 결과라고 보고했다.

기술은 환자의 진료를 위한 의사들의 지시와 그 지시를 시행하기 위해 임상직원들이 하는 모든 것을 기록하고 추적하는 공동 데이터베이스를 제공한다. 이 데이터베이스를 이용하면 이러한 문제들을 완화할 수 있다. 더 정교한 시스템에서는, 의사들의 지시가 자동으로 다른 부서로 전달되고 일정에 입력되어, 정보 전달 과정에서 발생할 수 있는 인적 실수를 제거한다. 휴대용 장비와 컴퓨터는 환자들이 적절한 의약품을 받을 수 있도록 의사들의 다양한 데이터베이스에 연결할 수 있다. 이런 장비들은 만약 환자의 처방약이 다른 약과 다르다면 의사들에게 알려진다.

립프로그 그룹(Leapfrog Group)은 의료조직원들에게 투명하고 접근성이 쉬운 의료정보를 만들 것을 장려한다. 또한 립프로그는 고품질 진료 서비스에 대한 증명된 기록을 가지고 있는 병원들에게 보상을 제공할 것을 권한다. 정보기술은 조직들이 핵심역량 외의 기능들을 효과적으로 아웃소싱하도록 한다. 예를 들어, 매케슨(McKesson)은 병원을 위한 약국을 운영하고 모든 규칙과 규정을 준수한다. 의료서비스 조직의 미션에 부합하는 품질 수준에서 서비스를 제공하기도 한다.

킴(Kim, 2005)의 연구에 따르면, 의약품 공급체인 관리시스템 아웃소싱으로 병원들이 조달 프로세스와 제약품의 재고관리를 향상시켜, 총재고량이 30% 이상 감소했다고 한다. 의약품 도매상은 병원들과 정보를 공유할 수 있으므로 병원들의 재고 현황과 의약품 사용량에 대한 정확한 데이터를 적시에 취합할 수 있기 때문이다. 이를 통해, 회사는 수요를 더 정확하게 예측할 수 있고, 필요한 상품들을 더 효과적이고 신속하게 공급할 수 있다.

선진 정보시스템

선진 정보시스템(advanced information systems)은 의사결정시스템과 전문가시스템으로 나누어져 있다. 이 두 가지 시스템은 단순히 정보를 전달하는 것 이상의 역할을 한다. 이 시스템들은 사용자들이 정보를 분석하고 대안을 선택할 수 있게 해준다. 의사결정시스템은 환자와 장기적 관계를 형성하고 싶어 하는 조직들에게 특히 유용하다. 전문가시스템은 인공지능이라고도 불린다. 이 시스템들은 벤치마크 의료조직들의 정보기반 시설들이다.

의사결정시스템

의사결정시스템(decision systems)은 의료진의 의사결정에 도움을 준다. 때로는 의사결정시스템이 의사결정자들을 대신하기도 한다. 의사결정시스템의 한 예로, 중환자의 혈압이 너무 낮으면 간호사실에 경보음이 울리는 모니터가 있다. 실제 상황이 정확하게 시스템으로 다뤄질 수 있을 때, 의사결정시스템이 의사결정자의 업무를 대신할 수 있다. 이런 경우에, 의사결정시스템에는 정보가 입력되어야 한다. 의사결정시스템은 입력된 정보에 따라 자동으로 반응한다.

예를 들어, 만약 글루코스 농도의 일정 감소 허용량이 모니터에 등록되어 있다면, 그 농도가 지나치게 감소할 경우 글루코스 비율이 증가함에 따라 흐르도록 프로그램된 정맥주사는 의사의 촉구가 없더라도 자동적으로 반응할 것이다.

결정시스템의 다른 모델은 의약용품의 재고 재발주, 통계 예측에 근거한 외과용 트레이의 사전 준비 기능을 한다. 그리고 활력징후가 위험수위에 닿았을 때 자동으로 119에 전화하는 홈 모니터 역할을 하기도 한다. 이런 활동들은 정보시스템이 수집하고 정리한 데이터에 근거하여 사람의 개입 없이 발생할 수 있다.

(1) 의사결정 모델링(decision modeling)

측정된 요소 간의 관계들이 일반적으로 예측 가능할 때 의사결정은 모델로 만들어질 수 있다. 하지만 일반적으로 적절한 의사결정 규칙을 만들고 연구와 데이터를 수집하기 위해 조직의 시간을 할애하는 것은 무가치한 일일 수도 있다. 특히 자주 발생하지 않거나 환자수가 적으면 시간 낭비이다.

예를 들어, 재고시스템은 과잉주문 없이 필요한 약품들을 연속적으로 확보하는 기능을 갖출 수 있다. 재고량을 측정하는 데 필요한 데이터 수집이 가능한 시스템을 확보하는 것이 의료종사자의 업무이다. 이를 통해 간호사들이 약품 사용량을 정확하게 파악할 수 있다. 이 방법으로, 간호사들은 각 약품의 필요량과 발주시스템을 통해 재발주하여 상품을 받는 데 얼마나 시간이 소요되는지 정확하게 예측할 수 있다. 시스템은 재고로 유지해야 하는 각 약품의 수량을 확인할 수 있게 정보를 수집하고 분석하도록 설계된다.

환자들에게 제공되는 서비스를 향상시키도록 설계된 절차들과 마찬가지로, 조직은 이런 시스템을 개발하기 전에 정보의 가치와 비용 간의 관계를 평가할 필요가 있다. 왜냐하면, 간호사들은 서비스 제공자들이지 회계사가 아니므로 의료용품에 대한 데이터를 수집하고 정리하는 데 능숙하지 않기 때문이다. 만약 아무렇게나 데이터를 입력하면 쓸모없어지기 때문에, 정보의 가치가 낮다. 그리고 정교한 시스템 설치비용은 부당한 것이 돼버린다.

전문가시스템

전문가시스템(expert systems)은 정보를 수집 · 정리하고 전문 지식을 해석하는 데 사용한다. 즉, 의사결정 전문가가 사용하는 의사결정 프로세스를 복제하는 것이다. 전문가 시스템은 전문가가 무슨 정보를 사용하는지, 정보를 어떻게 정리하는지 그리고 정보에 근거하여 의사결정하기 위해 어떤 결정 규칙을 사용하는지를 찾으면서 구축된다.

일반적으로 전문가 혹은 전문가 집단과의 인터뷰를 통해 이런 정보가 수집되면, 의사결정 규칙들이 전문가의 의사결정 프로세스와 함께 쓰인다. 의료저널들은 의료진에게 도움이 되는 이 강력한 시스템이 다양한 분야에서 응용되고 있는 사례들을 소개한다. 모든 관리자와 같이 의료진도 지식의 폭발적인 증가 앞에 놓여 있다. 그래서 그들은 의료서비스 문제들에 대한 최상의 해결책을 찾아내기 위해 많은 양의 정보를 분류할 수 있는 전문가시스템에 의지한다.

(1) 판단이 필요한 의사결정들

전문가시스템은 전문가의 판단이 요구되는 다양한 상황들에서 의사결정을 쉽게 하도록 한다. 예를 들어, 전문가시스템은 적절한 직원 수를 유지하기 위해 직원들의 스케줄을 관리하고, 매일 사용 가능한 병실 수를 최대한으로 활용하기 위해 병실 수를 파악할 수 있다. 전문가시스템은 간단한 알고리즘이나 수학공식이 문제에 대한 최상의 답변을 제시할 수 있을 때 사용해야 한다. 이런 종류의 전문가시스템에서, 알고리즘에 의해 데이터가 수집·분석되고, 전문가의 판단이 적용되면 최적의 답변이 나올 수 있다.

전문가시스템을 이용하려면 적임 전문가를 찾아내고 의사결정에서 사용하는 기준을 파악해야 한다. 더불어 논리적인 순서로 결정 규칙을 입력하고, 분석이 필요한 문제들에 시스템을 적용한다. 전문가시스템은 시스템에 접근하는 사람을 위해 하루 24시간 언제나 사용될 수 있는 결정들의 범주를 만든다. 예를 들어, 새로 처방한 약의 상호작용적 효과에 대해 알고 싶은 약사는 밤낮 어느 때나 원격 장치를 통해 시스템에 접근하여, 환자가 복용하는 약과 관련된, 가능한 모든 상호작용을 조사하도록 시스템에 요청할 수 있다.

CDSSs(Clinical Decision Support Systems, 임상결정지원시스템)는 다양한 질병에 대한 수천 가지 치료방법들을 수록하고 있는 컴퓨터 기반 정보시스템이다. 이 시스템은 질병을 진단하고 치료하는 데 도움이 되도록 설계되었다. 일부 CDSSs는 간단히 환자들과 의사들에 대한 데이터를 수집하여 전달한다. 코크런 연합(Cochrane Collaboration)과 같은 곳에서 사용하는 다른 시스템은 실제로 진단과 치료 식이요법들을 제안하기 위해 의학 데이터베이스를 사용한다. 일부 CDSSs는 전문가들이 제공한 의학 정보에 대한 일반적인 지식 베이스를 수록하고 있는 전문가시스템이다. 특정 환자들에 대한 임상정보는 지식 베이스 정보와 관련 있다. 컴퓨터는 결론을 내거나 담당의사에게 권고하기 위해 의사결정 규칙들을 사용한다.

다음은 의료서비스에서 전문가시스템을 사용하는 몇 가지 방법들이다.

- 컴퓨터화된 시스템은 출산 과정에서 정확하게 태아 심박동 수를 모니터링한다. 규칙 기반 전문가시스템은 상황을 정상, 스트레스를 받음, 쉽게 가늠할 수 없음 혹은 심각함으로 표시하기 위해 심박동 수 데이터를 사용한다.
- 스마트 필박스(smart pillbox)는 HIV 환자들을 모니터링하고 약물 치료를 잘 유지할 수 있도록 상기시킨다. 필박스는 의학 전문가시스템과 연결돼 있다. 환자정보를 분석하고 웹에서 이용 가능한 보고서를 제공한다. 환자가 약 복용을 하지 않거나 건강이 안 좋아지면 간병인들에게 응급 경보를 보낸다.
- 전문가시스템은 의료비 청구의 불규칙성, 청구비의 유형과 내용에 따라 병원비를 분석한다.
- 전문가시스템은 알레르기, 예상하지 못한 약물 상호작용 그리고 복용량 문제와 같은 약물 부작용에 대해 감지하고 직원들에게 알린다.

플로리다 탬파의 베이케어 헬스시스템(BayCare Health System in Tempa, Florida)과 워싱턴 벨뷰에 있는 피스 헬스시스템(PeaceHealth System in Bellevue, Washington)는 전문가 CDSS가 내장된 실시간 모니터링 프로그램이 있는 테라닥스 전문가시스템 플랫폼(TheraDoc's Expert System Platform)을 사용하고 있다. 시스템의 기능들을 사용하여, 이 두 조직은 병원 내 감염과 약물 부작용을 모니터링하고 있다. 이 전문가시스템은 조직들이 구체적인 문제들을 모니터링하고 해결책을 제안할 수 있게 한다.

전문가시스템의 존재는 폭넓게 영향을 미친다. 전문가 의견에 근거하여 최신 데이터와 권고사항을 제공할 수 있는 전문가시스템은 현재 더 많아지고 있으며, 의사들은 이런 시스템을 의무적으로 사용하게 될 수도 있다. 만약 그렇지 않으면, 진단과 치료에 최신 방법들을 사용하지 않는 것에 대해 법적 책임을 져야 할 가능성도 있다.

(2) 인공지능

전문가시스템의 광범위한 응용은 AI(Artificial Intelligence, 인공지능)의 사용에 대한 가능성을 열어놓는다. AI는 의사결정 프로세스의 일부가 알려지지 않았거나 정확하게 모델로 만들기에는 너무 예측 불가능하여 완전하지 않지만 일부 의사결정 규칙들이 있을 경우 사용된다. AI 프로그램은 컴퓨터가 모든 결정을 할 때, 피드백 회로를 이용한다. 결정된 시행 결과에 다시 피드백을 주고 미리 정한 평가 기준으로 테스트한 후, 그 결정이 어땠는지 분석한다. 만약 결과가 좋았다면, 결정 프로세스에서 사용한 논리는 확실하다. 만약 결과가 나쁘다면, 피드백은 컴퓨터가 동일한 상황에 대면했을 때 똑같은 실수를 하지 않도록 배우게 한다.

AI의 가장 간단하고 고전적인 설명은 '체스게임 프로그램'이다. 컴퓨터는 모든 규칙과 전통적인 체스 수를 알고 있는 전문 체스 플레이어와 같은 행동을 하도록 프로그램된다. 다양한 상대방과 게임을 하면서, 컴퓨터는 어떤 움직임이 나쁜 결과로 이어지고 어떤 움직임이 좋은 결과로 이어지는지 배울 수 있다. 시간이 흐르면서, 축적된 지식이 사람의 능력을 향상하듯이, 지식은 컴퓨터의 의사결정 기능을 향상할 수 있도록 축적된다.

학습 기능을 더하는 것은 전문가시스템의 정교함 수준을 AI 응용 수준으로 올린다. AI의 사용은 학습 기능을 개발하는 데 필요한 비용과 시간 그리고 학습 과정에서 발생할 수 있는 오류의 비용 때문에 여전히 제한적이다. 그러나 AI 이용률은 점점 커지고 있다. 1991년 창설한 유럽의학인공지능(Artificial Intelligence in Medicine Europe)은 의료서비스 환경에서 이 강력한 결정 도구의 응용을 확대하기 위해 매년 포럼을 개최한다. 선천성 심장질환의 진단부터 치료 프로토콜을 개발하기 위해 환자 테스트 일정을 잡는 것까지 AI 성장 가능성은 무궁무진하다. AI는 인간해부 체계의 복잡한 상호의존과 의료서비스 문제들의 처리를 개선하는, 새로운 과학을 흡수하는 유용한 도구가 될 수 있다. AI는 절대 잠들지 않기 때문에, 지속해서 배우고 끊임없이 전문가 조언을 제공한다. 그래서 일부 사람들은 점점 더 복잡해지는 임상지식을 인간이 받아들일 수 있는 유일한 방법이 AI가 될 것이라고 믿는다.

선진 시스템의 장점과 단점

[표10-1]에서 볼 수 있듯이, 이런 시스템을 사용하면 좋은 이유가 있다. 예를 들어, 이런 시스템을 이용해 빠르고 일관된 결정을 하는 의사결정자에게 사용자들이 즉각적으로 접근할 수 있다는 사실이다. 이런 점은 헷갈리는 진단과 관련하여 빠른 상담이 필요한 응급실 의사에게는 중요할 수 있다. 이런 시스템들도 단점은 있다. 예를 들어, 사용자는 만약 문제나 문의가 모델이 예측한 것과는 다를 경우, 더는 질문을 할 수 없다.

고객들은 독특한 요구를 하고 있다. 그리고 전문가시스템이 문제를 해결하는 데 진정으로 유용하게 사용되려면 고객의 관점에서 설계되어야 한다. [표10-1]에서 명시된 잠재적 문제들 때문에, 전문가시스템은 사소하거나 자주 발생하지 않는 의사결정 상황들에는 사용되어서는 안 된다. 그런 문제들을 해결하기엔 이 시스템이 너무 비싸다. 전문가시스템이 삶과 죽음이 결정되는 위급한 상황에서 담당 직원을 대신해서도 안 된다. 그러나 이런 시스템들은 담당 의사에게 언제 어디서나 도움을 줄 수 있는 의학 전문 지식을 활용할 수 있게 함으로써 의료서비스 품질을 매우 높여줄 수 있다.

정보시스템과 관련된 문제들

대부분의 의료조직은 정보시스템을 포기할 수 없다. 그러나 이런 시스템에는 몇 가지 실제적·잠재적 문제가 있다. 첫째, 정보 과부하. 둘째, 숫자에 과치중. 셋째, 정보의 질. 넷째, 취약한 보안과 기밀성. 다섯째, 시스템의 비용대비 가치. 하나씩 살펴보자.

[표10-1] 선진 정보시스템의 장점과 단점

장점

- 일관되고 공정한 결정을 한다.
- 신속한 결정을 한다.
- 방대한 양의 정보를 신속하게 분류한다.
- 전문가들 대신 일상적인 결정을 한다.
- 24시간 즉각적으로 결정권자에게 접근할 수 있게 한다.
- 전문 지식을 영구적으로 보유한다.

단점

- 문제가 일반적이지 않은 경우, 그릇된 결정을 할 수 있다.
- 결정에서 인간의 판단이 제외된다.
- 전문가들이 의사결정의 기밀과 규칙을 폭로하리라 추정한다.
- 일부 결정 프로세스는 전문가시스템에 옮기기에는 너무 모호하다.
- 결정 규칙을 누가 소유하는지와 관련하여 법적 문제가 발생할 수 있다.
- 시스템을 유지하기엔 상황들이 너무 빨리 변할 수 있다.
- 시스템 기준에 정확히 들어맞지 않는 문제들을 가진 사용자들을 불만스럽게 만들 수 있다.

정보 과부하

정보시스템은 유용하고 혁명적이지만, 완벽하지는 않다. 정보가 너무 많은 것은 정보가 부족한 것만큼이나 안 좋다. 정교한 시스템은 필요하면 적임자에게 정확한 정보만을 제공하도록 설계되어 있다. 하지만 많은 정부시스템들이 가공되지 않은 데이터를 제공히여, 사용자로 하여금 필요한 정보를 찾을 때까지 분류하게 한다. 이런 시스템을 설계하는 단계에서, 개발자들은 사용자들이 필요로 하는 정보가 무엇인지 물어본다. 대부분의 사용자들은 정말로 필요한 정보를 원하는 대신, 얻을 수 있는 정보를 최대한 요청한다. 많은 정보를 가지고 있는 것이 부족한 것보다 더 낫다고 생각하기 때문이다. 그리고 많은 정보를 가지고 있어서가 아니라 적은 정보를 가지고 있어 사람들이 질책을 당하거나 고소까지 당하는 것을 봤기 때문에 더욱 그렇다.

이 문제의 두 번째 측면은, 대부분의 사람들은 실제로 사용하는 한두 가지 자료를 말하기보다는 많은 정보를 제공하는 데이터 소스를 사용한다고 말한다. 그러고는 얼마나 적은 정보를 사용하는지 인정하지도 않고, 수많은 정보 더미에서 헤맨다. 많은 사람들이 수백만 개의 사이트가 나오는 것을 보기 위해서 구글 검색을 사용해본 적이 있을 것이다. 벤치마크 의료조직들은 고객만족에 대한 많은 정보를 수집하고 피드백하지만 정보는 접근 가능하고 유용한 포맷으로 관리한다.

숫자에 과치중

컴퓨터는 숫자를 전송하고 분석하는 것을 잘하기 때문에 정보가 주로 숫자형태로 되어 있다. 이런 포맷은 데이터를 정보로 정확하게 전환하는 데 도움이 되지만, 숫자 형태로 표현된 것에만 초점을 더 맞추는 경향이 있다. 의료관리자의 업무는 대부분 양적 데이터보다는 주관적이고 질적인 정보들 중심이다. 숫자로 나타낸 정보는 이런 정보와 관련하여 의사결정하는 것을 지나치게 강조하고, 질적 정보에 대한 강조는 부족하다. 많은 의료진은 의학이 예술이라고 믿는다. 예술을 정확하게 표현하기 위해 어떤 데이터를 처리해야 하는지 결정하는 것은 어려운 업무이다.

정보의 질

"쓰레기를 넣으면 쓰레기가 나온다."라는 속담이 있다. 정교한 정보시스템은 질이 떨어지는 정보라도 신속하게 많은 사람들에게 제공할 수 있다. 만약 질이 떨어지는 데이터가 조직의 의사결정 구조에 들어가면, 그 데이터는 많은 결정 상황에서 사용되는 다양한 계산들과 연결이 될 것이다. 만약 잘못된 재무 정보가 메디케어(Medicare)에 전송되거나 잘못된 검사 결과가 시스템에 입력된다면 어떻게 되겠는가? 그 결과는 쓰레기보다 더 못할 것이다. 이것은 대참사가 될 수도 있다.

취약한 보안과 기밀성

데이터베이스의 통합성은 어떻게 유지될 수 있는가? 이는 의료서비스에서 중대한 과제이다. 정보시스템은 외부 사람이 기밀 데이터나 독점 데이터에 접근할 수 없도록 보호되어야 하고, 공식적으로 승인받은 사람들만이 환자정보에 접근할 수 있어야 한다. 아직도 아무나 병실에 들어가서 환자의 차트를 보는 것이 가능한 병원이 많다. 그러나 의료기록의 컴퓨터화가 디지털 기록의 시대에서 어떻게 환자의 권리와 사생활을 보호할 수 있는지 심층적으로 논의하게 한다.

오늘날은 먼 거리에 떨어진 의사들이 모뎀이나 컴퓨터 터미널로 연결된 정보시스템을 통해 원격의료를 하는 시대이다. 공인되지 않거나 부적절한 접근으로부터 데이터의 통합성을 보호하는 것은 중요한 문제이다. 이미 사례가 있듯이, 해커들이 미국 국방부의 컴퓨터에 접근할 수 있다면 외부 경쟁자들이나 다른 사람들도 의료서비스 데이터베이스에 접근할 수 있다. 이런 공인되지 않은 접근으로부터 보호하는 것은 조직들에게 있어서 큰 문제이고 많은 비용이 든다. 문제는 내부적으로도 존재하기 때문에, 데이터베이스 관리자들은 공인되지 않은 사람들이 환자데이터에 접근할 수 없도록 확실히 관리해야 한다.

공인되지 않은 사용자들이 개인의 의료데이터를 획득하는 것과, 공인된 사용자들이 개인정보를 남용하는 것 모두 문제이다. 입원한 환자들은 종종 많은 직원들이 허락 없이 자신들의 건강기록을 본다는 것을 모른다. 이런 쉬운 접근성 때문에, 일부 환자들은 자신들의 기록을 기밀문서로 보관하고 정보에 접근한 사람들을 목록으로 만들어 보관해달라고 요청한다.

1996년 HIPAA(Health Insurance Portability and Accounta-bility Act, 건강보험 휴대성 및 책임법안)의 통과에도 불구하고, 환자의 건강데이터를 이용하여 이득을 취하려는 조직들이 늘어나고 있다. HIPAA 때문에, 병원들은 환자들에게 의료정보 중에서 공개하고 싶은 부분과 비공개하고 싶은 부분이 무엇인지 물어보는 것을 중단했다. 환자들이 자신의 기록에 접근하는 것도 불가능해졌다. 그러나 동일한 정보가 의료제공자들, 고용주들, 관공서들, 보험사들, 청구회사들, 트랜스크립션(transcription, 전사) 서비스, 제약 관리자들, 제약회사들, 데이터 브로커들 그리고 채권자들을 포함한 다른 조직들에게는 공개될 수도 있다. 이런 상황은 오바마 정부의 부양책에 포함된 소비자 보호가 시행되면 바뀔 수도 있다. 알려지지 않은 조항은 연구와 공중보건 목적을 제외하고 개인건강정보의 거래를 금지한다. 이 보호법은 만약 소비자들의 주민등록번호나 의료정보가 해킹이나 도난을 당했다면, 조직들은 소비자들에게 반드시 알려야 한다고 명한다.

(1) 개인정보보호법의 위반

전자의무기록과 관련된 개인정보보호법 위반에 대한 뉴스는 정기적으로 나온다. 2008년 6월, 월터리드아미 메디컬센터(Walter Reed Army Medical Center)는 1,000명이나 되는 환자들의 개인정보보호법 위반을 고지했다. 또한, 샌프란시스코의 캘리포니아 대학(University of California)은 병리과에서 3,000명 이상의 환자들의 개인정보보호법을 위반했다고 고지했다. 〈월스트리트 저널〉은 미국에서 개인정보보호법 위반에 대한 항의건수가 2003년 4월부터 11월 사이에 2만 3,896건이었다고 보고했다.

마클 재단(Markle Foundation)의 2006년 연구에 따르면, 대다수의 미국인들이 전자 데이터가 진료를 향상할 수 있다고 믿는다. 하지만 80%는 마케팅 활용을 위한 허가받지 않은 자료 접근, 신원도용, 사기 등 발생할 수 있는 위험에 대해 매우 우려한다. 미국의사협회는 2007년 유사한 연구를 발표했다. 연구에 따르면, 환자들의 70%는 개인정보보호 때문에 정보를 숨겨 달라고 의사들에게 요청했다고 한다. 즉, 의사들이 환자의 데이터를 누군가 도용할까봐 기록서에 정보를 기재하지 않았다는 의미이다. 또한 환자들의 50%는 기록에 대한 통제를 이미 잃어버렸다고 믿었다. 환자들은 우려할 권리가 있다. 병원 입원 기간에, 약 150명이 환자의 의료기록에 접근하는 것으로 추산된다. 그리고 의료신원도용도 온라인 파일을 해킹할 수 있는 범죄자들로 인해 더 쉬워졌다. 의료서비스 시스템에서 정보의 보안은 의료서비스에 관련된 모든 사람들에게 문제가 되고 있다.

시스템의 비용대비 가치

정보는 무료가 아니다. 데이터 터미널과 컴퓨터를 사들이고 프로그래머를 고용하는 것에는 굉장한 비용이 든다. 또한 무선 데이터 네트워크를 설치하고 정보시스템을 구축하는 것 역시 그렇다. 그러나 정보시스템의 많은 혜택들은 눈으로 볼 수 없다. 환자에게 이름을 부르며 인사하고, 환자진료에 필요한 정보를 즉시 활용하고, 환자의 요구사항을 알아내기 위해 데이터베이스에 즉각 접근할 수 있는 것이 얼마나 가치가 있는지를 어떻게 측정할 수 있겠는가? 정보시스템이 회피할 수도 있는 치사율과 같은 문제들의 비용을 어떻게 측정할 것인가?

미국의학협회는 《To Err Is Human: Building a Safer Health System》(National Academies Press, 2000)에서, 예방 가능한 의료사고로 인해 매년 평균 9만 8,000명이 사망한다고 보고해 전 미국 국민을 놀라게 했다. 또한 《Crossing the Quality Chasm: A New Health System for the 21st Century》(National Academies Press, 2001)에서는 산업의 문제들이 점점 증가한다고 말했다. 여전히 행정적 프로세스와 임상적 프로세스를 향상시키기 위해 선진 정보기술을 적용하는 데 많은 진전을 보이지 않았다. 보건연구 품질관리청(Agency for Healthcare Research and Quality)의 2008년 연구에서 수술 후 90일 이내에 사망하는 환자들 10명 중 1명은 예방 가능한 의료사고 때문에 사망했다고 밝혔다. 또한 이 연구에 따르면, 매년 예방 가능한 의료사고의 비용은 약 15억 달러 정도라고 한다.

관리자나 의료진이 적절한 정보를 가졌기 때문에 의사결정이 얼마나 좋아졌는지 아는 것은 보통 불가능하다. 그러나 대부분 조직들이 시스템은 비용의 가치를 한다고 믿는다. 문제는 예산시간이 도래하고 투자에 대한 자금회수가 계산될 때이다. 이 시기에는 정보시스템 업그레이드와 개선사항들에 대해 옹호하기가 쉽지 않다. 왜냐하면, 이 시스템의 기여도를 계산하기가 어렵기 때문이다. 회사들은 '추정치'를 계산한다. 의료행위 수익의 약 85%는 보험 환급이 차지하지만, 보험청구를 처리하는 평균시간은 45일에서 90일이다. 이런 추정은 더 효율적인 보험청구처리로 인한 원가 절감이 투자비를 초과할 것이라고 가정할 수 있다.

(1) 시스템을 배우는 비용

고위 관리자들과 의사들은 정보기술을 어떻게 사용해야 하는지 배워야 한다. 그러나 정보기술을 사용하는 것이 불편하고 익숙하지 않은 사람들이기도 하다. 이들은 장비를 구매하고 시스템을 사용하기 위해 효과적인 교육을 받아야 한다. 또한, 기계에 익숙지 않아 MP3, 트위터 그리고 팟캐스트에 대해 이야기하는 것을 불안해하기도 한다. 새로운 전자 정보시스템을 능숙하게 다루기 위해서는 많은 교육이 필요하다.

기계와 친숙해지기는 쉬우나, 완벽히 다루기란 어렵다. 그러므로 많은 시간을 투자해 배워야 한다. 매니저, 스태프, 많은 직원들이 시스템에 대해 단번에 배우기란 어렵다. 꾸준히 배우는 것이 중요하다.

정보시스템 역할을 하는 의료조직들

정보가 어떻게 의료조직을 함께 묶는지 이해하는 가장 쉬운 방법은 조직 자체를 큰 정보 네트워크로 여기는 것이다. 모든 사람들이 조직 네트워크를 통해 정보를 수집하고 다른 이에게 보내고 친화적인 방법으로 소통한다. 정보시스템 조직을 설계해야 할 책임이 있는 사람들은 모든 네트워크 참여자들이 어떻게 연결되는지 그리고 각 참여자의 요구 정보는 무엇인지 고려해야 한다.

입원 파트 직원은 환자의 가족이 환자의 안부를 묻는 전화를 한다면 성실히 응답해야 한다. 시스템은 이러한 절차가 효율적으로 이뤄질 수 있도록 구성돼야 한다. 그러므로 시스템 설계는 조직의 모든 부분과의 커뮤니케이션 연결장치가 필요하다. 또한, 직원이 필요한 모든 정보에 접근하여 전화 응대를 정확하게 할 수 있어야 한다. 환자들과 환자 가족들의 요구에 초점을 맞춘 조직과 정보시스템 리엔지니어링이 필요하다. 이는 경쟁이 치열한 오늘날의 의료시장에서 필수적이다.

정보의 중요성
정보를 체계화하면 직무를 체계화할 수 있고, 수술 진행 배열과 부서 조직에 긍정적 변화를 가져온다. 조직은 정보 요구에 대응하는 방법으로 설계되어야 한다. 불확실하고 끊임없이 변하는 상황에 대처하기 위해 관리자는 필요한 모든 정보를 얻을 수 있도록 다양한 출처들을 통해 많은 정보를 알아야 한다. 반대로 비교적 안정된 직무를 하는 직원들은 무슨 상황이 발생할 것인지 대략 예측할 수 있다.

불확실성이 큰 조직 부서는 필요한 정보를 수집하도록 정보 용량을 늘리거나, 필요한 정보만 얻을 수 있도록 해야 한다. 이 전략들은 조직적 설계를 정보시스템에 통합시키는 것과 정보시스템을 조직적 설계에 통합시키는 것을 포함한다.

용량 늘리기

정보처리 용량을 늘려야 할 때, 시스템 설계자들은 조직 전체에 정보를 전송하는 모든 방법을 살펴봐야 한다. 시스템 설계자들은 필요한 정보를 전달하면서 불필요한 정보는 걸러내는 시스템을 구축해야 한다. 또한, 시스템은 중요한 정보의 중복 출처를 제공해야 한다. 의사결정자가 절대 놓쳐서는 안 될 정보는 한 개 이상의 커뮤니케이션 채널을 통해 최종 사용자에게까지 제공해야 만약 한 채널이 고장 나거나 실패해도 다른 채널을 통해 제공될 수 있다.

누군가에게 어떤 정보를 이메일, 팩스, 우편으로 보낸다고 가정하자. 똑같은 정보이지만 모두 세 가지 커뮤니케이션 채널을 통해 전달되었다. 이런 중복은 정보시스템에 대한 추가적인 수요로 이어진다. 조직들은 어떤 중요 정보가 중복적으로 발송되어야 하는지 신중하게 고려해야 한다.

필요성 줄이기

조직은 정보를 처리해야 할 필요성을 줄이는 방법들을 모색할 수 있다. 담당 분야 책임에 대한 결정을 할 수 있는 자족적 의사결정 부서들을 구성하는 것도 한 가지 방법이다. 정보가 생성되는 부문에서 많은 의사결정이 이루어지면, 정보 채널들의 사용은 감소한다. 이것은 분권화된 의사결정의 대표적인 전략이다. 최근 문헌에 따르면, 개별이나 그룹 권한부여가 현추세이다.

즉, 직무와 관련된 데이터를 요청하고, 이 데이터를 의사결정에 이용할 수 있는 정보로 변환하는 교육을 받은 직원이나 부서가 필요하다는 것이다. 이에 관한 교육을 받으면 많은 결정들을 직접 할 수 있다.

감독자나 더 높은 조직 부서에 확인받기 위해 소비해야 하는 시간과 노력은 정보 채널 용량을 다 써버릴 수 있다. 그러나 의료조직에 더 안 좋은 점은, 문제에 대한 대응 속도를 늦추는 것이다. 예를 들어, 화가 난 환자가 어느 직원에게 항의하고 있는데 직원이 문제 해결을 위해 상사의 승인을 받을 때까지 기다리는 것은 비효율적이다.

모두 온라인 상태

정보 흐름을 증가시키는 효율적인 방법이 있다. 인트라넷을 통해 조직 데이터베이스의 관련된 부분에 쉽고 빠르게 접근하도록 모든 사람들이 온라인 접속을 하게 하는 것이다.

커뮤니케이션 채널을 통해 수많은 정보를 보내는 것은 비효율적이다. 인트라넷에 정보를 게시하면 컴퓨터 터미널과 접속코드를 가진 직원은 누구나 정보를 요청할 수 있다.

대부분의 조직들은 직원들이 관리자에게 업무 관련 질문을 컴퓨터로 할 수 있게 하는 이메일 기능이 있다. 조직 내외에서 정보의 흐름은 이메일 덕분에 놀라울 정도로 향상되었다. 지역적·전국적으로 정보 네트워크와 풍부한 데이터베이스 그리고 정보를 제공하는 자원에 의료서비스 조직의 참여가 높아지고 있다. 이는 시간에 구애 받지 않고 언제든지 더 많은 정보를 필요한 사람에게 제공할 수 있다는 의미이다. 접점 직원들은 현재 상사들이 접근할 수 있는 정보에 동일하게 접근할 수 있고, 조직의 목표에 대한 교육을 받는다. 의사결정 훈련을 받은 직원들은 이전 시대의 상사들과 동일한 혹은 더 나은 품질의 결정을 할 수 있다.

통합 시스템

상호연결성의 증가는 유용한 정보에 접근할 수 있는 능력을 확대했다.

한 예는 1996년 프리미어(Primier)의 구성이다. 200개 이상의 국내 최고의 비영리 병원들이 소유한 프리미어의 웹사이트는 '국내 최대 의료서비스 공급 구매 네트워크, 병원 임상정보와 재무정보의 최대 저장소'를 운영한다고 말한다.

정보 상호연결성의 정교한 네트워크 중 하나인 OCHIN(Oregon Community Health Information Network, 오리건 지역사회 건강정보네트워크)은 100여 지역에 있는 21곳의 회원조직들에 행정적 서비스를 제공한다. 농촌과 도시의 국립·사립 의료센터에 2,500명의 최종 사용자들이 있다. OCHIN의 목표는 지역사회에게 양질의 건강정보와 관리서비스를 제공하는 것이다. OCHIN은 개별 조직들보다 더 효율적으로 이 서비스를 제공할 수 있다고 확신한다.

OCHIN은 2000년에 케어오리건(CareOregon)의 한 부서로 설립되었고, 의료서비스 분야에서 정보기술 격차에 대한 문제들을 다뤘다. OCHIN은 기술의 격차는 가족들을 빈곤에 허덕이게 할 것이라 말했다. 또한, 작은 병원들이 대형 병원보다 더 비싸고 덜 효과적인 진료를 제공하게 될 것이라 주장했다. OCHIN의 창립자는 전체 의료서비스 시스템에서 가장 주목받지 못한 사람들을 위한 양질의 의료서비스를 확보할 기회를 마음속에 그렸다.

OCHIN은 더 안전한 클리닉을 시행하고 유지하기 위해 의료행정과 전자의료기록들을 관리할 수 있는 소프트웨어를 구매하려고 크기를 키우려 한다. OCHIN은 보조금과 재단을 통해 소프트웨어의 비용을 보조할 방법들을 모색하고 있다.

결론

정보시스템을 이용해 업무를 저비용·고효율로 수행할 수 있다. 미래에는 그 영향력이 더 커질 것이라 예상한다. 다른 부서로 정보를 정확하게 전송해야 할 책임이 있는 직원들에게 미치는 영향은 중요하게 고려돼야 한다. 과학 기술은 조직의 설계와 접점 직원들의 책임에 엄청난 영향을 미칠 것이다. 보건의료조직들은 정보가 정확한지 그리고 그것을 사용하는 사람에 대해 책임이 있는지 확인해야 한다.

전자 기술은 조직들의 구조와 경영 방식을 변화시켜왔고, 앞으로도 그럴 것이다. 또한 고품질의 의료서비스 경험을 제공해야 하는 직원들의 역할을 근본적으로 변화시킬 것이다. 보건의료조직의 정보시스템은 의료서비스 경험의 모든 구성요소들이 포함되도록 설계되어야 한다. 이런 종합정보시스템은 환자와 가족들, 경영진, 환자 접촉 직원들 그리고 정보가 필요한 외부 이해관계자들에게 필요한 정보를 동시에 제공한다. 이런 목적을 달성하기 위해서는 시스템 설계자들의 노력이 필요하다. 시스템 설계자들은 고객경험 향상을 위해 사용자들의 요구와 정보를 사용할 수 있는 능력에 주목해야 한다.

서비스 전략

1. 내부 고객과 외부 고객이 필요로 하는 정보가 무엇인지 알아내고, 그들의 정보 요구를 만족하게 한다.

2. 정보 전달의 가치를 배우고, 그 정보를 제공하는 비용을 인식한다.

3. 각 고객이 기대하고, 앞으로 사용할 형식으로 정보를 제공한다.

4. 필요한 사람들만 접근할 수 있도록 정보를 제공하고, 정보가 필요하지 않은 사람들은 정보 접근에서 제외한다.

5. 조직의 정보를 인터넷을 통해 제공하되, 기밀 자료는 보호한다.

6. 정보가 필요한 사람들을 위한 정보를 제공하도록 한다.

CHAPTER 11

서비스 전달하기

사람들에게 친절하기만 하다면 고객서비스의 20%만 제공하는 것이다.
직원들이 한 번에 업무를 효율적으로 수행할 수 있게 시스템을 설계하는 것이 가장 중요하다.

– 칼 스웰(Carl Sewell)

| 서비스 원칙 | 완벽한 의료서비스 경험을 제공한다

능숙하고 열정적이며 교육받은 직원들이 환자들에게 서비스를 제공하는 것은 필수이
다. 그러나 훌륭한 환자경험을 생산하기 위해서는 이것만으론 부족하다. 의료조직은 서비
스를 제공하는 프로세스가 이상적으로 진행되도록 해야 한다.

의료관리자들은 의료서비스 경험에서 문제가 발생하면 직원이 실수했다고 추정한다.
그러나 실상은 형편없이 설계된 시스템에서 잘못이 발견되기도 한다. 이러한 오류는 고객
이 원하는 수준의 서비스를 조직이나 직원이 제공할 수 없게 만든다.

간호사들, 원무과 직원들 그리고 실험실 기사들은 서비스 시스템에 문제가 있어 해야
할 일을 못 할 때 굉장히 불만스러워한다. 서비스 전달시스템이 실패하면 모두 실패한다.
환자는 기분이 나쁘고, 직원은 불만스럽고, 조직은 환자를 실망시키며 수익에도 큰 타격
을 입을 수 있다.

제11장에서 다음과 같은 내용을 다룬다.

- 의료서비스 경험의 모든 측면이 계획된 대로 제공될 수 있도록 서비스 전달시스템을 제대로 설계하는 방법
- 실제 사례를 통해 시스템을 계획하고, 측정하고, 향상하는 방법
- 청사진, 피쉬본 분석, 프로그램 평가 검토기법 / 핵심진료경로법(PERT/CPM) 그리고 시뮬레이션과 같이 서비스 분야와 의료서비스에서 사용되는 기법들
- 서비스 전달시스템으로서의 조직 설계

서비스 종류는 서비스 전달시스템 설계에 영향을 준다. 제11장에서는 의료서비스업에 맞는 양질의 서비스 전달시스템을 설계하는 데 도움이 될 만한 도구들에 초점을 맞춘다.

시스템 확인

쿠마 등(Kumar and colleagues, 2008)은 "의사들이 단순히 기능적 관점에서 서비스 품질을 다루면 비효율적이다. 그보다는 TSQ(Technical Service Quality, 기술서비스 품질)에 영향을 주기 위해 프로세스 관리에 초점을 맞춰야 한다."고 제안한다. 또한 "만약, 회사들이 서비스 약속을 지키는 데 문제가 있다면, 서비스 전달시스템을 검토할 필요가 있다."고 말했다. 의료서비스 경험에서 환자만족을 달성하고 문제가 발생하지 않도록 하는 것은 서비스 전달시스템 설계의 영향을 많이 받는다. 모든 의료조직은 전체 시스템을 연구하고 계획하는 데 시간과 에너지를 투자해야 한다.

TQM(Total Quality Management, 총체적 품질관리)은 2가지 중요한 교훈을 조직 리더들에게 가르쳤다.

1. 모든 직원들은 품질을 제공하고 전체 의료서비스 경험의 품질을 모니터링할 책임이 있다.

2. 서비스 실패가 발생하면, 직원들 탓으로 돌리기 전에 시스템에 문제가 있는지 먼저 확인한다. 수준 높은 서비스 조직들의 시스템도 이따금 실패한다.

시스템 실패의 예를 살펴보자. 필요할 때에 담당기사가 엑스레이 필름을 전달하지 않아 일부 의사들이 항의했다. 이 문제에 대한 일반적인 해결책은 해당 직원을 질책하는 것이다. 먼저, 전체 부서가 초래한 기술적 무능함, 형편없는 관리 기술 그리고 만족스럽지 못한 결과물에 대해 큰소리로 해당 관리자를 비판한다. 해당 관리자는 해당 기사에게 책임을 전가하고 질책한다.

이 문제에 대해 제러널 병원(General Hospital)의 COO(Chief Operating Office, 최고운영책임자)는 새로운 접근법을 사용하기로 했다.

최고운영책임자는 다른 문제 해결 접근법을 생각했다. 그는 기술자로 팀을 조직해, 문제가 무엇인지 조사하여 해결 방안을 제안하라고 요구했다. 팀은 그의 요구를 정확하게 수행했다. 그들은 외과의사들이 요청하는 만큼 업무를 처리하기에는 엑스레이 기사 인력이 부족하다는 점이 원인임을 발견했다. 기술자 팀은, 새로운 관리자가 엑스레이 촬영장치의 운영시간을 변경하면서 인력부족 문제가 발생했음을 알아냈다.

이전에, 이동형 엑스레이 촬영부서는 수술이 없을 때만 수술실 외에서 활동했다. 그러나 새로운 감독자가 이 부서를 책임지게 되고, 비용을 절감하라고 요청받았다. 그는 엑스레이 촬영부서의 운전기사가 일하는 초과근무 시간을 축소해서 비용을 절감할 수 있을 것이라 예상했다. 그래서 이동형 엑스레이 촬영부서를 수술이 정기적으로 잡혀 있는 시간 동안에도 외부에서 운영하도록 했다.

그 결과, 예전에는 병원에서 엑스레이 촬영을 위해 상주해 있던 기사들이 현재는 가끔 외부에 나가게 됐다. 외부에 나감으로써 기사의 서비스가 필요할 때 돌아오지 못하는 경우가 생겼다. 새로운 관리자는 명령에 따라 이동형 엑스레이 촬영장치에서 돈을 절약하려고 시도했지만, 나머지 시스템에 지장을 주었다. 이런 비용 절감 조치는 의사들을 짜증 나게 했고, 환자들을 위한 수술 절차를 지연시켰다. 수술팀들이 더 오랫동안 묶여 있기 때문에 수술 비용은 늘어났다. 전체 시스템에 줄 수 있는 영향을 생각하지 않고 서비스 전달시스템의 일부 문제를 해결하는 것은 또 다른 부분에 문제들을 발생시킨다.

위의 사례를 통해 3가지 교훈을 배울 수 있다.

1. 때로는 부서 관리자가 스스로 최선의 해결책을 찾을 시간이나 정보가 없다. 이런 관리자들은 가장 간단하고 빠른 해결책을 찾는 경향이 있다. 또한 직원들을 지적하여 문제를 처리하는 의례적인 행동을 한다.
2. 직원들은 운영하고 있는 시스템의 실제 프로세스에 더 깊게 관여하고 있기 때문에 관리자보다 문제의 근원을 찾을 수 있을 가능성이 더 높다. 직원들의 재능, 지능, 그리고 직무관련 지식을 사용하지 않는 것은 인적자원의 낭비이다.
3. 모든 문제는 전체 서비스 전달시스템의 관점에서부터 먼저 처리되어야 한다. 한 사람이 서비스 실패의 원인이 될 수 있지만, 때론 사람이 아니라 시스템에서 문제가 발견되기도 한다. 관리자가 초과근무에 많은 돈이 든다고 지출을 줄이다가 시스템에서 더 큰 문제가 발생할 수도 있다.

자체정정시스템

TQM의 목표는 자체정정시스템(self-correcting system)을 만드는 것이다. 이런 환경에서 직원들은 문제들과 실패들을 정정하기 위해 시스템을 무시하거나 규칙을 어길 수 있다. 그러나 자체정정시스템하에서 직원들은 경영진에게 시스템의 어느 부분에 문제가 발생했는지 보고할 책임이 있다. 이런 방법으로 그들은 함께 문제를 바로잡을 수 있다. 모든 사람들이 고품질 서비스를 제공하고 유지할 책임이 있는 만큼, 서비스 실패를 방지하고 바로잡을 책임도 있다. 319쪽의 사례는 자체정정 시스템의 중요성을 강조하는 2개의 대조적인 상황을 보여준다.

환자들은 항상 의료서비스 경험의 품질과 가치를 최종적으로 판단하므로 서비스 전달시스템 설계자들은 임상직원들의 관점뿐만 아니라 환자들의 관점도 고려해야 한다. 시스템은 임상직원들을 위해 사용자 친화적이어야 하고, 더불어 환자의 요구와 기대, 능력 역시 충족시킬 수 있어야 한다. 서비스 전달은 환자의 관점에서 매끄럽고 끊임이 없어야 하며, 쉽고 투명해야 한다.

직원 권한부여의 사례

한 남자가 프랑스에서 휴가를 보내고 있을 때 갑자기 통풍에 걸렸다. 복용하는 약을 챙겨오지 않아서, 현지 의사로부터 치료를 받아야 했다. 치료를 받고 병원비를 지불하고 보험회사에서 환급을 받기 위해서 영수증을 챙겼다. 프랑스에서 보험사의 대표전화로 연결이 되지 않아 보험사에 승인 요청 전화는 하지 않았다.

집으로 돌아왔을 때, 그는 비용처리를 위해 병원비 영수증을 보험사에 보냈다. 보험사의 비용처리 담당 직원은 그에게 지출에 대해 승인을 받지 않았기 때문에 병원비를 지급할 수 없다고 말했다.

보험사의 규정에 따라, 환급대상이라 할지라도 승인받지 않은 지출은 환급해줄 수 없다고 했다. 보험사 직원과 그 보험사의 시스템은 환자를 실망시켰다. 보험사의 절차는 예외 상황을 제대로 처리할 수 있을 정도로 충분히 신축적이지 않았다. 그 직원은 절차를 그대로 따라야 한다고 배웠고, 관리자는 무슨 일이 일어나고 있는지 정확하게 몰랐다. 만약 보험사가 직원들에게 충분한 권한과 동기를 부여했다면, 이런 상황은 피할 수 있었을 것이다.

다음은 이와는 정반대로 동기와 권한을 부여받은 보조관리자의 사례를 보여준다.

병원 관리자는 보조관리자에게 특별히 까다로운 보험 건을 처리하라고 말했다. 한 중년 여성이 자주 병원에 와서 입원을 해야 한다고 주장했다. 의료비 청구 담당자는 이 여성이 보험청구를 한 기록이 많음을 발견했다. 그리고는 병원의 경영진에게 만약 '이 꾀병 환자의 입원을 막지 못하면' 조직이 감사(audit)를 받을 수도 있다는 것을 알렸다. 이 여성이 다시 병원에 와서 입원시켜달라고 요청했을 때, 그 보조관리자는 그녀가 집으로 돌아가도록 설득해야 한다는 과제를 받았다. 논의를 한 후, 이 여성은 만약 보조관리자가 집에 데려다준다면 가겠다고 동의했다.

보조관리자는 조직의 철학이 '환자를 만족시키기 위해 무엇이든지 해야 한다'라는 것을 알고 있었기 때문에 환자를 집까지 데려다주었다. 아파트는 지저분했고, 나이 든 여성 혼자 관리할 수 없었다. 보조관리자는 측은한 마음이 들어, 집안 청소를 도와줬다. 그리고 일주일 후에 그녀의 상태를 확인하기 위해 다시 오겠다고 자청했다.

그 보조관리자가 일주일 뒤에 갔을 때, 그 집의 상태는 이전보다 더 엉망이었다. 전기가 끊겨서 냉장고, 텔레비전, 전등을 사용할 수 없었고, 전화선도 끊어져 있었다. 보조관리자가 집의 상태가 왜 이렇게 되었느냐고 물어보자, 그 여성은 약물중독자인 조카가 와서 돈을 찾으려고 집안을 난장판으로 만들었다고 말했다. 보조관리자는 그 여성이 '아프지' 않았지만 병원에 전화를 해 응급차를 보내달라고 요청했다. 그는 경찰이 그 조카를 체포할 때까지 그녀를 안전하게 보호하기 위해 병원으로 데려갔다.

권한을 부여받은 이 보조관리자는 규정을 어기면서 문제를 해결했다. 만약 그 보조관리자가 그 여성 집에 거듭 방문하지 않고 그녀를 병원에 다시 데려오지 못했다면, 문제는 해결되지 않았을 것이다. 그 여성은 불필요하고 비싼 치료를 받기 위해 계속 병원에 왔을 것이고, 조카로부터의 학대도 계속되었을 것이다. 그 보조관리자를 통해, 시스템 '스스로' 조직의 주목적인 '환자만족'을 달성했다. 처음 그 여성이 단순히 꾀병환자이니 집으로 돌려보내야 한다고 결론 내렸을 때, 그 시스템은 한 번 실패했다. 그러나 접점 관리자에게 환자의 문제들을 해결할 수 있는 자율성을 부여함으로써 스스로 이를 만회했다.

여기서 요점은 간단하다.

- 조직의 시스템을 상세히 연구한다.
- 의료서비스 경험의 임상적 부분과 비(非)임상적 부분, 둘 다에서 발생할 수 있는 많은 실패들을 미리 측정할 수 있는 정확한 방법을 설계한다.
- 조직에 소속된 모든 사람들을 시스템 감시에 참여시킨다.
- 고객서비스에 방해가 되는 정책들과 규칙들을 무시할 수 있도록 직원들에게 권한을 부여한다.
- 모든 것을 후속관리한다.

만약 특정 부분에서 반복적으로 실패가 발생한다면, 시스템 설계를 바꿔야 한다. 조직이 환자서비스를 보장한다면, 서비스 전달시스템이 고객의 기대를 충족시킬 수 있어야 한다. 우수한 의료 관리자들은 시스템이 실패할 수 있는 모든 부분들에 계속 세심하게 신경을 써야 한다는 것을 알고 있다. 그리고 실패가 발생하지 않도록 최선을 다한다. 모든 의료조직들은 훌륭한 종합 의료서비스 경험의 핵심동인들과 관련하여 성공을 보장하고 실패를 막을 수 있는 시스템을 설계해야 한다.

시스템 분석

서비스 전달시스템 분석은 3가지 구성요소로 이뤄진다. 계획하기, 관리하기, 그리고 개선하기이다. 품질개선과 관련된 문헌에 따르면, 이런 요소들은 '쥬란의 품질 삼부작(Juran′s trilogy)' 혹은 '품질 삼부작(quality trilogy)'으로 알려져 있다.

좋은 서비스 전달시스템의 첫 번째 요소는 '신중한 계획(careful planning)'이다. 수년간 노인들과 함께 일한 경험이 있는 신입 요양 시설 관리자가 종합적인 치료, 관리, 레크리에이션 스케줄을 설계할 기회를 잡았다면, 노인들을 위한 전체 서비스 제공 프로세스의 각 단계를 신중히 분석하고 상세히 열거할 필요가 있다. 이는 그럭저럭 괜찮은 시스템과 수준 높은 서비스 간의 차이를 만든다.

두 번째 요소는 통제를 위한 측정(measuring for control)이다. 측정되지 않은 것은 관리할 수 없다. 서비스 전달시스템은 특히 더 그렇다. 일반적으로 의료서비스에서는 무형의 서비스에 측정 방법을 어떻게 적용하는지에 대한 이해가 뒤떨어진다. 서비스 전달시스템의 모든 단계에서 임상적 상태뿐만 아니라 환자 관리 현황까지 측정해야 할 필요가 있다. 이를 통해 서비스 전달의 문제들이 어디에 있는지와 시도된 해결책이 실제로 문제를 바로잡고 있는지를 이해할 수 있다.

한 병동 간호사에게 "당신이 담당하는 층에 있는 환자들이 행복해 보이지 않으니, 그들을 만족시키기 위해 일을 더 잘하길 바랍니다."라고 말하기는 쉽지만, 이런 말을 해봐야 쓸모는 없다. 지난달에 품질이 어느 수준에 도달했는지, 현재는 어느 수준에 도달하고 있는지, 목표한 수준의 품질은 어느 정도인지 간호사에게 정확하게 설명하는 것이 훨씬 도움이 될 수 있다.

최고의 환경에서, 측정 방법이 분명하고 공정하며 직원들이 완전히 이해한다면, 직원들은 스스로를 측정하고 관리할 수 있다. 또한 직원들에게 개인 업무를 수행하기 위해 무엇이 중요한지 가르쳐야 한다. 중요한 요인들을 기준으로 자신의 업무를 측정하도록 교육해야 한다. 이렇게 된다면, 직원들은 자가관리 인력이 된다.

이런 측정 방법들은 직원들이 실제로 서비스를 제공하면서 자신들의 서비스 제공 효과를 모니터링할 수 있게 한다. 예를 들어, 간호사가 환자 호출에 대응해야 하는 조직의 기준이 최대 3분이고, 컴퓨터화된 장치는 간호사가 호출에 응답하는 데 몇 분이 걸리는지 기록하는 것이다. 그러면 간호사는 이 기준에 비추어 자신의 순위를 알게 된다.

직원의 업무 수행을 측정하는 것에 더하여, 좋은 서비스 전달계획은 서비스 전달 프로세스의 모든 단계에서 계획이 얼마나 잘 시행되고 있는지와 전체 계획이 얼마나 잘 성공하고 있는지 측정하는 방법을 포함해야 한다. 측정 방법들은 계획에서부터 예외 사례들 혹은 변화의 분석을 촉발시켜야 한다. 또한 의료서비스 경험과 전체적 경험의 모든 중요한 부분을 수량화해야 한다. 대부분 환자들은 의료서비스 경험을 전체적으로 받아들인다. 예를 들어, 심장이식수술이 성공했다거나 말라리아가 완치되는 경우 혹은 치료를 통해 신체적 능력을 회복하는 경우처럼 임상결과가 이례적일 정도로 우수하다면, 환자들은 자신이 왜 의료서비스 경험에 만족했는지 알 것이다.

그러나 정기검진과 같은 일상적인 대면에서 환자들은 경험 일부가 만족감을 결정하는 데 어떻게 영향을 주는지 알 수 없다. 하지만 그들은 그런 일상적 대면들도 관리상 조사를 유발하게 만드는 전체적 인상을 표현할 수 있다. 만약 환자가 클리닉 방문에 불평하면 클리닉 관리자는 전체적 의료서비스 경험에서 각 단계의 환자 인식을 측정하는 데이터를 신중하게 수집하고 분석하기 전에는 그 이유를 알 수 없을 것이다.

경영진은 환자불만이 엑스레이 촬영 대기시간이 길어졌기 때문인지, 의사가 무례하기 때문인지, 아니면 화장실이 더럽기 때문인지 알기 힘들다. 하지만 시스템의 요소들을 파악하고 각 요소에 대한 측정 방법을 가지고 있으면 필요한 시정 조치를 할 수 있다. 잘 설계된 서비스 시스템은 환자경험과 전제적 경험의 모든 중요한 부분을 측정하는 방법을 포함한다.

측정 방법을 개발한 후에 이어져야 할, 서비스 전달시스템 분석의 세 번째 요소는 개선(improvement)이다. 실제로 무슨 일이 발생하고 있는지에 대한 정보는 시스템 개선을 촉진한다. 만약 실패를 파악할 수 있다면, 시스템의 어느 부분을 개선해야 하는지도 알아낼 수 있다. 계획이 분명하게 설계되어야 하고, 그 계획을 시행한 결과 시스템이 얼마나 잘 운영되고 있는지 이해할 수 있도록 충분히 측정되어야 한다. 그러면 경영진과 직원들은 시스템을 재설계하거나 문제를 해결하는 데 필요한 정보를 갖게 되고, 의료서비스 경험을 지속해서 개선할 수 있게 된다.

정책과 절차의 충돌과 규칙 위반이 환자의 안전이나 의료적 요구를 위태롭게 하지 않는다면, 고객서비스를 우선시해야 한다는 것을 직원들에게 교육해야 한다. 접점 직원들은 시스템 오류나 실패를 가장 먼저 알아차리거나 통지받는다. 만약 그들이 제대로 선택되고 교육받고 동기를 부여받았다면, 그들은 시스템이 개선되어야 함을 관리자에게 보고할 것이다.

예를 들어, 환자 호출 대응과 환자용 이동식 변기 제공 및 청소를 책임지는 한 간호조무사가 만성적 인력부족 때문에 환자들의 요구에 즉각적으로 대응할 수 없어 불만스러웠다고 해보자. 어느 날, 그 간호조무사는 예측 가능한 패턴을 알게 되었다. 음식이 배달될 때 동시에 이동식 변기를 요청하는 환자 호출이 오는 것이었다. 간호조무사가 음식 배달 전에 시간을 맞춰 병실에 간다면, 환자의 호출 전에 이동식 변기를 갖다 주기 위해 병실에 도착할 수 있음을 알게 됐다. 이 간호조무사는 관찰을 통해 시스템을 개선한 의욕적이고 관찰력 있는 직원의 본보기이다.

계획의 순환, 관리 측정 그리고 개선은 절대 중단되면 안 된다. 계획은 서비스 전달시스템의 역할이 무엇인지 설명하고, 통제를 위한 측정은 계획대로 시행되고 있는지를 말해준다. 개선에 대한 노력은 모든 직원들이 문제들을 분석하고 해결하여 완벽한 의료서비스 경험을 제공하는 데 집중하게 한다. 핵심은 서비스 전달시스템의 설계가 이 3가지 요소를 다 포함해야 한다는 것이다.

시스템 계획 기법들

서비스 전달시스템에 대한 고객주도적 접근법의 첫 번째 단계는 전체 시스템의 단계들과 프로세스를 계획하는 것이다. 이 단계에서, 모든 단계들의 상세한 설명이 전개되어야 한다. 벤치마크 서비스 조직의 관리자들은 고객의 관점에서 경험의 핵심동인들을 파악하기 위해 잠재 환자들을 대상으로 설문조사하는 것부터 계획을 시작한다. 핵심동인이 파악되면, 이런 동인들에 대한 환자들의 기대를 충족하거나 초과할 수 있도록 전달시스템을 설계할 수 있다.

만약 환자 참여가 전달시스템 설계에 포함되었다면, 환자가 참여하지 못할 가능성에 대비해야 한다. 예를 들어, 한 대학교수가 의대와 제휴된 집단의료에서 의료서비스를 받았다. 교수는 다른 도시로 이사를 하고, 새로운 1차 의료 의사는 그녀에게 특정 테스트를 위해 검사기관에 다녀오라고 권했다. 원스톱 의료서비스에 익숙한 이 교수는 검사기관에 가지 않고, 대신 병원 내에서 테스트할 수 있는 다른 1차 의료 의사를 찾았다. 첫 번째 의사의 전달시스템 계획은 이 경우를 고려해서 전달시스템의 모든 부분들과 함께 고객만족의 핵심동인 측정에 포함했어야 했다.

4가지 기본 기법들-블루프린팅, 피쉬본 분석, PERT/CPM, 시뮬레이션-은 의료서비스 경험 제공을 위한 상세 계획을 개발할 때 보통 사용된다. 관리자들도 환자 피드백이 보여주는 문제에 초점을 맞추기 위해 이런 기법들을 사용할 수 있다. 이런 기법들은 통제에 필요한 측정과 시스템에서 나타날 수 있는 문제들의 분석을 손쉽게 포함할 수 있기 때문에 유용하다.

각 기법은 장점이 있지만, 모두 '상세한 서면 계획은 전체 의료서비스 경험을 제공하는 사람들, 조직, 정보 그리고 생산 프로세스를 관리하기 위해 더 나은 시스템으로 이어진다' 라는 발상에 전제를 두고 있다. 만약 이 계획에 노력과 관심을 기울인다면, 실패는 최소화될 것이다. 만약 상황들이 정기적으로 문제해결 기법과 문제회복 기법이 필요한 단계에 이른다면, 일부 환자들은 불만이 커져 다른 시설을 이용하게 될 수도 있다.

블루프린팅(blueprinting)

블루프린트나 서비스 프로세스 다이어그램을 통해 전달시스템을 상세히 열거하는 것은 서비스의 안전한 제공을 모색하는 관리자들에게 몇 가지 즉각적인 이점이 있다. 첫째, 관리자들은 시스템의 모든 부분을 기술하는 다이어그램을 더 이해하고 연구할 수 있다. 예를 들어, 플로차트(flow chart) 형식을 이용하면 시스템을 이해하기 쉽다. 둘째, 관리자들은 간편하게 다이어그램을 사용하여 다른 사람들에게 보여줄 수 있다.

[표11-1]은 진료를 받으러 온 환자와 연관된 활동들을 간단한 플로차트로 보여준다. 모든 활동은 환자와 의사의 상담에 중점을 둔다. 병원 방문과 관련된 의료서비스 경험이 성공하려면 효율적으로 계획되고, 설계되고, 관리되어야 한다. 대부분의 사슬처럼, 플로차트의 중요성은 가장 약한 고리에 달려 있다. 즉, 제일 약한 부분이 끊어지면 그 전체가 끊어진다. 활동마다 중요도가 다르지만, 각 활동은 환자의 관점에서 경험의 품질과 가치에 영향을 줄 수 있는 잠재적 결정적 요인이다.

[표11-1] 전형적인 환자 병원 방문 플로차트

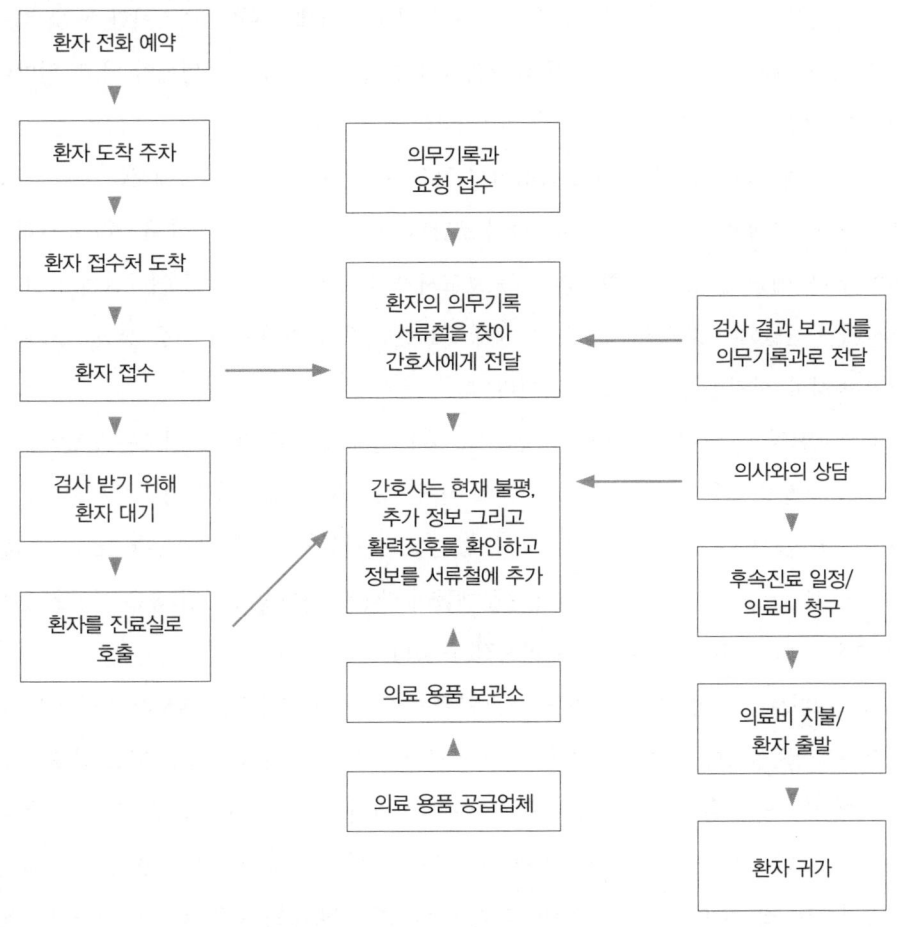

직원들은 플로차트의 각 단계에서 자신들의 책임을 수행할 수 있도록 교육받고 동기를 부여받아야 한다. 환자가 진료 예약을 하기 위해 전화할 때, 직원은 즉각적으로 전화를 받아야 한다. 예의 바르고 친절하게 대응하며, 서로가 가장 빠르고 편한 시간을 찾아 예약한다. 만약 환자가 차를 가지고 오는 경우, 조직은 주차장이 깨끗하고 안전하도록 확인한다. 만약 대리주차 서비스를 제공한다면, 환자는 사전에 정보를 받아야 한다. 환자와의 첫 개인적 접촉이기 때문에, 대리주차 담당자는 친절해야 한다.

환자가 안내데스크에 도착하면, 직원은 친절하게 맞이하고 무슨 절차를 언제 받게 될 것인지 설명한다. 접수할 때 직원은 필요한 모든 양식을 제공해야 하고, 환자가 작성하는 것을 돕는다. 또한 조직의 청구 정책과 절차에 대해 설명해야 한다. 대기시간 동안, 직원은 환자와 계속 상호작용을 하면서 대기시간이 길어지는 이유를 설명해야 하고, 얼마나 더 기다려야 하는지 알려준다.

차트에 환자의 상태가 제대로 작성되지 않을 수 있다. 일부 시점들에서는 보통 서로에게 '내부 고객'이 되는 다른 부서들만이 포함되기에, 이런 시점들 역시 유사하게 관리되어야 한다. 예를 들어, 만약 환자의 검사 보고서가 즉시 완성되지 않고 서류철에 담겨 간호사에게 전달되지 않으면, 의사는 상담에 필요한 정보를 얻지 못해 다음 상담 스케줄을 잡아야 하고, 환자는 불편을 느낄 것이다.

블루프린팅은 플로차팅의 더 정교한 형태이다. 실제로, 좋은 블루프린트는 전달시스템의 모든 구성요소와 활동뿐 아니라, 환자의 전체 의료서비스 경험의 구성요소와 활동들을 보여주고 정의한다. 그 사이에 예상할 수 있는 모든 만일의 사태는 블루프린트에 제시된다. 블루프린트를 이용함으로써 서비스 문제들이 발생할 가능성이 가장 높은 시점을 알아낼 수 있고, 조기징후 메커니즘을 포함시킬 수 있다.

블루프린트는 서비스를 제공하는 데 포함된 활동들과 프로세스를 제시해야 할 뿐만 아니라, 각 활동을 완료하는 데 소요한 시간도 포함해야 한다. 만약 훌륭한 임상 진료가 20분 안에 제공되면 환자는 굉장히 기쁠 것이고, 1시간이 걸린다면 환자는 그럭저럭 만족할 수 있다. 그러나 만약 2시간이 걸린다면, 환자는 실망하여 절대 다시 오지 않을 수도 있다. 최종적으로, 잘 설계된 블루프린트에 따라 서비스를 제공하는 것은 조직이 환자가 느낀 서비스 경험의 품질과 가치를 극대화하면서 수익 목표에 도달하는 데 도움이 될 것이다.

[표 11-2]는 운동장에서 다친 아이를 치료하는 초등학교 간호사의 간단한 블루프린트를 보여준다. 도표에 나타난 것처럼, 서비스는 운동장에 다친 어린이가 있다는 말을 들은 간호사로부터 시작한다. 간호사는 다친 어린이에게 가서 상처를 살펴보고, 소독약을 발라주고, 상처를 붕대로 감싼다.

또한, 서비스의 블루프린트는 소독약을 발라주는 단계에서 간호사가 소독약 가져오는 것을 잊어버렸을 수도 있는 잠재적 실패 부분을 나타내기 위해서 아래로 향한 화살표를 보여준다. 만약 그런 일이 발생한다면, 다음 단계에서 간호사가 양호실이나 약품보관실에 가서 소독약을 가져와 다시 발라주는 단계로 돌아온다. 블루프린트는 서비스 경험의 총시간을 계산할 수 있도록 각 단계의 추정 소요시간 추정을 제공한다. 블루프린트는 또한 가시선(line of visibility)을 보여주는데, 환자가 볼 수 있는 사건들과 볼 수 없는 사건들로 나눈다.

작업 주기시간은 프로세스를 신중하게 연구하는 시점부터 계산된다. 이 전체 도식은 활동들의 계획된 순서와 서비스의 주기에서 각 단계에 대한 조치를 보여주고, 전체 서비스주기 분석을 위해 쉽게 전달되는 그림을 제공한다. [표11-2]의 예는 간단하고 불완전하지만, 시작점이 좋다. 훌륭한 학교 간호사 혹은 양호관리자는 학생을 치료해야 한다고 요청받기 전에 특정 사건들을 이 도식에 포함시키고 싶을 것이다.

관리자는 학생 보건을 위한 전체 전략을 가장 먼저 수립해야 한다. 이 과정에서 관리자는 많은 다른 유형적 측면과 무형적 측면을 포함해서 학생의 전체 의료서비스 경험에 영향을 주는 모든 요인을 볼 수 있게 된다. 이 간단한 예는 초등학교 양호의 모든 장점을 포함하여 추가되고 완성될 수 있다. 블루프린트는 각 단계를 하나의 프로그램 내에서 필요할 때마다 반복해 사용할 수 있는 하위과정(subroutine)들로 상세히 나누고, 주사투약, 청력과 시력 검사, 건강 상태 상담과 같은 보안 서비스를 추가하여 더 세부적인 내용으로 들어갈 수 있다.

다른 환경은 더 정교한 블루프린트가 필요할 수 있다. 예를 들어, 매일 수십에서 수백 명의 사람들을 치료하는 외과센터나 응급실, 셀 수 없는 전화를 응대해야 하는 건강보험정보센터는 프로세스를 최대한 효과적으로 만들어야 한다. 그러므로 전문화되거나 일상적으로 반복되는 일들을 구분 지을 필요가 있다. 이때, 의료서비스 경험에 인간 상호작용의 구성요소를 어떻게 유지할 것인지가 관건이다. 환자의 수가 너무 많고, 서비스 접촉은 너무 빠르게 이뤄져서 대부분의 열정적인 전문가들도 이런 상황에서 환자들을 세심히 보살피기 어려울 것이다.

[표11-2] 놀이터에서 다친 아이를 치료하는 간호사의 블루프린트

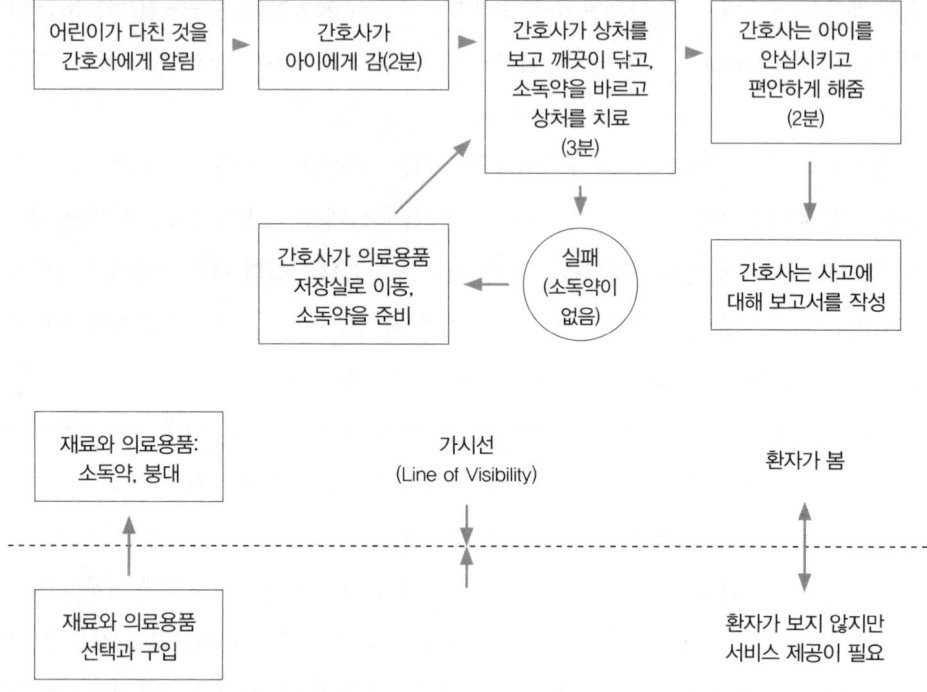

※ 출처: The AMA Handbook of Marketing for the Service Industry, American Marketing Association 발간, C.A.Congram 과 M.L.Friedman 편집, 1991

피쉬본 분석

어골도(魚骨圖) 분석이라고도 하는 피쉬본 분석(fishbone analysis)은 1953년 도쿄대학의 이시카와 카오루(Ishikawa Kaoru)가 개발한 분석법이다. 이 분석법은 문제 부분에 집중하는 방법을 제공하고, 일반적으로 그 부분의 직원들 참여를 포함한다. 피쉬본 다이어그램은 잘못된 서비스 결과의 원인을 분석하지만, 결과들이 종종 전달시스템에 주요한 변화를 주기 때문에 기획전략으로 간주될 수도 있다.

[표11-3] 피쉬본 분석: 종합병원 혈액은행에서의 지연

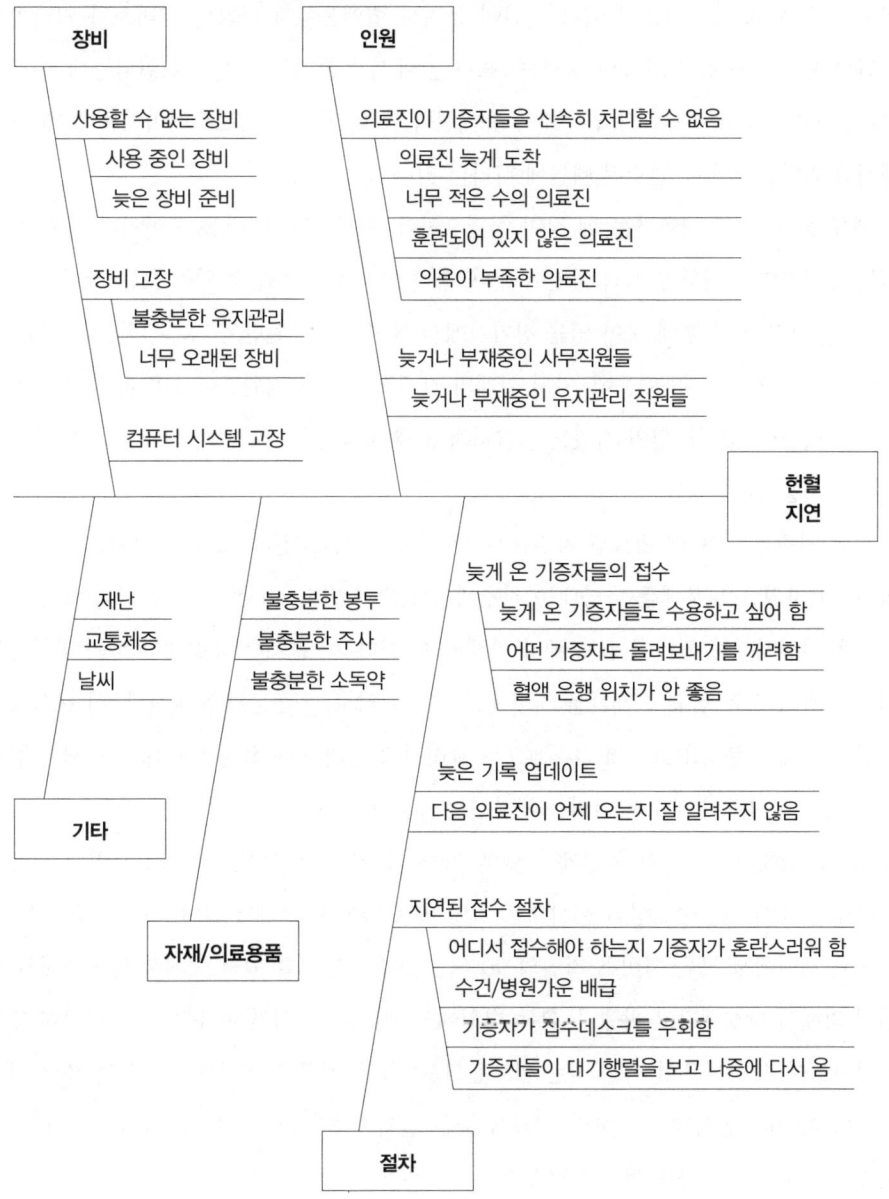

※ 출처: D.Daryl Wyckoff 〈Cornell Hotel and Restaurant Administration Quarterly〉(American Marketing Association, 1984)

[표11-3]은 가상의 종합병원 체인에서 발생한 문제에 피쉬본 분석을 응용한 사례이다. 너무 많은 혈액 기증자들이 예약 시간에 몰려서 혈액은행에 나타나 서비스가 지나치게 지연된다. 지연된 혈액 기증의 문제는 [표11-3]에서 물고기의 척추로 표현되는데, 이것은 와이코프(Wyckoff, 1984)의 연구에서 유래한다. 혈액기증 지연으로 이어지는 문제를 발생시킨 원인은 척추에 연결된 뼈들에 나타나 있다.

예를 들어, 즉시 채혈하는 데 장비가 필요하다. 만약 장비가 사용 중이거나 사용할 수 없는 상태라면 지연의 잠재적 원인이 된다. 장비 고장을 일으킬 수 있는 모든 잠재적 원인은 '장비'라고 쓰인 뼈에 붙어 있는 잔가시에서 볼 수 있다. 일반적으로 직원들은 진료 지연의 원인을 알고 있기 때문에, 자원 실패의 잠재적 원인은 직원들이 포함된 그룹 토의를 통해 드러난다. 종합병원의 직원들은 잠재적 문제 지점들을 찾아내기 위해 피쉬본 다이어그램을 사용한다.

혈액 기증을 받는 데 필요한 자원들은 장비, 인원, 재료, 절차 그리고 기타로 분류될 수 있다. 이 자원들은 문제를 나타내는 척추에 연결되어 있다. 이 분류들 중 하나에서, 혈액 기증을 지연시키는 원인이 될 문제가 발생할 수 있다. 이 문제를 해결해야 하는 직원들은 이 자원과 연관된 잠재 문제들을 찾아내고, 목록화하고, 우선순위를 정한다. 이 분석적인 기법은 파레토 분석(Pareto analysis)으로 알려져 있는데, 중요성의 순서대로 문제의 잠재적 원인을 정리하여 피쉬본 기법을 평가하는 데 사용된다.

[표11-4]에서, 각 원인과 관계된 혈액 기증자들에게 제공되는 서비스 지연의 비율을 나타내는 데이터는 중요성의 순서대로 원인 바로 옆에 나열되어 있다. 파레토 분석은 종합병원 체인에서 모든 서비스 지연의 90%는 30개의 가능한 원인 중에서 단지 4개의 원인에 의해서 발생했다고 밝혔다. 모든 병원에서 가장 흔한 지연 이유는 예약 시간에 늦은 기증자들이고, 그다음이 너무 적은 의료진의 수, 늦은 기록 업데이트 그리고 컴퓨터 시스템 고장이었다. 종합병원은 예약 시간에 늦은 혈액기증자들에게 할 수 없이 즉각적인 서비스를 제공하고 있다는 것을 깨달았다.

또한, 종합병원 체인의 각 병원은 혈액 기증과 관련된 전반적인 문제들이 각 병원에서도 똑같이 발견되는지 알아보기 위해 이 데이터를 분석할 수 있다. 데이터에서도 볼 수 있듯이, 뉴어크 병원(Newark hospital)에서 일어나는 지연의 비율과 이유는 다른 병원들과는 다르다. 뉴어크 병원에서 4번째 원인인 오래된 장비 고장은 워싱턴 병원(Washington hospital)에서는 발생하지 않는 문제이지만, 컴퓨터 고장은 있다. 이런 방법으로 정보를 정리한다면, 서비스 전달 실패의 원인을 찾고 있는 관리자들은 손쉽게 사용할 수 있는 분석 도구를 갖게 된다. 각 잠재적 실패 시점과 관련해서는, 관리자들은 겨우 피쉬본 분류들에 따라 데이터를 수집하고 정리할 뿐이다.

문제를 인지하는 것이 서비스 전달시스템 향상의 첫 단계이고, 그 원인을 아는 것이 문제 해결의 첫 단계이다.

늦게 도착한 기증자들로 인한 지연을 알게 된 후, 종합병원은 정시에 도착하지 않는 기증자들을 더는 기다리지 않을 것이라 결정했다. 이 해결책이 최대한 많은 혈액 기증자들을 모아야 하는 병원의 입장과는 상반되고, 직원들은 자연적으로 늦게 도착한 기증자들까지도 수용하고 싶었지만, 병원들은 정시에 도착하겠다고 말했던 많은 기증자들에게 정시 서비스를 제공하지 않을 것임을 분명히 했다.

[표11-4] 종합병원 혈액은행에서 발생하는 지연의 파레토 분석

지연 원인	사고 비율	누적 비율	지연 원인	사고 비율	누적 비율	지연 원인	사고 비율	누적 비율
늦은 기증자	53.3	53.3	늦은 기증자	23.1	23.1	늦은 기증자	33.3	33.3
너무 적은 의료진	15	68.3	늦은 기록 업데이트	23.1	46.2	너무 적은 의료진	33.3	66.6
늦은 기록 업데이트	11.3	79.6	너무 적은 의료진	23.1	69.3	컴퓨터 고장	19	85.6
컴퓨터 고장	8.7	88.3	낡은 장비 고장	15.4	84.7	늦은 기록 업데이트	9.5	95.1

※ 출처: D. Daryl Wyckoff 〈Cornell Hotel and Restaurant Administration Quarterly〉(American Marketing Association, 1984)

피쉬본 분석을 설정하고 주요 요인들과 설문조사 데이터를 비교하여, 병원 그룹은 문제를 진단할 수 있었다. 또한, '아무도 기다리지 마라'라는 효과적인 해결책을 발견할 수 있었다. 물론, 이 해결책은 초기에 늦게 도착한 고객들과 관련한 문제를 일으켰지만, 종합병원은 늦게 도착한 기증자들이 유발하는 문제들보다 덜 심각하다고 판단했다. 사실, 종합병원이 더는 기다리지 않는다는 소문이 퍼졌을 때, 늦게 오는 기증자들은 줄어든 반면 전체 기증자 수는 줄어들지 않았다.

서비스 문제의 잠재적 원인-장비, 직원, 절차, 재료-을 분석하는 이와 같은 방식으로 전달시스템의 각 부분으로 나눌 수 있다. 관리자들이 문제의 각 원인을 측정하면, 해결책을 찾는 것은 비교적 간단하다.

네트워크 공정표(PERT/CPM)

뒷마당에 바비큐 그릴을 설치하고 싶다고 가정해보자. 그릴을 설계하고 벽돌과 시멘트를 구입한다. 땅을 파기 위해 나갔을 때, 삽이 없어 하나 새로 사야 한다는 것을 알게 된다. 삽을 사 와서 땅을 파기 시작했을 때, 옆집 이웃이 자가거주의 땅에 그 정도 크기의 구조물을 설치하려면 이웃주택소유자협회에서 허가를 받아야 한다고 말한다.

이 시나리오에서 프로세스를 방해한 요소는 그릴을 설치하는 사람을 귀찮게 하고 시간을 빼앗았다. 그러나 이런 종류의 방해가 의료조직에서는 훨씬 더 큰 문제들을 일으킬 수 있다. 의료조직들이 병원이니 클리닉을 짓기 시작했는데, 과정 중에 재료가 부족하다거나 프로젝트를 완성하기 위해 허가를 받아야 함을 알게 된다면 감당할 수 없을 것이다. 서비스 상품의 계획과 제공에 여러 가지 활동들이 포함되고, 이런 활동(예: 심장이식 계획이나 재활치료)들이 반복해서 일어난다면, PERT/CPM이 통합된 유용한 기법이다.

PERT/CPM 계획 기법은 건설업이나 군대에서 자주 사용된다. 그러나 의료산업에서도 많이 적용되고 있다. PERT와 CPM 기법들은 비슷해서 하나의 전략기획으로 합해졌다. 통합된 PERT/CPM은 관리자들에게 계획이 얼마나 잘 실행되고 있는지 분석하는 관리제어 프로세스와 합해져 상세하고 정리된 계획을 제공한다. PERT/CPM은 병원 신축, 의료보험 설계 혹은 개원과 같은 주요 프로젝트를 계획하는 데 유용하다. 또한, 환자치료 계획이나 수술절차, MRI(Magnetic Resonance Imaging, 자기공명영상) 기계설치와 같은 소규모 프로젝트에도 유용하다.

[표11-5]와 같이 의료관리자는 PERT/CPM 다이어그램을 사용하여 중요한 목표들을 달성할 수 있다. 먼저, 관리자는 계획의 모든 장점을 이용한다. 예측하지 못한 사건들과 활동들을 파악하고, 각 사건과 활동이 얼마나 소요될지 손쉽게 추산한다. 그리고 프로젝트에 관여된 모든 사람들은 프로젝트의 전체 부분, 완수되어야 하는 순서, 각 프로젝트 단계를 마치는 시간 추정 그리고 전체 프로젝트를 완료하는 데 걸리는 총시간을 보여주는 이해하기 쉬운 그림을 갖게 된다. PERT/CPM은 기한에 맞춰 정시에 완성되어야 하는 많은 활동들이 포함된 프로젝트를 계획할 때 사용될 수 있다.

[표11-5] PERT/CPM 다이어그램

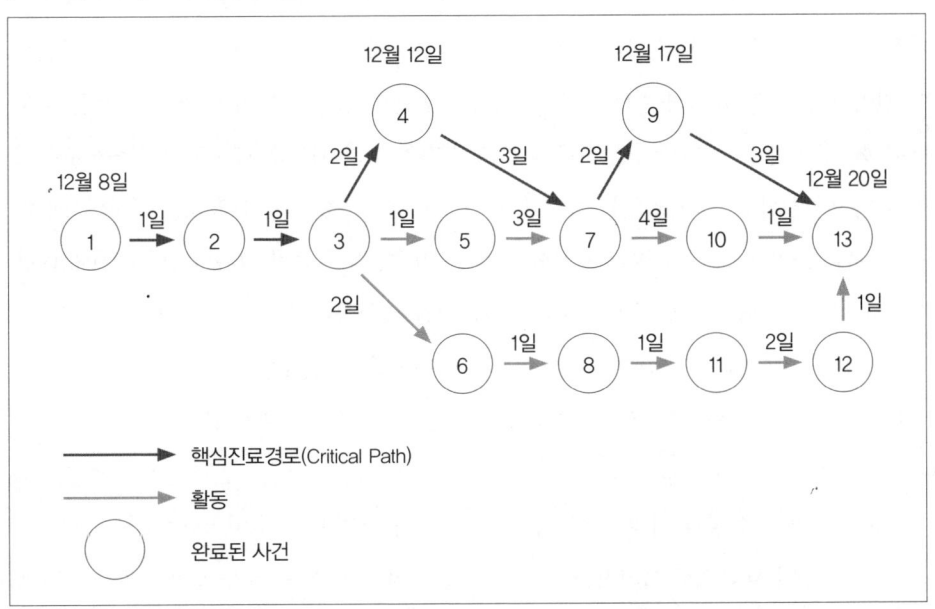

PERT/CPM 다이어그램은 만들기 간단하다. 이 다이어그램은 완료된 사건들을 나타내는 원이나 물방울 그리고 사건이 완료되기 전에 반드시 이행되어야 하는 활동들을 나타내는 화살표들로 구성된다. 화살표들은 원들을 연결하고, 활동에 필요한 특정 사건을 가리킨다. 예를 들어, [표11-5]에서, 사건1은 사건2로 이어지는 활동이 시작되기 전에 완료되어야 하고, 사건2와 사건3도 마찬가지이다. 사건3이 완료된 후 사건4와 사건5 그리고 사건6으로 이어지는 활동들을 시작할 수 있으며, 각각 독립적으로 실행될 수 있다.

세 개의 화살표가 사건13을 가리키는데, 이것은 사건9, 사건10 그리고 사건12가 사건13이 완료되기 전에 반드시 완료되어야 한다는 것을 의미한다. 다이어그램이 보여주듯이, 사건9, 사건10, 사건12는 이전의 활동들과 사건들이 먼저 완료되기 전에 완료될 수 없다. 핵심진료경로는 프로젝트가 제시간에 완료되기 위해 수행되어야 하는 사건들의 순서를 나타내는 것으로, 다른 경로들처럼 한가한 여유 시간이 없다.

유니버셜 HMO사(Universal HMO, Inc.)는 고령자들을 위한 HMO 건강보험을 다루는 새로운 사업을 계획하고 있다. 유니버셜 HMO사는 PERT/CPM 접근법이 어떻게 사용되는지를 보여준다. 순서의 최종 사건, 유니버셜의 PERT/CPM 다이어그램의 마지막 원은 'HMO 운영의 첫째 날'이 될 것이다. 그 원으로 이어지는 활동 화살표에 '직원교육 3회 개최'라고 적을 수 있다. 그러나 교육이 진행되기 전에, 여러 가지 다른 활동들과 사건들이 일어나야 한다. 유니버셜 HMO사는 교육을 진행할 장소를 찾아야 하고, 자료를 주문해야 한다. 또한 교육 담당자를 고용해 준비시켜야 하고, 새로운 HMO 직원들을 고용해야 한다. 이런 활동 중의 일부는 동시에 일어날 수 있다. 활동들의 완료는 다이어그램의 원에 '교육 준비 완료'라고 적어 표시할 수 있다. 또한, 각 활동이 얼마나 걸리는지에 대한 추정도 다이어그램에 포함되어야 한다. 활동 시간을 합산하면 유니버셜 HMO는 교육받은 직원들이 생길 때까지 얼마나 시간이 걸릴지 추정할 수 있다.

PERT/CPM 네트워크를 구축하기 위해서는 다음과 같은 5단계가 필요하다.

1. 사건들과 활동들 파악: 프로젝트를 완수하기 위해 반드시 일어나야 하는 모든 사건과 이 사건으로 이어지는 모든 활동을 정의한다. 이 단계가 계획 프로세스의 핵심이다. 시간과 노력을 투자하여, 관리자는 프로젝트의 전체 활동을 상세하게 열거하고, 실행되어야 하는 모든 단계를 알아낸다.

2. 사건들로 이어지는 활동들의 순서 결정: 관리자는 파악된 활동들과 사건들을 실행되어야 하는 순서대로 적절히 배열한다. 순서를 정하면서 이전에 발견하지 못했거나 알지 못했던 사건들이 드러날 수도 있다. 예를 들어, 구두끈을 묶는 방법을

설명할 때, 먼저 구두끈이 있어야 한다는 전제가 필요하다. 단계별로 프로세스를 밟지 않으면 사건1을 잊어버릴 수 있다.

3. 시간 추정: 관리자는 각 활동이 얼마나 걸리는지 추산한다. 그다음 각 사건과 전체 프로젝트를 완수하는 데 소요되는 기대시간을 계산한다. 관리자들은 각 활동의 가중평균 시간을 추정하기 위해 아래의 간단한 공식을 사용한다.

기대 시간 = [낙관적 시간 + (4 × 가장 확률이 높은 시간) + 비관적 시간] / 6

4. 활동들의 네트워크 다이어그램 작성: 관리자는 전체 프로젝트 다이어그램에 모든 조각을 함께 넣는다. [표11-6]처럼 각 활동과 사건은 기대시간과 함께 다이어그램으로 그려진 네트워크에 나열된다.

5. 핵심진료경로 확인: 관리자는 프로젝트를 완수하는 데 걸리는 총시간과 프로젝트 완료로 이어지는 경로에 속한 활동 시간을 합산하여 핵심진료경로를 확인한다. 여기서 핵심진료경로란, 여유 시간을 남기지 않는 활동들의 발생 순서를 가리킨다. 만약 이 사건들이 일정대로 일어나지 않는다면, 프로젝트는 일정대로 완료될 수 없다. 네트워크의 다른 경로들은 사건이 반드시 일어나야 할 때와 활동 시간 계산에 근거하여 사건들이 발생 예정된 때 사이에 시간 차이가 있을 수 있다. 예를 들어, 사건6은 4월 28일에 반드시 일어나야 한다. 그렇지 않으면, 전체 프로젝트는 일정보다 늦어질 것이다. 그러나 사건6은 4월 25일에 완료되는 것으로 예정되어 있다. 그래서 프로젝트 매니저는 좀 여유 시간이 있다. 사건6을 완료하는 데 2일이 아닌 5일이 걸린다고 해도, 지연은 프로젝트 완료 날짜에 영향을 주지 않을 것이다. 여유 시간은 자원을 바꿀 기회를 나타내고, 또한 자원과 직원의 관심을 예정보다 일찍 끝난 사건들로부터 도움이 필요한 활동들로 바꿀 수 있는 기회를 나타낸다.

또한, PERT/CPM 다이어그램은 프로젝트에 포함된 것들을 시각화한다. 다이어그램을 사용하여, 프로젝트 관리자는 모든 사람에게 전체 프로젝트의 구성, 프로젝트 참여자들의 역할, 활동 일정 및 우선순위와 발생 순서를 보여준다. 다이어그램은 다양한 가정에서 무슨 일이 일어날 수 있는지 실험할 수 있는 완벽한 모델을 제시하기 때문에 관리자에게 더 유용하다. 예를 들어, 비관적 시간 추산이 실제로 일어난다고 가정해보자. 즉, 잘못될 수 있을 거라 예상했던 것이 정말 현실로 나타났다면, 무슨 일이 발생하는가?

PERT/CPM 다이어그램을 사용하면 관리자는 새로운 숫자들을 쉽고 빠르게 대입할 수 있기 때문에 전체 프로젝트 완료 일정을 수정할 때 수월하다. 모든 대형 프로젝트는 많은 불확실성을 포함한다. 그러나 관리자는 이 기법으로 불확실성을 계획에 반영하고, 만약 우려했던 일이 실제로 발생하면 프로젝트에 미칠 영향을 다시 계산할 수 있다.

[표11-6]은 특정 시장에서 새로운 HMO 의료보험을 준비하고 제공하기 시작하는 데 필요한 단계들을 나타낸다. HMO 관리자는 활동들, 발생 순서 그리고 시간 추정을 알아내기 위해 PERT/CPM 네트워크를 구축하는 단계들을 따랐다. 그다음, 관리자는 PERT/CPM 다이어그램을 만들어 조직의 구성원들과 회사와 계약하는 의료제공자에게 모든 정보를 보여줬다. 이것은 시장에 HMO 의료보험을 성공적으로 소개하기 위해 반드시 해야 하는 일이다.

이 다이어그램은 조직의 관리자들, 구성원들 그리고 제공자들에게 일일 계획표 역할을 한다. 매일 달성해야 하는 활동들을 모두에게 보여주기 위해 이 다이어그램을 벽에 걸어 놓을 수도 있다.

신상품이나 서비스 출시는 일반적으로 동일한 사건들이 일어나고, 같은 활동 순서를 따르기 때문에 잘 설계된 PERT/CPM 다이어그램은 반복해서 사용할 수 있다. 병원을 신축하거나, 새로운 클리닉을 계획하거나, 수술실에서 특정 수술을 계획할 때도 마찬가지이다.

그러나 주의사항이 있다. PERT/CPM 프로세스는 프로젝트의 완료로 이어지는 활동들이 독립적이고 명확하게 정의되었다고 가정한다. 하지만 모든 경우가 항상 그렇지는 않다. 프로세스 또한 시간 추정의 정확성에 의지한다. 이런 시간 추정은 인간이 하는 것이기 때문에, 실수를 하거나 틀릴 수 있다. 또한, 몇 개의 잘못된 시간 추정 때문에 전체 프로젝트를 망칠 수도 있다.

의료조직의 활동들은 시작과 끝(간단한 치료부터 다음 날 입실한 환자들을 위한 청소와 준비까지)이 있는 프로세스들이다. 그러므로 의료시설들과 서비스 상황들에 PERT/CPM의 적용은 무한하고, 놀라울 정도로 쉽다.

[표11-6] HMO 시작을 위한 PERT/CPM 다이어그램

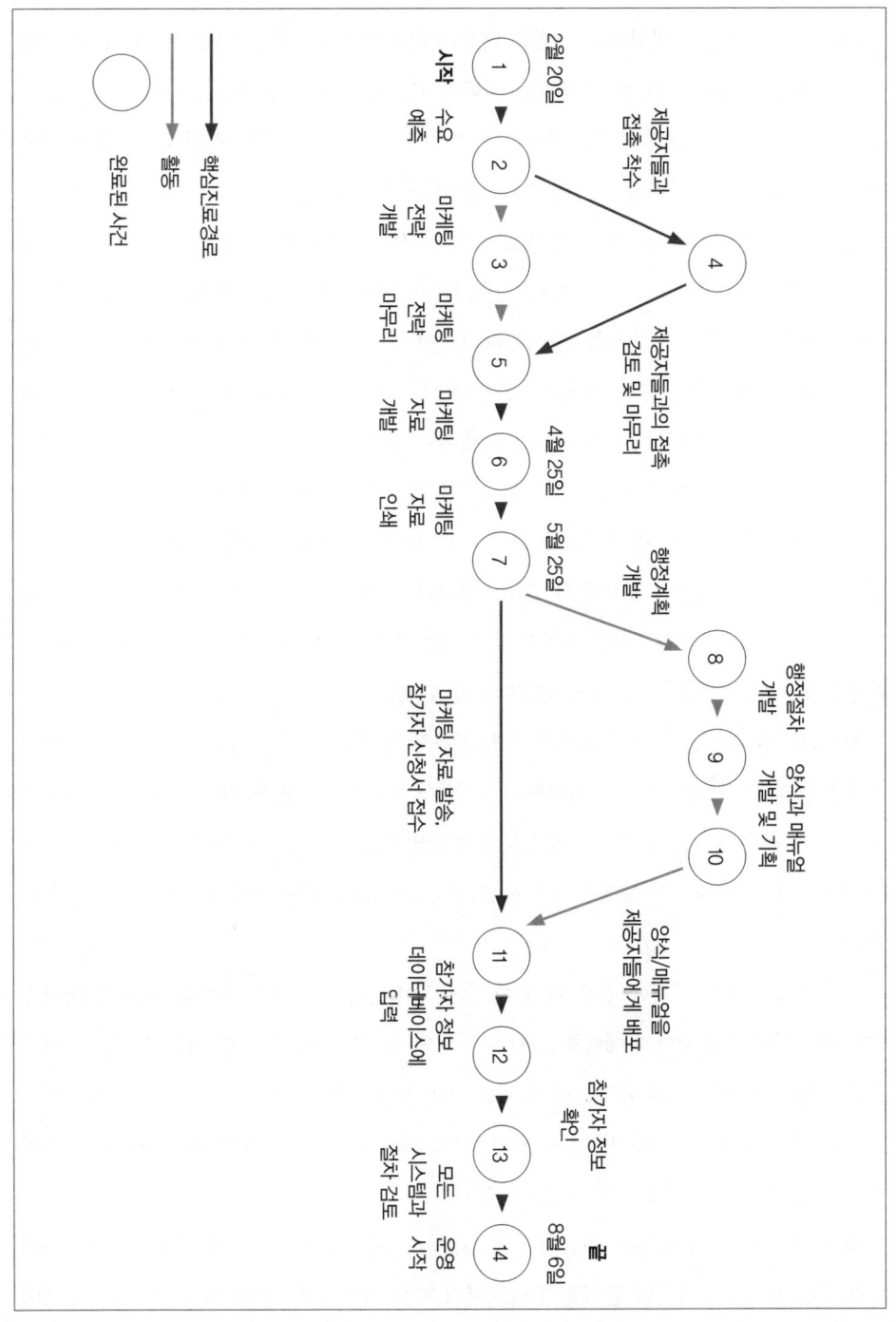

시뮬레이션

의료서비스 환경을 변화시키는 것은 비용과 환자만족에 미치는 영향과 같이 많은 이슈를 고려해야 하므로 쉽지 않다. 조직은 계획한 변화가 부정적인 영향을 미치지 않도록 만전을 기해야 한다. 시뮬레이션을 이용하면 조직은 실제 변화들과 연관된 위험들을 무릅쓰지 않고도 변화들을 시행하기 전에 변화들을 시험해볼 수 있다.

시뮬레이션(simulations)은 실제의 모형이다. 시뮬레이션은 일러스트레이션을 이용하거나, 재연 또는 시나리오 퍼포먼스를 이용한다. 대학병원 내에서 일어나는 활동들을 컴퓨터로 시뮬레이션하는 것처럼 큰 시뮬레이션이 있고, 교육시간에 하는 역할놀이처럼 작은 시뮬레이션도 있다. 일부 시뮬레이션은 서비스 전달에서 문제가 발생할 수 있는 상황들을 직원들과 관리자들에게 보여주기 위해 특정 의료서비스 경험을 재연하는 전문 배우들을 섭외한다. 이러한 시뮬레이션은 생각지 못했던 문제들을 드러내 보여준다.

시뮬레이션은 시스템이 야기한 문제들과 관련하여 환자에게 나쁜 경험을 주지 않을 안전장치를 가지고 있는지 보여준다. 혹은, 실패가 발생하더라도 환자에게 피해를 주지 않도록 막을 수 있는 안전장치를 가졌는지 보여줄 수도 있다. 조직은 서비스 전달시스템을 이용할 때, 모든 타입의 시뮬레이션을 이용할 수 있다.

시뮬레이션 기법들 중 컴퓨터화된 기법이 가장 정교하다. 이런 기법들은 서비스 전달시스템을 놀라울 정도로 상세히 재연한다. 다양한 가정하에서 발생 가능한 일들을 보기 위해 시스템을 측정하고 조정하는 방법들을 제공하기도 한다. 또한, 컴퓨터는 실제 서비스는 받는 입장인 환자들의 행동을 무한한 요구와 광범위한 행동들 내에서 시뮬레이션할 수 있다.

환자 진료에서의 어려운 점은 환자 치료 방법이 각각 다르다는 것이다. 환자가 서비스 경험에서 어떻게 행동할지 예측하는 것은 거의 불가능하므로, 시스템 실패의 확률도 매우 크다. 시뮬레이션을 통해 환자들의 행동이 기대한 수준에서 서비스를 제공하는 시스템의 능력에 어떤 영향을 미치는지 알 수 있다. 전체 의료서비스 경험에서, 시뮬레이션은 조직과 환자가 유발하는 문제들을 알아낼 수 있다.

현재 많은 대형 병원들이 응급실에서 컴퓨터 시뮬레이션을 운영하고 있다. 환자들의 도착 패턴과 요일·시간별 환자들의 의료서비스 요구에 대한 데이터를 수집하고, 그 데이터를 컴퓨터에 입력한다. 주말 저녁이면 트라우마(정신적 외상)가 있는 환자들이 이른 오후부터 병원에 오기 시작하고, 트라우마의 빈도와 정도는 저녁이 깊어질수록 증가한다는 것을 데이터를 통해 알 수 있다. 또한 베인 상처나 멍 같은 가벼운 상처들은 대부분의 의사들이 근무를 마친 주중 저녁에 증가한다는 것을 알 수 있다.

응급실은 예상 응급 환자들을 더 효과적·효율적으로 치료하기 위해 컴퓨터 시뮬레이션을 이용한다. 이를 통해 얻은 요일·시간별 수요 진료 종류들과 수요 직원 수에 대한 데이터를 사용할 수 있다. 또한 병상 수요, 의료장비 수요, 의료용품 적정 재고량 그리고 구내식당에서 소비되는 식사량을 추산할 수 있다.

모든 의료조직이 서비스 전달시스템을 상세히 연구하기 위해 컴퓨터 시뮬레이션 모델을 구축하는 데 필요한 비용을 정당화할 수 있을 만큼의 환자 수를 가지고 있는 것은 아니다. 그러나 컴퓨터 기술이 발전하면서, 사용자 친화적인 소프트웨어의 개발이 늘어나고 있다. 이를 통해, 소규모 개인 병원들도 비용을 많이 지출하지 않으면서 시스템을 컴퓨터로 시뮬레이션할 수 있게 되었다.

소규모 의료조직들이 사용할 수 있는 소프트웨어 중 대표적인 것이 GPSS/PC(General Purpose Simulation System for Personal Computer, PC용 일반 시뮬레이션 시스템)이다. 이런 소프트웨어를 이용해, 조직들은 전달시스템의 일부나 전체를 시뮬레이션해볼 수 있다.

예를 들어, GPSS/H 시뮬레이션 소프트웨어를 이용하여 진료 예약 순서 패턴을 모델로 만들 수 있다. 이 모델을 이용하여 환자 대기시간, 의사 유휴시간 그리고 초과근무 시간을 줄일 수 있는 가장 효과적인 방법을 시뮬레이션할 수 있다.

다기능 조직

서비스 전달 프로세스를 다른 부서에서 일하는 사람들의 협조가 필요한 시스템이라 생각하는 것은 전체 조직이 어떻게 설계되었는지에 대한 고찰로 이어진다. 각 부서가 각자의 기능을 원활하게 수행할 수 있도록 설계되었는가? 또는 전체 서비스 전달시스템이 원활하게 기능하도록 설계되었는가? 다른 기능을 가진 부서 간에 서로 소통하지 않는 조직에서 일해본 경험이 있는 사람은 두 설계가 같지 않음을 완전히 이해할 것이다.

조직 내에서 직원들과 팀들을 일시적으로 다른 부서에서 일할 수 있도록 조직하고 체계화하는 방법이 '다기능 구조'이다. 다기능 구조란 용어는 전통적인 기능적 조직 구조에서 제한된 시간 동안 새로운 과제를 수행하도록 배정받은 직원 집단이나 프로젝트 팀을 가리키기도 한다. 전통적인 조직의 형태는 상부에서 하부까지 단일 명령계통으로 연결된 것이 특징이다. 즉, 입원수속 담당자가 감독자에게 보고하고, 감독자는 관리자에게 보고하고, 관리자는 바로 위 상사에게 보고하는 형태를 말한다.

다수 명령계통은 다기능 조직(cross-functional organizations)의 특징이다. 예를 들어, 수술실 간호사는 한 사람 이상에게 보고할 수 있다. 의료조직에서는 모두의 임상기술을 환자 한 명의 문제를 해결하기 위해서 혹은 기대를 충족하기 위해서 집중시켜야 하는 상황들이 많이 일어난다. 수술팀과 환자안전팀을 예로 들 수 있다. 그러므로 다기능 구조는 특히 의료산업과 서비스 주도형 산업에서 유용하다.

알브레히트(1998)는 환자의 관점에서 서비스의 순환이 어떻게 보이는지 병원관리자들에게 말해준다. 환자에게 병원 서비스를 제공하는 데 필요한 것들에 대해 모두 말하는 열띤 토론을 마친 후, 한 관리자가 갑자기 "그런데 책임자는 없네요." 하고 말했다. 다시 말해서 전형적인 병원의 조직구조 때문에, 서비스가 원활하게 제공되고 있는지, 흠은 없는지, 환자에 초점을 맞추고 있는지 확인하는 것에 대해 책임지는 사람이 아무도 없다는 것이다. 모든 부서와 모든 기능은 누군가의 책임이다. 그러니 모든 하위 서비스들이 환자의 이득을 위해 도움이 되는지 확인하는 것에 책임지는 사람은 없다. 20년이 넘은 오래된 이야기이지만, 오늘날에도 여전히 적용되는 이야기이다. 이 이야기는 왜 환자들이 병원에 올 때 가족이나 친구와 함께 오라고 권유받는지를 설명해줄 수 있다.

이 관점을 설명하면서 관리자는 다음과 같이 말했다.

한 병원은 전문적 특성에 의해 조직되고 관리된다. 즉, 간호, 청소, 안전, 약국 등과 같은 전문적 기능에 의해 작용한다. 그 결과, 전체의 성공 그리고 환자경험의 품질에 대해 책임을 지는 사람이나 팀은 없다. 잡역부, 간호사, 실험실 기사 등 각각 환자경험 일부에 대해 책임을 진다. 서비스 순환의 일부에 대해 책임을 지는 사람들은 많이 있지만, 전체 서비스에 대해 개인적으로 책임을 지는 사람은 아무도 없다.

완벽한 서비스 경험을 환자들에게 제공하기 위해 대대적인 변화가 필요하다고 생각하는 병원들이 늘어가고 있다. 목적 달성을 위해, 많은 병원들이 서비스를 제공하는 데 다기능팀을 사용하여 의료서비스 전달시스템을 재편성했다. 다기능팀은 특정 목적을 달성하기 위해 다양한 전문가들 즉, 의사, 간호사, 보조간호사 등으로 구성되어 있다. 팀원은 자발적 지원보다는 주로 관리자에 의해 배정된다. 2007년 말콤볼드리지상을 받은 샤프 헬스케어에서 사용한 접근법인 안전보안위원회의 구성 과정을 예로 들 수 있다. 위원회는 다양한 임상훈련을 받은 구성원들로 이뤄졌다. 그리고 이 위원회의 구성 목적은 전체 조직에 내재되어 있는 안전과 보안 사항들을 파악하고, 문제가 되거나 피해를 일으키기 전에 처리하는 것이었다.

의료서비스에서 많은 다기능 팀들은 한 가지 이상의 기능을 제공하도록 교육받고, 다양한 기술을 갖춘 의사들이 소속되어 있다. 이런 복합기능들은 임상기능과 관리기능을 포함하여 비(非)전문적 수준에서부터 전문적 수준까지 건강과 관련된 직종에서 광범위하게 사용된다. 연구에 따르면, 다기능팀은 원가를 절감하고 임상품질을 향상시키며 환자만족을 높이는 데 성공해왔다고 한다.

르뮤 찰스와 맥과이어(Lemieux Charles and McGuire, 2006)는 팀 재설계의 영향을 연구하고자 의료서비스 팀에 대한 문헌을 검토했다. 이들은 팀 의사결정에 반영된 임상 전문 지식의 종류와 다양성은 환자진료와 조직적 효과의 향상을 설명한다고 밝혔다. 공동작업, 갈등 해소, 참여 그리고 화합이 직원만족과 팀제의 효과에 영향을 미칠 확률이 높다.

의료조직들은 프로젝트 팀, 매트릭스 구조 그리고 기타 다기능 형태들을 사용한다. 이런 형태들은 일반적으로 다수의 명령계통에서 일하는 사람들을 포함한다. 그러므로 엄격한 명령계통이 중요하다고 믿는 일부 전통적인 관리자들은 다기능 형태와 일하는 데 문제가 있다. 반면, 다기능 분야들과 모든 사람들을 환자에 집중하게 하는 것은 중요한 이점들을 가져다 줄 수 있다. [표11-7]은 이런 조직 형태의 장단점을 나타낸다.

[표11-7] 다기능 구조의 장점과 단점

장점

1. 조직의 기능적 분야들 간에 소통이 더 잘될 수 있게 측면적 커뮤니케이션 채널을 만든다.

2. 상하 수직적으로 정보의 질과 양을 증가시킨다.

3. 임상 전문 지식과 자본 자원의 활용을 증가시킨다.

4. 개별적 동기부여, 직무 만족, 헌신 그리고 개인적 발전을 증가시킨다.

5. 목표한 임상품질에 더 쉽게 도달할 수 있게 해준다.

단점

1. 전통적인 '조직 내의 권한'과 '권한은 책임과 동일하다'라는 원칙에 위배된다.

2. 자원의 통제, 기술적 문제들에 대한 책임 그리고 인적자원 관리 문제가 애매해진다.

3. 임상 관리자와 팀 관리자 간의 조직적 충돌을 발생시킨다.

4. 각자 배경과 받아온 임상 교육, 일에 대한 관점, 근무시간, 목표가 다른 직원들이 함께 일을 함으로써 대인관계의 갈등이 발생한다.

5. 부서 관리자들이 자신들의 자치권이 없어졌다고 생각하게 될 수 있다.

6. 상승된 간접비용과 직원, 많아진 회의, 지연된 결정 그리고 더 많아진 정보 처리 과정 때문에 조직이 감당해야 하는 비용이 더 커진다.

7. 역할의 모호함, 충돌 그리고 스트레스 측면에서 직원들이 감당해야 하는 비용이 상승한다.

결론

대부분의 서비스 문제들은 직원 개인보다는 서비스 전달시스템의 결함에 의해 발생한다. 결론적으로, 벤치마크 의료조직들은 서비스에 대한 고객의 관점에서 서비스 전달시스템을 분석한다. 서비스 전달시스템을 체계적으로 철저하게 조사하기 위해 사용할 수 있는 도구들은 많다.

의료조직들은 모든 부서와 사람들이 환자의 요구와 욕구, 기대에 초점을 맞출 수 있는 조직 설계를 사용해야 한다. 조직도는 관리유지, 정보시스템, 회계, 간호서비스 등 업무에 대해 책임이 있는 사람들이 속한 기능적 부서를 보여준다. 훌륭한 의료조직에 있는 모든 사람들은 의료서비스 경험이 고객의 기대에 미치거나 그 이상이 되도록 하는 것이 소속된 조직의 역할이라는 것을 알고 있다.

서비스 전략

1. 사람들을 탓하기 전에 시스템 장애가 있는지 확인한다.

2. 대부분의 시스템 장애를 예방하기 위해 상세한 계획을 사용한다.

3. 환자의 서비스 불만에 대비한 계획과 이를 어떻게 극복할 것인지 계획을 세운다.

4. 완벽한 고객경험을 제공할 수 있는 조직을 설계한다.

5. 사용 가능한 모든 도구를 이용하여 서비스 경험을 단계별로 세분화하고, 각 단계를 연구한다.

6. 서비스 문제의 원인을 알아낸다.

7. 고객서비스에 방해가 될 수 있는 현재의 정책들, 절차들 그리고 규칙들을 파악하고 제거한다.

8. 직원들이 정책들, 절차들 그리고 규칙들을 변명하는 데 이용하지 않도록 교육한다.

9. 서비스 전달시스템의 품질을 모니터링하고 유지한다. 모든 사람이 서비스 실패를 미리 방지할 책임이 있다.

10. 개별적 부서보다 전체 서비스 전달시스템이 원활하게 기능할 수 있도록 서비스 시스템을 설계한다.

11. 서비스의 전체 순환을 전담하는 직원을 지정한다.

CHAPTER 12

의료서비스 기다리기

서둘러라, 그리고 기다려라

- 군대 옛 명언

| **서비스 원칙** | 기다리는 시간의 모든 부분들을 관리한다

사람들이 얼마나 기다리는지 그리고 얼마나 기꺼이 기다리는지는 중요한 주제이다. 영국의 한 항공사 TV 광고는 일반적으로 사람들은 인생의 첫 30년 중 약 8주 반은 줄 서는 데 소비한다고 말한다. 긴 대기 명단은 현대 생활의 기본 특징 중 하나이다. 일부 부모들은 아이가 태어나기도 전에 유치원 대기 명단에 아이의 이름을 올려놓는다. 만약 그랜드 캐니언에 있는 콜로라도 강에서 대여 고무보트가 아닌, 개인 고무보트를 타길 원한다면, 대기자 명단에 이름을 올려야 한다. 현재 기준에서, 14년 정도를 기다려야 개인 고무보트 여행을 할 수 있을 것이다.

기다림은 모든 서비스 조직들이 가지고 있는 공통된 문제이다. 그러나 의료서비스에서는 더 중요한 문제가 될 수 있다. 형편없이 관리된 대기행렬은 의료서비스 경험에 대한 불만을 야기할 뿐만 아니라 의료참사까지 일으킬 수 있다. 대기행렬을 효과적으로 관리하기 위해서는 역학과 심리학에 대한 이해가 필요하다. 평균 환자 수요를 감당할 수 있는 충분한 서비스 수용능력을 구축하는 것만이 답은 아니다. 환자의 진료 요구 차이가 크기 때문에 실제 환자 수요의 변화와 거의 관련이 없는 평균이 나올 수 있기 때문이다. 의료관리자들은 환자의 만족과 안정을 위한 조직의 노력과, 수용능력을 구축하고 유지하는 비용의 균형을 맞춰야 한다.

제12장에서는 다음과 같은 내용을 다룬다.

- 대기시간의 중요성
- 고객 기다림의 현실과 인식을 관리하는 전략
- 고객 요구를 충족할 수 있는 조직의 능력에 대한 이해와 중요성
- 기다림과 대기행렬의 심리학

효과적으로 환자의 대기시간을 관리할 수 있는 비결은 정량적 기법과 심리적 기법을 적절하게 혼용하는 것, 즉 고객들이 기다림을 받아들일 수 있게 하는 것이다.

대기시간의 중요성

대기시간이란 고객들이 자신들의 요구가 처리되도록 기다리는 시간을 말한다. 환자들과 밀접하게 관련된 개념은 기다림의 기회비용이다. 즉, 환자들이 필요로 하거나 원하는 의료서비스를 받기 위해 희생해야 하는 시간과 다른 기회들이다. 접수창구에서, 대기실에서, 검진받을 때나 검사실에서, 고객들이 진료 예약을 위해 전화했을 때, 검사 결과를 받을 때, 보상문제를 해결할 때 기다림은 일상적이다. 모든 환자들은 검사 결과나 진단을 받기 위해, 의사나 간호사를 보기 위해 그리고 무엇을 해야 하는지 또는 어디로 가야 하는지 듣기 위해 기다린다.

줄을 서서 기다리는 것을 좋아하는 사람은 없다. 그럼에도, 대부분의 의료조직들은 서비스를 원하는 고객들의 수에 고정된 서비스 수용능력을 맞추기 위해 대기행렬에 의지한

다. 대기행렬과 고객들의 대기시간을 관리하는 것은 고객만족과 수용능력 활용 수준을 향상시키길 원하는 의료서비스 조직의 주요 관심사이다. 연구에 따르면 시간을 잘 관리하는 것은 환자만족의 중요한 예측변수이다.

예를 들어, 앤더슨과 카마초, 바크리쉬넌(Anderson, Camacho and Balkrishnan, 2007)의 연구는 의사가 할애한 시간이 환자만족의 강력한 예측변수이고, 대기실에서 너무 오래 있어 발생한 불만을 극복할 수 있음을 보여준다. 여기서 시사점은 환자들이 병원에서 보내는 총시간을 의료제공자들이 관리할 필요가 있다는 것이다. 시간을 잘못 관리하면 각 환자에게 할애할 수 있는 의료진의 시간이 줄어들고, 대기실은 더 오래 기다리고 있는 환자들로 북새통을 이룬다. 결국, 환자들은 불만족하게 된다.

그 결과, 일부 의료조직들은 대기시간과 관련된 문제에 대해 더 면밀히 조사하기 시작했다. 예를 들어, NHS(National Health Service, 영국국민건강보험)는 영국 병원들에게 대기시간을 줄이라고 촉구했다. NHS는 다른 연구에서 진료 예약을 기다리는 시간을 변경할 방법으로써 가격의 역할과 실제 방문시간을 조사했다. 예를 들어, 환자 수요의 균형을 맞추기 위해 바쁜 시간에는 진료비를 더 높게 책정했고, 다른 시간에는 더 낮게 책정했다.

캐나다 또한 환자의 대기시간 보증신탁을 도입했다. 이것은 암 치료, 심장질환 치료, 백내장 수술, 인공관절치환 수술 그리고 진단 영상을 포함한다. 보증신탁은 이 5가지 우선순위 분야에서 의료절차에 대해 최소한의 대기시간을 보증하고 지방정부를 위한 자금지원을 약속한다.

어느 정도의 대기는 의료서비스 경험의 불가피한 부분이다. 왜냐하면, 모든 고객들의 요구를 즉각적으로 충족할 수 있도록 완벽하게 준비된 조직은 없기 때문이다. 또 다른 측면에서 대기는 서비스 실패이다. 비록 병원에서 환자가 대기하는 것이 당연하고 서비스 기대를 충족한다 해도, 환자들은 여전히 기다리는 게 싫다. 만약 대기하는 게 지겹고, 기다림을 감내할 만큼 많이 아프지 않다면, 그들은 그냥 갈 수도 있다. 이것은 경쟁적인 시장에서 운영하는 의료제공자에게 심각한 환자 손실이자 미래 환자이탈로 인한 수익의 손실이다. 지나치게 긴 기다림에 환자들은 자신을 대변하는 변호사를 내세울 수도 있는데, 이 문제는 연이은 의료문제들로 이어지고, 이것이 결국 막대한 비용이 된다.

환자들을 기다리게 하는 것은 바로 기회비용이다. 높은 기대를 한 많은 수의 환자들은 유명한 외과의사, 신뢰받는 치과의사 혹은 잘 알려진 암 클리닉에서 기꺼이 기다린다. 기다리는 사람들은 꽉 찬 진료 일정과 대기명단에 올라간 환자들의 수에 상관없이 치료의 품질이나 독특성이 기다림의 가치보다 클 것이라 믿는다. 사실, 사람들은 각자 기회비용에 대해 판단한다. 만약 특정 서비스나 치료에 대한 기대 이득이 접수구역에서 앉아 있는 비용보다 크다면, 환자는 기다릴 것이다. 반면, 저소득층을 위한 클리닉의 경우, 환자들은 기다리는 것 외에는 다른 선택권이 없어서 기다림에 대한 기회비용이 없다.

대기시간 역시 의료서비스에서 서비스 프로세스의 일부일 수밖에 없다. 그 결과, 서비스를 정시에 받는 경우가 오히려 드물다. 의료서비스 수용능력과 환자 수요의 균형을 맞추기 위해 진료 예약을 사용하지만, 제때에 서비스를 받기는 힘들다. 대부분의 다른 서비스에서는 고객들의 시간이 존중받지만, 의료서비스에서는 대기가 점점 당연하게 받아들여진다는 사실이 환자를 더 불만스럽게 만든다. 직원들조차도 길어진 대기시간이 당연하다 여기기 때문에 고객들이 기다려야 한다는 생각을 하기 쉽다.

스테파니 셔먼(Stephanie Sherman, 1999)은 환자들과 의사들이 의료조직을 떠나는 4가지 주요 이유를 발견했다. 먼저, 가장 중요한 이유는 대기시간이 너무 길다는 점이다. 셔먼의 연구를 기점으로, 많은 연구들이 대기가 환자불만의 가장 큰 원인이라는 것을 뒷받침해주고 있다. 오늘날의 바쁜 소비자들은 즉각적인 서비스를 필요로 하고 기대한다. 기대가 충족되지 않아 고객이 이탈하면, 조직은 수익을 잃어버릴 수 있다. 더 심각한 것은, 불만고객이 해당 제공자를 이용하지 말라고 다른 사람들에게 말하여 부정적인 입소문이 퍼지고, 이 때문에 미래 수익까지 잃어버릴 수 있다는 점이다.

응급부서 대기

응급부서(Emergency Department, ED) 환자들은 의사를 보기 위해 더 오래 기다린다. 보험을 충분히 들지 않거나 아예 보험을 들지 않은 미국인들이 치료를 위해 응급실을 찾는 경우가 증가하고 있다. 그러므로 응급실 대기시간은 잠재적으로 더 길어질 위험에 놓여 있다. 성인 기준으로 평균 대기시간이 1997년의 22분에서 2004년에는 30분으로 늘어났다. 심장마비 환자들의 대기시간도 1997년의 8분에서 2004년에는 20분으로 1.5배 늘어났다. 흑인 환자들, 히스패닉계 환자들 그리고 도시 환자들은 시골 환자들과 백인 환자들보다 더 오래 기다린다. 응급실 방문 환자들의 증가와 응급실 수의 감소는 환자 대기시간을 더 길어지게 만들었다.

의사 대기

의료컨설팅 업체인 프레스 가니 어소시에이트(Press Ganey Associates)는 대기에 관한 환자만족도를 연구했다. 미국 전역에 있는 1,500곳 이상의 급성환자 치료 병원과 1,500만 명의 환자들을 대상으로 설문조사를 했다. 그 결과, 응급실 대기시간이 1시간 미만일 때 89.3점에서 대기시간이 4시간 이상일 때 77.7점으로, 대기시간이 길어지면 환자만족도가 상당히 떨어진다는 것을 발견했다. 진료실과 검진실에서 기다리는 시간이 늘어나면 환자만족도가 현저히 떨어진다는 사실을 프레스 가니의 또 다른 보고서에도 알 수 있다.

1997년에 프레스 가니는 상대적으로 개선이 필요한 25가지 의료행위 품질을 평가했는데, 개선이 필요한 10가지 중 7가지는 고객의 기다림과 관계되었다. 이 결과는 오늘날 의료환경에서도 여전히 의미가 있다.

1. 의사와의 전화 통화 가능여부
2. 병원에서 다시 전화 연락을 해주는 속도
3. 서비스에의 접근성 부족
4. 등록 프로세스의 속도
5. 원하는 진료 날짜와 시간에 예약할 수 있는지 여부
6. 접수구역에서의 대기시간
7. 의사를 볼 때까지 대기시간

담당 의사를 평가한 5,030명의 환자들을 대상으로 벌인 2007년 웹 기반 설문조사에서, 대기시간이 길수록 환자만족도가 더 낮아진다는 사실을 발견했다. 긴 대기시간과 관련된 만족도의 감소는 만약 의사가 환자에게 5분 이상 할애하면 현저하게 줄어들었다. 대

신, 만약 오래 기다린 것에 비해 진료시간이 너무 짧으면 긴 대기의 부정적인 영향은 상승했다.

댄스키와 마일즈(Dansky and Miles, 1997)의 초기 연구에 따르면, 의사를 기다리는 총 시간이 환자만족도의 가장 중요한 예측변수였다. 그러나 환자들에게 얼마나 더 기다려야 하는지 알려주고, 기다리는 동안 시간을 즐겁게 활용할 수 있도록 하는 것 역시 환자만족도의 중요한 예측변수였다. 이런 결과들은 대기시간이 단축될 수 없더라도, 환자만족을 향상시키기 위해서 대기시간을 더 효과적으로 관리해야 함을 보여준다. 환자들에게 예측 대기시간을 알려주는 것은 환자만족도를 높여준다.

진료 예약/치료대기

환자의 진료 예약 대기시간이 줄어들면 진료 결과를 향상하는 데 상당한 영향을 줄 수 있다. 윌리엄스와 래타, 콘버사노(Williams, Latta and Conversano, 2008)는 심각한 정신 질환을 앓고 있는 성인 환자가 제때 정신 건강 서비스를 받는 것이 성공적인 치료에 중요하다고 말한다. 정신과 진료를 받기 위해 몇 주간 기다리는 것은 정신과 입원기간과 자살 위험을 증가시킨다. 그러나 정신보건클리닉의 많은 행정인들은 높은 수요 때문에 서비스를 기다리는 것은 불가피하다고 말한다. 또한, 서비스 전달시스템의 체계적인 변화가 정신과 예약 대기시간, 예약취소율 그리고 정신과 입원기간을 줄였음을 발견했다. 이런 변화는 직원들의 시기와 팀워크를 향상시켰다. 이런 결과는 정신보건 분야 이외의 환경에서도 성공적으로 달성될 수 있다.

수용능력과 심리학

대기관리는 2가지 주요 구성요소로 되어있다. 첫째, 예상 도착고객들이 기다리는 것을 최소화하기 위해 적절한 수용능력을 고려한다. 그리고 예상 속도를 기준으로 서비스 시설에 적용되었는지 확인한다. 둘째, 고객들이 대기하는 동안 고객들의 심리적 요구와 기대가 충족되었는지 확인한다.

예상 수요 패턴을 신중하게 연구하여 수용능력을 결정한다. 의무기록 부서를 위해 복사기를 몇 대 구매해야 하는지, 응급실에 치료실은 몇 개 만들어야 하는지, AIDS 상담센터 핫라인에 전화선은 몇 개를 설치해야 하는지 혹은 병원에 병상은 몇 개를 추가해야 하는지 등의 결정에서 정확한 수용능력을 추산하는 것이 필요하다. 경영진은 수용능력 결정으로 이어지는 세 가지 요인들을 예측하고 관리하도록 노력해야 한다.

- 몇 명의 사람들이 서비스를 받기 위해 올 것인가.
- 시간당 방문자 수는 얼마나 되는가.
- 서비스는 얼마나 걸릴 것인가.

매일 병원에 오는 사람의 수를 알고 있고, 환자들이 일정한 간격으로 도착하며, 진찰시간이 같다면 수용능력을 결정하기가 쉬울 것이다. 예를 들어, 정신과 의사는 하루에 8명의 환자들을 보기로 계획하고, 매시간 도착할 수 있도록 일정을 잡았다고 가정하자. 또한, 각 환자에게 45분 동안 서비스를 제공하고 15분은 환자에 대한 기록을 작성하고 다음 환자를 준비하는 데 사용한다고 가정하자. 이 정신과 의사는 수용능력 결정이 쉽다. 한곳의 서비스 시설, 즉 사무실에 의사 자신을 위한 의자 한 개와 환자를 위한 소파 한 개만있으면 된다.

응급실에서 서비스를 제공하는 것이라면, 의료제공자는 각각의 치료가 얼마나 걸리는지 대략 알고 있으면 된다. 하지만 경영진은 매주, 매시간별로 몇 명의 사람들이 도착할 것인지, 환자마다 무슨 종류의 치료가 필요할지 예측해야 한다. 예를 들어, 플로리다의 데이토나(Daytona in Florida)에서, 자동차 레이스 경기인 데이토나 500(Daytona 500) 기간과 바이크 위크(Bike Week) 동안 응급실에 오는 환자들은 도착 시간대와 상처의 종류가다를 것이다. 또한 입원환자처럼 진료가 언제 시작해서 언제 끝나는지 불명확하다면, 서비스를 제공하는 평균 시간이 예측되어야 한다. 나아가 환자의 수도 추산돼야 한다. 예측하는 데 사용되는 방법들은 이 장의 후반부에서 논의될 것이다.

또한, 수용능력 설계가 서비스 품질에 대한 인식에 영향을 미칠 수 있다. 의사의 대기실에 의자가 너무 많으면 환자들에게는 텅 빈 것처럼 보인다. 텅 빈 대기실은 환자로 하여금 해당 병원의 임상품질이나 의학적 전문성이 떨어진다고 결론짓게 할 수 있다. 이런 추정은 의료경험에 대한 환자들의 기대감을 떨어뜨리고, 그런 의사를 선택한 것에 대해 스스로 바보스럽다고 느낄 수 있다. 대기실에 너무 많은 의자를 배치했다는 이유만으로 해당 의사는 2개의 실수를 저지른 것이다. 의사의 관점에서 과도한 수용능력은 심각한 단점이 된다. 왜냐하면, 비용이 많이 들기 때문이다. 사용되지 않는 의자들, 남는 공간 그리고 비어 있는 옷걸이들은 다른 곳에 의미 있게 지출되었을 수도 있는 자본이다. 과도한 수용능력은 추가 인건비라는 결과를 낳을 수 있다. 반면, 너무 적은 자리는 의사가 환자들에 대해 무신경하고 체계적이지 않다는 메시지를 전달할 수도 있다.

세계적인 수준의 의료조직들에는 각 환자에게 즉각적인 서비스를 제공할 수 있는 정확한 수의 의료진과 의사가 있을 것이다. 각 환자가 도착하면 필요한 치료를 바로 제공할 수 있는 의료진과 장비들이 갖춰진 병원 응급실을 고려해보자. 환자들은 그런 서비스를 원하고, 조직들은 그것을 제공하길 원한다. 그러나 현실에서는 종종 둘 다 충족되지 못한다.

조직의 선택

사람들이 서비스 시설에 정시에 도착하지 않기 때문에 지연현상이 일어난다. 결국, 환자들은 서비스를 받기 위해 기다려야 한다. 환자들이 서비스를 기다리는 시간이 용납하기 어려울 정도로 길어진다면, 의료관리자들은 다음과 같은 여러 가지 선택들과 대면하게 된다.

(1) 추가 고객들에게 서비스를 제공하지 않는다

이 선택은 바람직하지 않다. 왜냐하면, 의료조직들은 서비스를 제공하기 위해 존재하기 때문이다. 그러나 때로는 환자들에게 "가을까지 예약이 다 찼습니다." 혹은 "다른 병원에 문의하셔야 할 것 같습니다."라고 말해야 한다.

(2) 수용능력을 확대한다

이 대안은 비용이 많이 들기 때문에, 조직들은 수요가 꾸준히 높을 것으로 생각하지 않는 한 이 대안을 선택하지 않는다. 물론, 미국의 몇 개 주에서 시행하고 있는 수요 인증(certificate-of-need)법 또한 환자 수용능력을 언제, 어떤 조건에서 확대할 수 있는지 규정하고 있다. 디자인-데이의 수용능력이 높게 설정되면(디자인-데이는 이론상의 서비스 날이고, 수용능력은 그날에 보이는 환자들의 수에 맞춰 설계된다) 조직은 수용능력 추가를 특히 주저할 것이다.

수용능력 추가에 대한 임시방편이 몇 가지 있다. 예를 들어, 직원들에게 초과근무하도록 요청할 수 있고, 팀 접근법을 사용하여 서비스 병목 구역에 직원들을 재배치할 수도 있다. 임시 직원들을 채용하거나 트레일러 또는 이동식 건물과 같은 임시 시설들을 임대하는 방법도 있다.

(3) 수요를 조절한다

고객들에게 바쁜 시간과 한가한 시간이 언제인지 알려서 수요를 조절할 수 있다. 항상 모든 환자에게 개방되어 있는 것보다, 의료제공자들은 일반적으로 환자 수요의 변화를 관리하기 위해 진료 예약을 받는다. 일부 서비스 제공자들은 수요가 많지 않은 시간대에 고객들을 유인할 수 있는 정책들을 마련한다. 웰니스 센터(wellness center)와 헬스클럽에서 제공하는 오전 할인이 그 좋은 예이다.

진료 예약은 병원, 치과 그리고 MRI 클리닉과 같이 직원들과 장비들이 한가롭게 앉아 있거나 쉬고 있기에는 너무 비싼 조지에서 특히 유용하고, 수용능력 활용성(capacity utilization)을 조절하는 데 많은 도움이 된다. 대부분의 의료조직들은 환자들이 미리 진료 예약을 할 것을 권장한다. 특정 제공자로부터 특정 시간에 서비스를 받지 않는 것은 환자 입장에서 본다면 대개 너무 큰 기회비용이 되기 때문에, 환자들은 기꺼이 진료 예약을 한다. 거주지역 내에 희귀질환을 치료할 수 있는 의사 또는 암 전문의가 하나이거나, 우회술 수술을 성공적으로 해낼 거라고 신뢰할 수 있는 심장전문 외과의사가 하나인 경우, 40년 동안 자신과 가족을 치료해줬던 의사만 신뢰하는 경우라면, 환자들은 진료 예약을 할 것이다. 이런 진료 예약은 의료제공 조직이 수용능력을 효율적으로 관리하는 데 도움이 된다.

수요를 관리할 수 있는 또 다른 방법은 수요를 이전하는 것이다. 대기수술을 주중 아침에서 주말로 변경하는 것을 예로 들 수 있다. 산부인과 전문의는 자연분만을 기다리는 환자들의 출산 예정일을 추산하고, 그다음 제왕절개 수술을 받을 환자들의 분만 일정을 그 주말쯤에 잡을 것이다. 서비스를 위한 수요의 이전으로 의사의 시간과 병원의 수술 수용력을 더 효율적으로 사용할 수 있게 된다. 이런 사건들이 완벽하게 계획될 수는 없지만, 수요의 이전은 산부인과의 서비스의 활용률을 더 높여준다.

라강가와 로렌스(LaGanga and Lawrence, 2007)는 수요를 관리하기 위해 항공산업으로부터 착상을 얻는다. 예상보다 실제로 더 많은 환자가 온다면, 환자들은 더 오래 기다려야 할 수도 있다. 하지만 예약을 한도 이상으로 받는 것은 기존 수용량의 100%를 사용할 수 있도록 하는 방법 중 하나이다. 항공사들은 한도 이상으로 예약을 받으면 불리하다. 반면, 모든 의료제공자는 실제로 예약시간에 맞춰 온 환자들의 비율 기록이 있을 것이다. 이 데이터는 진료 방해나 환자불만을 초래하지 않고 한도를 얼마나 초과해서 예약을 받아야 수요를 효율적으로 관리할 수 있는지 추산할 수 있게 해준다.

환자 초기사정 및 분류는 초과수요를 대처하는 데 사용된다. 부상자 분류에서, 가장 심각한 의료문제를 가지고 있는 사람들이 먼저 치료받는다. 환자들은 3개의 그룹으로 나뉜다. 첫째, 즉시 도움을 받아야 하는 환자들. 둘째, 후순위로 도움을 받아도 되는 환자들. 셋째, 도움이 전혀 필요하지 않은 환자들. 마지막 경우는 드물다.

일부 응급부서와 클리닉은 이 개념을 한 단계 더 발전시켰다. 그들은 패스트트랙 시스템(fast-track systems)을 도입하여, 정기점진을 받으러 온 환자들이나 심각하지 않은 문제들을 가지고 있는 환자들은 별도의 대기행렬에서 기다리도록 한다. 이 대기행렬은 고급 의료기술을 갖춘 의사들 대신 준전문가들, 보조간호사들과 일반 진료실을 이용할 수 있다. 패스트트랙 대기행렬은 비교적 낮은 수준의 치료가 필요한 환자들의 의료적 요구와 더 급한 치료가 필요한 환자들의 의료적 요구가 둘 다 충족되면서, 비용을 절감하고 치료 속도는 증가시킨다.

- 캘리포니아 오렌지 카운티의 세인트 조지프 병원(St. Joseph Hospital in Orange

County, California)은 환자의 대기시간을 줄이고 환자만족도를 높이기 위해서 RADIT(Rapid Assessment and Discharge in Triage, 부상자 분류에 따른 신속한 평가와 퇴원)란 응급실 프로그램을 시행했다. RADIT팀은 돌아다니면서, 위급하지 않은 문제들을 가지고 있는 응급실 환자들을 돕는다. 프로그램 시행 6개월 후, 응급실 환자들은 97분 만에 퇴원했다. 평균적으로 RADIT 환자들의 96%는 서비스의 품질 평가를 '좋음'이나 '훌륭함'이라 했다.

• 루호넌과 니탄마키, 타티넌(Ruohonen, Neittaanmaki and Teittinen, 2006)은 핀란드에서 병원을 위해 개발된 시뮬레이션을 이용해 부상자 분류 모델을 제시한다. 이 모델은 다른 프로세스 시나리오를 테스트하고, 자원을 배분하고, 활동 기반 비용분석을 수행한다. 적절하게 수행된 과제들은 긍정적인 운영 효율 결과를 가져오고, 이로써 더 높은 환자만족도에 도달할 수 있다. 그 병원의 효율성은 25% 이상 상승했다.

수요와 공급을 맞추려는 노력 혹은 대기경험을 가능한 한 즐겁고 편안하게 만들려는 시도에도 불구하고, 긴 대기시간은 여전히 조직과 고객에게 문제가 될 수 있다. 특히, 고객기대를 충족시킬 수 있는 조직의 능력에 기다림이 지대한 영향을 줄 수 있는 경우라면 더 그렇다. 의료산업 외에서도 사용하지만, 의료서비스에도 현재 도입되고 있는 가상 대기관리 전략은 아래의 관련 기사에 설명되어 있다.

가상 대기 전략(Virtual Wait Strategy)

대기시간을 줄이려는 디즈니의 노력에도 불구하고, 가장 인기가 좋은 놀이기구에 길게 늘어선 대기행렬은 방문객들의 가장 큰 불만요인이었다. 신기술의 발전으로 디즈니랜드는 가상 대기행렬 개념을 개발할 수 있었다. 실제로 대기행렬에서 기다리는 대신, 방문객들이 컴퓨터로 가상 대기행렬을 등록하고 컴퓨터가 자리를 지킬 수 있도록 했다. 그다음, 가상 대기행렬의 앞쪽에 닿으면, 방문객들은 실제 대기행렬로 돌아와 즉시 놀이기구를 이용하라고 통지받는다.
이 시스템은 '패스트패스(fastpass)'라고 불린다. 방문객들의 엄청난 반응 덕분에 이 시스템은 전 세계에 있는 디즈니 놀이공원에 확대 적용되었고, 현재 매년 5,000만 명 이상의 방문객들이 이용한다.

시스템 이용 방법은 다음과 같다. 방문객들이 패스트패스 놀이기구의 패스트패스 개찰구에 공원 입장표를 넣으면, 방문객들은 가상 대기행렬에 배치된다. 가상 대기행렬에 몇 명의 방문객이 있는지와 놀이기구의 현재 처리 용량에 근거하여, 컴퓨터는 방문객이 대기행렬 앞쪽으로 도달하려면 얼마나 걸리는지 추산한다.

이 추산시간은 방문객들의 지정된 복귀시간이 된다. 그리고 패스트패스 표에 자동으로 인쇄된다. 방문객들이 시간을 자유롭게 활용할 수 있도록, 범위의 시간 60분(60-minute window of time)을 배정받는다. 이 60분은 지정된 복귀시간에 늦거나 놓치는 것을 걱정할 필요 없이 다른 놀이기구를 이용할 수 있는 충분한 시간을 방문객들에게 제공한다.

가상 대기행렬 시스템은 많은 부차적 이득들을 제공한다. 이전에는 성수기에 많은 방문객들이 가장 인기 있는 놀이기구를 타기 위해 3~4시간 정도 기다려야 했다. 이런 긴 대기시간 때문에 방문객들이 하루 동안 탈 수 있는 놀이기구의 수가 심각하게 제한됐다.

패스트패스의 사용은 방문객들이 하루에 더 많은 놀이기구를 탈 수 있게 해줄 뿐만 아니라 놀이공원의 부차적 놀이기구의 사용도 많이 증가시켰다. 또 다른 이득은 방문객들이 남는 시간을 이용하여 식사와 쇼핑 같은 수익창출 활동들을 한다는 것이었다. 이것은 방문객들과 디즈니에 상당한 이득을 제공한다.

짧아진 대기시간은 높은 고객만족도로 이어졌고, 디즈니 관계자들은 놀이공원에서 방문객들이 음식과 상품에 지출하는 금액이 증가한 것을 확인했다. 가상 대기행렬 전략은 대기행렬을 보이지 않게 만드는 혁신적인 방법이다.

입소문과 재방문에 의지하는 병원들과 의료조직들은 긴 대기행렬과 불만고객들이 있으면 명성을 쌓을 수 없다. 그러나 가상 대기행렬은 대기 상황에서 만족 고객들을 만들어낼 수 있는 새로운 전략을 제공한다.

남은 과제는 가상 대기행렬 개념을 대기행렬이 고객 불만의 원인이 되는 서비스 환경에 적용하는 것이다. 플로리다 데이토나 비치의 할리팩스 헬스 메디컬센터(Halifax Health Medical Center in Daytona Beach, Florida)는 이미 이 전략을 채택했다.

---

(4) 기다리는 동안 환자들의 주의를 다른 곳으로 돌려놓는다

최소한, 대기 환자들은 무엇인가 하도록 권유받아야 한다. 일반적으로, 의료기관들은 환자들이 읽을 수 있는 잡지나 신문들을 갖춰 놓는다. 일부 의료조직들은 텔레비전, 제공 서비스에 대한 동영상, 수족관, 장난감, 크로스워드 퍼즐 그리고 컴퓨터 게임을 제공한다. 오늘날, 일부 클리닉에서는 패밀리 레스토랑에서 사용하는 것과 비슷한 무선호출기를 대기 환자들에게 준다. 환자들은 대기 순서를 빼앗길 염려 없이 주변 지역을 자유롭게 돌아

다닐 수 있다. 대기시간 동안 갈 수 있는 곳이나 할 수 있는 것을 고객들에게 제공하기 위해 일부 병원들은 선물 가게를 확장했다.

(5) 대기구역을 개선한다

불편한 대기구역은 기다림을 더 길게 느껴지게 할 수 있다. 많은 의료조직들은 대기구역의 품질을 그리 중요하지 않은 사항이라고 여긴다. 일부 병원들은 아직도 딱딱하고 불편한 플라스틱 의자를 사용한다. 넉넉한 공간, 매력적인 디자인 그리고 푹신한 의자만 있어도 고객들은 기다림을 참을 만하다고 생각할 수 있다. 이와 마찬가지로, 매력적인 색상, 소음을 줄여주는 카펫과 커튼으로 환자들이 느끼는 의료서비스 경험의 품질과 가치에 영향을 줄 수 있다. 만약 대기실이나 진료실이 너무 덥거나, 너무 춥거나, 너무 시끄럽거나, 너무 조용하거나, 너무 어둡거나, 너무 밝거나, 너무 개방되어 있거나, 너무 폐쇄되어 있거나, 너무 무늬가 많거나, 너무 단조롭거나, 너무 냄새가 나서 불편하다면, 환자들은 기다림이 힘들다고 느낄 것이다. 이런 요인들이 환자들에게 중요하므로 의료조직들은 이상적으로 균형을 맞춰 대기구역을 개선해야 한다.

(6) 대기시간 기준을 세우고 시행한다

효율적으로 운영되는 등록 프로세스는 환자 시간을 3분에서 5분만 소요해야 하며, 기다릴 필요 없이 환자가 도착하는 즉시 처리되어야 한다. 사무실 직원들은 20분 이내에, 의사들은 1시간 이내에 다시 전화해야 한다. 수술이나 응급치료 중인 의사들은 항상 이 기준에 따를 수 없다. 그러나 의사를 찾는 전화가 온 경우, 사무실 직원들은 고객들과의 의사소통을 유지하기 위해 다시 고객에게 전화하여 의사의 현황을 알려줄 수 있다. 핸드폰과 이메일은 고객들과의 의사소통을 더 쉽게 만들어준다. 직원들은 고객들에게 서비스가 지연된다는 사실만 통지하는 것이 아니라 왜 지연되는지 설명해야 한다. 이메일로 상황을 알려주는 것도 좋다. 그리고 웹사이트를 통해 환자들에게 대기 현황을 알려주는 것도 상황을 더 좋게 만든다.

셔먼(1999)은 얼마나 더 기다려야 하는지와 같은 추정시간의 통보와 지연에 대한 사과도 받지 못한 채 무조건 15분 이상 기다리는 고객은 없어야 한다고 말한다. 사과는 항상 좋은 선택이다. 서비스 지연이 1시간을 초과할 때, 대기 환자에게 진료 예약 일정을 변경할 수 있는 선택을 제안해야 한다. 필요하다면 교통비도 지급해야 한다. [표12-1]은 환자 대기시간에 대한 데이터 수집 방법을 나타낸다.

용납할 수 없는 대기시간을 해결하기 위해, 조직은 먼저 서비스 전달시스템(제11장 참조)을 점검해야 한다. 환자들이 직원들, 장비, 검사 결과 혹은 다른 이유로 기다리는가? 서비스 전달시스템은 모든 고객들이 무엇을 얼마나 기다리고 있는지 체계적으로 기록하고 정기적인 보고서로 요약하는 데 쓰인다. 또한, 이 정보를 직원들에게 전달하고 시스템 조정을 통해 대기시간을 줄이는 방법들에 대해 직원들과 논의할 때 사용한다. 이 보고서들은 성과 향상 목표를 위한 매트릭스로도 사용될 수 있다. 미국가정의학회(American Academy of Family Physicians)와 미국내과의학회(American College of Physicians)는 의료조직들이 환자 흐름과 환자의 시간을 더 잘 관리하는 방법들을 모색할 수 있도록 도와준다.

두 번째 전략은 직원들이 기다림의 결과에 주목하게 하는 것이다. 대기시간이 감소하면 고객서비스가 향상된다. 환자들이 경험하는 실제 대기시간을 직원들이 보게 하고, 이것을 성과 목표로 설정하도록 한다면, 대기시간을 줄이는 강력한 동기요인이 될 수 있다. 슬로이악과 후티마, 디킨슨(Slowiak, Huitema and Dickinson, 2008)의 연구에 따르면, 목표를 설정하고 직원들에게 피드백을 주는 것은 약국에서의 대기시간을 20% 정도 감소시켰고, 고객만족을 크게 향상시켰다.

[표12-1] 환자 대기시간 추적 기록 데이터의 예

	제인 도우(Jane Doe)	해리 스미스(Harry Smith)
날짜	2/23/09	2/23/09
예약 시간	9:30 a.m.	2:30 p.m.
도착 시간	8:55 a.m.	2:35 p.m.
접수 시간	9:00 a.m.	2:35 p.m.
등록 완료	9:05 a.m.	2:39 p.m.
예약 확인 전달 시간		
1차	9:10 a.m.	-
2차	9:22 a.m.	-
3차	-	-
진료실 입장 시간	9:27 a.m.	2:50 p.m.
의사 진찰 시작 시간	9:32 a.m.	3:08 p.m.
의사 진찰 종료 시간	9:47 a.m.	3:17 p.m.
체크아웃(의료비 지불) 시간	9:50 a.m.	3:25 p.m.
출발 시간	9:54 a.m.	3:32 p.m.
총 경과 시간	59분	57분
서비스	15분	9분
대기	44분	48분
환자는 지연에 대해 적절한 시기에 전달받았나?	Yes　No	

(7) 디자인-데이를 계산하여 사용한다

모든 의료조직들은 의식적으로 혹은 무의식적으로 디자인-데이 개념을 사용한다. '디자인-데이 수용능력'이란 품질을 포기하지 않고 예정 수요를 처리하기 위해 얼마나 수용능력이 제공되어야 하는지 결정하는 경영적 의사결정을 말한다. 만약 수요가 디자인-데이 모델보다 적다면 고객들은 만족하지만, 시설과 직원들은 충분히 활용되지 않는다. 만약 수요가 디자인-데이 수용능력을 초과한다면, 일부 고객들은 만족하지 못할 가능성이 크다. 디자인-데이에 대기행렬이 형성될 수 있으나, 고객들이 의료서비스 경험의 품질이나 가치의 감소를 인식할 정도로 길지 않을 것이다.

벤치마크 조직들은 대기시간이 얼마나 될지 알고 있으며, 환자들이 받아들일 수 있을 한계 대기시간을 넘기지 않는다. 응급실, 예약 없이 바로 진료받을 수 있는 워크인 클리닉(walk-in clinic), 약국, 개인 병원은 대기시간의 기준을 최대 15분으로 설정할 수 있다. 디자인-데이를 이용한 의료서비스 제공자는 환자들이 최대 대기시간 이상을 기다리는 것을 원치 않는다. 설문조사에 따르면, 대기시간이 길어질 경우 품질과 가치에 대한 고객의 인식이 급격히 떨어지기 때문이다. 이 때문에 환자들이 이탈할 확률도 높아진다. 최대 대기시간 15분이 디자인-데이 결정에서는 받아들여질 만한 수준으로 보일 수 있다. 하지만 실제로 의사를 보거나, 검사 결과를 받거나, 간호사를 보는 것은 예상보다 더 오래 걸릴지도 모른다. 누적 데이터에 근거하여 최대 대기 15분을 목표로 한 디자인-데이는 과도한 수용능력으로 인한 비용과 부족한 수용능력으로 인한 환자불만 사이의 균형을 최대한 고려한 것일 수 있다.

환자중심적 의료서비스 제공자는 디자인-데이를 80~90%정도로 매우 높게 설정할 수 있다(공급이 연중 80~90%의 날에 발생하는 수요에 충분할 것이란 의미이다). 그 이유는 대부분의 환자들이 필요한 치료를 받아야 하는 시간이 한정되어 있어서, 기다리는 대신 다른 의료서비스 제공자를 선택할 수 있음을 제공자가 인식하기 때문이다. 둔부를 다친 환자는 치료를 받기 위해 4주를 기다릴 수 없지만, 좋은 의료결과를 기대한다. 그래서 정형외과 시설을 위한 디자인-데이 수준은 약국보다 더 높게 설정되어야 한다. 응급실도 마찬가지다. 왜냐하면 응급환자들은 재빨리 치료를 받아야 하기 때문이다.

고품질 의료서비스 경험을 제공하기 위해서 조직은 디자인-데이를 높게 설정하고, 실제 수요보다 더 많이 수용할 수 있는 시설을 만들어야 한다. 재방문에 의지하는 대형 병원의 경우, 불만고객이나 치료받지 못한 고객의 비용은 수용능력 구축비용과 비교하여 신중히 계산되어야 한다. 이와 유사하게, 의료진(내부 고객)이나 환자 가족들(외부 고객)의 요구를 충족할 만큼의 수용능력을 갖고 있지 않다는 점은 의사들과 환자들에게 불만 요인이 된다.

⑻ 커패시티-데이를 계산하고 사용한다

커패시티-데이(Capacity day)란 의료시설이 하루에 혹은 한 번에 수용할 수 있는 최대 고객 수를 의미한다. 많은 조직이 커패시티-데이를 계산하고 사용한다. 이를 통해 인증 기준이나 환자당 가용 평방 피트에 근거하여 소방서장이 이 수치를 설정할 수 있다. 예를 들어, 캘리포니아 주는 현재 의료시설의 최소 간호인력 비율을 규제한다. 이것은 환자 수요의 변화를 반영하여 커패시티-데이를 수정해야 하는 경영진의 재량을 제약한다. 그러나 일반적으로, 커패시티-데이는 서비스 대기나 지연에 대한 환자, 의사의 불만이 용납할 수 없는 수준을 넘는 시점을 기준으로 조직에 의해 설정된다.

⑼ 아무것도 하지 않는다

조직은 대기가 불만환자로 이어질 것이란 사실을 알 수 있다. 그리고 환자들이 너무 불만족해 절대 다시 오지 않겠다고 다짐하는 일이 없기를 바란다. 혹은 다른 대안을 찾을 수 없어 의료서비스가 필요할 때 다시 오기를 바란다. 외딴 지역에 위치한 병원들이나 무료 보건소 혹은 매우 좋게 평가받는 의료제공자들은 대기에 무관심하겠지만, 이런 대안은 의료서비스 선택들이 많아지고 있는 경쟁 사회에서는 그다지 바람직하지 않다.

⑽ 전략 선택하기

조직들은 이 모든 선택들을 혼용할 수 있다. 예를 들어, 법으로 허용된 경우, 응급실은 환자를 돌려보내기로 결정할 수 있다. 환자를 다른 병원으로 보내서 사용량을 제한하거나, 시설을 증축할 수도 있다. 현재 수용능력을 확대할 수도 있고, 필요할 때 부를 수 있는 당직 직원들을 이용할 수도 있고, 응급치료가 필요 없는 대기 환자들을 위해 오락거리를 제공할 수도 있다. 또한, 대기 구역을 개선할 수도 있고, 대기시간을 최소한으로 줄일 수도 있으며, 대기 원인에 대해 정기적으로 알려줄 수도 있다. 혹은 고객 불만이 높다는 것을 그냥 받아들일 수도 있다. 고객만족 조사를 통해 최선의 전략을 찾아낼 수 있다. 목표는 최저의 자본과 직원 채용 비용으로 최대의 고객만족을 달성하는 것이다. 또한, 고객들과 조직의 요구를 만족시킬 수 있는 전략을 찾아야 한다.

예를 들어, 뱁티스트 헬스케어는 고객서비스 프로그램의 일환으로 환자 대기시간을 줄이는 데 전념했다. 대기시간의 기준을 더 낮게 설정했고, 모든 환자들에 대한 기록을 작성했으며, 직원들이 책임을 지게 했다. 그 밖에도 몇 가지 다른 대기시간 감소 전략들이 시행되었다. 그 결과, 환자만족도는 상당히 상승했고, 서비스를 2시간 이상 기다리는 환자들의 수와 치료받지 않고 떠나는 환자들의 수가 현저하게 감소했다.

대기의 현실 관리하기

어떤 산업에서든지, 고객들이 필요할 때 수용능력을 조정하는 것이 아니라 고객들이 올 수 있도록 신속하게 수용능력을 조절하거나 수요를 관리할 수 있는 능력을 갖춘 조직은 거의 없다. 다른 산업에 속한 조직들과 마찬가지로, 대부분의 의료조직들은 환자들이 치료를 받기 위해 왔을 때 불가피하게 생긴 대기를 예측하고 관리하는 데 의지해야 한다. 직원 충원과 수용능력 확장으로 대기시간을 줄일 수 있지만, 비용이 많이 든다는 것이 조직에게는 딜레마이다. 이 때문에 환자경험의 품질, 환자만족 그리고 환자충성도가 향상된다. 반면, 직원을 줄이면 돈은 절약되지만, 대기시간은 길어지고 환자경험 품질과 환자만족도, 환자충성도가 감소한다.

의료조직은 적절한 비용-편익 균형을 어떻게 찾을 수 있을까? 대기행렬의 이론과 이 기법이 제시하는 수학적인 해결책을 사용하여 시작하는 것이 적합하다.

대기행렬의 이론(Waiting-Line theory)

전형적인 대기행렬의 이론과 관련된 문제는 다음과 같다. 한 명의 서비스 제공자에게 치료를 받기 위해 응급실이나 공립 클리닉에 시간당 평균 5명의 환자들이 도착한다고 가정해보자. 해당 서비스 제공자가 한 사람의 환자를 치료하는 데 걸리는 평균 시간이 9분이라면, 환자는 평균 얼마나 기다려야 하는가? 평균 시간 동안에, 서비스 제공자는 환자 치료에 몇 분을 할애하고 몇 분의 여유 시간을 가질 수 있는가?

의료산업에서 대기행렬의 이론을 응용하는 경우 환자들이 정해진 패턴대로 도착할 수 없다는 발상에 근거한다. 환자들의 도착과 서비스 요구 패턴의 표본을 수집하는 것이 전형적인 접근법이다. 이 정보를 사용하여 특정 조직의 환자들을 위해 현실과 가장 근접하게 들어맞는 분포를 시뮬레이션하는 것이다. 대형 클리닉이나 응급실은 일정 기간에 걸쳐 모든 환자들을 세거나, 더 긴 시간 동안 적절한 샘플링 방법을 사용하여 환자들을 표본으로 만들 필요가 있다. 이를 적용해, 실제 환자 도착률 패턴과 서비스 요구사항의 분포를 나타내야 한다.

규모와 상관없이, 모든 의료제공자들은 최대한 이 데이터를 수집해야 한다. 적절한 가격의 컴퓨터와 소프트웨어가 많이 있는 시대이다. 개인 병원, 워크인 클리닉 혹은 약국에서([표12-1]과 같이) 도착 패턴을 수집하고 분석하는 것은 비교적 간단하다.

모든 대기행렬은 3가지 특징들을 가지고 있다.

1. 도착 패턴(arrival pattern)은 도착하는 환자들의 수와 대기행렬에 합류하는 방법이다. 도착은 예정되었거나, 무작위이거나(예: 응급실에 들어오는 환자), 단체이거나 (자연재해로 부상당한 환자들) 혹은 설명하기 어려운 다른 분포(불규칙한 간격으로 오는 환자들)의 형태로 나뉠 수 있다. 대기행렬 관리는 환자 도착이 예정된 경우 가장 쉽다. 그러나 도착이 엄격하게 예정되지 않았다 하더라도 통제될 수 있다. 예를 들어, 치과의사가 아침 영업 시간의 첫 1시간은 응급환자들을 위해 비워놓는 식이다. 만약 아무도 오지 않는다면, 치과의사는 다른 치료 관련 과제들이나 문서 작업에 집중할 수 있다.

2. 대기행렬의 규칙(queue discipline)은 도착한 환자들이 서비스를 받는 방법이다. 선택사항으로는 선입선출(first-come, first-served), 후입선출(last-come, first-served) 혹은 중증도(severity of need) 따라 다른 서비스 규칙이 설정될 수 있다. 예를 들어, 전쟁터나 응급실에서 부상자 분류 원칙이 종종 사용된다. 또 다른 예로, 턱이 많이 부은 상태로 고통스러워하며 병원에 온 환자가 먼저 치료를 받을

때, 스케일링을 받기 위해 기다리고 있는 환자들은 거의 항의하지 않는다. 환자들은 필요에 근거한 서비스 규칙을 이해한다. 하지만 "고객을 모시기 전이나 환자가 바로 앞에 서 있는 데서 전화를 받아라."와 같은 묵시적 규칙은 이해하지 못한다.

3. 서비스 시간(time for service)은 환자들에게 서비스를 제공하는 시간의 양이다. 일부 의료서비스의 시간 경계(time boundaries)는 MRI나 맹장수술을 받은 후 회복실에서 보내는 시간의 경우 신중하게 관리될 수 있다. 그러나 많은 서비스들의 수요 시간은 예측할 수 없다. 일부 응급 환자들은 심각한 상처를 입었을 수 있지만, 다른 환자들은 가벼운 문제를 가지고 있을 수 있다. 일부 환자들은 퇴원하고 싶어 하지만, 다른 환자들은 독감 주사만 맞길 원할 수도 있다. 다른 환자들의 요구를 충족하는 데 걸리는 시간은 환자 자체만큼이나 예측할 수 없다. 만약 대기행렬 모델이 대기 관리에 도움이 된다면, 사용을 고려해야 한다. 대기행렬의 이론은 무엇인가를 기다리는 대기 상황에 적용될 수 있다. 제대로 된 청구를 기다리는 보험 신고나, 식사 제공을 기다리는 것도 다 대기행렬이고, 이들도 응급실 접수처에 도착한 고객과 같이 관리되어야 한다.

대기행렬의 종류(types of queues)

첫 번째 종류의 대기행렬은 단일채널-단일단계 대기행렬 즉, 하나의 서비스 전달자-하나의 단계이디(다음 논의에서 '채널'은 서비스 제공자를 의미하고, '단계'는 서비스 경험에서의 단계를 의미한다). 이 대기행렬은 [표12-2]에서 가장 위에 있는 삽화에서 나타난다. 예를 들어, 소규모 클리닉에서 한 명의 의사는 한 단계의 서비스를 환자들에게 제공하고, 환자들은 순서가 될 때까지 기다리다 치료를 받고 떠난다. 더 큰 규모에서 환자들은 독감 주사를 맞기 위해서 다채널-단일단계의 대기행렬에서 줄을 서야 할 수 있다. 환자들은 대기행렬들을 보고, 그중 하나를 선택하여 줄을 서고, 서비스를 기다리고, 결국 주사를 놔줄 의료진에게 도달하게 된다. 고속도로 요금징수소들과 맥도날드 카운터는 단일채널 대기행렬에 있는 다중 서비스 제공자들의 예이다. 그러나 그들은 여전히 단일채널-단일단계 대기행렬을 나타낸다. 왜냐하면, 한 사람이 한 번에 서비스를 제공받을 수 있기 때문이다.

[표12-2] 기본적 대기행렬 유형

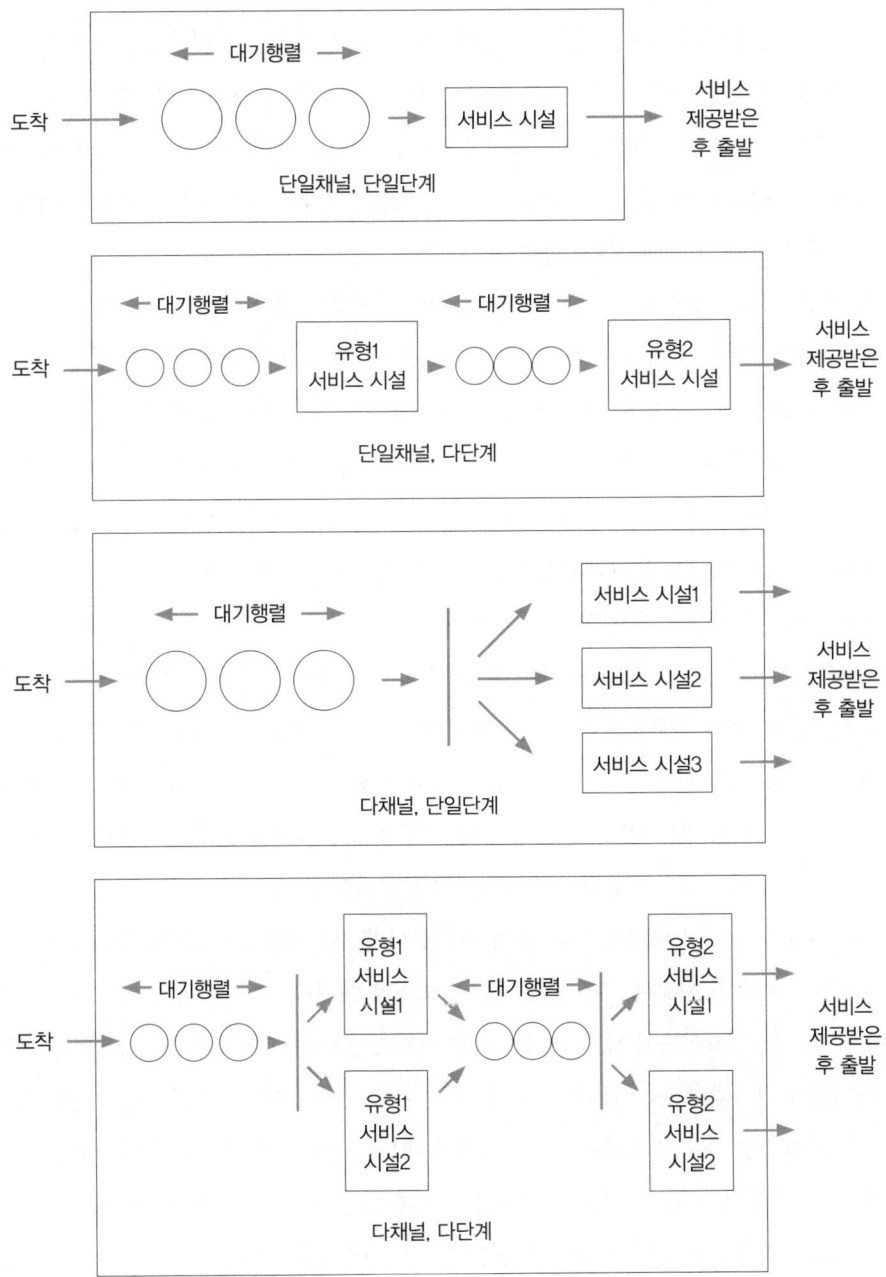

두 번째 종류는 단일채널-다단계 대기행렬이다. 예를 들어, 구내식당이나 병원의 대기행렬 같은 경우이다. 본질적으로 이 종류는 순서대로 두 개 이상의 단일채널과 단일단계 대기행렬이다. 한 명의 서비스 제공자로부터 서비스를 기다리는 한 대기행렬에서 환자 대기는 그다음 또 다른 서비스 제공자로부터 서비스의 또 다른 단계를 기다리는 또 다른 대기행렬로 이어진다. 전형적인 클리닉에서 환자들은 다양한 단계들을 위해 대기한다. 예를 들어, 치료가 필요한 환자는 엑스레이실로 갈 수 있고, 그다음 샘플 채혈을 위해 혈액과로 가고, 의사를 보기 위해 대기실로 향한다.

세 번째 종류는 다채널-단일단계 대기행렬이다. 이것은 환자가 단일 대기행렬에서 시작하여, 서비스를 위해 각각 한 명의 서비스 제공자들이 배치된 서비스의 다중채널로 가는 것이다. 환자 대기는 단일 대기행렬의 앞쪽까지 닿고, 그다음 제공될 준비된 서비스를 위해 다음으로 준비가 된 채널(서비스 제공자)에게 간다. 모든 사람들이 단일 대기행렬에서 기다리는 외래환자들을 위한 검사실을 예로 들 수 있다. 대기행렬에서 다음 차례 사람에게 다음 임상병리사에게 가라고 말하는 것이 대기행렬의 규칙이다. 그곳에 가면 단일단계에서 단일 서비스를 받게 된다(혈액 샘플 채취).

연방인사과(Federal Personnel Offices)는 걸려오는 전화를 위해 이 방법을 사용한다. 자동 시스템이 각 사람에게 앞에 대기자가 몇 명 있는지 알려준다. 그리고 전화를 건 사람이 계속 대기할 것인지 나중에 다시 전화할 것인지 결정한다. 서비스의 단일단계는 전화에 응답하는 것이다. 이 서비스는 전화 응대 업무를 하는 교환원들이 사용한다. 또한, 교환원이 전화 건 사람에게 대응하면서 대기행렬을 관리한다.

많은 의료조직은 이 방법이 다른 환자들에게 서비스를 제공하는 데 걸리는 다양한 소요시간을 잘 다루기 때문에 가장 효율적인 방법이라 여긴다. 모든 사람은 다른 대기행렬들이 더 빠르게 움직이는지 보기 위해 영화관 매표소나 호텔 프런트 데스크에서처럼 다양한 단일채널 대기행렬 중의 하나를 선택해본 경험이 있을 것이다. 다채널-단일단계 시스템은 모든 사람이 같은 대기행렬에서 시작하기 때문에 공평하고, 운에 좌우되지 않는다.

마지막 종류는 다채널-다단계 대기행렬 시스템으로, 관리하기 가장 복잡하다. 이는 두 개 이상의 단일채널-단일단계 대기행렬이 차례로 이어지는 것이다. 이 행렬은 미국 공항의 체크인 프로세스와 유사하다. 고객이 대기행렬의 앞쪽에 닿을 때까지 기다리고(체크인), 서비스 제공 준비가 된 제공자나 채널에 가서 서비스의 다음 단계를 받는다. 의료서비스에서, 환자는 근무 중인 여러 명의 의사 중에서 먼저 서비스를 제공할 준비가 된 의사를 보기 위해 기다릴 수 있다. 그다음, 의사는 검사실의 많은 기사 중에서 가장 먼저 서비스를 제공할 수 있는 기사에게 가라고 환자에게 소개할 수 있다.

의료조직은 종종 다양한 형태로 연결된 많은 대기행렬을 경험한다. 예를 들어, 바쁜 정부 운영 클리닉에서 환자들은 아침에 병원 문이 열리기 전에 건물 밖에서부터 줄을 서고, 의료비를 내기 위해 정산소에서 줄을 선다. 의사와 상담을 받기 위해 대기 번호표를 받고, 상담을 받기 위해 대기실에서 다시 줄을 서기도 한다. 특정 진단 절차나 치료 절차를 위해 또 다른 대기행렬에 서고, 그다음 약을 처방받을 경우 마지막으로 약국에서 줄을 서야 한다.

단일 또는 다중채널 단계와 관련된 대기시간을 관리하는 것은 어렵지만, 만족스러운 의료서비스 경험과 제공자의 수용능력 활용 극대화를 위해 중요하다.

상식적으로, 조직이 사용할 수 있는 최고의 대기행렬은 고객들이 가능한 한 빨리 서비스를 받을 수 있게 해주는 대기행렬이다. 현실에서 최고의 대기행렬은 환자의 요구와 기대를 최대로 충족시켜주는 대기행렬이다. 예를 들어, 고객들에게 특정 대기행렬에 서서 기다리라고 말해주는 것이다. 그 줄에 서면 더 빨리 서비스를 받을 수 있기 때문이다. 이런 이유 때문에, 조직들은 어떤 대기행렬들이 가장 효율적이고 비용효율적인지를 알아야 할 뿐만 아니라 고객들이 어떤 대기행렬을 선호하는지도 알아야 한다.

대기행렬 시뮬레이션

많은 대기행렬의 도착과 서비스 패턴을 설명하기 위해 통계 분포가 사용될 수 있다. 하지만 시뮬레이션만이 특정 대기행렬의 현실을 설명하고 예측하는 데 필요한 품질의 데이터를 만들어낼 수 있다. 여기서는 시뮬레이션을 어떻게 사용할 수 있는지 설명하겠다.

예를 들어, 에이즈 환자들을 위한 프랑스 비영리 에이즈 예방단체인 AIDES는 현재 20개의 상담전화 라인을 운영하고 있다. 만약 각 전화 라인마다 한 명씩 일한다면, 총 20명이 필요하다. 만약 하루 평균 50명의 환자가 전화를 한다면, 20명의 전화 상담원이 동시에 일하는 것은 명백한 돈 낭비이다. 왜냐하면, 동시에 20명의 환자가 전화를 할 확률은 아주 낮기 때문이다. 그러나 AIDES가 전화선을 단 하나만 운영한다면, 전화 거는 대부분 사람들은 대기 신호만 들어야 할 것이다. 이 때문에 상담이나 도움을 아예 받을 수 없게 되거나 상당한 불만을 갖게 된다. 전화 상담직원들의 비용과 불만환자 및 잃어버린 환자로 인한 비용 간의 균형을 맞추기 위한 최적의 직원 수는 얼마인가?

몇 주에 걸쳐 실무 관리자는 전화의 흐름과 전화 건 사람들이 대기하는 시간을 모니터링하고 기록할 수 있다. 그리고 전화 건 사람들이 통화 중 신호를 듣고 끊거나 대기를 해야 하는 경우가 몇 번이나 되는지도 관찰할 수 있다. 충분한 관찰을 한 후, 관리자는 전화를 건 사람의 수, 전화의 도착 패턴, 그리고 질문이나 도움을 청할 때 걸리는 시간을 정확하게 계산하는 분포도를 만들어낼 수 있다. 이 정보를 이용하여, 관리자는 요일에 따라 다른 시간대에 약 몇 명의 상담원을 배치해야 하는지 결정하기 위해 AIDES의 전화 경험을 시뮬레이션할 수 있다. 다음은 어떻게 진행하는지 보여주는 간단한 설명이다.

[표12-3] 전화 오는 간격과 전화받는 시간

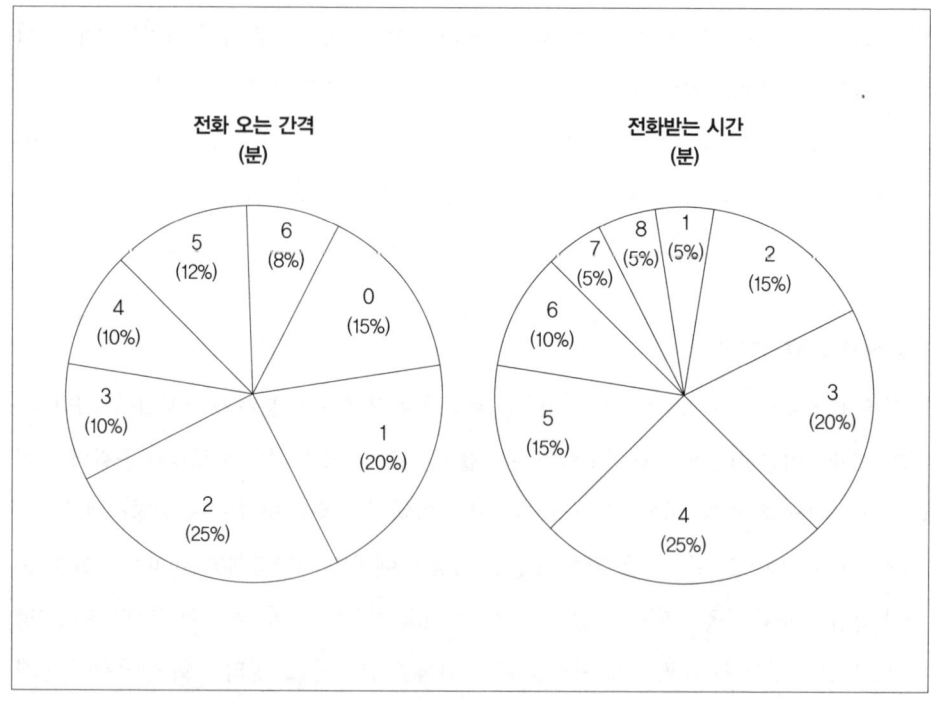

사무실에서 관리자는 [표12-3]과 같이 2개의 룰렛판를 사용하여 몬테카를로(Monte Carlo) 시뮬레이션을 할 수 있다. 첫 번째 원에는 퍼센트 기준으로 전화 오는 간격을 나타내기 위해 공간을 분배한다. 관찰을 통해 관리자는 시간 간격 없이 걸려온, 즉 동시에 걸려온 전화가 전체의 15%임을 알 수 있다. 20%는 1분 간격으로, 25%는 2분 간격으로, 8%는 6분 간격으로 전화가 왔다. 원은 이 비율을 반영하여 분배된다. 전화의 도착 패턴을 시뮬레이션하기 위해, 관리자는 원을 돌리고 원이 멈췄을 때 해당 부분에 나타난 전화 도착 시각을 차트에 적기만 하면 된다.

[표12-3]에 나온 두 번째 원은, 전화를 건 사람이 얼마나 오래 통화를 하는지를 나타내도록 비율에 따라 공간을 배분한다. 이것은 전화를 받은 시간, 상황의 진단, 전화 건 사람에게 전문서비스를 소개해준 시간이나 전화 건 사람의 고민을 들어주고 상담해준 시간을 모두 포함한다. 전화 건 사람들의 요구와 욕구가 다 다르므로 원에 나타나는 서비스의 시간과 비율도 마찬가지로 다르다. 관찰을 통해서, 총전화의 5%는 통화에 1분이 걸리고, 15%는 2분이 걸리고, 20%는 3분이 걸리고, 25%는 4분이 걸리고, 15%는 5분이 걸리고, 10%는 6분이 걸리고, 5%는 7분이 걸리고, 5%는 8분이 걸린다는 것을 알 수 있다.

이제 관리자는 고객의 전화 오는 간격을 알아내기 위해 첫 번째 원을 돌린다. 또한, 각 고객의 전화를 받으면 얼마 동안 통화를 하는지 알아내기 위해 두 번째 원을 돌려 전화 수요를 시뮬레이션할 수 있다. 도착하는 전화 간격, 서비스 시간 그리고 고객이 기다리는 시간을 나타내는 간단한 차트에 숫자를 기록한다. 전화를 건 사람이 서비스를 기다리는 시간의 최대치, 최저치, 평균치 그리고 전화를 건 사람들의 총대기시간을 알아내기 위해 하루 동안의 활동들을 시뮬레이션할 수 있다.

차트는 전화상담을 개시하는 시간부터 상담이 끝나는 시간까지 걸려오는 전화들을 기록하여 하루 동안의 활동들을 시뮬레이션한다. 이 시뮬레이션을 진행하면(일반적으로 컴퓨터 모델에서 100회 이상) AIDES의 경영진은 대기시간, 상담능력 활용 그리고 기다림에 대한 영향(그리고 경험의 품질과 가치에 대한 고객인식)에 대해 통계적 결론을 낼 수 있다. 더불어 더 많은 전화선을 열어야 하는지도 결정할 수 있다.

이것은 간단한 설명이지만, 서비스 제공자의 용량과 고객들의 평균 대기시간 사이의 관계를 수학적으로 결정하는 데 유용하다. 의료조직들도 이와 같은 방법으로 서비스 수용능력과 고객들의 평균 대기시간 사이의 이상적인 균형점을 찾아낼 수 있다. 같은 기법은 놀이공원 모노레일의 수, 유료 고속도로 요금 징수소의 수, 병원에서 병상의 수, 레스토랑에서 웨이터와 요리사의 수, 주차장에서 주차 공간, 응급실에서 간호사의 수 그리고 조직이 제공하는 용량과 서비스 경험의 품질 사이에 균형을 맞춰야 하는 다른 분야들에 모두 적용될 수 있다.

특정 기본 본질들이 대기행렬에 영향을 미친다. 그리고 그것들은 수학적으로 표현될 수 있다. 대기행렬의 수학공식에 대해서는 다음 설명을 참조하라.

대기행렬 계산

단일채널-단일단계 행렬(single-channel, single-phase line)을 계산하는 것은 비교적 간단하다. 계산 방법을 이해하면 고객 대기시간을 관리하는 방법을 알 수 있다. 다음의 예에서, 검사실 기사(lab technician)가 있는 검사 시설의 단일채널 대기행렬을 보여주고, 환자당 서비스 대기 평균 시간과(대기시간과 서비스를 받는 시간 포함) 병원에서 보내는 시간을 계산할 것이다. 그리고 검사실 기사의 유휴시간(idle time)을 산출한다. 이 수치는 환자를 위해 대기시간을 관리하고, 기사의 유휴시간을 줄이고 싶은 의료관리자에게 유용하다.

단일채널-단일단계 대기행렬은 손으로 계산할 수 있다. 그러나 더 복합적인 공식을 필요로 하는 대기시스템은 컴퓨터로 분석해야 한다. 엑셀을 이용하여 대기시간 분석을 할 수 있다.

이 가설 검사실에는 한 개의 대기실과 한 명의 기사가 있다. 벤 블레이크(Ben Blake)는 관리자이고, 몇 주 동안 검사실 대기시간을 관찰했다. 환자가 너무 오래 기다리는 것을 원치 않지만, 또 다른 기사를 고용하여 비용을 발생시키는 것도 내키지 않았다. 이런 이유로 한 시간 동안 환자들의 평균 대기시간을 계산하고자 한다. 또한, 그 한 시간 동안 한 명의 기사는 얼마만큼의 유휴시간을 갖게 되는지 알고 싶다. 만약 기사가 많은 유휴시간을 갖는다면, 블레이크는 기사가 환자 기록을 작성하고 다른 기사들과 전화로 상담하는 것 같은 일상적인 업무를 수행해주길 바란다. 그는 다음 한 시간 동안 아래와 같은 정보를 만들었다. 이 예에서는 가변성은 무시하고, 검사실 환자들의 도착률과 서비스율을 설명하기 위해 평균을 사용한다.

- 환자를 처리하는 데 소요하는 평균시간은 4분이다. 기사는 시간당 약 15명의 환자를 처리할 수 있다. 이것은 서비스율이다. 즉, 주어진 시간 동안 해당 부서의 서비스 제공자가 처리할 수 있는 용량을 말한다.
- 1시간 동안 10명의 환자가 도착할 것이라 기대된다. 이것은 도착률이다.

- 공식에는 다음과 같은 기호를 사용한다.

  l = 시간당 도착률(10)

  m = 시간당 서비스율(15)

1. 환자당 평균 대기시간

   $Wq=l/m(l-m)$ $Wq=10/15(15-10)$ $Wq=0.133$시간 혹은 8분

   Wq는 서비스를 제공받기 전 대기시간을 의미한다. 이 계산은 블레이크에게 환자당 평균 대기시간이 8분이라는 것을 알려준다. 만약 그 대기시간이 용납할 수 없는 수준이라면, 그는 또 다른 기사를 고용해야 할 것이다.

2. 환자당 병원에서 보내는 평균 시간

   $Ts=1/(m-l)$ $Ts=1/(15-10)$ $Ts=0.2$시간 혹은 12분

   이 공식은 블레이크에게 환자는 대기시간과 서비스 시간을 포함하여 병원에서 평균 12분을 보낸다는 것을 알려준다.

3. 대기하는 평균 환자 수

   $Lq=l^2/m(m-l)$ $Lq=10^2/15(15-10)$ $Lq=1.33$ 환자

   Lq는 환자들의 대기행렬의 평균 길이이다. 약 1.33명의 환자들이 평균적으로 대기하고 있다는 뜻이다. 블레이크에게 대기구역에 활용할 수 있는 공간이 충분하다는 것을 알려준다.

4. 기사가 바쁜 시간의 비율

   $b=l/m$ $b=10/15$ $b=67\%$

   평균적으로 한 시간의 67% 혹은 매 시간의 약 40분 동안 검사실에 기다리거나 서비스를 받는 환자들이 한 명 혹은 그 이상 있다.

5. 검사실에 환자가 없을 확률

   $p=1-(l/m)$ $p=1-(10/15)$ $p=33\%$

   이것은 앞의 공식과 정반대이다. 만약 1시간 중 약 40분을 환자 대기와 서비스가 차지한다면, 나머지 20분은 비어 있는 시간이다. 블레이크는 이 정보를 이용하여 검사실 기사에게 다른 과제들을 맡길 수 있다.

수용능력과 수요의 균형 유지하기

수요와 공급 간에 적절한 균형을 유지하게 하는 것은 기본적인 계산보다 훨씬 복잡하다. 이전 사례에서 AIDS 핫라인은 전화를 건 사람의 행동과 기대에 대한 데이터를 수집

해야 했다. 예를 들어, 고객들이 전화상에서 1분 이상 대기하는 것 때문에 전화를 끊어버린다는 것을 경영진이 알게 된다고 가정하자. 경영진은 나머지 데이터가 무슨 내용이든지 상관없이 1분 이상의 대기는 용납하지 않을 것이다. 반면, 만약 전화를 건 사람들이 전화 상담 서비스가 특별하고 도움이 절실하게 필요해 기꺼이 기다린다는 것을 연구 결과가 보여준다면, 전화 상담 서비스는 별다른 조정 없이 전화 대기행렬이 길어지게 놔둘 것이다. 계산의 본질적인 특징은 고객과 조직이 용납할 수 없는 수준, 고객경험의 품질에 영향을 미치는 대기시간을 넘는 시점을 결정한다는 것이다.

수용능력과 수용균형에 대한 결정이 내려지면, 조직은 균등하지 않은 수요 패턴을 만드는 불가피한 대기행렬을 수용할 수 있는 계획을 세워야 한다. 여기서 과제는 고객이 만족하는 방법으로 대기를 관리하는 것으로, 2가지 주요 차원이 포함된다. 첫 번째는 고객들이 기다림을 인식하는 방법이고, 두 번째는 고객에게 제공되는 경험의 가치를 관리하여 기다림의 부정적인 영향을 최소화하는 방법이다. 조직은 각 고객이 경험에 대해 기다릴 가치가 있었다고 생각하기를 원한다.

오랫동안 환자들에게 불만요인이 되었던 문제들-진료 예약 일주일 지연, 예약 진료를 위해 대기실에서 몇 시간씩 대기, 의사와의 너무 짧은 진료 상담, 거의 불가능한 의사와의 전화 상담 등-을 해결하여 병원들을 재설계하는 데 도움이 되는 프로그램들이 많아지고 있다.

환자들이 개별 치료와 집단 치료를 더 효율적으로 할 수 있도록 도움을 주는 프로그램들은 다른 산업에서 얻은 교훈들에 주의를 기울였다. 한 접근법은 항공사, 호텔, 레스토랑에서 수요를 예측할 때 사용한 계산법에 의지한다. 레스토랑에서 손님들과 테이블 수를 효율적으로 관리하는 것과 같은 방법을 이용한다. 수요와 용량 관리 전략들을 잘 사용하여 의사들이 환자의 대기를 줄일 수 있다는 것이 요점이다. 또 다른 접근법은 응급 환자들을 위해 오후에 예약을 받지 않는다든지, 환자들이 병원 방문 전에 온라인으로 필요한 양식들을 작성하게 한다든지, 직접방문보다 전화나 이메일로 후속진료를 제공하는 것 같이 비교적 간단한 변화들이다. 카이저 퍼머넌트는 새로운 전자 의료기록 시스템을 이용하여 효율성을 증가시킬 수 있도록, 의료보험 계약을 체결한 1만 2,000명의 의사에게 도움이 될 만한 프로그램을 출시했다.

바이스(Weiss, 2003)는 대기관리에 대해 다음 아래와 같은 실천들을 제안한다.

- 예약 일정이 너무 빽빽하지 않도록 계산한다.
- 다시 전화해줘야 하는 전화들과 행정 과제들을 처리할 수 있게 시간을 별도로 배정하고, 영업 외 시간에 환자들이 방문할 수 있게 한다. 모든 일을 원활하게 움직일 수 있도록 코디네이터를 임명하여 적임자를 적시 적소에 배치하게 하고, 낮에 일들이 원활하게 처리되도록 한다.
- 환자들이 기다리는 동안 지속적인 의사소통을 유지한다.
- 환자들에게 대기실에서 할 수 있는 다양한 오락거리를 제공하거나, 레스토랑처럼 순서가 될 때까지 환자들이 돌아다닐 수 있도록 호출기를 제공한다.

많은 병원에서 응급실 환자들은 컴퓨터 키오스크에서 스스로 입원 수속을 할 수 있다. 예를 들어, 텍사스 댈러스의 파크랜드 메모리얼 병원(Parkland Memorial Hospital in Dallas, Texas)은 공항 승객들이나 호텔 손님들이 사용하는 것과 유사한 셀프서비스 컴퓨터 키오스크를 3대 가지고 있다. 환자들이 이름, 나이, 다른 개인정보 그리고 치료하고 싶은 질병들을 터치스크린을 이용하여 입력하는 데 약 8분 정도가 걸린다. 간호사는 환자 정보를 평가하기 위해 스크린을 모니터한다. 흉부 통증, 발작 증상 그리고 기타 걱정스런 문제가 있는 환자를 먼저 받는다. 이 결과, 파크랜드 병원에서의 응급실 대기는 짧아졌다.

환자의 가족들이 환자의 상태에 대해 거의 혹은 전혀 정보를 듣지 못한 채 대기실에서 기다리는 경우도 있다. 네브래스카 오마하의 크레이튼 대학 메디컬센터(Creighton University Medical Center in Omaha, Nebraska)는 대기실 전자 스크린에 최근 환자 정보를 게시하여 이 문제를 해결했다. 환자의 신분을 보호하기 위해 환자 가족들은 입원한 가족환자를 나타내는 일련번호를 받는다. 일부 병원에서는 색상 코드 시스템을 사용하기도 한다. 다른 병원들에서는 환자 가족들이 안내 데스크에 가야 할 때를 알릴 수 있는 호출기를 이용한다.

대기에 대한 인식

기다리는 시간이 빨리 지나가거나 길게 느껴지게 하는 요소가 무엇인지 이해하는 것은 환자 대기의 품질 향상을 위한 기본적 관심사이다. 대기에 대한 인식 연구는 대기 관리의 중요성을 뒷받침해준다. 예를 들어, 모웬과 리카타, 맥페일(Mowen, Licata and McPhail, 1993)은 응급실에서의 대기에 대한 인식을 연구했다. 그 결과, 직원에게 예상 대기시간을 들은 환자는 듣지 않은 환자보다 더 만족했다. 의료관리자는 모든 사람이 다르다는 것과 기다림에 대해 사람들이 어떻게 느끼는지가 실제 대기시간이 얼마나 긴가 하는 것만큼 중요하다는 사실을 기억해야 한다. 다음은 대기에 대한 고객의 인식에 영향을 미치는 요인들이다.

사용 중인 시간

앞서 말했듯이, 기다리는 동안 무엇인가에 몰두한다면 사람들에게는 대기시간이 더 즐겁고 덜 길게 느껴질 것이다. 많은 클리닉과 진료실에서는 잡지와 같은 읽을거리만 비치해놓는 것이 아니라, 건강에 대해 배우면서 시간을 생산적으로 보낼 수 있는 동영상을 볼 수 있도록 제공한다. 암 전문의는 새로 온 환자가 일반적으로 물어보는 질문들에 대한 답변들을 동영상으로 보여줄 수 있고, 치과의사는 치아미백 절차를 설명하는 동영상을 보여줄 수 있다. 어린이 병원은 놀이 공간에 장난감들을 비치해 놓을 수 있고, 의사 대기실에는 TV로 CNN 같은 프로그램을 틀어놓을 수 있다.

월트디즈니는 기다리는 방문객의 주의를 다른 곳으로 돌릴 수 있는 것들을 제공하여 대기시간을 관리하는 데 능하다. 만약 특정 놀이기구의 대기 줄이 너무 길어지면, 순회공연하는 악대, 곡예사들 혹은 다른 눈요깃거리를 보내서 방문객을 즐겁게 해준다. 의료서비스 환경에 악대와 곡예사는 적절하지 않지만, 상황에 맞는 즐거운 눈요깃거나 대기 손님의 주의를 돌릴 수 있는 무엇인가를 제공할 수 있을 것이다.

서비스를 기다리는 시간 vs. 서비스를 받는 시간

병원에서 의사가 환자를 검진하기 전에, 환자는 의료와 관련된 불평을 들어주고 활력 징후를 체크하며 일반적인 정보를 입수하는 간호사를 보게 된다. 환자가 의사를 실제로 볼 때면, 이미 의료관계자와 상당한 시간을 보낸 상태인 것이다. 그러므로 환자는 의사를 기다린 시간이 그렇게 길게 느껴지지 않는다.

대기시간을 보낼 수 있는 또 다른 방법은 환자에게 진료실에 들어가면 무엇을 하게 되는지 가르쳐주는 것이다. 대기시간에 제공된 교육은 서비스 경험을 향상시켜주고 그 자체가 사실 경험의 일부가 된다. 치과 교정전문의의 진료실에서 보여주는 동영상은 아이들에게 치아 교정장치를 실제로 장착하기 전에 어떻게 장착하고 제거하는지 가르쳐줄 수 있다. 치과 교정전문의는 가르치는 데 많은 시간을 소요할 필요가 없고, 환자는 장치를 장착하기 전에 대기시간을 활용하게 된다. 일부 조직은 전화 건 사람을 잠시 대기시키는 동안 유사한 기법을 사용한다. 전화를 건 사람들은 전화 메뉴에서 다양한 선택사항들을 듣고, 적절한 선택을 하도록 도움을 받는다. 또한, 실제 사람과 이야기할 때 더 많은 정보를 알고 있을 수 있도록 녹음된 교육 자료를 들을 수도 있다. 대부분 병원들은 환자들에게 병력을 기재해달라고 요구한다. 이런 양식은 유용한 정보를 제공하지만, 환자들이 기다리는 동안에 무엇인가를 할 수 있어 기다리는 시간을 더 짧게 느끼도록 해준다.

걱정이 수반되는 대기

앞으로 받을 수술이나 진단 절차의 결과에 대해 우려하는 환자에게는 기다림이 끝이 없게 느껴질 것이다. 대기시간 동안 환자의 걱정을 줄여주기 위해서는 대화가 바람직하다. 대다수 사람들은 집에 가기 위해 진료비 청구를 기다리는 것이 가장 길게 느껴지고, 퇴원하는 것이 너무 걱정되기 때문에 대기시간이 더 길게 느껴진다.

불확실한 대기시간

예정 대기시간을 알려주면 언제 끝나는지 알 수 있기 때문에 기다리는 사람에게 도움이 된다. 미리 예약한 진료를 기다리는 것은 대기시간이 어느 정도 될지 환자가 알기 때문에 참을 수 있다. 하지만 예약 시간이 넘어가면 환자들에게는 기다림이 더 길게 느껴진다. 한 치아교정 병원에서 간호사가 수술대기실에 정기적으로 가서 환자들의 상태도 확인하고 무슨 일이 있었는지 업데이트해주면 환자만족이 상당히 향상된다는 것을 발견했다.

설명되지 않는 대기

환자가 대기행렬이 왜 짧아지지 않는지 혹은 지연의 원인이 무엇인지 모르면, 기다림은 더 길게 느껴진다. 효과적인 관리자는 기다리고 있는 사람에게 계속 정보를 전달하거나, 대기를 설명하는 시각적 단서들을 제공한다. 예를 들어, 예상했던 것보다 길어진 대기는 응급상황이 발생하여 의사 일정에 차질이 생겼기 때문임을 기다리고 있는 사람에게 설명함으로써 대기는 향상될 수 있다. 반면, 대기행렬을 관리하는 효과적인 관리자는 자리를 비운 실험실 직원들이나 비어 있는 진료실들을 기다리고 있는 환자들이 볼 수 없게 해, 관리자들이 왜 아무도 환자들을 돌보지 않는지 혹은 대기실은 가득 차 있는데 왜 진료실은 비어 있는지 설명할 필요가 없게 할 것이다.

불공평한 대기

만약 고객들이 대기행렬 규칙이 한결같이 준수되고 공정하게 사용되고 있다고 생각하면, 순서에 상관없이 서비스를 받는 때보다 대기가 더 짧게 느껴질 것이다. 좋은 조직은 이 사실을 인지하고 이에 따라 대기행렬을 관리한다. 때로는, 너무 많이 아픈 환자나 특별한 범주에 속한 환자 때문에 대기행렬의 규칙이 깨져야 하는 상황이 생긴다. 이런 환자는 기다리고 있는 사람들이 대기행렬의 규칙이 잠시 중단되었다는 것을 알지 못하게 다른 입구를 통해 데리고 들어올 수 있다. 예를 들어, 응급실로 들어가는 앰뷸런스 출입문은 보통 걸어서 들어가는 출입문에서 떨어져 있다. 이런 분리를 통해 응급환자가 먼저 서비스를 받을 수 있게 되고, 앰뷸런스 접근도 더 쉬워진다. 어떤 이유로 대기행렬의 규칙을 어겨야 하는 조직은 "심장발작 환자가 들어오고 있습니다!" 혹은 "총상을 입은 환자입니다!"

와 같이 소리를 지르는 등, 다른 대기 환자들이 불공정함을 이해할 수 있도록 이유를 전달하는 방법을 찾아야 한다. 사람들은 사유를 이해하는 한 다른 사람의 더 즉각적인 요구를 수용하기 위해 일반적으로 자신의 요구를 후순위로 미룬다. 예를 들어, 도움이 필요한 승객이 비행기에 먼저 탑승하는 것에 대해 아무도 개의치 않는다. 운전자는 응급차가 먼저 지나갈 수 있도록 길을 내준다. 그리고 대부분 사람은 장애인이 줄 앞으로 가는 것에 대해 거의 항의하지 않는다.

홀로 대기 vs. 집단 대기

혼자 기다리는 것은 가족이나 친구들이나 하물며 모르는 사람들과 기다리는 것보다 더 길게 느껴진다. 이런 지각적 문제를 인지하는 병원은 환자가 다른 사람들과 함께 기다리게 할 방법을 모색한다. 이런 논리에 따라, 두 줄이 한 줄보다 더 짧게 느껴진다. 그리고 상호 작용할 수 있는 사람들을 대면하게 해주는 행렬 구조는 혼자 안에서 있어야 하고 개인 공간에 있어야 하는 구조보다 더 짧게 느껴진다. 일부 대기실은 사람들의 상호작용과 집단의 일부라는 느낌을 촉진할 수 있도록 의자를 배열해놓는다.

불편한 대기

치료를 기다리는 사람들이 편안하게 느낄 수 있게 하는 방법을 찾는 것은 관리적 업무이다. 편안한 의자, 에어컨 혹은 난방을 제공하는 것과 같이 확실한 방법을 병행하여 의료 제공자는 특별한 요구를 하고 있는 환자를 특별하게 관리해야 한다. 예를 들어, 심각하게 다친 사람에게 즉각적으로 진통제를 투약하고, 심장발작 환자를 위해 재빨리 편안한 침대를 제공해야 한다.

지루한 대기

대다수 사람은 자신에 대해 이야기하는 것을 좋아하기 때문에, 질문하는 사람과 대화하는 것에 관심이 있다. 간호사나 임상보조인이 질문을 하면서 신체 치수를 재고 환자에게 주목한다면 환자는 대기시간이 재미있게 느껴질 것이다. 게임이나 즐거운 눈요깃거리를 제공하는 것 또한 환자가 재미있게 대기시간을 보내도록 해준다.

기타 고려사항

모든 대기 상황에서 고객의 감정 상태는 서비스를 위한 기다림에 상당히 영향을 미칠 것이다. 모든 사람은 걱정, 불확실성, 통증 그리고 기다리는 시간에 영향을 주는 기타 요인들에 다 다르게 반응한다. 만약 대기행렬이 다양한 요구를 하고 있는 사람들로 구성되어 있다면, 전형적인 고객은 행렬의 설계와 관련된 대기를 주도할 것이다. 관리자는 대기를 설계하고 관리하는 것에 최대한 환자 개인의 요구를 고려해야 한다. 하지만 많은 수의 고객을 위한 대기행렬은 전형적이고 평균적인 고객의 대기기대를 수용할 수 있도록 설계되어야 한다.

그러나 만약 대기하고 있는 사람들이 기부자와 같이 확인 가능한 특성을 가진 특별한 고객이라면, 대기 고객들의 치료 가변성은 고급 서비스에 대한 이 고객의 기대를 충족할 수 있도록 고객관리가 계획되어야 한다. 상류층 고객보다 일반 대중이 기다림을 즐길 수 있게 혹은 적어도 참을 수 있게 만드는 것은 더 어렵다.

모든 대기 상황에서, 대비효과 역시 대기에 대한 인식에 영향을 줄 수 있다. 만약 고객의 첫 번째 기다림이 편하고 설명 및 예측 가능한 데 비해 두 번째 기다림은 예측 불가능하고 걱정스럽고 대기시간이 불확실하다면, 두 번째 기다림이 더 길게 느껴지고 덜 만족스러울 것이다. 마찬가지로, 만약 고객이 방금 오랜 기다림을 경험했다면, 비교적 짧은 대기는 더 짧게 느껴질 것이다. 만약 모든 직원들이 고객들을 도와주느라 바쁜 곳에서라면, 직원들이 대기 중인 사람들을 도와주기보다 다른 활동에 전념하느라 바쁘고 불친절한 직원들이 있는 곳에서 보다 기다림이 훨씬 더 짧게 느껴질 것이다.

요점은, 현실과 상관없이 고객은 자신의 관점으로 기다림을 인식한다는 것이다. 만약 어떤 시설의 대기시간이 길지 않은 편이고 평균 대기시간이 경쟁조직보다 짧다는 객관적 데이터가 있다 해도, 서비스를 받는 고객들이 그 조직에서의 대기시간을 길게 느꼈다면 그 데이터는 아무런 의미가 없다. 고객은 언제 기다림이 길고, 언제 기다림이 적당하고, 언제 기다림이 정말 잘 관리되었는지 알려주는 시계를 머릿속으로 가지고 있다. 고객의 인식을 관리하는 것은 실제 대기시간을 관리하는 것만큼 효과적인 기법이다. 만약 조직이 인식 관리를 특별히 잘한다면, 상당히 긴 대기도 고객이 용납하고 견디게 만들 수 있다.

서비스의 인지된 가치

서비스에서 고객들이 받거나 기대하는 가치가 클수록, 고객들은 불평하거나 불만족하지 않고 더 기다릴 것이다. 서비스의 가치를 정의하기 때문에, 고객들이 기다리고 있는 서비스의 인식가치도 관리되어야 한다. 이 전략은 서비스가 제공되기 전이나 후 또는 제공되는 동안 시행될 수 있다.

서비스를 받기 전에, 대기 고객은 대기행렬에 합류하도록 동기부여하는, 서비스 가치를 높여줄 정보를 얻을 수 있다. 예를 들어, 헬스나 스파 혹은 웰니스 센터는 대기하고 있는 고객에게 건강 스낵 또는 과일을 제공하거나 배경으로 실내악 음악을 틀어줄 수 있다. 이런 사려 깊은 행동은 고객이 주의를 다른 데로 돌리고 대기시간을 사용할 수 있게 해준다. 그뿐만 아니라, 스파와 센터가 판매하는 경험과 그 덕분에 고객들이 기다려야 하는 경험에 가치를 더해줄 수 있다.

서비스를 제공하는 동안, 고객이 정의한 가치는 많은 전략으로 인해 고객의 기대를 넘어 높아질 수 있다. 조직은 항상 이런 전략을 사용하고 싶어 한다. 고객이 받는 서비스가 고객의 기대를 충족하거나 초과하면, 그 기다림은 아마도 가치 있게 보일 것이다. 고객에게 처음부터 기대 이상의 서비스를 제공하는 것 외에도, 미묘한 행동들도 서비스 경험의 가치를 높여줄 수 있다. 예를 들어, 일부 병원은 인증서를 전시하고, 어떤 의사는 자신의 교육 품질을 보여주기 위해 의대에서 받은 학위를 전시한다. 이런 행동은 환자로 하여금 의료서비스가 기다림의 가치가 있다고 생각하게 할 수 있다.

기다림에 대한 직접적인 책임으로, 서비스 제공자는 대기 고객에게 서비스 지연에 대해 사과하고 대기를 유발한 요인들을 설명할 수 있다. 사과는 고객이 느끼는 경험의 가치를 높여줄 수 있는 개인적 행동이다. 예를 들어, 가정의가 진료에 대해 일정보다 늦어진 것에 대해 대기실에 있는 환자들에게 사과를 표한다. 그는 "환자의 시간이 나의 시간만큼 중요하다는 것을 인정하면, 절대 미소를 잃을 수 없다."라고 말한다.

오늘날 많은 의료조직은 의료진에게 불가피한 대기에 대해 사과를 하라고 지시한다. 일부 병원은 서비스를 기다리는 것이 어떤 느낌인지 이해할 수 있도록 직원들에게 환자 역할을 시켜본다. 환자 대기에 대해 더 민감해지면서, 의료직원은 기다리고 있는 환자를 위해 대책을 연구하고 그들의 경험을 더 잘 관리하기 위해 노력할 확률이 높아지고 있다.

서비스를 받은 후, 경험한 서비스의 가치가 높아지면, 고객은 최고의 기관에서 기다렸다고 기분 좋게 생각할 것이다. 일반적으로 광고는 잠재 고객의 주의를 끌기 위해 사용되지만, 서비스를 구매해본 경험이 없는 사람들보다 이미 구매해본 사람이 더 광고에 끌린다. 구매를 잘했고 기다릴 만한 가치가 있었다는 서비스 이용자의 생각을 광고가 강화시킨 것이다. 또한 미리 본 광고는 고객에게 경험이 기다림의 가치임을 확신시켜주면서, 기다리는 동안 기다림의 부정적인 영향을 축소시킬 수 있다. 고객은 더 참을성 있게 기다릴 것이다. 일부 조직은 서비스에 대한 고객의 반응을 알아보기 위해 후속관리 전화를 하는 것도 경험의 가치를 높여주고 기다림에 대한 부정적인 영향을 줄여준다는 것을 발견했다.

결론

고객의 대기시간을 관리하는 것은 의료관리자들에게 기본적인 업무이다. 서비스는 비축하거나 재고목록을 만들어 관리할 수 있는 것이 아니다. 조직은 수요에 맞춰 물리적 · 인적 수용능력을 갖추되, 너무 많은 수용능력으로 인해 대부분의 시간 동안 의료서비스가 활용되지 않는 일이 없도록 균형을 잘 맞춰야 한다. 잘 조율한다면, 고객의 흐름이 공급과 정확하게 일치한다. 한 환자가 퇴원하면 또 다른 환자가 입원한다. 의사가 한 명의 환자 진료를 마치면 또 다른 환자가 도착한다. 의료조직이 제공하는 모든 서비스에서 이런 일이 일어나는 것이다. 우리가 사는 덜 완벽한 세상에서 효과적인 대기행렬 관리란 환자를 의료환경으로 끌어들이고 시간에 대한 만족을 충족시키는 것이다.

서비스 전략

1. 고객이 마냥 기다리는 일이 발생하지 않도록 대기시간을 관리한다.

2. 고객이 불만을 느끼지 않고 기꺼이 얼마나 기다릴 수 있는 알아야 한다.

3. 기다릴 때의 심리를 이해하고, 고객불만족을 최소화하기 위해 대기시간을 관리한다.

4. 대기행렬이나 대기선 모델을 이용하여 대기행렬의 역할을 이해한다.

5. 적절한 수용능력을 적용하고, 디자인-데이와 커패시티-데이를 계산하고 시행하여 수요를 관리한다.

6. 의료서비스 경험 전후와 도중에 대기시간의 부정적인 영향을 최소화한다.

7. 대기시간에 대한 시행 기준을 세운다.

8. 수용능력과 수요의 균형을 잘 맞추기 위해, 한 명의 불만고객이 조직에 미치는 비용을 알아낸다.

CHAPTER 13

의료서비스 경험의 품질 측정하기

기준은 좋은 서비스, 나쁜 서비스, 그리고 훌륭한 서비스가
어떤 모습인지 보여주며 사람들에게 제공해달라고 요청하는 전제 조건이다.
-칼 알브레히트(Karl Albrecht)와 론 젬케(Ron Zemke)

| 서비스 원칙 | 중요한 것들을 측정하고, 그다음 집요하게 최고의 의료서비
스 경험을 추구한다

모든 고객은 매번 훌륭한 경험을 기대한다. 물론 고객도 완벽이란 존재하지 않음을 알지만, 무슨 오류이든지 간에 자신에게 일어나지 않기를 바란다. 모든 의료조직은 높아지는 환자기대와 더 많은 것을 요구하는 환자를 대면한다. 늘어가는 정보 접근 방법들과 함께 고객 행동주의(customer activism)는 서비스 품질을 중요하게 만들었다. 의료관리자는 환자의 의료서비스 경험에 대한 높아진 기대를 알아내고 충족하기 위해 더욱 노력한다.

서비스 품질은 오늘날의 의료시장에서 중요한 경쟁력이 되었다. 일부 사례에서 의료제공 프로세스의 품질이 임상품질만큼 중요함이 드러났다. 대부분 환자는 임상 진료의 품질을 정확하게 평가할 수 없으므로, 프로세스의 품질과 의료기관이 환자를 대하는 방법에 의지하여 결정한다.

결과적으로 최고 의료서비스 부문 말콤볼드리지상은 평가 항목 중 하나로 '환자들, 다

른 고객들 그리고 시장에 중점을 두는지'를 포함한다. 이 상의 기준들이 환자만족에 영향을 미치는지에 대한 연구는 계속 진행 중이다. 이 권위 있는 상을 받기 위해 노력하는 의료서비스 제공자는 환자 진료에서의 임상품질과 진료를 제공하는 프로세스에 더 많은 주의를 기울이고 있다.

내일의 환자를 위해 완벽한 경험을 만들어내는 방법은 조직이 현재 발생하고 있는 오류나 문제가 무엇인지 아는 것이다. 그러므로 의료서비스 경험의 품질을 측정하는 것은 의료조직의 리더십 책임에서 중요한 부분이 되고 있다. 만족한 환자는 임상결과와 환자경험 결과에 대한 자신들의 기대를 충족하거나 넘어서는 의료제공자를 다시 찾아간다. 불만 환자는 다른 선택이 있다면 다른 곳으로 간다.

환자경험에서 발생 가능한 문제를 찾아내는 최적의 시간은 환자의 마음에서 정보가 생성될 때이자 의료시설을 떠나기 전이다. 누군가 물어봤으면 수정됐을 수 있는 오류나 실수 때문에 환자가 화가 나서 떠나버리기 전에 현장에서 바로 발견하면 조직은 문제를 해결할 기회를 갖게 된다.

물리치료에서의 경험, 전체적 입원 경험 혹은 정밀검사를 받는 동안의 경험을 환자가 어떻게 생각하는지 정확하게 측정하는 것은 고품질 서비스에 도달하기 위해 반드시 필요하지만, 매우 어려운 업무이다. 이는 환자가 떠나기 전에 해야 하며, 일관되고 신중하게 하는 것이 좋다.

제13장에서는 다음과 같은 내용을 다룬다.

- 환자가 의료서비스 경험의 품질을 인식하는 방법
- 의료관리자가 환자의 관점에서 문제를 관찰하는 방법
- 환자의 기대에 응하기 위해 서비스, 환경 그리고 전달시스템의 어느 부분을 향상시키고 변화시켜야 하는지 보여주는 측정 방법들

환자의 관점에서 경험의 품질을 가장 잘 측정하는 방법을 파악하고 시행하는 것은 의료관리자에게 중요한 업무이다. 환자는 품질과 가치를 결정한다. 결론적으로, 한 환자가

받아들일 수 없는 경험은 다른 환자에게는 최고의 경험이 될 수 있고 또다른 환자에게는 심각한 문제가 될 수도 있다.

의료서비스 경험의 품질과 가치의 주관적인 본질은 적절한 측정 방법 파악과 시행을 특히 어렵게 만든다. 경영진이나 의료직원이 진료, 수술, 치료를 얼마나 잘 계획하는지와 상관없이, 의료서비스 경험의 품질은 환자가 직접 경험하기 전까지 측정할 수 없다.

의료서비스 경험의 품질을 측정하는 방법들은 다양하다. 이런 방법들은 비용, 정확성, 그리고 환자의 불편함 정도에 따라 다르다. 의료품질을 측정하는 것은 조직적 측면에서 많은 이득이 있다. 그러나 이득이 비용보다 커야 한다.

다시 말해 조직은 필요한 정보와, 이를 모으고 이해하는 데 필요한 지식의 전문성 및 정밀도, 여기에 들어가는 비용의 균형을 맞춰야 한다. 정보가 더 정확하고 정밀할수록, 획득하는 데 더 큰 비용이 든다. 일반적으로 조직은 정성적 기법과 정량적 기법을 다 사용한다. 여기에 대해 각각 살펴보자.

정성적 기법

정성적 기법은 일반적으로 정량적 기법보다 비용이 저렴하다. [표13-1]은 주요 정성적 기법들과 그 기법들의 장단점을 서술한다. 정성적 기법은 관리자의 관찰, 직원 피드백 프로그램(예: 업무팀과 품질관리 서클)과 포커스 그룹을 포함한다.

정성적 측정 방법은 정량적 요소를 가지고 있어야 한다. 훌륭한 의료관리자는 관찰하고 듣는 것을 체계적으로 기록하여 정성적 평가를 최대한 정량적 평가로 만들려고 노력한다. 만약 관리자가 불평이 있는 환자를 대면한다면, 그 관리자는 이전에 4명의 환자들이 같은 불평을 했다는 기록을 가지고 있어야 한다. 이런 체계적 접근법은 정성적 평가 프로세스가 양적 평가의 장점들을 활용할 수 있게 한다.

관리자의 관찰

품질을 평가할 수 있는 가장 간단하고 저렴한 기법은 관리자가 직원과 환자 사이에 일어나는 상호작용을 관찰하는 것이다. 또한, 직원과 환자가 대화하게 유도하는 것도 효과적이다.

이런 기법은 '현장 방문 경영' 혹은 'MBWA(Management by Walking Around)'라 불린다. 일부 의료조직에서는 요식업의 용어를 빌려서 '워킹 더 프런트(walking the front)'라고 부른다. 이는 발생하고 있는 일들을 직접 관찰하고, 문제나 비효율적인 부분을 찾아내며, 환자나 직원과 이야기하면서 그들의 반응을 평가하는 것을 뜻한다. 또한 대면한 환자 문제에 대한 해결책을 찾아내고, 의료서비스 경험을 향상시킬 수 있는 정보를 직원들과 공유하는 프로세스를 의미한다. 최근에, 다른 의료전문가들은 '회진'이라는 의학용어를 빌려서 경영기법을 묘사했다. 스튜더(2008)는 이 도구의 가치를 확신하여, 자신의 저서에서 회진에 대해 기술했다. 책에서 그는 '직원들과의 회진'과 '고객들과의 회진'에 대해 설명했다.

훌륭한 관리자는 자신의 의료서비스 운영과 목표, 능력 그리고 의료서비스 품질의 기준에 대해 알고 있다. 또한 관리자는 최소한의 경영 관점에서 직원이 고품질 경험을 제공할 때를 알고 있다.

경영적 관찰은 환자나 직원을 불편하게 하지 않고, 종종 일어나는 서비스 문제를 즉각적으로 정정할 수 있게 해준다. 환자를 포함하여 모든 사람은 관리자가 경험에 대해 어떻게 생각하는지 물어보면 고마워한다. 질문하는 것은, 조직이 서비스 품질에 대해 신경을 쓰고 있으며 직원이 환자에게 좋은 서비스를 제공하도록 도와주는 것에 전념하고 있다는 강력한 증거이다.

경영적 관찰은 감독자에게 훌륭한 직원을 인정하고 강화하고 보상할 기회를 준다. 또한, 제공해야 하는 서비스를 제공하지 않는 직원을 코칭할 기회도 준다. 서비스 문제를 관찰한 감독자가 문제 해결 방법을 모델로 만들 수 있는 가르침의 기회를 제공하기도 한다. 관리자는 스파이가 아닌 코치의 역할을 하기 위해 현장을 순회함으로써 직원의 태도와 업무 그리고 환자만족에 긍정적인 영향을 미칠 수 있다.

하지만 서비스 품질을 평가하기 위해 경영적 관찰에 의지하는 것에는 단점도 있다. 일부 관리자는 무엇을 관찰하는지 완벽히 이해하기엔 경험이 부족하거나 충분한 교육을 받지 못했을 수 있다. 또한 관리자는 객관성에 영향을 주는 선입견을 가질 수 있다. 그들은 직원을 어떻게 효과적으로 코칭할 수 있는지 혹은 화가 난 고객을 어떻게 상대해야 하는지 모를 수도 있고, 문서 업무 때문에 너무 바쁘거나 주의 깊게 관찰할 시간이 부족한 경우도 있다.

관리자가 서비스 전달 프로세스를 관찰하고 있다는 것을 알게 되면, 직원은 평소와 다르게 행동할 수 있다. 관리자의 관찰은 특정 환자를 위한 경험의 품질을 보장할 수 있지만, 아무리 열정적인 관리자라 하더라도 모든 환자와 직원의 상호작용을 전부 지켜볼 수는 없다. 그리고 관찰하지 않은 경험에 대해 관찰하지 않은 환자의 반응은 관리자가 알 수가 없다.

직원과 환자의 상호작용을 관찰하는 방법을 의료관리자에게 교육함으로써 개인적 편견을 제거하거나 최소한으로 줄일 수 있다. 품질 기준에 빗대어 이런 상호작용을 측정하고 서비스 제공자와 직원을 코칭하는 것 역시 효과가 있다. 관리자는 상호작용을 관찰할 시간이 없다고 생각할 수 있지만, 시간 사용량을 검토하면 대부분 그렇지 않다. 소극적인 관찰 기법들과 무작위 관찰(random observation), 동영상 촬영은 직원들로 하여금 상사가 지켜보고 있음을 의식하지 못하게 할 수 있다.

예를 들어, 많은 조직은 전화 교환원이나 전화 거는 사람에게 모든 전화 대화는 교육 목적으로 모니터될 수 있음을 알린다. 왜냐하면, 관리적 측면에서 상황이 불분명해 발생할 수 있는 편견을 제거하기 위해서이다. 교환원은 누군가가 항상 듣고 있다는 것을 알고 있다. 그래서 규칙대로 업무를 수행한다. 일부 대기업은 같은 이유로 한 지역에서 근무하고 있는 관리자가 다른 지역에 있는 직원을 관찰하게 한다. 보안을 위한 영상 모니터링의 사용은 지속적인 감독하에 있다는 것을 직원 스스로 생각하도록 하려는 의도에서 시작되지는 않았지만, 결과적으로는 이득이 됐다. 윤리적 이유로, 직원과 고객을 모니터링하고 있음을 통지해야 한다.

[표13-1] 환자 서비스 품질 측정을 위한 다양한 정성적 기법들의 장단점

관리 기법	장점	단점
경영진의 관찰	- 경영진은 비즈니스, 정책 그리고 절차를 알고 있음 - 환자에게 폐가 되지 않음 - 서비스 실패를 회복할 기회 - 상세한 환자 피드백을 얻을 수 있는 기회 - 데이터 수집에 대한 최소한의 비용	- 경영진의 직접관찰은 서비스 제공자들에게 부담을 줄 수 있음 - 통계적 타당성과 신뢰성이 부족함 - 객관적 관찰은 전문적 교육이 필요함 - 직원들 스스로가 유발한 문제들에 대해서는 보고하기 꺼려함 - 경영진이 프로세스와 고객들에 대해 잘 모를 수 있음
직원 피드백 프로그램	- 직원들은 서비스 전달의 문제점들에 대해 알고 있음 - 환자들이 자진해서 서비스 경험에 대한 정보를 직원들에게 줄 수 있음 - 환자들에게 폐가 되지 않음 - 서비스 실패를 회복할 기회 - 상세한 환자 피드백을 수집할 수 있는 기회 - 데이터 수집과 문서화에 대한 비용 최소화	- 객관적 관찰은 전문적 교육이 필요함 - 직원들 스스로가 유발한 문제들에 대해서는 보고하기 꺼려함
팀제와 품질관리 서클	- 서비스 품질에 대한 경영진의 강한 사명감을 직원들이 인식할 수 있는 기회 - 각 직원이 서비스 품질에 어떻게 직접적으로 영향을 주는지 이해할 수 있는 기회 - 권한부여를 통해 직원의 사기와 생산성, 효율성 그리고 환자만족도를 향상시킬 수 있음 - 팀이 함께 일하면 환자들에게 신뢰와 능력을 보여줄 수 있음	- 직원들은 권한부여의 책임을 회피하려 할 수 있음 - 팀이 응집력 있게 행동하거나 협력하지 않을 수 있음 - 팀원들 간의 의사소통에 많은 시간을 소요할 수 있음

포커스 그룹	- 상세한 환자 피드백을 수집할 수 있는 기회 - 서비스 실패를 회복할 수 있는 기회 - 정성적 분석은 포커스 관리자들이 문제 분야에 초점을 맞출 수 있도록 도와줌 - 논의 중에 다른 문제들이 수면으로 올라올 수 있음 - 시설이 서비스 품질에 대한 환자들의 의견에 관심이 있다는 것을 보여줌	- 핵심 서비스 전달 문제들이 아닌, 문제의 징후들만 알아낼 수 있음 - 제한적인 고객들의 피드백 - 서비스 대면의 상세한 내용을 기억하지 못할 수 있음 - 한 그룹이 우세하거나 논의가 편향될 수 있음 - 참여에 대한 인센티브를 지급해야 할 수 있음 - 교육받은 포커스 그룹 리더의 높은 비용 - 다른 사람들의 반대가 두려워 정보를 제공하지 않을 수 있음 - 환자인구의 대표적인 표본이 아닐 수 있음
서비스 보장	- 중요한 분야에서 발생한 서비스 실패에 대한 피드백을 제공함 - 성과 측정과 마케팅을 향상시킴	- 자체 선택한 환자 표본이 통계적으로 대표적 사례가 아닐 수 있음 - 일부 환자들이 조직을 이용할 수 있음

※ 출처: R.C. Ford, S.A.Bach & M.D.Fottler 〈Methods of Measuring Patient Satisfaction in Health Care Organizations〉(Aspen Publishers, Inc. 1997)

직원 피드백

직원 피드백은 관리자의 관찰을 보완해야 한다. 직원은 다루기 어려운 조직 정책과 통제 절차, 관리보고 구조 혹은 효과적인 서비스 전달을 제약하는 프로세스와 같은 문제에 대해 의견을 제공할 수 있다. 직원은 고품질 서비스 전달을 막는 조직적 장애물에 대해 직접 체험으로 알고 있다.

연구에 따르면, 포커스 그룹에 속한 직원은 고객 포커스 그룹보다 같은 문제를 더 상세하게 파악했다고 한다. 이것은 환자 서비스 품질을 방해하는 의료조직 내의 문제들을 발견하기 위해 실시하는 고객 포커스 그룹이나 직원 설문조사를 대체할 수 있는 대안으로, 직원 포커스 그룹의 사용 가능성을 나타낸다. 이 연구는 직원이 환자경험과 관련하여 무엇이 잘못됐는지를 알고 있고, 경영진이 물어보면 기꺼이 이야기할 것이라고 결론 내렸다.

직원 업무팀들과 품질 서비스 서클은 피드백의 다른 출처들이다. 이런 기법은 각 직원이 어떻게 서비스 품질에 직접 영향을 줄 수 있는지에 대한 이해와 인식을 조성한다. 업무팀이 고객서비스 경험의 모든 측면을 검토하라는 요청을 받았을 때, 직원은 의료서비스 품질에 대한 경영진의 헌신을 알게 된다. 팀제를 이용하기 위해 조직은 직원 훈련에 투자해야 하고, 팀원에게 팀을 배정해야 한다. 이 단계는 2가지 중요한 메시지를 전한다. 첫째, 경영진은 문제를 찾아내고 해결할 수 있는 직원의 능력을 신뢰한다. 둘째, 조직이 서비스를 제공하기 위해 소중한 자원을 쓴다면 서비스에 진정으로 전념하고 있는 것이다.

또 다른 직원 피드백 프로세스는 환자 옴부즈맨(ombudsman)이다. 옴부즈맨은 환자들로부터 그들의 문제를 듣고, 만약 자신이 해결할 수 있는 능력이 없다면 그 문제를 처리할 수 있는 사람에게 보고하는 책임이 있다. 일반적으로 옴부즈맨은 기지가 있고, 친절하고, 신뢰할 수 있는 것으로 고객에게 평판이 나 있는 직원이다. 옴부즈맨은 후탈의 두려움 없이 고객들의 고충에 대해 활동을 총괄하는 관리자에게 직접 보고한다.

예를 들어, 한 병원의 경영진이 병원에 정식적인 고객불평 처리절차가 없다는 것을 알아차리고, 이전에 환자에게 카드와 꽃을 배달해 주는 격려자(cheer bringer)에게 옴부즈맨 역할을 맡겼다. 보통 입원환자는 보복과 학대기 두려워 직원에 대해 불평을 하지 않는다. 새로 옴부즈맨이 된 직원은 돌아다니면서 환자의 문제를 물어봤다. 그는 이미 환자들이 좋아하고 신뢰하는 직원이었기 때문에, 환자들의 불평을 알아내기 위해서 그들에게 접근할 수 있는 가장 이상적인 사람이었다.

포커스 그룹

포커스 그룹은 환자와 다른 고객이 받는 서비스를 어떻게 생각하는지에 대한 깊이 있는 정보를 제공한다. 일반적으로, 6명에서 10명으로 구성된 포커스 그룹은 조력자와 함께 실제 문제와 상상한 문제를 논의하고 의견을 내기 위해 몇 시간 동안 모인다. 많은 서비스 조직은 일상적으로 고객을 초대하여 포커스 그룹에 참여하도록 한다. 이런 초대는 회사가 고객에게 참여를 요청할 만큼 고객을 중시한다는 것을 보여준다. 조직은 고객에게 소액의 참여비나 무료 저녁 또는 다른 방법으로 참여에 감사를 표한다.

조직이 포커스 그룹을 이용하는 이유는 프로그램 개선에 유용한 정보를 생산하지 못하는 설문조사 결과를 보충하기 위해서이다. 설문조사에서 얻은 정보는 충분히 포괄적이지 않다. 경영진은 설문조사가 무엇을 측정하는지 알 수 있지만, 환자에게 무엇인 정말로 중요한지는 설문조사로는 정확히 알 수가 없다. 설문조사는 고객만족의 핵심요인들이 아닌 분야들에 대한 만족도 평가만 요청할 수도 있다.

일반적으로 설문조사는 과거에 무슨 일이 일어났는지에 대해 물어보는 것으로 제한되고, 미래에 환자가 무엇을 원할지에 대해 물어보지 않는다. 또한 설문조사는 쉽게 잊어버릴 수 있는 환자경험들의 기억에 의존한다. 마지막으로, 설문조사는 가능한 응답들의 범위가 좁아서, 만족에 대해 과대평가하는 결과를 낳을 수도 있다.

환자 포커스 그룹은 환자가 무엇을 기대하는지에 대해 가치 있는 피드백을 제공할 수 있고, 특히 환자가 중요하다고 생각하는 요인과 부족하다고 생각하는 요인에 대해 효과적으로 밝혀줄 수 있다. 왜냐하면 포커스 그룹의 질문은 제한이 없으며 확대할 수 있기 때문이다. 또한 참가자의 경험, 의견, 기대 그리고 제안이 설문조사 데이터보다 내용과 맥락 측면에서 더 풍부할 가능성이 높다.

서비스 보장

서비스 보장 방법은 서비스의 어떤 측면이 만족스러웠는지 또는 만족스럽지 못했는지에 대한 고객의 주관적인 인식에 근거한다. "만족 보장. 불만족하실 경우 돈을 무조건 돌려드리겠습니다." 또는 "만족 보장. 불만족하실 경우 다음에 구매 시 50% 할인 혜택을 드립니다."와 같은 약속이 서비스산업에서는 효과가 있었다. 헤이즈와 힐(Hays and Hill, 2006)의 장기적인 연구에 따르면, 서비스 보장은 직원 동기부여와 고객의 재방문 의사에 긍정적이고 장기적인 효과가 있다고 한다. 이 연구는 고객충성도를 향상하고 직원 동기부여를 장려하기 위해 서비스 보장을 사용해야 한다는 것을 뒷받침해준다.

제트블루(JetBlue)는 서비스 보장을 제공하고, 보장 내용을 고객의 권리장전에 상세히 설명했다.

- 만약 제트블루의 결정에 따른 결과로 인해 항공기가 착륙한 후 게이트에 도착하는 것이 30분 이상 소요된다면, 제트블루는 고객에게 배상한다.
- 도착 지연의 경우, 고객은 추후 비행편 구매 시 사용할 수 있는 상품권을 받는다. 1시간 이내 지연 시 25달러, 1시간에서 2시간 사이 지연 시 100달러, 2시간에서 4시간 사이 지연 시 고객이 구매한 항공권의 편도 금액, 4시간 이상 지연 시 왕복 금액을 받는다.
- 제트블루는 3시간 이륙 지연 시 100달러 상품권, 4시간 이상 지연 시 여행상품 권을 고객에게 제공한다. 5시간 이상 지연 시, 승객은 항공기에서 내리도록 조치 받는다.
- 제트블루는 고객의 탑승을 거절한 경우, 연방정부가 요구한 400달러보다 많은 1,000달러를 고객에게 현금으로 제공한다.

반면, 이런 보장과 고객의 권리장전은 의료서비스에서는 보기 드물다. 한 연구에 따르면, 평균 사업체에서는 기존 고객을 유지하기 위해 사용하는 비용의 6배에 달하는 돈을 잠재 고객들을 대상으로 한 마케팅에 쓴다고 한다. 일부 연구는 새로운 고객을 얻는 것이 현재 고객들을 유지하는 것보다 비용이 덜 든다고 말한다. 그러나 의료서비스 종사자들은 그 반대라고 주장한다.

의료시설은 마케팅 프로그램을 이용해 새로운 고객을 유치하는 데 초점을 맞춘다. 그러나 일반적으로 의료서비스의 품질을 확언하기 위해 기존 고객이나 미래 고객에게 품질 보장 또는 만족 보장을 제공하지는 않는다. 의료조직이 다른 서비스 비즈니스처럼 보장을 제공하지 않는 이유는 무엇일까? 의료시설에서, 직원은 최소한 타당한 시간 내에 전화에 응답하고, 환자 양식 작성을 최소화하며, 음식은 레스토랑과 같은 품질로 제공해야 한다. 또한, 퇴원 시 대기시간을 최소화하고, 모든 시설은 깨끗하고 직원들은 친절하고 공손할 것이란 보장을 할 수 있어야 한다.

파비앙(Fabien, 2005)에 따르면, 서비스 보증은 조직적 학습을 포함하여 조직에 많은 장점을 제공한다고 한다. 만약 한 회사가 고객들이 요청하는, 강력하고 이해하기 쉬운 서비스 보증을 제공한다면, 그 조직에 있는 모든 사람은 서비스 전달시스템에 대해 배운다. 이와 유사하게 하트(Hart, 1988)는 서비스 보증의 여러 가지 중요한 이점들을 나열한다.

- 모든 사람이 고객의 관점에서 서비스에 대해 생각하게 한다. 왜냐하면, 그것을 적용할지를 결정하는 것은 고객이기 때문이다.
- 서비스가 어디에서 실패했는지 정확히 알려준다. 왜냐하면, 고객이 보장을 요청하는 이유를 보여주기 때문이다. 그리고 그 이유는 서비스 전달시스템에 대한 측정 데이터가 된다. 환자불평은 완벽해지길 바라는 의료조직에는 좋은 자료이다. 보장은 고객이 항의할 수 있도록 지급하는 인센티브이다. 만약 고객의 기대가 충족되지 않았다면, 고객의 불평은 다른 고객이 문제를 발견하기 전에 조직이 잘못된 부분을 수정하도록 도와준다.
- 보장에 대한 보상은 비용이 클 수 있기 때문에, 모든 사람이 재빨리 문제에 집중하도록 해준다. 고객이 보장을 적용해야 한다면, 손실비용으로 경영진은 직접 문제를 정정하는 데 집중하게 된다.
- 서비스 문제로부터 회복할 확률이 높아진다. 왜냐하면, 보장은 환자가 장문의 항의 서신을 보내거나 다른 경쟁자에게 가는 대신 즉각적인 회복을 요구하도록 장려하기 때문이다.
- 의료서비스 품질을 중시하고 계속 지원할 것이란 강력한 메시지를 지원과 고객에게 보낸다.

다음 글은 하트(1988)의 서비스 보증 기준을 보여준다.

서비스 보증에 대한 기준

1. 무조건적이어야 한다. 보증에 조건이 많이 붙을수록, 그 보증은 직원들과 고객들에게 신뢰가 떨어진다. 보증을 사용하는 데 조건이 없거나 최소한의 조건만 요구되어야 한다.

2. 이해와 전달이 쉬워야 한다. 보증이 더 복잡할수록, 사람들이 믿거나 사용할 확률이 낮아진다.

3. 고객의 요구에 중점을 둔다. 보증은 조직의 요구에 맞추는 것이 아니라, 고객의 문제를 해결해야 한다.

4. 의료서비스 품질 기준의 정의를 명확하게 한다. 서비스를 보증한다면, 원래 약속한 그대로 이행하는 것이 바람직하다.

5. 고객과 조직에 의미가 있어야 한다. 만약 보증이 고객의 문제를 부분적으로 해결하거나 조직에 거의 중요치 않다면, 고객과 서비스 직원 양쪽 모두에게 이 보증은 가치가 없다.

6. 사용하기 쉬워야 한다. 보증이나 그 혜택이 환자에게 고통을 주어서는 안 된다. 보증을 사용하기 더 어려울수록 고객들이 신뢰하지 않으며, 심각한 서비스 문제들을 진단하는 데 도움이 되지 않을 것이다.

7. 신뢰선언. 신뢰는 전체 조직에 누를 끼치지 않고 고객의 문제를 신속하게, 공정하고 효과적으로 해결할 수 있는, 믿을 만한 직원에게까지만 미친다.

8. 고객이 신뢰하고 믿을 수 있어야 한다. 만약 정말 좋은 결과를 가져올 것이란 믿음을 주지 못한다면, 고객은 그 보장을 사용하지 않을 것이다.

※ 출처: C.W.L. Hart 〈The Power of Unconditional Service Guarantees〉(Harvard Business School of Publishing Corporation, 1988)

정량적 기법

서비스 품질을 평가하는 정성적 기법은 많은 장점을 가지고 있다. 하지만 좋은 조직은 환자 스스로(경우에 따라 환자 가족들이) 자신들의 경험에 대해 어떻게 생각하는지 양적 방식으로 측정하는 데 더 관심이 있다. 환자는 일반적으로 자신의 경험에서 좋았던 점과 싫었던 점을 의료제공자에게 말한다. 스튜더(2008)는 이것이 중요하다고 강조한다. 많은 문헌에서 환자만족과 서비스 품질 데이터에 대한 인식을 수집할 수 있는 다양한 기법들을 설명한다. 환자로부터 직접 데이터를 수집하는 기법은 비용, 편의성, 객관성 그리고 통계 등에 따라 다양하다.

[표13-2]는 환자가 제공한 정보에 근거한 정량적 방법들의 개요이며, 각 기법의 장단점을 보여준다.

[표13-2] 환자서비스 품질 측정을 위한 다양한 정량적 기법들의 장점과 단점

관리 기법	장점	단점
코멘트 카드	- 시설이 서비스 품질에 대한 환자들의 의견에 관심이 있다는 것을 보여줌 - 서비스 실패를 회복할 수 있는 기회 - 데이터 수집에 대한 최소한의 비용 - 적당한 비용	- 자체 선택한 환자 표본이 통계적으로 대표적 사례가 아닐 수 있음 - 코멘트는 일반적으로 극단적인 환자불만이나 극단적인 만족을 반영함
우편 설문조사	- 표적 환자들의 대표적이고 유효한 표본들을 모을 수 있음 - 서비스 실패를 회복할 수 있는 기회 - 환자들은 자신들의 서비스 경험을 반영할 수 있음 - 시설이 서비스 품질에 대한 환자들의 의견에 관심이 있다는 것을 보여줌 - 부서와 환자인구통계별로 환자만족도를 비교할 수 있음	- 대면의 상세한 내용을 기억하지 못할 수 있음 - 시간차 때문에 다른 서비스 경험들에 대한 반응들이 편향될 수 있음 - 참여에 대한 인센티브를 지급해야 할 수 있음 - 대표적 표본을 모으는 비용이 높을 수 있음 - 질문의 문구와 관련된 잠재적인 문제들
현장 인터뷰	- 상세한 환자 피드백을 수집할 수 있는 기회 - 서비스 실패를 회복할 수 있는 기회 - 표적 환자들의 대표적이고 유효한 표본들을 모을 수 있음 - 시설이 서비스 품질에 대한 환자들의 의견에 관심이 있다는 것을 보여줌	- 환자들의 대표적 표본이 아닐 수 있음 - 다른 서비스 경험들에 대한 반응들이 편향될 수 있음 - 응답자들은 인터뷰 진행자가 원하는 답변을 주는 경향이 있음 - 참여에 대한 인센티브를 지급해야 할 수 있음 - 비용이 비교적 높을 수 있음

전화 인터뷰	- 상세한 환자 피드백을 수집할 수 있는 기회 - 표적 환자들의 대표적이고 유효한 표본들을 모을 수 있음 - 서비스 실패를 회복할 수 있는 기회 - 시설이 서비스 품질에 대한 환자들의 의견에 관심이 있다는 것을 보여줌	- 개인들은 전화 인터뷰를 불쾌하게 여기는 경향이 있음 - 근무 중인 사람들에게 연락하기 어려움/집으로 연락하기 불편함 - 전화 인터뷰 소요비용(숙련된 인력)이 높음 - 환자들의 대표적인 단면을 보여주지 않을 수 있음
미스터리 쇼퍼	- 일관적이고 편향되지 않은 피드백 - 구체적인 상황에 초점을 맞출 수 있음 - 환자에게 폐가 되지 않음 - 상세한 환자 피드백을 수집할 수 있는 기회 - 교육 프로그램의 효과 측정을 가능하게 함	- 일반적이지 않은 상황은 통계적으로 실효성이 없음 - 비용이 비교적 높을 수 있음 - 모든 임상 분야에 해당되는 것은 아님 (예: 수술) - 윤리적 문제

※ 출처: R.C. Ford, S.A.Bach & M.D.Fottler 〈Methods of Measuring Patient Satisfaction in Health Care Organizations〉(Aspen Publishers, Inc. 1997)

성과 기준

훌륭한 조직은 직원이 자신의 행동을 모니터링할 수 있도록 정량적 성과 기준과 측정 방법을 개발한다. 일부 기준은 산업 전체에서 사용된다. 예를 들어, 응급상황에 3분 이내 응대하기, 병동에 도착한 후 20분 이내 아침 식사 배식 완료하기, 병실 호출에는 5분 이내 응대하기 등이 있다.

조직은 자신의 상황에 맞춰 대부분 기준을 수립하며, 그 기준은 경쟁업체를 이기고 환자기대를 충족하기 위해 설계된다. 직원은 응급실에 온 환자를 주어진 몇 분 안에 분류해야 한다. 예를 들어, 만약 5분 안에 부상자 분류를 못 하면 의료서비스 품질 기준에 미달이다. 간호사는 환자의 전화가 몇 번 울리기 전에 받아야 하는지와 같은 의료서비스 경험을 측정하는 데 숫자를 이용한 방법을 사용한다. 만약 간호사가 정해진 횟수(벨소리) 안에 전화를 받지 못한 경우, 품질 기준 미달이 되는 것이다.

다음은 기준의 종류가 개발되고, 측정되고, 의료서비스 경험이 제공될 수 있도록 확인하는 방법으로 사용되는 사례이다. 품질 전문가 필립 크로스비(Phillip Crosby)는 저서 《Quality Is Free》(New American Library, 1978)에서 품질 기준에 맞지 않은 가격은 처음에 품질 기준을 충족하지 않은 결과로 발생한 실패와 오류 수정 비용으로 계산될 수 있다고 말한다. 일부 조직은 3번 전화가 울리기 전에 전화를 받지 않는 것을 비용으로 환산하는 것이 불가능하다고 생각할 수 있다. 그러나 의료전문가들은 가능하다고 확신한다.

고객서비스 문제를 예방하기 위해, 조직의 성과 기준은 가장 요구가 많은 환자의 기준을 초과해야 한다. 만약 이를 초과했고, 환자들이 만족하는 듯 보이고, 아무도 불평하지 않는다 하여도, 조직의 내부 관리 조사는 기준 미달이라고 평가할 수 있다. 그런 일이 발생하면, 서비스산업에 있는 일부 조직은 실제로 사과를 한다.

환자들은 이런 의료조직의 모습에 감동할 것이다. 의료경영진은 사과가 법적 책임의 인정으로 보일 수 있기 때문에 사과하는 것이 소송으로 이어질까봐 우려한다. 그러나 벤치마크 의료조직은 어떻게 법적 책임을 인정하지 않고 사과를 전하면서 이득을 얻을 수 있는지 터득했다.

코멘트 카드

코멘트 카드는 모든 데이터 수집 방법 중에서 가장 싸고 가장 쉬운 방법이다. 만약 제대로 설계된다면, 기록하고 분석하기 쉽다. 이런 장점으로 인해 코멘트 카드는 품질 평가 직원이나 컨설턴트를 감당할 수 없는 소규모 조직에게 환자만족 데이터 수집을 위한 매력적인 방법이다. 코멘트 카드는 환자의 자발적인 참여에 의지한다. 그러므로 엽서와 같이 편리한 형식에 적힌 몇 가지 간단한 질문들에 응답하여 의료서비스 경험의 품질을 평가하는 환자가 필요하다. 환자들은 코멘트 카드를 작성 후 의료시설 출구 근처에 놓인 상자 안에 넣거나, 직접 서비스 제공자에게 전달하거나, 우편으로 조직에 보낸다.

다음은 코멘트 카드를 사용해야 하는 6가지 이유이다.

1. 주요 고객층의 구체적인 요구와 문제들을 알아낼 수 있다.
2. 고객의 관점에서 서비스 개선의 영향을 빠르고 정확하게 평가할 수 있다.
3. 피드백 프로세스에 속력을 가하기 위해 고객의 의견을 빠르게 수집한다.
4. 고객들의 솔직한 피드백을 수집하기 위한 쉬운 방법이다.
5. 정량적 데이터로 입증되지 않은 피드백을 보완한다.
6. 서비스 개선을 시행할 때 문제를 찾아낼 수 있는 체계적인 방법이 된다.

유용한 코멘트 카드를 개발하기 위해, 의료조직은 특정 서비스를 이용하는 고객들을 파악하고 서비스 측면에서 그들에게 무엇이 중요한지 찾아낸다. 이런 기대가 정리되면, 코멘트 카드의 질문을 만들 수 있다. 만약 조사에서 환자가 병원에 방문할 때 친절한 인사, 즉각적인 주의 그리고 진료 절차에 대한 상세한 정보를 원한다고 한다면, 병원의 코멘트 카드를 통해 의료서비스 경험의 이런 요소에 대해 환자에게 물어볼 것이다. 만약 조직이 특정 방법으로 차별화를 시도한다면, 차별화된 요소 역시 코멘트 카드에 추가할 수 있다.

코멘트 카드는 조직이 이 카드를 작성하기 위해 시간을 내는 고객의 일반적인 기대를 충족하는지를 나타낸다. 전화상의 긴 대기, 접수 데스크에서의 대기 혹은 병실 관리 문제에 대한 코멘트는 서비스 전달시스템, 직원과 교육 그리고 서비스 그 자체에 대한 강점과 약점을 나타낸다.

긍정적인 코멘트는 경영진에게 훌륭한 직원을 알아볼 기회를 줄 수 있다. 직원에 대한 인정은 좋은 환자서비스로 이어지는 행동을 강화한다. 또한, 역할모델과 훌륭한 서비스를 제공하는 방법에 대해 다른 직원들이 담당업무에서의 행동에 반영하는 데 사용할 수 있는 요소를 만든다. 부정적인 코멘트는 특정 직원들에 대한 언급 없이 부정적인 의료서비스 경험들을 초래한 행동들을 설명하기 위해 교육에서 사용될 수 있다. 이런 방법으로 코멘트 카드를 사용한다면, 관리자는 환자의 목소리를 통해 훌륭한 환자서비스를 제공하는 방법을 직원들에게 교육할 수 있다.

카드를 통해 축적된 코멘트는 막대 그래프에서 숫자를 이용해 도표로 나타낼 수 있다. 또한, 차트를 이용하여 환자들이 경험을 어떻게 인식하는지 시각적으로 나타낼 수도 있다. 도표는 서비스 문제가 가끔 발생하는지 아니면 무작위로 발생하는지 혹은 전체 서비스 품질이 악화되고 있는지를 보여준다. 비록 환자 코멘트 및 이런 시각적 통계 자료는 흥미롭고 경영진에게 유용하지만, 정보는 통계적으로 유효하지 않다. 왜냐하면, 대부분 통계적 기법의 '무작위추출' 요건이 충족되지 않기 때문이다.

코멘트 카드의 가장 큰 단점은 많은 고객이 코멘트 카드에 관심을 보이지 않거나 작성하지 않는다는 것이다. 그래서 코멘트 카드가 고객들의 일반적인 인식을 정확하게 반영하고 있다고 할 수 없다. 일반적으로 고객들의 5% 정도만 코멘트 카드를 제출한다. 그리고 보통 응답이 매우 만족 아니면 매우 불만족이다. 불만고객들의 몇 퍼센트가 혹은 만족고객들의 몇 퍼센트가 이런 반응을 나타내는지 알아내기가 어렵다. 고객들의 95%가 아무 코멘트도 하지 않을 경우, 의료조직은 고객들이 만족하는지 불만족하는지 혹은 무관심한지 판단할 수 없다. 연구에 따르면, 불만고객들의 상당수는 코멘트 카드도 작성하지 않고 조용히 떠나서 다시 돌아오지 않는다고 한다.

코멘트 카드를 비롯해 피드백을 수집하는 많은 방법의 단점은, 환자 응답과 관리자 검토 사이의 시차로 서비스 갭(service gap)과 문제들을 현장에서 정정할 기회를 놓친다는 것이다. 결정적 순간이 한 번 지나가면, 화가 났거나 실망한 환자는 코멘트 카드에 부정적인 반응을 표현한 후 떠나버린다. 환자 재방문 의사나 환자충성도는 줄어든다.

더욱 안 좋은 것은, 불만환자들로 인해 발생하는 부정적인 입소문을 바로잡을 수 없다는 것이다. 환자들에게 부정적인 피드백을 제공해달라고 요청할 때는, 비난을 예방하기 위해 절대로 신분이 노출되지 않을 것임을 확실하게 해둔다.

설문조사

정식 설문조사 방법을 통해 의료서비스 품질과 가치에 대한 환자 피드백을 얻을 수 있다. 책에서 이미 논의한 방법들보다 더 비싸지만, 설문조사는 환자 의견을 들을 수 있어 통계적으로 유효하고, 신뢰할 수 있고 유용한 방법들을 제공한다. 설문조사는 정교함, 정밀함, 타당성, 신뢰성, 복합성, 비용 그리고 관리 난이도를 포함한다.

(1) 우편 설문조사

적절한 표본조사 대상에게 보내지는 우편 설문조사는 환자만족도와 관련하여 유효한 정보를 제공할 수 있다. 조직들은 우편 설문조사를 활용할 수 있지만, 통제 불가능한 많은 요인들 때문에 환자가 우편 설문조사에 응답하지 못할 수 있다. 부정확하고 불완전한 발송대상 목록이나 설문참여에 대한 관심 부족은 응답률을 떨어뜨려 유용한 정보를 모을 수 없게 한다. 또한, 경험과 설문조사 응답 시간 사이의 시차가 환자들의 기억을 상기하기엔 너무 멀다.

우편 설문조사는 대개 보고서를 작성하기 위해 사용되기 때문에 편향적이다. 의료서비스 경험과 환자 인식의 중요한 세부 요소들은 숫자로 완전히 표현될 수 없다. 또한, 평균치도 충분히 유용한 정보를 주지 못한다. 일부 환자들이 경험을 아주 멋지게 기억하고 있어 높은 평가를 해도, 다른 환자들은 형편없었다고 평가하면 숫자 평균은 평균적으로 환자기대를 충족했다고 나타날 것이다. 이 평균값은 신뢰할 수 없다.

치료의 본질 또한 평가를 해석하기 어렵게 만든다. 만약 수술이 성공적이었지만 환자가 사망한 경우, 다른 환자들의 경험이 기대 이상이어도 사망한 환자의 가족에게는 그렇지 않을 것이다. 마지막으로, 정식 우편 설문조사 기법들은 설문지 개발, 확인 그리고 데이터 분석이 필요하기 때문에 비용이 많이 든다.

(2) 서브퀄

서비스 품질을 측정하는 다양한 방법 중 자주 사용되는 설문조사 기법이 바로 서비스 품질(service quality)의 준말인 서브퀄(SERVQUAL)로, 파라슈라만 등(Parasuraman, Zeithaml and Berry, 1988)이 개발했다. 서브퀄은 심리측정학적(psychometric) 특징들을 확인하기 위해 광범위하게 연구되어왔다. 이 기법은 5가지 범주에서 고객들이 서비스 경험의 품질을 인식하는 방법을 측정한다.

1. 신뢰성(Reliability): 한결같이, 확실하게, 정확하게 서비스를 제공할 수 있는 조직과 직원의 능력

2. 대응성(Responsiveness): 즉각적인 서비스를 제공하여 고객들을 도우려는 직원의 의향

3. 확신성(Assurance): 직원의 지식, 공손함 그리고 신뢰를 줄 수 있는 능력

4. 공감성(Empathy): 각 고객에게 개별화된 주의를 기울이고 배려하려는 직원의 능력

5. 유형성(Tangibles): 조직의 물질적 시설, 장비, 직원들의 외모

서브퀄은 응답자에게 다섯 분야의 상대적 중요성을 평가해달라고 요청한다. 평가 결과를 통해 조직은 고객들에게 가장 중요한 것이 무엇인지 이해할 수 있게 된다. 각 분야에서 서브퀄은 조직들의 직접적인 주의가 필요한 서비스 갭을 알아내기 위해 고객들에게 무엇을 기대했는지, 실제 경험이 어땠는지를 물어본다.

서브퀄 지수(SERVQUAL index)는 소매업과 그 밖의 서비스산업들을 위해 개발되었다. 람사란-포우더(Ramsaran-Fowdar, 2005)는 서브퀄 측정을 연구했고, 핵심 의료결과(예: 환자 교육, 의사 추천)를 포함한 의료서비스와 전문성(예: 지식과 기술을 갖춘 보조직원)과 관련된 서비스 차원들을 추가로 찾아냈다.

서브퀄은 의료조직들에서 폭넓게 이용되었고 다양한 결과들을 보였다. [표 13-3]에는 홀마크 병원(Hallmark Hospital)에서 서비스 품질 평가를 위해 SERVQUAL 설문조사 도구를 각색하여 사용한 사례를 보여준다.

서브퀄 도구는 의료서비스 품질에 미치는 환자 접촉 직원들의 중요성을 반영한다. 유형적 요소는 주로 환경과 전달시스템의 물질적 요소들을 나타낸다. 신뢰성은 조직의 전달시스템 설계와 서비스 제공자의 능력을 반영하고, 나머지 3가지 요소들-대응성, 확신성, 공감싱-은 대부분 환자 집촉 직원들의 책임이다.

[표13-3] 서브퀄 응용사례: 홀마크(Hallmark) 병원의 의료서비스 품질에 대한 고객들의 인식 측정

아래는 홀마크 병원이 제공하는 서비스에 대한 5가지 특징을 나열하고 있습니다. 우리는 병원의 품질을 평가할 때 각 특징이 환자들에게 얼마나 중요한지 알고자 합니다. 고객님이 생각하는 각 특징의 중요도에 따라 총점 100점을 기준으로 배점을 부탁합니다. 더 중요한 특징일수록 더 많은 점수를 주세요. 5가지 특징들의 합산 총점이 100점이 되도록 배점을 해주시면 됩니다.

1. 병원의 시설, 장비 그리고 직원들의 겉모습

_____ 점

2. 약속한 서비스를 믿음직하게 그리고 정확하게 수행할 수 있는 병원의 능력

_____ 점

3. 고객들을 도와주고 즉각적인 서비스를 제공하려는 병원의 의향

_____ 점

4. 병원 직원들의 지식과 예의범절 그리고 신뢰와 자신감을 전할 수 있는 능력

_____ 점

5. 병원이 고객들에게 제공하는 개인화된 관심과 케어링(caring)

_____ 점

병원에서의 경험을 근거로, 의료서비스를 받을 때 어떤 종류의 병원을 선호하는지 생각해주시기 바랍니다. 그런 병원들이 아래 각 문구들에 묘사된 특징을 얼마나 가지고 있다고 생각하는지 표시해주세요. 만약에 우수한 병원들에게 이런 특징이 전혀 필수적이지 않다고 느끼신다면, 1(동의하지 않음)에 동그라미를 쳐주세요. 반대로, 이런 특징이 우수한 병원들에게 필수적이라 느끼신다면 7(동의함)에 동그라미를 쳐주세요. 만약 잘 못 느끼겠다면, 중간 숫자들 중 하나에 동그라미를 쳐주세요. 이 질문은 정확한 답변이 없습니다. 저희는 우수한 서비스 품질을 제공하는 병원들에 대해서 고객이 어떻게 느끼는지를 진정으로 반영한 숫자에만 관심이 있습니다.

[이 절의 22개의 설문조사 문항들은 다음 절에 나오는 문항들과 동일하다. 단, 홀마크 병원이란 지칭만 없다.]

다음의 문장들은 홀마크 병원의 서비스에 대해 고객들이 어떻게 느끼는지와 관련 있습니다. 아래 각 문장에서 설명한 특징을 홀마크 병원이 가지고 있다고 생각하는지 평가해주시기 바랍니다. 1은 홀마크 병원이 해당 특징을 가지고 있다는 것에 '동의하지 않는다'라는 의미입니다. 그리고 7은 '동의한다'라는 의미입니다. 동의하는 정도에 따라 중간 숫자 중 하나에 동그라미를 쳐도 됩니다. 이 질문에는 정답이 없습니다. 우리는 홀마크 병원에서 제공하는 서비스에 대해 고객님들이 어떻게 느끼시는지를 알고자 합니다.

유형성(TANGIBLES)

P1. 홀마크 병원은 현대적인 장비들을 갖추고 있다.

P2. 홀마크 병원의 시설들은 시각적으로 눈길을 끈다.

P3. 홀마크 병원의 직원들은 단정해 보인다.

P4. 서비스와 관련된 홀마크 병원의 재료들은 깨끗하고 위생적이다.

신뢰성(RELIABILITY)

P5. 홀마크 병원은 정해진 시간에 무엇을 하겠다고 약속하면 그대로 이행한다.

P6. 환자에 문제가 있으면 홀마크 병원은 문제 해결에 적극적으로 도움을 준다.

P7. 홀마크 병원은 서비스를 제공할 때 첫 시도에 올바르게 수행한다.

P8. 홀마크 병원은 약속한 대로 서비스를 제공한다.

P9. 홀마크 병원은 오류 없는 서비스를 고집한다.

대응성(RESPONSIVENESS)

P10. 홀마크 병원의 직원들은 의료서비스를 수행할 때 정확하게 알려준다.

P11. 홀마크 병원의 직원들은 즉각적인 의료서비스를 제공한다.

P12. 홀마크 병원의 직원들은 항상 기꺼이 도와준다.

P13. 홀마크 병원의 직원들은 고객들의 요청에 항상 응한다.

확신성(ASSURANCE)

P14. 홀마크 병원 직원들의 행동은 고객들에게 신뢰를 준다.

P15. 홀마크 병원에 가서 그들과 거래하는 것에 대해 안심된다.

P16. 홀마크 병원의 직원들은 항상 예의 바르다.

P17. 홀마크 병원의 직원들은 질문에 답변할 수 있는 지식을 가지고 있다.

공감성(EMPATHY)

P18. 홀마크 병원은 각 환자에게 귀를 기울인다.

P19. 홀마크 병원은 모든 고객들에게 편리한 방문 시간을 허용한다.

P20. 홀마크 병원에는 환자들에게 귀를 기울이는 직원들이 있다.

P21. 홀마크 병원은 환자들의 이득을 최우선으로 염두에 둔다.

P22. 홀마크 병원의 직원들은 환자들의 요구가 무엇인지 알기 위해 노력한다.

※ 출처: A.Parasuraman, V.A.Zeithaml, and L.L.Berry 〈SERVQUAL: A Multiple-Item Scale for Measuring Consumer Perception of Service Quality〉(Journal of Retailing, 1988)

내부 고객 매트릭스

　의료조직들은 외부 고객들을 평가할 때 너무 자주 내부 고객들을 간과한다. 전통적인 종합 의료시설의 많은 부서들은 환자들이나 외부 의사들뿐만 아니라 다른 내부 요소들을 위해 서비스 기능을 제공한다. 또한 인사, 교육, 급여 지급 등의 독자적인 기능을 수행하기도 한다. 이런 내부 서비스 제공자들은 종종 고객 대상 서비스 제공자가 아닌 내부활동 부서들로 여겨진다. 그 결과, 많은 의료경영진은 그 활동들에 크게 주목하지 않는다.

　한 병원에서 내부고객 설문조사 도구를 개발하고 시행했다. 이 프로세스는 내부 간호 서비스에 대한 만족과 관련된 서비스 관리자들의 초기 기준선(initial baseline) 설문조사, 설문조사 결과에 대한 서비스 분야 관리자들의 피드백, 개선 결정을 위한 중간 설문조사, 시행된 변화들의 효과를 알아내기 위한 2년 후의 재설문조사를 포함했다. 일반적으로, 초기 설문조사의 점수는 굉장히 긍정적이었다. 15개의 분야들 중 13개의 분야는 좋은 점수를 받았고, 11개의 분야들은 3.0의 '동의' 범주보다 높은 평균점수를 받았다.

　초기 설문조사의 결과를 검토한 후, 고위 간호 관리자들은 이 결과를 서비스 개선을 위한 기준선으로 사용했다. 서비스 분야 간호 관리자들은 설문조사에서 확인된 3가지 문제들을 선택했고, 그 문제들을 해결하기 위해 계획을 개발하고 시행했다. 그다음, 대다수의 간호 관리자들은 직원들에게 실행 계획을 위한 의견을 요청했다. 2년 후, 간호 서비스 사용자들의 만족도는 15개의 서비스 분야가 호의적인 응답을 받았고, 15개의 분야 중에서 14분야들은 3.0보다 큰 평균점수를 받았다.

　연구자 벤 슈나이더(Ben Schneider)는 직원들이 인식하는 서비스의 분위기를 평가하기 위해, 광범위하게 사용되는 또 다른 질문지를 개발했다. 발표한 연구들에서 슈나이더 등(Schneider, Macey and Young, 2006 / Schneider and White, 2004)은 긍정적인 서비스 분위기에 대한 직원들의 평가 그리고 고객들이 인식하는 긍정적인 서비스 경험 간에 일관된 관계가 있음을 발견했다. 확실히 고품질 고객서비스를 제공하는 직원 성향과 실제 제공하는 서비스 품질 간에 관계가 존재한다.

체계적인 인터뷰

환자들과의 대면 인터뷰는 개방형 질문에 대한 답변의 뉘앙스를 감지할 수 있는, 교육받은 인터뷰 진행자가 필요하다. 체계적인 인터뷰는 환자들에게 의료서비스 경험에 대해 상세히 물어볼 기회가 있을 때 풍부한 정보를 제공한다. 인터뷰를 통해 이전에 알지 못했던 문제들을 알아낼 수 있거나, 설문지와 데이터에 반영된 이미 알려진 문제들의 새로운 전환에 대해 알아낼 수 있다.

그러나 개인 인터뷰는 비용이 많이 든다. 인터뷰 진행자를 채용하여 교육해야 하고, 인터뷰 기구를 맞춤 설계해야 한다. 그리고 참여한 환자들에게 보상도 해야 한다. 매우 만족했거나 매우 불만족한 경우가 아닌 이상, 인센티브 없이 인터뷰가 진행된다면 환자들은 개인적 이득이 별로 없다고 생각한다. 마지막으로, 환자나 가족들을 인터뷰하기에 가장 이상적인 시간은 의료서비스 경험이 끝나는 시점이다. 퇴원에 대해 걱정이 많을 때 주의를 끌고 협조를 요청하는 것은 쉽지 않은 일이다.

또 다른 환자 인터뷰 접근법은 컨설턴트나 직원들을 고용하여 몇 가지 주요 서비스 문제들에 대한 의견을 듣기 위해 무작위로 선택한 환자들에게 질문하는 것이다. 의료시설에서 고객 인터뷰를 하는 사람은 일반적으로 관리자 또는 환자 접촉 직원이다. 예를 들어, 진료비 청구담당 직원은 환자들이 퇴원할 때 진료비 청구를 해야 하므로, 환자들에게 경험에 대해 질문할 수 있는 최고의 기회를 갖고 있다. 환자들이 항상 진실을 모두 말하는 것은 아니므로, 수집된 정보가 유용하고 정확하고 충분하도록 전문적으로 개발되고 검증된 질문들을 하는 체계적인 인터뷰가 진행되어야 한다.

앞서 언급했듯이, 즉각적인 피드백의 가장 큰 장점은 서비스 문제를 즉각적으로 회복할 수 있다는 것이다. 많은 연구에 따르면, 환자불평을 공정하게 해결하는 것이 조직에 큰 이득이 된다. 그러므로 직원 교육에는 적절한 서비스 회복 기법들이 포함되어야 한다. 왜냐하면, 서비스 품질 정보는 환자에게서 직접 나오기 때문에 직원들과 경영진에게는 신뢰할 수 있는 정보이고, 환자들이 지적한 문제들에 대해 신중히 고려할 수 있게 해주기 때문이다.

결정적 사건 기법

또 다른 중요한 설문조사 도구는 결정적 사건기법(CIT, Critical Incident Technique)이다. 인터뷰나 필기 설문조사를 통해, 고객들에게 조직과 상호작용하면서 경험한 수많은 순간-불만, 중립 혹은 만족으로 분류-을 알아내고 평가하기 위해 질문한다. 설문조사는 어느 순간들이 고객만족에 중요한가를 조직에게 알려준다. 그리고 중대한 불만요인들은 근원을 찾아내서 바로잡아야 한다. 예를 들어, 머시 헬스시스템의 〈말콤볼드리지 보고서〉는 조직에 있어 '결정적 순간들'의 중요성을 다룬다. 이 사건들은 환자만족을 제공하는 비결로 여겨지며, 자세히 모니터되고 자주 업데이트된다.

입원 기간에 어떤 사건들이 환자들에게 중요한지 알게 되면, 조직은 고객들의 의료서비스 경험이 원활하고 완벽해지도록 집중하게 된다. 앞서 언급했듯이, 의료서비스에서 결정적 사건은 고객기대와 관련되는 경향이 있다. 예를 들어, 개인화된 진료에 대한 환자들의 관심, 즉각적인 대응, 직원 존중, 의사와 직원들의 능력, 깨끗한 환경, 사생활 보호, 그리고 알아보기 쉬운 정보 등이다. 이런 결정적 사건들과 관련된 정보는 서비스 개선에 유용한 정보를 제공할 것이다.

전화 설문조사와 웹 기반 설문조사

전화 인터뷰는 서비스에 대한 고객 인식을 평가하기 위한 또 하나의 유용한 방법이다. 말콤볼드리지 수상자들은 이런 설문조사를 공통적으로 사용한 것으로 밝혀졌다. 많은 조직들은 정보를 수집하기 위해 프레스 가니 혹은 갤럽과 같은 상업적 제공자들을 이용한다. 그리고 샤프 헬스케어나 머시 헬스시스템과 같은 다른 조직들은 이런 데이터를 매월 수집한다. 많은 의료시설은 서비스를 제공하는 동안 설문조사를 작성해달라고 요청하기보단, 서비스를 제공하고 1주일 후 환자들의 후속관리를 위해 전화 설문조사를 이용한다. 최근, 의료조직들은 환자들에게 인터넷 설문조사 링크를 이메일로 보내기 시작했다. 이 인터넷 설문조사는 전화 설문조사보다 비용이 덜 들고 환자들의 사생활을 덜 침해한다.

전화 인터뷰나 웹 설문조사는 환자들이 의료시설에 없어도 정보를 수집할 수 있다는 장점이 있지만, 몇 가지 다른 문제가 있다. 설문조사 방법들이 시간의 흐름에 따라 흐릿해진 고객의 기억에 의지한다는 것도 한 가지 문제이다. 만약 서비스를 너무 짧게 받았거나, 환자들이 정확하게 상기하기엔 별로 중요하지 않은 서비스였던 경우 혹은 환자들이 설문조사에 참가해야 할 특별한 동기가 없는 경우라면, 그들이 제공하는 정보는 신뢰할 수 없거나 불완전할 수 있다.

또한 일부 고객들은 전화 설문조사와 웹 기반 설문조사가 자신들의 개인 시간과 사생활을 침해한다고 여기기 때문에, 집으로 전화하는 조직에게 부정적인 반응을 보이고, 편향된 데이트를 제공할 수도 있다.

레드 로브스터와 스테이크 & 에일(Red Lobster and Steak & Ale)은 고객 영수증 시스템에 모든 고객들이 전화할 수 있는 무료 번호를 출력하는 코드를 포함시켜 이런 어려움들을 피한다. 자동응답 시스템은 고객들에게 레스토랑 경험에 대한 설문조사에 참여하길 원하면 그 전화번호를 누르라고 유도한다. 설문조사 참여자들에게, 레스토랑은 무료 디저트 쿠폰이나 2인 중 1인 무료 애피타이저 쿠폰을 제공한다. 의료제공자들은 환자들을 설문조사에 참여하도록 유도할 때 이 전략을 채택할 수 있다. 헬스클럽이나 멀티플렉스 가족 무료이용권과 같은 건강 관련 상품을 경품으로 하는 추첨 행사도 좋은 방법이 될 수 있다.

교육받은 인터뷰 진행자가 실행하는 전화 인터뷰는 비용이 많이 들기 때문에 웹 기반 설문조사를 선호하는 추세이다. 데이터 분석과 전문가 해석이 포함되면, 통계적으로 유효한 전화 설문조사의 총비용은 더 높아질 수 있다. 반면 많은 웹 기반 도구들은 자동 데이터분석을 제공하면서도 훨씬 더 저렴하다.

미스터리 쇼퍼

미스터리 쇼퍼(mystery shopper)는 의료서비스 경험의 객관적인 정보를 경영진에게 제공한다. 3명의 교육받은 관찰자들이 환자 역할을 하면서, 체계적으로 서비스 및 서비스 제공을 표본조사하고 환경을 관찰한다. 그다음, 경험에 대해 체계적이고 상세한 보고서를 작성한다. 그들은 클리닉에서 정기검진을 '표본조사'할 수 있다.

미스터리 쇼퍼의 보고서는 일반적으로 경험의 많은 측면들을 숫자로 평가한다. 이런 평가들은 조직들이 개선 전과 후의 결과를 비교할 수 있게 해준다. 미스터리 쇼퍼들은 품질 수준, 프로그램과 서비스 상품들, 시설, 직원 업무 성과 그리고 가격에 대한 정보를 수집하기 위해 경쟁사들을 관찰해 달라는 요청을 받을 수 있다. 조직들은 상업 설문조사 기관, 컨설턴트, 배우 혹은 미스터리 쇼퍼 방문을 할 직원을 고용할 수도 있다.

일반적으로, 직원들은 조직이 미스터리 쇼퍼를 사용한다는 것을 알고 있다. 그러나 그들은 누가 미스터리 쇼퍼인지, 언제 나타날지 모른다. 미스터리 쇼퍼의 방문은 미공개로 하기 때문에, 직원들은 미리 대비할 수가 없다. 미스터리 쇼퍼들은 다른 층, 상황들, 직원들 그리고 관리자들에 대해 품질과 가치의 차이를 평가하기 위해 다양한 근무 시간에 무작위로 방문하라고 지시받는다.

미스터리 쇼퍼 프로그램의 가장 중요한 이점 중 하나는 업무수행 결함 수정에 도움이 되는 정보를 생산한다는 점이다. 직원들은 코칭의 필요성이나 관리자 권고 개선사항들을 따르게 하는 감독자의 피드백에 대해 적대적이고 방어적이거나 이를 무시할 수도 있다. 미스터리 쇼퍼의 관찰은 이런 필요성을 상세히 설명하면서, 관리자들이 직원들을 코칭할 때 고객의 의견을 사용할 수 있게 해준다.

〈월스트리트 저널〉의 한 기사는 의료서비스에서 미스터리 쇼퍼들이 전화로 다양한 문의를 하거나, 검진 또는 가짜 증세로 병원이나 응급실에 간다고 했다. 일반적으로, 그들은 의료보험이 없는 환자 역할을 한다. 미스터리 환자의 보고서는 간판 설치부터 환자들에게 더 많은 신경을 쓰도록 직원 교육까지 광범위한 개선으로 이어진다.

미스터리 쇼퍼들은 예측 가능한 서비스 문제들과 서비스 전달 실패에 대응하는 직원들의 능력을 시험한다. 예를 들어, 쇼퍼들은 압박을 받는 상황에서 직원 반응을 평가하기 위해 특정 질문들을 하거나 독특한 서비스 요청을 하여 문제를 만들거나 상황을 심화시킬 수 있다. 미스터리 쇼퍼들은 교육 전과 후에 의료조직을 돌아다니면서 특정 교육 프로그램의 효과를 측정할 수 있다.

미스터리 쇼퍼의 가장 큰 단점은 보고서에 나오는 표본이 적다는 것이다. 왜냐하면 누구나 안 좋은 날이 있고 컨디션이 좋지 않은 근무시간이 있기 때문에, 미스터리 쇼퍼는 흔치 않거나 이례적인 경험에 근거한 결론을 낼 수 있다. 한두 번의 관찰은 통계적으로 유효한 표본이 아니다. 유효한 표본을 얻기 위해 충분한 수의 미스터리 쇼퍼를 고용하는 것은 비현실적이고 비용도 많이 든다.

또한, 개별 쇼퍼의 독특한 선호나 편향, 기대는 보고서에 지나치게 영향을 줄 수도 있다. 조직의 서비스 기준에 대한 정보, 무엇을 관찰해야 하는지에 대한 지시, 경험을 평가할 수 있는 가이드라인을 가지고 있는 잘 교육받은 쇼퍼들은 이런 함정을 피할 수 있다.

그러나 미스터리 쇼퍼는 의료서비스 경험의 많은 측면들을 표본으로 만들 수 없다. 예를 들어, 미스터리 쇼퍼는 수술을 받을 수 없다. 두 가지 다른 부정적인 면은, 직원들이 실제로는 의료서비스가 필요 없는 환자 때문에 시간을 허비하게 된다는 것과, 필요 없는 치료 요구는 비윤리적이라는 것이다.

외부 및 공공기관 매트릭스

환자 품질 측정에서 새로 주목받고 있는 동향은 정부기관이나 외부 조직들이 제공하는 매트릭스이다. 예를 들어, 미시간 대학의 미국고객만족지수(University of Michigan's American Customer Satisfaction Index, ACSI)는 의료서비스와 관련된 다양한 영역을 포함한다. 흥미롭게도, 서비스 ACSI 측정 중 외래진료(ambulatory care) 점수가 100점 만점에 81점으로 가장 높다. 영국의 국민보건위원회(National Health Commission)에서 의료제공자들에 대한 평가를 발행하는데, 환자가 평가한 만족도는 총점의 약 10% 정도다.

소비자들은 많은 웹사이트를 통해 병원과 요양 시설 또는 장기입원 병원이나 기타 의료조직들의 서비스 품질을 측정할 수 있다. www.hospitalcompare.hhs.gov이나 www.leapfroggroup.org 등을 예로 들 수 있다. 〈컨슈머리포트〉는 주(state)별로 병원들의 서비스 품질을 평가하는데, 여기에는 의사들이 얼마나 소통을 잘하는지 그리고 직원들이 얼마나 주의를 기울이는지와 같은 측면들이 포함된다. 〈유에스뉴스앤드월드리포트〉와 같은 매거진들은 고객 피드백과 보고된 임상결과에 근거하여 의료조직들의 순위를 매긴다.

마지막으로, 많은 지역 그리고 주(state) 조직들과 정부들은 병원들에게서 장기입원 병원과 요양시설들에서부터 개인 의사들까지 다양한 의료제공자들에 대한 데이터를 수집하고 사용할 수 있도록 한다. 요점은 다양한 매트릭스가 사용될 수 있다는 것이다. 그리고 의료관리자들은 조직의 성과를 지속적으로 정확하게 평가하는 조직들과 비교하여 직원들에게 피드백 매트릭스를 제공할 수 있다. 이를 위해 직원들은 벤치마크 역할을 하는, 이용 가능한 매트릭스에 대해 알고 있어야 한다.

적절한 측정법 결정하기

측정 시스템을 이용하면 업무를 관리하여 성과를 향상시킬 수 있다. 그러나 어느 방법이 가장 사용하기에 가장 적합한지 결정하는 것은 또 다른 업무이다. 예를 들어, 영리목적 대형 병원 체인은 피드백을 측정하기 위해 더 정교하고 비싼 전략들을 요구할 수 있다. 왜냐하면, 형편없는 서비스는 병원의 명성과 수익, 병원과 관련된 체인, 그리고 셀 수 없는 사람들의 생계에 타격을 줄 수 있기 때문이다.

환자들이 기대하는 품질의 의료서비스를 제공할 수 있도록 서비스 문제들을 찾아내고 정정하는 것은 병원에게는 엄청난 가치가 있다. 역동적인 시장에서 환자기대를 충족시키지 못한다는 것은 경쟁력을 잃게 된다는 의미이다. 반면, 잘 보살펴주면서 최고의 임상치료를 제공하는 것으로 좋은 명성을 가진 소규모 개인 병원은 정교한 품질 평가 방법에 큰 비용을 투자할 필요 없이 환자들에게 경험에 대해 물어보는 것만으로도 필요한 정보를 충분히 얻을 수 있다.

데이터를 수집하는 데 사용되는 전문 지식의 수준과 비용도 다양하다. 누가 데이터를 수집할 것인지를 꼼꼼히 따져봐야 한다. 직원들인지 컨설턴트들인지 혹은 전문 설문조사 기관인지 확인해야 한다. 직원들을 이용하는 것은 가장 비용이 적게 드는 대안이다. 그러나 직원들이 고객서비스 조사에 대해 전문 지식을 가장 적게 가지고 있기 때문에 효과적으로 인터뷰하는 커뮤니케이션 기술이 부족할 수 있다. 컨설턴트들과 설문조사 조직들은 비용이 더 많이 들지만, 더 정교한 기법들을 사용하여 더 상세하고 정교한 통계적 데이터를 수집하고 해석할 수 있다. 예를 들어, 설문조사 직원들은 동공확장을 측정할 수 없지만, 전문가들은 할 수 있다.

　의료서비스 품질을 측정하기 위해 선택된 평가 기법들과 상관없이, 한 가지는 확실하다. 환자들은 서비스를 받을 때마다 서비스를 평가한다. 그리고 그 품질과 가치에 대해 객관적인 의견을 가진다. 고품질 서비스를 추가하는 의료조직은 환자들의 시각을 통해 의료서비스 경험의 품질을 끊임없이 평가해야 한다. 대부분의 환자들과 환자 가족들은 만약 적시에 적합한 방법으로 질문을 받는다면, 기꺼이 경험에 대한 평가를 해준다. 만약 금요일 저녁 식사 때 전화 설문조사를 한다면 당연히 거절당할 수 있다. 그러나 퇴원할 때 병실에 비치된 코멘트 카드는 환자들로부터 더 많은 관심을 받을 것이다. 고품질 서비스를 위해 노력하는 의료관리자들은 서비스가 환자기대를 충족하는지 확인하는 데 필요한 정보를 얻으려면 다양한 환자들에게 적절한 질문을 적시에 물어볼 필요가 있다.

　의료서비스 경험의 품질 측정 방법은 그것이 정성적이든 정량적이든 혹은 다른 어떤 방법이든지 간에 상관없이 후속관리가 중요하다. 만약 내부 고객들이나 외부 고객들이 조직에게 데이터를 제공했는데 조직이 그 의견을 무시하는 것처럼 보인다면, 미래 고객들의 의견은 질과 양에서 제한될 것이다. '이전에 제공한 데이터도 무시당했는데 왜 새로운 데이터를 제공해야 하나?'라고 생각하기 때문이다. 고객 정보를 수집하지 않는 것이 무시하는 것보다 낫다. 후속관리는 직원들에게 명확하게 전달하기, 한 고객의 이탈로 인한 손실 측정, 고객기대에 근거한 서비스 기준 설정, 보통 수준의 업무 수행자들 제거, 그리고 환자들과 직원들에게 그들의 의견이 서비스 개선으로 어떻게 이어졌는지 전달하기 등이 포함되어야 한다.

결론

　최고의 서비스에 도달했는지 측정할 수 있는 방법들은 많이 있다. 각 의료조직은 어떤 방법이 각자의 상황에 가장 잘 맞을지 평가할 필요가 있다. 각 조직은 또한 자신들이 직접 데이터를 수집할지 아니면 외부 업체를 이용할지 결정을 해야 한다. 서비스의 세심함 정도와 조직의 내부 자원이 판단 기준이 될 것이다.

조직의 데이터 생성을 위해 어떤 측정 방법을 사용하건, 서비스 품질에 대한 데이터를 수집하는 목적은 고객서비스 향상이어야 한다. 기준 정보가 세워지면, 조직은 중요한 부분을 위해 수행 기준 수립에 집중할 수 있고, 최고의 서비스 경지에 오르기 위해 몇 달의 시간을 투자할 수 있다. 직원들은 압도되지 않을 것이고, 관리자들은 관리할 수 있는 수의 중요 부분들을 모니터링할 수 있을 것이다. 또한, 모든 사람들은 프로세스에서 함께 배우고 서로를 지원할 수 있을 것이다. 기존 부분들이 향상되면, 조직은 추가적인 부분들을 관리할 수 있게 된다.

가장 큰 목표는 지속적인 향상을 유지하는 법을 아는 것이다. 최고의 서비스에 도달하는 과정에서 개인과 집단의 성공을 축하하는 것도 좋은 방법이다. 직원들은 자신들의 성과와 기여에 대해 인정받고 싶어한다. 성공을 축하하는 방법은 사내 뉴스레터에 게재하거나 게시판에 직원들에 대한 긍정적인 서신을 게시하거나 직원 회의에서 훌륭한 서비스 사례들을 공유하거나 감사 카드를 보내는 것 등이 있다. 모든 회의는 고객만족에 도달한 성공사례들을 가르치고, 긍정적으로 강화하고, 축하하는 기회로 봐야 한다.

서비스 전략

1. 임상서비스와 고객서비스의 품질과 결과에 집중한다.

2. 측정할 수 없다면 관리할 수 없다. 그리고 관리할 수 없다면 향상시킬 수 없다. 이를 기억한다.

3. 고객만족도를 측정하기 위해 정성적 기법과 정량적 기법을 적절하게 혼합하여 사용한다.

4. 고객들로부터 얻는 서비스 정보의 가치와 그것을 얻는 비용 간의 균형을 맞춘다.

5. 사용 가능한 평가 기법들의 강점과 약점을 인지한다.

6. 서비스 보장을 제공한다.

7. 내부 고객과 외부 고객을 위해 서비스 품질을 평가한다.

8. 모든 품질 평가 방법에서 나온 서비스 향상 아이디어를 끝까지 시행한다.

9. 경쟁적인 의료시장에서 발전하지 않으면 도태된다.

10. 지속적으로 긍정적인 강화를 이용하고 성공을 축하하며 고객서비스에 대한 탄력을 유지한다.

CHAPTER 14

의료서비스 실패를 바로잡는다

쇼핑을 하러 오는 사람들은 나를 도와주는 사람들이다.
아첨을 하러 오는 사람들은 나의 기분을 맞춰주는 사람들이다.
실망했지만 불평하지 않는 사람들은 나의 마음을 아프게 하는 사람들이다.

– 마셜 필드(Marshall Field), 백화점업계의 거물

| **서비스 원칙** | 실망의 모든 원천을 긍정적으로 그리고 신속히 제거한다

모든 고객들은 지불하는 서비스가 최소한의 기대에는 부응할 것으로 생각한다. 예를 들어, 정밀검사 예약 환자는 병원에 도착하면 모든 준비가 다 되어 있고 검사가 적절하게 이뤄질 것이라 기대한다. 만약 이런 초기의 기대가 충족되면, 환자는 만족한다. 만약 초기의 기대를 능가한다면, 그 환자는 매우 기쁘고 앞으로 재방문할 의사가 생길 것이다. 기대 이상의 서비스를 경험한 환자들은 스스로 '사도'와 '전도사'가 된다. 만족한 고객들은 지원에게서 받은 훌륭한 의료서비스 경험에 대해 가족들과 친구들 그리고 회사 동료들에게 긍정적인 입소문을 낸다. 이런 호의적인 말은 의료제공자와 조직의 대외적 이미지와 명성을 강화한다.

그러나 만약 환자의 초기 기대가 충족되지 않는다면 어떻게 될까? 예를 들어, 환자가 예약 시간에 맞춰 도착했는데 접수 담당자나 의사가 예약을 취소하거나, 장비가 고장 나서 예약 일자를 변경해야 하는 상황이라고 가정해보자. 환자는 불만족스러울 것이고, 어

쩌면 화가 나서 복수를 하게 될 수도 있다. 즉, 불만고객은 가족이나 친구를 비롯해 주변 사람들에게 그 조직에 대한 부정적인 이야기를 할 것이다. 일반적인 불만환자는 10명 중 8명에게 경험했던 문제에 대해 이야기할 수도 있지만, 정말 화가 나 복수를 하는 고객은 웹사이트를 만들어 자신의 실망스러운 경험을 수백만의 사람들과 공유할 가능성이 높다.

임상오류와 마찬가지로 서비스 실패는 불가피하다. 많은 의료조직들은 임상적 문제에 대비하여 잘 계획한다. 그러나 서비스 문제들을 동일한 방법으로 예측하지는 못한다. 조직들은 꾸준히 서비스가 약속한 것처럼 이행되고 환경과 전달시스템은 설계된 것처럼 기능하고 직원들은 교육받은 것처럼 수행할 것이라고 착각한다.

잘 관리된 조직들은 모든 종류의 서비스 실패를 알아내고, 대비하기 위해 계획하며, 예방하기 위해 노력한다. 그들은 이런 문제들이 빈도, 시기 그리고 심각성 측면에서 다양하다는 것을 알고 있다. 환자의 기대를 충족시키지 못하는 일은 동일한 조직 내에서 환자의 단일 경험이나 다양한 경험들이 일어나는 동안 언제나 발생할 수 있다. 첫인상이 굉장히 중요하기 때문에, 프로세스의 초기에 발생하는 문제는 나중에 발생하는 문제보다 환자의 마음에 더 각인될 것이다. 또한 큰 오류들은 작은 오류들보다 더 크게 영향을 미친다.

고객들은 형편없는 서비스 회복(service recovery)보다는 형편없는 서비스에 더 관대하다. 만약 고객이 동일한 서비스 실패를 두 번 경험한다면, 어떠한 회복 전략도 효과를 기대할 수 없다. 그 고객은 십중팔구 영원히 돌아오지 않는다. 또한 미셸과 보웬, 존스턴(Michel, Bowen and Johnston, 2008)은 고객이 서비스에 대한 불만보다도 실패의 원인이 되는 시스템이 개선되지 않아 더 많은 실패로 연결된다는 생각에 대부분 화가 난다고 주장한다. 다시 말해, 고객들은 실수로부터 배우려고 노력하지 않는 조직과 그 조직이 제공하는 서비스 품질에 실망한다.

실패로부터 배우는 것은 단순히 문제를 바로잡는 것보다 더 중요하다. 왜냐하면, 배우는 것이 프로세스 개선의 결과를 낳기 때문이다. 개선은 서비스 오류의 비용을 줄이고, 직원 효율성과 사기를 높이고, 고객만족을 높이면서 조직의 수익에 직접적인 영향을 미친다. 많은 병원들이 인증 요건에 응하기 위해 고객불만 대처 절차를 도입해왔지만, 학습과 개선의 목적으로 고객 항의를 정식으로 추적하거나 기록하지는 않는다.

제14장에서는 다음과 같은 내용을 다룬다.

- 서비스 실패를 찾아내고 해결하는 일의 중요성
- 서비스 실패의 발생 원인
- 서비스 회복과 서비스 실패 예방에 대한 전략

궁극적으로, 만약 조직이 서비스 문제를 발견하고도 이에 대응하지 않는다면, 한 번이 아니라 두 번 실패하는 것과 같다. 첫 번째 실패는 조직이 가장 기본적인 고객기대를 충족하지 않은 것이고, 두 번째 실패는 첫 번째 실패에서 비롯된 문제를 신속하고 적절하게 해결하지 않은 것이다.

서비스 실패의 요소들

신중히 결정된 계획에도 불구하고, 서비스 실패는 모든 조직들에게 일어나는 현실이다. 복합조직들은 상호의존적이고 긴밀하게 얽힌 부분들과 함께 시스템으로 기능한다. 한 부분에서 실수가 발생하면 나머지 시스템에 영향을 미치게 된다. 이런 부분들이 더 긴밀하게 얽혀 있을수록, 전체 시스템이 실패에 더 민감해진다. 그러나 훌륭한 서비스 조직과 형편없는 서비스 조직의 차이는, 최고 조직들은 실패를 회복하는 노력을 할 뿐만 아니라 발생하지 않도록 예방하는 데도 노력을 한다는 것이다. 서비스 실패는 인적 과오와 시스템 과오라는 2가지 이유로 발생한다. 지금부터 지세히 살펴보자.

서비스 실패의 원천

서비스 제공자들은 의료서비스 경험이 일어나는 시점에서 환자의 기대에 못 미칠 수 있다. 상품, 환경 혹은 전달시스템이 불충분하거나 부적절할 수도 있고, 직원들이 업무 수행이나 행동을 형편없이 할 수도 있다.

예를 들어, 만약 한 환자가 치아미백 시술을 받은 후 기대한 것만큼 치아가 하얗지 않다고 생각한다면, 그 환자는 결과에 불만족할 것이다. 즉, 서비스 실패가 발생할 수 있다. 이와 유사하게, 만약 환자의 정밀검사가 약속받았던 1시간보다 더 길게 걸린다면, 그 환자는 경험이 실패라고 간주할 것이다. 서비스 환경도 서비스 실패의 원인이 될 수 있다. 만약 환자가 주변 온도가 너무 낮다고 생각하거나 소독약 냄새가 너무 강하다고 생각하거나 진찰실 또는 대기실이 너무 더럽다고 생각하거나 주차장이 너무 어둡거나 멀다고 생각한다면, 그 환자는 이런 실패들에 대해 불만족스러울 것이다. 물론 친절하지 않거나, 예의 없거나 교육이 잘되어 있지 않거나 경험이 없거나 정보를 제공하지 못하거나 잘못된 정보를 알고 있는 직원도 서비스 실패의 원인이 될 수 있다. 서비스 상품, 환경, 전달시스템 그리고 직원들은 서비스 실패의 가능성을 최소화하기 위해 신중하게 관리되어야 한다.

매지드 등(Magid and colleagues, 2009)은 서비스 관리와 관련하여 일부 조직들의 실패 사례를 분석했다. 이들은 65개 병원에서 근무하는 3,562명의 응급의학 의사들을 대상으로 설문조사를 했다. 대다수의 응답자들은 환자 진료를 제공하기에는 응급실 공간이 부족하다고 답했다. 응답자의 3분의 1은 응급실에 있는 환자들의 수가 안전한 진료를 제공할 수 있는 수용력을 항상 초과한다고 했다. 직원 채용에 관련하여, 응답자의 3분의 2는 바쁜 기간 동안 환자량을 처리하기에 간호원의 수가 부족하다고 보고했고, 응답자의 40%는 응급실이 바빠질 때 환자량을 처리할 수 있는 의사들이 충분하지 않다고 말했다.

테일러와 울프, 카메론(Taylor, Wolfe and Cameron, 2002)은 응급실 관련 문제들을 환자의 관점에서 살핀 결과, 부족한 치료와 진단을 포함한 1,141개의 문제가 환자 치료와 관련 있음을 밝혀냈다. 또한, 형편없고 무례하고 예의없는 직원 태도를 포함한 1,079개의 문제가 의사소통과 관련 있고, 407개의 문제들이 치료 지연과 관련 있음을 발견했다.

환자의 역할

서비스 실패는 현장 뒤에서 일어나기에 환자들은 알지 못하는 작은 실패들부터 뉴스의 헤드라인이 될 수 있는 재앙 수준의 실패까지, 그 정도가 다양하다. 또한 연속적으로 수없이 많은 실수들이 일어난다. 환자는 서비스 경험의 품질을 정의하기 때문에, 각 서비스 실패의 본질과 심각성도 정의한다. 두 명의 환자가 동일한 실패를 경험하여 서비스에 불만을 품더라도, 그들의 불만 정도는 다르다. 한 사람은 '매우' 불만스러워할 수 있고, 또 다른 사람은 '약간' 불만스러워 할 수도 있다.

때로는 조직의 상품이나 환경, 전달시스템 혹은 직원들 외의 요소가 실망의 원인이 될 수도 있다. 그러나 환자가 문제의 근원일 수도 있다. 예를 들어, 성형외과 의사가 환자의 기대와 요청대로 주름 제거 수술을 했지만, 환자가 결과에 만족하지 않아 실패라고 간주하는 경우도 있다. 또한, 의사의 경고를 무시하거나 양식을 잘못 작성한 환자도 서비스 실패의 원인이 된다. 또 다른 사례는 직원들과 다른 환자들에게 적대적으로 행동하는 환자들과, 처방받은 약의 복용을 거절하거나 의사의 지시를 따르지 않는 환자들이다. 이런 서비스 실패들은 조직에 의한 것이 아니다. 종종 관리할 수 있는 능력 범위를 벗어나지만, 조직은 이런 서비스 실패들을 최대한 예측하고 처리하고 예방해야 한다.

성공은 자신의 덕으로 돌리고 문제는 남의 탓으로 돌리는 것은 인간의 본성이다. 그래서 환자들은 종종 서비스 실패가 발생하면 다른 누군가를 탓한다. 조직은 문제가 환자에 의해 발생했더라도 환자가 병원에 대한 부정적 감정을 갖지 않기를 바란다. 그러므로 해당 환자가 비난받는 느낌을 받지 않으면서 자신이 발생시킨 실패로부터 회복할 수 있도록 설계된 특정 전략을 개발하여 사용한다.

- 식사를 거부하는 환자들을 위해 건강식을 제공한다.
- 환자의 진료와 관련하여 환자 가족들에게 이해하기 쉽도록 간단명료하게 설명해준다.
- 양식 작성을 도와준다.
- 경고 표지판과 지시 표지판을 크고 굵은 글씨로 표기한다. 이때 표기는 영어나 스페인어 중국어와 같은, 주 서비스 대상 고객들의 언어로 한다.

고객이탈

환자들은 서비스 제공자들로부터 적극적이고 관심 있고 긍정적인 태도를 원한다. 환자들이 의료서비스 경험에 실망하게 된다면 조직의 훌륭함을 강조하는 TV 광고나 지면 광고, 인터넷 광고, 간판 광고를 믿지 않을 것이다.

처음부터 전체적 의료서비스 경험이 훌륭하다는 것을 보장하고, 서비스 실패가 발생하더라도 즉각적으로 서비스 회복 계획을 실행한다면 고객이탈을 방지할 수 있다. 라이켈트와 새서(Reichheld and Sasser, 1990)에 따르면, 고객이탈율을 5%만 줄이더라도 수익이 25%에서 85%까지 올라갈 수 있다. 클라크와 말론(Clark and Malone, 2005)은 고객불만을 성공적으로 처리하면 수익과 고객 유지 측면에서 동일한 결과가 나올 수 있다고 주장한다.

일반적으로 서비스 회복 노력은 3가지 결과 중 하나를 낳는다.

1. 문제는 해결되고, 불만고객은 이제 만족하게 된다.
2. 문제는 해결되지 않고, 불만고객은 계속 불만스럽다.
3. 문제는 해결되었지만, 완전히 만족스럽지 않다. 그리고 불만고객은 불만도 아니고 만족도 아닌 중립적인 입장을 취하게 된다.

앞서 설명했듯이 만족환자들은 '사도'나 '전도사'가 될 수 있지만, 불만환자들은 '복수'를 할 수 있다. 반면, 중립 환자들은 결과적으로 전체 경험과 조직에 대해 잊을 수 있다.

불만환자를 중립화하는 것이 조직이 도달할 수 있는 최고의 결과가 되는 경우도 있다. 예를 들어, 만약 환자가 성공적인 수술 후에 감염이 생긴다면, 환자의 불만 정도를 중화시키기 위해 조직이 할 수 있는 일은 단 한 가지다. 환자의 입원기간 동안 환자중심적 서비스와 오류 없는 서비스가 제공됐음을 가능한 한 인간적으로 알리는 것이다. 여기서는 부정적인 사건을 고품질 서비스로 상쇄하는 것이 목표가 된다. 목표를 성취해도 환자는 여전히 중립적인 감정을 가지고 퇴원하게 될 것이고, 다음에 다른 서비스 제공자에게로 이탈할 가능성이 높아진다.

또한, 중립적 고객들은 다른 요인들의 영향도 받는다. 보험 제공자에 대한 최근 연구에 따르면, 환자의 전환 행동 혹은 고객이탈의 원인은 주로 다음 3가지 요인들의 결과이다.

1. 인지도

2. 제공자의 안정성

3. 청구 불만을 처리하는 효율성

세 번째 요인에서 의료서비스 소비자들은 직원들이 자신들을 대하는 방식을 매우 중시한다는 것을 알 수 있다. 의료서비스 경험에서 사람과 관련된 서비스 실패는 고객충성도와 고객이탈에 중요한 영향을 미칠 수 있다.

(1) 만족고객과 불만고객의 영향

S.G. 셔먼과 V.C. 셔먼(S.G.Sherman and V.C.Sherman, 1998)에 따르면, 한 명의 불만고객은 자신의 경험을 최소한 12명에게 말하고, 이 12명은 이 이야기를 각각 5명 이상의 사람들과 공유한다. 평균적으로, 불만고객 1명이 약 72명에게 이야기하는 것이다. 만약 8명의 불만고객이 각각 12명의 다른 사람들에게 이 실망스러운 소식을 전하고 이 소식을 들은 사람들이 각각 5명의 동료들에게 이야기한다면, 실제로 경험한 8명의 환자들을 통해 576명의 사람들이 부정적인 이야기를 듣게 되는 것이다. 더 간단한 계산은 이렇다. 1명의 불만고객은 구두나 서면으로 70여 개의 부정적인 메시지를 퍼트린다.

반대로, 만족고객들은 자신들의 긍정적인 경험에 대해 불만고객들만큼 많이 이야기하지 않는다. 만족고객들은 자신들의 좋은 경험에 대해 단지 약 6명의 다른 사람들과 이야기를 공유한다.

불만고객의 반응들

불만환자들은 조직에 실망하면 세 가지 방법으로 반응한다. 즉, 그들은 재이용하지 않거나 항의하거나 조직에 대해 부정적인 말을 한다.

재이용하지 않는다

불만고객은 같은 서비스 제공자에게 절대 다시 오지 않겠다고 다짐한다. 이것은 조직에게 최악의 고객 반응이다. 화가 난 환자는 다른 사람들에게 자신의 부정적 경험을 이야기하기 때문이다. 이런 상황에서, 조직은 이 환자만 잃어버리는 것이 아니라, 이 환자가 영향을 미칠 수 있는 모든 사람들을 잃을 가능성이 있다. 서비스 회복은 불만고객들에게 특히 초점이 맞춰져야 한다.

항의한다

벤치마크 조직들은 환자들과 다른 고객들이 항의하도록 장려하고, 항의하는 고객에게 감사를 표한다. 항의는 위기가 아니라 기회로 여겨져야 한다. 왜냐하면, 그것은 조직에게 시스템을 개선해서 고객들을 만족시킬 수 있는 기회를 주기 때문이다. 구두나 서면으로 항의하는 고객들 덕분에 직원과 관리자는 그 문제와 불만이 다른 사람들과 공유되기 전에 바로잡을 수 있다.

필요한 경우, 조직들은 상세하게 항의하라고 고객들에게 권유할 수 있다. 이런 상세한 항의는 지속해서 측정하고 모니터링해야 할 피드백 역할을 한다. 항의하는 환자들은 자신들의 불만을 표현하지 않는 환자들에 비해 조직을 이탈하거나 조직에 대해 안 좋게 말할 확률이 낮다. 불만고객이 없도록 최선을 다하는 것은 조직에게 장점이 된다. 이런 노력을 하는 최고의 방법은 환자가 병원, 클리닉, 진료실을 떠나기 전에 불평을 찾아내는 것이다.

미국소비자보호국(U.S.Office of Consumer Affairs)의 기술지원 연구 프로그램인 TARP (Technical Assistance Research Program, 1986)에서 진행한 연구 결과에 따르면, 불평고객들은 불평하지 않은 고객들보다 더 충성심이 있다고 한다. 그리고 불평이 만족스러운 수준으로 해결되면 고객의 브랜드 충성도는 더 상승한다. 이런 고객들은 전보다 형편없는 서비스를 경험한 후 조직에 대해 더 만족했다. 왜냐하면, 불만족이 개선으로 이어졌기 때문이다. TARP 연구 이후로, 고객충성도와 불평 사이의 상관관계에 대한 연구가 20년 이상 이어지고 있다.

조직에 대해 부정적인 말을 한다

만약 부정적 경험이 금전적으로 혹은 개인적으로 비용이 컸다면, 그 환자는 부정적인 소문을 퍼트릴 확률이 높다. 환자가 지불해야 하는 대가가 클수록, 다른 사람들에게 소문을 낼 동기도 더 커진다. 이런 부정적인 이야기를 들은 사람이 동일한 서비스를 받아야 한다면, 그 시설을 이용할 확률이 떨어진다.

과거에 본사나 미국비즈니스개선사무국(Better Business Bureau)에 편지를 쓰거나 마당에 항의 사인을 설치하는 식으로 불만을 표시하던 불만고객들은 현재 더 많은 강력한 도구를 가지게 되었다. 그것은 바로 인터넷이다. 최소한의 비용으로 웹사이트나 블로그를 개설하여 불쾌한 경험을 제공한 회사에 대해 전 세계 모든 사람들을 상대로 말한다. 더불어, 형편없는 치료 경험 이야기를 공유하기 위해 다른 사람을 초대할 수 있다. 즉각적이고 전 세계적인 소통이 가능한 오늘날, 부정적인 이야기를 퍼트리는 사람은 수백만 명의 사람들에게 메시지를 전파할 수 있다. 이것은 만족고객들도 동일하게 할 수 있다.

입소문은 여러 가지 이유로 중요하다. 친구나, 가족, 동료를 비롯한 지인들의 말은 다른 추천의 글보다 더 믿을 수 있다. 한 친구가 특정 의사에 대해 냉정하고 무신경하다고 말한다면, 해당 의사에 대해 '따뜻하고 인간적인 진료'라고 홍보하는 광고를 더 이상 믿지 않게 된다. 좋든지 나쁘든지 친구들과 가족의 개인적 설명이 유료 상업 광고보다 더 생생하고, 더 설득력 있고, 더 강력하다.

고객불만의 금전적 가치

고객이탈과 부정적인 입소문은 조직에게 큰 문제가 된다. 절대로 다시 오지 않기로 결심한 환자와, 불만환자의 부정적인 이야기를 듣는 잠재적 고객들로 인해 발생되는 수익의 손실은 엄청나다. 서비스 실패를 바로잡으려는 어떤 노력도 그 금전적 가치보다 더 높지 않을 것이다.

요점을 설명하는 이 숫자들을 고려해보자. 평균적으로 한 사람이 평생 3번 입원하고, 평균 병원비가 한 번 입원할 때마다 1만 5,000달러 정도 청구된다고 가정해보자. 절대 다시 오지 않겠다고 다짐하고 병원에 대해 안 좋은 이야기를 한 환자A로 인해 병원이 감수하게 되는 평생 수익 손실은 4만 5,000달러이다. 만약 환자A가 결혼을 하고 2명의 자녀를 갖게 된다면, 평생 가족 수익 손실은 18만 달러(4만 5,000달러×4명)가 된다. S.G. 셔먼과 V.C. 셔먼의 주장대로 환자A가 12명에게 부정적인 입소문을 낸다고 가정하면, 평생 손실은 최소한 54만달러(4만 5,000달러×12명)가 될 수 있다.

이 계산법은 다른 서비스 조직에도 적용 가능하다. 예를 들어, 한 직원이 가입 고객 300명을 관리하고 있는 관리의료조직이 있다고 해보자. 만약 가입 고객 한 명당 연 3,000달러짜리 5년 계약 의료보험을 들었는데, 이때 직원 한 명에게 불만이 생겨 그가 관리하고 있던 가입 고객 300명이 이탈하게 될 경우 그 손실 비용은 얼마가 될까? 총액을 따졌을 때 450만 달러(300명×3,000달러×5년)가 된다. 금액과 기간에서 앞의 예와 같은 병원을 예로 들어, 의사 한 명이 1년 중 45주 동안 주당 2명의 입원환자를 관리한다고 가정했을 때, 이 의사로 인한 이탈 때문에 병원 입장에서는 135만 달러(45주×2명×3,000달러×5년)의 손실을 입는 것이다.

이런 수치들을 직원들에게 의미 있게 만들기 위해, 금전적 손실을 부서 기준으로 계산할 수 있다. 즉, 한 간호사의 이탈과 관련된 금전적 손실은 얼마인가? 이런 계산은 소규모 업체에도 놀라울 정도로 큰 손실의 결과로 나올 수 있다. 이런 계산을 치과의사에게 적용해서, 조직이 담당하는 만족환자들이 1년에 2번 치료를 받고 매회 평균 150달러를 지불한다고 가정해보자. 앞으로 5년간 각 환자로 인해 발생하는 수익의 총 가치는 1,500달러이다. 또한, 만족고객들의 긍정적인 입소문은 엄청난 잠재 수익을 가져올 수 있다.

이런 계산의 요점은 간단하다. 환자이탈과 부정적인 입소문의 장기적 비용은 보통 서비스 실패를 즉각적으로 그리고 적절하게 정정하는 비용보다 훨씬 더 비싸다는 것이다.

서비스 회복

서비스 회복을 하려는 조직의 시도는 서비스 실패를 경험한 사람에게 긍정적 또는 부정적인 인상을 줄 수 있다. 만약 성의 없는 노력, 잘못된 노력, 너무 소극적이고 늦은 노력은 작은 문제를 더 크게 만들 수 있다. 반면, 문제를 최소화했거나 큰 문제를 제거한 경우는 고객서비스의 좋은 예이기 때문에, 모든 조직원들과 함께 공유해야 한다.

조직이 고객불평과 서비스 실패에 대응하는 방법은, 좋든 아니면 형편없든지 간에 조직이 환자만족에 얼마나 사명감을 가지고 있는지를 보여준다. 이와 유사하게, 고객불평과 서비스 실패를 해결하기 위한 조직의 노력은 조직의 신념을 대중에게 전달하는 것과 같다. 다음의 가상 조직들을 비교해보자.

병원A는 환자불평에 대해 방어적인 태도를 보이고 비밀로 유지한다. 또한, 가능한 한 적은 비용으로 조용하게 문제들을 해결하려 하고, 고객불평과 관련해 남의 탓을 한다. 반면, 병원B는 적극적으로 서비스 실패를 찾아내 해결하고, 고객불평과 서비스 실패들에 대한 결과들을 전달한다. 그리고 신속하고 공정하게 문제를 개선하며, 희생양을 찾는 대신 해결책을 모색한다.

둘 중 어느 조직이 더 나은 고객서비스를 제공하는가?

일부 회사들은 성공적으로 고객 불평을 해결하는 것으로부터 상당한 재정적 이득을 얻을 수 있다고 주장한다. S.G. 셔먼과 V.C. 셔먼(1998)에 따르면, 서비스 실패가 일어나도 그 영향을 받는 환자들의 약 70%는 문제가 해결된다면 해당 서비스 제공자와 지속적으로 거래를 한다. 만약 문제가 현장에서 바로 해결된다면, 그 비율은 95%까지 올라간다. 이 결과는 해당 환자와 가족들 그리고 친구들을 통한 장기적 수익창출로 이어질 수 있다. 이런 데이터는 최전선 직원들이 서비스 문제들과 고객불만을 더 잘 처리할 수 있도록 동기부여 요인이 된다. 이런 조직들은 직원들에게 권한을 부여하여, 관리자의 허락이나 승인 없이 언제든지 문제를 발견하면 적절한 조치를 취하여 실패를 신속하게 처리할 수 있게 한다. 히트와 헤스켓, 새시(Hart, Heskett and Sasser, 1990)는 '서비스 실패에서 회복할 수 있는 가장 확실한 방법은 최전선에 있는 직원들에게 고객의 문제를 확인하고 해결하게 하는 것'임에 동의한다.

불만과 기타 서비스 실패 데이터

대부분의 조직들은 일반적으로 고객, 직원 그리고 관리자들로부터 수집된 서비스 실패

데이터의 일부만 연구한다. 관리자들이 고객 피드백의 필요성을 주장할 때도, 정보를 수집하고 다루는 해당 부서에서 조직의 나머지 부서들로 전파되지 않았다. 또한, 대부분의 조직들은 고객들의 불평을 문서화해서 분류하지 않는다. 이런 행동은 실수로부터 배우는 것을 더욱 어렵게 만든다.

연구에 따르면, 고객서비스 부서에서 더 많은 부정적인 피드백을 수집할수록 그 부서는 더 고립된다. 왜냐하면, 문제의 원천으로 보이는 것을 원치 않기 때문이다. 일부 서비스 회복 부서들은 고객불평과 문제들을 발견하면 조직에게 보고하지 않는다. 어떤 조직들은 낮은 고객불평률에 대해 보상을 하고, 감소한 수치가 고객만족의 향상을 의미한다고 추정함으로써 서비스 회복을 오히려 방해한다.

긍정적이든 부정적이든 경영진에 대한 직원의 태도는 그들이 환자들과 다른 고객들을 대하는 방식에 나타난다. 직원들은 경영진이 그들에게 서비스 실패를 처리할 수 있는 방법과 지원을 제공한다고 생각할 때 긍정적인 태도를 보인다. 그러나 직원들이 불공정하게 대우받고 있다고 생각하면, 고객서비스를 제공할 때 수동적인 태도를 보이는 경향이 있다. 낮은 고객불만에 대해 보상하거나 서비스 실패를 한 직원에 대해 처벌하거나 탓하는 조직들에 속한 직원들은 발생한 문제에 대해 사과하고 해결하는 대신 불만고객들을 돌려보낼 수도 있다.

서비스 회복 전략들

베리(2009)는 조직이 서비스 실패에 대해 항상 사과를 해야 하지만, 사과하는 것만으로는 부족하다고 주장한다. 서비스 실패에 대처하는 3가지 주요 전략들은 다음과 같다.

1. 사전대책 또는 예방 전략들: 미리 문제들을 파악한다. 이 전략들을 서비스, 직원 훈련 그리고 전달시스템 설계에 포함시킨다.
2. 프로세스 전략들: 서비스 전달의 결정적 순간들을 모니터링한다.

3. 결과 전략들: 서비스 경험이 일어난 후 문제들을 찾는다.

예방 전략들

문제들을 예방하는 것이 문제가 발생한 뒤 회복하는 것보다 더 쉽고 비용도 덜 든다. 사전대책 전략들은 서비스 실패가 발생하기 전에 문제의 소지를 찾아내 바로잡기 위한 것이다.

(1) 수요의 예측과 관리

환자 수요에 대해, 특정 날짜에 병원의 수용량이 100% 찰 것이라는 통계 예측이 있다고 가정해보자. 그에 대한 예방 전략은 각 근무시간에 전체 직원들이 일할 수 있게 일정을 잡고 추가 의료용품들을 갖춰 놓고 전체 수용량이 찰 경우를 대비하는 것이다. 특정 날짜에 많은 환자들이 방문할 것으로 예측되는 개인병원에도 같은 전략이 적용될 수 있다. 예약시스템은 환자들의 기대를 관리하는 데 도움을 줄 수 있고, 충분한 인력과 의료용품들도 확보해놓을 수 있다.

만약 조직의 계획이 형편없어서 환자들이 적정하다고 느끼는 것보다 오래 기다려야 한다면, 서비스 경험의 전체적 품질에 대한 환자들의 인식은 급격히 하락한다. 그리고 서비스 실패라는 결과를 낳는다. 대기시간을 짧게 유지하여 이런 실패를 피하도록 해야 한다.

만약 장기수요를 예측할 수 있다면, 다른 사전대책 전략들을 시행할 수 있다. 예를 들어, 2년 내에 수요가 20% 증가할 것이라 예상된다고 가정해보자. 긴 대기, 재고가 없는 의료용품 혹은 교육이 부족한 직원들의 실수를 예방해야 한다. 이를 위해 수용량을 늘려야 하고, 새로운 직원들을 채용하여 교육해야 하며, 의료용품의 재고량을 늘려야 할 것이다. 제한된 자원 때문에 주요 단계들(직원 고용, 수용량 확대)을 진행할 수 없다 해도, 급증하는 수요를 처리할 수 있도록 직원들을 교육해야 한다. 병원이 소방구조대들과 함께 방재 훈련을 실시하는 것처럼, 병원과 클리닉은 예상치 못한 수요 상승에 대처할 수 있도록 직원들을 교육하고 연습시킬 수 있다.

⑵ 품질팀, 교육, 시뮬레이션

품질팀을 자주 이용하는 것도 또 다른 예방 전략이다. 서비스 경험에 직접 관여하고 있는 직원들을 교육에 참여시킨다. 이런 직원들에게서 그들이 실제 보고 들은 문제들이 무엇인지 듣고, 그 문제들을 예방하기 위한 전략 제안을 요청한다. 환자들에게 서비스 제공을 시작하기 전에, 접점 직원들을 충분히 교육하는 것도 예방 대책이다. 높은 신뢰를 받는 조직은 전체적 경험으로부터 고객들이 필요로 하고 원하고 기대하는 것이 정확히 무엇인지 접점 직원들이 이해할 수 있게 한다. 또한, 언제나 고객을 충족시키기 위해 최선을 다하도록 직원들에게 동기부여를 한다.

또 다른 예방·사전대책 접근법은 제11장과 제12장에서 논의한 분석모델들을 사용하여 전달시스템이나 서비스 회복 프로세스 전체 혹은 일부를 시뮬레이션하는 것이다. 광범위하게 다양한 환자와 제공자의 상호작용을 보여주는 모델들이 만들어지면, 관리자와 직원들은 서비스 실패의 요소들을 알아내기 위해 각 상황을 분석할 수 있다. 역할놀이와 체계화된 시나리오 시뮬레이션을 이용하는 더 간단한 방법도 있다. 이것은 직원들이 모든 종류의 서비스 문제들을 평가하고, 효과적인 회복 전략들을 배울 수 있게 도와준다.

미쉘과 보웬, 존스턴(2008)은 어떻게 모든 것이 서로 잘 맞게 작동하는지 설명할 수 있는 서비스 논리를 만들어 전달하라고 제안한다. 이것은 '어떻게, 왜 서비스를 제공해야 하는가'의 요약 형식이나 미션선언문으로 되어 있어야 한다. 더불어 고객·직원·관리자 집단의 관점들을 통합해야 한다.

- 고객은 무엇을, 왜 성취하려 하는가?
- 서비스는 왜, 어떻게 생산되는가?
- 직원들이 서비스를 제공하기 위해 무엇을, 왜 하는가?

이 성명서의 내용에는 내부 운영에 대한 상세한 연구와 고객불평에 조직이 어떻게 대응해야 하는지가 포함돼 있어야 한다. 서비스 회복 프로세스를 향상하기 위해 정보가 어떻게 사용돼야 하는지 설명해야 한다.

(3) 성과 기준

성과 기준은 직원들이 서비스 경험 동안 맡은 업무를 수행할 수 있도록 도와줄 뿐만 아니라, 후에 성과를 평가할 수 있도록 직원들과 조직에게 도움을 준다. 직원들과 관리자들은 이 기준을 사용하여 자신들이 시간이 흐르면서 업무 수행를 잘하는지 못하는지 모니터할 수 있다.

일부 기준들은 환자들이 병원 문을 들어서기 전에 충족되어야 하는 예방적인 것이다. 예를 들어, 클리닉이 특정 요일에 올 환자의 수에 대해 신뢰할 만한 예측을 할 수 있다면, 그 예측은 미리 준비해둘 의료용품 양을 정하는 기준이 될 수 있다. 만약 예측이 정확하다면, 의료용품을 충분히 구비하지 않아 발생하는 서비스 실패를 방지할 수 있다.

예방 차원의 성과로 기준들은 다음과 같이 설정되어야 한다.

- 직원들을 위해 필요한 연간 교육 시간
- 구매해야 하는 장비의 수
- 설치되어야 하는 진찰 테이블의 수
- 의료용품 재고량

또한, 성과 기준은 화자들이 기대할 수 있는 서비스 수준을 이해하도록 도와준다. 예를 들어, "A, B, C 유형의 문제들을 2시간 안에 해결할 수 있도록 노력할 것입니다. D, E, F 유형의 문제들을 1주일 안에 해결하도록 노력하겠습니다."라고 환자에게 설명할 수 있다. "업무지원센터에 전화하셔서 음성 메시지를 남겨주시면, 1시간 안에 전화드리겠습니다." 와 같은 안내도 포함된다.

예를 들어, 리츠칼튼 호텔에서는 전화벨이 3번 울리기 전에 직원이 받아야 한다. 만약, 3번 이내에 전화를 못 받았다면, 직원은 20분 이내에 후속관리 전화를 해야 한다. 이와 비슷하게, 많은 시설들에 있는 간호사들은 환자 호출에 30초 이내에 응답해야 한다는 것을 알고 있다.

제트블루는 서비스 보장을 통해 강화된 서비스 회복의 훌륭한 예를 보여준다. 폭설로 인해 일부 제트블루 고객들은 음식과 물을 비롯해 다른 필요 용품들이 준비되지 않은 비행기 안에서 몇 시간 동안 발이 묶여 있었다. 제트블루는 무엇이 잘못되었는지, 항공사에서 어떻게 해결할 수 있는지에 대해 고객들에게 알렸다. CEO 역시 서비스 보장을 위해 앞으로 시행될 서비스 기준과 준비 단계들을 보여주고자 노력했다. 그 결과, 대부분의 제트블루 고객들은 그 항공사를 계속 애용하고 있다.

(4) 포카요케

때로는 쌍방혼란 혹은 대칭실패라고 부르는 수술 실수를 방지하기 위해, 미국정형외과 전문의아카데미(National Academy of Orthopedic Surgeons)는 의사 회원들이 절개해야 하는 부분에 서명으로 표시하라고 권고해왔다. 외과 환자들은 종종 사인펜으로 팔꿈치를 가리키는 화살표를 그려 '여기가 아파요'라고 쓴다. 또는, 무릎에 '아파요'라고 쓰고 다른 부분에는 '안 아파요'라고 쓴다. 이런 의사들과 환자들은 그 개념을 모르지만, '포카요케(poka-yoke)'를 사용하고 있는 것이다.

포카요케는 사전대책 전략이다. 포카요케의 목표는 서비스를 가능한 한 완벽히 유지하는 것이다. 일본의 도요타에서 산업 엔지니어와 품질향상 리더였던 신고 시게오(Shingo Shigeo)에 의해 처음 고안되었다. 포카요케는 고품질 서비스를 제공하기 쉽게 만들어주고, 서비스 문제들은 발생하기 어렵게 만든다. 왜냐하면, 이것은 발생 가능한 문제들에 대한 시스템 점검을 요구하고, 실수를 예방하기 위한 간단한 조치들의 개발을 요구하거나, 실수들을 지적하기 때문이다. 예를 들어, 외과의사의 상자와 정비공의 공구상자는 종종 품목마다 고유의 식별 번호가 있다. 그것은 의료도구가 환자의 몸 안에 남겨지지 않도록 하기 위해서 혹은 엔진에 렌치가 들어가 있지 않게 하기 위해서이다. 또 다른 예는, 각 환자에게 맞는 치료를 받게 하기 위해 병원에서 사용하는 식별띠(identification bands)이다. 신고 시게오는 이런 문제 예방장치와 절차를 '실수 방지' 혹은 '실수를 피한다'는 의미의 일본말인 '포카요케'라 칭했다.

시게오는 점검을 3가지로 분류했다.

1. 연속적인 점검(successive inspection): 다음 사람이 이전 사람 업무의 품질과 정

확성을 확인한다.

2. 자가점검(self-inspection): 담당자 스스로 업무를 확인한다.

3. 원천 점검(source inspection): 원천에 포함된 잠재적 실수를 서비스 실패가 되기 전에 바로잡는다. 포카요케는 원천 실수를 예방하는 데 주로 사용된다.

연속적인 점검의 예는 직원이 환자가 어디로 수송되어야 하는지 알기 위해 차트를 확인하는 경우이다. 자가점검의 예는 담당 간호사가 투약 전에 환자의 차트와 투약하려는 약을 비교하는 것이다. 원천 점검의 예는 수술실 간호사가 의료용품들(예: 수술 도구들, 붕대)의 종류와 품목이 필요한 만큼 충분히 있는지 확인하기 위해 검사하는 것이다.

포카요케는 문제의 존재를 알리는 경고 혹은 문제가 해결될 때까지 생산을 중단시키는 통제이다. 경고(warning) 포카요케는 환자의 혈압이 너무 낮을 때나 쇼크 상태에 빠지기 전에 투약액을 조절하라고 간호사에게 신호를 보낸다. 통제(control) 포카요케는 뢴트겐 수치가 너무 높을 때 엑스레이 기계의 전원을 끄는 장치 등이다. 경고와 통제 포카요케를 3종류로 분류하면 접촉, 고정가치, 동작단계로 나눌 수 있다.

접촉(contact) 포카요케는 미리 정해진 사양에 맞는지 혹은 충족하는지 알아내기 위해 품목의 물리적 특징들을 모니터링한다. 예를 들어, 일부 약국들은 약을 배분하기 전에 복용량이 정확한지 확인하기 위해 약품 기준용량을 준비한다. 고정가치(fixed value) 포카요케는 정해진 용량과 관련이 있다. 예를 들어, 수술팀은 미리 포장된 수술용품들을 사용한다. 사용할 수 있는 반창고가 몇 개인지, 수술 도구들이 몇 개인지 등을 정확하게 알기 위해서이다. 수술이 완료되면, 팀은 환자 몸에 들어간 도구가 없는지 확인하기 위해 모든 용품을 세면 된다. 동작단계(motion-step) 포카요케는 오류가 발생하기 쉬운 단계가 다음 단계 진행 전에 정확하게 완료되어야 하는 프로세스에서 유용하다. 간단한 예는 엑스레이 기계의 시작 버튼이다. 그 버튼은 노출 구역 밖에 있기 때문에 기사들이 기계실에서 나가 보호받을 때까지 엑스레이를 촬영할 수 없다.

모든 포카요케는 간단하고, 사용하기 쉽고, 비싸지 않아야 한다. 서비스 전달의 어느 시점에서 무엇인가가 잘못될 수 있다. 그리고 포카요케 방법은 관리자들이 무엇이 잘못되었는지에 대해 먼저 생각할 수 있게 돕는다.

프로세스 전략들

　서비스 실패를 찾기 위한 프로세스 전략들은 서비스가 전달되는 과정을 모니터한다. 이 전략들은 의료서비스 경험의 품질에 영향을 미치기 전에 문제들을 발견하고 바로잡을 수 있는 전달시스템에 맞는 메커니즘을 설계한다. 이런 메커니즘의 예로는 혈압과 심장 모니터가 있다. 프로세스 통제의 장점들은, 오류가 발생하는 즉시 찾아낼 수 있다는 것이다. 즉, 이로 인해 즉각적인 정정이 가능하다. 프로세스 수행 기준은 직원들이 업무를 수행하는 동안 자신의 업무 수행을 모니터하기 위한 객관적인 방법들을 제공한다. 환자들이 의료직원의 주목을 받기 전까지 응급실에서 얼마나 기다려야 하는지 구체적으로 명시하는 것을 예로 들 수 있다. 간호사가 중환자를 시간당 몇 번 확인해야 하는지와, 수요가 가장 많은 시점에 대기시간을 줄이기 위해 교차훈련을 받은 직원이 개입하기 전까지 서비스를 기다려야 하는 환자들의 수 역시 좋은 예이다. 이것들은 의료서비스가 제공되는 과정에서 직원들이 오류를 찾아내거나 최소화할 수 있게 하는 모든 프로세스와 관련된 방법들이다.

　프로세스 전략에서는 의료서비스 경험 동안에 불만환자들이 불만을 표현하게 하는 것이 중요한데, 이는 생각보다 어려운 일이다. 일부 환자들은 불평하는 것이 편하지만, 대부분은 그렇지 않다. 대부분의 환자들은 항의를 하기 위해 시간을 낼 의향이 없다. 왜냐하면, 그들의 불평에 대해 아무도 상관하지 않거나 무시할 것이라고 생각하기 때문이다. 혹은 무슨 말도 하기 싫을 정도로 너무 화가 났거나 실망해서 의사표현을 하지 않기도 한다.

　불평행동에 대한 연구를 통해, 환자들이 불만사항을 말할 수 있도록 장려하기 위한 전략들을 알아냈다.

- 불평 알아내기: 많은 서비스 실패들이 제공자 실수들로 인해 초래되기 때문에, 모든 직원들은 자신들의 업무 수행에 대해 불평을 알아낼 수 있도록 훈련을 받아야 한다. 이것은 제공자들에게 쉬운 과제가 아니다. 왜냐하면, 오류를 잡아내는 사람은 보상을 받고, 실수를 한 사람은 처벌을 받기 때문이다. 대부분의 사람들은 자신의 실수를 인정하지 않고, 오히려 비판받는다고 여긴다. 그래서 조직은 직원들이 불평에 대해 인식하는 것을 포함한 불만 전략을 설계해야 한다.

- 환자의 보디랭귀지에서 불만 단서 찾아내기: 이런 관찰로, 환자들이 말하지 않은 정보들을 알아낼 수 있다. 접점 직원들 혹은 간병인들은 보디랭귀지를 보고 인지할 수 있도록 교육받아야 한다. 또한, 직원들은 고객의 불만을 수용하고 그것에 동감해야 한다. 환자들은 이런 직원들을 자신의 웰빙과 건강에 대한 우려와 관심을 보이고 의견을 경청하는 사람으로 인식할 것이다. 이런 인식이 없으면, 환자들은 경계심을 느끼고 아무 말도 안 할 수도 있다.
- 직원들에게 권한 부여하기: 조직의 비즈니스 전략이 허락하는 만큼 직원들에게 불평들과 서비스 실패들을 스스로 처리할 수 있는 자유를 제공한다. 자율성은 직원들이 고객들을 위해 행동하게 한다. 그리고 처음부터 서비스 실패가 발생하지 않도록 예방한다. 예를 들어, 리츠칼튼은 프런트 데스크 직원들이 불만고객들을 위해 감독자의 승인을 구하지 않고 2,000달러 한도 내에서 고객들에게 보상할 수 있는 권한을 부여한다.

결과 전략

결과 전략은 서비스 문제가 발생한 후 알아내 정정하고 미래 문제들을 예방하는 것이다. 환자에게 물어보는 것이 가장 기본적인 결과 전략이다. "오늘 하루 어떠신가요?"라고 말이다. 더 체계적인 예로는 자신들의 불만을 신고하고 싶은 환자들이 사용할 수 있는 무료 전화번호 제공, 병원비 청산 시 짧은 설문지 작성 요청이 있다.

조직은 환자들이 경험한 서비스 실패에 대해 조직이 많은 신경을 쓰고 있다는 것을 환자들에게 분명히 알려야 한다. 조직이 서비스 실패에 어떤 조치를 할 것인지에 대한 환자의 인식이 환자가 화를 낼지 아니면 그냥 넘어갈지 결정하는 데 영향을 미친다. 서비스 실패에 대해 불평하기를 꺼리는 환자들은 조직이 문제를 해결할 것이라 생각한다면 더 그렇게 행동할 가능성이 높다. 고객들은 대체로 보상보다는, 문제가 해결되고 사과를 받고 똑같은 실패가 발생하지 않을 것이란 확언을 원한다.

조직이 단골과 입소문을 통해 예전 환자들의 추천에 의지할수록, 고객들의 불평을 인지하고 행동을 취하는 것이 더 중요하다. 일부 의료조직들은 불평을 상세하게 표현한 환자들에게 문제가 어떻게 해결되었는지 보고한다. 이런 방법으로, 조직은 환자의 불평에 적극적으로 대응한다는 것을 보여줌으로써 불평환자에게는 조직의 일부로 참여하고 있다는 느낌을 준다. 이것은 고객충성도와 재방문 의향을 높여준다. 조직이 정정할 수 있는 불평을 접수해 이를 해결했고, 처음 그 불평을 보고한 환자가 이 사실을 알게 됐다고 해보자. 그 환자는 문제가 해결됐다는 사실에 만족할 것이다. 이것은 윈-윈 효과이다.

일반적인 절차로서 조직들이 수집하는 데이터는 실제 서비스 문제들과 잠재적 서비스 문제들을 나타낼 수 있다. 일일 환자당 전체 직원 혹은 간호사 직원이 그 예이다. 과별, 층별, 근무시간대별로 직원 수가 다르다. 만일 특정 근무시간대 직원 수가 일상적인 수치보다 적으면, 이는 서비스 문제의 가능성을 암시하는 것이다.

의료조직들은 서비스 회복과 관련이 있기 때문에 직원 성과를 측정할 수 있는 방법들을 마련해야 한다. 문제를 해결하는 직원들에게 긍정적인 강화와 인센티브가 제공되어야 하지만, 이를 위해서는 먼저 고객만족을 측정할 수 있는 좋은 시스템이 있어야 한다. 그래야 월급 인상과 승진이 직원의 성과와 업적에 연결될 수 있을 것이다. 마찬가지로, 고객 불평을 제대로 처리하지 못한 직원들에 대해서도 적절한 조치가 마련되어야 한다.

조직들은 사내신문, 인트라넷, 게시판과 같은 활용 가능한 미디어를 통해, 고객서비스를 성공적으로 제공한 직원에게 이목이 집중되게 만들어야 한다. 또한, 이런 성공 스토리는 고객서비스 교육이나 조직문화 교육에서 공유될 수 있다. 보상과 인정은 불만을 처리하는 시스템을 개발하는 데 도움을 주는 직원들이나 서비스 실패 후에 매우 유용한 처리 방법을 제공한 직원들을 포함하여 '영웅' 직원들을 만들어낼 수 있다.

의료서비스 소비자들은 미래에 치료가 필요할 때 낮은 품질의 서비스를 받을까 두려워 불평하는 것을 꺼린다. 병원활동과 관련하여 부정적인 경험을 한 환자들 중, 절반에도 못 미치는 환자들만이 불만족스러운 상황을 바꾸려고 노력한다. 전체 불평 중 극히 일부만 서면으로 표현되는 것이다.

직원주도 전략들

직원들, 특히 직접서비스 전달자들과 접점 서비스 전달자들은 서비스 실패들에 대처할 수 있는 교육을 받아야 한다. 그리고 서비스 실패들이 발생하면 문제들을 창의적으로 해결해야 한다. 시나리오, 게임플레잉(game playing), 동영상 촬영 그리고 역할놀이는 직원들의 서비스 회복 기술들을 개발하는 좋은 전략들이다. 야구 심판들이 볼과 스트라이크를 인지할 수 있도록 훈련을 받듯이, 의료서비스 직원들은 서비스 오류들을 인지하고 바로잡을 수 있도록 훈련받아야 한다.

(1) 신속히 처리하기

기본 서비스 회복 원칙은 '긍정적이고 신속하게 일하기'이다. 현장에서 바로 서비스 회복을 하도록 노력해야 한다. 신속한 회복으로부터 얻을 수 있는 많은 이득들 때문에 벤치마크 서비스 조직들은 접점 직원들에게 오류를 정정할 수 있도록 재량을 행사할 수 있는 권한을 부여한다. 서비스 조직의 직원들은 다음의 '서비스 회복 3가지 원칙'이 적힌 카드를 가지고 다닌다.

1. 고객불평을 받은 직원은 그 불평을 '인지'한다.
2. 문제를 즉각적으로 정정하기 위해 신속하게 반응한다. 고객이 만족할 수준으로 해결된 문제를 확인하기 위해 20분 이내에 전화하여 후속관리한다. 할 수 있는 모든 것을 다해서 절대 고객을 잃지 않는다.
3. 모든 직원들은 문제를 해결할 수 있는 권한과 반복 발생을 예방할 권한을 부여받는다.

많은 경우, 고객들은 가장 가까이 있는 직원들에게 불평을 토로한다. 그러므로 조직들은 직원들에게 가능한 한 빨리 불만을 알아차리도록 노력하라고 요청한다. 환자불평을 가장 먼저 받는 의사 또는 직원들은 즉각적으로 이 불평환자에 대해 관리자에게 보고한다. 관리자가 즉각적으로 시간을 낼 수 없다 해도, 직원은 양식을 작성하고 행동을 취하기 시작해야 한다. 왜냐하면, 불평들은 가능한 한 빨리 감지가 되어야 하기 때문이다.

서비스 회복에 대한 다른 제안들은 다음 사항들을 포함한다.

- 환자들에게 중요한 질문을 한다. 예를 들어, "이것을 바로잡기 위해 제가 무엇을 할 수 있을까요?"와 같은 질문을 하는 것이다.
- 심각한 불만고객을 찾아내기 위해 불평을 평가한다.
- 구체적인 내용들을 받아쓴다.
- 기분 좋은 태도로 전달하고 상호작용한다.

　경영진은 직원들이 문제 발생 후 신속하게 행동할 수 있도록 필요한 권한과 책임, 인센티브를 직원들에게 부여해야 한다. 비용, 개인적 명성 혹은 안전 면에서 환자에게 미치는 문제에 비용이 많이 들수록, 조직은 직원들이 문제에 즉시, 공감하면서, 효과적으로 대처할 수 있도록 교육해야 한다. 물론, 문제를 해결할 수 있는 권한을 직원들에게 부여한다해도 회복 메커니즘이 없다면 충분하지 않을 것이다. 만약 시스템의 나머지가 혼돈 상태에 있다면, 접점 직원들에게 권한을 부여하는 것은 별로 효과가 없다.
　서비스 문제들에 대한 신속한 반응에는 많은 이점이 있다.

1. 잘못을 수정하는 전체 비용을 줄여준다.
2. 조직, 환자들 그리고 환자 가족들 사이에 호의를 형성하고 유지하게 한다.
3. 긍정적인 입소문이 나고, 이것은 재방문, 소개, 추천으로 이어질 수 있다.
4. 조직이 고객들을 중시한다는 메시지를 강화시킨다.
5. 직원들이 지속적으로 고품질 서비스를 제공하는 데 전념하도록 장려한다.

(2) 근본 문제들 다루기

　서비스 회복 전략에서 필요한 다음 단계는 관리자들에게 이미 발생한 서비스 실패에 대해 알리는 것이다. 직원들이 이미 성공적인 회복 절차들에 착수했다 하더라도, 이 단계가 필요하다. 만약 직원들이 서비스 실패를 보고하지 않는다면, 그 문제는 조직 내의 어디에선가 다시 발생할 수 있다.
　이런 데이터를 수집하는 것은 경영진이 불평에 반응하는 것을 넘어, 근원들을 찾아내 발생하지 않도록 예방할 수 있게 한다. 인과관계 다이어그램은 직원들의 주목을 가장 큰 개선이 필요한 분야들에 집중시킬 수 있다.

시스템에 의해 발생한 서비스 실패에 대한 접점 직원들의 반응은 고객만족에 상당한 영향을 미칠 수 있다. 일반적인 반응은 방해 요소를 제거하거나 문제를 해결하고 지속적으로 환자 진료를 진행하는 것이다. 그러나 권한을 부여받은 직원들은 재발생을 예방하기 위해 문제의 근원을 제거한 것에 대한 인센티브를 받아야 한다.

예를 들어, 새로 입원한 환자가 아직 점심을 제공받지 못했다는 것을 한 간호사가 알게 됐다고 해보자. 실수였다고 추정하고, 급식부서에 연락하여 그 환자를 위한 점심을 주문한다면 문제를 즉각적으로 해결할 수 있다. 그러나 입원 절차 담당 직원이 새로운 환자가 도착했을 때 음식 서비스에 대해 알려주지 못했다는 점이 근본적인 원인이라면 동일한 문제는 근원이 해결되지 않는 한 다시 일어날 것이다.

최고 서비스 조직들은 직원들이 즉각적으로 서비스 실패와 근원을 해결하도록 장려한다. 이 목표를 위해 조직은 문제 해결을 직원 업무에 포함시키고, 문제를 다룰 수 있는 충분한 시간을 허락하고, 직원들 간의 의사소통을 장려하고, 문제에 주목한다. 그리고 '추가적인' 일을 한 직원들에게 보상을 준다.

⑶ 사과 그리고 고객이 감정 터트리게 하기

모든 의료직원들은 사과하고, 문제에 대해 환자들에게 물어보고, 환자들이 분풀이를 할 수 있도록 경청하는 기술을 터득해야 한다. 연구에 따르면, 권한을 가지고 있는 누군가(예· 관리자, 감독자, 부서장)에게 감정을 디드릴 수 있는 기회를 고객에게 주는 것은 고객들의 충성도를 유지하는 중요한 방법이다.

이 전략은 감사 표시와 함께 유형적 보상이 따라오면 더욱 효과가 있다. 유형적 보상은 병원 구내식당에서 사용할 수 있는 식사권이 될 수도 있고, 감사 표시는 CEO의 사과와 감사 편지 같은 형태일 수도 있다.

회복 노력에 대한 환자들의 평가

서비스 실패를 경험하고 항의를 접수한 환자들은 조직의 행동을 원한다. 조직이 환자의 입장을 듣고 서비스 문제들을 처리하는 절차는 공정해야 한다. 또한, 고객들은 문제들을 해결하는 데 쉬운 프로세스를 원한다. 조직이 서비스에 실패한 경우, 분쟁 해결이 쉽게 이루어져야 공정하다고 고객들은 생각한다.

상호작용적 공정성(interactive fairness)은 고객이 상대방으로부터 존중과 예의를 갖춰 대우받고 있고 자신의 불평을 완전히 표현할 수 있는 기회를 얻었다는 느낌을 말한다. 만약 고객이 서비스 제공자가 예의가 없고 무관심하고 배려가 없다는 불만을 가지고 있는데 불평을 들어줄 관리자를 찾을 수 없다면, 그 고객은 자신이 불공정한 대우를 받는다고 느낄 것이다. 상식적으로, 불평을 표현하도록 장려받고 존중과 예의를 갖춰 대우를 받고 공정한 해결을 받은 고객이, 무례하고 마지못해 공정한 해결을 받은 고객보다 재방문할 가능성이 더 높다.

분배적 공정성(distributive fairness) 혹은 결과 공정성(outcome fairness)은 환자들이 실패에서 회복하려는 조직의 시도에 환자들이 가하는 세 번째 테스트이다. 환자의 문제에 대한 보상으로 조직이 실제로 불만환자에 무엇을 주었는가? 만약 환자가 예의 없는 병실 청소직원에 대해 불평을 하고 병원의 정책에 따라 사과만 받는다면, 그 환자는 불공정한 대우를 받았다고 느낄 것이다. 단지 '죄송합니다'라고 말하는 것은 보상으로 충분하지 않다고 환자는 판단할 수 있다.

모든 것은 환자의 기대 충족과 관련이 있다. 이 문제는 어렵다. 왜냐하면, 각 환자가 다 다르기 때문이다. 조직의 편에서 체계적인 시행착오를 통해 만족스러운 보상을 찾을 수 있을 것이다. 연구에 따르면, 조직이 서비스 문제에 대해 다양한 보상 대안을 제안할 때 고객들이 공정하게 대우받는 느낌을 갖게 된다고 한다. 예를 들어, 의사가 환자에게 즉각적인 진료 예약을 제안하거나 무료로 처방전을 써줄 수 있다.

요약하자면, 서비스 회복에 시간, 돈, 인력 그리고 노력을 투자하는 것이 비즈니스를 잘하는 방법이다.

좋은 회복 전략의 특징들

하트와 헤스켓, 새서(1990)는 서비스 회복 전략들이 여러 가지 기준을 충족해야 한다고 주장한다. 더 구체적인 서비스 회복 전략들은 다음과 같다.

- 문제는 긍정적인 방법으로 다루도록 한다. 상황이 정말 심각하다 하더라도, 환자의 문제가 다뤄지고 있고 해결될 것임을 확인시켜야 한다.
- 환자불만에 대응하는 담당 직원들에게 분명히 전달한다. 조직은 직무의 일환으로 직원들이 문제들을 찾아내고 해결해줄 것을 기대한다.
- 환자들이 쉽게 도움을 요청할 수 있도록 편한 사람이 된다. 직원은 환자들이 가지고 있는 다양한 문제들과 다양한 기대들을 수용할 수 있을 만큼 유연성이 있어야 한다.
- 환자가 서비스 경험의 품질을 정의한다는 것과, 환자가 회복 전략들의 문제와 적합성을 정의한다는 것을 항상 인지한다.

불만환자를 위해 상황을 개선하지 못하는 전략은 단지 쓸모없는 정도가 아니다. 문제가 있음을 알게 돼도 조직이 그 문제를 해결할 수 없거나 개선할 노력도 하지 않을 것으로 보일 수 있기 때문이다. 하트와 헤스켓, 새서(1990)의 연구에 따르면, 대부분의 회복 전략들은 많은 개선이 필요하다고 한다. 고객불만에 대응하기 위해 대부분의 조직들이 보여주는 노력이 오히려 서비스에 대한 부정적인 반응만 강화는 경우가 많다. 상황을 개선하려는 노력이 오히려 상황을 더 악화시키는 것이다.

환자들이 많은 회복 전략들을 불충분하게 여기는 이유 중 하나는 그 전략들이 환자의 비용을 실제로 고려하지 않기 때문이다. 의사가 예약된 진료 시간에 나타나지 않았다면 다시 진료 일정을 잡는다. 병원안내센터의 전화가 통화 중이라면, 환자에게는 미리 녹음된 사과를 들려준다. 조직은 관계가 회복되었다고 생각할 수 있지만, 환자에게는 서비스 문제들과 관련된 많은 비용들이 있다. 그리고 효과적인 조직들은 그 비용들이 무엇인지 파악하고 반영하여 적절한 서비스 회복 방안을 선택해야 한다. 만약 약속 날짜에 검사 결과가 나오지 않았다면 환자의 잘못이 아니다. 그런데 왜 환자는 결과를 기다리면서 추가적으로 정신적 스트레스를 받아야 하는 것인가? 그리고 의사가 진료 예약을 취소한 것으로 인해 왜 환자가 시간을 허비해야 하는가?

환자들은 의료서비스 문제가 발생하면, 조직들이 단순히 대안으로 대체하여 문제를 해결하거나 다시 서비스를 반복하는 것으로 문제를 해결하기보다, 그 이상의 해결책을 보여줘야 한다고 생각한다. 많은 의료과오 소송이 그것을 증명한다. 만약 예약 시간보다 훨씬 지연된 대기 때문에 환자가 손해를 본다면, 회복 전략은 단순히 사과만 하는 것이 아니라 환자의 금전적 손실에 대한 보상도 포함해야 한다. 훌륭한 의료조직들은 어떻게 환자들의 경제적 손실과 비경제적 손실을 보상해줘야 하는지 고민하고, 불만환자들이 시간 손실과 금전적 손실을 입지 않도록 최선의 노력을 한다. 그뿐만 아니라, 그들의 자존심과 자부심에 대한 욕구 또한 회복 전략에 포함시킨다.

환자들이 실수한 경우라도, 좋은 의료조직들은 그 실수들을 정정하도록 세심하게 도움을 준다. 그들은 환자들이 전체 경험에 대해 좋은 인상을 받고 떠나길 바라고, 환자들의 회복을 위해 직원들이 어떻게 도움을 줬는지 인정해주기를 원한다. 만약 당신이 불치병에 걸린 가족을 온종일 방문하고 주차장으로 왔는데 자동차 열쇠가 없어서 자동차 문을 열수 없다면 얼마나 기분이 우울해질지 상상해보자. 그런데 주차요원에게 말했더니 30분 뒤에 열쇠 수리공이 와서 새로 자동차 열쇠를 전해준다. 그것도 무료로!

자동차 열쇠를 잃어버린 것은 조직의 잘못이 아니지만, 고객지향적 조직은 고객들이 실수를 하더라도 존엄성을 유지해야 한다고 생각한다. 그들은 조직이 아니라 자기 자신에게 화가 난 고객들도 조직에 분풀이를 표현한다는 것을 알고 있다. 이런 인간 본성의 성향을 극복하기 위해, 고객중심 조직들은 문제를 해결할 방법을 찾는다. 그래서 좋은 기억을 나쁜 경험보다 크게 만들어, 화가 난 사람들이 기분 좋은 마음으로 떠날 수 있게 한다. 이런 높은 수준의 고객서비스를 제공하면, 환자들은 그 의료조직에 대해 감사한 마음을 갖고 지속해서 애용하게 된다. 환자와 가족들이 이런 감동적인 서비스를 받은 이야기를 외부 고객들과 내부 고객들에게 말할 때 조직의 명성이 높아진다.

문제에 맞는 회복 전략

최고의 회복 노력은 고객의 문제를 다루는 것이다. 일정한 날짜와 시간에 한 환자가 전화로 담당 의사와 연락을 시도한다고 가정해보자. 환자는 전화상에서 대기 상태로 돌려지고 잠시 후 의사가 전화할 것이라는 메시지를 받았다. 만약 의사가 전화를 주지 않았다면, 의심할 여지 없이 의사소통 문제가 발생한 것이다. 환자는 의사가 자신에게 무관심하다 생각할 수 있다. 이 상황에서 적절한 회복 노력은 환자에게 의사의 개인 휴대전화 번호를 제공하는 것이다.

서비스 문제의 심각성과 원인들을 분류하는 것은 의료조직이 선택해야 하는 회복 전략을 보여주는 유용한 방법이다. [표14-1]에서 세로축은 문제의 심각성을 나타내고, 낮음부터 높음으로 이루어져 있다. 그리고 가로축의 서비스 문제들은 조직에 의해 발생한 문제들과 환자에 의해 발생한 문제들로 나눈다. 심각성이 높고 조직의 잘못으로 실패가 발생했을 때(예: 환자가 소외감을 느끼게 하는 서비스 실패 발생), 적절한 반응은 정중한 대우이다. 조직은 진심으로 사과하고, 공감과 배려를 전달하고, 환자의 문제를 처리할 필요가 있다. 왜냐하면, 환자의 부정적인 감정을 극복하기 위해서는 조직의 엄청난 회복 노력이 필요하기 때문이다.

[표14-1] 서비스 실패의 회복 전략

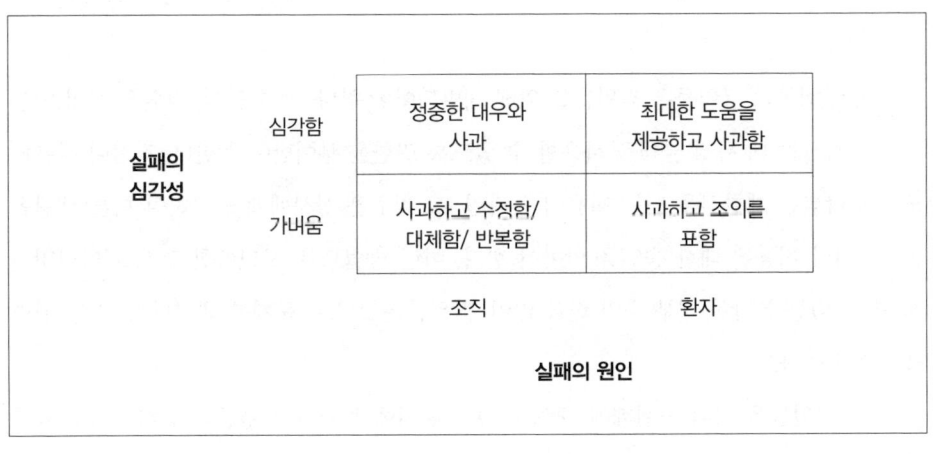

[표14-1]에 있는 상황들 중 두 가지는 환자가 문제를 초래한 경우이다. 하지만 비록 환자가 초래한 문제라 하더라도, 조직은 이것을 경험에 대해 환자가 긍정적인 느낌을 갖게 하는 좋은 기회로 삼을 수 있다. 심각성이 낮은 상황에서는 진심 어린 사과면 충분하다. 그리고 이는 환자로 하여금 조직이 분명히 자신들의 잘못이 아님에도 상황에 대해 약간의 책임을 지고 있다는 생각을 갖게 만든다. 실제로 일부 조직들은 만약 환자의 기분을 좋게 만드는 비용이 크지 않다면, 그 이상을 한다. 병원들은 환자들이 음식이 맛없다고 하면, 식사 메뉴를 바꿔줄 것이다. 잘못된 식사는 병원의 잘못이 아닐 수 있다. 그러나 조직이 환자의 실수에 대해 비용을 지불하게 만들지 않은 것에 대해 환자는 기분이 좋을 것이다.

오른쪽 위 칸은 문제가 비교적 심각하고 환자 혹은 어떤 외부인이 그 문제를 발생시킨 경우이다. 이것은 조직이 영웅이 될 기회이고, 환자에게 잊지 못할 경험을 제공할 기회이다. 예를 들어, 한 환자가 교통체증 때문에 진료 예약에 늦어 의사가 다음 환자 진료로 바쁜 시간에 도착했다면, 간호사가 그 환자에게 다음 차례에 진료를 받게 될 것이라고 약속하는 것이다.

결론

서비스 회복의 규칙들은 직원들을 위해 개발되어야 한다. 예를 들어, 직원은 서비스 문제를 정정하는 데 특정 금액을 사용할 수 있도록 권한을 부여받아야 한다. 직원이 사용하도록 허락받은 제한선을 넘는 비용이 든다면, 그 직원은 상사에게 연락하여 다른 대안을 논의하거나 비용에 대한 승인을 받아야 한다. 이런 방법으로, 불만족한 고객을 떠나버리게 할 수 있는 복잡한 내부 승인 절차 없이, 직원들은 스스로 문제를 해결할 수 있는 권한을 부여받는다.

또한, 직원들은 서비스 실패에 대해 무엇을 환자에게 말하고 행동해야 하는지 교육받아야 한다. 직원들이 고객들에게 '서비스를 지나치게 제공하는 것'에 대해 비난을 받지 않아야 한다. 또한 고객들을 기쁘게 하기 위해 위험을 감수한 접근법과 혁신적인 접근법을 장려하고, 서비스 실패와 회복을 모니터할 것임을 직원들에게 고지해야 한다. 후자는 고객불만과 고객이탈에 대한 상세한 정보를 수집하는 시스템 설치를 요구한다. 이런 정보를 수집하기 위해서는 접점 직원들의 참여가 필요하다. 그들은 서비스 문제들과 긴밀하고 친숙하기 때문에, 조직이 근본 원인을 찾아내 발생을 예방하는 데 도움을 줄 수 있다.

실패로부터 배우는 것은 문제를 바로잡는 것보다 더 중요하다. 그리고 처음부터 실패를 일으키는 시스템과 프로세스 문제들을 다루어야 한다.

서비스 전략

1. 서비스 실패를 예방하는 것이 서비스 실패를 회복하는 것보다 더 중요하고 비용이 덜 든다는 사실을 인식한다.

2. 환자들이 불평하게 한다. 환자의 불평은 곧 선물이다.

3. 문제들을 발견하고 바로잡을 수 있도록 직원들을 교육하고 권한을 부여한다.

4. 직원들이 공감하며 불만고객들의 불평을 경청하도록 교육한다. 그리고 서비스 문제와 해결책을 기록한다.

5. 고객이 공정하다고 생각하는 해결책을 찾고, 환자들이 일으킨 서비스 실패들을 바로잡을 수 있도록 도와준다.

6. 자신의 불만족을 다른 사람들에게 말하는 불만환자가 훌륭한 경험에 대해 다른 사람들에게 말하는 만족한 환자들보다 2배 더 많다는 사실을 기억하라.

7. 서비스 회복의 중요성을 조직에게 설명하기 위해 한 명의 불만환자가 미칠 수 있는 손실을 알아내고 직원들과 공유한다.

8. 서비스 실패의 근원을 처리한다.

CHAPTER 15

고품질 의료서비스를 향한 길로 이끌다

좋은 리더는 사람들이 그가 이끌고 있는지 잘 모를 때 최고의 리더가 된다.
좋은 리더는 말을 많이 하지 않지만, 주어진 업무가 수행되고 목표가 달성되면
다른 모든 사람들은 "우리가 스스로 그 일을 해냈다."라고 말한다.

– 중국의 철학자 노자

| 서비스 원칙 | 직원들이 최고의 의료서비스 경험을 제공하도록 이끈다

훌륭한 의료서비스 경험을 제공하는 것은 간단하다. 환자들과 다른 고객들이 진정으로 필요로 하고 기대하는 것을 알아내기 위해 연구하고, 알아낸 것들을 조금 더 제공하는 것이다. 최고의 종합 의료서비스 경험을 제공하기 위해 전념을 다하는 의료관리자들은 사용 가능한 모든 과학적인 도구들을 이용해 고객에 대한 연구를 멈추지 않는다. 세상에 똑같은 고객은 없고 고객들의 개인적 선호와 상황도 변하기 때문에, 이런 발견 과정은 절대 끝나지 않는다.

고객을 보완할 수 있도록 서비스 상품, 환경, 시스템은 변하거나 진화해야 한다. 지속된 연구를 통해 얻어진 정보는 전략, 직원 그리고 시스템과 관련된 결정을 하는 데 사용된다.

제15장에서는 의료관리자들이 고품질 서비스를 달성하는 데 필요한 개념들을 종합하여 알려준다.

제15장에서는 다음과 같은 내용을 다룬다.

- 의료서비스 분야에서 고품질 서비스의 모델
- 미래의 의료서비스와 리더의 역할에 대한 관점

고품질 서비스만으로는 환자의 요구와 욕구, 기대를 충족시키기에 불충분하다는 것을 다시 한 번 강조한다. 환자들의 건강 문제를 성공적으로 다루는 훌륭한 임상서비스에는 고품질 서비스가 반드시 선행되어야 한다.

고품질 서비스 모델

[표15-1]은 고품질 서비스를 달성하기 위한 개념적 프레임워크(conceptual frame-work)를 나타낸다. 이는 고품질 서비스가 의료조직에 미치는 영향을 보여준다. 왼쪽 상자는 현재 조직들에게 영향을 주거나 줄 것으로 예상되는 주요 환경적 동향들을 나타낸다. 이 중 일부 동향들은 방해가 될 수 있고, 다른 동향들은 고객서비스를 향상시키려는 조직의 노력에 잠재적으로 도움이 될 수 있다. 이 환경적 동향들 중에서 고객주도형 의료서비스, 1차 의료 제공자들의 부족, 잠재적 건강보험 개혁이 가장 중요한 요인들이다.

[표15-1]에서 보여주는 외부 환경요인들과 그 밖의 요인들은 의료조직들의 구조와 프로세스, 결과에 영향을 미친다. 이 영향들 중에 고객중심적 전략, 직원 채용 그리고 시스템을 더 개발할 수 있도록 조직들을 위한 인센티브 확대가 있다. 성공적인 서비스를 위해 전략과 직원 채용, 시스템은 단기적으로 환자만족을 향상시켜야 한다. 만약 장기적으로 유지한다면, 이 고객중심 접근법은 조직에 대한 고객충성도와 환자의 재방문 의향, 다른 사람들에게 조직을 추천할 가능성을 향상시킬 것이다.

환자충성도와 환자 유지가 무엇보다도 중요한 문제라는 것을 인식하는 조직들이 늘어가고 있다. [표15-1]에서와 같이 피드백 회로는 수익 증가나 자원의 수요 감수와 관련이 있는 재방문 또는 조직 추천과 같은 고객의 의향을 보여준다. 이것은 조직의 구조, 프로세스 그리고 결과에 긍정적인 영향을 미친다. 프로세스는 연속되기 때문에, 더 많은 자원은 조직이 서비스 상품과 환경, 전달시스템을 향상시키는 것을 가능하게 한다.

[표15-1] 고품질 서비스 프로세스와 결과물

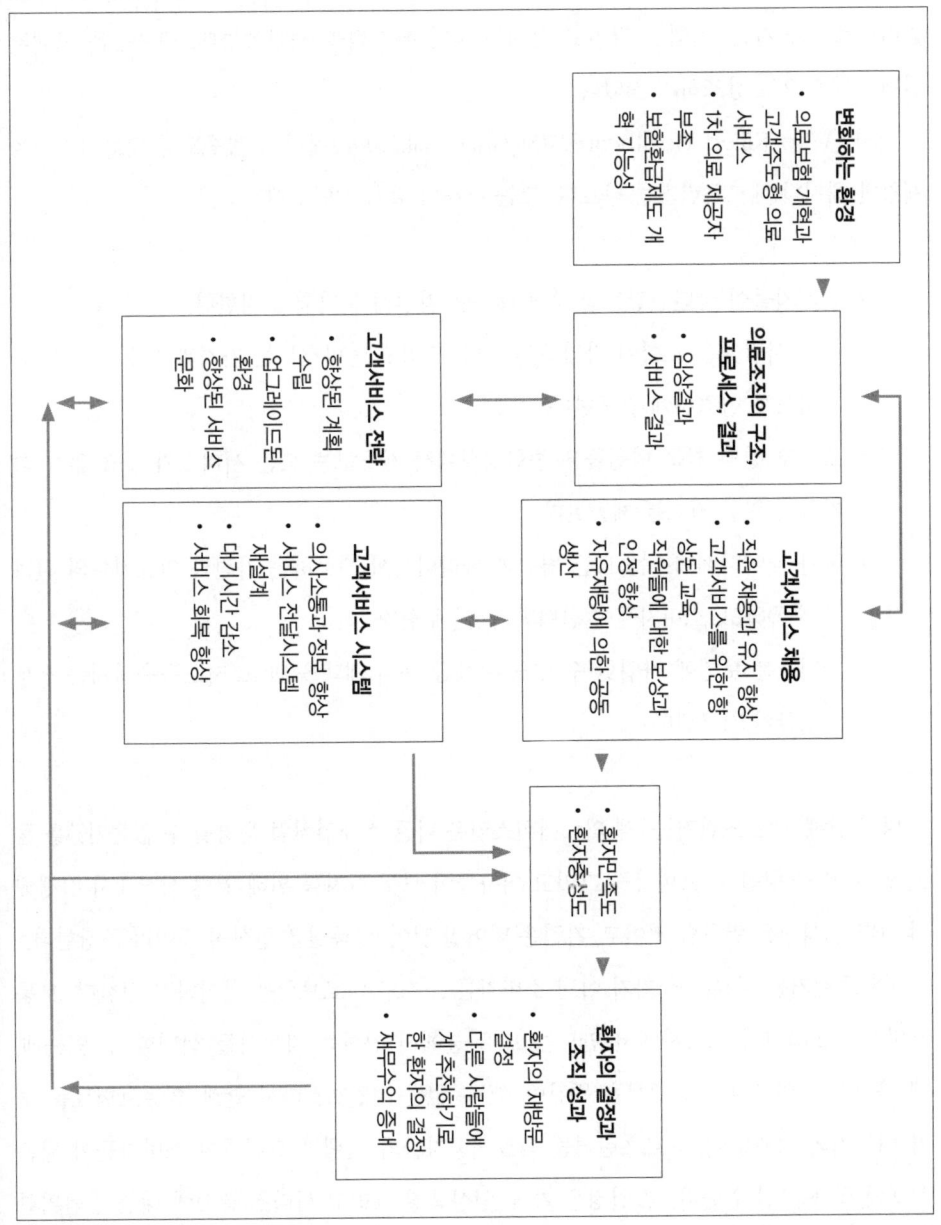

외부 환경 변화들

(1) 의료개혁과 고객주도형 의료서비스

오바마 정부는 미국 국민들 중 약 4,500만 명이 의료보험 혜택을 받지 못하고 있음을 강조하면서 의료보험 개혁을 최우선적으로 추진하고 있다. 병원들, 보험사들, 정부기관, 관리의료 제공자들, 기업들 그리고 학계는 다양한 개혁을 제안했는데, 대부분은 고객의 선택을 우선으로 강조하지 않았다.

저서 《Who Killed Healthcare?》(McGraw-Hill, 2007)에서 고객주도형 의료시스템을 제창한 레지나 헤르츠린거는 다르다. 그는 아래와 같이 제안한다.

- 소비자들이 국민건강보험 보장 내용을 자신에게 맞춰 조정한다.
- 모든 사람들은 보험에 가입해야 한다. 그리고 연방정부는 가격과 보장 내용이 공정하도록 엄격하게 감독한다.
- 소규모 질병 전문 병원들은 종합병원에서 제공하는 모든 서비스가 필요 없는 환자들을 위한 진료를 제공한다.
- 국가 데이터베이스는 모든 병원과 클리닉에서 제공하는 가격과 의료절차의 결과를 수록하고, 소비자들이 선택할 수 있게 한다.
- 국민들은 보험에 가입할 수 있도록 세금 우대 혜택을 받고, 저소득층에게는 정부 보조금이 지급된다.

다시 말해, 헤르츠린거는 "왜 의료서비스업은 다른 소매업처럼 운영될 수 없는가?"를 묻고 있다. 만약 병원들, 보험사들 그리고 의사들이 모두 환자를 위해 열린 시장에서 경쟁해야 한다면 혁신은 번창할 것이고, 가격은 떨어질 것이며, 품질은 향상될 것이라 주장한다.

헤르츠린거는 다른 누군가가 아닌 소비자들 스스로 의료보험을 관리하길 원한다. 보통 소비자는 240개의 제조사에서 만드는 모델 중에서 원하는 자동차를 선택할 수 있는데, 왜 자신들의 의료와 관련해서는 똑같이 할 수 없는 것일까? 다시 말해, 의료보험료를 누가 내는지와 상관없이, 헤르츠린거는 의료제공자들의 선택과 관련하여 소비자들이 넓은 선택의 폭을 갖길 원한다. 그 결정은 가격, 임상품질 그리고 서비스 품질에 대한 광범위한 정보가 힘을 실어줄 것이다.

정부기관들, 고용주들 그리고 민간 보험회사들이 의료보험과 관련된 결정을 하는 게 적합하다고 믿는 사람들은 고객주도형 의료서비스를 싫어한다. 그들은 2가지 신념으로 단결한다.

1. 환자들은 의료서비스와 관련해서는 똑똑한 소비자가 될 수 없다.
2. 소비자주도형 의료서비스는 돈, 권력 혹은 통제를 잃는 결과를 가져올 것이다.

이런 사람들은 고객의 선택과 서비스 우선주의를 강조하지 않는 의료개혁이 하향식으로 지시 · 통제되기를 원한다. 그들은 의료분야의 '전문가'들이 제안한 '최고 선택안들' 중에서 고객이 선택하도록 한다. 이런 제한은 제공받는 서비스의 전체 품질에 대한 소비자들의 인식을 축소할 수 있다.

그러나 소비자들의 선택 능력을 존중하는 사람들에게 의료개혁은 엄청난 기회를 나타낸다. 즉, 만약 개혁이 통과되면, 결국 의료업계는 다양한 선택과 고품질 서비스를 제공하는 데 집중하게 될 것이다. 또한, 훌륭한 임상결과와 고객서비스 결과를 성취한 서비스 제공자들에게는 보상해야 한다. 하지만 의료산업의 특별 이익 단체들(예: 보험회사, 제약회사)이 고객지향의 개혁을 방해하고 지시 · 통제 접근법을 추구한다면, 보통의 미국 국민들은 '고객에 대한 대응은 더 적고 더 관료주의적인' 의료시스템을 미래에 경험하게 될 것이다.

2007년에 연방정부는 병원별로 환자만족도 점수를 공개하기 시작했다. 미국 병원소비자 평가인 HCAHPS와 주 정부들은 병원 가격과 품질 평가(환자만족도 포함)를 게시하였고, 의료개혁의 결과와 상관없이 소비자들은 의료진료의 결과에 대한 정보를 더 투명하게 알 수 있게 되었다. 더 많은 소비자들이 의료개혁이 소비자주도형 의료를 특징으로 하는지 여부와 상관없이, 의료선택을 가능할 때 고객서비스, 가격, 접근 편의성, 임상품질 그리고 서비스 제공자의 윤리를 고려하게 됐다.

다시 말해, 의료서비스를 누가 지불할 것인지, 서비스 제공자들과 보험사들은 어떻게 책임을 질 것인지, 어떻게 품질과 선택을 관리할 것인지 등과 같은 의료개혁 논쟁은 결국 소비자 이슈로 귀납된다. 이런 질문들에 대한 최종 답변은 아직 결정되지 않았다. 하지만

2009년 개혁은 미래에 경험하게 될 고객서비스의 품질에 가장 중대한 영향을 미칠 것이다.

(2) 임상결과와 서비스 결과의 문서화

서비스 제공자들, 고용주들, 보험사들 그리고 고객들이 손쉽게 고객서비스 정보에 접근할 수 있게 되면서, 보험사의 실적 기반 환급이 고객서비스의 중요성과 함께 증가할 가능성이 높다. 이해관계자들은 서비스 제공자의 가치를 평가할 때 접근 편리성, 임상품질 그리고 치료의 효과를 고려할 것이다. 공공책임성(public accountability)과 데이터 투명성(data transparency)에 대한 요구가 심화되면서, 여기에서 논의되는 개념들과 원칙들은 조직들이 전체 서비스와 품질 성과를 향상할 수 있도록 조정하는 데 도움을 줄 수 있다. 서비스 품질을 간과하면 조직의 수익 측면에서 희생이 커질 수 있다.

또한, 소매 클리닉의 최근 동향은 임상결과와 서비스 결과의 문서화를 향상시킬 것이다. 기술의 발전은 투명성을 높이고, 비용을 낮추고, 소매 클리닉이 제공하는 서비스에 쉽게 접근할 수 있게 한다. 이로 인해 클리닉들은 서비스와 임상결과를 일반인에게 알릴 수 있게 된다. 결국, 이러한 클리닉들은 전문의 서비스도 제공할지 모른다. 만약 소비자들이 현재 의료시스템에서 제공하는 접근성, 품질, 가격에 만족한다면 월마트와 같은 대형 업체들이 의료분야에 진입하지 않을 것이다.

(3) 1차 의료 제공자들의 부족

2008년, 미국의사재단(Physician Foundation)에서는 미국의 모든 1차 의료 의사를 대상으로 설문조사를 했다. 그 결과, 1차 의료 의사들이 매우 부족하다는 것을 알게 됐다. 응답자의 4명 중 3명은 현재 미국에 1차 의료 의사 부족 현상이 있다고 말했다. 또한, 응답자의 절반이 진료 환자의 수를 줄이거나 3년 이내에 의료행위를 중단할 계획이 있다고 답했다. 이로 인해 부족 현상은 앞으로 더욱더 심화할 것으로 예상된다. 응답자의 절반 이상이 의사를 꿈꾸는 젊은 사람들에게 '형식적인 절차'와 '지급 문제' 때문에 의사직을 추천하지 않을 것이라 말했다. 이런 결과는 의료시스템이 1차 의료 의사들의 역할을 과소평가하는 경향이 있음을 나타낸다.

다음 10년 동안 서비스 수요를 유지하기 위해, 미국은 4만 명 이상의 의사를 추가해야 한다. 그러지 않으면 의료업무의 심각한 체증을 경험하게 될 것이다. 현재 모든 전공의의 부족은 앞으로 더 악화될 것으로 예상된다. 미국의과대학협회(Association of American Medical Colleges)의 연구에 따르면, 미국 의과대학에 첫해 등록 학생률이 1980년부터 꾸준히 하락하고 있다고 한다. 그리고 만약 이 추세가 계속된다면, 미국은 2025년까지 필요한 의사의 수보다 15만 9,000명이 부족할 것이라 한다.

설문조사 결과는 의료의 고품질 서비스 개념과 관련 있다. 1차 의료 의사들은 종종 환자가 보는 첫 번째 의료제공자이기 때문이다. 연구에 따르면, 1차 의료 의사와 지속유지 가능한 관계, 진료의 포괄성, 조직의 접근성 그리고 진료의 조직화는 높은 환자만족도나 더 나은 진료 결과와 관련있다. 만약 1차 의료 의사들이 인력 부족으로 과로한다면 환자들은 진료 예약을 오래 기다려야 할 것이고, 의사들과의 상담시간은 아주 짧아질 것이다. 간호사나 물리치료사 같은 관련 의료종사자 부족이 이어지면서 1차 의료 제공자들의 부족은 악화되었다.

1차 의료 의사들의 부족은 꼭 해결되어야 할 문제이다. 1차 의료 의사들 없이 고품질 서비스를 상상하기 어렵기 때문이다. 1차 의료 의사들과 다른 의료종사자들을 위한 연방정부의 교육보조금은 장기적 고품질 서비스에 도달하기 위해서 반드시 필요한 전제조건이다.

(4) 잠재적 의료보험수가제도의 개편

현재 의료보험수가제도는 이메일이나 전화 커뮤니케이션과 같은 활동들, 의료상담, 공동진료 등 환자들을 위해서 하는 의료행위들은 제외하고, 오직 절차에 근거하여 의료수가를 보상한다. 이 모든 활동들은 고객만족과 관련되기 때문에, 환자의 의료서비스 경험을 향상시키기 위한 이런 행동들의 중요성을 인지하는 의료수가 보상이 절실하다. 이런 변화가 지시·통제 의료개혁에서 일어날지 아니면 고객주도형 개혁에서 일어날지 주시해야 한다.

예를 들어, 의사들은 암과 같은 만성질환 환자들이 의료전문가 팀이 제공하는 공동진료를 받아야 한다는 데 동의한다. 그러나 대다수의 의사들은 집단 상담을 해줄 수 있는 시간이 없고, 팀으로 일하는 것에 익숙지 않다. 팀이 제공하는 많은 서비스들(예: 정신과 상담, 사회복지)에 대해 의료수가 보상을 받을 수 없다. 이런 서비스를 제공하면 병원 입장에서는 미래 원가가 절감된다. 하지만 의사들 자신들은 이런 활동들에 대한 의료수가 보상을 받을 수 없기 때문에 금전적 혜택이 없다. 의료전문가 팀을 통해 공동진료를 제공하기 위해서는 메디케어, 메디케이드 그리고 제3의 보험사들의 지불 방식 변화가 먼저 요구된다.

'의료서비스의 소프트한 면'을 보상하기 위한 의료보험수가제도의 개편은 고객서비스와 의료서비스 결과, 환자만족을 상당히 증가시킬 수 있다. 이런 개편안이 최종 의료개혁안에 포함될지는 아직 두고 봐야 한다. 그리고 현재 경제 불황에 비추어 볼 때, 시행되기 어려울 수 있다. 이제까지 의료보험 개혁은 더 많은 사람들에게 보험 혜택을 주는 것과 현재 절차에 대한 보험환급 확대에 목적을 두었다. 더 나은 의사소통, 더 나은 임상결과 그리고 더 나은 고객서비스에 대한 의료보험수가에 대한 논의는 아직 심도 있게 진행된 적이 없다.

전략

오늘날, 환자들에 대한 정보와 경쟁자들이 이 환자들에게 서비스 중에 제공하는 정보는 놀라울 정도로 많다. 이런 정보를 활용하여 환자들과 다른 고객들이 진정으로 원하는 것이 무엇인지 이해하는 조직들만이 앞으로 생존하고 번성할 것이다. 조직들은 이런 정보를 이용하여 기업 전략을 설계하고, 핵심역량이 무엇인지 발견하고, 이 핵심역량을 더 개발하기 위해 집중해야 한다. 예를 들어, 조직들은 고객들의 욕구와 요구, 기대를 이용하여 마케팅 전략, 예산 결정, 조직시스템과 생산시스템 설계 그리고 인적자원 관리 전략을 향상시킬 수 있다.

사우스웨스트 항공사는 고객에 대한 이해를 이용하여 승객들이 원하는 것을 제공한 훌륭한 사례이다. 대다수의 조직들과 같이 사우스웨스트 항공사는 고객 설문조사를 이용하여 고객들이 무엇을 원하는지 물어봤고, 고객들이 저렴한 항공료, 정시 서비스, 맛있는 기내식, 편안한 의자, 무료 영화 등을 원한다는 것을 알았다. 사우스웨스트 항공사는 고객들에게 모든 것을 줄 수는 없었다. 그래서 고객의 선호도를 알아내기 위해 추가 조사를 진행했다. 그 결과, 고객들이 진정으로 원하는 것은 낮은 항공료, 신뢰할 수 있는 항공 일정 그리고 친절한 서비스라는 것을 알게 됐다. 현재 사우스웨스트 상품은 정확히 표적시장이 원하는 것으로, 계속해서 이용하고 싶게 만든다.

이 사례를 통해 의료관리자들에게 말하고자 하는 요점은 어떤 선호사항들이 실제로 환자 행동에 동기부여를 하는지 이해하기 위해 환자 선호도를 더 조사해야 한다는 것이다. 조직은 이 결과를 사용하여 조직의 핵심역량과 미션이 고객들이 원하는 것과 일치되게 해야 한다.

핵심동인

훌륭한 조직들은 환자들의 의료서비스 경험의 핵심동인들을 찾아내기 위해 자신들의 환자들을 광범위하게 연구한다. 일부 동인들은 큰 영향을 미치고, 일부는 비교적 중요해 보이지 않는다. 모든 동인들은 환자가 의료서비스 경험으로부터 받는 인상에 기여하고 환자의 만족 여부를 결정하는 데 도움이 된다. 병원까지 가는 여정 혹은 개인병원이나 클리닉 방문은 대다수의 사람들에게 전인적인 경험이다. 훌륭한 고객서비스 조직들은 전인적 경험의 모든 세부적 구성요소들을 알아내는 데 필요한 연구를 한다. 그리고 신중히 관리한다.

어떤 의미에서는, 핵심동인은 2개의 범주로 나눠질 수 있다. 첫 번째 범주는 특정 시장에서 운영하기 위해 조직들이 환자들에게 제공할 것이라 환자들이 기대하는 기본요소들로 구성된다. 예를 들어, 고객들은 병원으로부터 다음과 같은 기본적인 것들을 기대한다. 쾌적한 병실, 만족스러운 음식, 잘 교육받고 기술을 갖춘 친절한 의료직원과 전문 직원, 배려하는 태도, 효율적인 근무체계, 고품질의 임상상품 그리고 짜증을 유발하는 요소들이 없는 환경 등.

조직은 이런 기본적 기대를 충족해야 한다. 그러지 않으면 고객들은 불만족할 것이다.

습관적으로 이런 기본적 기대들을 충족하지 못한다면, 조직은 완전히 실패할 것이다. 조직들이 명성을 유지하고 단골고객들을 확보하여 장기적 성공을 모색한다면, 기본적 특성들을 반드시 제공해야 한다.

핵심동인들의 두 번째 범주는 경험을 기억에 남게 만드는 특성들과 품질들이다. 이것들은 우수한 조직에서 경험들을 차별화하는 특징들이다. 벤치마크 조직들은 환자들이 도움이 필요하여 병원에 올 때 가진 기본적 기대들을 넘어설 수 있는 방법을 찾는다. 훌륭한 조직들은 차이를 만들고, 경험을 기억에 남게 만들고, 환자들이 다시 찾아오도록 만든다. 또한, 환자들이 이 예외적으로 훌륭한 조직들에 대하여 지인들에게 말하도록 동기부여를 하는 핵심요인들을 제공한다.

다음의 조직들은 환자들이 필요로 하고, 원하고, 기대하는 기본적인 것들을 얼마나 잘 제공하고 있는지 알아보기 위해 고객들에게 설문조사한다. 시카고 홀리 크로스 병원(Holy Cross Hospital in Chicago), 캘리포니아 샌디에이고 샤프 헬스케어, 미주리 세인트루이스의 SSM 헬스케어, 플로리다 펜사콜라의 뱁티스트 헬스케어, 위스콘신 그린베이의 세인트 메리병원(St. Mary's Hospital in Green Bay, Wiscon-sin), 텍사스 댈러스의 파크랜드 병원 그리고 뉴욕 알베르트 아인슈타인 헬스케어 네트워크(Albert Einstein Healthcare Network in New York) 등이다. 또한, 이 조직들은 고객들이 전체적 의료서비스 경험을 어떻게 보고 있는지 알아내기 위해 핵심동인을 찾아내는 다양한 기법들을 사용한다.

환자들과 다른 고객들의 핵심동인은 시설마다 다르다. 예를 들어, 관리의료회사 고객들은 온라인에의 쉬운 접근성, 지식을 갖추고 즉각 대응하는 고객서비스 상담원들 그리고 장기근무하는 제공자들을 원할 수 있다. 1차 의료 병원의 핵심동인은 신속한 진료 예약, 예약 시간에 즉시 진료해주는 의사 그리고 의사와 간호사로부터의 명확한 설명이다.

대체로 핵심동인들은 임상결과, 행동(존중과 존엄성), 시스템과 프로세스(환자들의 검진 예약) 그리고 환경(청결과 쉬운 길찾기)과 관련된 기대들에 영향을 미친다. 각 조직은 일반 고객들의 핵심동인들을 알아내고, 각 부서에서 고객들에게 그대로 제공해야 한다. 특정 서비스 혹은 상품을 이용하는 고객들은 다른 서비스나 상품을 이용하는 고객들과는 다른 기대를 가질 수 있다. 예를 들어, 응급실 환자는 산부인과 병동 환자와는 서로 다른 기대를 할 것이다.

조직은 서비스 상품, 환경 그리고 전달시스템의 어떤 요인들이 환자만족과 재방문 의사에 중요한지 이 동인들을 신중히 연구하기 전까지 알 수 없다. 많은 경우, 경영진은 자신들이 핵심동인이라 생각했던 것들이 환자의 관점에서는 아닐 수 있다는 것을 연구를 통해 발견하고 놀란다. 이런 서비스 갭이 바로 조직이 제공한 서비스와 환자가 필요로 하고 원하고 기대하는 것과의 차이이다. 많은 환자 데이터를 수집하고 분석하더라도 조직은 환자들이 중요하다고 여기는 것을 들으면 경우에 따라 여전히 놀랄 수도 있다.

훌륭한 조직들은 자신들의 환자를 광범위하게 연구할 뿐만 아니라, 환자들에 대해 배운 이 정보를 개별적으로 그리고 집합적으로 축적한다. 컴퓨터화된 데이터베이스와 데이터베이스 분석의 정교한 기술들은 조직이 환자들에 대해-인구통계학적으로, 사이코그래프의 집단으로 혹은 개인환자로서-더 많은 것을 알 수 있게 해준다. 최고의 조직들은 환자들에게 무엇이 중요한지에 대해 최대한 많은 정보를 알아내고자 계속 연구하고, 환자들이 기대하는 것을 제공하려 노력한다.

추가(extras)

단골고객들을 확보한 훌륭한 조직들은 서비스 경험을 개인에 맞추기 위해 환자 정보를 축적한다. 다시 말해, 이런 조직들은 환자들의 특별한 요구와 욕구, 기대에 따라 각 환자의 의료서비스 경험을 개인화할 수 있는 고객 데이터베이스를 지혜롭게 사용함으로써, 최고 조직도 더 발전할 수 있다는 것을 알고 있다.

일부 병원들은 환자의 관점에서 특정 진단에 대한 서비스 경험을 각 관리자가 볼 수 있게 하여 환자가 특별하다는 느낌이 들게 만들기 위한 시스템을 개발했다. 예를 들어, 관리자는 MRI 진단 과정의 환자를 따라 들어가 프로세스의 모든 단계를 함께 경험한다. 24시간 이내에 관리자는 직원들과 함께 복습과정을 갖고, 경험에 대해 논의하고, 문제들이 진단되면 해결책을 함께 찾는다. 그다음, 관리자는 그 경험과 세션에서 논의되었던 주요 관찰사항들, 개선 기회들, 권고사항들을 포함한 항목들을 문서화한다. 이 방법으로, 조직은 서비스 상품을 향상할 수 있는 기회를 얻고, 고객서비스에 대한 관리자들의 헌신도 강화시킨다. 더불어 관찰과 모니터 대상이 되는 환자 역시 특별한 느낌을 받는다.

각 환자가 스스로 특별하다는 느낌을 받게 하는 것이 무엇인지 알아야 한다. 조직은 이를 통해, 치료가 필요할 때 다시 오고 싶도록 환자들을 만족하게 만든 훌륭한 조직의 차별화된 요인들과 추가적인 것들을 더할 수 있다. 환자가 기대하는 것보다 조금 더 제공하는 것이 차별화를 만든다. 이것은 만족스러운 경험을 기억에 남는 경험으로 만들고, 다음에 의료적 도움을 받기 위해 어디로 가야 할지 생각할 때 혹은 다른 사람들에게 추천할 때 그 조직이 고객의 마음에 가장 먼저 떠오르게 할 것이다.

이런 추가적인 것들은 서비스 상품, 환경, 전달시스템 혹은 전반적인 서비스 경험에 포함될 수 있다. 환자의 핵심동인들과 좋아하는 것 또는 싫어하는 것에 대한 지식에 근거하여, 경험 설계자들은 환자의 마음에 긍정적으로 영향을 줄 요인들을 만든다. 그러나 조직들은 자신들이 성공적인지 판단할 수 있는 척도를 개발할 필요가 있다. 만약 실패하는 경우에는 어디서, 왜 실패했는지 원인을 찾아내기 위해 노력을 해야 한다.

추가적인 것들이 꼭 비싸거나 복잡하거나 정교할 필요는 없지만, 때로는 비용이 많이 들 수도 있다. 예를 들어, 환자들을 대하는 태도는 아무 비용이 들지 않지만, 특정 환경적 속성들은 상당히 비쌀 수 있다. 올랜도의 플로리다 병원(Florida Hospital in Orlando)은 정형외과를 위해 '컨시어지(concierge)'라는 직위를 새로 만들었다. 이 직위는 환자들이 문의사항이 있을 때 제일 먼저 연락할 수 있는 사람이자 각 환자가 완벽한 의료서비스 경험을 받도록 확인하는 역할이다.

기획

광범위한 기획은 환자에게 의료서비스 경험의 기대와 추가 요인 혹은 차별화된 요인들을 제공한다. 그리고 이 기획은 항상 환자와 함께 시작한다. 수용능력과 위치 결정, 직원 채용 계획, 인사 정책의 설계 그리고 의료장비의 선택은 조직으로부터 환자가 원하고 필요로 하고 기대하는 경험에 대한 조직의 정보에 근거해야 한다.

만약 조직의 미션이 간이진료소 체인을 짓는 것이라면, 그에 적합한 직원 채용, 위치, 의료장비, 외관 그리고 클리닉 규모를 알아야 한다. 이는 고객조사 데이터에 근거하여 적절히 결정할 수 있다. 의료서비스의 핵심동인들을 이해하는 조직들은 가능한 최고의 데이터를 사용한다. 비록 많은 조직들이 여전히 다양한 요인들에 근거하여 결정을 내리지만, 벤치마크 기관들은 항상 환자와 시작하고, 모든 의사결정이 철저히 환자에 대한 이해와 지식에 근거하도록 한다.

피드백

벤치마크 조직들도 회복 프로세스가 끝이 없다는 것을 알고 있다. 그래서 그들은 무엇이 효과가 있고 무엇이 효과가 없는지에 대해 고객들로부터 피드백을 끊임없이 요구한다. 환자의 요구와 욕구, 기대는 변한다. 그리고 최고의 조직들도 높아지는 환자의 기대에 대응하기 위해 변한다. 환자의 기대를 능가하기 위해 끊임없이 노력하는 조직들은 자신들의 미래를 설계하는 것이다. 오늘날의 추가 서비스는 내일의 고객기대의 기준이 된다.

훌륭한 조직들은 현재 성과를 능가하기 위해 끊임없이 노력한다. 그들은 자신들이 주요 동인들을 얼마나 잘 만족시키는지 알아내기 위해 끊임없이 고객들을 대상으로 설문조사를 한다. 한 의료집단이 환자 진료 예약을 위한 문서 관리와 관련하여 오랜 시간 불평을 받아왔다고 가정하자. 세 고객 그룹(의료진, 직원들, 환자들)을 대상으로 한 설문조사 결과에 따라 새로운 온라인 예약시스템을 설치했다. 그다음, 세 고객 그룹이 제안한 주요 동인들에 초점을 맞춰 새로운 시스템의 결과를 평가하기 위해 성공 지표(success indicator)를 개발했다. 이 프로세스로 인해 세 고객 그룹의 만족도가 상당히 향상되었다.

문화

직원들이 대처할 수 있도록 조직이 예측하여 교육한 것과, 다양한 환자들과 매일 대면하면서 실제로 발생한 일 사이의 차이를 없애기 위해, 뛰어난 조직의 관리자들은 조직문화의 중요성을 기억해야 한다. 환자들이 할 행동, 환자들의 요구 그리고 서비스 제공자들로부터 환자들이 기대하는 그 많은 것들을 정확히 예측하기란 불가능하다.

그래서 환자들을 위해 옳은 결정을 할 수 있도록 직원들을 안내하고 지도할 수 있는 문화의 힘은 필수가 되었다. 좋은 관리자들은 직원들이 문화를 통해 배우는 행동의 가치, 신념 그리고 규범이 중요하다는 것을 알고 있다. 이것들이 계획되지 않고 예측을 벗어난 상황에서 조직이 그 상황과 관련된 구체적인 정책들을 가지고 있지 않더라도, 조직이 원하는 대로 행동할 수 있도록 만들기 때문이다.

모든 직원들에게 전달된 메시지가 조직이 진정으로 전달하기 원했던 것이라는 확신을 줄 수 있도록 문화를 기획하고 충분히 생각해야 한다. 조직과 경영진의 모든 말과 행동이 그들이 정의하고 지원한 문화와 일치함을 보장하는 것이 전략의 중요한 부분이다. 의료서비스 상품이 무형일수록, 서비스 제공자가 환자들이 기대하고 조직이 원하는 품질과 가치의 의료서비스 경험을 제공하도록 문화의 가치와 신념, 규범이 더 강력해야 한다.

서비스 혹은 가격

앞으로 의료조직들은 현재보다 더 치열하게 서비스 혹은 가격 측면에서 경쟁하게 될 것이다. 모든 서비스 부문에서 성공적인 조직들은 고객서비스를 제공하는 기회마다 가치를 부가하는 방법이나 가격에 대한 가치만 따로 정의하는 방법(할인 안경점의 전략처럼)을 모색할 것이다. 시장의 틈새에 초점을 맞춰 광고하고 서비스를 제공하는 회사들(예: 사우스웨스트 항공사와 개인 병원들)이 번창할 것이다. 그러나 의료조직들은 임상적 효과, 서비스 품질 그리고 가격에 근거하여 자신들의 서비스를 광고한다. 다시 말해, 그들은 가격 자체보다 제공하는 가치에 근거하여 광고하는 것이다.

저비용 서비스 제공자들은 효율성을 높이기 위해 기술을 이용하여 가격에 민감한 소비자들을 공략할 수 있다. 고비용 서비스 제공자들은 즉각적이고 친절하고 효율적인 방법으로 서비스를 개인화할 수 있도록 필요한 정보를 직원들에게 제공할 수 있기 때문에 조금 더 높은 가격에서 각 환자의 기대에 맞춘 상품을 제공할 수 있다.

이 두 분류의 중간에 존재하는 의료비즈니스가 가장 어려운 상황에 처하게 된다. 그들은 고비용 조직들이 제공하는 정도의 환자 맞춤 서비스를 제공해야 하는 동시에 가격경쟁을 지향하는 업체들이 제공하는 낮은 가격을 제공해야 한다. 이런 중간층 조직들은 둘 다 잘하지 못할 수 있다. 그들은 너무 많이 약속하고 그에 비해 적은 서비스를 제공하는 위치에 놓일 수 있다. 이런 방법으로는 만족고객이나 충성고객, 재방문 고객을 창출해낼 수 없을 것이다.

직원 채용

환자 접촉 직원들이 제공하는 서비스 품질을 통해 경쟁자들과 차별화하는 것이 가장 효과적인 방법임을 모든 의료조직들이 인식하고 있기 때문에, 직원 채용이 갈수록 더 중요한 요인이 되고 있다. 경쟁자들은 서비스 상품, 환경의 물리적 요소들, 전달시스템의 기술적 측면들을 손쉽게 모방할 수 있지만, 사람을 모방할 수는 없다. 예를 들어, 각 병원이나 클리닉은 다른 모든 병원과 거의 동일한 장비를 구비할 수 있다. 이런 성공요소를 경쟁 병원이나 클리닉이 모방하는 데는 오랜 시간이 걸리지 않는다. 새로운 기계나 시스템은 경쟁자가 모방하기 전까지만 혁신적이다.

직원 몰입도

MRI 같은 기술이 아닌, 사람들이 변화를 가져온다. 의료보험 적용 때문에 할 수 없이 불친절한 병원을 선택하는 경우가 아니라면, 고객들은 당연히 친절한 직원들이 있는 병원으로 갈 것이다. 모든 요인들이 다 동일할 경우, 의료직원들이 차이를 만들게 된다. 의료 관리자들에게 도전 과제는 서비스 전달 프로세스의 생산 효율성과 품질을 지속적으로 유지하면서, 각 환자를 잘 관리하도록 서비스 제공자에게 권한을 부여하는 것이다.

예를 들어, 약사는 환자의 시간을 제약하지 않으면서 효율적인 방법으로 정확하게 약을 조제할 책임이 있다.

환자와 거의 이야기하지 않는 약사는 비인간적인 태도를 보일 수 있다. 반대로 친절한 약사는 약에 대한 알레르기 반응, 날씨, 혹은 가족들의 안부 등에 대한 대화를 나눌 수도 있다. 만약 약사가 그냥 사람을 대한다면, 업무는 지루해질 수 있다. 반대로 약사가 환자들에게 관심을 갖고 대한다면, 일이 더 재미있어질 것이다. 후자의 접근법이 제공자와 환자의 관계를 향상시키고, 기대 이상의 의료서비스 경험을 제공할 수 있는 확률이 더 높다.

직원들의 능력을 최대한 활용하는 조직과 그렇지 못한 조직의 격차는 점점 벌어질 것이다. 서비스 대면 시 직원들이 자신들의 기술을 활용하여 의료서비스 경험에 가치를 부가 하는 것은 중요한 차별화 전략이 되고 있다. 비용은 낮아지고 활용할 수 있는 기술들은 많아졌기 때문에 경쟁자들은 쉽게 의료서비스 상품이나 서비스 전달시스템을 모방할 수 있게 됐다. 하지만 서비스 전달시스템 구성요소 중에서 모방할 수 없는 것이 바로 사람들이다. 예를 들어, 시력검사를 할 때 다른 요소가 거의 같다면, 환자를 기분 좋게 해주는 것이 전체적 경험에서 무엇보다 중요하다.

광고만으로는 이 차이점을 보여줄 수 없다. 환자들이 광고를 통해 기대한 점을 실제로 경험하지 못한다면 오히려 역효과가 될 수 있다. 직원들은 환자들의 기억에 영향을 줄 수 있다. 환자들이 직원에 대해 계속 좋은 이야기만 한다면, 직원은 무엇인가 옳은 일을 해야 할 것이다. 만약 환자들이 직원에 대해 좋은 이야기를 하지 않고, 조직에 대해서도 높게 평가하지 않는다면, 이 책에서 소개하는 원칙들을 시행하여 고품질 의료서비스를 향해 다가갈 수 있을 것이다. 만약 환자들이 지속적으로 높이 평가하는 것이 조직의 생존에 중요하다면, 그것을 유지할 방법을 찾아야 한다.

선발과 교육

일부 직원들은 무언가를 알아내고 고객들과 좋은 관계를 유지하고 실제로 하는 일을 즐긴다. 그들은 제대로 선발된 사람들이다. 환자 서비스 직무를 위해 적임자를 찾는 것은 선발 프로세스에서 중요한 과제이다. 이런 직무에 적임자들을 배치하면 고품질 의료서비스 경험들을 제공하면서 발생할 수 있는 많은 문제들을 제거한다. 일부 사람들은 환자들과 개인적 접촉을 빠르게 잘한다. 이런 사람들은 효과적인 선발 기법들을 통해 분별될 수 있다. 이런 사람들을 찾아내고, 효과적인 서비스 전달을 위해 필요한 문화 가치와 기본적 친화 기술들에 대해 교육하는 것은 인사담당 관리자들의 중요한 책임이다.

환자 접촉 직원들은 서비스 대면에서 3가지 책임이 있다. 첫째, 그들은 서비스를 제공한다. 혹은 경우에 따라 현장에서 바로 서비스를 만들어낸다. 둘째, 대면의 품질이나 환자와 조직 간의 상호작용을 관리한다. 셋째, 불가피한 문제들을 진단하고 해결한다. 너무 많은 조직들이 첫 번째 책임에 대해서만 교육하고, 나머지 두 가지 책임들을 경시한다. 서비스 상품을 받는 것은 경험의 품질과 가치에 대해 환자의 결정에 미치는 한 가지 요소일 뿐이다. 직원들은 환자들의 다양한 관심과 성품들에 효과적으로 대처할 수 있도록 교육받아야 한다.

해당 직무에 필요한 능력이 무엇인지 명확하게 정의하는 것이 직무 적임자 선발의 시작이다. 새로운 환자들이 제일 처음 접촉하게 되는 접수담당자를 찾는다면, 그 업무를 처리할 수 있는 기술이 있는 사람을 고용해야 한다. 만약 제일 처음 환자들에게 서비스를 제공해야 할 뿐만 아니라, 누가 먼저 즉각적인 치료가 필요한지 결정을 해야 하는 환자 분류 의사결정자 역할을 할 사람을 찾는다면, 접수담당자가 가지고 있는 기술들과는 다른 기술들을 갖추고 있는 사람을 고용해야 한다. 또한, 채용될 직원의 잠재적 동료 직원들이 채용 면접에 참여하도록 한다.

스튜더(2008)는 새로 채용된 직원들을 30일과 90일 간격으로 면접할 것을 조언했다. 30일과 90일 면접의 목적은 그 직원이 '탑승했는지' 확인하기 위해서이다. 즉, 그 직원의 기대가 충족되고 있는지, 그리고 감독자와 직원의 목표가 일치되었는지 확인할 수 있다. '탑승(On-board)'이란 직원이 고객서비스 문화를 시행하기 위해 필요한 직원들의 목표, 요건 그리고 행동과 보조를 맞추는지를 의미한다. 주요 목적은 신입 직원들이 채용된 후 첫 3개월 이내 퇴직하는 경우가 많기 때문에 직원유지를 지속하는 것이다.

직원 채용 관련 두 번째 문제는 교육이다. 스튜더(2008)는 리더들이 먼저 교육받아야 한다고 제안한다. 만약 경영진이 조직의 미션, 비전, 가치 그리고 전략들에 맞춰 행동하지 않는다면, 직원들의 행동을 교육한다는 것이 이치에 맞지 않기 때문이다. 직무에 적인자를 배치하기 위해서는 먼저 올바른 방법으로 직원을 교육해야 한다. 의료산업에서 일부 업무들은 반복적이고 지루하고 간단하다. 하지만 다른 업무들은 반복적이고 지루하지만 복잡하다. 이 모든 업무들은 세심한 곳까지 주의와 집중을 요구한다. 직원이 각 환자에게 동일하게 완벽한 의료서비스 경험을 제공해야 하기 때문이다.

직원은 쉽게 집중력을 잃거나, 백일몽에 빠지거나, 당일의 30번째 환자로부터 채혈하는 것에 대해 흥미를 잃을 수 있다. 온몸이 피곤해지면 주의력 지속시간도 짧아진다. 그리고 환자들에게 미소로 인사하거나 긍정적인 눈맞춤을 하는 것도 거의 불가능해진다. 직원 교육의 일부는 업무의 일환인 감정노동을 어떻게 극복하는지도 포함해야 한다.

검사실이나 청구부서에서와 같이 대면이 짧은 경우, 교육은 특히 더 어렵다. 직원은 환자와 빨리 관계를 형성하는 법을 배워야 하기 때문이다. 스크립트나 행동지침서를 이용해 직원이 지루하거나 피곤하거나 스트레스를 받았을 때에도 다른 환자들의 다른 기대들에 맞춰 적절하게 응대할 방법을 직원들에게 교육할 수 있다.

보상과 인정

고품질 서비스를 행동으로 보여주는 리더들과 직원들에 대한 인정과 보상이 필요하다. 스튜더(2008)는 직원들의 업무 수행 정도를 하급, 중급, 상급으로 나눠 확인해야 한다고 제안한다. 그는 업무 수행이 우수한 직원들에게는 더 많은 교육과 개발 그리고 인정과 보상이 제공되어야 한다고 말한다. 또한, 업무 수행이 형편없는 직원들에 대해서는 그들의 약점이 무엇인지 확인하고 직원의 성과를 높여줄 수 있는 방법들에 대해 대화를 해야 한다고 말한다. 그러나 일부의 경우, 업무 성과가 향상되지 않은 직원들에 한하여 해고해야 할 수도 있다. 업무 수행의 수준이 중간 정도인 직원들에 대해서는 지속적인 대화, 성과 측정 그리고 향상된 성과에 대한 보상을 제안했다.

의료환경에서 근무하는 직원들이 자신들의 업무가 아픈 사람과 건강한 사람들의 차이를 만들고 삶과 죽음의 경계에 있는 환자들에게 영향을 줄 수 있다는 것을 인식할 때, 서비스 조직이 직원들에게 제공할 수 있는 것은 긍정적인 피드백과 환자들의 문제에 대처하도록 하는 시뮬레이션이다. 교육을 통해 환자를 행복하게 만들 수 있게 되면, 직원은 자신의 일을 즐기고 성취감도 느끼게 될 것이다.

벤치마크 조직들은 자신들의 직원들뿐만 아니라 자원봉사자들에게 의지하여 환자들과 더 많은 접촉을 한다. 자원봉사자들은 시간이 더 많이 있기 때문에 환자들과 더 잘 어울릴 수 있다. 자원봉사자들에게 보상과 인정을 제공하는 이유도 그들에게 동기를 부여하기 위해서이다. 실증연구에 따르면, 자원봉사자들이 환자만족에 상당히 긍정적인 기여를 한다. 많은 의료조직들은 일부 자원봉사자들이 고령이고 은퇴한 사람들이라는 것을 알고 있다.

그들은 종종 외롭고, 지루하고, 무엇인를 하고 싶어한다. 그래서 자원봉사를 하면서 환자들과 더 긍정적인 접촉을 할 수 있게 되는 것이다. 인력 부족 때문에 고령 직원들을 채용했던 일부 조직들은 놀라운 사실을 알게 됐다. 많은 고령의 직원들이 열정적으로 봉사하기 때문에, 스스로 훌륭한 직원들이 된다는 것이다.

직원들이 주어진 업무 이상을 하는 것을 선택할 수 있다는 관점에서 보면, 어떤 의미에서는 모든 직원들이 '자원봉사자들'이다. 그들은 개인적 인정을 포함한 비금전적 보상과 다양한 금전적 보상 체제하에서 일한다. 만약 조직들이 가치 있는 보상과 안정을 제공함으로써 직원들의 요구를 밝히고 대응한다면, 직원들은 더 높은 수준의 고객만족을 달성할 가능성이 높다.

환자 대면의 책임을 지는 직무적 도전과 더 많은 기회들을 원하는 의료직원들이 증가하고 있다. 유능한 직원을 확보하려는 경쟁이 치열해질수록, 직원을 믿고 책임을 부여할 필요성이 더 높아질 것이다. 그리고 성공적인 조직들은 직원들이 환자만족에 대한 책임을 질 수 있도록 권한부여를 하고 의료서비스 경험의 품질과 가치를 보존하기 위해 방법들을 모색한다.

장난스런 분위기를 허용하는 것은 스트레스가 많은 환경에서 일하는 직원들의 긴장을 풀어주는, 보상과 인정이라는 접근법이다. 대부분의 사람들은 축하받는 것을 좋아한다. 직원들도 다르지 않다. 성공을 축하하는 것은 파티, 풍선, 배너, 존경받는 관리자들과 직원들의 사진 그리고 회식 등 다양한 형태가 될 수 있다. 직원들의 훌륭한 성과, 즉 성공을 모르는 체하면 안 된다.

고객중심의 보상과 안정시스템은 훌륭한 성과 평가시스템을 요구한다. 리더들은 각 직원의 고객서비스와 다른 주요 성과요인들에 대한 객관적인 측정에 근거하여 부하 직원들의 업무 수행을 지속적으로 확인해야 한다. 또한, 성과 평가 시스템은 부하 직원들이 가치 있게 생각하는 금전적 보상이나 다른 형태의 보상을 수반해야 한다. 마지막으로, 조직은 직원들의 만족도를 꾸준히 모니터링하고, 직원들의 약점을 보완해주는 방법을 통해 직원들의 문제들에 대응하고, 직원유지를 향상시켜야 할 필요가 있다.

행동과 성과의 기준

고객서비스 미션에 대한 조직의 헌신을 확실히 이해시키는 데 도움이 되는 한 가지 방법은, 직원들을 채용하기 전에 모든 지원자들에게 조직이 기대하는 고객서비스 기준들과 다른 사항들이 명시된 성과기준동의서(performance standards agreement)를 읽고 서명하게 하는 것이다. 성과기준동의서는 모든 직원들의 의견에 근거해야 하고, 개인의 행동이 전략적 목표와 미션과 일치되게 해야 한다. 또한 구체적인 언어를 사용해야 하고, 사람들에게 책임을 지우며 정기적으로 업데이트되어야 한다.

직원들의 직무 책임, 목표, 수행의 기준 그리고 어떤 행동들이 조직의 문화와 일치하는지에 대한 경영진의 기대를 정의하는 것은 관리자의 업무 중 비중이 큰 부분이다. 관리자들은 직원들에게 명확하게 설명하고, 구체적인 지표를 이용하여 정의하고, 강화하고, 보상해야 한다.

관리자가 직원이 훌륭하지 못한 품질의 서비스를 제공하는 것을 용인하거나 형편없는 직원 업무 성과를 간과하면, 관리자가 고객에게 하는 말이 진심이 아니라는 메시지를 모든 사람에게 전달하는 것이다. 단일 의료서비스 경험의 과정 동안 환자들이 많은 '결정적 순간들'을 경험하듯이, 직원들도 매일 모든 관리자들과의 많은 결정적 순간들을 경험한다. 결정적 순간에서 일어난 일은 직원들에게 경영진의 신념이 무엇인지 전달한다. 이 순간, 고객중심에 대한 조직의 미션선언문, 기업문화 그리고 기업 정책들이 현실이 된다.

결정적 순간에 한 직원이 전체 조직에 대한 환자의 인식을 망쳐버릴 수 있는 것과 같이, 환자 진료 품질 기준이나 직무 수행의 위반을 간과하는 감독자는 조직을 보는 직원의 관점을 바꿔버릴 수 있다. 대다수의 조직들은 채용 기술들을 개발하고 필요한 직무 교육을 제공하기 위해 최선을 다하지만, 많은 조직들이 강화 부분에 미흡하다. 조직들이 모든 업무를 그저 진행되는 대로 내버려둔다면, 직원 업무 수행의 부정적인 측면을 긍정적으로 강화하고 코칭할 기회를 놓치게 된다.

훌륭한 조직들은 관리자들에게 담당 업무 분야에서 언행일치하도록 요구한다. 이것은 관리자들을 포함하여 '고객서비스를 위해 모두가 책임을 진다'라는 메시지를 직원들에게 보내는 데 중요한 역할을 한다. 이 정책은 조직 구성원들이 고객에게 최고의 서비스를 제공하기 위해 모였다는 공동체의식을 구축한다.

환자와 환자 가족

조직들이 직원들을 고객들이라 생각하는 것으로부터 이득을 얻을 수 있듯이, 고객들을 직원들이라 생각하는 것으로부터도 이득을 얻을 수 있다. 조직이 고객들을 '준직원들(quasi-employees)'이라 정의한다면(이하 '고객-직원들'), 이는 조직이 고객들을 다른 관점에서 본다는 것이다.

고객-직원들은 여러 가지 중요한 기능을 할 수 있다. 고객-직원들은 의료서비스 경험에 대한 만족도와 관련하여 조직에게 유용한 피드백을 주기 때문에 무료 컨설턴트가 될수 있다. 그들은 서비스 환경의 대표적인 부분으로서 다른 환자들을 위해 서비스 경험을 창조하는 데 도움을 줄 수 있다. 다른 환자들과 함께 있는 것이 각 환자의 경험에 필요한부분이라면, 서로의 경험을 창조하기 위해 고객-직원들이 도와줬던 것이 경영 프로세스의 중요한 부분이 된다.

조직이 고객-직원들에게 교육을 제공한다면, 가장 중요한 고객들이 자신들의 서비스경험의 공동생산자가 될 수 있다. 공동생산은 환자와 조직에게 다 이롭다. 조직은 인건비를 절감할 수 있고, 박식한 환자들은 가족과 친구들의 도움을 받아 더 나은 의료서비스를경험할 확률이 높다. 왜냐하면, 그들이 직접 경험 생산을 도왔기 때문이다. 또한, 환자들은자신들이 스스로 할 수 있기 때문에 일부 서비스를 기다릴 필요가 없어진다.

시스템

아무리 철저히 교육을 받은 최고의 사람들이라 하더라도 만약 환자에게 약을 잘못 주거나 다른 환자를 수술하거나 잘못된 치료를 제공한다면 환자를 만족시킬 수 없다. 대학병원과 같은 대형 복합시스템이나 치과와 같은 간단한 시스템 모두 신중하게 관리되어야하고, 환자들이 기대하는 대로 적절한 상품이 환자들에게 제공되어야 한다.

환자들은 병실이 어떤 이유에서 준비되지 않았는지 상관하지 않는다. 세탁물이 엉망이 되었다거나 병원이 약을 잘못 배송해서 필요한 약을 복용할 수 없게 되었거나 누군가가 일정을 잡는 것을 잊어버렸다는 것은 환자에게 변명이 되지 않는다. 환자는 그저 깨끗한 병실을 원하고, 제대로 된 약을 원하고, 필요한 전문의와의 상담을 원할 뿐이다. 그리고 환자들은 그것들을 '지금' 원한다. 만약 이것들이 정확하게 제공되지 않는다면, 생산시스템과 지원시스템, 정보시스템 혹은 조직시스템이 실패한 것이다. 그리고 누군가 빨리 고쳐야 한다.

모델

훌륭한 의료서비스 경험을 제공하기 위해 선진 기술이 가장 많이 적용될 수 있는 부분이 임상시스템 부분이다. 많은 상황들에서 환자 행동의 모델들은 조직이 환자의 질병을 가장 잘 치료할 수 있는 방법을 이해하고 예측하는 데 사용될 수 있다. 이런 임상 모델들을 이용하여 의료서비스 경험의 모든 측면들을 정형화할 수 있다. 여기서 시뮬레이션은 중요한 기법이다. 컴퓨터 가격이 낮아지고 사용자 친화적인 소프트웨어들이 많이 개발되고 있기 때문에, 모든 종류의 의료조직에 관련된 시뮬레이션이 많아지고 있다.

기획 프로세스를 통해 설계가 완성됐고, 환자 피드백을 위한 측정시스템이 구축되었다면, 모든 부분들이 하나의 시스템으로 기능할 수 있는지 보기 위해 전체 의료서비스 경험 시뮬레이션을 해볼 무대가 설치된 것이다. 조직들은 서비스 전달시스템에 적절한 수용능력이 포함되도록 확인할 필요가 있다. 디자인-데이 선택과 척도(예: 최대 대기시간)는 수용능력 결정의 나머지를 이끈다.

고객들은 "오늘 컴퓨터가 고장 났습니다."와 같은 변명을 좋아하지 않기 때문에, 고객들이 불편함을 느끼지 않도록 백업시스템을 구비해놓아야 한다. 관리자들이 서비스 제공 프로세스를 환자들처럼 직접 경험해보면, 잠재적 문제들에 대해 더 민감해질 수 있다. 의료서비스 경험 중 눈에 가장 잘 보이는 부분이 진료 대기이다. 그러므로 불가피한 대기는 참을 만하게 만들고, 제한 내에서 환자들이 불만족 없이 용인할 수 있도록 만들기 위해 조직의 더 많은 시간과 주의를 대기시스템에 기울일 필요가 있다.

대기시간

　대기시간은 시뮬레이션 기법과 사용하기 쉬운 컴퓨터 소프트웨어를 이용하여 쉽게 모델로 만들고 연구할 수 있다. 병원의 병상 수부터 응급실에서 근무하는 의사 수 그리고 HMO 콜센터에서 필요한 전화선의 수까지 모든 것을 환자 수요 데이터에 근거하여 시뮬레이션할 수 있다. 병원이 영업하는 동안 몇 명의 환자들이 오는지 알고 환자들의 도착패턴과 서비스 전달 시간을 나타내는 예측 가능한 분포를 추산할 수 있다면, 비교적 간단하게 환자들의 대기 경험을 어떻게 관리하고 수용능력과 균형을 맞출 수 있는지 모델을 만들 수 있다.

　대기시간을 관리하는 것은 수용능력의 관점에서 그리고 심리적 관점에서 중요하다. 최고수요기간에 맞춰 충분한 수용능력을 구축할 수 있는 조직들은 많지 않고, 비싼 의료장비와 인력들을 비축해놓을 수 있는 조직도 많지 않기 때문이다. 환자의 대기를 관리하는 것은 모든 조직들에게 중요하다. 의료서비스 경험에 대한 인지 가치가 높을수록, 환자는 더 오래 기다릴 것이다. 이 분야는 실증연구를 실시할 수 있다. 환자들이 대기를 포기하고 떠나기 전까지 얼마나 기다릴 수 있는지는 연구하고 측정하고 이해할 수 있다.

측정

　미래의 훌륭한 조직들은 환자들이 무엇을 원하는지를 알아내고, 그다음 가치와 품질에 대한 환자의 기대와 일치하는 방법으로 제공하기 위해 모든 도구를 사용할 것이다. 친절한 서비스를 포함한 고품질 의료서비스 경험을 약속한다면, 약속대로 그 특징들을 제공해야 한다. 그러지 않으면, 다른 선택이 있는 환자들은 절대 다시 오지 않을 것이다. 대다수의 조직들은 환자들의 높은 평가에 의지하기 때문에, 그들을 실망시키는 것은 경쟁이 치열한 시장에서 엄청난 비용 손실을 가져온다.

　고객들에게 무엇을 할 것인지 미리 말했다면, 고객들과 약속을 한 것이다. 만약 그 약속이 이행되지 않거나 실현되지 않으면 환자들은 불만스러울 것이고, 다른 사람들에게 얼마나 기분이 나쁜지 말할 것이다. 약속을 깰 수 있는 조직들은 많지 않을 것이다. 그리고 조직이 좋은 명성과 긍정적인 입소문에 의지할수록, 이 신뢰를 어겨서는 안 된다.

최근에는 서비스 품질에 대한 정보와 의견을 자유롭고 광범위하게 입수할 수 있고, 미래에는 더 많아질 것이다. 만약 불만환자가 서비스에 대해 부정적인 글을 인터넷에 게시한다면, 인터넷에 접속할 수 있는 누구나 그 글에 손쉽게 접근할 수 있다. 인터넷의 도움을 받아 의료제공자를 선택하는 고객들이 많아질수록, 서비스 실패를 막는 것은 더 중요해진다.

일부 대형 의료조직들은 인터넷에 올라온 글이나 블로그에 고객불평과 잘못된 루머가 있는지 찾아내고 정정하는 전문 모니터링 직원을 별도로 채용한다. 10년 전에는 존재하지도 않았던 이 직종은 전 세계의 사이버 공간에서 돌아다니는 부정적인 소문이나 오보를 모니터하고 대처하길 원하는 조직들이 늘어나면서 조직의 커뮤니케이션 전략의 중요한 부분이 되었다.

측정은 상당히 중요하다. 왜냐하면, 측정된 것만이 관리되고 향상될 수 있기 때문이다. 앞서 언급했듯이, 직원들과 환자들이 다양한 형태로 주는 피드백이 특히 중요하다. 이 방법으로 전체적 의료서비스 경험은 투명해지고 개인의 행동이 전략적 목표들과 일치하게된다. 또한, 직원들이 이 목표들에 도달하기 위해 책임을 지게 되고, 조직은 시간이 지남에 따라 진전을 보여줄 수 있다.

지속적인 향상

미래는 정보 관리, 인간관계 관리, 환자에 대한 이해도, 환자기대를 만족시키는 조직의 핵심역량에 초점을 맞출 것이다. 끊임없이 기대가 높아지는 박식한 고객들이 더 많아지고 있다. 경쟁자들이 최고의 의료서비스 경험을 제공하면서 상대를 능가하기 위해 더 노력할수록, 이런 경험들은 고객들에게 더 친숙해질 것이다.

어제의 특별한 경험은 오늘의 서비스에 대한 최소기대치가 된다. 의료관리자들은 미래의 환자경험이 오늘날의 환자경험만큼 기억에 남게 해야 한다. 이를 위해서는 새롭고 쉽게 모방할 수 없는 특징들을 고안해야 한다. 서비스 전달시스템의 고객서비스 상품, 전략, 환경 그리고 직원의 모든 측면들을 끊임없이 검토해야만 위의 조건을 충족할 수 있다.

이런 특징들을 개발할 수 있는 가장 쉽고 생산적인 분야는 고객의 기대경험을 기억할 만한 수준으로 격상시킬 수 있는 직원과 환자들의 상호작용이다. 즉, 임상경험의 품질과 일관성을 위험에 빠뜨리지 않고 특별한 추가 경험을 제공할 수 있도록 직원들에게 권한을 부여하는 것이다. 인적 과오는 불가피하다. 그리고 끊임없이 높은 품질의 최첨단 · 고감도 경험을 제공하기 위해 기술과 사람을 혼합시켜야 할 필요가 있다. 이것은 고품질 의료서비스 경험을 제공하고자 노력하는 미래의 의료관리자에게는 가장 크고 흥미로운 도전이 될 것이다.

마지막으로, 서비스 회복이 매우 중요하다. 완벽한 조직은 없기 때문에, 고객들이 문제를 호소할 수 있게 하는 다양한 방법을 제공하는 것이 필수적이다. 환자뿐만 아니라 환자의 가족과 친구들까지 잃음으로써 발생하는 비용은 문제를 즉시 수정하는 비용을 훨씬 초과한다.

리더의 역할

관리자들은 직원들이 최고가 되도록 이끌어야 한다. 리더는 조직의 가치와 신념을 상징하고 가르친다. 만약 리더가 이끌지 않으면, 특별한 의료서비스 경험을 만들기 위한 노력, 의료환경을 설계하는 데 드는 비용, 서비스 전달에 필요한 자원들, 인력을 채용하고 교육하는 노력은 모두 헛된 것이 된다. 매일 그리고 모든 방법으로, 리더들은 스스로 모범이 되어야 한다. 직원들이 조직에 부여하는 가치와 의료서비스 경험을 만들어내야 하는 조직의 미션에 부여하는 가치가 무엇인지 모든 직원들에게 지속적으로 전달해야 한다.

모든 직원들은 자신들이 하는 일이 회사의 최고 경영진과 이해관계자들을 부유하게 만드는 것이 아닌, 더 큰 목적에 가치와 의미를 부여한다는 것을 느끼고 싶어 한다. 리더들은 직원 각자가 조직에 있어 가치가 있음을 깨닫게 하고, 직원들이 훌륭하게 업무를 수행하여 어떻게 조직에 공헌할 수 있는지를 볼 수 있도록 도와야 한다. 직원들에게 업무를 잘 수행하는 것이 얼마나 중요한지 말하는 것만으로는 충분하지 않다. 모든 직원은 자신의 기여가 변화를 가져오고, 무엇을 하든지 간에 잘 수행하는 것이 세상을 더 나은 곳으로 만드는 데 필수임을 이해하고 믿어야 한다.

　많은 조직들이 이런 방향으로 노력하지만, 실제 성공하는 사례는 별로 없다. 벤치마크 조직들은 직원들이 사람들의 생명을 구하고, 고통을 완화시키고, 건강을 회복하지 못할 수 있는 사람들도 치유할 책임이 있다는 것을 믿게 한다. 이 조직들은 직원들이 하는 일이 단지 주사를 놓고 병실을 청소하고 환자의 요강을 비우는 것만이 아니라 거기에 더 큰 목적이 있음을 끊임없이 직원들에게 상기시킨다.

　각 업무에는 가치가 있고, 그 업무를 수행하는 직원은 더 큰 목적에 공헌하기 때문에 가치가 있다. 이것은 사람들이 단지 일을 하는 것뿐만 아니라 일에 대한 자부심과 헌신을 갖게 하는 중요한 부분이다. 모든 직원들이 크게 영향을 받지 않을 수 있지만, 많은 의료 직원들의 마음에 환자를 위한 의료서비스 경험이 중요함을 각인시켜준다. 이것은 강력한 리더십 기법이고 모든 직원들이 환자에 초점을 맞출 수 있게 하는 가치 있는 방법이다.

　훌륭한 조직의 리더가 가진 헌신과 열정은 직원들에게 전염되고, 모든 조직원들의 향상과 열정으로 이어진다. 리더들은 직원들이 각자 맡은 직무들을 재미있고 공정하고 흥미롭고 중요하다고 느끼게 만들 수 있는 방법을 모색해야 한다. 또한, 고품질 서비스 문화를 수립하고, 언행과 격려로 문화를 강화시킨다. 리더는 조직의 더 큰 목적에 공헌하는 직원들에게 감사함과 존중을 보이면서 그 직원들에게 가치를 부여한다. 리더들은 직원들이 만족하고 동기를 부여받게 해야 하며, 훌륭한 의료서비스 경험을 만들어내야 한다. 나아가 지역사회에서 매우 만족한 환자들의 충성도와 호감 그리고 긍정적인 말이 조직 서비스와 성과의 근간이 될 수 있게 만드는 데 즐거움을 느끼고 책임감을 가져야 한다.

　상식과 연구에 따르면, 조직 리더들의 행동, 맡은 업무에 대한 직원들 스스로의 느낌 그리고 그 느낌이 어떻게 자신들이 제공하는 서비스 수준으로 바뀌었는지 사이에 관계가 존재한다. 만약 직원들이 긍정적으로 생각한다면, 그들은 높은 수준의 서비스를 제공한다. 환자들을 위한 창의적이고 품질이 뛰어난 서비스는 환자 의견에 직접 연결되고, 이런 의견은 조직 성공의 핵심이다. 이 연쇄반응은 리더들로부터 시작된다. 직원들이 자신들의 리더가 경청하고 코칭하고 인정하고 권한을 부여하는 행동들에서 훌륭하다고 느끼는 부서에서는, 환자만족도 평가 역시 높다.

　마지막으로, 리더는 전략, 직원 그리고 시스템을 혼합하여 모든 직원들이 리더 자신이 환자들과 고객들에게 집중한다는 것을 모두가 알도록 해야 한다. 훌륭한 전체 의료서비스 경험을 성공적으로 제공하기 위해 전략, 직원 그리고 시스템을 신중하게 관리해야 한다. 벤치마크 조직에서는 만약 리더가 훌륭한 경험들을 제공할 수 있는 직원들의 능력에 도움이 되지 않는 요소를 발견한다면, 리더는 그것을 바로잡았거나 바로잡을 것이다.

조직이 의료서비스 경험을 손상시키는 환자 문제를 바로잡고 싶어 하는 것과 같이, 리더는 훌륭한 의료서비스를 제공할 수 있는 직원의 능력을 손상시키는 직원의 문제를 바로잡고 싶어 한다. 비전, 기술, 인센티브, 전달시스템 그리고 측정은 이 과제에 효과적으로 대응하기 위해 리더들이 반드시 관리해야 하는 리더십 요소들이다. [표15-2]에 나타나듯이, 이 모든 것은 만족고객들을 생산하고 유지하기 위해서 반드시 필요하다. 더 구체적으로, 리더들은 다음과 같은 사항들을 이행해야 한다.

- 환자에게 어떤 서비스를 제공해야 하는지 그리고 고객기대를 최고로 충족하는 서비스 개념은 무엇인지에 대한 조직의 비전을 정의한다. → 비전
- 임상품질을 높이기 위해 고객중심 문화를 수립한다. → 비전
- 다양한 방법들을 통해 모든 고객들에게 조직의 미션과 비전을 알린다. → 비전
- 서비스지향적 태도를 가진 직원들을 선발하고, 필요한 임상 기술과 고객서비스 기술을 교육한다. → 기술
- 스크립트, 역할놀이, 기타 교육 방법들을 이용하여 고객기대를 충족할 수 있도록 직원들을 교육한다. → 기술
- 행동 기준과 수행 기준을 수립하고, 이 기준들을 유지하는 것에 대해 직원들이 책임지게 한다. → 인센티브
- 타의 추종을 불허하는 고객서비스를 제공할 수 있도록, 권한을 부여받은 직원들에게 동기부여가 될 인센티브를 제공한다. → 인센티브
- 모든 고객서비스 문제들을 진단하고 바로잡을 수 있도록 모든 직원들에게 권한을 부여하는 서비스 회복시스템을 수립한다. → 인센티브
- 직원과 팀의 성공을 전 조직에 알리고 축하한다. → 인센티브
- 직원들이 훌륭한 서비스를 제공하도록 적절한 자원을 활용할 수 있게 한다. → 자원

- 모든 고객들을 위해 쾌적한 환경을 조성한다. → 전달시스템
- 계획, 직원 기술 그리고 자원이 환자기대를 충족하고 환자에게 큰 감동을 주는 경험으로 나올 수 있게 만드는 구체적인 전달시스템을 설계한다. → 전달시스템
- 직원유지와 환자유지에 집중한다. → 측정
- 목표하는 혹은 원하는 의료서비스 경험을 제공하기 위해 업무를 얼마나 잘 수행하고 있는지 모든 직원들이 볼 수 있게 해주는 측정 도구를 제공한다. → 측정
- 한 번 성공했다고 끝이 아니기 때문에, 고객서비스를 지속적으로 향상시킬 수 있도록 측정 도구를 통해 얻은 데이터를 사용한다. → 측정

[표15-2] 리더십 구성요소

기술 + 인센티브 + 자원 + 전달시스템 + 성과 측정 - 비전
= 목적이 불분명한 직원들 = 목적이 불분명한 서비스 = 혼란스러운 고객

비전 + 인센티브 + 자원 + 전달시스템 + 성과 측정 - 기술
= 교육받지 못한 직원들 = 실패 가능성 높은 서비스 = 실망고객

비전 + 기술 + 자원 + 전달시스템 + 성과 측정 - 인센티브
= 동기가 없는 직원들 = 밋밋한 서비스 = 환멸을 느끼는 고객

비전 + 기술 + 인센티브 + 전달시스템 + 성과 측정 - 자원
= 지원받지 못한 직원들 = 불충분한 서비스 = 불평고객

비전 + 기술 + 인센티브 + 자원 + 성과 측정 - 전달시스템
= 신뢰할 수 없는 직원들 = 신뢰할 수 없는 서비스 = 불만고객

비전 + 기술 + 인센티브 + 자원 + 전달시스템 - 성과 측정
= 정보가 없는 직원들 = 일관성 없는 서비스 = 충족되지 않은 고객

비전 + 기술 + 인센티브 + 자원 + 전달시스템 + 성과 측정
= 탁월한 직원들 = 최고의 서비스 = 매우 만족한 고객

측정은 서비스의 모든 요인들이 정확하게 환자들을 위한 최고의 서비스를 제공하는 데 초점을 맞추고 있는지 확인하기 위해 중요하다. 간단하게 말해, 만약 당신 스스로 무엇을 하고 있는지 모른다면, 뭘 더 잘해야 하는지 그리고 어떻게 더 잘해야 하는지 모를 것이

다. 환자서비스를 향상시키고자 노력만 하고 측정 기법을 사용하지 않는다면, 그 노력이 성공했는지 알 수 없다. 또한, 탄력은 쉽게 잃어버릴 수 있기 때문에 지속적인 향상이 필수적이다.

[표15-2]는 리더들이 중요한 리더십 요소들을 관리하는 것에 실패할 때, 고객의 경험에 부정적인 영향을 미칠 수 있음을 보여준다. 그러나 부정적인 결과들은 예방될 수 있다. 최고의 서비스 조직들에서도 서비스 문제가 발생하듯이, 고객서비스를 형편없이 관리하는 조직에 소속된 환자 접촉 직원들도 때로는 성공적인 의료서비스 경험을 제공할 수 있다. 그러나 리더십 요소들이 제대로 시행되지 않는다면, 지속적인 서비스 성공의 확률은 줄어든다. 의료서비스 경험에 직접 미치는 영향을 정확하게 예측할 수는 없지만, 만족스러운 결과를 얻지 못할 것임은 분명하다.

[표15-2]는 리더십 요소들이 하나라도 시행되지 않으면, 직원들에게 얼마나 영향을 줄 수 있는지를 보여준다. 관리자들은 인간 외적인 요소들을 관리하기 위해 최선을 다하지만, 이 부분들을 변화시킬 수 있는 능력은 제한적이다. 만약 클리닉이 이미 실험실 공사를 마쳤다면, 클리닉 관리자는 서비스 환경과 제공 서비스의 기계적 부분들을 그렇게 많이 관리할 수 없을 것이다.

이런 점이 어떤 면에서는 좋은 소식일 수 있다. 관리자들이 의료서비스의 인적 부분에 더 초점을 맞출 수 있기 때문이다. 관리자들은 환경의 일부인 환자들, 자신의 경험을 만드는 데 참여하는 환자들, 훌륭한 고객경험을 제공하려고 노력하는 의료진과 직원들, 그리고 내부 고객들이 요구하는 도움을 제공하는 모든 보조 직원들에게 집중하면 된다. 의료서비스 환경에서 끊임없이 변하는 이런 요소들은 관리자의 주의를 필요로 하고, 관심을 받아야 한다.

만약 조직의 리더들이 표적시장과 시장의 기대에 대한 전체적 비전이 부족하면 이런 문제가 상부에서부터 전체 문화로 전달될 것이고, 목적이 불분명한 서비스로 이어질 수 있다. 직원들은 리더들이 무엇을 성취하려고 하는지 이해할 수 없고, 환자들은 뒤섞인 메시지와 일관성 없는 서비스를 경험하게 될 것이다. 만약 관리자들이 환자 접촉 업무에 교육받지 않은 직원들을 배치한다면, 서비스 실패를 낳을 확률이 높아진다. 만약 인센티브가 부족하고 부적절하다면, 동기부여를 받지 못한 직원들은 활기 없는 의료서비스 경험을 제공하게 될 것이다.

임상직원들과 비임상직원들을 포함한 모든 직원들에게 자원을 지원하지 못한다면 열정이 있고 환자중심적인 직원들조차도 충분한 서비스를 제공할 수 없게 된다. '나쁜 시스템은 좋은 사람을 매번 좌절시킨다'는 말처럼, 전달시스템의 결함은 최고의 직원들조차 만족스러운 의료서비스 경험을 제공할 수 없게 할 것이다.

마지막으로, 서비스 품질과 환자만족도의 수준이 측정되지 않으면, 직원들은 자신들이 제공하고 있는 의료서비스 경험들이 미션에 도달했는지 알 수 없기 때문에 불만스럽게 느낄 수 있다. 이 경우, 직원들은 일관되지 않은 서비스를 무작정 계속 제공하게 된다.

리더십 요소들이 제 역할을 할 때, 리더는 효과적으로 직원들에게 권한을 부여할 수 있다. 권한을 부여받은 직원들은 고객기대를 초월하는 서비스를 제공해야 한다는 조직의 비전을 실현하기 위해 훌륭한 의료서비스 경험들을 제공하게 된다. 최고경영자부터 접점 감독자까지 모든 관리자들은 직원들이 맡은 업무에 대해 자부심을 갖고, 이 자부심을 환자들에게 전한다. 그리고 환자들이 돈이 아깝지 않은 경험을 했다고 느끼면서 떠날 수 있도록 만전을 기해야 한다. 리더십이 오늘날 의료서비스 조직의 성패를 좌우한다. 그리고 미래에도 그럴 것이다.

결론

환자가 없다면 서비스 상품, 환경, 전달시스템 등 모든 구성요소가 의미 없다. 신중하게 설계된 서비스 상품, 세심하고 매력적인 환경, 잘 교육된 의욕 넘치는 직원들 그리고 가장 좋은 시설과 장비도 환자가 있을 때에만 존재 이유가 있다. 이 책에서, 우리는 모든 것이 환자와 함께 시작된다고 주장해왔다. 우리는 모든 것이 환자와 함께 끝난다는 말로 마무리 짓겠다.

서비스 전략

1. 고객들, 즉 외부 환자들과 내부 직원들로부터 시작한다.

2. 모든 직원들에게 맡은 업무에 대해 가치를 주는 비전을 제시한다.

3. 조직의 서비스 시스템인 전략, 직원 채용 그리고 시스템을 모두 관리하고, 고객서비스와 관련된 전략적 목표들을 달성하는 데 초점을 맞춘다.

4. 강력한 고객서비스 문화를 구축하고, 모범 사례들과 행동을 통해 지속적으로 유지한다.

5. 무언가를 조직하거나 직원을 채용하고 교육하고 보상하는 기준은 환자의 요구와 욕구, 기대를 중심으로 해야 한다.

6. 앞에 있는 사람들을 '손님'으로 생각하도록 모든 직원들을 교육한다.

7. 직원들이 최고의 경험을 제공하는 데 도움이 되도록, 일을 재미있고 공정하고 흥미롭게 만든다.

8. 매우 만족한 직원들과 매우 만족한 환자들 사이의 강력한 관계를 기억한다.

9. 직원 교육 프로그램에 고객만족 기술을 포함시킨다.

10. 절대 교육을 멈추지 않는다. 모든 사람들이 계속 배울 수 있도록 격려한다.

11. 수행의 기준을 세우고, 측정하고, 신중하게 관리한다.

12. 고객들이 부족하다고 여기는 전략, 직원 채용 그리고 서비스 요소들을 향상시키기 위해 정보를 활용한다.

13. 고객만족도 점수를 경영과 직원 보상 및 인정과 연결한다.

14. 할 수 있는 한 모든 서비스 문제를 예방하고, 예방할 수 없는 모든 문제를 발견하고, 문제를 발견할 때마다 가능한 한 현장에서 해결한다.

참고 문헌

AARP. 2008. "Best Employers for Workers Over 50." [Online information; retrieved 5/29/09.] www.aarp.org/money/work/best_employers/Best_Employer_Winners/.

ACHe-news. 2001. "Dissatisfied Employees? Your Training Programs Could Be the Culprit." *ACHe-news* (April 16): 2.

AHRQ Health Care Innovations Exchange. 2009. "Rooftop Garden Provides Healing Environment, Enhancing Recovery for Rehabilitation Hospital Patients." [Online information; retrieved 5/29/09.] www.innovations.ahrq.gov/content.aspx?id=2143.

Airoldi, D. M. 2007. "JetBlue to Pay Bill of Rights." *Business Travel News* 24 (4).

Albrecht, K. 1988. *At America's Service: How YourCompany Can Join the Customer Service Revolution.* New York: Warner Books.

———. 2004. "Take Time for Effective Learning." *Training* 41 (7): 38–42.

Albrecht, K., and R. Zemke. 2002. *Service America in the New Economy.* New York: McGraw-Hill.

Alliance. 1998. "Consumer Attitudes." *Alliance* (May–June): 11.

Alvarez, A. M., and M. A. Centeno. 2000. "Simulation-Based Decision Support for Emergency Room Systems." *International Journal of Healthcare Technology and Management* 2 (5–6): 523–38.

American Association of Colleges of Nursing (AACN). 2007. "Nursing Shortage." [Online news release; retrieved 1/29/08.] www.aacn.nche.edu/Media/FactSheets/NursingShortage.htm.

American Customer Satisfaction Index (ACSI). 2008. "Scores by Industry." [Online information; retrieved 7/09.] www.theacsi.org/index. php?option=com_conte nt&task=view &id=148&Itemid=156.

American Hospital Association. 2007. "The 2007 State of America's Hospitals— Taking the Pulse: Findings from the 2007 AHA Survey of Hospital Leaders July 2007." [Online information; retrieved 1/31/08.] www.aha.org/ aha/content/2007/ PowerPoint/ StateofHospitalsChartPack2007.ppt.

Anderson, R.T., F. T. Camacho, and R. Balkrishnan. 2007. "Willing to Wait?: The Influence of Patient Wait Time on Satisfaction with Primary Care." *BMC Health Services Research* 7: 31 – 36.

Associated Press. 2009. "50 Million New Patients? Expect Doc Shortages." [Online article; retrieved 9/15/09.] www.msnbc.msn.com/id/32829974/ ns/health-health_care/.

Arcspace. 2003. [Online information; retrieved 5/29/09.] www.arcspace. com/architects/ gehry/maggies/.

Arnst, C. 2007. "The Doctor Will See You— In Three Months." *Business Week* (July 9/16): 100.

———. 2008. "If Healthcare Were Run Like Retail." *Business Week* (December 22): 66 – 67.

Atchison, T., and G. Carlson. 2009. *Leading Healthcare Cultures: How Human Capital Drives Financial Performance.* Chicago: Health Administration Press.

Athavaley, A. 2007. "Job References You Can Control." *Wall Street Journal* (September 27): D1 – D2.

Atkins, P., B. S. Marshall, and R. G. Javalgi. 1996. "Happy Employees Lead to Loyal Patients." *Journal of Healthcare Marketing* 16 (4): 14 – 23.

Auerbach, D. I., P. I. Buerhaus, and D. O. Staiger. 2007. "Better Late than Never: Workforce Supply Implications of Later Entry into Nursing." *Health Affairs* 26 (1): 178 – 85.

Baird, K. 2000. *Customer Service in Health Care.* San Francisco: Jossey-Bass.

Baker, G. R., A. MacIntosh-Murray, C. Porcellato, L. Dionne, K. Stelmacovich, and K. Born. 2008. *High Performing Healthcare Systems: Delivering Quality by Design.* Toronto: Longwoods Publishing Corporation.

Ball, M., C. Smith, and R. Bakalar. 2007. "Personal Health Records: Empowering Consumers." *Journal of Healthcare Information Management* 21(1): 76 – 86.

Baptist Health Care. 2009. "Awards." [Online information; retrieved 5/1/09.] www.ebaptisthealthcare. org/Awards.

Barr, C. K. 1999. "Mission Statement Content and Hospital Performance in the Canadian Not-for-Profit Health

Care Sector." *Health Care Management Review* 24 (3): 18 – 29.

Barsky, A., and S. A. Kaplan. 2007. "If You Feel Bad, It's Unfair: A Quantitative Synthesis of Affect and Organizational Justice Perceptions." *Journal of Applied Psychology* 88 (3): 432 – 43.

Beach, M. C., E. G. Price, T. L. Gary, K. A. Robinson, A. Gozu, A. Palacio, C. Smarth, M. W. Jenckes, C. Feuerstein, E. B. Bass, N. R. Powe, and L. A. Cooper. 2005. "Cultural Competence: A Systematic Review of Health Care Provider Educational Interventions." *Medical Care* 43 (4): 356 – 73.

Beck, M. 2008. "Bedside Manner: Advocating for a Relative in the Hospital." *Wall Street Journal* (October 28): D1.

———. 2009. "Health Matters." *Wall Street Journal.* [Online information; retrieved 7/09.] http://online.wsj.com/article/SB123445381743877781.html.

Beckwith, D. 2008. "Influences of Color on Health Care." [Online information; retrieved 3/4/08.] www.contemporary.ab.ca/ke/content/pdf/colorinfludences1000.pdf.

Bellou, V. 2007. "Achieving Long Term Customer Satisfaction Through Organizational Culture: Evidence from the Health Care Sector." *Managing Service Quality* 17 (5):
510 – 22.

Belton, L. W., and S. R. Dyrenforth. 2007. "Civility in the Workplace." *Healthcare Executive* (Sept/Oct).

Bendapudi, N., L. Berry, K. Frey, J. Parish, and W. Rayburn. 2006. "Patient's Perspectives on Ideal Physician Behaviors." *Mayo Clinic Proceedings* 81 (3): 338 – 44.

Berkowitz, E. N. 2006. *Essentials of Health Care Marketing,* 2nd ed. Sudbury, MA: Jones and Bartlett.

Berry, L. L. 1995. *On Great Service: A Framework for Action.* New York: The Free Press.

———. 1999. *Discovering the Soul of Service.* New York: The Free Press.

———. 2009. "Competing with Quality Service in Good Times and Bad." *Business Horizons* 52 (4): 309 – 17.

Berry, L., and N. Bendapudi. 2003. "Cluing in Customers." *Harvard Business Review* 81 (2): 100 – 06.

———. 2007. "Health Care: A Fertile Field for Service Research." *Journal of Service Research* 10 (2): 111 – 22.

Berry, L., and K. D. Seltman. 2008. *Management Lessons from the Mayo Clinic: Inside One of the World's Most Admired Service Organizations.* New York: McGraw-Hill

Berwick, D. M., and M. Kotagal. 2004. "Restricted Visiting Hours in the ICU: Time to Change." *Journal of the American Medical Association* 292 (6): 736 – 37.

Beryl Institute. 2007. "Moments of Truth: Hospital Switchboards a Bottom-Line Issue." [Online information; retrieved 5/4/09.] www.theberylinstitute.net/ publications.asp.

Bigelow, B., and M. Arndt. 1995. "Total Quality Management: Field of Dreams?" *Health Care Management Review* 20 (4): 15–25.

Bitner, M. J., B. H. Booms, and M. Stanfield Tetreault. 1990. "The Service Encounter: Diagnosing Favorable and Unfavorable Incidents." *Journal of Marketing* 54 (1): 71–84.

Bitner, M. J., A. L. Ostrum, and F. N. Morgan. 2008. "Service Blueprinting: A Practical Technique for Service Innovation." *California Management Review* 50 (3): 66–94.

Bodnar, W. 2007. "Consumer-Centric Strategies." *Marketing Health Service* 27 (2): 38–39.

Boshoff, C., and B. Gray. 2004. "The Relationships Between Service Quality, Customer Satisfaction and Buying Intentions in the Private Hospital Industry." *South African Journal of Business Management* 35 (4): 27–37.

Bowen, D. E., and E. E. Lawler. 1992. "The Empowerment of Service Workers: What, Why, How, and When." *Sloan Management Review* 33 (1): 31–39.

Bowers, M. R., J. E. Swan, and W. F.

Koehler. 1994. "What Attributes Determine Quality and Satisfaction with Health Care Delivery?" *Health Care Management Review* 19 (4): 49–55.

Brady Spellman, D., and D. Franke. 2007. "The Heart of Healing." [Online information; retrieved 5/21/09.] www.healthcaredesignmagazine.com/ME2/dirmod.asp?sid=9B6FFC446FF7486981EA3C0C3CCE4943&nm=Articles&type=Publishing&mod=Publications%3A%3AArticle&mid=8F3A7027421841978F18BE895F87F791&tier=4&i d=01557D1EBFAB42E3B65F183053BA0775.

Brinker, N., and D. T. Phillips. 1996. *On the Brink: The Life and Leadership of Norman Brinker.* Arlington, TX: The Summit Publishing Group.

Buckingham, M., and C. Coffman. 1999. *First Break All the Rules: What the World's Greatest Managers Do Differently.* New York: Simon and Schuster.

Buckley, L. 2007. "This Hospital Is a Top Patient Satisfaction Performer." *Quality Improvement Report.* [Online article; retrieved 4/08.] www.healthleadersmedia.com/content/87464/topic/WS_HLM2_HOM/This-hospital-is-a-top-patient-satisfaction-performer.html.

Buckley, L., and M. O. Larkin. 2007. "Use Mystery Shoppers to Improve Your Scores." *Health Care Strategic Management* 25 (6): 1–3.

Bush, H. 2007. "Hospitals Embrace Hotel- Like Amenities."

[Online article; retrieved 5/29/09.] www.hhnmag.com/hhnmag_app/jsp/articledisplay.jsp?dcrpath=HHNMAG/Article/data/11NOV2007/0711HHN_InBox_PatSatisfaction&domain=HHNMAG.

Business Performance. 2008. "Evaluating Training Effectiveness." [Online article; retrieved 4/08.] www.businessperform.com/html/evaluating_training_effectiven.html.

Business Research Lab. 2007. "Improving Customer Satisfaction Once a Customer Satisfaction Measurement Program Is in Place." [Online article; retrieved 5/29/09.] www.busreslab.com/tips/tip11.htm#Hiring.

Business Wire. 2008. "TheraDoc\ Real Time Surveillance and Clinical Decision Support Technologies Adopted by Two Leading Health Systems." *Business Wire.* [Online article; retrieved 5/29/09.] www.biospace.com/news_story.aspx?NewsEntityId=104324.

Caldwell, D. F., J. Chatman, C. A. O'Reilly, M. Ormiston, and M. Lapiz. 2008. "Implementing Strategic Change in a Health Care System: The Importance of Leadership and Change Readiness." *Health Care Management Review* 33 (2): 124–33.

Cameron, S., M. Armstrong-Stassen, S. Bergeron, and J. Out. 2004. "Recruitment and Retention of Nurses: Challenges Facing Hospital and Community Employers." *Nursing Leadership* 17 (3): 79–92.

Cannon, M. F., and M. D. Tanner. 2005. *Healthy Competition: What's Holding Back Health Care and How to Free It.* Washington, DC: Cato Institute.

Carey, J. 2006. "Medical Guesswork." *Business Week* (May 29): 72–79.

Carlzon, J. 1987. *Moments of Truth.* New York: Ballinger.

Carpenter, M. 2009. "The New Children's Hospital: Design Elements Combine to Put Patients, Parents at Ease." [Online article; retrieved 5/29/09.] www.post-gazette.com/pg/09116/965608-114.stm.

Castle, N. G. 2007. "A Review of Satisfaction Instruments Used in Long-Term Care Settings." *Journal of Aging & Social Policy* 19: 9–41.

Chase, R. B., F. R. Jacobs, and N. J. Aquilano. 2006. *Operations Management for Competitive Advantage.* New York: McGraw-Hill/Irwin.

Clark, P. A., and M. P. Malone. 2005 *Making It Right.* South Bend, IN: Press Ganey Associates.

Cohen, E. 2008. "Is Boutique Medicine Worth the Price? [Online information; retrieved 5/4/09.] www.cnn.com/2008/HEALTH/09/18/ep.concierge.medicine/index.html.

Coile, R. 2000. "E-Health: Reinventing Healthcare in the Information Age." *Journal of Healthcare Management* 45 (3): 206–10.

Connell, J. 2006. "Medical Tourism: Sea, Sun, Sand, and Surgery." *Tourism Management* 27 (6): 1093 – 100.

Consumer Assessment of Healthcare Providers and Systems (CAHPS). 2009. "Overview." [Online information; retrieved 7/09.] www.cahps.ahrq.gov/content/cahpsOverview/OVER_Intro.asp?p=101&s=1.

Consumer Reports. 1996. "How Good Is Your Health Plan?" *Consumer Reports* 61 (8): 34 – 35.

Cooper, A. 2008. "The Nature of Design." *Miller-McClune* 1 (8): 22 – 24.

Correa, H. L., L. M. Ellram, A. J. Scavarda, and M. C. Cooper. 2007. "An Operations Management View of the Services and Goods Offering Mix." *International Journal of Operations and Production Management* 27 (5): 444 – 63.

Corvino, F. A. 2005. "Standards for Satisfaction." *Marketing Health Services* 25 (2): 45 – 47.

Cram, B. 2008. "GE Healthcare Life Systems Service Teams Wins NorthFace Award for 7th Consecutive Year." *DotMed News.* [Online information; retrieved 7/09.] www.dotmed.com/news.

Craven, E. D., J. Clark, M. Cramer, S. J. Corwin, and M.R. Cooper. 2006. "New York-Presbyterian Hospital Uses Six Sigma to Build a Culture of Quality and Innovation." *Journal of Organizational Excellence* 25 (4): 11.

Crosby, P. 1978. *Quality Is Free.* New York: McGraw Hill.

Crotts, J., D. Dickson, and R. C. Ford. 2005. "Aligning Organizational Processes with Mission: The Case of Service Excellence." *The Academy of Management Executive* 19 (3): 57.

Dagger, T. S., J. C. Sweeney, and L. W. Johnson. 2007. "A Hierarchical Model of Health Service Quality: Scale Development and Investigation of an Integrated Model." *Journal of Service Research* 10 (2): 123 – 42.

Dansky, K. H., and J. Miles. 1997. "Patient Satisfaction with Ambulatory Healthcare Services: Waiting Time and Filling Time." *Hospital & Health Services Administration* 42 (2): 165 – 78.

Danzinger, J., and D. Dunkle. 2005. *Methods of Training in the Workplace.* Irvine, CA: Center for Research on Information Technology and Organizations, School of Social Sciences, University of California. [Online information; retrieved 4/08.] www.crito.uci.edu/papers/2005/DanzigerDunkle.pdf.

Davidow, W. H., and B. Uttal. 1989. *Total Customer Service.* New York: Harper.

Davidson, J. 2007. "Caring and Daring to Complain: An Examination of UK National Phobic Society Members' Perceptions of Primary Care." *Social Science and Medicine* 65 (3): 560 – 571.

DDI. 2008. "Targeted Selection." [Online information; retrieved 3/08.] www. ddiworld.com/ products_services/ targetedselection.asp.

Decker, P. J. 1999. "The Hidden Competencies of Healthcare: Why Self-Esteem, Accountability, and Professionalism May Affect Hospital Customer Satisfaction Scores." *Hospital Topics 77* (1): 14 – 26.

DeMan, S., P. Vlerick, P. Gemmel, P. De Bondt, D. Matthys, and R. A. Dierckx. 2005. "Impact of Waiting on the Perception of Service Quality in Nuclear Medicine." *Nuclear Medicine Communications* 26 (6): 541 – 47.

Denove, C., and J. D. Power. 2006 *Satisfaction.* New York: Penguin Group.

Dickson, D., R. C. Ford, and B. Laval. 2005. "Managing Real and Virtual Waits in Hospitality and Service Organizations." *Cornell Hotel and Restaurant Administration Quarterly* 46 (1): 52 – 68.

Dilchert, S., C. Viswesveran, and T. A. Judge. 2007. "In Support of Personality Assessment in Organizational Settings." *Personnel Psychology* 60 (4): 995.

Donahue, K., E. Ashkin, and D. Pathman. 2005. "Length of Patient – Physician Relationship and Patient's Satisfaction and Preventive Service Use in the Rural South." *BMC Family Practice* 6 (1): 40 – 48.

Donnelly, L. F., and J. L. Strife. 2006.

"Establishing a Program to Promote Professionalism and Effective Communication in Radiology." *Radiology* 238 (8): 773 – 79.

Dreachslin, J. L., P. L. Hunt, and E. Sprainer. 1999. "Key Indicators of Nursing Care Team Performance: Insights from the Front Line." *The Health Care Supervisor* 17 (4): 70 – 76.

Dube, L. 2003. "What's Missing from Patient- Centered Care?" *Marketing Health Services* 23 (1): 30 – 38.

Duffy, J. A., M. Duffy, and W. E. Kilbourne. 2001. "A Comparative Study of Resident, Family, and Administrator Expectations for Service Quality in Nursing Homes." *Health Care Management Review* 26 (3): 75 – 85.

East, R., K. Hammond, and P. Gendall. 2006. "Fact and Fallacy in Retention Marketing." *Journal of Marketing Management* 22: 5 – 23.

El Camino Hospital. 2009. "Healing Arts Program." [Online information; retrieved 5/29/09.] www. elcaminohospital.org/Patient_ Services/Patient_Resources/Healing_ Arts/.

Elwyn, G., A. Edwards, P. Kinnersley, and R. Grol. 2000. "Shared Decision Making and the Concept of Equipoise: The Competencies of Involving Patients in Healthcare Choices." *British Journal of General Practice* 50 (460): 892 – 99.

Encinosa,W. E., and F. J. Hellinger. 2008. "The Impact of Medical Errors on Ninety-Day Costs and Outcomes: An Examination of Surgical Patients Health Services Research Early View." *Health Services Research* 43 (6): 2067 – 80.

Encyclopedia of Small Business. 2007. "Training and Development." [Online information; retrieved 3/08.] www. referenceforbusiness.com/small/ Sm-Z/Training-and-Development. html.

Eubanks, P. 1991. "Retreats Advance Corporate Culture." *Hospitals* 65 (18): 58.

Evanschitzky, H., and M. Wunderlich. 2006. "An Examination of Moderator Effects in the Four-Stage Loyalty Model." *Journal of Service Research* 8 (4): 330 – 45.

Fabien, L. 2005. "Design and Implementation of a Service Guarantee." *Journal of Services Marketing* 19 (1): 33 – 38.

Fantin, L. 2006. "Wealth Care Is Shaking Up Medicine." [Online information; retrieved 5/4/09.] www. scrippsnews.com/node/13268.

Faust, D. 2007. "Diagnosis: Identity Theft." *Business Week* (January 8): 30 – 32.

Fiorito, J., D. P. Bozeman, A. Young, and J. A. Meurs. 2007. "Organizational Commitment, Human Resource Practices, and Organizational Characteristics." *Journal of Managerial Issues* 19 (2): 186 – 207.

Ford, R. C., S. A. Bach, and M. D. Fottler. 1997. "Methods of Measuring Patient Satisfaction in Health Care Organizations." *Health Care Management Review* 22 (2): 74 – 89.

Ford, R. C., and D. P Bowen. 2008. "A Service-Dominant Logic for Management Education: It's Time." *Academy of Management Learning and Education* 7 (2): 224 – 43.

Ford, R. C., and D. D. Dickson. 2008. "Executive Voice Interview: Bruce Laval." *Journal of Applied Management and Entrepreneurship* 13 (2): 80 – 99.

Ford, R. C., and C. P. Heaton. 2000. *Managing the Guest Experience in Hospitality,* 99 – 100. Albany, NY: Delmar Thomson Learning.

———. 2001. "Managing Your Guests as a Quasi-Employee." *Cornell Hotel and Restaurant Administration Quarterly* 42 (1): 46 – 54.

Ford, R. C., C. P. Heaton, and S. W. Brown. 2001. "Delivering Excellent Service: Lessons from the Best Firms." *California Management Review* 44 (1): 39 – 56.

Ford, R. C., F. S. McLaughlin, and J. W. Newstrom. 2004. "Questions and Answers About Fun at Work." *Human Resource Planning* 26 (4): 18 – 33.

Ford, R. C., S. A. Sivo, M. D. Fottler, D. Dickson, K. Bradley, and L. Johnson. 2006. "Aligning Internal Organizational Factors with a Service

Excellence Mission: An Exploratory Study in Healthcare." *Health Care Management Review* 31 (4): 259–69.

Foster, D. 2001. "California Man Finds Comfort, Solace in ER." *The Gainesville Sun,* 10A.

Fottler, M. D., J. D. Blair, C. L. Whitehead, and M. J. Laus. 1989. "Who Matters to Hospitals and Why? Assessing Key Stakeholders." *Hospital & Health Services Administration* 34 (4): 525–46.

Fottler, M. D., D. Dickson, R. C. Ford, K. Bradley, and L. Johnson. 2006. "Comparing Hospital Staff and Patient Perceptions of Customer Service: A Pilot Survey Utilizing Survey and Focus Group Data." *Health Services Management Research* 19 (1): 52–66.

Fottler, M. D., R. C. Ford, V. Roberts, and E. Ford. 2000. "Creating a Healing Environment: The Importance of the Service Setting on the New Customer Oriented Healthcare System." *Journal of Healthcare Management* 45 (2): 91–106.

Fottler, M. D., and D. M. Malvey. 2010. *The Retail Revolution in Healthcare.* Westport, CT: Greenwood Press.

Frampton, S. B., and P. A. Charmel (eds.). 2008. *Putting Patients First: Designing and Practicing Patient-Centered Care,* 2nd ed. San Francisco: Jossey-Bass.

Francis, T. 2006. "Spread of Records Stirs Patient Fears of Privacy Erosion." *Wall Street Journal,* pp. A1, A8.

———. 2008. "Wait Times Lengthen at Emergency Rooms." *Wall Street Journal,* p. D2.

Free Library. 2004. "Program Continues to Improve Patient Care and Lower Costs." [Online information; retrieved 5/1/09.] www.thefreelibrary.com/Baptist+Hospital,+Pensacola,+Florida,+Reports+$2.56+Mil lion+Savings...-a0114058016.

Freudenheim, M. 2009. "And You Thought a Prescription Was Private." *New York Times.* [Online information; retrieved 4/26/09.] www.nytimes. com/2009/08/09/business/09privacy.html.

Fried, B. 2007. "Congress Moves on Health IT: One Step Forward, A Few Steps Back." [Online information; retrieved 4/26/09.] www.ihealthbeat. org/Perspectives/2007/Congress-Moves-on-Health-IT-One-Step-Forward-A-Few-Steps-Back. aspx?topic=Policy.

Fried, B. J., and M. Gates. 2008. "Recruitment, Selection and Retention." In *Human Resources in Healthcare: Managing for Success,* 3rd ed., edited by B. J. Fried and M. D. Fottler, 197–235. Chicago: Health Administration Press.

Friedewald, V. E. 2000. "The Internet's Influence on the Doctor-Patient Relationship." *Health Management Technology* 21 (11): 79–80.

Fulford, M. D. 2005. "That's Not Fair!: The Test of a Model of Organizational Justice, Job Satisfaction, and Organizational Commitment Among Hotel Employees." *Journal of Human Resources in Hospitality & Tourism* 4 (1): 73 – 84.

Gallup Management Journal. 2006. "Gallup Study: Feeling Good Matters in the Workplace." [Online article; retrieved 3/8/08.] http://gmj.gallup.com/content/ 20770Gallup-Study-Feeling-Good- Matters-in-the.aspx?verysi.

Garman, A. N., J. Garcia, and M. Hargreaves. 2004. "Patient Satisfaction as a Predictor of Return-to-Provider Behavior: Analysis and Assessment of Financial Implications." *QualityManagement in Healthcare* 13 (1): 75 – 80.

Geboy, L. 2007. "The Evidence-Based Design Wheel: A New Approach to Understand-ing the Evidence in Evidence-Based De-sign." [Online article; retrieved 5/29/09.] www.healthcaredesignmagazine.com/ME2/dirmod.sp?sid=&nm=&type=Publis hing&mod=Publications%3A%3AArticle &mid=8F3A7027421841978F18BE89 5F87F791&tier=4&id=2153E8F25630 40918EFAEEF4ED22BE3.

Geggis, A. 2008. "Report Shows How Patients Rate Hospitals." *Daytona Beach News Journal* (May 24): 1c, 4c.

Gelade, G. A., and S. Young. 2005. "Test of the Service Profit Chain Model in the Retail Banking Sector." *Journal of Occupational and Organizational Psychology* 78 (1): 1 – 22.

Girard-DiCarlo, C. B. 1999. "The Importance of Leadership." *Healthcare Executive* 14 (6): 48.

Gittell, J. H. 2003. *The Southwest Airlines Way: Using the Power of Relationships to Achieve High Performance.* New York: McGraw-Hill.

Glebbeck, A. C., and E. H. Box. 2004. "Is High Employee Turnover Really Harmful?" *Academy of Management Journal* 47 (3): 266 – 86.

Goldman, E. F., and K. V. Corrigan. 1998. "Thinking Retail in Health Care: New Approaches for Business Growth." *Alliance* (May/June): 9 – 11.

Goldstein, S. M., and S. B. Schweikhart. 2002. "Empirical Support for the Baldridge Award Framework in U.S. Hospitals." *Health Care Management Review* 27 (1): 62 – 75.

Goodman, E. 2008. "Self-Serve and Slave." *Orlando Sentinel* (July 23): A9.

Goodman, J. C. 2007. "Perverse Incentives in Healthcare." *Wall Street Journal* (April 5): A13.

Greene, J. 2007. "Microsoft Wants Your Health Records." *Business Week* (October 15): 44 – 46.

Green, H., and C. Himmelstein. 1998. "A Cyber Revolt in Health Care." *Business Week* (October 19): 154 – 56.

Greengard, S. 2003. "Gimme Attitude." *Workforce Management* 81 (7): 56 – 60.

Gross, S. 2004. *Positively Outrageous Service: How to Delight and Astound Your Customers and Win Them for Life.* Chicago: Dearborn Trade Publishing.

Grugal, R. 2002. "66 Steps to Cleanliness." *Investor's Business Daily* (March 11): A4.

Guenther, R. 2008. "Why Should Health Care Bother?" *Frontiers of Health Services Management* 25 (1): 25 – 32.

Guenther, R., and G. Vittori. 2008. *Sustainable Healthcare Architecture.* Hoboken, NJ: John Wiley and Sons.

Gupta, H. D. 2008. "Identifying Health Care Quality Constituents: Service Provider Perspective." *Journal of Management Research* 8 (1): 311 – 24.

Guth, L., and D. Deems. 2008a. "Exceptional Care: World Class Service." *AGD Impact* 36 (1): 24 – 25.

———. 2008b. "Exceptional Care: Which Brand Are You?" *AGD Impact* 36 (2): 24 – 25.

Halbesleben, J. R. B. 2009. *Managing Stress and Preventing Burnout in the Healthcare Workplace,* 88 – 91. Chicago: Health Administration Press.

Hamel, G., and C. K. Prahalad. 1994. *Competing for the Future.* Boston: Harvard Business School Press.

Hanaman, J. C. 2006. "Going Retail." *Healthcare Executive* 21 (3): 49 – 50.

Hansemark, O., and M. Albinsson. 2004. "Customer Satisfaction and Retention: The Experiences of Individual Employees." *Managing Service Quality* 14 (1): 40 – 57.

Harkey, J., and R. Vraciu. 1992. "Quality of Health Care and Financial Performance: Is There a Link?" *Health Care Management Review* 17 (4): 55 – 63.

Hart, C. W. L. 1988. "The Power of Unconditional Service Guarantees." *Harvard Business Review* 66 (4): 54 – 62.

Hart, C. W. L., J. L. Heskett, and W. E. Sasser, Jr. 1990. "The Profitable Art of Service Recovery." *Harvard Business Review* 68 (4): 153.

Hays, J. M., and A. V. Hill. 2006. "An Extended Longitudinal Study of the Effects of a Service Guarantee." *Production and Operations Management* 15 (1): 117 – 31.

The Healthcare Advisory Board (HCAB). 2002. *Hardwiring for Right Retention: Best Practices for Retaining a High Performance Workforce.* Washington, DC: The Advisory Board Company.

Healthcare Financial Management. 2008. "Emergency Department Waits Increase Nationwide, Says Study." *Healthcare Financial Management* 62 (2): 8.

Health Resources and Services Administration (HRSA). 2006a. "The Registered Nurse Population: Findings from the 2004 National Sample Survey of Registered Nurses." [Online information; retrieved 1/29/08.]http://bhpr.hrsa.

gov/healthworkforce/rnsurvey04.

———. 2006b. "What Is Behind HRSA's Projected Supply, Demand, and Shortage of Registered Nurses?" [Online information; retrieved 1/29/08.] http://bhpr.hrsa. gov/healthworkforce/reports/ behindrnprojections/index.htm.

Heathfield, S. 2008. "How to Conduct a Simple Training Needs Assessment." About.com. [Online information;retrieved 1/29/08.] http://humanresources.about.com/ od/trainingneedsassessment/ht/ training_needs.htm.

Heckscher, C., and P. S. Adler (eds.). 2006. *The Firm as a Collaborative Community: The Reconstruction of Trust in the Knowledge Economy.* Oxford, UK: Oxford University Press.

Henricksen, K., S. Isaacson, B. L. Sadler, and E. M. Zimring. 2007. "The Role of the Physical Environment in Crossing the Quality Chasm." *Journal of Quality and Patient Safety* 33 (11): 68–80.

Henry Ford West Bloomfield Hospital. 2009. "How We Are Different." [Online information; retrieved 5/29/09.] www. henryfordwestbloomfield.com/body_ wbloomfield.cfm?id=50423.

Herzlinger, R. 1997. *Market-Driven Healthcare: Who Wins in the Transformation of America's Largest Service Industry?* Reading, MA: Addison-Wesley.

———. 2007a. "Where Are the Innovators in Healthcare?" *Wall Street Journal* (July 19): A15.

———. 2007b. *Who Killed Healthcare?* New York: McGraw-Hill.

Heskett, J. L., W. E. Sasser, Jr., and C. W. L. Hart. 1990. *Service Breakthroughs: Changing the Rules of the Game.* New York: The Free Press.

Heskett, J. L., T. O. Jones, G. W. Loveman, W. E. Sasser, and L. A. Schlesinger. 1994. "Putting the Service Profit Chain to Work." *Harvard Business Review* 72 (2): 105–11.

HGA. 2006. "New Facility for Iowa's Orange City Area Health System Incorporates Site Sensitivity, Natural Materials, DaylightingStrategies, Patient Privacy and a Spiritually Uplifting Central Chapel for Rural Healthcare Organization." [Online information; retrieved 5/21/09.] www.hga.com/the_latest/press_ releases/orange_city_122006. html#home.

Hill, C. J., and K. Joonas. 2005. "The Impact of Unacceptable Wait Time on Health Care Patients' Attitudes and Actions." *Health Marketing Quarterly* 23 (2): 69–87.

Hindo, B. 2006. "Satisfaction Not Guaranteed." *Business Week* (June 19): 32–36.

Hoffman, B. J., and D. J. Woehr. 2006. "A Quantitative Review of the Relationship Between Person–

Organization Fit and Behavioral Outcomes." *Journal of Vocational Behavior* 68 (3): 389 – 99.

Horburgh, R. C. 1995. "Healing by Design." *New England Journal of Medicine* 333 (11): 735 – 41.

Hotchkiss, R. B., M. D. Fottler, and L. Unruh. 2009. "Valuing Volunteers: The Impact of Volunteerism on Hospital Performance." *Health Care Management Review* 34 (2): 119 – 28.

Huelat, B. 2009. "The Healing Experience." [Online information; retrieved 5/29/09.] www. healthcaredesignmagazine.com/ME2/ dirmod.asp?sid=9B6FFC446FF74869 81EA3C0C3CCE4943&nm=Articles&t ype=Publishing&mod=Publications% 3A%3AArticle&mid=8F3A702742184 1978F18BE895F87F791&tier=4&i d =CDF5EC75765B434C98A1A6CAB1 969A1C.

Huerta, S. 2003. "Recruitment and Retention: The Magnet Perspective." Chart. *Journal of Illinois Nursing* 100 (4): 4 – 6.

INTEGRIS. 2009. [Online information; retrieved 5/29/09.] www.integris-health.com/INTEGRIS/en-US/ AboutUs/Newsroom/2009/05May09/ campFunnybone2009.htm.

Institute of Medicine. 2000. *To Err Is Human: Building a Safer Hospital System.* Washington, DC: National Academies Press.

———. 2001. *Crossing the Quality Chasm: A New Health System for the 21st Century.* Washington, DC: National Academies Press.

The Joint Commission. 1991. *Quality Improvement Standards.* Oakbrook Terrace, IL: The Joint Commission.

———. 2007. *Assessing Hospital Staff Competence,* 2nd ed. Oakbrook Terrace, IL: The Joint Commission.

———. 2008. "Facts About ORYX® for Hospitals: National Hospital Quality Measures." [Online information; retrieved 12/08.] www.jointcommission.org/ AccreditationPrograms/Hospitals/ ORYX/oryx_facts.htm.

Jones, T. O., and W. E. Sasser. 1995. "Why Satisfied Customers Defect." *Harvard Business Review* 73 (2): 88 – 101.

Joseph, A. 2006. "The Impact of Light on Outcomes in Healthcare Settings." [Online information; retrieved 10/8/08.] www. healthdesign.org/ research/reports/light.

Joy, M., and S. Jones. 2005. "Transient Probabilities for Queues with Applications to Hospital Waiting List Management." *Health Care Management Science* 8: 231 – 36.

Kacmar, K. M., M. C. Andrews, D. L. Van Rooy, R. C. Steilberg, and S. Cerron. 2006. "Sure Everyone Can Be Replaced⋯ But at What Cost?

Turnover as a Predictor of Unit-Level Performance." *Academy of Management Journal* 49 (1): 133 – 44.

Kalogredis, V. 2004. "Should You Consider Concierge Medicine?" [Online information; retrieved 5/4/09.] www. physiciansnews.com/business/204.kalogredis.html.

Kapp, M. B. 2007. "Consumer-Driven Healthcare: Implications for the Physician – Patient Relationship." *The Pharos: Alpha Omega Alpha's Quarterly Journal* 70 (2): 12 – 15.

Keeler, G. 2008. "Soothing Sounds Help Patients Heal." *Orlando Sentinel* (May 20): E3.

Kerry, J., and N. Gingrich. 2007. "E-Prescriptions." *Wall Street Journal* (November 16): A20.

Killian, S. 2009. "What Percentage of Salary Should Go to Training?" The Effective Leadership Development Community. [Online information; retrieved 8/4/09.] http://effective.leadershipdevelopment.edu.au/what-percentage-of-salary-should-go-to-training/general.

Kim, D. 2005. "An Integrated Supply Chain Management System: A Case Study in the Healthcare Sector." In *Lecture Notes in Computer Science.* Berlin: Springer.

Kornblum, J. 2008. "Medical Records a Click Away." *USA Today* (June 12): 1D – 2D.

Kouzes, J. M., and B. Z. Posner. 1995. *The Leadership Challenge: How to Keep Getting Extraordinary Things Done in Organizations.* San Francisco: Jossey-Bass.

Kreindler, S. A. 2008."Watching Your Wait: Evidence-Informed Strategies for Reducing Health Care Wait Times." *Quality Management in Health Care* 17 (2): 128 – 35.

Kristof-Brown, A. L., R. D. Zimmerman, and E. C. Johnson. 2005. "Consequences of Individuals' Fit at Work: A Meta-Analysis of Person – Job, Person – Organization, Person – Group, and Person – Supervisor Fit." *Personnel Psychology* 58 (2): 281 – 342.

Kroll, K. 2005. "Evidence Based Design in Healthcare Facilities." [Online information; retrieved 5/29/09.] www.facilitiesnet.com/healthcarefacilities/article/Better-Health-From-Better-Design--2425.

Kronstadt, J., A. Moiduddin, and W. Sellheim. 2009. *Consumer Use of Computerized Applications to Address Health and Health Care Needs.* [Online report; retrieved 8/14/09.] http://aspe.hhs.gov/sp/reports/2009/consumerhit/report.shtml.

Kumar, V., P. A. Smart, H. Maddern, and R. S. Maull. 2008. "Alternative Perspectives on Service Quality and Customer Satisfaction: The Role of BPM." *International Journal of Service Industry Management* 19 (2): 176 – 87.

Laborwitz, G. 2005. "Well-Aligned: Using Alignment to Achieve Extraordinary

Results." *Builders and Leaders* 12 (1): 24 – 25.

LaGanga, L. R., and S. R. Lawrence. 2007. "Clinic Overbooking to Improve Patient Access and Increase Provider Productivity." *Decision Sciences* 38 (2): 251 – 76.

Laing, A., G. Hogg, and D. Winkleman. 2004. "Healthcare and the Information Revolution: Reconfiguring the Healthcare Service Encounter." *Health Services Management* 17 (3): 188 – 200.

Lake, L. 2009. "Why Word of Mouth Marketing?" [Online article; retrieved 9/9/09.] http://marketing.about. com/b/2009/08/24/why-word-of-mouth-marketing.htm.

Landro, L. 2006a. "Hospitals Open Up Space in ER." *Wall Street Journal* (October 18): D16.

———. 2006b. "Cutting Waits at the Doctor's Office." *Wall Street Journal,* pp. D1 – D3.

———. 2007a. "Hospital Food That Won't Make You Sick." *Wall Street Journal* (September 19): D1, D9.

———. 2007b. "Keeping Patients From Landing Back in Hospital." *Wall Street Journal* (December 12): D1, D7.

———. 2007c. "ICU's New Message: Welcome Families." *Wall Street Journal* (July 12): A1, A12.

———. 2007d. "The Growing Clout of Online Patient Groups." *Wall Street Journal* (June): DI.

———. 2008. "A Treatment Room with a View." *Wall Street Journal* (August 20): D1 – D2.

Lane, L. 2007. "Jet Blue Customers Stand by their Carrier." *Business Week* (March 26): 20 – 22.

Larson, E. B., and X. Yao. 2005. "Clinical Empathy as Emotional Labor in the Patient – Physician Relationship." *Journal of the American Medical Association* 293 (9): 1100.

Latham, G. P., and S. Mann. 2006. "Advances in the Science of Performance Appraisal: Implications for Practice." In *International Review of Industrial and Organizational Psychology,* Vol. 21, edited by G. P. Hodgkinson and J.K. Ford, 295 – 337.Hoboken, NJ: Wiley.

Lau, G. 2000. "A Training Program Must Zero in on What Your Staffers Must Know." *Investor's Business Daily* (June 18): A1.

Lawson, B., and M. Phiri. 2000. "Hospital Design: Room for Improvement." *Health Services Journal* 110 (5688): 24 – 26.

Lee, F. 2004. *If Disney Ran Your Hospital: 9 1/2 Things You Would Do Differently.* Bozeman, MT: Second River Healthcare Press.

Leggitt, M. S., V. N. Potrepka, and T. J. Kukolja. 2003. "Le Bistro Serves Up Cultural Change." *Nursing Administration Quarterly* 27 (4): 318 – 23.

Lemieux-Charles, L. and W. L. McGuire.

2006. "What Do We Know About Health Care Team Effectiveness? A Review of the Literature." *Medical Care Research and Review* 63 (3): 1 – 38.

Lenaghan, J. A., and A. B. Eisner. 2006. "Employers of Choice and Competitive Advantage: The Proof of the Pudding Is in the Eating." *Journal of Organizational Culture, Communications and Conflict* 10 (1).

Lethlean, J. 2009. "Fast Care: FHN Partners with Shopko to Meet Health Care Needs." *The Journal-Standard.* [Online information; retrieved 9/2/09.] www.journalstandard.com/homepage/x594731498/Fast-care-FHN-partners-with-Shopko-to-meet-health-care-needs.

Levine, L. 2008. "Strengthing Your Business by Developing Your Employees." [Online information; retrieved 4/2/09.] www.allbusiness.com/human-resources/employee-development/1240-1.html.

Levitt, T. 1972. "Production-Line Approach to Service." *Harvard Business Review* 50 (5): 50.

Liebowitz, R. 2008. "Putting Patients First." *Healthcare Executive* 23 (4): 42 – 44.

Lin, B. Y., N. J. Leu, G. M. Breen, and W. H.Lin. 2008. "Service Scape: Physical Environment of Hospital Pharmacist's Work Outcomes." *Health Care Management Review* 33 (2): 156 – 68.

Lohr, S. 2009. "G.E. and Intel Working on Remote Monitors to Provide Home HealthCare." *New York Times.* [Online information; retrieved 4/2/09.] www.nytimes.com/2009/04/03/health/03health.html?ref=business.

Lutz, S. 2008. "What Do Consumers Want?" *Journal of Healthcare Management* 53 (2): 83 – 87.

MacStravic, S. 2005. "High Expectations. *Marketing Health Services* 25(1): 200 – 24.

Magid, D. J., A. F. Sullivan, P. D. Cleary, S. R. Rao, J. A. Gordon, R. Kaushal, E. Guadagnoli, C. A. Camargo, and D. Blumenthal. 2009. "The Safety of Emergency Care Systems: Results of a Survey of Clinicians in 65 US Emergency Departments." *Annals of Emergency Medicine* 53 (6): 715 – 23.

Malkin, J. 1992. *Hospital Interior Architecture: Creating Healing Environments for Special Patient Populations.* New York: Van Nostrand Reinhold Company.

Malloch, K. 1999. "A Total Healing Environment: The Yauapal Regional Medical Center Story." *Journal of Healthcare Management* 44 (6): 495 – 512.

Malvey, D., and M. D. Fottler. 2006. "The Retail Revolution in Health Care." *Health Care Management Review* 31 (3): 168 – 78.

Manion, J. 2004. "Nurture a Culture of Retention." *Nursing Management* 35 (4): 28 – 39.

Marberry, S. O. (ed.). 2006. *Improving Healthcare with Better Building Design.* Chicago: Health Administration Press.

Marketing Health Services. 2004. "Keeping Happy." *Marketing Health Services* 24 (1): 6.

Marley, K., D. A. Collier, and S. M. Goldstein. 2004. "The Role of Clinical and Process Quality in Achieving Patient Satisfaction in Hospitals." *Decision Sciences* 35 (3): 349–69.

Marrow, P., and J. McElroy. 2007. "Efficiency as a Mediator in Turnover – Organizational Performance Relations." *Human Relations* 60 (6): 827–49.

Masselink, L. E. 2008. "Globalization and the Healthcare Workforce." In *Human Resources in Healthcare: Managing for Success,* 3rd ed., edited by B. J. Fried and M. D. Fottler, 47–70. Chicago: Health Administration Press.

MassLongTermCare.org. 2009. "Oversight of Nursing Homes." [Online information; retrieved 7/09.] www.masslongtermcare.org/index. php?option=com_content&task=view &id=19&Itemid=81.

Mathews, A. W. 2008. "Consumers Union to Rate Hospitals." *Wall Street Journal* (May 29): D6.

Mayer, T., R. Cates, M. J. Mastorovich, and D. Royalty. 1998. "Emergency Department Patient Satisfaction in Customer Service Training Improves Patient Satisfaction and Ratings of Physician and Nurse Skill." *Journal of Healthcare Management* 43 (5): 427–38.

McCann, M. 2009. "Fun at Work Helps Retain Employees." [Online information; retrieved 8/17/09.] http://EzineArticles. com/?expert=Michael_McCann.

McCaughey, B. 2007. "Our Unsanitary Hospitals." *Wall Street Journal* (November 29): A18.

McGregor, J. 2007. "Customer Service Champs." *Business Week* (March 5): 50–64.

———. 2008. "Consumer Vigilantes." *Business Week* (March 3): 38–42.

McKim, R., S. Warren, C. Montgomery, J. Zaborowski, C. McKee, D. Towers, and B. H. Rowe. 2007. "Emergency Department Patient Satisfaction Survey in Alberta's Capital Health Region." *Healthcare Quarterly* 10 (1): 34–42.

McMillan, C. 2007. "In the Wait-Times Guarantee, We Trust; Canada's Health Care Problems Can Be Conquered Using Incremental Steps." Canadian Medical Association. [Online newsletter; retrieved 5/29/09.] http://www.cma.ca/index. cfm/ci_id/52188/la_id/1.htm.

McPherson, H. 2007. "Hospitals Add Restaurant Flair to Patient's Fare." *Orlando Sentinel* (July 19): A1, A2.

Medical News Today. 2006. "Methodist Healthcare Opens Wellness Room.

Demonstration Room Showcases Home-Like Healing Environment." [Online article; retrieved 5/29/09.] www.medicalnewstoday.com/articles/41441.php.

Mercy Health System. 2007. [Online information; retrieved 9/8/09.] www. mercyhealthsystem.org/default.cfm.

Michel, S., D. Bowen, and R. Johnston. 2008. "Making the Most of Customer Complaints." *Wall Street Journal* (September 22): R4, R11.

Mittal, B., and W. Lassar. 1998. "Why Do Customers Switch? The Dynamics of Satisfaction Versus Loyalty." *Journal of Services Marketing* 12 (1): 177–91.

Montague, J. 1995. "Family Designs." *Hospitals & Health Networks* 69 (11): 94.

Moore, J. 2009. "Experiences at Cleveland Clinic with HealthVault." *Healthcare IT News.* [Online article; retrieved 5/29/09.] www.healthcareitnews.com/blog/experiences-cleveland-clinic-healthvault.

Mullaney, T. 2006. "The Doctor Is Plugged In." *Business Week* (June 26): 56–58.

Nadler, D. A., and M. L. Tushman. 1997. *Competing by Design.* New York: Oxford University Press.

Nathan, S. 2000. "Hospital Mends Customer Service." *USA Today* (May 5): 7B.

National Coalition on Health Care. 2008. "Consumers Lose Confidence in Health Care Systems." [Online article; retrieved 8/20/08.] www.nchc.org.

National Committee for Quality Assurance (NCQA). 2009. "What Is HEDIS?" [Online article; retrieved 3/10/09.] www.ncqa.org/tabid/187/Default.aspx.

National Institute of Business Management. 2001. "Good HR Boosts Customer Retention." *Success in Recruiting and Retaining* 1 (1): 8.

National Partnership for Women and Families. 1998. "A Study of Women's Attitudes Toward Health and Healthcare." [Online article; retrieved 8/20/08.] www.nationalpartnership.org.

National Quality Forum. 2005. *Standardizing a Measure of Patient Perspectives of Hospital Care.* Washington, DC: National Quality Forum.

Naveh, E., and Z. Stern. 2005. "How Quality Improvement Programs Can Affect General Hospital Performance." *International Journal of Health Care Quality Assurance* 18 (4): 249–70.

Nelson, E. C., R. T. Rust, A. Zahorok, R. L. Rose, P. Batalden, and B. A. Siemanski. 1992. "Do Patient Perceptions of Quality Relate to Hospital Financial Performance?"

Journal of Health Care Marketing 12 (4): 6 – 13.

Noor, A. 2007. "Re-Engineering Healthcare Mechanical Engineering." *Mechanical Engineering Magazine,* 22 – 27.

Northwest Business Press. 2005. "New Women's Health Center Has Spa Atmosphere." [Online article; retrieved 8/20/08.] www.redorbit. com/news/health/151412/new_ womens_health_center_has_spa_ atmosphere/index.html.

O'Connor, M. 2007. "Omaha Hospitals Ease Waiting Room Anxieties." Alegent Health in the News. [Online article; retrieved 4/21/08.]www. alegent.com/blank.cfm?print=yes&id =7&action=detail&ref=197. Okrent, D. 2000. "Twilight of the Boomers." *Time* (June 12): 72.

O'Malley, J. 2004a. "The Caring Before the Care." *Marketing Health Services* 24 (2): 12 – 13.

———. 2004b. "The Total Service Experience." *Marketing Health Services* 24 (3): 12 – 13.

Online Search Authority. 2009. "Bank Systems and ATM Technology." [Online information; retrieved 4/2/09.] www. onlinesecurityauthority.com/ banking-security/bank-systems- and-atm-technology.

Orlando Sentinel. 2001. "Consumers UseWeb to Fight Back." *Orlando*

Sentinel (May 23): E1.

Otani, K., R. S. Kurz, and L. F. Harris. 2005. "Managing Primary Care Using Patient Satisfaction Measures." *Journal of Healthcare Management* 50 (5): 311 – 24.

Ottenheimer, D. 2008. "On the Tracks of Medical Data: Electronic Records Pressure." *SC Magazine.* [Online information; retrieved 5/10/09.] www.scmagazineus.com/On-the- tracks-of-medical-data-Electronic- records-pressure/article/111447.

Pakdil, F., and T. Harwood. 2005. "Patient Satisfaction in a Preoperative Assessment Clinic: An Analysis Using SERVQUAL Dimensions." *Total Quality Management & Business Excellence* 16 (1): 15 – 30.

Palfini, J. 2008. "Even Brainstorms Should Have a Forecast." [Online information; retrieved 5/10/09.] http://blogs.bnet.com/ teamwork/?p=161.

Parasuraman, A., V. A. Zeithaml, and L. L. Berry. 1988. "SERVQUAL: A Multiple- Item Scale for Measuring Consumer Perception of Service Quality." *Journal of Retailing* 64 (1): 38 – 40.

Parchman, M., and S. Burge. 2004. "The Patient – Physician Relationship, Primary Care Attributes and Preventive Services." *Family Medicine* 36 (1): 22 – 27.

Parrish Medical Center. 2008. "About

the Healthy Environment." [Online information; retrieved 5/10/09.] www.parrishmed.com/about_us/about.cfm#color.

Parthasarathy, S. 2004. "Sleep in the Intensive Care Unit." *Intensive Care Medicine* 30 (2): 197 – 206.

Patientprivacyrights.org. 2009. "HIPAA—The Intent vs. The Reality." [Online information; retrieved 4/8/09.] www.patientprivacyrights.org/site/PageServer?pagename=HIPAA_Intent_Vs_Reality.

Pearce, J. A., and R. B. Robinson. 2005. *Formulation, Implementation, and Control of Competitive Strategy.* Chicago: Irwin.

Peltier, J. W., J. A. Schibowsky, and C. R. Cochran. 2002. "Patient Loyalty that Lasts a Lifetime." *Marketing Health Services* 22 (2): 29 – 33.

Petersen, A. 1997. "Restaurants Bring In Da Noise to Keep Out Da Nerds." *Wall Street Journal* (December 30): B-1.

———. 2007. "Uprooted: When Patients Seek Treatment Far From Home." *Wall Street Journal* (October 9): D1.

Pfeffer, J. 1998. *The Human Equation: Building Profits by Putting People First.* Boston: Harvard Business School Press.

Pho, K. 2008. "Shortage of Primary Care Threatens Healthcare System." *USA Today* (March 13): 11A.

Pine, B. J., and J. H. Gilmore. 1998. "Welcome to the Experience Economy." *Harvard Business Review* 78 (4): 97 – 105.

———. 1999. *The Experience Economy.* Cambridge, MA: Harvard Business School Press.

———. 2009. "Orthopedists Should Strive to Offer an Experience in Health Care." [Online information; retrieved 4/8/09.] www.orthosupersite.com/view.asp?rID=36750.

Pink, G. H., and M. A. Murray. 2003. "Hospital Efficiency and Patient Satisfaction." *Health Services Management Research* 16 (1): 24 – 39.

Planetree. 2009. "About Planetree." [Online information; retrieved 7/18/09.] www. planetree.org/about.html.

Platonova, E. A., K. N. Kennedy, and R. M. Shewchuk. 2008. "Understanding Patient Satisfaction, Trust and Loyalty to Primary Care Physicians." *Medical Care Research and Review* 65 (6): 696 – 712.

Porter, M. E. 1996. "What Is Strategy?" *Harvard Business Review* 74 (6): 61 – 78.

Porter, M. E., and E. O. Teisberg. 2006. *Redefining Health Care: Creating Value-Based Competition on Results.* Boston: Harvard Business School Press.

Powers, T. L., and E. P. Jack. 2008. "Using Volume Flexible Strategies to Improve Customer Satisfaction and Performance in Health Care Services." *Journal of Services Marketing* 22 (2 – 3): 188 – 97.

Prahalad, C. K., and V. Ramaswamy. 2004a. "Co-Creating Unique Value with Customers." *Strategy and Management* 32 (3): 4–10.

———. 2004b. *The Future of Competition.* Boston: Harvard Business School Press.

Prajogo, D. C. 2006. "The Implementation of Operations Management Techniques in Service Organizations." International *Journal of Operations & Production Management* 26 (12): 1374–90.

Press, I. 2003. "Patient Satisfaction with the Outpatient Experience." *Healthcare Executive* 18 (3): 94–95.

Press Ganey. 1997. National Priority List-Medical Practices. South Bend, IN: Press Ganey Associates.

———. 2007a. "Physician's Office and Outpatient Pulse Report." [Online article; retrieved 8/20/08.] www.pressganey.com/ outpatient-report.pdf.

———. 2007b. "Press Ganey Releases Comprehensive National Report on Patient Perspectives of Their Experience in Emergency Rooms." [Online article; retrieved 8/20/08.] www.pressganey.com/erreport.pdf.

PricewaterhouseCoopers Health Research Institute. 2007. "Top Eight Health Industry Issues in 2008." [Online article; retrieved 8/20/08.] www.pwc.com/extweb/pwcpublications.nsf/docid/7d3a3531 588fa044852573b0006b9020.

Pruitt, S. D., and J. E. Epping-Jordan. 2005. "Preparing the 21st Century Global Healthcare Workforce." *British Medical Journal* 330: 637–39.

Pullman, M. E., and G. Thompson. 2003. "Strategies for Integrating Capacity With Demand in Service Networks." *Journal of Service Research* (5) 3: 15.

QMS Partners. 2009. "Understanding Customer Retention and Switching Behavior in the Healthcare Sector." [Online article; retrieved 9/9/08.] www.marketresearchbulletin. com/2009/01/understanding-customer-retention-and-switching-behavior-in-the-healthcare-sector.

Ramsaran-Fowdar, R. R. 2005. "Identifying Health Care Quality Attributes." *Journal of Health & Human Services Administration* 27 (4): 465–43.

Reichheld, F. F., and W. E. Sasser, Jr. 1990. "Zero Defections: Quality Comes to Services." *Harvard Business Review* 68 (5): 105–11.

Rohini, R., and B. Mahadevappa. 2006. "Service Quality in Bangalore Hospitals— An Empirical Study." *Journal of Services Research* 6 (1): 59–84.

Romana, H. W. 2006. "Is Evidence-Based Medicine Patient Centered and Is Patient Centered Care Evidence-Based?" *Health Services Research* 41 (1): 1–8.

Rosse, J. G., and R. A. Levin. 2003. *The Jossey-Bass Academic Administrator's Guide to Hiring*. San Francisco: Jossey-Bass.

Rubin, R. 2008. "Primary Care Doctors in Short Supply." *USA Today* (November 18): 7D.

Ruohonen, T., P. Neittaanmaki, and J. Teittinen. 2006. "Simulation Model for Improving the Operation of the Emergency Department of Special Health Care." Simulation Conference, WSC 06. Proceedings of the Winter, December 3–6, pp. 453–58.

Rust, R. 1998. "What Is the Domain of Service Research?" *Journal of Service Research* 1 (2): 107.

Rust, R.T., B. Subramanian, and M. Wells. 1992. "Making Complaints: A Management Tool." *Marketing Management* 3 (1): 40–45.

Rutledge, E. 2001. "The Struggle for Equality in Healthcare Continues." *Journal of Healthcare Management* 46 (5): 313–24.

Rynes, S. L., and D. M. Cable. 2003. "Recruitment Research in the Twenty- First Century." In *Handbook of Psychology: Industrial and Organizational Psychology*, Vol. 12, edited by W. C. Borman, D. R. Ilgen, and R. J. Klimoski, 55–76. Hoboken, NJ: John Wiley & Sons Inc.

Sack, K. 2009. "Despite Recession, Personalized Health Care Remains in Demand." *New York Times*. [Online information; retrieved 5/4/09.]

www. nytimes.com/2009/05/11/health/ policy/11concierge.html.

Sadler, B. L. 2006. "The Business Case for Building Better Buildings." *Trustee* 59 (10): 35–36.

Sadler, B. L., R. F. DuBose, and E. H. Zimring. 2008. "The Business Case for Building Better Hospitals Through Evidence-Based Design." *Health Environments Research and Design Journal* 1 (3): 22–39.

Saranow, J. 2006. "Selling the Special Touch." *Wall Street Journal* (July 11): B1, B8.

Sashin, D. 2007. "Hospitals Act More Like Hotels." *Orlando Sentinel* (May 18): C1, C3.

Saultz, J., and W. Albedaiwi. 2004. "Interpersonal Continuity Care and Patient Satisfaction: A Critical Review." *Annals of Family Medicine* 2 (4): 445–51.

Schein, E. 1985. *Organizational Culture and Leadership: A Dynamic View*. San Francisco: Jossey-Bass.

Schneider, B., and D. E. Bowen. 1995. *Winning the Service Game*. Boston: Harvard Business School Press.

Schneider, B., W. H. Macey, and S. A. Young. 2006. "The Climate for Service: A Review of the Construct with Implications for Achieving CLV Goals." *Journal of Relationship Marketing* 5 (2–3): 111–32.

Schneider, B., and S. S. White. 2004. *Service Quality: Research Perspectives*.

Thousand Oaks, CA: Sage Publications.

Schneider, B., S. White, and M. Paul. 1998. "Linking Service Climate and Customer Perceptions of Service Quality." *Journal of Applied Psychology* 83 (2): 150–63.

Scott, G. 2001. "Accountability for Service Excellence." *Journal of Healthcare Management* 46 (3): 152–54.

Scott, J. 2006. "Eastern North Carolina Community Takes Radical Approach to Fight Nation's Top Two Health Problems." Business Wire, October 2. [Online information; retrieved 5/4/09.] www.redorbit.com/news/health/677537/eastern_north_carolina_community_takes_radical_approach_to_fight_nations/index.html.

Scott, J. G., J. Sochalski, and L. Aiken. 1999. "Review of Magnet Hospital Research: Findings and Implications for Professional Nursing." *Journal of Nursing Administration* 29 (1): 9–19.

Scotti, D. J., A. E. Driscoll, J. Harmon, and S. J. Behson. 2007. "Links Among High- Performance Work Environment, Service Quality, and Customer Satisfaction: An Extension to the Health Care Sector." *Journal of Healthcare Management* 52 (2): 109–24.

Sewell, C., and P. B. Brown. 1990. *Customers for Life.* New York: Pocket Books.

Sharp HealthCare. 2007. "Malcolm Baldridge National Quality Award Application: Health Care Category." [Online information; retrieved 8/25/08.] www.sharp.com/uploadedFiles/About_Us/Baldrige/2007_Baldrige_application.pdf.

———. 2009. "Pillars of Excellence." [Online information; retrieved 5/18/09.] www.sharp.com/choose-sharp/sharp- experience/pillars-excellence.cfm.

Shaw, J. D., N. Gupta, and J. E. Delery. 2005. "Alternative Conceptualizations of the Relationship Between Voluntary Turnover and Organizational Performance." *Academy of Management Journal* 48 (1): 50–68.

Sherman, S. G. 1999. *Total Customer Satisfaction: A Comprehensive Approach for Health Care Providers,* pp. 26–27. San Francisco: Jossey-Bass.

Sherman, S. G., and V. C. Sherman. 1998. *Total Customer Satisfaction: A Comprehensive Approach for Health Care Providers.* San Francisco: Jossey-Bass.

Singh, J. 1990. "A Multifacet Typology of Patient Satisfaction with a Hospital Stay." *Journal of Health Care Marketing* 10: 8–21.

Slowiak, J. M., B. E. Huitema, and A. M. Dickinson. 2008. "Reducing Wait Time in a Hospital Pharmacy to Promote Customer Service." *Quality Management in Health Care* 17 (2): 112–27.

Smith, S. 2009. "Winning True Customer Loyalty and Trust in a Recession." [Online article; retrieved 5/4/09.] www.mycustomer.com/cgi-bin/item.cgi?id=134190.

Smith, C. H., C. Francovich, and J. Geiselman. 2000. "Pilot Test of an Organizational Culture Model in a Medical Setting." *Health Care Supervisor* 19 (2): 68–77.

Smith, H. L., J. D. Waldman, J. N. Hood, and M. D. Fottler. 2007. "Strategic Management of Internal Customers: Building Value Through Human Capital and Culture." *Advances in Health Care Management* 6: 99–126.

Stavins, C. 2004. "Developing Employee Participation in the Patient Satisfaction Process." *Journal of Healthcare Management* 49 (2): 135–39.

Stefl, M. 2008. "Common Competencies for Healthcare Managers: The Healthcare Leadership Alliance Model." *Journal of Healthcare Management* 53 (6): 360–74.

Stencel, C. 2006. "Medication Errors Injure 1.5 Million People and Cost Billions of Dollars Annually." *The National Academies.* [Online article; retrieved 5/4/09.] www.nationalacademies.org/onpinews/newsitem.aspx?RecordID=11623.

Stengle, J. 2008. "ER Patients Check in at Computer Kiosks." ABC News. [Online article; retrieved 5/4/09.] http://abcnews.go.com/print?id=3598505.

Stenz, J. 2008. "Creating a Truly Healing Environment with LEED Hospitals." [Online article; retrieved 5/4/09.] www.greenbiz.com/news/reviews_third.cfm?newsid=35708.

Stockholm Challenge Event. 2008. "Digital Hospital—SingHealth's Journey Towards Digitization of Healthcare." [Online article; retrieved 5/4/09.] http://event.stockholmchallenge.se.

Stone, V. 2009. "Discovery: Healing Environments." [Online article; retrieved 5/4/09.] www.stonecircledesign.com/ dsc_environ_healing.html.

Strack, G., and M. D. Fottler. 2002. "Spirituality and Effective Leadership in Healthcare: Is There a Connection?" *Frontiers of Health Services Management* 18(4): 3–19.

Strack, G., M. D. Fottler, and A. O. Kilpatrick. 2008. "The Relationship of Health Care Managers' Spirituality to their Self-Perceived Leadership Practices." *Health Services Management Research* 21 (4): 236–47.

Stroisch, T., and S. Creaturo. 2002. "Essential Elements of Effective Classroom Training." [Online article; retrieved 4/9/08.] www.techsoup.org/learningcenter/training/page5113.cfm.

Studer, Q. 2004. "The Value of Employee Retention." *Health Care Financial Management* (1): 52–57.

———. 2008. *Results That Last.* Hoboken,

NJ: John Wiley and Sons.

Studdert, D. M., M. Melo, and T. A. Brennen. 2004. "Medical Malpractice." *New England Journal of Medicine* 350 (3): 283–92.

Sung-Eui, C. S. 2005. "Developing New Frameworks for Operations Strategy and Service System Design in Electronic Commerce." *International Journal of Service Industry Management* 16 (3): 294–314.

Swan, J. E., L. Richardson, and J. D. Hutton. 2003. "Do Appealing Rooms Increase Patient Evaluations of Physicians, Nurses and Hospital Services?" *Health Care Management Review* 28 (3): 254–64.

Szwarc, P. 2005. *Researching Customer Satisfaction and Loyalty.* Sterling, VA: Kogan-Page Limited.

Szabo, L. 2007. "Teaming Up to Ease the Pain." *USA Today* (April 26): D1–D2.

Tang, P., and D. Lansky. 2005. "The Missing Link: Bridging the Patient–Provider Health Information Gap." *Health Affairs* 24 (5): 1290–95.

Tax, S. S., and S. W. Brown. 1998. "Recovering and Learning from Service Failure." *Sloan Management Review* 39 (3): 80.

Taylor, S. A. 1994. "Distinguishing Service Quality from Patient Satisfaction in Developing Health Marketing Strategies." *Hospital & Health Services Administration* 39 (2): 221–36.

Taylor, D. M., R. Wolfe, and P. A. Cameron. 2002. "Complaints from Emergency Department Patients Largely Result from Treatment and Communication Problems." *Emergency Medicine* 14 (1): 43–49.

Technical Assistance Research Program (TARP). 1986. *Consumer Complaint Handling in America: An Update Study.* Washington, DC: Department of Consumer Affairs.

Tesoriemo, H. W. 2008. "Aetna, Cigna, Rank Highest in Efficiency." *Wall Street Journal* (May 29): D6.

Thomas, R. K. 2005. *Marketing Health Services.* Chicago: Health Administration Press.

Thompson, A., G., and R. Sunol. 1995. "Expectations as Determinants of Patient Satisfaction: Concepts, Theory, and Evidence." *International Journal for Quality in Health Care* 7 (2): 127–41.

Thompson, J. 2009. "Patients Appreciate the Transparency of Critical Incident Disclosure." [Online article; retrieved 5/4/09.] www.hiroc.com/AxiomNews/2009/April/April02.html.

Tracey, J. B., M. C. Sturman, and M. J. Tews. 2007. "Ability Versus Personality: Factors that Predict Employee Job Performance." *Cornell Hotel and Restaurant Administration Quarterly* 48 (3): 313.

Tu, H. T., and G. Cohen. 2008. "Striking Jump in Consumers Seeking Health

Care Information." Center for Studying Health System Change, Tracking Report No. 20. [Online article; retrieved 8/26/09.] www.hschange.org/CONTENT/1006/.

Ulrich, R. S. 2006. "The Environment's Impact on Stress." In *Improving Healthcare with Better Building Design*, edited by S. O. Marberry, 37–61. Chicago: Health Administration Press.

Ulrich, R. S, J. A. Zimring, X. Quan, and R. Choudhary. 2004. "The Role of the Physical Environment in the Hospital of the 21st Century: A Once-in-a-Lifetime Opportunity." Center for Health Design. [Online article; retrieved 3/5/08.] www.rwjf.org/files/publications/other/roleofthephysical environment.pdf.

United Healthcare. 2009. "UnitedHealthcare, IBM, and Arizona Physicians to Launch Groundbreaking Patient-Centered Healthcare Initiative." [Online article; retrieved 7/18/09.] www.uhc.com/news_room/2009_news_release_archive/launch_of_groundbreaking_patient_centered_healthcare_initiative.htm.

Unruh, L., and M. D. Fottler. 2005. "Projections and Trends in RN Supply: What Do They Tell Us About the Nursing Shortage?" *Policy, Politics and Nursing Practice* 63 (3): 171–82.

Upenieks, V. 2002. "Assessing Differences in Job Satisfaction of Nurses in Magnet and Non-Magnet Hospitals." *Journal of Nursing Administration* 32 (11): 564–76.

VanBerkel, P., and J. Blake. 2007. "A Comprehensive Simulation for Wait Time Reduction and Capacity Planning Applied in General Surgery." *Health Care Management Science* 10 (4): 373–85.

Van der Wiele, T., M. Hesselink, and J. van Iwaarden. 2005. "Mystery Shopping: A Tool to Develop Insight into Customer Service Provision." *Total Quality Management & Business Excellence* 16 (4): 529–41.

Vega, V., and S. J. McGuire. 2007. "Speeding Up the Emergency Department: The RADIT Emergency Program at St. Joseph Hospital of Orange." *Hospital Topics* 85 (4): 17–24.

Vernon, W. 2009. "Keeping Green: Reducing Energy Consumption Without Harming the Budget." *Journal of Healthcare Management* 54 (3): 159–62.

Volzer, R. 2006. "West Indies Panache." *Nursing Homes.* [Online article; retrieved 5/4/09.] http://findarticles.com/p/articles/ mi_m3830/is_3_55/ai_n16118932/.

Wall Street Journal. March 26, 2001, p. B13.

Wallauer, J., D. Macedo, R. Andrade, and A. von Wangenheim. 2008. "Building

a National Telemedicine Network."
IT Pro (March/April): 12 – 17.

Wang, S. S. 2006. "To Improve Service,
Hospitals and Doctors Hire Spies to
Pose as Patients and Report Back."
Wall Street Journal (August 8): D1.

Washington State Hospital Association
(WSHA). 2009. [Online information;
retrieved 5/18/09.] www.wsha.org/
page.cfm?ID=core_competencies.

Weiss, G. G. 2003. "How to Cut Patient
Wait Time." *Medical Economics,* pp.
75 – 82.

Wessel, H. 2008. "Doctor's In—Online."
Orlando Sentinel (April 28): 17 – 18.

Whittmore, C. B. 2007. "Flooring the
Customer." *Disneyworld.* [Online
information; retrieved 5/18/09.]
http://flooringtheconsumer.blogspot.
com/2007/05/story-brings-brands-
to-life.html.

Wiley, J. P. 1999. "Help Is on the Way."
Smithsonian 30 (4): 22.

Wilicox, S., M. Seddon, S. Dunn, R. T.
Edwards, J. Pearse, and J. V. Tu.
2007. "Measuring and Reducing
Waiting Times: A Cross-National
Comparison of Strategies." *Health
Affairs* 26 (4): 1078 – 87.

Williams, M. E., J. Latta, and P.
Conversano. 2008. "Eliminating the
Wait for Mental Health Services."
*Journal of Behavioral Health Services &
Research* 35 (1): 107 – 14.

Willis, R. W. 2000. "Positive Paradigm
Shifts in Health Care." *Journal of*

Religion and Health 39 (4): 355 – 65.

Wilper, A. P., S. Woolhandler, K. E.
Lasser, D. McCormick, S. L. Cutrona,
D. H. Bor, and D. U. Himmelstein.
2008. "Waits to See an Emergency
Department Physician: U.S. Trends
and Predictors." *Health Affairs* 27
(1/2): pw84 – pw95.

Wrzesniewski, A., and J. E. Dutton.
2001. "Crafting a Job: Revisioning
Employees as Active Crafters of
Their Work." *Academy of Management
Review* 26: 179 – 201.

Wrzesniewski, A., J. E. Dutton, and
G. Debebe. 2003. "Interpersonal
Sensemaking and the Meaning of
Work." *Research in Organizational
Behavior* 25: 93 – 135.

Wyckoff, D. D. 1984. "New Tools for
Achieving Service Quality." *Cornell
Hotel and Restaurant Administration
Quarterly* 25 (3): 89 – 99.

Zborowsky, T., and M. J. Kreitzer.
2008. "Creating Optimal
Healing Environments in a
Health Care Setting." [Online
information; retrieved 5/4/09.]
www.minnesotamedicine.
com/PastIssues/March2008/
ClinicalZborowskyMarch2008/
tabid/2489/Default.aspx.

Zeithaml, V. A., L. L. Berry, and A.
Parasuraman. 1996. "The Behavioral
Consequences of Service Quality."
Journal of Marketing 60 (2): 31 – 46.

Zeithaml, V. A., M. J. Bitner, and D. Gremler. 2008. *Services Marketing.* New York: McGraw-Hill.

Zhao, H., and S. E. Seibert. 2006. "The Big Five Personality Dimensions and Entrepreneurial Status: A Meta-Analytical Review." *Journal of Applied Psychology* 91 (2).

Zibriskie, K. 2009. "Customer Service Tips for Healthcare Professionals, Rx for Pleasing Patients: Ten Things They Don't Need to Hear." [Online article; retrieved 5/4/09.] www.businesstrainingworks.com/ Onsite%20Training%20Web/Free%20 Articles/08%20Tips%20for%20 Better%20Healthcare%20Service%20 -%20Free%20Article.html.

Zimmer, D., P. Zimmerman, and C. Lund. 1997. "Customer Service: The New Battlefield for Market Share." *Health Care Financial Management* 51 (10): 51 – 53.

Zizzo, D. 2008. "Researchers Track Role of Laughs." [Online information; retrieved 5/4/09.] http://newsok. com/article/3213471/1205148347.

Zomerdijk, L. G., and J. D. Vries. 2007. "Structuring Front Office and Back Office Work in Service Delivery Systems." *Production Management* 27 (1): 108 – 31.

Zuger, A. 2005. "For a Retainer, Lavish Care by 'Boutique Doctors'." *New York Times* (October 30).

Additional Resources

The Cochrane Collaboration. 2009. See www. cochrane.org/reviews/ clibintro.html.

Dickson, D., R. C. Ford, and B. Laval. 2005. "The Top 10 Excuses for Bad Service and How to Avoid Needing Them." *Organizational Dynamics* 34 (2): 168 – 84.

Gehant, D. P. 2008. "Hospitals and the Environment." *Frontiers of Health Services Management* 25 (1): 3 – 10.

Green, L. 2000. "He Who Laughs, Lasts." *Spirit* 16 (2): 74 – 78.

Hall, A. G. 2008. "Greening Health Care: 21st Century and Beyond." *Frontiers of Health Services Management* 25 (1): 37 – 43.

Health Care Without Harm. 2008. *Menu of Change: Healthy Food in Healthcare: A 2008 Survey of Healthy Food in Health Care Pledge Hospitals.* Arlington, VA: Health Care Without Harm.

Katz, G. 2003. *The Costs and Benefits of Green Buildings: A Report to California's Sustainable Buildings Task Force.* Sacramento, CA.

LiJen, J. H., A. Eves, and T. Delsombre. 2003. "Gap Analysis of Patient Service Perceptions." *International Journal of Health Care Quality Assurance* 16 (2): 143 – 51.

Mittal, S. 2009. "Developing a Vision in Health Care," Part 1 and Part 2. [Online information; retrieved

5/1/09.] http://ezinearticles.
com/?Developing-Vision-in-Health-
Care-(Part-1)&id=2291316.

Ridley, K. 2006. "Healing by Design." *Ode
Magazine.* [Online article; retrieved
8/20/08.] www.odemagazine.com/
doc/35/healing_by_design.

Seward, Z. M. 2007. "Doctor Shortage
Hurts a 'Coverage for All' Plan." *Wall
Street ournal* (July 25): B1 – B2.

Will, T. J. 2003. "Online CRM: On to
the Next Level." *Medicare on the Net.*
[Online article; retrieved 5/4/09.]
www.hcpro.com/services/corhealth/
index.cfm.

Winslow, R., and C. Gentry. 2000.
"Medical Vouchers: Health Care
Trend—Give Workers Money, Let
Them Buy a Plan." *Wall Street Journal*
(February 8): A1, A12.

의료 서비스

2013년 2월 28일 1판 1쇄 박음
2016년 8월 1일 1판 3쇄 펴냄

지은이 마이런 포틀러, 로버트 포드, 체릴 히튼
옮긴이 진기남, 윤희영
펴낸이 김철종
마케팅 오영일
인쇄제작 정민문화사

펴낸곳 (주)한언
출판등록 1983년 9월 30일 제1−128호
주소 110 − 310 서울시 종로구 삼일대로 453(경운동) KAFFE빌딩 2층
전화번호 02)701 − 6616 **팩스번호** 02)701 − 4449
전자우편 haneon@haneon.com **홈페이지** www.haneon.com

ISBN 978-89-5596-657-2 13320

* 이 책의 무단전재 및 복제를 금합니다.
* 책값은 뒤표지에 표시되어 있습니다.
* 잘못 만들어진 책은 구입하신 서점에서 바꾸어 드립니다.

한언의 사명선언문

Since 3rd day of January, 1998

Our Mission   − 우리는 새로운 지식을 창출, 전파하여 전 인류가 이를 공유케 함으로써 인류 문화의 발전과 행복에 이바지한다.

                 − 우리는 끊임없이 학습하는 조직으로서 자신과 조직의 발전을 위해 쉼 없이 노력하며, 궁극적으로는 세계적 콘텐츠 그룹을 지향한다.

                 − 우리는 정신적·물질적으로 최고 수준의 복지를 실현하기 위해 노력 하며, 명실공히 초일류 사원들의 집합체로서 부끄럼 없이 행동한다.

Our Vision   한언은 콘텐츠 기업의 선도적 성공 모델이 된다.

> 저희 한언인들은 위와 같은 사명을 항상 가슴속에 간직하고
> 좋은 책을 만들기 위해 최선을 다하고 있습니다.
> 독자 여러분의 아낌없는 충고와 격려를 부탁 드립니다.
> · 한언 가족 ·

HanEon's Mission statement

Our Mission   − We create and broadcast new knowledge for the advancement and happiness of the whole human race.

                 − We do our best to improve ourselves and the organization, with the ultimate goal of striving to be the best content group in the world.

                 − We try to realize the highest quality of welfare system in both mental and physical ways and we behave in a manner that reflects our mission as proud members of HanEon Community.

Our Vision   HanEon will be the leading Success Model of the content group.